Henri Coupin

Les Animaux

excentriques

PARIS

LIBRAIRIE VUIBERT

63, BOULEVARD SAINT-GERMAIN, 63

Les Animaux excentriques

Henri Coupin

Docteur ès sciences
Lauréat de l'Institut

Les Animaux

excentriques

La nature se complaît
souvent aux bizarreries...

QUATRIÈME ÉDITION

PARIS

LIBRAIRIE VUIBERT

63, BOULEVARD SAINT-GERMAIN, 63

INTRODUCTION

A côté des êtres en quelque sorte normaux décrits dans tous les ouvrages d'histoire naturelle, il en existe une multitude d'autres qui, sortant du commun, nous paraissent extraordinaires par l'aspect, fantasques par les mœurs, excentriques par la forme. Ceux-ci, le grand public les connaît assez mal ; on ne s'occupe guère d'eux que dans les ouvrages de haute science, consultés seulement par les spécialistes. La lacune était à combler. Je me suis efforcé de le faire, non en décrivant les espèces les unes après les autres — genre Buffon, — ce qui aurait été monotone, mais en les groupant dans un certain nombre de chapitres pittoresques (oiseaux de tempêtes. — Les animaux pique-assiette. — Les excentricités de l'appendice caudal. — Les bêtes à l'attitude bizarre. — Les animaux qui pleurent. — Les animaux qui ont la vie dure. — Les roulottiers. — Les bêtes qui ont conscience de la mort, — etc., etc.), chapitres desquels les explications techniques ont été bannies, et dont la lecture est rendue facile et agréable par les jolis dessins qui les accompagnent.

Si peu versé que l'on soit dans la zoologie — une des sciences les plus aimables — comment ne pas s'intéresser au pluvian, dont le rôle dans la nature semble être de nettoyer les dents des crocodiles ; au rémora, qui se fait voiturer par les requins pour leur « subtiliser » un peu de nourriture au moment psychologique ; aux mœurs des gigantesques baleines et des orques qui leur dévorent la langue ; aux êtres fantastiques du fond des mers ; aux monstres disparus et que j'ai essayé de faire revivre avec leurs formes dépassant tout ce que l'imagination pourrait rêver ; aux chauves-souris, dont l'aspect seul indique les mœurs bizarres et troublantes ; au poisson-archer, qui a véritablement imaginé la chasse à tir ; aux pieuvres et aux caméléons ayant la propriété de changer de couleur ; à ces curieux « bâtons qui marchent » semblant sortir de l'esprit fantaisiste d'Edgar Poë ; aux oiseaux qui chantent comme des ténors d'opéras ; aux insectes qui jouent du violon et du tambour de basque ; aux hydres qui se laissent retourner comme des doigts de gant sans en être incommodées ?.....

Toutes ces bêtes nous étonnent, mais elles nous instruisent aussi, en nous faisant connaître de grandes lois de la nature ou d'importants phénomènes biologiques, tels que le mimétisme, le commensalisme, l'adaptation au milieu, l'évolution des espèces, la disparition des moins armés, l'intelligence des bêtes, la lutte pour l'existence, l'extension de la vie sur la terre, le parasitisme, l'autotomie, etc., et enfin l'esprit inventif de la nature, qui se plaît souvent — très souvent — à faire des excentricités, à créer des sortes de monstres, autant par la forme (voyez les ptérodactyles, les poissons volants, les tatous, les pangolins) que par les mœurs (voyez par exemple la larve de cétoine qui, bien que possédant des pattes, a pris l'habitude de marcher sur le dos ; les perruches pendantes qui, au lieu de se tenir droit sur les branches comme les autres oiseaux, s'y suspendent la tête en bas ; les rats qui, pour prendre un liquide au fond d'une bouteille, se servent de leurs queues ; les taureaux brahmins qui simulent la mort pour rester dans le champ dont la verdure fait leurs délices).

Le sujet était presque infini, mais, pour pouvoir m'étendre tout à loisir sur les bizarreries les moins connues ou les plus amusantes, j'ai laissé de côté à peu près tout ce qui concerne les industries des animaux, auxquelles d'ailleurs j'ai consacré un ouvrage spécial (¹) qui a reçu du public un accueil très flatteur ; espérons que le présent volume aura autant de succès : les amateurs de « curiosités », aussi bien que ceux qui cherchent à s'instruire sans se fatiguer, y trouveront leur compte.

HENRI COUPIN.

---

(1) *Les Arts et Métiers chez les Animaux.*

CHAPITRE I

Les animaux pique-assiette.

Les oiseaux sont presque toujours des indépendants, vivant à leur guise et ne demandant aux animaux qui les entourent, — sauf ceux dont ils se nourrissent, — que de les laisser en paix. Il en est quelques-uns cependant qui ne vivent que dans le voisinage d'autres êtres vivants et qui, se nourrissant à leurs dépens, trouvent de grands avantages à cette promiscuité : ces oiseaux commensaux — de vrais pique-assiette — ne sont pas très nombreux et ce que nous allons en dire suffira à esquisser l'histoire de tous ceux que l'on connaît.

Le plus singulier d'entre eux est certainement le pluvian, cet oiseau que les Arabes, dans leur langage imagé, désignent sous le nom d'*avertisseur du crocodile* et que l'on pourrait tout aussi bien appeler l'*oiseau cure-dents* (*fig.* 1). Tous ceux

Fig. 1. — Une manière peu recommandable de déjeuner.

L'oiseau appelé pluvian va curer les dents du crocodile pour y trouver les éléments de son repas. Le malin reptile se laisse faire avec plaisir, ainsi qu'en témoigne l'œil guilleret que le dessinateur lui a prêté dans cette gravure.

qui ont parcouru l'Égypte le connaissent à cause de sa vivacité, de sa légèreté, de son agilité et de l'élégance de sa démarche, rehaussée par celle de ses belles ailes rayées de blanc et de noir.

Quand le crocodile, disait déjà Pline, est couché sur le sable, la gueule ouverte, un oiseau arrive, entre dans sa gueule et la nettoie. Cela est agréable au crocodile ; aussi ménage-t-il cet oiseau, et ouvre-t-il sa gueule plus grandement encore pour qu'il ne s'y blesse pas. Cet oiseau est petit, de la taille d'une grive ; il se tient près de l'eau ; il vole à lui, l'éveille en criant, en lui becquetant le museau.

Pour une fois, Pline ne s'est pas trompé — il est vrai qu'il parle d'après Hérodote — et, malgré son apparence fabuleuse, l'histoire est parfaitement exacte. Les naturalistes contemporains, Brehm, par exemple, la confirment ·

Ce que les anciens avaient vu, dit-il, on peut le constater encore, et c'est à juste titre que l'on a donné à cet oiseau le nom d'avertisseur ; il avertit bien réellement le crocodile et tous les autres animaux. Rien ne le trouve indifférent. Un bateau qui sillonne le fleuve, un homme, un mammifère, un grand oiseau qui s'approchent, tout l'effraye, et il le témoigne par ses cris. Il est rusé ; il a de l'intelligence et du jugement ; sa mémoire est surprenante. S'il ne paraît pas craindre le danger, c'est qu'il le connaît et l'apprécie à sa juste valeur. Il vit en amitié avec le crocodile : ce n'est pas que celui-ci soit animé à son égard des meilleurs sentiments, mais grâce à sa prudence et à son agilité, il sait se mettre à l'abri des attaques du reptile. Habitant des lieux où le crocodile vient dormir et se chauffer au soleil, il le connaît, il sait comment il doit se comporter vis-à-vis de lui. Il court sur sa carapace comme il le ferait sur le gazon ; il mange les sangsues et les vers qui y sont demeurés attachés. Il lui nettoie la gueule, il enlève les débris d'aliments qui sont restés entre ses dents, les animaux qui sont fixés à ses gencives et à ses mâchoires.

Les cris qu'il pousse quand il aperçoit quelque chose d'insolite avertissent le crocodile qu'il est temps de se réfugier au sein des flots. Ils se rendent ainsi service mutuellement, mais certainement sans le vouloir. Le pluvian d'ailleurs ne se nourrit pas seulement de ce qu'il trouve dans la gueule des crocodiles ; il mange aussi des vers, des mollusques, des insectes et même des morceaux de chair de grands vertébrés, comme en témoigne l'histoire suivante :

Un jour, raconte Brehm, j'aperçus un pygargue vocifer femelle qui, après avoir pêché un grand poisson, était en train de le dévorer sur un banc de sable, au bord du Nil Bleu. A l'aide d'une bonne lunette d'approche, je pouvais suivre tous ses mouvements. Il enleva la peau de son poisson et se mit à le dépecer très soigneusement. Pendant qu'il était ainsi occupé, parut un avertisseur du crocodile *(Hyas œgyptiacus)*, qui s'approcha de l'oiseau de proie et commença à partager son repas. Il était très intéressant d'observer les gestes de ce petit et courageux parasite. Il arrivait comme une flèche, prenait rapidement quelques morceaux, et s'en allait les manger à une petite distance. De temps à autre, le pygargue jetait sur lui un regard d'une certaine bienveillance, et ne faisait nullement mine de l'attaquer. Je ne doute pas néanmoins que l'avertisseur du crocodile n'ait dû son salut qu'à la rapidité de ses mouvements. Les fonctions qu'il remplit auprès du crocodile lui avaient sans doute appris comment on doit se comporter à la table des grands.

*
* *

Les pique-bœuf (*fig.* 2) ont des mœurs tout aussi curieuses. Dans l'Afrique centrale et en Abyssinie, on les rencontre en petites troupes de sept à huit individus, et toujours dans le voisinage des grands mammifères, aussi bien les troupeaux de bœufs et de chameaux que les éléphants, les rhinocéros, les buffles, etc... Ils s'abattent sur leur dos et grimpent sur eux comme des pics sur les arbres. Sans cesse en mouvement, ils descendent du dos sur les flancs, du ventre sur les pattes ou remontent du poitrail sur le cou. Les mammifères de la région, ceux qui les connaissent par conséquent, ne s'inquiètent nullement de leur présence ; ils les traitent même avec amitié et ne les chassent même pas avec leur queue. Mais ceux qui les voient pour la première fois sont très effrayés quand ils s'abattent sur leur dos. Anderson raconte, par exemple, qu'un matin les bœufs de son attelage se sauvèrent, en faisant les bonds les

Fig. 2. — Deux amis de taille plutôt disproportionnée.
Le pique-bœuf débarrasse le buffle de la vermine qui le chatouille désagréablement.

plus désordonnés, parce qu'une bande de pique-bœuf s'était abattue sur eux.

Les Abyssins n'aiment guère ces oiseaux parce qu'ils ont l'habitude de s'abattre de préférence sur les animaux blessés et dont, disent-ils, ils enveniment les plaies. Les pique-bœuf agissent ainsi parce que dans le voisinage des parties à vif ils sont certains de rencontrer des larves de mouches qu'ils s'empressent d'avaler. Quand, — et c'est l'habitude — ces larves sont cachées dans une tumeur, sous la peau, les oiseaux savent fort bien l'ouvrir et en énucléer le parasite. De ce fait. ils opèrent comme de vrais chirurgiens et rendent beaucoup de services aux mammifères. Ils leur servent également d'avertisseurs car, dès qu'ils aperçoivent un homme, ils se sauvent et les préviennent ainsi de sa présence.

Le garde-bœuf ibis agit à peu près de même ; il vit sur le dos des buffles, des éléphants, des bestiaux, voire même des chiens, et se nourrit des divers insectes qui grouillent dans leur toison ou sous leur peau. Mais contrairement à l'espèce précédente, il vit en parfaite intimité avec l'homme, qui le regarde toujours avec plaisir et le laisse parfaitement en repos; aussi le voit-on se promener dans le voisinage des indigènes labourant la terre, avec le même sans-gêne qu'un animal domestique.

Les alectos, si remarquables par leur nid gigantesque, qui atteint 1ᵐ,50 à 2ᵐ,50 de diamètre, vivent aussi sur le dos des buffles, en compagnie des stournes et de l'ani des savanes qui ont les mêmes mœurs : ils se nourrissent surtout des tiques si abondantes sur la peau des mammifères dans les pays chauds.

Les molothres des troupeaux, habitants de l'Amérique du Nord, agissent de même et vivent aux dépens des bêtes à cornes. Mais ils sont encore commensaux à un autre point de vue. Comme le coucou de nos régions, ils pondent leurs œufs dans les nids des autres oiseaux (¹).

Dans ces conditions, le commensalisme confine au parasitisme. Celui-ci est atteint avec le kéa, sorte de perroquet qui se précipite sur les moutons, s'attache à leur toison et dévore les masses charnues et graisseuses de leur région dorsale, ce qui amène généralement leur mort.

C'est aussi un fait biologique voisin du parasitisme, mais plus bénin que celui de l'exemple précédent, que l'on rencontre chez les stercoraires. Ceux-ci se précipitent sur les autres oiseaux de mer qui viennent de capturer une proie, et, leur frappant sur la tête, les forcent à l'abandonner : ce sont eux qui mangent les marrons tirés du feu. Nous reverrons plus tard ces intéressants animaux, à propos des « oiseaux amis des tempêtes ».

* * *

Tous les oiseaux que nous venons de passer en revue étaient commensaux

Fig. 3. — Le caracara s'empare des animaux tués et les dévore en un clin d'œil.

d'autres animaux. Il en est quelques-uns aussi qui pratiquent le commensalisme avec l'homme sans parler des espèces trop connues comme tous les oiseaux des villes, pierrots, cigognes, etc... De ce nombre sont les caracaras (*fig.* 3) qui accompagnent les caravanes pour se saisir de tous les cadavres qu'elles laissent sur leur chemin.

Le voyageur, dit d'Orbigny, a pu se croire entièrement seul au sein des vastes solitudes.... erreur ; des hôtes cachés l'y accompagnent. Qu'il suspende sa marche, et soudain il verra plusieurs caracaras paraître aux environs, se percher sur les arbres voisins, ou attendre, auprès, les restes de son repas. Eux repus, et le voyageur endormi, plus de caracaras, jusqu'au lendemain. Mais ils partent avec lui, le suivent toujours sans se montrer, et ne reparaîtront de nouveau qu'à sa halte prochaine. Met-on enfin le feu à la campagne pour renouveler les pâturages ? Le caracara, le premier, plane sur ce théâtre de destruction, et vient y saisir au passage tous les pauvres animaux qu'une fuite rapide allait dérober à leur perte.

Ces caracaras sont même très désagréables quand on se livre au plaisir de la chasse : ils enlèvent les proies aussitôt tuées, avant même que le chasseur ou son chien ait eu le temps d'arriver.

*

(1) Voir notre ouvrage : *Les Arts et Métiers chez les animaux*, un vol. 28/19, 3ᵉ édition.

Un autre rapace, le néophron moine (*fig.* 4), loin d'être nuisible comme le précédent, est, au contraire, très utile. Voici, d'ailleurs, ce qu'en dit Brehm :

On peut regarder le néophron moine comme un animal à moitié domestique. Il est aussi hardi que la corneille, et presque autant que le moineau. On le voit se promener sans crainte devant les portes, s'avancer jusqu'à l'entrée des cuisines, et, pour se reposer, chercher simplement un refuge sur l'arbre le plus voisin. Il enlève toutes les ordures à mesure qu'elles sont déposées, et aide ainsi le percnoptère à assurer la salubrité des endroits. Sa présence dans tous les abattoirs devient même gênante pour le boucher.

Fig. 4. — Un ramasseur d'immondices : le néophron moine.

L'homme nourrit le moine, et celui-ci lui témoigne sa reconnaissance par les petits services qu'il lui rend. Jamais il ne dérobe rien, jamais il n'enlève un poulet ou quelque autre petit animal domestique ; il ne se nourrit presque exclusivement que d'ordures et des débris des cuisines. Il lui arrive souvent de ne manger que des excréments pendant des semaines entières ; c'est aussi la nourriture qu'il donne à ses petits. Un cadavre est-il jeté à la voirie, il accourt ; mais il ne peut l'entamer que quand la décomposition en est déjà avancée et en a altéré la peau. C'est tout au plus s'il est capable d'arracher l'œil d'un animal récemment mort ; son bec est trop faible pour entamer le cuir. D'ordinaire les grands vautours se chargent de lui préparer la nourriture, et il se tient près d'eux, mendiant, guettant l'occasion de s'emparer de quelque bouchée.

Le moine apparaît aux regards comme un bel oiseau et un véritable vautour. Lorsqu'il vole il est même parfois difficile de le distinguer d'avec les grandes espèces, tandis que le percnoptère se reconnaît de loin à ses ailes pointues et à sa queue conique. Les parties nues de la tête et du cou contribuent à sa beauté, car, lorsque l'oiseau est vivant, ces parties présentent toutes les variations de couleurs que nous observons à la crête du dindon. Le moine est si hardi que le naturaliste peut l'observer facilement : il suffit de lui jeter quelque morceau de viande et de rester tranquille pour le voir arriver et s'approcher autant qu'on peut le désirer. Le matin de très bonne heure le moine est déjà en quête de nourriture. Il quitte sa demeure au lever du soleil pour y retourner à son coucher. Il passe la nuit sur des arbres éloignés des habitations. Près de Massaouah, il se tient sur des mimosas isolés dans les vallées désertes du Samhara ou dans les buissons de schoras les plus épais, au milieu des îles. Avant de s'abattre, il vole de côté et d'autre, puis, fermant les ailes, il se laisse tomber obliquement et se perche, en compagnie de ses semblables, sur l'arbre qu'il s'est choisi.

*

Les percnoptères (*fig.* 5), auxquels il vient d'être fait allusion, sont aussi utiles que les précédents : ce sont eux qui, dans le sud de l'Espagne, sont chargés de la salubrité publique, en mangeant les excréments humains qui sont déposés un peu

Fig. 5. — Un oiseau chargé de la salubrité publique : le percnoptère stercoraire.

partout et les immondices de toutes sortes qui sont rejetés purement et simplement dans les rues. Aussi, dans ces localités, aussi bien qu'aux Indes et dans la Basse-Egypte, les protège-t-on comme des animaux utiles.

Les percnoptères sont souvent accompagnés, surtout dans les Indes, d'une sorte de corbeau, l'anomalocorax, qui peut être aussi considéré comme notre commensal avec une pointe de parasitisme : c'est le type du pique-assiette. Jerdon nous a donné d'intéressants détails sur ses mœurs :

L'anomalocorax splendide, dit-il, sans vivre en grandes bandes, est cependant très sociable. Il passe la nuit en compagnie de ses semblables et au voisinage des villes et des lieux habités. Il est certains endroits où ces oiseaux, au coucher du soleil, arrivent en grand nombre, de trois à six milles à la ronde. C'est alors un bruit assourdissant, jusqu'à ce que chaque individu ait trouvé sa place. Ils se querellent, se battent, et le trouble est encore augmenté par l'arrivée de bandes non moins nombreuses de perroquets, de mainates et d'autres oiseaux qui viennent aussi chercher un asile pour la nuit.

Le matin, souvent même avant le lever du soleil, les anomalocorax se réveillent, se divisent en petites troupes de vingt, trente, quarante individus, non sans avoir auparavant beaucoup crié, beaucoup volé de côté et d'autre, comme pour se communiquer leurs impressions de la veille, leurs projets pour la journée qui commence. Ceux qui doivent aller au loin s'envolent rapidement ; ceux dont le territoire est le plus rapproché prennent leur temps, babillent avec leurs voisins, lissent et peignent leur plumage.

Quelque variée que soit la nourriture des anomalocorax, on peut dire que ces oiseaux vivent des miettes qui tombent de la table de l'homme. Beaucoup d'Indiens mangent en plein air, à la porte de leurs cabanes, et jettent les débris de leur repas ; ceux qui mangent dans l'intérieur de leurs maisons jettent aussi les débris, et ils le font à certaines heures bien connues des anomalocorax. Dès que quelque chose est ainsi abandonné, un individu en sentinelle avertit ses camarades. Ces oiseaux savent ce que c'est que la cuisine ; dès qu'ils voient du feu ou de la fumée, ils accourent et attendent patiemment leur pâture. Dans l'intervalle de ces repas, les anomalocorax ne sont pas d'ailleurs à court d'aliments ; ils trouvent tantôt une écrevisse, tantôt une grenouille, un poisson, un insecte. Les uns cherchent les vers blancs dans les terres labourées ; les autres chassent les insectes dans les pâturages, au milieu des troupeaux, et jusque sur le dos du bétail ; quelques-uns pêchent au bord d'un ruisseau ou d'un étang ; il en est même qui s'approchent des fleuves, suivent les canots, disputent aux mouettes et aux hirondelles de mer leur nourriture. Aux environs de Calcutta et des autres grandes villes, ils trouvent des

Fig. 6. — Un oiseau des Indes : l'anomalocorax, un voleur qui vit des débris de la cuisine, et a recours à la ruse pour les disputer aux chiens.

aliments en abondance : les restes humains confiés aux eaux du fleuve sacré, les cadavres des animaux domestiques. Ils pillent les bananiers et les autres arbres fruitiers ; et quand, à la fraîcheur du soir ou du matin, s'élève un essaim de termites ailés, ils sont là, avec les guêpiers, les milans, les chauves-souris, et leur font une chasse acharnée.

Tennent, de son côté, a rapporté des faits vraiment curieux au sujet des anomalocorax.

« Les indigènes, raconte-t-il, sont tellement habitués à la présence de ces oiseaux que, comme les Grecs et les Romains, ils tirent des présages de leurs allures, de la direction de leur vol, de leurs cris plus ou moins rauques, des arbres sur lesquels ils se perchent, de leur nombre, etc. Pendant le temps de leur domination à Ceylan, les Hollandais les respectèrent beaucoup et défendirent, sous des peines très sévères, de les tuer ; ils avaient d'autres raisons, il est vrai, que les indigènes. Ils croyaient que ces oiseaux se chargeaient de la dispersion de la cannelle ; qu'ils mangeaient les fruits du cannellier, mais que, ne pouvant en digérer les grains, ils les transportaient partout, mêlés à leurs excréments.

Auprès de chaque village, de chaque maison même, à Ceylan, on trouve des quantités d'anomalocorax, attendant une occasion favorable de piller. Rien n'est en sûreté devant eux. Laissés près d'une fenêtre ouverte, le contenu d'un sac à ouvrage, les gants, les mouchoirs, disparaissent instantanément. Les anomalocorax ouvrent les paquets, même ceux qui sont noués (?), pour voir ce qu'ils contiennent et si quelque comestible n'y est pas renfermé ; pour exécuter leurs larcins, ils enlèvent même des clous. Une société, qui était réunie dans un jardin, ne fut pas peu effrayée un jour en voyant tomber du ciel au milieu d'elle un couteau tout sanglant. Le mystère fut éclairci : c'était un anomalocorax qui, dans une maison voisine, avait épié le cuisinier, et profité d'un moment favorable pour lui dérober un couteau.

Un de ces audacieux voleurs rôdait en vain depuis longtemps autour d'un chien occupé à ronger un os ; il cherchait à attirer l'attention de l'heureux propriétaire du trésor en dansant devant lui. N'ayant pu réussir, il s'envola, mais pour revenir avec un de ses compagnons, qui se percha sur une branche tout près du sol. La danse recommença sans plus de succès toutefois. Alors, le second individu se précipita violemment sur le chien et lui donna un vigoureux coup de bec ; cette diversion réussit. Surpris et furieux, le chien se retourna contre son agresseur (*fig.* 6) ; mais celui-ci s'était déjà envolé, et au même instant l'os disparaissait.

* *

Enfin pour terminer ce qui a trait aux oiseaux pique-assiette, il ne nous reste plus qu'à parler du plus étrange de nos commensaux, l'indicateur à bec blanc ou guide au miel (*fig.* 7), qui pousse l'amabilité jusqu'à venir chercher les habitants et les conduire aux endroits où se trouve du miel. Mais en réalité, comme le remarque Sparmann, c'est dans son propre intérêt que cet oiseau découvre aux hommes et aux ratels les nids d'abeilles : car il est lui-même très friand de leur miel, et surtout de leurs œufs ; et il sait que toutes les fois qu'on a détruit un de ces nids, il se répand tou-

Fig 7. — Cet oiseau, l'indicateur à bec blanc, fait connaître aux Hottentots les endroits où il y a du miel à subtiliser aux abeilles.

jours un peu de miel dont il fait son profit, ou que les destructeurs lui en laissent en récompense de ses services. Le moyen qu'il emploie pour communiquer sa découverte aux amateurs de miel est aussi extraordinaire qu'il est merveilleusement adapté à ses vues.

Le soir et le matin sont probablement les heures où son appétit se réveille : du moins c'est alors qu'il sort plus ordinairement, et, par ses cris perçants : *cherr*, *cherr*, *cherr*, semble chercher à exciter l'attention des ratels, des Hottentots ou des colons. Il est rare que les uns ou les autres ne se présentent pas à l'endroit d'où part le cri : alors l'oiseau, tout en le répétant sans cesse, vole lentement et d'espace en espace vers l'endroit où l'essaim d'abeilles s'est établi. Il faut que ceux qui le suivent aient grand soin de ne pas effrayer leur guide par quelque bruit extraordinaire ou par une compagnie trop nombreuse ; il faut plutôt répondre à l'oiseau par un sifflement fort doux, comme pour lui faire connaître qu'on fait attention à son appel. Sparmann, à qui sont dus ces détails, a observé que si les nids d'abeilles sont peu éloignés, l'oiseau fait de longues volées et se repose par intervalles, attendant son compagnon de chasse et l'encourageant par de nouveaux cris à le suivre ; mais à mesure qu'il s'approche du nid il abrège l'espace des stations, rend son cri plus fréquent, et répète ses *cherr* avec plus de force. Sparmann a vu aussi avec étonnement — ce que plusieurs personnes lui avaient précédemment assuré — que si l'oiseau, impatient d'arriver, a laissé trop loin derrière lui son compagnon, retardé par l'inégalité et la difficulté du terrain, il revient au-devant de lui, et par ses cris redoublés, qui annoncent plus d'impatience encore, semble lui reprocher sa lenteur. Enfin, lorsqu'il est arrivé au nid des abeilles, bâti soit dans une fente de rocher, soit dans le creux d'un arbre, soit dans quelque trou souterrain, il plane immédiatement au-dessus pendant quelques secondes, après quoi il se pose en silence et ordinairement se tient caché sur quelque arbre ou buisson voisin dans l'attente de ce qui va arriver et dans l'espérance d'avoir sa part du butin. Il est probable qu'il plane toujours plus ou moins longtemps au-dessus du nid des abeilles avant de s'aller cacher ; mais on n'y fait pas toujours attention. On est au moins toujours assuré que le nid n'est pas loin lorsque, après vous avoir conduit un bout de chemin, l'oiseau s'arrête tout à coup et cesse son cri.

Après avoir ainsi déterré ou découvert, grâce à l'oiseau, les nids d'abeilles, et les avoir pillés, les Hottentots, en reconnaissance, lui laissent ordinairement une bonne portion de cette partie du rayon qui contient les œufs et les petits. Ce morceau, le pire à nos yeux, est probablement pour lui le plus délicat, et les Hottentots même ne le dédaignent pas. Lorsqu'un homme, assure-t-on, fait métier de chercher des essaims d'abeilles, il ne doit pas d'abord être trop libéral envers l'oiseau, mais seulement lui laisser une part suffisante pour aiguiser son appétit ; l'espérance d'obtenir une plus ample récompense l'excitera à conduire de nouveau son compagnon à un autre nid, s'il en connaît la présence dans le voisinage.

*
* *

Des pique-assiette, non moins bien caractérisés, se rencontrent chez les poissons.

Si, pendant les vacances, vous allez faire une promenade en mer, vous rencontrerez probablement une de ces grandes méduses, si élégantes dans l'eau, auxquelles on a donné le nom de rhizostomes de Cuvier. On les voit nager lentement en contractant tout leur corps d'une manière si bizarre qu'on leur a attribué le nom de

« poumons de mer ». Mais, si intéressants que soient ces animaux, portez votre attention dans leur sillage, et vous ne tarderez pas à voir qu'ils sont entourés d'une véritable flottille de petits poissons de 2 à 9 millimètres de longueur, appartenant au genre saurel (*fig.* 8). Ainsi que l'a observé M. Gadeau de Kerville, chaque bande est composée, soit de quelques-uns seulement, soit d'un petit nombre, soit, parfois, de plusieurs douzaines d'individus. Les flottilles nombreuses accompagnent les gros rhizostomes, tandis que les petits groupes de saurels sont indifféremment associés à des

Fig. 8. — Les jeunes poissons du genre saurel habitent — comme le sage — une maison transparente, représentée par les cavités d'une large méduse. Ils n'en sortent que pour aller prendre un peu leurs ébats dans les environs, mais ils s'y réfugient dès qu'un danger les menace.

exemplaires gros ou de taille moyenne. Ces jeunes poissons nagent parallèlement au rhizostome et dans la même direction que lui. Ils se tiennent au-dessus, au-dessous, sur les côtés et en arrière de lui, mais ne s'avancent pas au delà du sommet de son « ombrelle », ainsi qu'on désigne assez justement la partie supérieure du corps de la méduse. Par moments, la flottille s'écarte de quelques mètres ; mais à la moindre alerte, immédiatement et avec une très grande vitesse, elle revient occuper auprès du rhizostome sa situation précédente. On voit alors souvent quelques-uns des poissons, plus effrayés que les autres sans doute, se réfugier sous la méduse et pénétrer même dans les cavités dont elle est creusée. Il est très facile de les y voir par transparence, attendant un moment d'accalmie pour en sortir.

Les jeunes saurels accompagnent les méduses non pour les manger, mais pour se faire protéger par elles. En effet, celles-ci ne sont la proie d'à peu près aucun animal, à cause de leur consistance gélatineuse et de leurs propriétés urticantes. Par ce double fait, elles créent autour d'elles, et cela d'une manière absolument passive, une zone de protection où les jeunes de certaines espèces de poissons et quelques autres petites espèces animales, viennent se mettre à l'abri de leurs ennemis. Mais les saurels ne sont les commensaux des méduses que pendant leur jeunesse ; bien avant qu'ils soient adultes, ils les quittent pour mener une vie absolument libre.

Le cas que nous venons de citer se rencontre dans l'Atlantique et la Manche. Dans la Méditerranée, on peut en observer un tout à fait analogue entre de petits poissons, les trachurus, et une charmante méduse tachetée de brun. De même, en Amérique, une méduse nocturne est toujours accompagnée par une espèce de hareng.

Plus singulier est le commensalisme d'un poisson de l'île Maurice et d'une méduse, la cambressa. Celle-ci est formée d'une ombrelle creuse en dessous et réunie aux bras par quatre piliers gélatineux. C'est dans cette cavité inférieure que se loge le poisson dont la grosseur est telle que, par sa présence, la méduse en est toute déformée : elle ressemble à une ceinture trop étroite que l'on aurait mise au poisson. Ce poisson, d'ailleurs, ne reste pas à poste fixe ; de temps à autre il va nager dans les environs, quérir de la nourriture, prendre un peu d'exercice. Après quoi il rentre chez sa méduse, et pour ce faire, doit rester dans une position horizontale sur le côté, ce qui, semble-t-il, doit le gêner. Mais méduse et poisson ne paraissent pas se porter plus mal de cette association intime, au contraire. Si l'avantage qu'en retire la méduse n'apparaît pas clairement, celui du poisson est évident, protégé qu'il est par les batteries de capsules urticantes de son amie. Les poissons d'ailleurs paraissent être à l'abri des effets nocifs de celles-ci ; en effet l'on trouve très souvent de petits maquereaux adultes, blottis en grand nombre dans les tentacules des galères, dont les batteries urticantes sont cependant si puissantes qu'elles foudroient les petits animaux et causent à l'homme une douleur si aiguë qu'elle peut aller jusqu'à l'évanouissement. Nous représentons plus loin (*fig.* 128) cette dangereuse bête.

D'autres poissons affectionnent les actinies, dont le contact n'est guère moins redoutable que celui des méduses. Dans la baie de Batavia, sur les récifs madréporiques qui y forment de petites îles, vit une très grande actinie, richement colorée, dont le disque mesure jusqu'à quarante centimètres de diamètre ; très souvent, surtout sur les grands échantillons, on trouve entre les nombreux tentacules qui couvrent le disque un couple, parfois même trois ou quatre petits poissons, longs de cinq centimètres, colorés en orange avec des bandes d'un blanc d'argent : ce sont des *Trachichthys tunicatus*. L'actinie ne paraît nullement se soucier de ses hôtes ; lorsqu'elle mange, ceux-ci se précipitent sur les bribes qu'elle laisse échapper, mais sans jamais quitter le disque. Ces petits poissons recherchent évidemment une protection puissante ; Sluiter, à qui l'on doit ces observations a remarqué que lorsqu'on les mettait dans un aquarium sans leur actinie, ils étaient immédiatement pourchassés et dévorés par les gros poissons ; aussi cherchent-ils à se cacher, l'un derrière un morceau de madrépore, l'autre entre les piquants d'un oursin ; mais ils ne tardent pas à tomber au pouvoir de leurs ennemis ; au contraire, lorsqu'ils sont associés avec leur redoutable actinie, il est évident qu'ils sont protégés contre toute attaque. Sluiter a gardé vivants les deux associés pendant plus de six mois. (Cuénot.)

* *

Plusieurs autres espèces de poissons vivent dans le même rapport étroit avec d'autres anémones de mer. Mais cette association n'est pas absolument indispensable à leur existence. Séparés dans des aquariums différents, ils vivent fort bien, à la condition d'être isolés. Si l'on met quelque ennemi avec le poisson, il ne peut résister et succombe.

Sur nos côtes, il est assez fréquent de rencontrer un animal peu élégant — oh non ! — qui se présente sous la forme d'un boudin ou encore mieux d'un concombre : c'est ce que les naturalistes ont appelé une holothurie et que les pêcheurs, qui ne cherchent pas à choisir leurs expressions, désignent tout simplement sous le nom de « cornichon de mer ». Si vous ouvrez un de ces cornichons, vous y trouverez, débouchant dans la dernière partie de l'intestin, des organes en forme d'arbres creux, très ramifiés, et à l'intérieur de ces « organes arborescents » — c'est ainsi qu'on les nomme — un, deux, trois, quelquefois quatre petits poissons (*fig.* 9), des fiérasfers allongés comme des lançons à la queue pointue. Il faut avouer que pour des poissons c'est un singulier habitat. Pour y pénétrer, le fiérasfer attend que la partie postérieure du corps de l'holothurie s'entr'ouvre : il y pénètre alors la queue la première. Si l'orifice se referme il se trouve pincé, mais à la dilatation suivante il pénètre un peu plus jusqu'à ce qu'il disparaisse complètement à la vue. Que fait le fiérasfer dans le ventre de l'holothurie ? On ne sait pas au juste, mais ce qui est certain, c'est que celle-ci ne se trouve pas indisposée de sa présence. Il est probable que le fiérasfer va se promener de temps à autre, chercher au dehors de la nourriture et qu'il ne rentre, tel Jonas dans le ventre de la baleine, à l'intérieur des organes arborescents que pour digérer tout à son aise.

Fig. 9. — Un animal à la fois cabaretier et cabaret.

L'holothurie — bonne nature — permet au poisson fiérasfer de se loger dans la dernière portion de son intestin, où il trouve probablement bon gîte.

**

Voici encore un fait curieux de commensalisme que nous empruntons à M. Cuénot :

Sans même aller jusqu'à la mer, nous pouvons constater dans nos rivières un cas intéressant de commensalisme chez la bouvière *(Rhodeus amarus)*, petit poisson ressemblant à une jeune carpe, long de 5 à 8 centimètres et très commun dans la plupart de nos cours d'eau par les fonds clairs de sable et de gravier ; les jeunes de cette espèce habitent jusqu'à leur complet développement les branchies d'un mollusque bivalve également très commun, l'unio ou mulette des peintres. Au printemps, lorsqu'on ouvre les unios, on trouve souvent entre les feuillets branchiaux, dans ce qu'on appelle la chambre intra-branchiale, des œufs jaunes, ovoïdes, longs de trois millimètres environ. Ces œufs éclosent et donnent naissance à de petits *rhodeus*, qui restent engagés dans les branchies de leur hôte, non sans causer quelques dégâts (par places, l'épithélium branchial est enlevé). Quand on ouvre ces branchies ils s'échappent et nagent vivement, puis se posent sur le fond où ils restent immobiles, couchés sur le côté. Ils restent dans l'unio jusqu'à résorption complète de leur sac vitellin, et sortent alors du mollusque pour mener la vie libre.

Au moment du frai, la femelle du *rhodeus* présente une particularité curieuse qui a autrefois fort intrigué les naturalistes : un peu en arrière de l'anus apparaît un long boyau rougeâtre, un peu conique, qui peut atteindre plusieurs centimètres de long, et n'est autre chose qu'un prolongement de l'oviducte. Au printemps, époque de la ponte, la femelle et son mâle, qui l'accompagne partout, se mettent en quête des mollusques convenables ; lorsqu'ils en ont trouvé, la femelle se redresse verticalement, la tête en bas ; au moment où un œuf s'engage dans l'oviducte et le dilate, elle engage le tube dans les

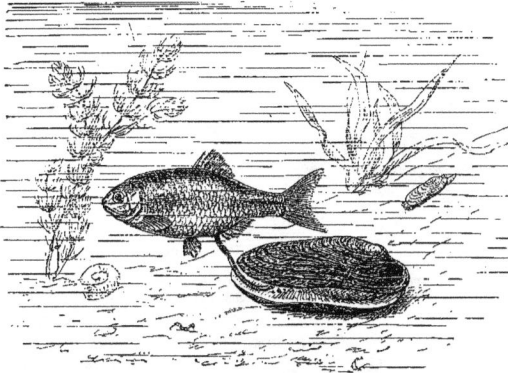

Fig. 10. — Une singulière façon de mettre ses enfants en nourrice.
Le rhodeus dépose ses œufs dans une moule des eaux douces.

branchies du mollusque et y dépose un œuf (*fig.* 10) ; on peut trouver dans le même unio jusqu'à une quarantaine de ces œufs. Pendant cette opération, le mâle surveille attentivement les mouvements de la femelle. La ponte terminée, le tube oviducal se flétrit graduellement et se réduit à une simple papille saillante. Il est à peine besoin de faire ressortir le caractère défensif de ce commensalisme passager ; les jeunes *rhodeus* passent tranquillement à l'abri la période critique de leur existence, qui est fatale à tant de jeunes poissons.

*
* *

Les cas du fiérasfer et du *rhodeus* que nous venons de citer confinent au parasitisme. Celui du rémora ou échénéis (*fig.* 11) est, au contraire, du commensalisme très bénin. Ce poisson a un aspect très bizarre, qu'il doit surtout à la présence sur sa tête d'une large ventouse ovale formée de petites lamelles imbriquées. Autrefois il régnait à son sujet des légendes absurdes. Nous allons citer à ce propos ce qu'en dit Pline pour montrer combien cet auteur mérite peu le nom de naturaliste qu'on lui donne habituellement.

C'est, dit-il, un petit poisson accoutumé à vivre au milieu des rochers ; on croit qu'il s'attache à la carène des vaisseaux, il en retarde la marche. Doué d'une puissance bien plus étonnante, agissant par une faculté morale, il arrête l'action de la justice et la marche des tribunaux ; lorsqu'on le conserve dans le sel, son approche seule suffit pour retirer du fond des puits les plus profonds l'or qui peut y être tombé... Qu'y a-t-il de plus violent que la mer, les vents, les tourbillons et les tempêtes ? Quels plus grands auxiliaires le génie de l'homme s'est-il donné que les voiles et les rames ? Ajoutez la force inexplicable des flux alternatifs qui font un fleuve de tout l'Océan. Toutes ces puis-sances et toutes celles qui pourraient se réu-nir à leurs effets sont enchaînées par un seul et très petit poisson qu'on nomme échénéis. Que les vents se préci-pitent, que les tem-pêtes bouleversent les flots, il commande à leurs fureurs, il brise leurs efforts ; il con-traint de rester immo-biles des vaisseaux que n'aurait pu retenir au-cune chaîne, aucune ancre précipitée dans la mer et assez pesante pour ne pouvoir en être retirée. Il met ainsi un frein à la violence ; il dompte la rage des éléments, sans travail, sans peine, sans chercher à retenir, et seulement en adhérant ; il lui suffit pour surmonter tant d'impétuosités de défen-dre aux navires d'avancer... On raconte que lors de la bataille d'Actium, ce fut un échénéis qui, arrêtant le navire d'Antoine au moment où il allait parcourir les rangs de ses vaisseaux et exhorter les siens, donna à la flotte de César la suprématie de la vitesse et l'avantage d'une attaque impétueuse. Plus récemment, le bâtiment monté par Caïus, lors de son retour d'Andura à Antium, s'arrêta sous l'effort d'un échénéis ; et alors le rémora fut un augure ; car à peine cet empereur fut-il rentré dans Rome qu'il périt sous les traits de ses propres soldats ; du reste, son étonnement ne fut pas long, lorsqu'il vit que de toute sa flotte son quinquérème seul n'avançait pas ; ceux qui s'élancèrent du vaisseau pour en rechercher la cause trouvèrent l'échénéis adhérant au gouvernail, et le montrèrent au prince, indigné qu'un tel animal eût pu l'emporter sur quatre cents rameurs et très surpris que ce poisson, qui dans la mer avait pu retenir son navire, n'eût plus de puissance, jeté dans le vaisseau.

Fig. 11. — Le rémora, poisson à la tête ornée d'une curieuse ventouse qui lui sert à se coller aux requins qui passent ou aux épaves qui flottent.

    Cet étonnement était légitime. Les rémoras sont absolument incapables d'arrêter les navires. Ils se collent à eux pour se faire voiturer sans fatigue ; mais aussitôt qu'on jette quelque aliment dans la mer, ils lâchent prise, se précipitent sur l'objet et l'absorbent pour revenir de suite, à grands coups de nageoires, se fixer sur le navire. Les rémoras se fixent d'ailleurs aussi sur de grands poissons, les requins en particulier. Ils ont de cette façon trois avantages : ils se font transporter sans effort ; ils bénéficient de la terreur qu'inspirent les requins aux autres habi-tants des mers ; et ils recueillent des brindilles de nourriture que les requins lais-sent échapper.

    Fait curieux et également à noter, le dessous du corps des rémoras est plus foncé que le dessus.

Ayant eu l'occasion en 1883, dit Léon Vaillant, pendant la campagne du *Talisman* sur les côtes occidentales de l'Afrique, d'examiner un échénéis pêché avec un requin du genre carcharias, auquel il adhérait, j'ai été frappé d'une disposition des couleurs d'autant plus intéressante qu'elle peut être mise en rapport avec les habitudes particulières de l'animal. Tandis que chez les poissons la partie dorsale est toujours plus vivement colorée que le ventre, dont la teinte est blanche, chez l'échénéis qui a fait l'objet de cette observation, c'est précisément le contraire : le ventre et les flancs étaient d'un noir blanchâtre, chatoyant, tandis que le dos, surtout entre le disque céphalique et la dorsale, était bleuâtre, argenté. Aussi, en examinant le poisson, était-on tenté au premier abord de l'orienter au rebours de ce qui est la réalité, prenant la partie supérieure pour l'inférieure et inversement. L'illusion était d'autant plus grande que, mis dans une cuvette avec de l'eau de mer, il se fixait immédiatement au fond, présentant ainsi à l'observateur sa face ventrale sombre ; en outre, les yeux sont tournés de ce même côté, étant débordés par la partie supérieure de la tête, et la bouche, dont la partie supérieure déborde l'inférieure, rappelle beaucoup celle d'un grand nombre de poissons chez lesquels, au contraire, cette mâchoire supérieure est la plus courte. Cette disposition des teintes, inverse de ce qu'elle est d'habitude, résulte évidemment de ce que l'échénéis, fixé, par son disque céphalique, soit aux autres poissons, soit aux corps submergés, a sa partie dorsale en contact avec le support, et par conséquent à l'abri de la lumière, laquelle, au contraire, frappe les parties ventrales et latérales. C'est un fait du même ordre que la répartition des couleurs chez les pleuronectes, dont le côté supérieur est diversement coloré tandis que l'autre est pâle.

Son disque adhère fortement ; pour détacher l'animal, il faut le pousser en avant ; plus on le tire en arrière, plus l'adhérence est forte. Une fois libre, il nage avec sa nageoire caudale, et le ventre en l'air.

Fig. 12. — Une manière ingénieuse de pêcher les tortues de mer en utilisant la ventouse du rémora.

Le rémora est employé à la pêche aux tortues (*fig.* 12). D'après Commerson, on attache à la queue du poisson un anneau d'un diamètre assez large pour ne pas l'incommoder, et assez étroit pour être retenu par la nageoire caudale. Une corde solide tient cet anneau. Lorsque le rémora est ainsi préparé, on le renferme dans un vase plein d'eau salée qu'on renouvelle très souvent, et les pêcheurs mettent le vase dans leur barque. Ils voguent ensuite vers les parages fréquentés par les tortues marines. Ces tortues ont l'habitude de dormir souvent à la surface de l'eau, sur laquelle elles flottent ; et leur sommeil est alors si léger que l'approche, si peu bruyante cependant, d'un bateau pêcheur suffit pour les réveiller et les faire fuir à de grandes distances ou plonger à de grandes profondeurs. Mais voici le piège qu'on tend de loin à la première tortue que l'on aperçoit endormie : on remet dans la mer le rémora garni de sa longue corde ; l'animal, délivré en partie de sa captivité, cherche à s'échapper en nageant de tous les côtés. On lui lâche une longueur de corde égale à la distance qui sépare la tortue marine de la barque des pêcheurs. Le rémora, retenu par ce lien, fait d'abord de nouveaux efforts pour se soustraire à la main qui le maîtrise ; sentant bientôt, cependant, qu'il s'agite en vain et qu'il ne peut se dégager, il parcourt tout le cercle dont la corde est en quelque sorte le rayon, pour rencontrer un point d'adhésion et, par conséquent, un peu de repos. Il trouve cette sorte d'asile sous le plastron de la tortue flottante, s'y attache fortement par le moyen de son bouclier et donne ainsi aux pêcheurs, auxquels il sert de crampon, le moyen de tirer à eux la tortue en retirant la corde.

*
* *

Les requins sont encore accompagnés par un autre poisson, le pilote (*fig.* 13), qui, d'après les légendes anciennes, servait de guide aux premiers. Mais il est plus probable que le pilote accompagne les requins pour manger la nourriture que ceux-ci laissent échapper. Geoffroy, dans ses mémoires sur l'affection naturelle de quelques animaux, prétend cependant que le pilote sert réellement de guide au requin. Il remarqua qu'un requin suivait le navire et qu'il était accompagné de deux pilotes ; ces derniers firent plusieurs fois le tour du bâtiment et comme ils ne trouvèrent rien à leur convenance, ils s'efforcèrent

Fig. 13. — Ce poisson (le pilote), à l'air décidé, accompagne le requin dans ses promenades océaniques, mais plutôt en pique-assiette qu'en « dame de compagnie ».

d'attirer le squale autre part ; à ce moment, un matelot jeta un hameçon recouvert de lard. Les poissons s'étaient déjà assez éloignés, lorsque les pilotes, ayant entendu le bruit que l'appât fit en tombant à l'eau, revinrent vers le navire, flairèrent l'appât, puis retournèrent vers le requin qui prenait ses ébats à la surface des flots. Les pilotes conduisirent le requin à l'endroit précis où se trouvait le lard, mais ils lui rendirent un bien mauvais service, car le requin fut harponné ; deux heures après on captura un pilote qui n'avait pas encore quitté le navire. D'autres observateurs racontent des faits analogues. Mayer rapporte que le pilote nage habituellement devant le requin, qu'il reste en général abrité sous une de ses nageoires pectorales et qu'il s'en écarte brusquement à droite ou à gauche ; il revient ensuite fidèlement vers son ami. Un jour on jeta du navire sur lequel se trouvait Mayer un hameçon amorcé. Un requin accompagné d'un pilote suivait à la distance de quarante mètres environ. Le pilote fondit sur l'appât avec la rapidité de l'éclair, parut le goûter et retourna vers le requin ; il nagea plusieurs fois près de celui-ci et fit tout pour attirer le squale jusque vers l'appât ; dans cette circonstance même l'ami devient un traître, inconsciemment sans nul doute. Il est un fait certain, trop d'observateurs consciencieux racontent le fait, c'est qu'on rencontre très fréquemment, dans les mers chaudes, des pilotes accompagnant de grands squales, plus particulièrement le requin bleu ; il semble y avoir là une sorte de fait de commensalisme. On a prétendu que le pilote, se tenant toujours dans le voisinage du requin, recevait une protection efficace de la présence de ce redoutable compagnon ; que, trop faible pour se défendre, il n'était cependant guère attaqué: il est plus probable que le pilote se nourrit des bribes qui tombent de la gueule du requin et des nombreux crustacés qui, vivant en parasites, s'attachent sur le monstre. (Brehm.) Quant à ce dernier, il est probable qu'il trouve un avantage à ce voisinage, car, comment expliquer qu'il ne dévore pas les pilotes, lui qui est si peu difficile sur le choix de sa nourriture ?

Pour avoir terminé les faits de commensalisme connus chez les poissons, il nous suffira de citer le *Sphagebranchus imberbis*, qui vit dans le sac branchial de la baudroie, le *Cyclopterus lumpus* que l'on rencontre souvent fixé sur l'*Anarrhichas lupus*, le *Gobius fluviatilis* qui pond parfois ses œufs dans la chambre branchiale de divers unios et de l'*Anodonta complanata*, le *Fierasfer Homei* qui se loge dans la cavité du corps d'une astérie, la *Culcita discoïdea* et le *Fierasfer dubius*, rencontrés à plusieurs reprises entre les valves de l'huître perlière. Tous ces cas sont intéressants, mais demandent encore à être observés avec soin.

* *
*

Des pique-assiette peuvent, enfin, être observés chez les animaux, en dehors des groupes des oiseaux et des poissons.

Tout le monde connaît le bernard l'ermite (*fig.* 14), ce singulier crustacé de nos côtes, qui loge son abdomen mou dans les coquilles de mollusques. Ce pagure, ce crabe-soldat, comme on le désigne souvent, et sa maison sont le lieu de rendez-vous de toute une série de commensaux appartenant aux espèces les plus diverses du règne animal.

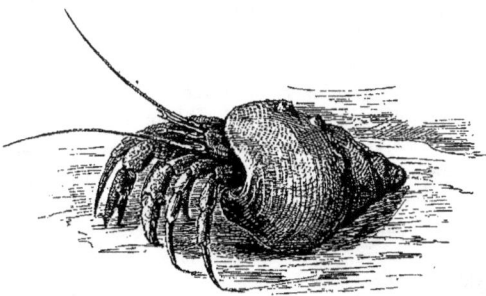

Fig. 14. — Le bernard l'ermite.
Un philosophe qui s'en va cahin-caha et héberge plusieurs pique-assiette, comme il est expliqué dans le texte.

L'un de ces commensaux est un animal très simple, l'hydractinie épineuse : on ne la rencontre jamais sur des coquilles vides ou encore pourvues de leur mollusque. La présence d'un bernard leur est indispensable. Leur organisation, sur laquelle nous allons jeter un coup d'œil, est cependant très bien comprise pour la lutte pour l'existence. Lorsqu'on examine une hydractinie à l'œil nu, c'est une masse gris-blanchâtre formant une croûte sur la coquille, mais seulement sur le dernier tour de spire, c'est-à-dire celui qui porte l'ouverture par où sort et rentre le bernard.

Fig. 15. — Les hydractinies.

Une heureuse famille où chacun a son rôle et le remplit au mieux pour la société, tout en se donnant coquettement de petits airs de fleur exotique.

Cette croûte solide se prolonge même en formant un bourrelet qui surplombe cette ouverture. De la croûte on voit émerger des sortes de polypes blanchâtres qui, lorsque l'animal est retiré de l'eau, s'affaissent les uns sur les autres et ne peuvent, par suite, être étudiés en détail. Pour ce faire, il faut placer la coquille dans de l'eau, et, autant que possible, s'armer l'œil d'une loupe. On aperçoit alors un spectacle des plus intéressants (*fig.* 15).

Disons de suite que l'hydractinie n'est pas un animal unique, mais une colonie d'animaux, se rendant des services mutuels : c'est du mutualisme dans la même espèce. La croûte est parcourue par de nombreux canaux qui mettent les individus les uns en rapport avec les autres. Par places, la croûte se soulève et forme des épines évidemment protectrices. Entre elles, s'élèvent les polypes proprement dits, variables en formes et en fonctions d'un point à un autre. Les uns s'élèvent de la croûte en augmentant peu à peu de diamètre, pour enfin aboutir à un orifice, la bouche. Au pourtour de celle-ci, il y a une couronne de tentacules chargés de capsules urticantes. La bouche donne accès dans un vaste estomac qui communique, à sa partie inférieure, avec les canaux de la croûte. Les polypes servent évidemment à nourrir la colonie ; les tentacules leur permettent de saisir les petites proies, la bouche, de les ingérer, l'estomac, de les digérer et les canaux, de distribuer les produits à toute la colonie. Ce sont les cuisiniers de l'association.

Tout à fait sur le bord de la coquille, on remarque des polypes de forme bizarre généralement arqués. Ceux-ci sont allongés, dépourvus de bouche et terminés par de gros paquets de capsules urticantes. Ces polypes s'agitent tantôt en avant, tantôt en arrière, tantôt à droite, tantôt à gauche. Il ne semble pas y avoir de doute

que ce soit là des polypes défenseurs de toute la colonie : leur agitation continuelle et leurs batteries de capsules urticantes les rendent particulièrement aptes à
cet exercice. C'est le gros de l'armée.

D'autres enfin, disséminés entre les polypes nourriciers, sont comme les précédents dépourvus de bouche ; mais ils en diffèrent au premier coup d'œil par des
sacs volumineux qui se montrent vers le milieu de leur longueur : ce sont des
polypes reproducteurs. Les vésicules qu'ils portent finissent par éclater et par
mettre en liberté de petites larves qui vont nager dans l'eau, puis se fixer sur une
coquille et donner naissance à une nouvelle colonie.

On peut donc, dit M. Edmond Perrier, se figurer une colonie d'hydractinies comme
une espèce de ville, dans laquelle les individus se sont partagé les devoirs sociaux et les
accomplissent ponctuellement. Les uns sont de véritables officiers de bouche, ils se
chargent d'approvisionner la colonie, ils chassent et mangent pour elle ; d'autres la
protègent ou l'avertissent des dangers qu'elle peut courir, ce sont les agents de police.
Sur les autres repose la prospérité numérique de l'espèce, et ils sont de trois sortes, à
savoir : les individus reproducteurs chargés de reproduire les bourgeons sexués, les
individus mâles et les individus femelles.

Le seul bénéfice que l'hydractinie retire de sa cohabitation avec le pagure, c'est
de se faire déplacer et d'avoir ainsi plus de chances de trouver de la nourriture.
Quant au pagure, il bénéficie certainement de la garde que montent les hydractinies
à la porte de sa demeure, mais il pourrait fort bien s'en passer : les bernards
l'ermite se portent aussi bien avec que sans commensal de cette espèce.

Dans le cas que nous venons de rapporter tout au long, le bénéfice mutuel n'est
pas très net. Il n'est pas plus manifeste dans l'association du pagure de l'espèce
Pagurus Prideauxii et d'une anémone de mer, l'*Adamsia*, qui s'installe sur la
coquille du premier. Malgré le volume énorme de cette anémone, de cette actinie,
le pagure la transporte partout avec lui et ne paraît pas incommodé par cette voisine dont les tentacules ressemblent aux cheveux d'une Vénus éplorée, ou mieux
aux serpents de la tête de Méduse. Ce cas est à rapprocher de celui d'un crabe, le
Melia tessellata, qui, dans chacune de ses pinces, tient une petite anémone de mer
dont il se sert, en guise d'arme, comme un moyen de défense contre ses ennemis.

A citer aussi comme commensal intéressant le clavigère, ce petit coléoptère qui
vit dans les fourmilières. Les fourmis lui donnent de la nourriture, en échange de
quoi, il se laisse lécher par elles et enlever la matière sucrée qui l'imbibe.

Quand au pinothère, ce petit crabe que l'on rencontre dans les moules et les
différents autres mollusques, son rôle dans l'association n'est pas bien élucidé. On
supposait autrefois qu'il pinçait la moule et l'engageait ainsi à fermer ses valves
quand un danger se présentait. Il n'en est rien : le pinothère vit là pour capturer au
passage les matières alimentaires que la moule destine à son estomac.

Un cas très net où un animal rend service à celui aux dépens duquel il vit est celui du ricin. Cet insecte (*fig.* 16) vit à la manière des parasites ordinaires dans la toison des mammifères et le plumage des oiseaux ; mais il n'est pas pourvu comme eux d'un dard lui permettant de sucer le sang. C'est qu'en effet, il se nourrit des débris épidermiques de la peau et des souillures qui tachent les poils et les plumes. Il joue donc par rapport à son hôte le rôle de perruquier et opère, pour ainsi dire, une « petite friction », chère au cœur et à... la bourse des garçons coiffeurs.

Les cas que nous venons de citer sont très nets. Il n'en va pas toujours de même. Souvent, lorsqu'on croit avoir affaire à un parasite, on n'a en réalité qu'un commensal et réciproquement. C'est le cas par exemple d'un ver, le néréilepas, qui vit dans les coquilles habitées par les bernards l'ermite. On croyait jusqu'ici que c'était un commensal du crustacé et qu'il débarrassait même ce dernier de ses excréments. Ainsi que j'ai eu le plaisir de le constater par des observations suivies, ce ver, avec un sans-gêne dont rien n'approche, vient véritablement retirer le pain de la bouche du bernard et lui enlever les meilleurs morceaux.

Fig. 16. — Ricin de pygargue.
Le perruquier des mammifères et des oiseaux.

C'est la nature humaine en petit !

CHAPITRE II

Les excentricités de l'appendice caudal.

Dans la constitution des êtres vivants, la nature est peu prodigue : tous les organes qu'elle crée ont, en général, une utilité bien évidente. Ses principes d'économie se manifestent nettement lorsque les nécessités ambiantes l'obligent à fabriquer un appareil nouveau ; on la voit alors transformer de préférence un organe déjà existant et d'importance secondaire, plutôt que d'en créer un de toutes pièces. De temps à autre cependant, on voit cette même nature se livrer à des débauches d'organes inutiles ou, tout au moins, à ce qu'il nous semble, d'une utilité bien restreinte ; c'est ce qui arrive pour la queue dont tant de mammifères sont pourvus et qui, dans les neuf dixièmes des cas, ne sert à rien. A moins qu'elle n'ait des vertus cachées que nous ne lui connaissons pas, on ne la voit pour ainsi dire jamais rendre des services importants à la bête. Dans un assez grand nombre de cas, toutefois, elle est très mobile et sert de « plumeau » pour chasser les mouches qui agacent les flancs de l'animal : le fait est bien connu chez les bœufs, les chevaux, les ânes, mais il est bien probable que ce n'est pas dans ce but un peu frivole que la queue, organe en somme très volumineux, a été créée. Dans quelques cas aussi, surtout lorsqu'elle est très longue, elle paraît utile pour assurer la stabilité de l'animal ; un chat auquel on a coupé la queue est manifestement inférieur à un chat pourvu de son appendice caudal, pour courir le long des gouttières ou sur le faîte des toits : la queue, dans ce cas, joue le rôle du balancier que le danseur de corde incline, tantôt à droite, tantôt à gauche, pour déplacer son centre de gravité. On peut d'ailleurs remarquer que la queue est en général plus fournie chez les animaux grimpeurs (exemple : écureuil) que chez les espèces qui ne courent que sur le sol (exemple : lièvre).

Fig. 17. — Singe à queue prenante.
Un habile gymnasiarque, singulièrement aidé d'ailleurs dans ses exercices acrobatiques par ses cinq membres

Si, dans les cas que nous venons de citer, l'utilité de la queue n'est pas claire comme de l'eau de roche, il en est d'autres, assez restreints il est vrai, où cette utilité ne fait pas de doute ; mais, dans ces cas, l'adaptation est si particulière, qu'on peut la considérer comme un de ces organes « nouveaux » dont je parlais plus haut. C'est le cas, notamment, des singes américains, dont la queue est « prenante », c'est-à-dire peut s'enrouler autour des branches et faire véritablement l'office d'un cinquième membre. On les voit même souvent suspendus exclusivement par la queue (*fig* 17), se balancer, puis lâcher prise au moment voulu, de manière à être projetés au loin. telle une pierre lancée par une fronde. Quand les singes sautent d'un arbre à un autre, la possession d'une queue prenante augmente les chances qu'ils ont de se cramponner à une branche et de ne pas tomber à terre. Pour remplir cet office, on comprend qu'il faille que l'appendice caudal soit très fort et très résistant. Les singes se livrent grâce à lui à toutes sortes de jeux : ils se suspendent les uns aux autres des plus hautes branches jusqu'à terre, ou forment une chaîne d'un arbre à un autre, se balançant, grimpant comme des acrobates, pour fuir un instant après comme des éclairs quand un bruit insolite vient à se produire.

On trouve encore des queues prenantes chez des espèces n'ayant rien de si-miesque, par exemple : les kinkajous; l'opossum, qui reste suspendu par la queue pendant des heures entières ; les jeunes philanders qui, par leur appendice caudal qui

Fig. 18.   Le philander énée et sa progéniture.
Une maman qui a trouvé un ingénieux procédé pour jouer « à dada » avec ses petits.

s'enroule autour de la queue de la mère, peuvent se tenir sur le dos de celle-ci (*fig*. 18) ; le phalanger renard, auquel sa queue rend de grands services et qui ne fait guère un pas sans s'être, au préalable, fixé avec cet organe; la gentille souris naine qui confectionne de si jolis nids sphériques et le chétomys sub-épineux.

* *
*

Au rang des queues curieuses, il faut aussi citer celle du lion :

Parmi les locutions métaphoriques empruntées aux habitudes du lion, il en est une

qui s'emploie fréquemment dans le langage familier : on dit qu'un homme se bat les
flancs pour faire une chose difficile, ce qui signifie qu'il s'excite par des moyens artificiels à
agir d'une manière peu conforme à ses goûts, à ses dispositions ou à ses habitudes. Pour
comprendre l'origine de cette manière de parler, il faut se rappeler que la colère, quand
elle n'est pas accompagnée de frayeur, se manifeste dans les premiers moments par des
mouvements d'impatience. C'est ce qui se remarque chez les animaux comme chez
l'homme ; chez le lion, c'est surtout la queue qui s'agite et se porte d'un côté à l'autre,
avec une vitesse et une violence d'autant plus grandes que l'irritation est plus vive. On
semble avoir pris l'effet pour la cause et avoir supposé que le lion, lorsqu'il recevait une
injure, avait besoin, pour sortir de son calme habituel et punir l'agresseur, de s'exciter par
une douleur physique. L'image du lion battant ses flancs de sa queue se trouve déjà dans
Homère, qui, peut-être, l'avait empruntée à des poètes plus anciens ; mais c'est Lucain
qui, le premier, y a vu l'intention dont nous venons de parler : Pline prit au sérieux
l'expression de Lucain, et son assertion fut répétée par beaucoup de ceux qui puisèrent
ensuite dans sa vaste compilation. Aucun de ces écrivains, cependant, n'avait indiqué dans
la queue du lion une disposition singulière qui pouvait donner un peu de probabilité à
l'étrange opinion qu'ils soutenaient. La découverte de cette particularité était réservée à
Didyme d'Alexandrie, un des premiers commentateurs de l'*Iliade* ; il trouva à l'extrémité
de la queue, et caché au milieu des poils, un ergot corné, une sorte d'ongle pointu, et il
supposa que c'était là l'organe qui, lorsque le lion au moment du danger agitait violemment sa queue, lui piquait les flancs à la manière d'un éperon et l'excitait à se jeter sur ses
ennemis. L'observation du commentateur fut traitée avec le plus profond mépris par les
naturalistes modernes, et ils ne la jugèrent même pas digne d'une réfutation. Personne
n'y songeait plus lorsque Blumenbach fut conduit, par hasard, à reconnaître l'exactitude
du fait. A une époque postérieure, Deshayes a retrouvé l'ergot sur un lion et une lionne
morts tous deux à la ménagerie du Muséum de Paris. Cet ongle est fort petit, ayant à
peine trois lignes de hauteur ; il est adhérent seulement à la peau et il s'en détache sans
beaucoup d'effort ; aussi ne le trouve-t-on pas d'ordinaire sur les lions empaillés que
l'on conserve dans les Muséums. (Brehm.)

Mais à quoi peut bien servir cet ongle du bout de la queue ?

*
* *

La queue n'a pas besoin pour être utile de s'agiter ; elle peut rendre des services
tout en restant au repos ; c'est ce qui
est bien manifeste chez les kanguroos,
qui s'appuient sur elle ; cette queue est
d'ailleurs plus longue et plus charnue
que chez aucun autre mammifère de
même taille, avec des muscles très
vigoureux.

Leur allure, telle qu'on la voit quand ils
sont à paître, est un saut lourd et maladroit.
L'animal appuie toute la main sur le sol et
place ses pattes de derrière près de celles de
devant, et même entre elles. Il s'appuie en
même temps sur sa queue ; mais cette
position est trop fatigante pour qu'il la
garde longtemps. Pour arracher les plantes,

Fig. 19. — Une queue qui, sans en avoir l'air,
est très utile au kanguroo, qu'elle transforme en un trépied.

il s'assied sur la queue et les pattes de derrière (*fig.* 19), en laissant retomber ses membres antérieurs, et lorsqu'il en a pris une, il se redresse pour la manger. Son corps paraît alors se reposer sur un trépied dont les branches seraient formées par les membres de derrière et par la queue. Très rarement, on le voit se tenir sur trois pattes à la fois et sur la queue ; il ne prend cette attitude que lorsqu'il a à faire quelque chose sur le sol avec une de ses mains. Quand il est à demi rassasié, il se couche à terre, les jambes de derrière étendues. Lui prend-il fantaisie de manger, il reste couché, se soulève seulement un peu et s'appuie sur ses courtes pattes de devant. Pour dormir, les petites espèces prennent la même posture que les lièvres au gîte ; ils s'asseyent sur leurs quatre pattes, la queue étendue en arrière ; cette position leur permet de prendre rapidement la fuite. Au moindre bruit, le kanguroo se lève, surtout le mâle adulte, et regarde tout autour de lui, en se dressant sur la pointe des pieds. Aperçoit-il quelque chose de suspect, il se hâte de prendre la fuite. Alors se montre toute son agilité. Il saute exclusivement sur ses pattes de derrière, et fait des bonds comme nul autre animal. Il ramasse ses jambes de devant contre sa poitrine, étend sa queue en arrière, fléchit, puis étend brusquement avec toute la force de ses muscles fémoraux ses membres postérieurs longs et grêles, et file dans l'air comme une flèche, en décrivant une courbe. Quelques-uns, en sautant, tiennent leur corps dans une position horizontale, les autres dans une position oblique, les oreilles étant ordinairement couchées. Lorsque rien ne le trouble, le kanguroo fait de petits bonds de 2 mètres et demi de long, mais s'il est effrayé, ses sauts sont deux et trois fois plus grands. Dans ce mode de locomotion, le pied droit précède un peu le pied gauche. A chaque bond, il lève et abaisse sa queue et cela d'autant plus que le bond est plus vigoureux. Il change de direction en faisant deux ou trois petits bonds ; la queue ne paraît donc pas lui servir de gouvernail. (Brehm.)

Des queues complétant le « trépied » avec les pattes de derrière se rencontrent plus ou moins nettement chez diverses espèces voisines des kanguroos, entre autres l'halmature thétis, le lagorcheste léporoïde, le pétrogale pénicillé.

*

Pas banale, non plus, la queue du castor, transformée en une large palette couverte d'écailles. On croyait autrefois, vu sa forme, que l'animal s'en servait comme d'une truelle pour édifier ses huttes; c'était même devenu une expression populaire : « le castor construit avec sa queue ». On sait aujourd'hui que celle-ci ne sert qu'à la natation. Le castor s'asseoit aussi dessus quand il ronge le tronc des arbres.

*

Chez les desmans, les solénodons, les souris, les rats, la queue, longue et flexible, est annelée, écailleuse et à peine garnie de poils, ce qui lui donne vaguement l'air d'un serpent ou d'un ver. On ne voit pas trop à quoi elle peut leur servir, sauf de gouvernail quand l'animal nage, ou, comme je l'ai déjà dit, d'organe d'équilibre. Mais, si l'on en croit Romanes, les rats en feraient un singulier usage. Nous allons reproduire le passage du célèbre naturaliste et lui laisser la responsabilité de l'assertion.

Voici d'abord en quoi cet expédient consiste, d'après Watson : on a vu des rats puiser de la manière suivante l'huile d'une bouteille à col étroit : l'un d'eux choisit quelque point d'appui commode, près de la bouteille, pour s'y établir, puis il plonge sa queue dans l'huile et la donne à lécher à son compagnon. Pareil acte dénote plus que de l'instinct ; il implique du raisonnement et de l'intelligence.

Jesse, de son côté, raconte qu'une boîte ouverte, contenant des bouteilles d'huile de Florence, avait été placée dans un magasin où l'on n'entrait que rarement. Un jour que le propriétaire était venu chercher une bouteille, il s'aperçut que des morceaux de vessies et de coton, qui servaient de bouchons, avaient disparu et que l'huile avait beaucoup baissé dans les bouteilles. Voulant en avoir le cœur net, il remplit de nouveau quelques-unes des bouteilles et eut soin de les boucher, comme la première fois. Le lendemain matin, les bouchons avaient disparu, ainsi qu'une portion de l'huile. Alors, il se mit à guetter par une lucarne, et il vit des rats se glisser dans la boîte, introduire leurs queues dans le col des bouteilles (*fig.* 20), les retirer et lécher les gouttes d'huile qui y adhéraient.

Fig. 20. — Rats arrivant à prendre avec leur queue du sirop de groseille et de la confiture. Ce qui prouve qu'avec un peu d'astuce on se tire toujours d'affaire.

Enfin Rodwell cite un exemple semblable, sauf qu'au lieu de lécher la queue de son voisin, chaque rat léchait la sienne :

... Quant à l'expérience fort simple au moyen de laquelle je vérifiai l'exactitude de ces faits, j'en fis part au journal « Nature », dans les termes suivants :

M'étant procuré deux bouteilles au col étroit et tant soit peu court, je les remplis de gelée de groseille à moitié liquide, jusqu'à trois pouces de l'orifice, que je recouvris d'un morceau de vessie ; puis je les mis dans un endroit infesté de rats. Le lendemain matin, chaque morceau de vessie se trouvait percé d'un petit trou au centre, et le niveau de la gelée avait baissé également dans les deux bouteilles. Or, comme la distance de l'orifice à la surface correspondait à peu près à la longueur d'une queue de rat passée par les trous en question, et comme d'ailleurs ces trous n'étaient guère plus grands que la racine de cet appendice, il semble qu'il soit assez prouvé que les rats s'étaient procuré de la gelée en y plongeant leur queue et en la léchant ensuite. Mais pour tirer la chose plus au clair, je remplis de nouveau les bouteilles de manière à exhausser d'un demi-pouce le niveau de la gelée dont je recouvris la surface d'une rondelle de papier mouillé Puis, ayant bouché les orifices avec des morceaux de vessie comme auparavant, je plaçai les bouteilles dans un endroit où il n'y avait ni rats ni souris. Quand je vis dans l'une d'elles une couche épaisse de moisissure à la surface du papier qui recouvrait la gelée, je la remis à portée des rats, et le lendemain je pus constater que la peau de vessie avait été rongée d'un côté de l'orifice et que la couche de moisissure portait de nombreuses empreintes, tracées par le bout des queues des rats, comme par l'extrémité d'un porte-plume. Évidemment, ils s'étaient évertués à trouver dans la rondelle de papier un trou où leurs queues pussent passer.

* * *

L'appendice caudal des rats peut parfois leur être nuisible ; à cette question se rattache celle vraiment curieuse, et au premier chef, du *roi-de-rats* (*fig.* 21). Comme on pourrait croire que j'invente, j'aime mieux citer des « autorités ».

Fig. 21. — Un roi-de-rats.
Ces infortunés rongeurs réunis par la queue ne se livrent pas à un jeu particulier, mais, au contraire,
voudraient bien s'en aller.

En liberté, les rats, dit Brehm, sont quelquefois sujets à une maladie des plus curieuses. Un grand nombre se soudent par la queue et forment ainsi ce que le vulgaire a nommé un *roi-de-rats*, dont l'imagination faisait autrefois un être bien différent de ce qu'il est en réalité. On croyait que le roi-de-rats, orné d'une couronne d'or, trônait sur un groupe de rats entrelacés, et gouvernait tout l'empire souriquois. Ce qui est positif, c'est que parfois un grand nombre de rats se soudent ensemble par la queue, et que, ne pouvant se mouvoir, ils sont nourris par leurs semblables. La cause de ce fait curieux nous est encore inconnue On croit que c'est une exsudation particulière de la queue qui maintient ces organes collés ensemble. A Altenbourg, on conserve un *roi-de-rats*, formé par vingt-sept individus. A Bonn, à Schnepfenthal, à Francfort, à Erfurth, à Lindenau, près de Leipzig, on a trouvé de pareils groupes.

Il est possible que de pareilles réunions soient plus communes qu'on ne le croit généralement; cependant on en voit très rarement dans les collections. A la vérité, les gens du peuple sont tellement superstitieux à l'endroit du roi-de-rats, qu'ils s'empressent de le détruire quand ils en rencontrent.

Lenz en donne un exemple. A Dœllstedt, village à deux milles de Gotta, on trouva en même temps deux rois-de-rats, en décembre 1822. Trois batteurs en grange entendirent un léger piaulement dans la grange du forestier; ils cherchèrent avec l'aide du domestique, et virent qu'une partie était creuse. Dans la cavité se tenaient quarante-deux rats vivants. Cette cavité avait été probablement faite par eux; elle avait environ 15 centimètres de profondeur; on ne voyait aux alentours ni excréments ni débris de nourriture. Elle était d'un accès facile surtout pour des rats, et restait couverte de paille toute l'année. Le domestique retira les rats qui ne voulaient ou ne pouvaient quitter leur demeure. Les quatre hommes virent alors avec horreur vingt-huit de ces rats attachés par la queue et formant un cercle autour du nœud; les quatorze autres présentaient la même disposition.

Ces quarante-deux rats paraissaient tous souffrir de la faim et piaulaient continuellement; du reste, ils paraissaient bien portants. Ils étaient tous de même grandeur, et, d'après leur taille, on pouvait conclure qu'ils étaient nés le printemps précédent. Leur couleur était celle des rats ordinaires. Aucun ne paraissait mort. Ils étaient très tranquilles et supportaient paisiblement tout ce que leur faisaient les hommes qui les trouvèrent. Les quatorze rats furent portés vivants dans la chambre du forestier, où arrivèrent bientôt une foule de gens, curieux de voir cette monstruosité. Quand la curiosité publique fut satisfaite, les batteurs les transportèrent en triomphe dans la grange, et les tuèrent à coups de fléau. Ils prirent ensuite deux fourches, les en transpercèrent, tirèrent de toutes leurs forces en sens opposés, et sous cet effort trois rats se séparèrent du groupe. Leur queue n'en fut point arrachée; elle paraissait intacte, et montrait seulement l'empreinte des autres queues à la façon d'une courroie qui aurait été longtemps serrée par une autre.

M. Oustalet a signalé tout récemment la découverte d'un roi-de-rats par M. Henri Richer, avoué à Châteaudun. Il était composé de sept rats rattachés les uns aux autres par leurs queues dont les extrémités étaient entrelacées ou plutôt nouées. Ils avaient été trouvés dans cet état à Courtelaine, au mois de novembre 1899; ils ont été donnés par M. Henry Lecomte au musée de Châteaudun. Chaque rat mesurait dix centimètres de la naissance de la queue au bout du museau.

Un roi-de-rats trouvé à Lindenau, près de Leipzig, a donné lieu à un procès qui équivaut à une véritable observation zoologique. Voici le rapport de ce curieux procès.

Le 17 janvier 1774, se présente, devant le tribunal de Leipzig, Christian Kaiser, meunier à Lindenau, il déclare : que le mercredi d'auparavant il a trouvé dans un moulin de Lindenau un roi-de-rats, formé de seize individus attachés par la queue, et qu'il a tués parce qu'ils voulaient sauter sur lui;

Que Jean-Adam Fasshauer, de Lindenau, est venu demander à son maître, Tobias Jaegern, meunier à Lindenau, ce roi-de-rats, disant qu'il voulait le peindre; que depuis il ne l'a plus rendu; qu'il a gagné, avec, beaucoup d'argent. Il prie en conséquence le tribunal de condamner Fasshauer à lui rendre son roi-de-rats, l'argent qu'il a gagné, et aux frais du procès.

Le 22 février 1774, comparaît de nouveau devant le tribunal Christian Kaiser, garçon meunier, et dépose : il est parfaitement vrai que le 12 janvier j'ai trouvé dans le moulin de Lindenau un roi-de-rats formé de seize individus. Ce jour, ayant entendu du bruit dans le moulin, près d'un escalier, je montai et vis quelques rats regarder sous une poutre, je les tuai avec un bâton. J'appliquai ensuite une échelle à l'endroit pour voir s'il y avait encore des rats et je trouvai le roi-de-rats que je tuai sur place à coups de hache. Seize rats étaient entrelacés, quinze par la queue, le seizième était retenu par sa queue entortillée dans les poils du dos de l'un des quinze premiers. En tombant de la poutre où ils étaient, aucun ne se détacha, plusieurs vécurent encore quelque temps, mais sans pouvoir se détacher. Ils étaient entrelacés si solidement que je crois qu'il eût été impossible de les détacher, si ce n'est à grand'peine.

Voici maintenant le rapport du médecin, joint, sur le réquisitoire du tribunal, à l'exposé des motifs.

Afin de déterminer ce qu'il y avait de vrai au milieu des fables qu'on raconte au sujet du roi-de-rats, je me suis rendu le 16 janvier à Lindenau.

A l'auberge du Cor de poste, dans une chambre froide, je vis sur la table seize rats morts, dont quinze avaient les queues réunies en un gros nœud ; quelques-unes de ces queues étaient prises dans le nœud jusqu'à 1 ou 2 pouces du tronc. Les têtes étaient dirigées vers la périphérie, les queues vers le centre, le nœud occupait ce centre. A côté de ces rats était couché le seizième, lequel, au dire du peintre Fasshauer, qui était présent, avait été détaché d'avec les autres par un étudiant.

Je n'adressai pas de longues questions : du reste, aux nombreux curieux qui venaient prendre des informations sur cet étrange phénomène, on faisait les réponses les plus discordantes et les plus ridicules ; j'examinai seulement le corps et les queues des rats, et trouvai :

1° Que tous les rats avaient la tête, le tronc et les pattes à l'état normal ;

2° Qu'ils étaient les uns gris cendré, les autres un peu plus foncés, les autres presque noirs,

3° Que quelques-uns avaient la grandeur d'une bonne palme ;

4° Que leur grosseur était proportionnée à leur longueur ; ils paraissaient plutôt maigris qu'engraissés ;

5° Que leurs queues avaient une longueur d'un quart ou d'une demi-aune de Leipzig. un peu plus ou un peu moins ; elles étaient un peu sales et humides.

J'essayai de soulever avec un morceau de bois le nœud et les rats, je vis qu'il me serait très difficile de séparer les queues enroulées ; j'en fus d'ailleurs empêché par le peintre qui était présent. J'avais parfaitement vu sur le seizième rat que la queue n'avait nullement souffert, qu'elle tenait à l'animal et devait avoir été facilement détachée. Après mûr examen, je me suis parfaitement convaincu que ces sujets rats ne formaient point un roi-de-rats d'une seule pièce, mais que c'étaient seize rats différents de grandeur, de force, de couleur, et, à mon avis, d'âge et de sexe. Voici comment je suppose qu'a pu avoir lieu cette réunion. Par les grands froids qu'il faisait quelques jours avant la découverte de ce rassemblement, ces animaux s'étaient blottis dans un coin, pour chercher ainsi à se réchauffer mutuellement, ils avaient pris évidemment une position telle que leurs queues étaient tournées vers l'ouverture de leur trou, et la tête vers l'endroit le plus protégé. Dans cette position, les excréments des rats placés au-dessus étant tombés sur les queues de ceux qui étaient au-dessous, n'ont-ils pas pu se geler et maintenir les queues ensemble ? N'est-il pas possible que ces rats, ayant aussi la queue gelée, quand ils voulurent chercher leur nourriture, ne purent se débrouiller, et par leurs efforts causèrent un tel entrelacement qu'ils ne purent plus se défaire, même en danger de mort ?

Sur la réquisition du tribunal, j'ai exposé ainsi et mon opinion et ce que j'ai observé, en compagnie du sieur Eckalden ; en foi de quoi, j'ai signé de ma propre main.

Au lecteur à se faire une opinion sur cette bizarrerie de la nature.

* *
*

Chez beaucoup d'animaux la queue ne s'agite qu'assez peu ; elle pend ou traîne derrière eux. Chez d'autres, les chiens notamment. elle acquiert une mobilité assez grande et traduit leurs émotions d'une manière remarquable. Darwin a fait, à ce sujet, quelques remarques fort exactes :

Lorsqu'un chien en approche un autre avec des intentions hostiles (*fig.* 22), les oreilles se dressent, le regard se dirige fixement en avant, le poil se hérisse sur le cou et le dos, l'allure est remarquablement raide, la queue est levée en l'air et rectiligne. La position relevée de la queue semble dépendre d'un excès de puissance des muscles élévateurs sur les muscles abaisseurs, excès qui aurait naturellement pour effet de placer cet organe dans la situation verticale, lorsque tous les muscles de la partie postérieure du corps sont contractés. On ne peut toutefois affirmer que cette explication soit l'expression de la vérité. Un chien joyeux, trottant devant son maître avec une allure gaie et alerte, porte généralement la queue en l'air, mais avec beaucoup moins de raideur que lorsqu'il est irrité.

Fig. 22. — Un chien pas content, ainsi qu'en témoigne sa queue dressée d'un air menaçant.

Fig. 23. — Un chien joyeux et — la bonne bête — manifestant son affection pour son maître dont il attend les caresses.

Lorsqu'un chien manifeste son affection pour son maître (*fig.* 23), la tête et le corps entier s'abaissent et se contournent en un mouvement flexueux ; la queue est étendue et se balance d'un côté à l'autre. Lorsqu'un homme parle simplement à son chien ou qu'il lui donne une marque d'attention, on voit les derniers vestiges de ces mouvements dans le balancement de la queue, qui persiste seul et ne s'accompagne même pas de l'abaissement des oreilles.

Un chien abattu et désappointé abaisse la tête, les oreilles, le corps, la queue, la mâchoire ; son regard devient terne.

La frayeur, même à un très faible degré, se manifeste invariablement par la position de la queue, qui se cache entre les jambes. En même temps les oreilles se portent en arrière, mais sans s'appliquer exactement contre la tête et sans s'abaisser, mouvements qui se produisent, le premier quand le chien grogne, le second quand il est joyeux ou qu'il veut témoigner son affection. Lorsque deux jeunes chiens se poursuivent en jouant, celui qui fuit devant l'autre cache toujours sa queue entre ses jambes. La même attitude est prise par le chien qui, au comble de la joie, tournoie comme un fou autour de son maître, en décrivant des circonférences ou des huit de chiffre ; il agit alors comme s'il était poursuivi par un autre chien. Cette façon singulière de jouer, bien connue de tous ceux qui ont observé cet animal, est particulièrement fréquente lorsqu'il a été un peu surpris ou effrayé, par exemple quand son maître se jette brusquement sur lui dans l'obscurité. Dans ce cas, aussi bien que lorsque deux jeunes chiens se poursuivent l'un l'autre en jouant, il semble que le poursuivi craigne d'être saisi par la queue. Il semble aussi que le chien poursuivi, ou en danger d'être frappé par derrière, ou exposé à la chute d'un objet quelconque, veuille retirer aussi rapidement que possible tout son arrière-train ; et que, par suite de quelque sympathie ou de quelque connexion entre les muscles, la queue se retire alors complètement en dedans et se cache entre les jambes. Un mouvement analogue, intéressant à la fois l'arrière-train et la queue, peut se constater chez l'hyène.

Les queues des chiens, d'ailleurs, ont mille formes et n'ont pas toutes la même « expressibilité ». Rappelons seulement les profondes différences qu'il y a entre les queues filiformes des lévriers, les queues en pointe si mobiles des chiens de chasse, les queues si « empanachées » du dogue du Thibet, du Saint-Bernard, du Terre-Neuve, les queues sans expression, mais si jolies des épagneuls, les longues queues des colleys, etc.

***

Remarquable aussi, — mais à un point de vue bien spécial. — la queue du yack, animal aussi cornu que poilu, et que l'on élève sur les hauts plateaux du Thibet. Cette queue est en effet la partie la plus précieuse de leur individu et les indigènes en ont fait l'emblème de la guerre.

Les queues blanches, surtout, dit Brehm, sont très estimées. Nicolo di Conti rapporte que les poils de la queue sont vendus au poids de l'argent, qu'on en fait des chasse-mouches pour les rois et les dieux. On les enchâsse dans des montures d'or et d'argent, et l'on en orne les chevaux et les éléphants. Les hauts dignitaires en portent à leurs lances comme indice de leur rang. Les Chinois les teignent en rouge vif, et en font des panaches pour leurs chapeaux d'été. Belon dit qu'une de ces queues coûte de 4 à 5 ducats, et qu'elle augmente de beaucoup la valeur du harnachement d'un cheval. Dans tout le Levant, on s'en sert comme de chasse-mouches, et cela depuis les temps les plus reculés. Elien en fait déjà mention. Ces queues sont l'objet d'un commerce très répandu et très lucratif. Plus les poils en sont longs, fins et brillants, plus les queues ont de valeur. Les queues noires sont moins recherchées et ont moins de prix que les blanches.

On comprendra un peu ce fétichisme lorsqu'on saura que les Kalmouks et les Mongols croient que, seules, les âmes des hommes de bien vont dans les corps de ces animaux.

*
* *

Pour mémoire signalons encore la queue profondément transformée en une nageoire horizontale chez les cétacés — nous nous occuperons de ces intéressants animaux dans un autre chapitre, — et la queue, transformée en une énorme poche graisseuse qui pend jusqu'à terre, d'une manière même assez peu appétissante,

Fig. 24. — Une queue exempte de banalité. Remplie de graisse, elle est un des plus beaux ornements (?) de certains moutons africains.

chez certaines races de moutons africains (*fig.* 24), poche qui, non seulement ne semble leur servir à rien, mais doit même les gêner dans leur marche.

Remarquons, en terminant, qu'un certain nombre de mammifères ne possèdent presque pas trace de queue, alors que des espèces voisines en ont de fort belles : c'est le cas du gorille, du chimpanzé, de l'orang-outang, des gibbons, du chat de l'île de Man, etc.

D'autres, enfin, en ont si peu que ce n'est pas la peine d'en parler, le hérisson, les ours, le phascolome, les agoutis, par exemple : c'est une excentricité à rebours. Alcibiade la connaissait bien, lui qui coupa la queue de son chien pour qu'on parlât de lui.

CHAPITRE III

Les bêtes à l'attitude bizarre.

On dit qu'il n'y a pas de règle sans exception et cet adage ne saurait mieux s'appliquer qu'à l'histoire naturelle. La nature aime l'imprévu — ce livre est écrit tout exprès pour le démontrer, — et c'est ce qui rend le charme de son étude si attrayant. Une des exceptions les plus bizarres que l'on puisse signaler est certainement la position de certaines bêtes par rapport au sol. Chez les innombrables animaux qui peuplent la surface du globe, la face ventrale est tournée vers la terre, tandis que le dos regarde le ciel. Or, il est quelques espèces, très peu nombreuses il est vrai, où cette orientation est renversée sans qu'on puisse savoir quels bénéfices elles en retirent.

Le plus net des exemples à citer, et aussi l'un des plus intéressants par la facilité avec laquelle on peut le vérifier, est celui de la larve de la cétoine, ce beau coléoptère mordoré, vert métallique aux reflets bronzés, qui hante les fleurs les plus belles, les roses notamment. L'insecte parfait est fort joli, mais sa larve est dépourvue de toute valeur esthétique. C'est un gros ver ventru, bedonnant, gras à lard, et ressemblant tout à fait à une larve de hanneton (vulgo : ver blanc); comme ce dernier d'ailleurs, elle a la désagréable habitude de manger les racines des plantes potagères et de causer parfois de véritables désastres dans les plantations de légumes ou de fraisiers. Chacun de ses anneaux se plisse sur le dos en trois bourrelets recouverts de cils fauves et raides comme ceux d'une brosse. A la face ventrale, se trouvent aussi quelques cils plus courts et trois paires de pattes, peu dégourdies il est vrai, mais développées normalement; nombre d'autres larves ne sont pas mieux pourvues qu'elle sous ce rapport.

Fig. 25. — Les insectes ont parfois des idées fantasques. Voyez un peu ces larves de cétoines qui marchent sur le dos et les pattes en l'air !

Cette larve, qui semble faite pour marcher sur ses pattes comme les autres insectes, a pris la singulière habitude de progresser sur le dos (*fig.* 25), le ventre en l'air, et par suite, les pattes gigotant dans le vide. Elle marche par des mouvements de contraction de ses anneaux, mouvements qui deviennent ambulatoires par suite des cils qui prennent appui sur le sol. Rien de plus étrange que cette gymnastique à rebours quand on la voit pour la première fois : on croit la larve atteinte de démence momentanée, mais si on la met sur le ventre, elle se retourne immédiatement sur le dos et se met à fuir de toute la vitesse non de ses pattes, mais de ses cils.

Ce renversement du mode ambulatoire, dit J.-H. Fabre, lui est tellement particulier qu'il suffit à lui seul, aux yeux les plus inexperts, pour reconnaître aussitôt la larve de cétoine. Fouillez l'humus que forme le bois décomposé dans les troncs caverneux des vieux saules, cherchez au pied des souches pourries ou dans les amas de terreau, s'il vous tombe sous la main quelque ver grassouillet qui marche sur le dos, l'affaire est sûre : votre trouvaille est une larve de cétoine. Cette progression à l'envers est assez rapide et ne le cède pas en vitesse à celle d'une larve de même obésité cheminant sur des pattes. Elle lui serait même supérieure sur une surface polie, où la marche pédestre est entravée par de continuels glissements, tandis que les nombreux cils des bourrelets dorsaux y trouvent appui nécessaire en multipliant les points de contact. Sur le bois raboté, sur une feuille de papier et jusque sur une lame de verre, je vois mes larves se déplacer avec la même aisance que sur une nappe de terreau. En une minute, sur le bois de ma table, elles parcourent une longueur de deux décimètres. Sur une feuille de papier cloche, deux décimètres encore. La vitesse n'est pas plus grande sur un lit horizontal de terreau tamisé. Avec une lame de verre, la distance parcourue se réduit de moitié. La glissante surface ne paralyse qu'à demi l'étrange locomotion.

*

Le monde aquatique eût été jaloux si, lui aussi, n'avait eu son insecte condamné à vivre le ventre en l'air. La nature ne l'a pas voulu et lui a donné les notonectes (*fig.* 26), jolis hémiptères aux couleurs fraîches et brillantes, tout de velours habillés, que l'on rencontre dans toutes les mares. Ces notonectes, dont la forme rappelle un peu celle d'une barque, nagent toujours le ventre en l'air et le dos en bas.

Une région dorsale relevée en dos d'âne ou de carène arrondie, et revêtue d'un velouté qui la rend imperméable, des franges fines et nombreuses qui garnissent soit les pattes postérieures, soit les bords de l'abdo-

Fig. 26. — Drôle d'idée de nager — toute la vie —
le ventre en l'air !
Les notonectes semblent cependant s'y complaire...

men et du thorax, soit enfin, en double rangée, une légère crête médiane de la paroi ventrale, et qui s'étalent ou se ploient au gré de l'insecte, comme de véritables nageoires, favorisent et cette attitude en supination et la prestesse des mouvements natatoires de la notonecte. Puisque la nature, qui semble souvent se faire un jeu de produire des exceptions bizarres qui attestent l'immensité de ses ressources, avait condamné cet animal à passer sa vie dans une posture renversée, il fallait bien. pour le maintien de son existence, qu'elle lui donnât une organisation en harmonie avec cette attitude ; c'est aussi dans ce but que la tête est fortement inclinée sur la poitrine ; que les yeux, de forme ovalaire, peuvent exercer la vision en haut et en bas ; que les pattes antérieures, ainsi que les intermédiaires, agiles et arquées, uniquement destinées à la préhension, peuvent se débander en quelque sorte, à la faveur des hanches allongées qui les lient au corps, et accrochent solidement leur proie avec les griffes robustes qui terminent leurs. tarses. (L. Dufour.)

Les notonectes respirent par l'extrémité postérieure de leur abdomen qu'elles viennent étaler à la surface de l'eau, où elles semblent comme suspendues. Mises à terre, elles sautillent, mais dans une position normale, c'est-à-dire sur le ventre.

Les larves des notonectes ont les mêmes mœurs que les adultes ; leur couleur est vert jaunâtre et leurs ailes sont absentes. Elles changent plusieurs fois de peau et leur dépouille conserve elle-même la position renversée qui leur donne un aspect si singulier.

*　*

Rappelons aussi l'attitude de certains mammifères du groupe des édentés (les

Fig. 27. — Vous croyez avoir des fruits devant les yeux ? Non ! Ce sont de gentilles petites perruches qui ont pris — je ne sais pourquoi — l'habitude de vivre ainsi la tête en bas.

paresseux, notamment), qui passent la plus grande partie de leur existence suspendus aux branches par les pattes, le dos tourné vers le sol, ainsi que celle du rémora, qui a déjà honorablement figuré dans nos animaux « pique-assiette », et du poisson connu sous le nom de tetraodon, qui nage habituellement le dos tourné vers le fond de la mer.

*
* *

Mais pour avoir terminé ce qui a trait aux animaux ayant une attitude singulière, il nous faut encore dire quelques mots de gentilles petites perruches de l'Inde et des Philippines, les « perruches-suspendues » (*Poriculus*) qui, par une bizarrerie vraiment singulière, se tiennent presque constamment la tête en bas, accrochées par les pattes aux branches des arbres (*fig.* 27). A les voir ainsi, on les prendrait pour des fruits du plus beau vert, d'autant plus qu'elles ont l'habitude de se réunir à plusieurs pour faire la sieste sur le même arbre. Elles passent presque toute leur existence à dormir ; mais lorsqu'elles se réveillent — ce qui leur arrive environ une fois par jour, — elles témoignent d'une grande activité, se répandant dans les environs pour sucer le jus des fruits ou le nectar des fleurs.

Leur position de repos rappelle beaucoup celle de certaines chauves-souris, et nous devrions parler de celles-ci tout à côté d'elles ; mais leurs particularités sont tellement remarquables que nous allons leur consacrer un chapitre spécial.

CHAPITRE IV

Chauves-souris, reines des nuits...

Je suis oiseau, voyez mes ailes !
Je suis souris, vivent les rats !
LA FONTAINE.

La principale caractéristique des chauves-souris, bêtes étranges entre les bizarres, est — chacun sait cela — de posséder, bien que mammifères, des ailes leur permettant de voler. Cela leur donne un aspect des plus extraordinaires et qui paraîtrait encore bien plus fantastique si elles nous étaient moins familières. Ces ailes ne sont que des expansions de la peau soutenues, tel un parapluie par ses baleines, par les os des doigts démesurément allongés. C'est un instrument très imparfait et qui est à l'aile de l'oiseau ce qu'un parachute est à un ballon dirigeable. Le vol des chauves-souris — tout le monde l'a remarqué — est « papillonnant » et nullement comparable à la trajectoire rectiligne souvent si pure des oiseaux. C'est que ce vol n'est pas du vol à proprement parler ; c'est plutôt une série de chutes et de relèvements successifs : l'animal lutte avec la pesanteur, mais ne joue pas avec elle comme le font par exemple avec tant de désinvolture les goëlands ou les mouettes.

De la forme des ailes, remarque Blavius, dépendent la force du vol et la physionomie de ses mouvements. Sous ce rapport, les chauves-souris offrent presque autant de différences que les oiseaux : les espèces à ailes longues et étroites ont le vol rapide et agile de l'hirondelle ; celles qui ont des ailes courtes et larges rappellent les mouvements lourds de la poule. On peut déterminer assez rigoureusement la forme des ailes d'après les rapports qui existent entre la longueur du cinquième et celle du troisième doigt ou de toute l'aile. Le troisième doigt, le bras et l'avant-bras donnent ensemble l'étendue de l'aile. La largeur de la membrane est à peu près égale à la longueur du cinquième doigt. Quiconque observera les chauves-souris à l'état libre pourra se convaincre du rapport qui existe toujours entre la forme des ailes et la rapidité du vol. La noctuelle est, de nos chauves-souris, celle qui vole avec le plus de vitesse et le plus de facilité. On la voit quelquefois avant le coucher du soleil exécuter autour de nos clochers, en compagnie des hirondelles, des cercles rapides et hardis. C'est elle aussi qui, de toutes les chauves-souris, a les ailes les plus étroites et les plus allongées : elles sont à peu près trois fois plus longues que larges. Toutes les espèces dont les membranes aliformes répondent à ce type volent haut, rapidement, sans effort, et font des courbes avec une si grande sûreté qu'elles bravent la tempête et les orages. Leurs ailes décrivent pendant le vol un petit angle aigu, et n'agissent avec énergie que dans les crochets, les détours brusques que fait l'animal. Les vespertilions (*fig.* 28) et les rhinolophes ont le vol plus lourd ; aussi leurs ailes ont non seulement peu d'étendue, mais sont plus larges que longues et décrivent pendant le vol un grand angle presque toujours obtus, ce qui rend ce vol lent et incertain. Ordinairement ces chauves-souris volent bas et en ligne droite, au-dessus des routes et des allées sans jamais dévier brusquement de leur direction ; quelques espèces rasent presque le sol et la surface de l'eau. Il n'est pas difficile de distinguer les espèces d'après l'élévation du vol, à la manière dont ce vol s'exécute et à la taille de l'animal ; on ne peut non plus se tromper en concluant l'aptitude au vol de la structure des ailes.

Fig. 28. — Ce vespertilion a bien l'air un peu renfrogné, mais, ne craignez rien, il n'est pas méchant du tout.

En général, le vol des chauves-souris n'est que momentané ; il ne peut être soutenu. Après avoir décrit quelques cabrioles dans l'air, elles viennent s'accrocher à une branche d'arbre ou à une corniche, pour repartir un instant après. Avant de s'envoler, elles éloignent la tête de la poitrine, lèvent les ailes, écartent les doigts, dressent la queue et l'éperon et commencent à battre l'air de leurs ailes. Ce n'est qu'après ce petit « entraînement » qu'elles se laissent aller dans l'air. Pour bien partir, il faut donc qu'elles soient suspendues la tête en bas et qu'elles aient suffisamment d'espace pour s'étendre. A terre, elles s'enlèvent très difficilement ; elles n'y parviennent qu'après avoir sauté en l'air à plusieurs reprises.

La vie des chauves-souris est assez monotone, ce qui explique pourquoi leurs facultés intellectuelles sont peu développées. Elles ne sortent que la nuit, dès l'apparition du crépuscule, et rentrent chez elles bien avant le lever du soleil. Dans le jour, elles restent immobiles, accrochées la tête en bas par les pattes postérieures, dans diverses cavités qu'elles ont trouvées à leur disposition et que chaque espèce choisit d'ailleurs suivant ses goûts. Les unes préfèrent les clochers, les autres les grottes, d'autres les troncs d'arbres, en un mot des lieux dans lesquels on ne les dérange pas souvent, mais qui cependant ne sont pas tout à fait déserts. Dans nos campagnes on les voit souvent s'abriter dans les cheminées, d'où cette opinion très répandue et absurde qu'elles recherchent le lard et autres viandes fumées, simple légende qui ne repose sur rien.

Il existe des grottes où elles se réfugient en très grand nombre ; telle est celle de Châteaudouble, dans le Var. Cette grotte, dit Brehm, ou plutôt ces grottes, — car il y en a deux bien distinctes, mais successives, — sont à mi-côte d'une colline surmontée d'immenses rochers étagés et taillés à pic. La première, d'accès facile, ayant une ouverture fort semblable à une grande porte cochère qui aurait été pratiquée dans le roc, est assez spacieuse, assez régulière, et a 1ᵐ95 environ de hauteur, sur 6ᵐ50 de largeur et 13ᵐ de longueur; elle a, du reste, une certaine régularité. On y trouve çà et là des débris de stalactites qui descendaient de la voûte, où l'on aperçoit encore de nombreuses cassures. La plupart de ces stalactites arrivaient même jusqu'à terre et formaient ainsi des espèces de colonnes très brillantes, quelques-unes assez épaisses, s'il faut en juger par les diverses empreintes que l'on rencontre sur le sol. Les parois sont recouvertes, sur la plus grande partie de leur surface, d'un enduit brillant, de même nature que les stalactites, formé sans aucun doute par l'eau qui suinte presque toute l'année de la voûte. Cette première partie de la caverne se rétrécit à son extrémité, où s'ouvre un passage d'un accès assez difficile, très humide, couvert de boue, qui conduit à la vraie grotte des chauves-souris. Celle-ci, élevée à 3 mètres au moins au-dessus du sol de la précédente, en est ainsi séparée par une espèce de couloir de 8 à 10 mètres de longueur, qui va en montant. Elle est extrêmement fraîche et très humide, et d'une forme à peu près ronde. La voûte en est très élevée et très unie; elle est au moins à 8 mètres au-dessus de la couche de guano, ou excréments des chauves-souris, qui recouvre le sol. Cette couche, dont la profondeur a été sondée par ceux qui se sont faits adjudicataires du guano, a au moins deux mètres d'épaisseur. On y retrouve même des débris de divers animaux qui n'existent plus aujourd'hui. M. Pannescorce possède plusieurs de ces débris; il y a aussi trouvé quelques ossements humains assez bien conservés. Les parois de la grotte sont littéralement tapissées de milliers de chauves-souris dont quelques-unes ont une taille assez grande; ni les cris ni le bruit ne les font détacher; mais le soir venu, elles en sortent pour aller chercher leur nourriture dans les campagnes. Dans cette grotte, se trouvent l'un à droite, l'autre à gauche, deux grands creux, qui peuvent avoir trois mètres de profondeur et quatre mètres de hauteur; leurs parois sont ornées, ainsi que celles de toute la grotte, de concrétions stalagmitiques. Il tombe constamment çà et là, même par les temps les plus secs, des gouttes d'eau qui rendent le sol très humide.

On peut encore trouver des chauves-souris dans les puits.

Étant allé avec mon fils, dit Crespon, à Aigues-Mortes, pour y chercher des vespertilions car je savais depuis longtemps qu'il s'en trouvait beaucoup dans les vieux édifices, M. le Maire de cette ville et M. Naud, négociant, voulurent bien me servir de guides pour explorer la tour *Constance*. Nous nous étions munis d'une lanterne et de bonnes cordes en cas de besoin. Après avoir cherché dans plusieurs endroits sans qu'il nous fût possible d'en découvrir, bien que le sol fût couvert de leurs ordures noires, nous montâmes jusqu'au milieu de la tour, où bientôt nous entendîmes leurs cris; ils partaient d'une espèce de puits que les habitants d'Aigues-Mortes prétendent être d'anciennes oubliettes; à la lueur de la lanterne nous reconnûmes une masse de chauves-souris qui s'y trouvaient à une petite profondeur. Cette découverte me rendit joyeux; M. Naud, qui tenait un filet que j'avais arrangé au bout d'un bâton, le leur appliqua dessus et en prit une grande quantité, mais le poids de ces animaux et leurs mouvements, le firent échapper du bâton

et tomber au fond du puits. J'avoue que j'étais au désespoir de ce malencontreux événement, qui allait peut-être me priver de quelque nouveauté. Voyant mon désappointement,
mon fils me pria de lui permettre de descendre en se laissant glisser par la corde que nous
avions emportée. Après avoir hésité un instant, je le lui accordai. Mais à peine fut-il en bas
(environ 10 mètres), il heurta une si grande quantité de chauves-souris, réunies en masse,
que bientôt la lanterne que nous avions descendue, pour l'éclairer, au moyen d'une
ficelle, se trouva éteinte par le vent que produisaient les ailes de ces animaux. Mon fils
s'était empressé de ramasser le filet qu'il avait trouvé au bord d'un grand trou ; il l'avait
placé entre ses dents encore à moitié plein de chauves-souris, et grimpait à la corde au
milieu d'un tourbillon de ces animaux, et c'est à peine si nous pouvions nous-mêmes
rester au bord du puits pour l'attendre, tant il en sortait à la fois : elles nous battaient
la figure avec leurs ailes, ce qui devenait très-importun. Lorsque nous le reçûmes, plusieurs chauves-souris se trouvaient attachées sur sa blouse, d'autres lui avaient blessé les
mains.

Nous ne crûmes pas nous tromper en évaluant à plus de trois mille le nombre des
chauves-souris qui sortirent de cet endroit ; elles s'étaient répandues partout dans la tour,
de sorte qu'on entendait un bruit semblable à celui que produit le vent à travers les arbres.

* *
*

Les chauves-souris ne sont actives que pendant la belle saison. Tout l'hiver elles
demeurent endormies dans les diverses cavités où elles élisent domicile : elles restent ainsi immobiles, suspendues la tête en bas aux aspérités des grottes, aux poutres
des greniers, aux crochets des piliers, généralement agglomérées par centaines.

D'après ce que dit M. Raphaël Dubois au sujet de l'hibernage des chauves-
souris, la température du sang, qui est normalement chez elles de + 30°,9, descend
souvent jusqu'à + 5 degrés centigrades et même jusqu'à + 1°,2. Dans ces circonstances, ces animaux tombent dans une espèce de torpeur et s'engourdissent. Mais si le
sang est menacé de congélation, ils s'éveillent et se donnent du mouvement. Aussi
longtemps que le froid persiste, les chauves-souris restent suspendues et immobiles ; par les chaudes journées d'hiver elles remuent, quelques espèces volent même
pendant cette saison, lorsque le temps est au dégel. Quand elles commencent à
s'éveiller, la température de leur sang s'élève plus vite que celle de l'air ambiant.
L'état de torpeur varie avec la rigueur de la saison et n'est pas la même chez les
diverses chauves-souris. Quelques-unes seulement dorment d'une manière continue ; les grandes espèces plus longtemps que les petites. L'époque de l'apparition
des chauves-souris, au printemps, varie considérablement ; celles de petite taille
se montrent les premières.

*
* *

De même que leurs facultés intellectuelles, leur amour maternel est peu
développé. Elles ne pensent, en somme, qu'à dormir et à manger. Il est
cependant d'observation facile que ce sont des petits animaux soigneux de leur
toilette. Après son repas, la chauve-souris en captivité se bichonne. Suspendue par
une patte, elle se sert de l'autre en guise d'éponge, qu'elle humecte fréquemment
de salive et qu'elle promène très adroitement sur la fourrure de sa face et de son

corps ; puis, elle lèche copieusement l'intérieur et l'extérieur de sa membrane aliforme, la lissant ensuite de son museau qu'elle presse énergiquement contre toute
la surface de l'expansion. Ces divers mouvements sont rapides, pleins de dextérité
et de souplesse. (A. Mansion.)

Si leur cerveau est faible, par contre certains de leurs sens sont merveilleux.
Comme il y a lieu de s'y attendre chez des animaux nocturnes, la vue est chez eux
très réduite, du moins pendant le jour, mais elle est suppléée par le toucher dont
la sensibilité est remarquable. Pour s'en convaincre, on prive quelques chauves-
souris de la vue au moyen de petites bandelettes de taffetas, nouées sur les yeux et
on les lâche dans une salle où l'on a entrecroisé de mille manières des fils ne
laissant entre eux que des espaces égaux à l'envergure de la petite bête. Au milieu
de ce labyrinthe, les chauves-souris volent sans toucher aucun fil.

Le sens du toucher réside non seulement dans la membrane alaire, mais encore
dans une sorte de clapet qui se trouve devant le pavillon de l'oreille et aussi dans des
appendices lamellaires, que l'on rencontre sur le nez de certaines d'entre elles et qui,
contournés de mille façons, contribuent à leur donner une physionomie des plus

Fig. 29. — Le nez de cette chauve-souris (rhinolophe) est plutôt
compliqué, mais il lui est très utile pour se diriger la nuit
à la poursuite des insectes.
Avoir du nez est une des premières conditions pour arriver.

cocasses (*fig.* 29). C'est du moins ce qui résulte des expériences de M. Mansion.

Les chauves-souris, dit-il, auxquelles on a coupé les oreillons, volent étourdiment et
viennent se buter au moindre obstacle. Une pipistrelle, à qui j'enlevai les appendices auri-
culaires, se rétablit parfaitement de sa double amputation, mais ne vola jamais plus que
très lourdement et fort maladroitement. Elle finit même par se rendre compte de son
inhabileté au vol et renonça presque complètement à l'aviation. Elle ne sortait plus que
bien rarement de sa cage, mais, en revanche, elle courait beaucoup dans sa prison et
venait plus volontiers que ses deux compagnes de captivité prendre les insectes entre mes
doigts. A l'heure du crépuscule, au moment où ses amies prenaient leurs ébats aériens, la
pauvre mutilée ne manquait jamais de manifester sa tristesse, ses regrets de ne pouvoir
les suivre, par de petits cris plaintifs rappelant assez bien ceux de la souris. Elle ne sur-
vécut qu'un mois à l'ablation de ses oreillons. Ce fait semble indiquer que l'oreillon, plus
encore peut-être que la membrane aliforme, est un organe de tact. A moins que les deux
appareils ne puissent agir efficacement qu'en se prêtant un mutuel concours ? Point
délicat à établir, car la contre-épreuve, consistant à supprimer le toucher, dans l'expansion

membraneuse, sans ôter à l'animal la faculté du vol, n'est guère réalisable. Afin de préciser le rôle que joue le nez des chéiroptères dépourvus naturellement d'oreillons, mais munis d'une membrane foliaire nasale, je fermai, au moyen de tampons d'ouate, les ouvertures des narines d'une rhinolophe grand fer à cheval, et j'enduisis toute la surface du nez, ainsi bouché, d'une forte couche de collodion. L'animal ne fit pas preuve de plus d'habileté au vol qu'une pipistrelle privée d'oreillons lâchée en même temps que lui. Cette expérience, plusieurs fois répétée et toujours avec le même résultat, tend à prouver que, à défaut d'oreillons, c'est dans la membrane nasale que siège surtout le sens du toucher.

**
*

Au point de vue de la nourriture, les chauves-souris se classent en trois groupes : les mangeuses d'insectes, les mangeuses de fruits et les suceuses de sang.

Fig. 3o. — Roussettes.

Étres fantastiques, terrifiants, ces chauves-souris (roussettes) augmentent encore leur bizarrerie par des attitudes bien faites pour frapper l'imagination.

Les premières sont à peu près les seules qui existent dans nos contrées et, sous ce rapport, elles rendent de grands services aux agriculteurs. Leur appétit est, en effet, formidable. Une seule noctuelle peut manger treize hannetons en un seul repas. Une pipistrelle dévore près de 8o mouches en vingt-quatre heures. Un vespertilion n'est pas rassasié avec 15 vers de farine, 6 phalènes et une grosse araignée. Les observations suivantes, faites par M. Mansion sur deux pipistrelles tenues en cage pendant tout un été, établissent mieux encore l'extrême voracité des chauves-souris en général et de ce vespérien en particulier, le plus petit des chéiroptères toutefois. Les deux détenues mesuraient à peine 18 centimètres d'envergure. Leur propriétaire les avait habituées, sans trop de difficultés, à venir prendre entre ses doigts leur nourriture consistant surtout en mouches, papillons, vers à farine, viande crue hachée en menus morceaux. Leur appétit était tel, qu'elles dévorèrent plus d'une fois, à elles deux et en un jour, 100 vers de farine ou 200 mouches domestiques. Ayant servi à l'une des pipistrelles un énorme sphinx tête de mort, bien vigoureux et d'une envergure atteignant près de la moitié de la sienne propre, elle mit à peine vingt-cinq secondes pour arracher les pattes et les ailes et dévorer complètement l'abdomen, le thorax et la tête du gros lépido-ptère. Pour immobiliser sa volumineuse proie et afin de l'empêcher de s'évader, le vespérien se renversa sur le dos et ne trouva rien de mieux à faire que d'envelopper de ses membranes alaires le trop pétulant insecte. Les femelles du papillon liparis semblaient plus particulièrement faire les délices des deux pensionnaires, sans doute à cause de la grande quantité d'œufs tendres dont est bourré l'abdomen obèse de ces hétérocères. Autant qu'on leur en donnât, les chauves-souris ne refusaient jamais ce délicat morceau : un jour, l'une d'elles en mangea une vingtaine sans s'arrêter.

**

Parmi les chauves-souris frugivores, il faut citer la roussette — dont la chair, soit dit en passant, a assez bon goût. — Les roussettes (*fig.* 30) habitent de préférence les forêts les plus épaisses et couvrent souvent les arbres de leurs nombreuses ban-des. Elles se retirent peu dans les fentes ou les trous, quoique cependant on les trouve parfois dans des creux d'arbres, et tou-jours par centaines. Le plus ordinairement, elles se suspendent aux bran-ches par séries, en s'en-veloppant chacune la tête et le corps de leurs ailes. Dans les sombres forêts vierges, elles volent quel-quefois pendant le jour,

Fig. 31. — Roussette mangeant un fruit.
Elle n'est peut-être pas aussi confortablement attablée qu'au Grand-Hôtel, mais elle ne s'en porte pas plus mal pour cela et mange de bon appétit.

mais leur vie ne commence en réalité qu'avec le crépuscule. Leur vue perçante, la nuit, et leur odorat très fin leur font découvrir de loin les arbres chargés de fruits savoureux et mûrs ; elles y viennent à la suite l'une de l'autre, et bientôt elles s'y réunissent en bandes innombrables, qui dévalisent promptement un arbre. Elles s'abattent quelquefois sur un vignoble et y exercent de grands ravages. Elles savent très bien ne s'attaquer qu'aux fruits les plus mûrs et laisser aux autres frugivores ceux qui ne sont pas à leur convenance. Elles sucent les fruits plutôt qu'elles ne les mangent (*fig.* 31) ; quelques espèces paraissent même se contenter du suc des fleurs. On dit qu'elles rejettent la pulpe et n'avalent que le jus ; mais il est bien constaté qu'elles dévorent complètement certains fruits. Ceux qui sont doux et odorants, tels que les bananes, les pêches, les baies de gui et les raisins sont particulièrement recherchés par les roussettes. Lorsqu'elles ont envahi un verger, elles y pâturent toute la nuit. Le bruit qu'elles font en mangeant les trahit de très loin, tant il est fort. Dans les contrées où les roussettes sont nombreuses, on est obligé de protéger certains arbres avec des filets, leurs ailes rendant tous les autres moyens illusoires. Elles ne se dérangent pas pour quelques coups de feu ; c'est tout au plus si elles quittent un arbre pour aller continuer leur repas sur un autre. S'il faut en croire le Suédois Köping, les roussettes avalent parfois tant de suc de palmier qu'elles s'enivrent et tombent inertes sur le sol. Il en aurait attrapé une dans cet état et l'aurait clouée contre un mur ; mais, dit-il, elle rogna les clous avec ses dents et les arrondit comme on l'aurait fait avec une lime. (Brehm.)

**

En ce qui concerne les vampires (*fig.* 32 *et* 33), on a beaucoup exagéré leur féro-

Fig. 32. — Vampire au vol.
Un être qui a eu la chance rare d'inspirer les poètes et qui ne mérite ni cet excès d'honneur
ni l'indignité que lui attribue la légende.

cité. En temps ordinaire, en effet, ils mangent surtout des insectes et des fruits ; ce n'est que lorsque la nourriture devient rare qu'ils sucent le sang des mammifères, et encore y prennent-ils des formes puisque la blessure qu'ils font est presque invisible ; quant à l'hémorragie « terrible » qui la suivrait d'après les auteurs anciens, c'est une simple fable. Le fait de vivre de sang n'en est pas moins fort curieux.

Les vampires s'attaquent surtout aux bêtes de trait et de somme. Mais, comme le dit Burmeister, ils ne causent pour ainsi dire aucun dommage par leur morsure, parce que la quantité de sang qu'ils soutirent aux animaux est très petite. C'est surtout à l'époque des froids, au moment où les insectes font défaut, que les vampires s'attaquent aux bêtes de somme, et c'est particulièrement aux endroits où les poils, rayonnant autour d'un point, leur permettent d'atteindre la peau, qu'ils mordent. Toutes les

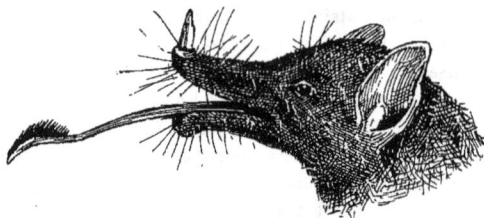

Fig. 33. — Tête de vampire.
Pour une drôle de figure c'est une drôle de figure... Son air goguenard indique bien ses mauvais desseins.

blessures se trouvent sur le garrot, surtout aux places mises à nu par le frottement. L'articulation de la cuisse à côté du bassin, à l'endroit où les poils s'écartent, est encore une de leurs places de prédilection ; ils mordent aussi à la partie inférieure de la jambe, mais rarement sous le cou. A la tête, aux lèvres et au nez, les blessures sont très rares. Tant que le cheval ou le mulet est encore éveillé, il ne laisse pas approcher les vampires ; il devient inquiet, frappe des pieds, s'agite et chasse l'ennemi qui voltige autour de lui ; seuls les animaux endormis se laissent tranquillement tirer du sang. Ce qu'on raconte de la prétendue ventilation qu'exercent les vampires n'est qu'une fable. Ils sont tellement absorbés dans leur acte, que les gardiens qui visitent de temps en temps les bestiaux peuvent les saisir et les tuer.

Les vampires s'attaquent aussi à l'homme endormi (*fig.* 34). En voici un exemple emprunté à don Félix d'Azara :

Fig. 34. — Réveil désagréable auquel les vampires exposent parfois les voyageurs et les indigènes qui s'endorment à la belle étoile.

Quelquefois, dit-il, les vampires mordent les crêtes et les barbes des volailles qui sont endormies et en sucent le sang ; d'où il résulte que ces volailles meurent, parce que la gangrène s'engendre dans les plaies. Ils mordent aussi les chevaux, les mulets, les ânes et les bêtes à cornes, d'ordinaire aux fesses, aux épaules ou au cou, parce qu'ils trouvent dans ces parties la facilité de s'attacher à la crinière ou à la queue. Enfin l'homme n'est point à l'abri de leurs attaques et, à cet égard, je puis donner un témoignage certain, parce qu'ils ont mordu quatre fois le gros du bout de mes doigts de pied, tandis que je dormais en pleine campagne, dans les cases. Les blessures qu'ils me firent, sans que je les eusse senties, étaient circulaires ou elliptiques, et avaient 2 à 3 centimètres de diamètre ; mais si peu profondes qu'elles ne percèrent pas entièrement ma peau, et l'on reconnaissait qu'elles avaient été faites en arrachant une petite bouchée, et non pas en piquant comme on pourrait le croire. Outre le sang que les vampires sucèrent, je juge que celui qui coula pouvait être d'environ quinze grammes lorsque leur attaque m'en tira le plus. Quoique mes plaies aient été douloureuses pendant plusieurs jours, elles furent de si peu d'importance, que je n'y appliquai aucun remède. A cause de cela, à cause que ces blessures sont sans danger, et parce que les chauves-souris ne les font que dans les nuits où elles éprouvent une disette d'autres aliments, nul ne craint ici ces animaux et personne ne s'en occupe, quoiqu'on dise d'eux que, pour endormir le sentiment chez leur victime, ils caressent et rafraîchissent, en battant des ailes, la partie qu'ils vont mordre ou sucer.

Il est tout de même singulier que l'on ne sente pas une blessure « de 2 à 3 centimètres de diamètre », alors qu'une piqûre de moustique ou de punaise suffit à réveiller un dormeur. D'Azara a voulu sans doute mettre « millimètres » pour « centimètres ».

* * *

Les chauves-souris se marient à l'automne, mais leur progéniture ne naît qu'au printemps suivant, c'est-à-dire après la saison de l'hibernage.

Fig. 35. — Chauve-souris (xantharpia) allaitant son petit.
On pourrait en faire l'emblème de la maternité, mais le « modèle » est si vilain...

Elles ne mettent au monde en général qu'un seul petit. Celui-ci, à peine né, se cramponne à la toison de sa mère (*fig.* 35) et va chercher les tetines situées au même endroit que les seins chez la femme. La femelle ne s'en sépare pour ainsi dire jamais, et c'est un spectacle vraiment curieux de voir la mère voler avec sa progéniture accrochée — tel un volumineux parasite — sous son ventre. F. Pouchet raconte que, durant une excursion qu'il fit dans les souterrains d'une ancienne abbaye du département de la Seine-Inférieure, il trouva les voûtes garnies d'une telle abondance de chauves-souris fer à cheval que, dans certains endroits, celles qui étaient accrochées paraissaient presque se toucher. Effrayées et mises en mouvement par la présence des personnes qui l'accompagnaient et par la lumière des flambeaux, ces chauves-souris, pendant leurs efforts pour fuir, laissèrent tomber des petits qui vinrent en partie choir sur les visiteurs et s'accrocher à leurs vêtements et en partie tomber sur le sol de la caverne, qu'ils jonchèrent dans toute son étendue. La longueur de ces jeunes animaux était de un centimètre environ ; toutes les mères qui furent prises avaient déjà laissé tomber leurs petits.

Une autre année, Pouchet, ayant pénétré dans les mêmes souterrains, put s'assurer de la manière dont les chauves-souris portent leurs petits dans le vol. Pendant la chasse active qu'on leur fit, on ne trouva plus que deux petits sur le sol et l'on prit quatre mères qui avaient encore chacune un petit cramponné à son corps. Chaque femelle ne portait qu'un seul petit et celui-ci adhérait fortement à sa mère à l'aide des pattes de derrière et dans une position renversée. Il l'embrassait même si étroitement qu'au premier aspect, les deux animaux, dont les formes étaient en quelque sorte confondues, offraient la plus étrange configuration. Leur groupe, examiné avec soin, faisait découvrir que le petit était cramponné à sa mère à l'aide des ongles acérés de ses pattes de derrière, dont chacune était accrochée sur les parties latérales du tronc, au-dessous des aisselles, de telle manière que le ventre du jeune individu était en contact avec l'abdomen de la femelle qui le portait. La tête du jeune nourrisson regardait en arrière et dépassait la membrane qui s'étend des pattes à la queue. La mère, pour faciliter cette suspension, avait probablement ses tarses passés au-dessous du pli de l'aile de son petit.

L'adhérence de ces jeunes chauves-souris à leur mère était telle que les plus brusques secousses ne les en détachaient pas. Pouchet pense que tandis qu'elle vole, la mère ne s'occupe nullement de son petit, excepté peut-être lorsqu'il est un peu grand et qu'alors elle passe ses tarses postérieurs sous ses ailes. Cela explique pourquoi, durant sa première excursion, Pouchet trouva bientôt un grand nombre de petits sur le sol, tandis que, durant la seconde, tous adhéraient fortement à leur mère. Dans la première circonstance, ils étaient beaucoup plus jeunes et, ayant moins de force pour se cramponner, ils se détachaient facilement du corps de leur nourrice durant les brusques mouvements qu'elle opérait dans sa fuite ; mais lors de la seconde visite, ils étaient attachés solidement à leur mère et n'en pouvaient être détachés que lorsqu'on employait beaucoup de force.

Les chauves-souris de cette espèce, ajoute Pouchet, ne paraissent pas avoir beaucoup d'affection pour leur progéniture, car lorsqu'elles sont capturées et que le petit les gêne par ses mouvements, elles le mordent avec rage. Du reste, lorsque les chauves-souris sont en repos et accrochées aux voûtes des cavernes, le petit très probablement est dans une situation différente et sans doute inverse, pour que la tête soit en contact avec les mamelles ; il ne prend la position décrite plus haut que pendant le vol de sa mère, à la surface de laquelle il se meut avec la plus grande facilité, en s'accrochant à sa peau à l'aide des griffes de ses pattes et de ses ailes. On en voit qui, pendant que leur nourrice captive a les ailes étendues, passent au-dessous d'elles, montent derrière son dos et se fixent à volonté sur toute la périphérie de son tronc. Mais les mouvements du petit ne se font pas sans qu'il enfonce profondément ses ongles acérés dans la peau de sa mère, et la douleur de celle-ci se manifeste par des cris, ainsi que par les morsures qu'elle fait au jeune animal pour arrêter sa singulière pérégrination sur son corps.

La chute d'un jeune, M. A. Mansion en a été témoin, n'a pas toujours, on va le voir, un dénouement fatal. Quand il se sentit choir, le nourrisson déploya instinctivement sa membrane aliforme convertie ainsi en une sorte de parachute improvisé, réduisant notablement la vitesse du mouvement vertical. A peine eut-il touché le sol, que sa mère l'y avait déjà rejoint. Se couchant alors sur son petit, incapable de tout mouvement, la tendre mère lui offrit le mamelon qu'il saisit avec empressement, car le choc amorti ne l'avait pas étourdi. Il s'agissait maintenant de quitter la terre, chose peu commode pour la pauvrette ainsi chargée. Elle y réussit cependant, après une longue série d'essais infructueux, après une succession ininterrompue de sauts précipités ressemblant, comme le dit si bien M. Trouessart, « à la marche d'un homme à très courtes jambes qui courrait avec des béquilles trop grandes pour lui. » En effet, pour marcher, si l'on peut dire, l'animal, après avoir serré ses membranes contre les flancs en rapprochant l'humérus et les doigts de la main, se cramponne au sol en y enfonçant alternativement la griffe du pouce de droite et la griffe du pouce de gauche; puis, il se pousse brusquement en avant à l'aide de ses deux pattes de derrière. Il procède ainsi par une suite de culbutes successives et se déplace avec assez de vélocité pour qu'on puisse presque dire qu'il court rapidement. C'est grâce à ce mécanisme ingénieux, mais combien fatigant, et sans doute aussi à la faveur de quelque enfoncement du sol, que la chauve-souris parvient à s'élever dans les airs. Le départ fut marqué d'un tout petit cri de triomphe trahissant la joie de la courageuse mère.

Un fermier de Vierset-Barse (Vallée du Hoyoux) a affirmé à M. Mansion avoir vu une chauve-souris du sein de laquelle le jeune venait de se détacher, déployer assez de diligence pour parvenir à rattraper son petit dans ses ailes grandes ouvertes, avant qu'il eût atteint le sol.

CHAPITRE V

Les monstres marins.

La mer est, pour le naturaliste, une mine inépuisable d'études et d'observations pittoresques. A côté des innombrables petites bêtes qui abondent sur les côtes, dans les flaques d'eau, soûs les rochers ; à côté des poissons qui se promènent dans son sein ; à côté des étranges créatures qui en peuplent le fond (tous animaux sur lesquels nous reviendrons plus loin), on y rencontre des êtres à la taille gigantesque, comme la terre n'en possède pas d'analogues, monstres marins que l'esprit inventif d'un Jules Verne n'aurait même pas osé imaginer s'ils n'existaient pas. La plupart de ces « monstres » sont des mammifères du groupe des cétacés. Avant d'entrer dans l'étude de leurs mœurs, il n'est pas sans intérêt de jeter un coup d'œil sur leur organisation. Ils se sont si bien adaptés au milieu liquide dans lequel ils vivent qu'ils ont pris par « convergence » les caractères extérieurs ou tout au moins la forme des poissons. Aucun groupe ne présente d'une manière aussi nette l'influence que peut exercer le milieu sur la structure des organismes.

La forme extérieure des cétacés est à peu près toujours la même : celle d'un fuseau où, comme chez les poissons, le corps est tout d'une venue avec la tête et la queue. La tête est toujours énorme. Quant à la queue, elle se termine par une large nageoire bifide ; on sait que la nageoire caudale des poissons est verticale ; celle des cétacés est au contraire horizontale. Sur la ligne médiane dorsale, on aperçoit souvent une petite éminence, servant sans doute à la stabilité de l'animal dans l'eau. Les pattes de derrière font entièrement défaut ; les membres antérieurs existent seuls, mais on ne peut distinguer ni bras, ni avant-bras, ni main. Tout cela est « fondu » en deux larges nageoires plates et dont il ne ferait pas bon recevoir un soufflet.

Les mammifères étaient jadis appelés « pilifères » à cause des poils qui recouvrent leur peau ; on a dû renoncer à cette dénomination à cause des cétacés qui en sont absolument dépourvus ; leur peau est lisse comme le crâne d'un homme entièrement chauve. Cependant quand les baleines sont tout à fait jeunes, quand elles viennent de naître, on trouve la trace de quelques poils, mais si disséminés, si petits que ce n'est vraiment pas la peine d'en parler.

Quand on voit l'épaisseur qu'atteint l'épiderme chez les rhinocéros et les éléphants, on est tenté de croire qu'il en est de même chez les cétacés. Point : l'épiderme est extrêmement mince et se laisse transpercer sans la moindre difficulté. Par contre, la couche située au-dessous est très épaisse et chargée de graisse. Ainsi, chez le balénoptère, la couche de lard est de 37 centimètres aux angles de la mâchoire inférieure, de 10 centimètres à la face ventrale et 40 centimètres en avant de la nageoire dorsale. Voilà, n'est-il pas vrai, des « lards » comme n'en connaissent pas les « gorets » les mieux engraissés. Cette graisse, qui donne aux cétacés leur valeur commerciale, a un double rôle : d'alléger le poids de l'animal, — chacun sait que la graisse est plus légère que l'eau — et d'empêcher les déperditions de chaleur.

Les os des cétacés ne sont pas compacts comme ceux des mammifères terrestres, mais plutôt spongieux et creusés de cavités remplies de graisse. Celle-ci est fort difficile à séparer de la matière osseuse et fait le désespoir des taxidermistes.

Les muscles, c'est-à-dire la chair, se font remarquer par leur couleur rouge intense, presque noire. J'ai eu l'occasion de manger un morceau de chair d'un hyperodon ; je dois avouer qu'elle était des moins savoureuses ; c'était de la véritable charpie. La queue, très musculeuse, est l'agent principal de la locomotion. On connaît l'agilité proverbiale du dauphin et du marsouin. Chez la baleine, la queue est en même temps un organe de défense; d'un seul coup, elle peut briser une embarcation. La queue est composée d'une série de plans fibreux entrecroisés dans tous les sens; c'est sur eux que viennent se fixer les tendons des muscles de la queue. Si, remarque M. Yves Delage, les énormes tendons moteurs de la nageoire s'inséraient directement sur les os, comme cela a lieu d'ordinaire, le bout de la colonne vertébrale serait infailliblement rompu. Avec la disposition existante, au contraire, toutes les parties sont liées entre elles et chacune concourt pour sa part à la solidité de l'ensemble. La nageoire caudale, en battant l'eau de bas en haut, permet à l'animal de plonger.

Dans l'appareil circulatoire, il convient de noter surtout la quantité de sang, extraordinairement grande. On sait que c'est là un caractère général des animaux plongeurs. Pour n'en citer qu'un exemple bien connu, le canard, oiseau aquatique, a beaucoup plus de sang que le poulet. Ici, la quantité de sang dépasse tout ce que l'on pourrait imaginer; il sert de réservoir d'oxygène quand l'animal plonge.

Les mamelles ne font pas saillie comme chez la plupart des autres mammifères. Elles sont, au contraire, cachées au fond de véritables poches, situées tout à fait en arrière du corps, sous le ventre. Pour pouvoir saisir les tetines, il faut y plonger profondément la main. Le lait qu'elles donnent est très crémeux, riche en beurre et a un bon goût de noisette.

Les cétacés les plus connus sont les baleines. Leur taille varie de 15 à 20 mètres, et même plus. Leur corps est trapu, avec une tête volumineuse et un corps diminuant d'épaisseur jusqu'à la queue. La bouche, énorme, ne possède pas de dents proprement dites, mais, de la mâchoire supérieure pendent d'énormes lames cornées, connues sous le nom de *fanons*. Ce sont ces fanons qui, découpés en longues baguettes plates et flexibles, constituent les « baleines de corsets », dont l'emploi est bien connu : chaque individu ne possède pas moins de 300 à 1.000 fanons.

Sur la tête des baleines, on remarque deux orifices, les *évents*, pourvus de muscles qui permettent à l'animal de les oblitérer quand il est sous l'eau.

Les baleines nagent en général à fleur d'eau, la bouche presque complètement immergée et engloutissant des proies presque sans discontinuer. Aussi ne pourraient-elles respirer que très difficilement s'il n'existait une disposition propre à faciliter cet acte. Le larynx est muni de muscles spéciaux qui lui permettent de s'élever dans l'arrière-gorge et de venir se mettre en rapport directement avec les narines. De cette façon, les poumons communiquent directement avec l'air ambiant.

Dans tous les traités élémentaires, on représente les baleines rejetant par les évents un jet d'eau très puissant, et l'on explique que cette eau est celle que l'animal a ingérée par la bouche. Cette explication est évidemment absurde. Le jet en question existe bien mais c'est, en réalité, un jet de vapeur. La température du corps étant très chaude, l'air qui sort des poumons est également à une haute température. Venant en contact avec l'air froid du dehors, la vapeur d'eau respirée se condense immédiatement, et donne à l'haleine un aspect blanc et opaque bien visible de loin. L'air expiré, en sortant de l'évent, produit un bruit, un souffle, qui s'entend à de grandes distances. Les baleines, lorsqu'elles viennent respirer à la surface de la mer, « soufflent » sept à huit fois de suite. La dernière respiration est plus longue que les autres ; elle avertit les pêcheurs que l'animal va plonger, « sonder », comme ils disent.

Fig. 36. — Le petit déjeuner des baleines (vu au microscope).

Cela n'est pas gros, gros, mais il y en a tant!

A voir la grande taille des baleines, on est tout de suite tenté de croire qu'elles se nourrissent d'animaux volumineux. Il n'en est rien, et ces monstres seraient incapables d'avaler un poisson de la taille d'une morue !

Les baleines absorbent des quantités fabuleuses de petits êtres (*fig.* 36 et 37) qui nagent dans la mer et dont la taille varie depuis un centimètre jusqu'à un millimètre et même moins. En ouvrant la gueule, l'eau pénètre à son intérieur, puis en ressort par les interstices des fanons, mais la matière animale est retenue par eux

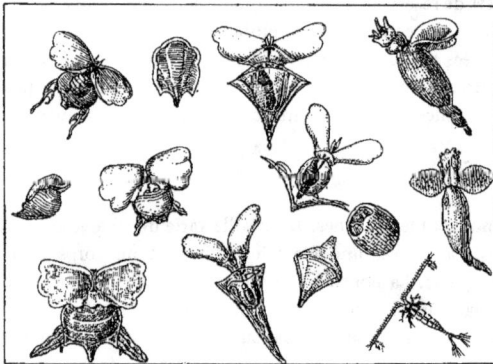

Fig. 37. — Le dessert des baleines (vu à l'œil nu).

Des ptéropodes, véritables papillons aquatiques, des crustacés minuscules... tout un petit monde absorbé à chaque gorgée.

comme par un filtre. La baleine absorbe, bien entendu, toutes ces proies sans les mâcher.

Les animaux que mangent les baleines sont surtout de petits crustacés, des protozoaires (infusoires, etc.) et de petits mollusques, les ptéropodes, garnis de deux ailes charnues qui leur permettent de voler dans la mer, comme le font les papillons dans l'air. En somme, elles mangent ce que les naturalistes appellent depuis quelque temps le *plankton* (prononcer *tone*), c'est-à-dire « tous les organismes qui nagent passivement à la surface des eaux ». On trouve presque toujours les baleines dans les points où la mer est colorée en rouge ou en vert par des bancs d'innombrables petits animalcules.

Les baleines, en temps ordinaire, nagent assez lentement : tout au plus fontelles de 5 à 7 kilomètres à l'heure. Mais quand elles se sentent poursuivies elles vont très vite.

Elles ne mettent au monde, en général, qu'un seul petit à la fois. Les femelles veillent avec grand soin sur leur « baleineau », et, pour lui permettre de s'allaiter sans être asphyxié, elles se penchent de côté, de manière à venir faire affleurer la mamelle au niveau de l'eau.

On croyait autrefois qu'il n'y avait que deux espèces de baleines, la baleine franche et la baleine australe. On sait aujourd'hui qu'il y en a un plus grand nombre.

La vraie baleine, ou baleine du Nord, habite le Spitzberg et la baie de Baffin ; en été, elle descend jusqu'au soixantième degré de latitude. Elle va aussi se promener dans la mer de Behring.

Ce sont les Basques et les Espagnols qui se livrèrent les premiers à la pêche de la baleine. On peut voir encore en divers endroits des ruines de tours d'où l'on guettait l'arrivée des baleines dans le golfe de Gascogne et les fours dans lesquels on faisait fondre le lard. Diverses armoiries contiennent même des engins pour cette chasse.

Au début, les Basques se contentaient de pêcher dans le golfe de Gascogne ; mais bientôt, voyant leur proie leur échapper, ils poursuivirent la baleine jusque dans la Manche et la mer du Nord (xıe siècle environ) ; plus tard, au xıve siècle, ils se lancèrent même jusque dans les parages de Terre-Neuve.

Au xvıe siècle, on découvrit les baleines des mers boréales ; aussitôt, les Basques accoururent, bientôt suivis par les Hollandais et les Anglais, qui, étant plus près du lieu de chasse, eurent rapidement l'avantage et restèrent seuls en présence. Des conflits éclatèrent souvent entre les rivaux ; mais il finit par y avoir une entente entre les deux partis. Les Hollandais s'en allèrent dans le Nord et les Anglais dans le Sud. Au xvııe siècle, apogée de cette chasse, la Hollande envoyait jusqu'à quatre cents navires au Spitzberg.

Bientôt (xvıııe siècle), la pêche se déplaça et alla s'effectuer dans la baie de Baffin : de 1669 à 1778, on ne tua pas moins de 57.560 baleines. Depuis cette époque, la pêche n'a fait que diminuer dans les mers boréales. Aujourd'hui elle n'est guère effectuée que par les Norvégiens, au large de leur littoral.

C'est de 1788 que date la pêche dans le Pacifique. Pendant de nombreuses années on s'y est livré sur une étendue de 80 degrés en latitude et 100 degrés en longitude.

Un peu plus tard, les pêcheurs se rendirent sur les côtes de la Californie, au détroit de Behring, au Kamtchatka, au Japon, etc., et firent une ample moisson. Cette « pêche du nord-ouest » est encore aujourd'hui une des plus florissantes. Il y a environ trente-cinq ans, la flotte baleinière des États-Unis comptait 655 navires. Aujourd'hui, l'industrie baleinière a pour centre d'action San-Francisco, où se tient, entre autres, le marché des fanons. Dans les cinq dernières années, il s'est vendu en moyenne 450.000 livres de fanons par an. En 1893, on a recueilli 298 baleines, et, en 1894, 87 seulement ; c'est dire la décroissance rapide de cette industrie.

*
* *

La baleine se pêche de deux façons : ou bien on attend la bête sur la côte, ou bien on va la chercher en pleine mer. La première méthode est usitée en Norvège. Là, on chasse ce que les marins appellent la baleine bleue. La pêche n'est autorisée que de juin à septembre ; elle est surtout concentrée à Vadso, petite ville de Varengerfjord,

Fig. 38. — La chasse à la baleine.
Un coup de canon qui doit chatouiller désagréablement les flancs du monstre.

où elle a été établie par M. Foyn. Quand une baleine est signalée dans les parages, les pirogues vont l'attaquer. Jadis on se servait uniquement de harpons lancés à la main et réunis à la baleinière par une longue corde. La baleinière est effilée pour pouvoir suivre facilement la baleine, qui l'entraîne avec une vitesse prodigieuse.

Aujourd'hui, pour lancer les harpons, on emploie surtout des armes à feu, des canons placés à l'avant de baleinières de 25 mètres de longueur, et montées par des hommes d'équipage. D'ailleurs, les baleinières sont fréquemment à notre époque de petits bateaux à vapeur.

Le canon, dit le prince Roland Bonaparte, est placé sur un pivot et porte une espèce de crosse qui permet de le pointer dans toutes les directions ; un chien, dont la détente est mue par une longue corde, fait partir le coup au moment voulu. Le canon se pointe avec un cran de mire et un guidon, absolument comme un fusil. L'extrémité du harpon porte un petit obus à pointe d'acier qui éclate lorsqu'il est entré dans le corps de la baleine ; et à ce moment, plusieurs tiges, longues de 0^m,25, qui, jusque là, étaient couchées le long du harpon, s'ouvrent comme un parapluie et empêchent la ligne de sortir du corps du cétacé. Au harpon est attaché un long câble enroulé dans la cale, à l'arrière, et qui passe sur plusieurs freins, mus par la vapeur. Le pointeur, qui doit être un homme très habile et de grand sang-froid, tient la crosse du canon d'une main, et la ficelle qui commande le chien de l'autre. Quand on a aperçu l'animal signalé par le guetteur, qui se trouve dans un « nid de pie », au sommet d'un mât, le bateau s'avance dans la direction où il a plongé pour être prêt à le recevoir à l'endroit où il reviendra à la surface pour respirer ; c'est l'expérience seule qui apprend à calculer quelle distance la baleine parcourt entre deux eaux. En général, on tire la baleine à 25 mètres de distance. La plus grande difficulté, paraît-il, est de toucher l'animal, de manière à ce que le harpon ne traverse pas une région du corps, mais bien s'y implante et fasse explosion. C'est pourquoi le canon ne peut avoir qu'une très faible charge. Mais, d'autre part, il en résulte que le harpon décrit une parabole très accentuée, et qu'il est difficile de toucher juste. Quand l'animal se sent frappé, il plonge subitement en déroulant l'immense câble qui se trouve à bord du navire, entraînant celui-ci avec une vitesse vertigineuse ; pour s'opposer à cette folle course, on fait machine en arrière et l'on étend de chaque côté du navire, perpendiculairement à ses flancs, des espèces d'ailes analogues à celles qui se trouvent sur les bateaux hollandais.

La baleine une fois tuée, on l'attache par des chaînes de fer à la mâchoire inférieure et à la queue ; puis on l'attire sur le rivage formé d'un plan incliné. Le dépècement dure huit jours : avec de grands couteaux, on enlève le lard, et on le porte à l'usine pour le faire fondre. Quant à ce qui reste, on le réduit en poudre et on en fait un engrais, utilisé surtout en Allemagne.

Sur quelques points de la côte norvégienne, on tue les baleines (ou plus exactement les baleinoptères) à l'aide de l'arbalète. Au préalable, on attend qu'elles soient dans une enceinte, que l'on s'empresse de limiter avec des filets.

Dès que la baleine, dit M. Charles Rabot, se trouve enfermée dans la seconde enceinte de filets, les arbalétriers prennent place dans des canots au milieu du bassin pour guetter la venue du cétacé. Leur arme n'est ni précise, ni à longue portée ; de plus sa construction ne permet pas de viser. Il s'agit donc de choisir juste le moment favorable. Lorsque le cétacé a besoin de respirer, il remonte à la surface, en général trois fois de suite à de courts intervalles, et pendant ces plongeons successifs, marche presque toujours suivant la même direction. Les chasseurs connaissent cette habitude ; aussi, à la première apparition du cétacé se gardent-ils de tirer et prennent-ils simplement leurs dispositions pour ne presser la détente qu'à la seconde ou à la troisième montée de l'animal. Le projectile manque de force de pénétration, par suite ne peut atteindre les organes vitaux, protégés par une épaisse couche de chair et de graisse, et ne détermine qu'une écorchure superficielle. Donc, que la baleine reçoive une ou plusieurs flèches, elle ne s'en porterait pas plus mal, si les chasseurs n'avaient empoisonné les armes primitives dont ils se servent, et cela par un procédé très simple. Les habitants de Sartor se gardent de nettoyer leurs flèches et, en les laissant couvertes de rouille et de sang déterminent le développement de colonies de bacilles qui rendent mortelle l'écorchure qu'elles forment. Ces germes produisent bientôt, dans la blessure, une purulence très active et, après un laps de temps relativement très court, l'empoisonnement de l'animal.

La chasse en pleine mer est beaucoup plus pénible et plus dangereuse, surtout en raison de l'élément dans lequel vivent les baleines, et qui présente déjà tant de dangers par lui-même. Cette pêche s'opère avec des navires spéciaux, qu'on appelle des *baleiniers* ; leurs dimensions et leur construction sont très diverses ; mais, presque toujours, ils ont de 400 à 600 tonneaux de jauge. Plus petits, ils ne seraient pas assez solides ; plus grands, ils reviennent trop cher : l'équipement d'une bonne baleinière ne coûte pas moins de 300.000 francs.

Les baleiniers doivent être construits pour tenir la mer pendant longtemps, trois ou quatre ans même ; ils parcourent parfois de très vastes espaces avant de trouver ce qu'ils désirent. Ils doivent aussi être agencés non seulement pour chasser la baleine, mais aussi pour extraire l'huile et la conserver. A cet effet, sur le pont, sont placés des fourneaux munis de bassines dans lesquelles on plonge les morceaux de lard prélevés sur la baleine ; quand l'huile est fondue, on utilise encore les « gratons » pour alimenter le foyer.

Le navire porte, en outre, quatre pirogues, fixées de manière qu'on puisse les descendre et les remonter avec une grande rapidité. La forme de ces pirogues est toujours la même. Leur longueur est de 8 à 9 mètres, et elles sont aiguës aux deux bouts, de manière à pouvoir aller en avant ou en arrière à volonté. Le gouvernail est remplacé par un grand aviron qui permet de faire pivoter la pirogue sur place, même au repos. Sur un axe sont enroulées plusieurs centaines de brasses de corde ; à celle-ci est fixé le harpon. Sur la pirogue, il y a en outre des lignes, des couteaux, des pavillons, etc. Le harpon principal a 1 mètre de long ; il est fabriqué avec un fer malléable, de manière à pouvoir résister aux torsions que lui imprime le cétacé. Quant à la lance, elle a 1^m,50, et s'adapte à une corde de 7 à 8 brasses. Enfin, un *louchet* ou *sparde* sert surtout au dépècement.

Lorsque le navire baleinier se trouve dans une région habitée par des baleines, des marins se placent au sommet des mâts et interrogent sans cesse l'horizon. Dès qu'ils aperçoivent au loin ces jets de vapeur dont nous avons déjà parlé, ils en informent l'équipage, et, de suite, on met à l'eau les pirogues. Celles-ci se rapprochent lentement de la baleine et, quand elles en sont suffisamment rapprochées, l'homme qui se trouve en arrière lance le harpon, qui vient s'enfoncer dans les chairs. La baleine est tellement surprise qu'elle ne bouge quelquefois pas et qu'on a le temps de lui envoyer un second harpon. Sous le coup de la douleur, elle s'enfuit en plongeant ; mais elle reste toujours réunie au bateau par la corde, qui se déroule au fur et à mesure.

Le harpon n'est pas destiné, comme on le croit généralement, à tuer l'animal, mais seulement à l'amarrer. Quand la baleine reparaît à la surface de l'eau, les hommes tirent sur la corde et se rapprochent du cétacé. Quand ils en sont très près, celui qui commande la pirogue saisit la lance et la jette sur l'animal pour le tuer. Généralement, il vise en arrière de la nageoire : c'est le lieu le plus favorable pour transpercer le poumon ou le cœur. Un coup n'est pas suffisant ; l'animal se sauve de nouveau, entraînant au loin la pirogue et son équipage. Un deuxième coup, puis un troisième l'affaiblissent de plus en plus, finalement il meurt, et, grâce à sa légèreté spécifique, flotte sur l'eau, le ventre en l'air. L'officier fait un signe au navire baleinier, qui vient se placer de lui-même près de la baleine ; on procède alors au dépècement.

L'huile de baleine vaut 800 francs les 1.000 kilogrammes. Les fanons coûtent 3.000 francs les 1.000 kilogrammes ; leur prix devient chaque année plus élevé.

*

Si monstrueuses que soient les baleines, elles ne le sont pas encore tant que les cachalots (*fig.* 39), qui sont aussi plus disgracieux. Leur tête énorme est presque aussi

Fig. 39. — Le cachalot.

Cet animal monstrueux a dans la tête de quoi faire plusieurs milliers de pots de pommade et dans l'intestin de quoi parfumer toutes les élégantes d'un pays. Un vrai droguiste, auquel je ne vous conseille pas de vous adresser.

grosse que le reste du corps, et la mâchoire inférieure est très petite, comparativement à la mâchoire supérieure. Celle-ci est surmontée d'une masse considérable, appelée la *bosse*, coupée verticalement en avant. L'évent, unique, s'ouvre un peu sur le côté gauche. Leur souffle se reconnaît de loin à ce qu'il est poussé obliquement en avant et qu'il est moins durable que celui de la baleine ; il ressemble plutôt à de la fumée de tabac, dont il a un peu la couleur bleutée. Les cachalots habitent pour ainsi dire toutes les mers du globe ; mais ils semblent préférer cependant les mers tropicales ou subtropicales ; leur habitat favori est le voisinage des Galapagos et les parages du Japon. Mais ils s'aventurent très loin et vont parfois jusque dans les mers boréales. Leur humeur est très vagabonde, car on a recueilli au Chili des cachalots portant des harpons japonais. Ces monstres gigantesques vivent presque toujours en bandes plus ou moins nombreuses, se suivant à la queue leu leu, plongeant et revenant à la surface tous en même temps. Ces bandes, d'environ cinquante ou cent individus, paraissent avoir à leur tête un vieux mâle qui leur sert de pilote. Ils nagent très rapidement et parcourent 10 à 12 milles à l'heure. Souvent on les rencontre filant en ligne droite, sans doute pour chercher leur nourriture, puis s'arrêter et se disperser un peu dans tous les sens, comme s'ils étaient tombés dans un bon endroit, riche en victuailles. Ils aiment surtout les mers profondes et fuient les côtes en pente douce pour les côtes abruptes. Évidemment, en agissant ainsi, ils risquent moins d'échouer.

Le cachalot ne possède de dents qu'à la mâchoire inférieure. Ces dents, au nombre de quarante-trois ou de quarante-cinq, sont puissantes, coniques, un peu recourbées à l'extrémité ; elles sont en nombre inégal de chaque côté. Il mange des proies plus volumineuses que celles dont les baleines se nourrissent. Ce sont des mollusques céphalopodes, groupe auquel appartiennent la pieuvre, les seiches, etc. Il engloutit ces animaux nageurs sans les mâcher, les dents ne servant qu'à les retenir.

On croyait autrefois que le cachalot était un animal féroce ; aujourd'hui on le considère comme un animal très timide. On peut s'approcher de lui sans crainte : il reste tranquille ou se sauve avec rapidité. Cette fuite a surtout lieu lorsque les cachalots ont été déjà chassés. Mais, si on leur lance un harpon, aussitôt la scène change : au lieu de s'enfuir sous le coup de la douleur, comme la baleine, le cachalot souvent fait face à l'ennemi ; il s'avance la bouche ouverte vers l'embarcation pour la broyer avec ses dents. Souvent, dans les convulsions de l'agonie, d'un coup de queue il brise la pirogue, envoyant ses débris à 15 ou 20 pieds en l'air ; heureux les pêcheurs qui en sont quittes pour un bain ! On cite même des exemples de navires coulés par le choc d'un cachalot ; tel fut le sort de l'*Essez* en 1819, dans la mer du Sud.

... On ne parlait plus de cet accident, ni des mésaventures d'autres navires qui avaient été plus ou moins maltraités, lorsqu'un fait pareil se produisit en 1851, au large de la côte du Pérou. Le 20 août de cette année-là, l'*Annalexander* rencontra un énorme cachalot qui débuta par briser trois pirogues envoyées à sa poursuite. On le chassa avec le navire lui-même, et on réussit à lui planter une lance dans la tête ; quelque temps après, on le vit plonger. Debout sur un des bossoirs, le capitaine guettait le moment où il reparaîtrait, lorsque, tout à coup, il aperçut le monstre se ruant sur le navire avec une vitesse de peut-être 15 milles à l'heure. L'*Annalexander* trembla dans toute sa charpente comme s'il avait touché sur un écueil, et se coucha immédiatement sur le flanc, tout rempli d'eau ; l'équipage n'eut que le temps de le quitter, sans pouvoir rien emporter. (C. Jouant).

La bosse qui surmonte la tête du cachalot est formée par une masse graisseuse dont la nature morphologique n'est pas encore nettement établie ; mais ce n'est certainement pas, comme on l'a cru longtemps, une sécrétion de la muqueuse du nez, pas plus qu'une dépendance du cerveau. C'est plutôt une simple couche de graisse sous-dermique. Cette masse pèse de 3 000 à 4 000 kilogrammes, et renferme jusqu'à 2 000 litres d'un liquide huileux, blanc, se figeant rapidement en une masse solide, qui constitue le *sperma ceti* ou *blanc de baleine* ; on l'emploie en médecine pour faire des cérats. Une bonne partie est utilisée pour la confection de belles bougies : une tonne de sperma ceti vaut plus de 500 francs.

On chasse le cachalot non seulement pour le sperma ceti, mais surtout pour l'huile que l'on extrait de son lard, lequel atteint une épaisseur de o^m,20 à o^m,25. L'huile du cachalot est beaucoup plus fine pour le graissage que celle de la baleine. Les femelles ne donnent que 20 barils d'huile, tandis que les mâles en fournissent jusqu'à 120.

Sur les plages des îles de Sumatra, des Moluques et de Madagascar, on rencontre, rejetées par les flots, des masses grises, poreuses comme de la ponce et dégageant une odeur musquée : c'est l'*ambre gris*. On a écrit des volumes entiers sur l'origine de cette substance. Aujourd'hui l'on sait qu'elle prend naissance dans l'intestin des cachalots et qu'elle doit être considérée comme des *calculs* analogues à ceux que l'on rencontre dans le foie ou la vessie chez d'autres animaux. Quant à l'odeur que cet ambre présente à un haut degré, on s'accorde aussi à l'attribuer non au cachalot lui-même, mais aux céphalopodes dont il fait sa nourriture et dont quelques-uns, l'élédone par exemple, ont aussi une forte odeur. Ce qui tend à faire croire qu'il en est ainsi, c'est que l'on trouve presque toujours, engagés dans le calcul, des becs cornés appartenant à ces mollusques. Quand les pêcheurs capturent un cachalot, ils ne manquent jamais d'ouvrir l'intestin et d'y prendre l'ambre gris qui peut s'y trouver.

L'ambre gris, dont le prix est très élevé, est très employé en parfumerie. En outre de son odeur agréable, il a la propriété de donner aux autres parfums de la *fixité*, c'est-à-dire de les empêcher de s'évaporer trop vite. On s'en sert aussi dans la confection des cassolettes, pour préparer la peau d'Espagne et pour parfumer le papier à lettres.

*
* *

Les rorquals ou balénoptères sont les plus longs des cétacés ; ils atteignent jusqu'à 33 mètres de longueur. Ce sont, avec les hyperodons, les mieux connus des cétacés au point de vue anatomique, car ils viennent fréquemment échouer sur nos côtes. Comme les baleines, ils possèdent des fanons, mais d'assez faible taille (o^m,75 au plus). Le seul point à signaler, c'est que la face ventrale est garnie de sillons longitudinaux parallèles : on suppose qu'en se déployant, ils servent à l'animal à présenter un plus grand volume pour flotter, ou pour pouvoir emmagasiner une plus grande quantité d'air dans ses poumons. On ne chasse pas beaucoup les balénoptères, parce qu'ils ne donnent pas suffisamment d'huile (20 barils environ) et parce qu'ils se laissent couler à fond une fois harponnés. C'est à la faveur de cette immunité qu'ils sont encore aujourd'hui si communs.

*
* *

Les marsouins (environ 2 mètres de longueur) sont des cétacés familiers de nos côtes. Dans une promenade en mer, il est fréquent de les voir suivre le sillage de l'embarcation en marchant avec une grande rapidité. Ils exécutent dans l'eau une série de cabrioles, montrant tantôt la tête, tantôt la queue ; quelquefois même ils bondissent hors de l'eau ; ce sont d'excellents nageurs.

Les marsouins sont très cosmopolites, mais leur véritable patrie est le nord de l'océan Atlantique ; comme tous les cétacés de petite taille, ils préfèrent le voisinage des côtes à la pleine mer. Au sud, ils arrivent jusqu'à la Méditerranée ; au nord, ils traversent le détroit de Behring et se répandent dans l'océan Pacifique. Certains d'entre eux remontent les fleuves, et on en a tué jusque dans la Seine, à Paris. Ils se nourrissent surtout de poissons, dans les bandes desquels ils causent des ravages considérables.

Les pertes que les marsouins font subir aux pêcheurs ont depuis longtemps attiré l'attention des pouvoirs publics, mais les mesures appliquées n'ont pas donné encore de résultats bien nets. On a essayé de donner des primes de 5 à 25 francs par tête de marsouin, mais, comme il arrive souvent, ce moyen a été très peu efficace.

M. Ocellus, de la Ciotat, a imaginé d'attirer les marsouins près d'un filet rempli de poissons et de les foudroyer avec de la dynamite. Pour cela, le long de la ralingue du filet, on place, de 15 mètres en 15 mètres, des cartouches de dynamite et on provoque leur détonation au moyen d'un fil électrique. L'expérience a été tentée récemment et n'a pas donné les résultats qu'on en attendait : le filet a été presque seul endommagé et les marsouins ont à peine été blessés. Le système, d'ailleurs, n'est pas applicable dans le cas le plus important, c'est-à-dire lorsque les marsouins poursuivent des bandes de harengs ou de morues : la dynamite effraye le poisson. D'ailleurs une deuxième expérience a montré que les marsouins sont plus malins qu'ils n'en ont l'air, car ils ne se sont plus approchés de l'engin au sonore souvenir.

M. Belot a eu une idée différente. Son engin se compose essentiellement d'un anneau de caoutchouc traversé diamétralement par deux aiguilles de 0^m,10 de long, placées perpendiculairement l'une par rapport à l'autre. On tord le caouchouc de manière à rendre les deux aiguilles parallèles ; on les fixe dans cette position avec deux petits fils. L'engin, ainsi préparé, est introduit dans le corps d'une sardine : si un marsouin a la malencontreuse idée d'avaler celle-ci, les fils se digèrent et les aiguilles, reprenant leur position croisée, transpercent son estomac. Tout cela paraît bien beau : il n'y a qu'un malheur, c'est que les marsouins ont une affection toute spéciale pour les sardines fraîches et n'absorbent que très rarement les sardines garnies d'un engin, c'est-à-dire mortes. L'expérience directe, à Marseille, a d'ailleurs donné fort peu de résultats.

Le mieux serait encore d'équiper des pêcheurs spéciaux armés de harpons ou d'armes à feu : ils trouveraient certainement dans la graisse des marsouins, et dans l'indemnité qu'ils recevraient, de quoi payer leurs frais et même avoir des bénéfices ; leur chair n'est pas non plus détestable, paraît-il ; les Romains en faisaient des saucisses. Avec leur peau, on peut aussi faire du cuir. Les pouvoirs publics semblent d'ailleurs vouloir se rallier à cette idée.

*

Les bélugas (4 à 7 mètres) sont aussi connus sous les noms de *delphinaptères* et de *dauphins blancs*. On les reconnaît aisément à leur couleur blanche et à l'absence de nageoires dorsales. Ils habitent surtout les mers polaires et vivent en bandes nombreuses nageant avec une grande rapidité ; ils sont très familiers.

*

On donne quelquefois aux orques le nom de *poissons-épées*, par allusion à leur nageoire dorsale, très longue (o^m,3o), large à la base et amincie du bout. Ils sont renommés pour leur voracité et le goût très prononcé qu'ils affectent pour la langue des baleines.

Tandis que les autres cétacés ne mangent que des animaux microscopiques, des poissons ou des céphalopodes, les orques n'aiment que les grosses proies et ne

Fig. 4o. — Les orques.
Nous, nous aimons la langue fourrée. Eux adorent la langue de la baleine prise sur le vif. Il faut bien que tout le monde vive... et meure.

reculent même pas à attaquer les baleines. Les orques sont peut-être les animaux les plus redoutables de la mer ; quand une baleine a le malheur de voyager dans leurs parages, ils s'élancent à plusieurs sur sa langue et ses gencives et les dévorent à pleines dents. Ils s'attaquent aussi à des espèces plus petites et, bien que leur taille ne soit pas très considérable (7 mètres), Eschricht a pu compter dans l'estomac de l'un d'eux treize marsouins et quinze phoques entiers ou un peu dissociés ! « La frayeur que ces animaux inspirent est si grande, dit Van Beneden, qu'à la vue d'une lame de bois qui imite leur nageoire dorsale, les phoques se sauvent comme des poules à la vue d'un oiseau de proie, et les pêcheurs ont tiré parti de cette frayeur pour mettre les phoques en déroute. Une planchette de bois peint, fichée dans la glace, suffit à cet effet. » Les orques possèdent pour cette chasse des dents très aiguës et solidement implantées.

* *

Les globicéphales (6 mètres en moyenne) sont d'un noir luisant. Ils sont très communs et habitent surtout l'océan Glacial et l'océan Atlantique. Ils vivent en troupes très nombreuses, guidées par de vieux mâles ; ils se suivent d'une manière presque passive et un peu comme les moutons de Panurge : si les chefs viennent à s'échouer (*fig.* 41), le reste de la troupe s'échoue à leur suite.

La chasse aux globicéphales (appelés aussi dauphins noirs) est d'une grande importance pour les pays du Nord. Voici, d'après un témoin oculaire, Graba, le récit d'une de ces pêches aux Féroë :

Le 2 juillet, éclata tout à coup, de toutes parts, le mot de *grôndabud*. Une bande de dauphins noirs avait été découverte par un canot ; en un instant, tout Thorshaven était

Fig. 41. — Les globicéphales.

S'ils font un monome, ce n'est pas pour fêter la fin de leurs examens, mais pour échapper aux harpons des pêcheurs, ce à quoi, d'ailleurs, ils n'arrivent pas, car, perdant la tête, ils se dirigent vers la grève, où ils vont échouer. C'est tomber de Charybde en Scylla.

en émoi ; de toutes les bouches sortait ce cri de *grôndabud* ; sur tous les visages rayonnaient la joie et l'espérance de faire bientôt un bon repas de cette chair. Les gens couraient dans les rues, comme si l'on avait eu à redouter un débarquement des Sarrasins. Les uns mettaient les canots à la mer, les autres s'armaient de couteaux de baleiniers ; là, une femme courait après son mari, lui portant un morceau de viande salée, pour qu'il n'eût pas à souffrir de la faim ; un homme, dans son empressement, tombait de son canot dans l'eau. En dix minutes, onze canots ayant huit hommes d'équipe étaient à la mer, les rameurs avaient mis habit bas et faisaient force d'avirons ; les canots glissaient sur l'eau comme des flèches. Nous nous rendîmes chez le gouverneur, dont on préparait le bateau ; en attendant nous montâmes avec lui sur le fort, pour voir où se tenaient les dauphins. Notre longue-vue nous fit reconnaître deux canots qui les indiquaient. Au même instant, une haute colonne de fumée s'élevait au-dessus du village voisin, et puis une autre, sur une montagne voisine ; de tous côtés des signaux s'allumaient ; tout le fiord était rempli d'embarcations. Nous montâmes le yacht du gouverneur et bientôt nous eûmes rejoint la pêche. Nous vîmes alors les cétacés, autour desquels les canots décrivaient un vaste demi-cercle, au nombre de vingt ou trente ; espacés d'environ cent

pas, ils entouraient les dauphins et les poussaient vers la baie de Thorshaven. On aper-
cevait environ un quart de ces animaux : tantôt c'était une tête qui apparaissait et
lançait en l'air une colonne d'eau, tantôt une nageoire dorsale, tantôt tout le dos d'un
dauphin : cherchaient-ils à passer entre les canots, on leur jetait des pierres, des morceaux de plomb attachés à des cordes ; se dirigeaient-ils en avant, on les suivait avec
une telle rapidité que les rames s'en brisaient. Là où le moindre désordre se montrait, là
où deux canots s'écartaient trop, le gouverneur s'y portait, et son yacht l'aurait
emporté en vitesse sur un cheval lancé au galop.

Lorsque les cétacés furent près du port, de façon à ne plus pouvoir s'échapper, nous
nous hâtâmes de rentrer. La plage était couverte de gens désireux d'assister à ce curieux
spectacle de massacre. Nous, nous choisimes une bonne place, d'où nous pouvions tout
voir et de près.

En approchant de terre, les dauphins devenaient inquiets ; ils se serraient les uns
contre les autres, ne faisaient plus attention aux coups de pierres et d'avirons. Mais les
bateaux avançaient toujours, leur cercle se resserrait, et, prévoyant le danger, les malheureuses victimes entraient lentement dans le port. Arrivées dans Westewaag, elles
refusèrent de se laisser ainsi conduire comme un troupeau de moutons, et firent mine
de se retourner. C'était l'instant décisif. L'inquiétude, l'espérance, la soif de carnage se
peignaient sur tous les traits, un cri sauvage remplit l'air, les canots s'élancèrent vers la
bande des monstres, les larges harpons frappaient ceux de ces animaux qui étaient trop
éloignés pour atteindre de leur queue une embarcation et la fracasser. Blessés, les dauphins s'élançaient en avant avec une incroyable rapidité, les autres les suivaient, et bientôt
tous étaient échoués sur la plage.

Alors ce fut chose terrible à voir. Les marins poussaient leurs canots au milieu des
dauphins et les perçaient de coups. Les gens qui étaient restés à terre entraient dans l'eau
jusqu'aux épaules, enfonçaient dans le corps des animaux blessés des crochets attachés
à de longues cordes, puis trois ou quatre hommes les tiraient à terre et leur coupaient
le cou. L'animal, à l'agonie, fouettait l'eau de sa queue ; les flots du port étaient rouges
de sang ; des jets de sang s'élevaient des évents. Comme le soldat qui, dans l'ardeur du
combat, perd tout sentiment humain et devient une véritable bête féroce, la vue du sang
rendit les pêcheurs fous et téméraires. Dans un espace de quelques arpents se pressaient
trente canots, trois cents hommes, quatre-vingts dauphins tués ou vivants encore. Ce
n'étaient partout que cris et agitation. Les vêtements, le visage et les mains couverts de
sang, les paisibles habitants de ces îles ressemblaient aux cannibales des mers du Sud ;
chez eux, pas le moindre signe de pitié. Quatre-vingts cadavres couvraient le rivage ; pas
un n'avait échappé. Quand l'eau est teinte de sang, que les coups de queue des agoni-
sants la troublent, les autres en sont aveuglés, ils errent alors en cercle. Si même l'un
s'échappe, il ne tarde pas à revenir près de ses compagnons ..

La chair du globicéphale, d'après Graba, est excellente lorsque les animaux sont
jeunes ; mais on utilise surtout le lard, chaque globicéphale en fournissant environ
pour 40 francs. Avec la peau des nageoires on fait des courroies pour les rames, et
l'estomac est employé comme réservoir pour conserver l'huile. Les globicéphales
nagent souvent dans le voisinage des cachalots ; aussi les baleiniers les rencontrent-
ils toujours avec plaisir.

*
* *

Les dauphins (2 mètres à 2ᵐ,60) (*fig.* 42) habitent toutes les mers de l'hémisphère
nord. Leurs mœurs ne présentent rien de particulier. Nous rappellerons ici, sans nous
y arrêter, les fables de l'antiquité, au moins en ce qui concerne l'enfant sauvé des

flots. Quant à l'association de l'homme et du dauphin pour la pêche des mulets
(Pline), elle ne paraît pas dénuée de fondement. Paul Bert, en effet, a décrit une
chasse analogue dans l'Annam. Nous reproduisons une partie de sa description,
qui représente en même temps la dernière lettre qu'il ait écrite avant sa mort :

Fig. 42. — Deux dauphins faisant ensemble une petite causette en se jouant dans les flots
(onde amère des poètes, eau salée des prosaïques).

Une espèce de dauphin, raconte-t-il, hante les eaux de la baie. Sa taille atteint trois à
quatre mètres ; il est alors d'un blanc de lait, avec une belle nageoire dorsale rosée ; plus
jeune, il est gris clair ardoisé. Matin et soir, il s'approche du bord en petites troupes de
quatre à cinq, poursuivant des bandes d'une espèce de mulet ; le poisson cherche à lui
échapper, en se réfugiant sur les bords de la plage sablonneuse et en pente douce. A ce
moment, les pêcheurs arrivent à moitié nus, la tête couverte d'un grand chapeau conique
qui les protège contre l'atroce soleil. Ils entrent dans l'eau jusqu'aux genoux, au devant
du dauphin. Et, au moment où celui-ci charge la bande de poissons perpendiculairement
à la rive, ils lancent devant lui un immense épervier de soie ; ... un grand bouillonne-
ment annonce que les mulets y sont pris par douzaines. Le dauphin y voudrait bien
mordre, déchirant le filet de ses dents aiguës. Mais, au moment où le pêcheur jette
l'épervier, un gamin, placé à côté de lui, lance contre le cétacé un bambou retenu par
une ficelle, et le fait ainsi reculer de quelques mètres. Cependant tout le monde trouve
son compte à cette association : le pêcheur sur qui le dauphin pousse les poissons, le
dauphin sur qui le jet de l'épervier fait refluer une partie de la bande qu'il poursuit.
Aussi dauphins et pêcheurs sont-ils les meilleurs amis du monde. Dans l'eau, ils se
touchent presque, sans s'effrayer ni se faire de mal. Les pêcheurs lui rendent, à l'occasion,
les meilleurs offices. S'il se prend dans les filets fixes, on le relâche avec soin, sans lui en
vouloir des destructions qu'il a opérées. Il y a mieux : si, par imprudence, il s'aventure
sur un haut-fond, on l'aide à se remettre à flot. C'est un collaborateur, un ami.

S. A. S. le Prince de Monaco, dans son intéressant ouvrage : *La carrière d'un navigateur*, a donné une description pittoresque de la vie des dauphins.... et de leur mort.

Harponner les dauphins qui s'élancent au devant du navire est une joie pour les marins vigoureux. Pendant le voyage dont il s'agit ici (celui du yacht *L'Hirondelle*), j'ai pratiqué souvent cet exercice qui fournissait l'occasion d'enrichir le laboratoire, quand les animaux pris avaient cherché leur dernier repos dans une certaine profondeur, et que l'action des sucs digestifs n'avait pas encore trop endommagé le contenu de leur estomac.

Une troupe de dauphins en quête de gibier quitte-t-elle un moment sa chasse pour jouer sous l'étrave du navire ? le harponneur se glisse le long du beaupré, descend près de la martingale et surplombe alors une région que ces animaux affectionnent. Toutefois il est nécessaire pour sa sécurité, comme pour son agrément, que la mer soit belle, car si une lame le décrochait de son poste et le jetait parmi les dauphins, il ferait une triste figure dans leurs joutes.

Pour ne point perdre de temps sur la troupe joyeuse dont l'humeur est changeante, je fais toujours laisser en place un harpon prêt à servir ; sa ligne revenant à bord par une poulie permet aux spectateurs, vite accourus, de hisser immédiatement l'animal capturé, pour le soustraire à la résistance de l'eau, qui, jointe à ses propres efforts, pourrait le détacher du harpon.

Les dauphins viennent jusque sous les pieds du marin, qui voit tout près leur corps filant à fleur d'eau sans que leurs nageoires fassent un mouvement sensible. Il surprend leurs mutuelles agaceries devant l'étrave qui les chasse ; il suit le jeu de leur corps, de leur évent, de leurs yeux ; et même il entend leurs cris étouffés par l'eau, semblables à des sifflements assourdis, ce qui explique pourquoi les matelots s'imaginent attirer les dauphins le long du navire en sifflant d'une certaine façon. Enfin, quand il voit l'un d'eux friser la surface à l'endroit favorable, il le harponne avec toute sa force. Un coup très vigoureux est nécessaire, car le harpon doit traverser de part en part leur corps épais et gras, ou tout au moins ouvrir ses barbes entre deux côtes de l'animal, pour que celui-ci ne puisse pas s'en débarrasser quand les hommes, attelés d'avance à la ligne, font sur elle un puissant effort.

Au cri de : hale à bord ! qui monte comme un ordre anxieux, des régions perdues sous le beaupré, la victime, rapidement hissée hors de l'eau, s'agite dans l'air, non loin de son meurtrier, en répandant sur lui des éclaboussures de sang. Ce sang couvre la muraille du navire, ruisselle jusqu'à la mer et rejoint le flot qui tombe de la blessure en une lourde cascade. Aussitôt le sillage devient sinistre avec une bande rougie sur laquelle se dispersent les bulles d'écume blanche.

Le harponneur va près du dauphin pour glisser le plus tôt possible un nœud coulant autour de sa large queue : alors seulement la capture est assurée. Il plonge ensuite son couteau dans la gorge du malheureux pendu, pour le débarrasser de ce qui lui reste de son sang, désormais inutile pour lui, gênant pour les marins. Et l'*Hirondelle* reprend sa vitesse, un instant ralentie, parmi les dauphins qui s'écartent en bondissant sur les eaux. Si l'animal piqué se décroche, on voit les autres entourer le nuage de sang au milieu duquel s'éteignent les derniers reflets de son ventre blanc, à mesure qu'il tombe dans la profondeur.

Le théâtre du drame se couvre des rides nouvelles que soulève la brise, encore chargée des rumeurs du navire. La troupe des dauphins poursuit vers d'autres parages ses destinées vagabondes, tandis que l'*Hirondelle* abandonne la place aux oiseaux marins, qu'une intuition mystérieuse amène tout de suite vers le sang répandu.

Dès qu'un dauphin arrive à bord, on fait cercle autour de lui, car il intéresse beaucoup de monde. Des marins compétents lui enlèvent par lanières son lard blanc qu'ils lancent à la mer pour la joie des oiseaux, à moins que l'on ne veuille en tirer quelques litres d'une huile qui servirait pour calmer les vagues des tempêtes. Et quand sa chair violacée gît pantelante comme la dépouille macabre d'un ennemi supplicié, les savants approchent du dauphin avec leurs instruments, leurs bocaux et leurs bassines : c'est la charcuterie légère après la grosse boucherie.

On découd l'estomac ; et souvent un poulpe s'en échappe dans le clapotis visqueux des matières digérées : non pas un de ces colosses que l'on prend aux cachalots après des luttes homériques, mais un être qui dissimule sous de plus petites apparences une valeur parfois très sérieuse pour la science.

L'intestin, fendu sur toute sa longueur avec des ciseaux, répand sur les doigts aguerris des opérateurs un liquide plus fin sans être plus appétissant ni moins odorant, et dans lequel des ténias développent le ruban de leur interminable corps, étonnés de se voir découverts jusque dans une pareille retraite.

Fig. 43. — Le narval.
Un animal qui a gardé une dent contre ceux qui veulent troubler son repos.

Ensuite, c'est le foie, où les parasites fourmillent souvent comme dans du fromage, et que l'on tranche en de belles tartines roses pour examiner tous ses recoins.

Et le lard lui-même, qui suinte en brillant comme du marbre, livre des cestodes enkystés dans son épaisseur.

Voici qu'un troisième groupe de démolisseurs paraît en scène quand les bistouris sont rentrés au fourreau : ce sont les cuisiniers. Avec plus de rondeur, ils dégainent leur outillage pour tailler dans les filets, dans les gros muscles et dans la tête, car les différentes tables du bord verront passer toutes ces choses, distribuées à chacun d'après le rang et le goût de ses convives. Aux marins du poste, la grosse viande qu'ils empileront dans un vaste pâté où sa couleur violette lui donne, entre beaucoup d'oignons cuits au vin, l'aspect d'un vomissement d'ivrogne. A nous, plus délicats, la langue couchée sur des cornichons dans une sauce piquante ; ou bien les filets préalablement boucanés huit jours en plein soleil, et qui nous seront servis tout comme ceux que fournissent les chevreuils.

Enfin, deux hommes, deux croque-morts, font basculer sur le bastingage une carcasse inutile, dépouillée, qui sombre tout de suite avec les airs d'un bateau démantelé.

Les inconscients ! Ils ont ri du fracas produit par cette masse tombant à l'eau, et vingt têtes se sont penchées vers le cadavre devenu carnavalesque sous nos opérations, pour notre curiosité, notre plaisir et notre gourmandise.

Je n'entends point sans un serrement de cœur, sans le reproche d'une pitié tardive, ce bruit que fait l'odieuse comédie, la libération ironique d'un être auquel on a pris son existence avec sa chair et son sang.

Il arrive que l'on harponne un dauphin pendant la nuit ; la scène y gagne un décor saisissant. Porté au milieu des cordages qui semblent une toile d'araignée tendue sur la mer, le harponneur se voit environné de feux miroitants ; et les dauphins se révèlent par les méandres lumineux qu'ils tracent aux environs du navire en refoulant la masse des organismes phosphorescents. Un de ces bolides vivants traverse-t-il à portée du harpon ? celui-ci est plongé dans un animal flamboyant.

Pour terminer cette rapide revue des principaux cétacés, il ne nous reste plus qu'à dire un mot des narvals (4 à 6 mètres de long) (*fig.* 43), qui hantent les mers entre le 70ᵉ et le 80ᵉ degré de latitude nord. La femelle ne présente rien de particulier ; mais le mâle possède, insérée sur le maxillaire supérieur, une longue corne en ivoire, pointue à l'extrémité et cannelée en spirale. C'est cet appendice qui a donné lieu autrefois à la légende de la licorne ; au point de vue anatomique, c'est simplement une des incisives qui a pris un développement considérable ; en raison de son origine, elle est un peu asymétrique : la dent qui lui correspond de l'autre côté est à peine développée. Les narvals se servent surtout de leur corne comme organe de défense en transperçant les animaux qui les attaquent.

CHAPITRE VI

La faune d'une goutte d'eau de mer.

Dans le chapitre précédent, nous avons étudié les animaux gigantesques qui habitent la mer. Par antithèse — après les infiniment grands, les infiniment petits — jetons un coup d'œil sur les êtres microscopiques qui la peuplent et qui sont tous des merveilles de délicatesse. Jeux de lumière dignes du plus beau diamant, finesse de dessin pouvant rivaliser avec des bijoux minutieusement ciselés, dentelles admirables, couleurs chatoyantes, mouvements excentriques à rendre des points aux danses exotiques, costumes extraordinaires, tout y abonde et avec une luxuriance sans pareille.

A tout seigneur, tout honneur. Voici d'abord la noctiluque miliaire (*fig.* 44) dont le nom ne vous dit peut-être rien, mais que vous regarderez certainement avec respect lorsque vous saurez que c'est à elle que l'on doit la phosphorescence de la mer,

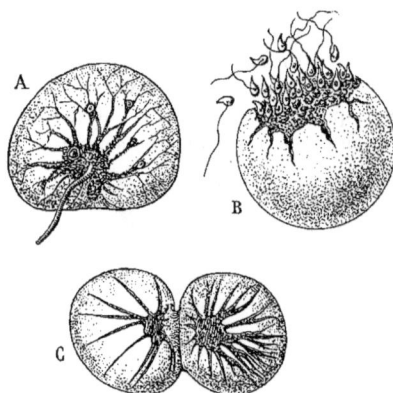

Fig. 44. — La noctiluque.

Le petit animal auquel est due la phosphorescence de la mer, rêve du poète, ébahissement du « villégiateur ».

En A, il est tranquille comme un Sage.
En B, il émet de toutes petites noctiluques.
En C, il se multiplie d'une autre façon en se coupant en deux. Diviser c'est multiplier.

en compagnie de microbes et d'autres personnages de moindre importance. C'est une boule gélatineuse, transparente comme le cristal et n'ayant pas plus de un demi-millimètre de diamètre. En un point, on remarque un orifice, servant aussi bien pour l'absorption que pour le rejet des aliments, et surmonté d'une sorte de queue striée en travers, et à laquelle on a donné le nom de flagellum. La noctiluque se laisse déplacer passivement par le flot, peu lui important l'endroit où il la conduit. Son flagellum est animé de mouvements lents et est incapable de la diriger d'une manière efficace ; tout au plus lui est-il utile en ramenant en quelque sorte vers la bouche les petites particules alimentaires dont l'animal se nourrit. Pour en avoir fini avec la description de celui-ci, il nous suffira de signaler à l'intérieur du corps, tout près de la bouche, une masse granuleuse qui émet à la périphérie des prolongements divisés, anastomés, venant se fixer à la coque extérieure par l'intermédiaire d'une couche semi-fluide.

Les noctiluques ne sont pas toujours lumineuses. Pour déterminer leur phosphorescence, il faut différentes conditions encore mal connues, les uns dépendants des conditions du milieu, les autres de « l'état d'âme » des petits organismes. En attendant que ce dernier point ait été élucidé par nos psychologues modernes qui, on le sait, ne reculent devant aucune difficulté, on peut dire que le meilleur moyen de les faire briller consiste à les... secouer. En agitant légèrement un vase d'eau de mer contenant beaucoup de noctiluques, on voit la surface du liquide — c'est-à-dire l'endroit où ces petits êtres aiment particulièrement vivre — présenter une légère phosphorescence bleuâtre. En remuant un peu plus, la lumière en question se propage de proche en proche jusqu'au fond. Si enfin l'agitation est extrême, la lumière devient à la fois plus intense et plus blanche, plus laiteuse, semblable dès lors à celle des vagues un soir de belle phosphorescence.

En examinant une noctiluque au microscope, on se rend compte que la lumière ne prend pas naissance uniformément à l'intérieur de son corps, mais apparaît en un certain nombre de points lumineux semblables à des étoiles brillant dans la nuit. Chaque point envoie un éclair, mais s'éteint bientôt après.

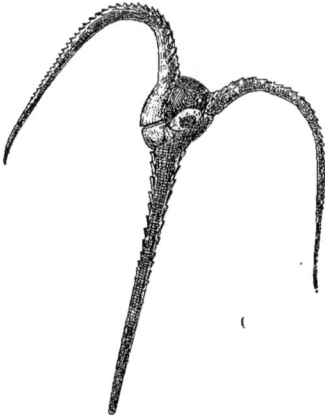

Fig. 45. — Le cératium longicorne.
Animal qui dépense toute son activité à « faire les cornes » aux autres êtres de la création.

Maintenant que vous avez fait connaissance avec l'animal adulte, peut-être ne serez-vous pas fâchés de savoir comment il se reproduit. En deux mots, voici la chose. Dans la plupart des cas, la noctiluque perd son flagellum et passe par une phase de repos. Bientôt la masse s'étrangle en son milieu et ressemble à deux noctiluques accolées : chaque partie s'isole lentement et arrive à se séparer, donnant ainsi naissance à deux organismes là où il n'y en avait qu'un.

D'autres fois, après une phase de repos analogue à la précédente, la surface se met à bourgeonner. Chaque bourgeon se garnit d'un cil, s'isole et va tournoyer dans la mer. Ce sont des sortes de spores qui, en peu de temps, se transforment en noctiluques adultes, multipliant ainsi l'individu dans des proportions énormes. Les noctiluques habitent surtout la surface de la mer. C'est là aussi que vivent les cératium (fig. 45), animaux très communs qui, au lieu d'être nus comme les précédents, sont revêtus d'une coquille de forme triangulaire dont les angles se prolongent en cornes démesurément longues et plus ou moins recourbées. Des cils vibratiles, dont un très long, leur permettent de nager. Si l'on veut trouver ces cératium presque à coup sûr, il faut examiner au microscope le contenu de l'estomac des poissons. Ceux-ci en font en effet une grande consommation et la coque des petits organismes, qui n'est pas plus digestive que les coquilles d'huîtres, pour nous, reste pendant quelque temps dans leur estomac. A côté d'eux, citons le péridinium tabulé (*fig.* 46), ainsi nommé à cause de sa membrane d'enveloppe composée de petites pièces régulières

Fig. 46. — Le péridinium.
Si petit et déjà si cuirassé! Ce petit chevalier méditerait-il la conquête du domaine de Neptune?

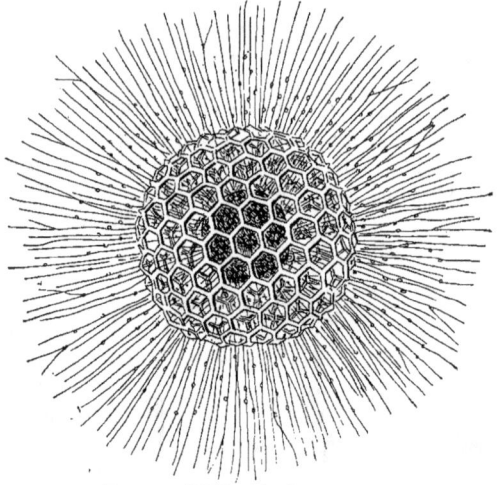

Fig. 47. — L'héliosphère inerme.
Un atome dans l'océan, mais un atome des plus élégants et dont les *Sirènes* doivent se faire de jolis bijoux.

comme celles d'une cuirasse ; sa couleur varie du brun foncé au vert jaunâtre.

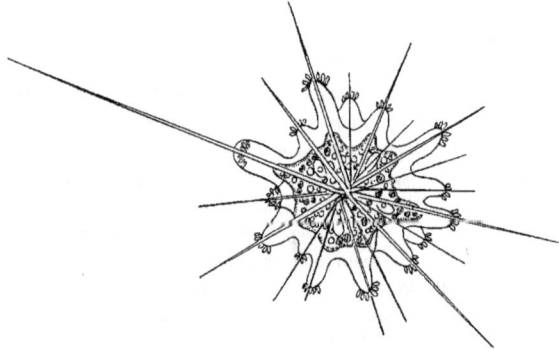

Fig. 48. — L'acanthomètre pellucide, qui, malgré sa ténuité, n'oublie pas sa sécurité et s'arme de baïonnettes bien acérées. *Si vis pacem, para bellum.*

La surface de la mer, si transparente qu'elle soit, est d'ailleurs le lieu d'élection d'une multitude d'espèces des plus élégantes, que l'on peut, comme les précédentes, recueillir en promenant un filet en fine mousseline au niveau libre de l'eau. Si vous voulez vous livrer à ce genre de pêche, je vous assure que vous ne regretterez pas votre temps. Voici par exemple l'héliosphère inerme (*fig.* 47) qui se compose d'une simple cellule arrondie, émettant par toute sa surface des filaments très déliés qui s'étalent autour d'elle comme les rayons du soleil. A une assez grande distance d'elle se trouve un squelette d'une délicatesse infinie formé d'une série d'hexagones ajourés par où passent les filaments pêcheurs. Une autre espèce voisine, l'hélio-

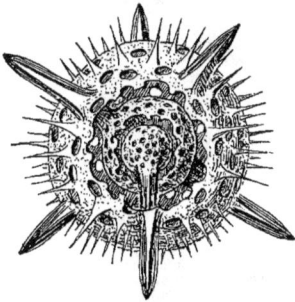

Fig. 49. — L'actinomme.
Les boîtes chinoises de l'Océan.

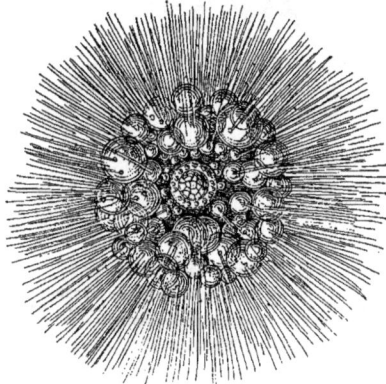

Fig. 50. — La thalassicole pélagique.
Ce n'est pas, comme on pourrait le croire, une bombe qui éclate, mais un des milliers d'êtres vivants qui flottent sur l'infini de la mer.

sphère élégante, rehausse cet ornement par des piquants qui rayonnent de son squelette, et d'autres petites pointes dont est garni le milieu des côtés de chacun de ses hexagones.

Chez les marchands de bibelots, vous avez certainement remarqué ces boules ajourées et emboîtées les unes dans les autres que des ouvriers patients — les Chinois excellent dans cet art — s'amusent à sculpter dans de l'ivoire. C'est tout à fait l'ouvrage auquel arrive l'actinomme (*fig.* 49), avec cette différence que les trois boules sont transpercées de part en part par trois grands spicules, des sortes de clous pointus aux deux bouts, et perpendiculaires les uns aux autres. Quand on songe que tout cela ne se voit qu'au microscope, on ne peut qu'être émerveillé. Citons aussi à côté d'eux les acanthomètres (*fig.* 48), tra-versés de part en part par de longs spi-cules pointus, et les thalassicoles (*fig.* 50), formés d'une grande quantité de bulles dont le rôle n'est pas bien connu.

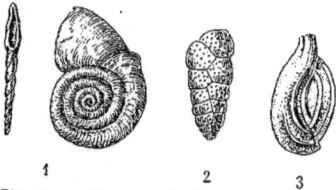

Fig. 51. — Diverses coquilles de foraminifères.
Elles sont microscopiques et doivent leur origine à une simple cellule.
1. *Cornuspira.*   2. *Gaudryana.*
                       3. *Quinqueloculina.*

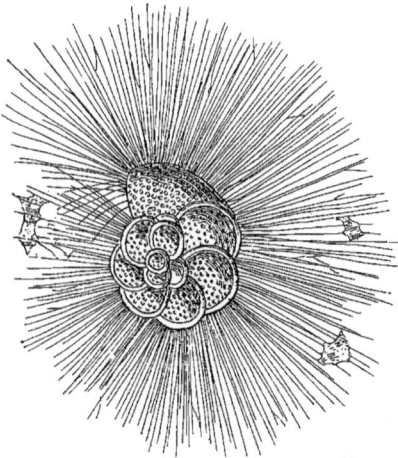

Fig. 52. — La rotalia.

Elle, cependant si menue, est obligée, pour capturer
des organismes encore plus petits qu'elle, de
s'entourer de centaines de filaments pêcheurs.

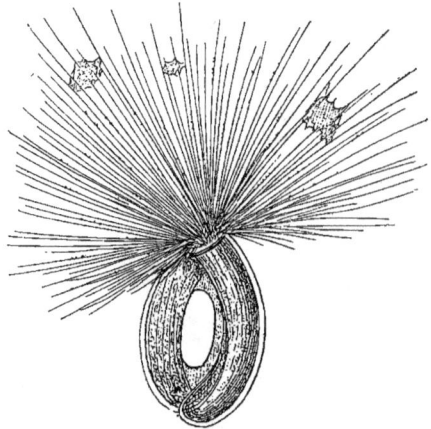

Fig. 53. — Miliole.

Comme on chante dans *Rip* :
C'est un rien,
Un souffle, un rien.
Mais un rien qui respire, qui mange, qui se repro-
duit, — qui pense peut-être.

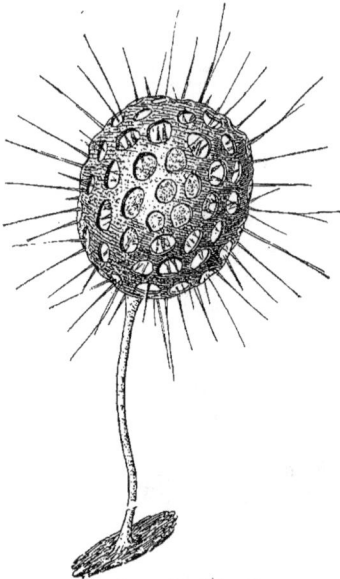

Fig. 54. — La clathruline.

Un myrmidon malin, qui s'est fabriqué une prison
ajourée par où il passe ses filaments pêcheurs et
où il se pelotonne frileusement quand, à l'extérieur, tout ne va pas comme il voudrait.

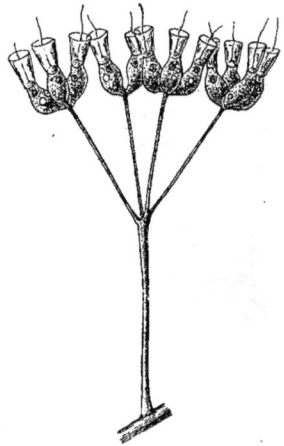

Fig. 55. — Codosiga.

Colonie où chaque individu prend un faux col
qui ferait envie à l'élégant le plus raffiné.

Les espèces précédentes, avons-nous dit, se trouvent à la surface des eaux marines. A tous les étages de la mer correspondent d'ailleurs des formes bien spéciales. C'est ainsi que dans les régions plutôt profondes abondent les foraminifères (*fig.* 51) dont il faudrait plusieurs volumes pour décrire toutes les formes. Notre gravure en représente quelques-unes dont certaines réduites à leur squelette. L'une d'elles, la rotalia (*fig.* 52), montre l'animal intact ; on voit que la coquille est perforée d'une grande quantité de trous par lesquels passent ce qu'on appelle des pseudopodes, sorte de toile d'araignée vivante qui au passage happe les particules dont la foraminifère fait sa nourriture. Chez les milioles (*fig.* 53), les filaments pêcheurs restent en un seul point du corps, et, chez les globigérines (*fig.* 56), ils sont aidés dans leur rôle par de longues cordes destinées sans doute à capturer les proies volumineuses.

Certaines autres espèces microscopiques vivent fixées sur les algues et différents corps flottants. De ce nombre sont les clathrulines (*fig.* 54), bien dénommés, « élégantes », dont le corps est enveloppé à distance d'une sphère ajourée et se prolonge à la base en un pédoncule assez solide, et les codosiga (*fig.* 55), espèce ramifiée qui, comme la précédente, se trouve aussi dans l'eau saumâtre, et dont chaque cellule possède un cil toujours en mouvement et une collerette transparente qui, peut-être, n'est pour elle qu'un vain ornement. Qui sait si la coquetterie n'existe pas aussi au sein des mers?

CHAPITRE VII

Les êtres étranges du fond des mers.

Allons plus au fond des choses en général et de la mer en particulier.

Il y a encore peu d'années, on pensait que les grands fonds marins étaient absolument déserts. Cette idée préconçue se basait sur trois faits importants : 1° A partir de 200 mètres environ, la lumière solaire s'éteint tout à fait ; 2° au–dessous de 400 mètres, la végétation disparaît complètement ; et 3° la pression de l'eau augmente dans des proportions considérables avec la profondeur. Comment, disait-on, la vie pourra-t-elle se manifester dans des conditions d'existence si peu favorables, si contraires à tout ce que l'on connaît ? Ce raisonnement était très spécieux, mais malheureusement inexact. En 1861, en effet, on apporta à Alph. Milne-Edwards un fragment du câble méditerranéen qui s'était rompu à une grande profondeur ; en examinant attentivement ce fragment, le savant professeur du Muséum trouva à sa surface une multitude d'animaux pour la plupart inconnus. Sa communication à l'Académie des sciences eut un retentissement considérable, car elle montrait d'une façon péremptoire que la vie existait là où on la croyait impossible. De là à explorer les grands fonds pour leur arracher leurs secrets, il n'y avait qu'un pas ; il fut franchi, non pas, comme on le croirait, par la France, mais par l'Angleterre (c'est toujours elle qui retire les marrons du feu...). Les expéditions du *Blake* et du *Challenger* rapportèrent des matériaux si intéressants et si considérables que la France, qui avait marqué la route à suivre, sortit de son indifférence. Sous la vive impulsion du marquis de Folin et des professeurs du Muséum, le ministre de l'Instruction publique, en 1880, mit l'aviso le *Travailleur* à la disposition des explorateurs. La première campagne eut lieu dans le golfe de Gascogne, la deuxième (1881) dans la Méditerranée et les côtes du Portugal, la troisième (1882) sur les côtes d'Espagne, les côtes du Maroc et des Canaries.

Le *Travailleur* ne pouvant prendre qu'un faible approvisionnement de charbon ne convenait qu'à des campagnes restreintes d'une courte durée. Aussi le gouvernement fréta-t-il un éclaireur d'escadre, le *Talisman*, qui put aller beaucoup plus loin que son prédécesseur, sur les côtes de la péninsule Ibérique, les côtes du Maroc, les Canaries, les côtes du Soudan, les îles du Cap-Vert, la mer des Sargasses et les Açores. D'autres explorations vinrent après et augmentèrent nos connaissances sur la vie des abysses.

Avant de donner un aperçu des animaux des grands fonds, il est intéressant de jeter un coup d'œil sur leurs conditions d'existence.

Tout d'abord les animaux des régions abyssales ont à subir, du fait de la colonne d'eau qui les surmonte, une pression véritablement énorme, puisqu'une colonne d'eau de 10 mètres de hauteur correspond à une atmosphère (un kilogramme) pour chaque centimètre carré de surface. L'organisation de leurs tissus est, bien entendu, adaptée à cette pression considérable, comme les nôtres sont faits pour vivre sous la pression d'une atmosphère. Aussi est-il arrivé souvent que, dans les explorations, les poissons remontés par la drague éclataient en arrivant sur le pont du navire : cet accident était dû au dégagement des gaz intérieurs, par suite de la différence énorme de pression ; chez beaucoup aussi, la vessie natatoire sortait par la bouche.

Il faut également noter que dans les grands fonds la lumière ne pénètre pas et

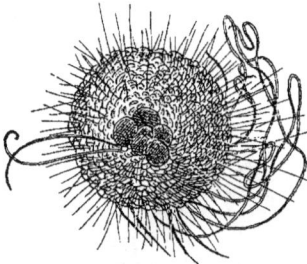

que, par suite, tout ce qui s'y trouve est plongé dans une obscurité presque complète. À ce fait sont liés deux phénomènes intéressants : c'est d'une part la réduction très grande des organes de la vue, et, d'autre part, la production de lumière par un grand nombre d'espèces : ne recevant pas de rayons lumineux du monde extérieur, ils en fabriquent eux-mêmes pour pouvoir apercevoir les animaux dont ils font leur nourriture.

Fig. 56. — La globigérine.

On ne saurait jamais trop prendre de précautions. La globigérine se garnit de cordages à l'aide desquels — peut-être — elle garrotte ceux qui ne veulent pas la laisser tranquille. Ah, mais !!

Les conditions d'existence qu'offre le fond des mers étant en somme très uniformes, la faune abyssale est beaucoup moins variée que la faune côtière ; les espèces spéciales qu'elle présente sont très cosmopolites et s'étendent sur une aire immense.

Un des faits les plus intéressants qui aient été mis en lumière par les explorations sous-marines, c'est que les formes abyssales montrent des ressemblances multiples et variées avec les formes fossiles des époques tertiaire, secondaire et même primaire ; il semblerait que les conditions d'existence ayant peu varié, les espèces se soient perpétuées dans ces parages jusqu'à nous sans éprouver de changement.

Ceci dit, jetons un coup d'œil sur quelques-uns des animaux qui ont été récoltés dans les dragages du *Talisman*, du *Travailleur*, etc.

Parmi les protozoaires, il faut tout particulièrement citer les carapaces de globigérines (*fig.* 56). A vrai dire, les globigérines sont des animaux pélagiques, ainsi qu'on l'a vu au chapitre précédent, mais, après leur mort, leurs squelettes se précipitent en telle abondance au fond de la mer, qu'ils y forment un dépôt parfois très épais et connu sous le nom de vase à globigérines : c'est sur les fonds qu'elles constituent que les animaux sont particulièrement riches en formes et en individus.

Les spongiaires sont très abondants ; entre 900 et 1.200 mètres il y a de véritables champs d'éponges, la plupart siliceuses, dont nous renonçons à décrire l'élégance des formes et la délicatesse des spicules : citons entre autres les *holtenia*, en forme de coupe à large ouverture et à parois constituées par un feutrage serré de spicules semblables à du verre filé.

Les échinodermes sont de beaucoup les animaux les plus abondants dans les grandes profondeurs, si abondants même que M. Ed. Perrier a pu diviser, grâce à eux, la faune abyssale en cinq zones :

1ʳᵉ zone. — De 100 à 500 mètres (*Antedon phalangium*).

2ᵉ zone. — De 500 à 1000 mètres (*Leptmoge*).

3ᵉ zone. — De 1.000 à 1.500 mètres (*Brisinga*).

4ᵉ zone. — De 1.500 à 2.000 mètres (*Caulaster, Demorinus*).

5ᵉ zone. — De 2.500 à 5.000 mètres et plus (*Bathycrinus, Hémiaster*, etc.).

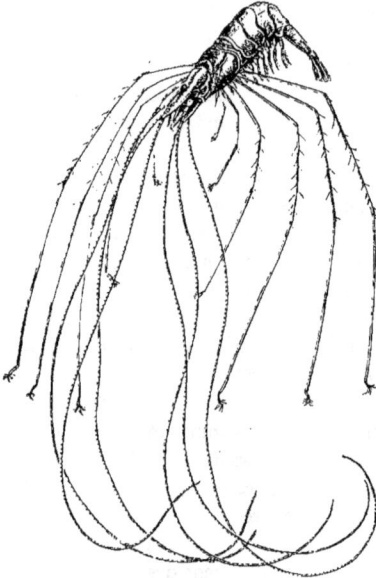

Fig. 57. — Le *nematocarcinus*.
Si cet animal ne fait pas son chemin dans le monde, ce ne sera pas faute d'avoir le — ou plutôt les — bras longs.

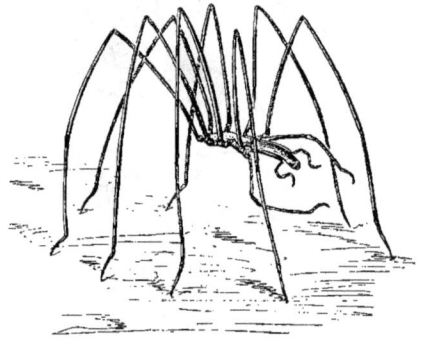

Fig. 58. — Le *colossandeis*.
Un animal à montrer à la foire : le « Tout-en-Pattes », dit l' « animal-squelette », dit le « Désossé ». Venez voir !

Il y a, dans plusieurs fonds, de véritables forêts d'encrines fixées qui rappellent de très près les organismes qui vivaient à l'époque secondaire et dont les débris ont constitué des calcaires bien spéciaux (calcaires à entroques).

Les *brisinga* qui vivent depuis 1.000 mètres jusqu'aux derniers confins des abysses, sont des étoiles de mer aux bras multiples : ce sont de véritables merveilles de la mer qui émettent une lueur phosphorescente magique.

Les holothuries sont aussi très fréquentes ; leur étude a révélé des faits intéressants au point de vue de la philosophie zoologique. Nous en parlerons au chapitre relatif aux « concombres qui marchent ».

Les vers sont très rares.

Les crustacés sont extrêmement communs ; leur répartition géographique est surtout liée à la température de l'eau. Citons, parmi les espèces les plus remarquables, le *nematocarcinus gracilipes* (*fig*. 57), dont les pattes et les antennes sont démesurées ; le *colossandeis arcuatus* (*fig*. 58), qui lui aussi est tout en pattes et dont le corps est si réduit que les cœcums de l'estomac sont forcés de se loger dans les appendices locomoteurs ; le *gnathophausia zoea*, dont les pattes-mâchoires portent un organe phosphorescent ; l'hapalode investigateur, tout rouge, dont les pattes thoraciques sont transformées en de longs appendices en forme d'antennes ; le cystisome de Neptune, dont les yeux couvrent la tête, etc.

Mais de tous les animaux des grandes profondeurs, les plus singuliers se rencontrent surtout chez les poissons. Nous empruntons la description de quelques-uns d'entre eux à H. Filhol, dont le beau livre *La vie au fond des mers* est bien connu.

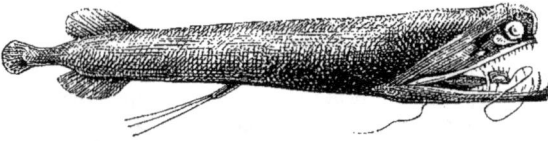

Fig. 59. — Le malacosteus.

Ce poisson est pourvu en avant de plaques phosphorescentes. Les animaux qui le voient approcher le prennent peut-être pour une automobile. Coing ! Coing !

Le *malacosteus niger* (*fig*. 59) vit sur les fonds vaseux, à 1 500 mètres de profon-

Fig. 60. — Le stomias, ou un nouveau moyen de s'éclairer que voudraient bien connaître les miséreux qui ne peuvent se payer un demi-litre de pétrole ou même une bougie de deux sous.

deur, et paraît avoir comme grandeur maxima 13 à 14 centimètres de longueur. Sa couleur est d'un beau noir et sa peau offre un aspect velouté. Comme chez tous les poissons des grandes profondeurs, la bouche est énorme et elle est armée, à la mâchoire inférieure, de dents longues et aiguës. La tête est arrondie sur le devant et comme tronquée. On voit immédiatement en dessous des yeux une large plaque phosphorescente. Un peu en arrière de cette première plaque et près du bord de la bouche, il en existe une seconde beaucoup plus petite. Un des *malacosteus* pris dans l'expédition du *Talisman* donnait encore quelques signes de vie au moment de son arrivée à bord et l'on put observer que la lumière émise par les plaques n'était pas exactement la même. Celle qui provenait de la plaque supérieure était d'un jaune chatoyant, celle de la plaque inférieure était verdâtre. Voilà donc un poisson portant, à la partie antérieure de son corps, deux sortes de phares dont il se sert pour éclairer sa route au fond des mers.

Le *stomias boa* (*fig.* 60) est également lumineux. Les parties latérales de son corps présentent, dans leur partie moyenne, une double rangée antéro-postérieure de plaques phosphorescentes. Ces plaques émettent de la lumière et font que le poisson vit enveloppé d'une brillante auréole lumineuse. Le *stomias* doit être un animal très redouté des habitants du fond des mers. Il est construit et armé pour la lutte. Ses dents longues et aiguës doivent lui servir à attaquer des adversaires redoutables et à les déchirer.

Fig. 61. — Le bathypteroïs.
Prudent, il tâte la route avec ses antennes avant de s'y engager. Il risque ainsi moins la « pelle fatale ».

Quelques zoologistes ont songé à considérer les organes de phosphorescence des *stomias*, des *malacosteus*, etc., par suite de la présence, dans leur portion profonde, de la membrane en quelque sorte rétinienne qui les tapisse et de ses rapports avec des branches nerveuses, comme constituant des yeux accessoires. Cette opinion semble bien difficile à admettre si l'on veut tenir compte du développement normal des yeux, et il paraît bien plus rationnel de penser qu'ils servent simplement à produire de la lumière qui, grâce à la lentille les limitant en avant, peut être condensée sur un point déterminé. Ce sont uniquement des foyers lumineux et non à la fois des centres d'émission et de perception de lumière.

Pourtant les yeux de quelques poissons semblent remplir la double fonction dont il vient d'être question. Ainsi, ces organes, chez des requins provenant des fonds de 1 200 à 2 000 mètres, comme ceux pêchés à Sétubal, possèdent un éclat tout spécial.

Nous voyons, par conséquent, que dans les grandes profondeurs l'absence de lumière doit être compensée, pour certains poissons, par des lueurs phosphorescentes se dégageant ou de toute la superficie ou de parties limitées de leur corps.

Chez d'autres poissons il semblerait que la propriété d'émettre de la lumière fût très atténuée, ou qu'elle fît même complètement défaut. Le sens de la vue, dans ce dernier cas, ne serait excité que lors de la rencontre d'un animal transformé en une véritable source lumineuse.

Le *bathypteroïs longipes* (*fig.* 61) paraît être dans ce dernier cas. Chez ce poisson, abondant dans les grands fonds de l'Océan, à partir de 800 à 1500 mètres, on ne trouve en aucun point du corps de plaques phosphorescentes, et le système de glandes donnant naissance à une sécrétion lumineuse n'est pas développé. Les yeux sont, d'autre part, extrêmement petits par rapport à la taille du poisson, et, par conséquent, nullement comparables à ceux du *stomias boa*. En tenant compte de cette organisation relativement inférieure à celle des autres poissons des abîmes, il semblerait que le *bathypteroïs longipes* dût rencontrer de grandes difficultés à assurer

Fig. 62. — L'eustomias ou l'art de pêcher en eau trouble.
Un rival des agents d'affaires véreux.

son existence au milieu de l'obscurité profonde régnant autour de lui. Mais heureusement la nature est venue à son secours en adaptant d'une manière spéciale une partie de son organisme à ces conditions biologiques toutes particulières.

Lorsqu'on examine un de ces poissons, on est surpris de la forme et de la disposition de la première paire de nageoires. Chez les poissons ordinaires, nous voyons que cet organe de locomotion est composé de différents rayons réunis entre eux de manière à constituer une rame destinée à frapper l'eau. Sur le *bathypteroïs*, il n'en est pas ainsi. La nageoire antérieure se compose tout à fait en avant d'un très long rayon, complètement indépendant du restant des autres rayons. En présence de ce développement extraordinaire du premier élément de la rame pectorale, on se demande la fonction, le besoin auxquels il peut bien correspondre. En étudiant de près le mode d'articulation de cet appendice, on ne tarde pas à voir qu'il est disposé de manière à permettre un rabattement complet sur la partie antérieure du corps, et alors on saisit le genre de modification qui s'est accomplie sur ce poisson des grands fonds. Une partie de la nageoire a été détournée de ses fonctions et elle est venue constituer un organe d'exploration. Lorsque le *bathypteroïs* s'avance au milieu de l'obscurité profonde, il porte en avant ces deux longs tentacules, sortes d'antennes ; il tâte avec elles, et les sensations qu'elles lui transmettent l'avertissent de la présence d'une proie à prendre ou d'un ennemi redoutable qu'il lui faut s'empresser de fuir. Il doit également s'en servir pour explorer la vase et y découvrir des annélides, des vers qui y vivent enfouis.

Chez d'autres poissons, inconnus avant l'expédition du *Talisman*, il paraît exister des organes du tact d'une nature fort différente de ceux dont nous venons de parler. Chez l'*eustomias obscurus* (*fig.* 62), on trouve inséré, au niveau de la partie moyenne de l'espace réunissant l'une à l'autre les mandibules, un long filament blanc, très grêle, portant deux renflements successifs à son extrémité terminale. Du dernier de ces renflements se détachent des prolongements très fins et courts, disposés en demi-couronne et épaissis un peu à leur sommet.

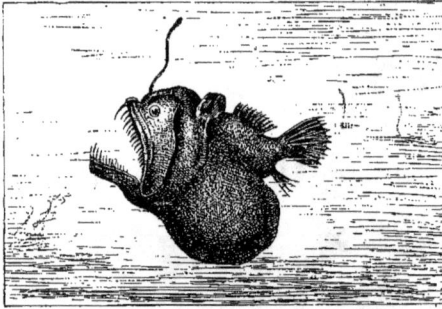

Fig. 63. — Le melanocetus.

On croirait qu'il va tout avaler. N'en croyez rien : il a bien du mal à trouver sa nourriture et, s'il n'en gardait pas un peu en réserve dans son ventre de polichinelle, il risquerait fort de mourir de faim.

Il est très probable que les *eustomias* doivent agiter cet appendice après s'être enfouis dans la vase, de manière à attirer d'autres animaux dont ils désirent se nourrir.

L'*eustomias obscurus* a été pêché dans l'Atlantique nord par 2700 mètres de profondeur. Sa peau est lisse, fine, noire et veloutée. Sa tête est modérément développée par rapport au corps, qui est très allongé. Les organes du mouvement des nageoires pectorales et abdominales se présentent sous un aspect absolument différent de celui que nous avions coutume de constater jusqu'à ce jour chez d'autres poissons. Ces parties ne sont plus utilisées, l'animal séjournant enfoui dans la vase, et alors elles nous apparaissent en voie de disparition.

L'*eustomias obscurus* n'est pas le seul poisson des grands fonds chez lequel on observe la présence de tentacules pouvant servir d'appât. Une transformation de la partie antérieure de la nageoire dorsale a eu lieu également dans ce but chez un autre poisson, le *melanocetus Johnstoni* (*fig.* 63). Il existe sur son dos un véritable appendice tactile devant servir aux mêmes usages que celui d'un autre poisson de nos côtes, la baudroie, dont nous parlerons au sujet des « poissons singuliers ». Son ventre forme une énorme bosse : c'est le polichinelle des mers !

Il semblerait que pour certains poissons la recherche d'animaux devant servir à les nourrir soit difficile à accomplir et qu'alors la nature pour leur venir en aide les

ait dotés de bouches immenses dans lesquelles les proies viennent d'elles-mêmes
se précipiter.

L'*eurypharynx pelicanoïdes* (*fig.* 64), découvert en 1882 sur les côtes du Maroc,
durant la dernière campagne du *Travailleur*, est un exemple de ces formes animales.
Il avait été pris à 2 300 mètres de profondeur. C'est un poisson long de 0^m,50 et haut
de 0^m,02 à 0^m,03 en son point le plus élevé. Sa peau est d'un noir intense et comme
veloutée. Elle est très mince et, sur tous les échantillons qui ont été pris, elle se
trouvait être déchirée en plusieurs points par suite des frottements dont elle avait
eu à souffrir. La tête est courte, car elle a à peine 0^m,03 de longueur. La structure

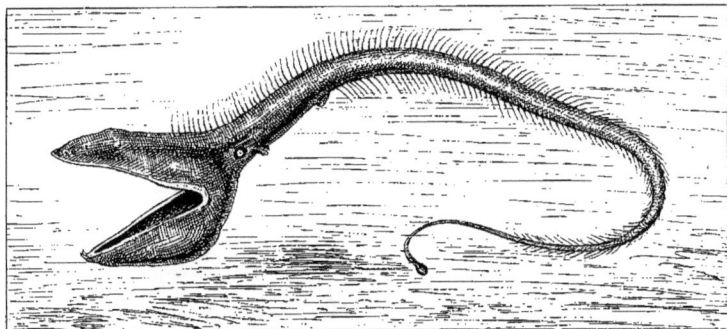

Fig. 64. — L'eurypharynx.
Un des animaux les plus étranges du fond des mers. Il a plus grande bouche que grand ventre
C'est un fanfaron.

des mâchoires et la conformation de la bouche donnent à cet animal un aspect des
plus étranges. Chez les poissons, les mâchoires sont rattachées au crâne par une série
de pièces constituant dans leur ensemble ce que les anatomistes ont appelé le
suspensorium. Sur l'*eurypharynx*, les mâchoires et surtout le suspensorium ont subi
un allongement excessif.

A la bouche fait suite une cavité énorme qui se trouve être formée, dans sa partie
supérieure, par un repli cutané extensible se portant des parties latérales de la tête
et de la partie antérieure du corps au maxillaire supérieur. Dans la partie inférieure,
une autre large membrane, renfermant dans son intérieur de nombreux faisceaux
de tissu élastique, réunit entre elles les branches des mandibules. Il résulte de ce
mode de structure, qu'à l'ouverture de la bouche fait suite un immense sac, très
dilatable, qu'on n'a pu mieux comparer qu'à la poche si connue du pélican. Par
suite de l'écartement des mâchoires et de l'extensibilité des membranes, la bouche
avec le pharynx forment sur l'animal frais un vaste entonnoir, dont le corps du
poisson semble être la continuation effilée. Il est à présumer que les aliments
s'accumulent dans cette poche et peut-être s'y digèrent en partie, fait comparable
à ce qu'on a signalé chez le *chiasmodus niger*.

Les organes servant à la locomotion ont subi une atrophie considérable. Des deux paires de nageoires existant normalement chez les poissons, une seule a subsisté. Les nageoires ventrales ont disparu, et quant aux nageoires pectorales, elles sont représentées par deux tout petits appendices situés un peu en arrière de l'orifice branchial.

L'eurypharynx pelicanoïdes vit enfoncé dans la vase à la surface de laquelle sa bouche seule émerge. Lorsqu'il voit arriver une proie, il ouvre brusquement sa gueule dans laquelle sa victime se précipite.

CHAPITRE VIII

Les chanteurs en plein air.

> «... Voix ailées, voix de feu, émanations
> d'une vie intense, d'une vie voyageuse,
> mobile, qui donne au laboureur fixé sur le
> sillon des pensées plus sereines et le rêve de
> la liberté ! »
>
> MICHELET.

Sous le rapport des oiseaux chanteurs, notre pays est un des plus favorisés, car sur cent espèces, il y en a au moins dix dont la voix est mélodieuse. Cette proportion semble peu considérable, mais elle est en réalité très forte, puisque dans les pays chauds elle s'abaisse à un pour mille. Chez les oiseaux exotiques, l'agrément du chant est généralement remplacé par le spectacle des parures brillantes. Ainsi au théâtre la richesse des décors et des costumes contrebalance parfois la pauvreté du livret ou le peu de talent des artistes.

Si peu musicien que l'on soit, il est difficile de ne pas être charmé par le gazouillis de ces agréables babillards que sont les oiseaux chanteurs. Comment ne pas être séduit par les trilles du rossignol ou les simples *stiglit* du chardonneret ? Et, fait rare, cette admiration ne diminue pas à l'analyse, car elle nous montre que la gamme des oiseaux est très peu étendue, et l'on reste stupéfait à voir le parti que nos petits emplumés arrivent à en tirer.

> Hôtes des bois et de la plaine,
> Vous qui chantez à perdre haleine
> Dans la futaie ou sur les eaux ;
> Merles noirs et loriots jaunes,
> Pinsons, tarins amis des aunes,
> Linots, fauvettes des roseaux,
> Grives, légères alouettes,
> Et vous, rossignols, ô poètes,
>
> Salut, peuple heureux des oiseaux !
> Buveurs d'air aux ailes alertes,
> Ame et gaité des forêts vertes,
> Vous êtes des consolateurs....
> A chaque retour de l'année,
> Votre musique d'hyménée
> Monte avec l'arôme des fleurs,
> Et sur la terre reverdie
> Votre amoureuse mélodie
> Endort les humaines douleurs.
>
> (André THEURIET.)

Et cependant, malgré sa simplicité, le chant des oiseaux n'est peut-être imité par aucun de nos instruments de musique. On arrive bien à reproduire la succession des notes avec leur hauteur et leur intensité, mais le « timbre », c'est-à-dire ce qui donne au chant son caractère particulier, est composé d'un si grand nombre de sons, qu'il a été, jusqu'à ce jour, impossible de le rendre avec exactitude.

Fig. 65. — Le rossignol.
Un virtuose, égrenant sa mélodie devant un auditoire charmé et chantant la joie de vivre.
Heureux oiseau d'en avoir le courage...

Les imitations musicales du chant des oiseaux sont donc toujours simplement approximatives. Une des mieux réussies est le fameux *adagio* dans la sixième symphonie pastorale de Beethoven, qui imite le coucou, la caille et le rossignol :

La *Saint-François* de Liszt et le *Vogels als Prophet* de Schumann sont aussi fort remarquables.

C'est presque toujours au chant du plus mélodieux des oiseaux, le rossignol (*fig.* 65), que se sont attaqués les compositeurs : c'est lui qu'on retrouve dans le *Mevisto-Walser* de Liszt et la romance *Et la nuit et la lune et l'amour* de Davidoff. En Allemagne, les dilettanti font leurs délices d'un morceau de musique, le *Coïoben* russe ou le *Nachtigall* des Allemands, qu'on peut assimiler, parmi les chants nationaux, au *Ranz des vaches* suisse. Cette ballade, par son rythme autant que par son expression, rappelle les trilles du rossignol :

A. d'Orbigny a rendu le chant d'une troupiale de Cuba par la notation suivante, répétée jusqu'à trois fois :

Au XVIIIe siècle, Athanase Kircher a noté ainsi le chant du coucou dans son *Phonurgia :*

En Allemagne, dans une chanson populaire dont je ne connais pas l'auteur, le chant du coucou est imité :

Le Dr Oppel a remarqué que le chant habituel du coucou se compose de deux mesures dont les deux tons sont presque égaux et séparés seulement par une pause. En voici, d'après lui, l'expression la plus vraie (imitée par la voix d'un enfant) :

Cela, on le voit, rappelle tout à fait le coucou des horloges de bois de Nuremberg.

J'avoue qu'à cette notation musicale je préfère cette description du coucou de F. Hœfer :

La femelle n'a qu'un cri rauque, imitant le son du polichinelle de nos petits théâtres forains : c'est un roucoulement qui marque plus d'ardeur que de tendresse. Le mâle y répond en doublant précipitamment la première note de sa perpétuelle tierce mineure ; la note aiguë correspondant à la première syllabe et la note grave à la deuxième de *cou-cou!* de telle sorte que si, par exemple, la première note est un *mi bémol*, la seconde sera l'*ut* au-dessous. Quand, au lieu de *cou-cou*, lentement cadencé, vous entendrez une roulade brusquement accélérée *(cou-cou-cou, cou, cou,* etc.*)*, soyez sûr que le mâle vient d'apercevoir sa compagne et qu'il se dispose à s'approcher d'elle. Passé le mois de mai, le coucou ne chante plus. Mais ce n'est point là une règle absolue, car nous l'avons souvent entendu jusqu'au milieu de l'été et avons observé une variation dans son chant estival : ce n'était plus alors la première, mais la seconde note qui s'y trouvait doublée, et le *cou, cou-cou,* posément débité, ne marquait aucune ardeur particulière. Tous les coucous ne chantent pas au même diapason. La différence de l'intonation implique-t-elle une différence d'âge ? S'il en était ainsi, ce serait un curieux rapprochement avec la voix humaine : les barytons seraient les vieux et les contraltos les jeunes. Les soprani, si communs chez nos musiciens emplumés, font ici complètement défaut...

Mais revenons à la musique. Le Dr Oppel s'est livré à une étude approfondie du chant du merle noir qui, d'après lui, est celui qui se rapproche le plus de la voix humaine. Il n'a pas noté moins de soixante-douze airs relatifs à cet oiseau.

En voici quelques-uns :

Chant du soir en avril.

Chant du matin en avril.

Chant du soir en mai.

Chant du matin en mai à la fin du mois

Nous avons déjà parlé plus haut du rossignol. Lequë s'est aussi évertué à imiter son chant :

Tino   tino   tino   tote   to - expressivo   stit r. r. r. ti

tio toto to . . . tä   tio tio tio ti - no

tié tié tié tié   to to to to to to

tio ti - oti - oti - oti - oti - o — — — — — tu — ti - o - o - i tio — tio

Hœfer remarque aussi au sujet du même oiseau qu'il présente dans son chant des passages brusques de trois octaves au moins au-dessous, comme s'il voulait donner toute l'étendue de son clavier :

Le même Hœfer a exprimé ainsi le chant cadencé de la grive :

Voici maintenant, d'après un auteur inconnu, le chant d'un petit oiseau américain connu sous le nom de *pyranga rubra* :

Le chant du loriot, d'après Lequë :

Et enfin le chant de l'alouette, d'après le même auteur :

On trouve dans *Roméo et Juliette* un autre chant de l'alouette :

* *
*

F. Lescuyer a fait des remarques fort intéressantes sur le chant des oiseaux. Nous allons citer les principales.

Les sons dont les chants se composent sont pris non seulement dans les douze notes de notre gamme, mais encore parmi les vibrations qui s'échelonnent dans chaque intervalle d'une note à l'autre. Ainsi un de leurs sons peut être non seulement un *ut* ou un *ré*, mais encore une des vibrations intermédiaires. Néanmoins les notes qui se produisent successivement pour former une période n'ont pas de rapports heurtés et choquants. L'oiseau a une certaine aptitude à produire des notes ascendantes qui ont entre elles des espèces d'intervalles de tierce et de quinte, comme l'*ut*, le *mi* et le *sol*, que donne la trompette à vide : souvent aussi, les notes intermédiaires qu'ils chantent ne sont pas sans analogie avec les notes *si*, *la*, *fa*, *ré*, et surtout avec les sons que supposent les commas ou divisions d'un ton en neuf parties.

Les divisions du son pour le chant des oiseaux ne reposant pas sur des intervalles aussi grands, aussi appréciables, et aussi réguliers que ceux des tons et des demi-tons, l'oiseau ne peut chanter faux comme nous quelquefois, et quand un certain nombre d'oiseaux se font entendre sur un même point, il n'y a jamais de cacophonie.

Sous le rapport de la période, le chant de l'oiseau n'est pas encore sans ressemblance avec le nôtre. Il se compose de notes qui forment un ensemble musical, et qui sont bien l'expression du sentiment éprouvé. Il présente parfois des particularités remarquables, la douce succession des notes espacées seulement d'un comma, d'un demi-ton ou d'un ton, les effets de transition de quarte, quinte, sixte et octave, l'agréable cadence du battement en forme de trille, le brillant de la roulade, le sentiment de la note d'agrément, les assemblages originaux et rythmés pour composer la phrase, la sérénité du récit, la poésie du son, le charme de la mélodie. Le chant, ne durant pas longtemps, est d'autant plus souvent répété. Il ne dure que 2 à 3 minutes pour la grive, de 2 à 3 pour le pinson, de 3 à 4 pour le merle, de 3 pour le rossignol, de 3 pour le troglodyte, de 4 à 5 pour la fauvette à tête noire, de 3, 6 et 8 pour le pipit des arbres, de 4 pour la fauvette grisette, de 2 pour la tourterelle, de 2 et même 5 minutes pour l'alouette. La tourterelle, après 30 secondes de repos, reprend la série de ses roucoulements ; la fauvette grisette se repose à peine ; j'en ai entendu une répéter 203 fois de suite sa cantate ; une rousserolle effarvatte a redit la sienne pendant 21 minutes.

Entre les chants qui se font entendre sur un même point il n'y a pas qu'une simultanéité de sonorité agréable à l'oreille. Quand on est attentif, on remarque avec beaucoup de plaisir, d'abord l'absence de notes fausses et de cacophonie, ensuite des chants variés et échelonnés sur une étendue de cinq octaves, ayant pour base la gamme du diapason, des effets d'accords, de duo, de trio, de quatuor de symphonie et même de timbres plus nombreux que dans un orchestre, et toujours des manifestations variées et exubérantes de joie. Le corbeau-corneille donne des notes de la gamme du diapason, et ainsi déjà il se rapproche de la voix humaine ; au contraire, les notes du roitelet huppé se confondent avec le cri de l'insecte. — Entre le corbeau et le roitelet, et progressivement, nous entendons la grive, le rossignol, la fauvette grisette, etc. Nous le savons, les instruments à vent appartenant à un seul genre sont faits de la même manière et ont le même timbre. La flexibilité des organes de la voix a, au contraire, permis à chaque homme d'avoir un timbre particulier. Pour des raisons analogues, le timbre de la voix des oiseaux a été varié, selon les espèces et même selon les individus.

Le martinet pousse des cris perçants comme ceux que l'on obtient en soufflant dans une clef forée; le héron gris a des notes stridentes et timbrées comme celle de la trompette. Celles de l'hippolais et des rousserolles sont acérées comme celle du biniou. On remarque dans le rossignol les douces et pénétrantes vibrations du hautbois unies aux accents émus de la voix. Avec la tourterelle, le coucou et le ramier, nous entendons des sons doux et veloutés comme ceux de la flûte.

Les cris, à raison de leur extrême acuité, peuvent être entendus de très loin et dans des milieux peu sonores : chargés des draperies de la végétation, ils deviennent doux à l'oreille. Indépendamment de ces timbres principaux, il y en a d'autres bien caractérisés. Qui ne connaît les gros éclats de voix du corbeau ? Le merle et le loriot ont des notes sifflées qui ne sont pas sans analogie avec les sons cristallins du flageolet. La note du pinson rappelle par son éclat la clarinette. Le héron butor fait penser à la contrebasse.

* *

Tous les oiseaux n'ont pas de règles musicales comme ceux que nous venons de citer. Il en est qui n'ont ni harmonie, ni méthode, ni ordre. Ainsi les *iaeck, couaek, schruih* que pousse le pinson des montagnes ne sont qu'un assemblage de notes tout à fait informes. Il a un instrument de musique dont il ne sait pas se servir. Le cynchrame schénicole bredouille affreusement et, comme le dit Neumann, étrangle chaque note.

Dans quelques espèces aussi, il peut se rencontrer à la fois des bons et mauvais chanteurs. Le fait est bien connu chez les oiseaux en cage, mais il peut se rencontrer aussi à l'état sauvage.

C'est à peine, dit Brehm, si l'on peut essayer de décrire le chant du flûteur ; il varie d'ailleurs beaucoup d'un oiseau à l'autre. Celui-ci est un artiste, celui-là n'a aucun sens musical. J'ai entendu des flûteurs chanter admirablement : j'en ai vu beaucoup qui ne produisaient que quelques notes mal liées les unes aux autres. Chacune de leur note est pure et sonore, sauf dans leur dernière phrase, qu'ils croassent plus qu'ils ne sifflent. Pour exprimer ma pensée, en deux mots, ce sont de très bons interprètes, de pauvres compositeurs. Souvent, ils gâtent leur chant, en y mêlant tout ce qui leur passe par la tête. On peut facilement les instruire ; leur faire apprendre sans trop de peine des airs, soit qu'un autre oiseau les leur chante, soit qu'on les leur joue avec une orgue, une serinette ou un instrument quelconque. Tous les gymnorhines flûteurs que j'ai entendus mêlaient ensemble divers airs ; les airs populaires notamment, qu'ils avaient probablement appris des matelots pendant la traversée. Lorsqu'une personne qu'ils connaissent les visite, il la saluent par une chanson.

La timalie coiffée, elle, se met peu en frais de composition : elle se contente de répéter très régulièrement et à courts intervalles les cinq notes *do, ré, mi, fa, sol*.

*
* *

Quand on étudie le chant des oiseaux, on ne tarde pas à se convaincre qu'il constitue un véritable langage qu'ils comprennent facilement entre eux et que nous devinons en grande partie. Nous savons, par exemple, distinguer du chant ordinaire l'épouvante, la plainte, l'alarme, la surprise, l'anxiété, la fuite, la douleur, l'appel, l'invitation à manger, le départ, le coucher, le réveil, etc. On peut dire des petits oiseaux que ce sont avant tout des passionnés. Ils mettent une ardeur peu commune dans tout ce qu'ils font, depuis la confection des nids jusqu'à la défense de leur progéniture. Ces passions éclatent d'une manière très nette dans leurs chants. A propos de ce langage, remarquons avec M. Lescuyer qu'une seule émission de voix peut être brève ou longue et même varier sous le rapport de la tenue comme, dans un même mouvement musical, varie la durée du son de la triple croche à la blanche.

Dans son roulement le moineau fait une série de doubles croches ; le pouillot sylvicole, quand il implore la pitié de l'homme qui marche près de son nid, fait une noire. La dernière note du cri de la hulotte est une blanche. D'autre part, une note peut se répéter avec telle ou telle nuance et ainsi donner lieu à des combinaisons nouvelles ; de là, l'entraînante impétuosité de la double croche que souvent on constate chez plusieurs oiseaux, la gravité d'une tenue du genre de celles que l'on entend dans le chant perlé de l'alouette ; l'incisive attaque d'une note, d'une double croche suivie d'une croche, comme le pratiquent l'hippolais et l'effarvatte ; le mordant du staccato du torcol ; la douceur et la grâce des notes unies et roulées comme celles d'une corde à violon, lancées par le pouillot fitis ; la cadence de la syncope comme la donne le grand ramier ; le rythme de notes égales en durée et redites régulièrement, comme aussi la répétition régulière des périodes, ce qui se présente dans la cantate de la fauvette babillarde ; les mystérieux effets de la sourdine du martinet ; le sforzando et le diminuendo alternatif du pouillot fitis ; le crescendo et le decrescendo du pipi des arbres.

*
* *

De nombreux naturalistes se sont évertués à étudier le langage des oiseaux, mais leurs observations ne paraissent pas avoir été poussées très loin. Tout d'abord, citons le romancier anglais Charles Dickens qui, vers 1870, année de sa mort, a publié un curieux article sur l'*Alphabet des bêtes*. En ce qui concerne les oiseaux, il remarque que leur alphabet est plus étendu que celui des quadrupèdes ; il est composé d'une plus grande variété de sons, qu'on peut représenter par des lettres, soit avec une voyelle simple, double ou triple, même lorsqu'ils sont très prolongés, car il n'en est pas une qu'ils ne puissent articuler. Leur organisation buccale ne leur permet pas de prononcer toute voyelle unie à une consonne labiale, bien que beaucoup d'oiseaux chanteurs aient une grande facilité pour émettre certains sons qui paraissent leur être plus familiers, tels que *si, ji, ki, pi, ti, zi*, et même tous ceux formés par les mêmes consonnes unies aux autres voyelles. Dickens remarque encore qu'il est des sons consonnants que les oiseaux ne peuvent pas plus articuler que les autres animaux : l'*l* et le *v* par exemple. Le chant de l'alouette est le seul où l'*l* mouillée se retrouve avec fréquence.

Lenz a noté dix-neuf chants différents de pinson, chants auxquels on a donné des noms différents. Nous n'en citerons qu'un, le plus joli, qui est interrompu par une pause et se termine d'une façon éclatante. C'est ce chant que Lenz appelle le redoublé de Schmalkalde : *tzitzitzitzitzitzitzitzitzitzirrrrentzépiah, tolololololololotzissscoutziah*.

On a fait aussi quelques remarques au sujet des moineaux. Ces êtres bavards s'il en fût poussent des *dieb, dieb* (prononcez à l'allemande), quand ils volent et des *schlip, schlip,* lorsqu'ils sont perchés. Au repos ou au moment du déjeuner, on les entend continuellement répéter : *bilp* ou *bioum*. *Durr* et *die, die, die* sont leurs cris de tendresse. *Terr* prononcé avec force et en roulant indique l'approche d'un danger. Si le péril s'accroît, les moineaux poussent un autre cri qui peut se noter : *tellterelltelltelltell*. Au moment de la période sentimentale de leur existence, les mâles poussent des *tell, tellt, slip, dell, dell, dieb, schlick*, etc., qui finissent par fatiguer l'oreille.

*
* *

Presque tous les oiseaux, en outre de leur chant ordinaire, ont ce qu'on appelle un *cri d'appel*. C'est le cri qu'ils poussent quand il y a un danger et, tout inconscient qu'il est, il semble très utile aux autres oiseaux de même espèce, en les prévenant et en les engageant par suite à fuir. Ce qui prouve bien qu'il en est ainsi, c'est que tous prennent grande attention à ce cri et ne manquent pas d'y obéir. Bien plus, ce cri d'appel est connu des autres animaux qui, lorsqu'ils l'entendent, se tiennent sur le qui-vive. Chez certains oiseaux, ce cri d'appel est très fort et il a été reconnu qu'il ne se produit qu'à bon escient. Aussi toutes les bêtes des environs lui obéissent-elles : les oiseaux sont alors désignés sous le nom commun d'*avertisseurs* ; il y en a de plusieurs espèces et dans diverses localités.

Voici quelques cris d'appel :

grive draine.	*schnerr.*
turnoïde	*gub, ga, gub.*
fauvette épervière	*err.*
fauvette des jardins	*taeck, taeck.*
pyrophthalme	*trec, trec, trec.*
troglodyte.	*tzerr, tzeer, tzerz.*
pipi des arbres	*srik.*

Tous ces oiseaux commencent généralement leur chant par leur cri d'appel, mais poussé moins fort que lorsqu'il sert d'avertissement.

Quant au rossignol, d'après ce qu'en dit Naumann, son cri d'appel est un *wüd* (prononcer à l'allemande) clair, prolongé, suivi d'ordinaire d'un son ronflant, *kaer*. Lorsqu'il est effrayé, il répète *wiid*, plusieurs fois de suite, et ne crie qu'une fois : *kaer*. En colère, son cri est *kraeh* ; quand il est content, il fait entendre une note harmonieuse : *tak*. Les jeunes crient d'abord : *füd*, puis plus tard *krouek*. Ces sons, lancés avec diverses intonations qui souvent échappent à notre oreille, ont chacun leur signification.

Le chant du rossignol est tout particulier ; les notes en sont pleines, les variations en sont agréables, harmonieuses ; on ne retrouve rien de semblable chez aucun autre oiseau. Les phrases douces, les roulades, les notes plaintives et joyeuses alternent avec une grâce indescriptible. L'un commence doucement et peu à peu sa voix devient plus forte pour mourir ensuite insensiblement ; un autre lance des notes fortes et pleines avec ardeur ; un autre marie agréablement des sons tendres et mélancoliques à des éclats de joie et de triomphe.

Les pauses, la mesure viennent encore augmenter la beauté de ce chant. On ne peut assez en admirer la variété, la force, la plénitude ; on ne peut comprendre comment un aussi petit oiseau est en état de lancer des notes aussi éclatantes ; comment ses muscles laryngés peuvent avoir une telle vigueur. Parfois, en effet, l'éclat des notes est tel qu'il blesse l'oreille.

Un rossignol, pour être bon chanteur, doit avoir de vingt à vingt-quatre phrases ; mais beaucoup ont un champ de variations moins étendu.

La localité exerce une grande influence sur leur chant. Les jeunes rossignols ne peuvent être formés que par les vieux qui habitent les mêmes endroits ; il en résulte que, dans un canton, il y aura d'excellents chanteurs, tandis que dans un autre, on n'en trouvera que de médiocres. Les vieux mâles chantent mieux que les jeunes, car même chez les oiseaux, l'art, pour se développer, a besoin d'exercice. C'est lorsque la jalousie s'en mêle que le rossignol chante le mieux. Son chant lui devient une arme avec laquelle il veut éclipser ses rivaux. Les uns chantent surtout la nuit ; les autres ne se font entendre que le jour. Pendant les premières ivresses de l'amour, avant que la femelle ait pondu, on entend ce chant délicieux à toutes les heures de la nuit ; plus tard l'oiseau se tait ; il semble avoir trouvé le repos et recommencé sa vie ordinaire.

Le grand rossignol diffère du rossignol philomèle par sa voix. Son cri d'appel peut se rendre par *gloek-arrr*, au lieu de *wiid-kaer*. Dans son chant, les notes sont plus basses, plus lentes, plus soutenues, les pauses plus longues ; le chant est plus fort, plus tremblotant, mais moins varié que celui de la première espèce. Il vaut cependant le chant de celle-ci, et quelques amateurs le préfèrent même.

Il arrive assez souvent que ces deux espèces vivent ensemble ; elles mêlent alors les chants de l'une et de l'autre, et c'est ainsi que se produisent les doubles chanteurs, comme on les appelle. Les vrais amateurs en font peu de cas ; ils préfèrent entendre l'un ou l'autre chant, dans toute sa pureté.

Fig. 66. — Le bec-croisé.
Malgré sa bouche de travers (quelle drôle de figure cela lui fait), c'est un chanteur délicieux.

***

Brehm a fait des études, au même point de vue, sur les becs-croisés (*fig.* 66):

Le cri d'appel du bec-croisé des sapins, du mâle comme de la femelle, est *goep, goep* ou *guip, guip*, ou *tzoc, tzoc goep*, dit mon père, auquel nous devons la description la plus exacte des mœurs des becs-croisés. *Goep* se fait entendre lorsqu'ils volent ou qu'ils sont perchés ; c'est le signal du départ, un appel, un cri destiné à réunir les membres de la société ; aussi est-il toujours fort. *Guip, guip*, est le cri de tendresse dont les deux époux se saluent au repos ; il est prononcé à demi-voix, et il faut être au pied de l'arbre pour l'entendre. Souvent, on dirait que l'oiseau qui pousse ce cri est très loin, et on l'aperçoit au-dessus de sa tête. *Tzoc* est le cri par lequel le bec-croisé perché appelle ceux qui passent près de lui, pour les inviter à s'arrêter ; quelquefois cependant, on l'entend d'un oiseau qui vole. C'est un cri plein et fort, et ce doit être le cri d'appel principal.

Les jeunes crient presque comme la jeune linotte, mais bientôt ils acquièrent la voix et les divers coups de gosier des vieux.

Le bec-croisé des pins pousse son cri d'appel quand il perche ou quand il vole. C'est un *guip, guip*, plus faible que celui du bec-croisé des sapins. Quand on a une fois entendu ces deux cris, on ne peut les confondre ; je les reconnais dans la forêt, et de loin. Ce *guip* est un signal à la fois de départ, d'avertissement et de ralliement. Lorsque ces oiseaux sont perchés, et que l'un pousse ce cri fortement, aussitôt tous les autres deviennent attentifs, et s'envolent dès que l'un d'eux en donne le signal. Quand ils mangent, et que quelques-uns de leurs semblables passent près d'eux en poussant ce cri, ils ne se dérangent pas ;

rarement ils leur répondent par un *tzoc, tzoc,* les invitant à prendre part au festin. Ce *tzoc, tzoc,* est plus haut et plus clair que celui du bec-croisé des sapins. Si l'un est perché au sommet d'un arbre et veut inviter toute une bande à venir y prendre place, il pousse très fortement ce cri, que l'on entend rarement quand ils volent. Un bon appeau doit surtout crier *tzoc;* s'il crie *guip* plus souvent que *tzoc,* il n'est d'aucune utilité. Quand ces becs-croisés perchent, ils font entendre un autre petit cri, très bas, qui ressemble assez au pépiement des poussins. Les jeunes ont, outre ce pépiement, presque la même voix que les jeunes becs-croisés des sapins.

Le chant du mâle est ravissant. D'ordinaire, le bec-croisé des sapins chante mieux que celui des pins, mais les deux chants se ressemblent beaucoup. C'est un thème, lancé à pleine voix, suivi de quelques notes sifflantes faibles. En liberté, ils chantent surtout quand le temps est beau, clair, tranquille, pas trop froid; ils se taisent les jours de vent et de tempête. Pour chanter, ils se perchent toujours sur les plus hautes branches : ce n'est que pendant la période sentimentale qu'ils chantent en volant. La femelle chante aussi, mais plus bas et d'une manière moins soutenue que le mâle. En cage, ils chantent toute l'année, excepté à l'époque de la mue.

Fig. 67. — Le pinson.

Un des virtuoses les plus ardents de nos bois et de nos jardins, un gentil camarade que l'on est toujours joyeux de rencontrer, même quand il picore un peu les produits de notre jardin.

La voix la plus harmonieuse — c'est là un fait général dans la gent emplumée — est celle de la période des amours. Celle qui lui succède est beaucoup plus douce : c'est le moment où les parents font leur nid. Bientôt arrivent les petits, pour lesquels les parents trouvent des modulations encore plus délicates pour leur apprendre à manger et à voler. Si un ennemi survient, les chants se changent en cris de terreur.

La variété d'allure et d'expression qui a été départie aux oiseaux, dit Champfleury, est un des prodiges les plus étonnants de la création. Dans chaque espèce l'allure de la mélopée concorde avec la nature même de l'oiseau, ou plutôt n'en est que le reflet fidèle. Ainsi, l'ardent pinson (*fig.* 67), l'agile fauvette ne chante qu'en *presto,* ou tout au moins en *allegro.* Le *largo,* l'*adagio,* l'*andante* sont, au contraire, l'allure favorite de la draine ou grosse grive, cantatrice épaisse et sentimentale, du merle mélancolique et de l'élégiaque rouge-gorge. D'autres, d'expression plus variée, offrent dans leur chant la transition fréquente du joyeux *allegretto* au *smorzando* voluptueux ; tels sont les charmants *fitis* de la tendre alouette des bois. Il est des fantaisistes qui ne s'astreignent à aucune mesure et dont les récitatifs capricieux, multipliés par l'écho des forêts, ressemblent à des cris d'appel. En regard de ces romantiques emplumés se présente l'importante phalange classique des virtuoses, véritable élite des artistes. Ceux-là sont, entre tous, les favoris du ciel ; ils ont reçu en partage, au degré le plus élevé, les qualités dont l'ensemble constitue le charme suprême du chant, et qui se trouvent si rarement réunies chez l'homme : l'agilité, la grâce et le pathétique. Le chant dominateur du rossignol parcourt toute l'échelle des sentiments que la musique peut exprimer, depuis l'ode jusqu'au drame ; tandis que la grive va sans effet du simple cri d'appel au dithyrambe, l'alouette passe de l'idylle champêtre aux plus vifs élans du lyrisme.

On a donné aux différents chants des oiseaux des noms particuliers qui, presque tous, sont des onomatopées. Ainsi on dit : *cacaber* pour la perdrix, *cacarder* pour l'oie, *caqueter* pour le canard, *caqueter* et *glousser* pour la poule, *caracouler* pour le pigeon, *roucouler* pour la tourterelle, *coucailler* pour la caille, *coqueliner* pour le coq, *croasser* pour le corbeau, *coucouler* pour le coucou, *crailler* pour la corneille, *gazouiller* pour les petits oiseaux, *piauler* pour le moineau et les poulets, *pupuler* pour la huppe, *tintiner* pour la mésange et *turluter* pour l'alouette.

Beaucoup de noms d'oiseaux viennent de leur chant.

Ainsi cacatoès vient des *cacadou* que ces oiseaux prononcent avec douceur (à moins qu'ils ne soient excités). La *lulu* des bois doit son nom à son *loulou* si agréable. A citer aussi le coucou, le courlis, la huppe (de son *houp houp*), le toucan (de *toucano*), etc.

* *
*

Quelques poètes ont essayé d'imiter le chant des oiseaux. Une des poésies le mieux réussies à cet égard est certainement la suivante, due à Du Bartas :

> La gentille alouette avec son tire-lire
> Tire-lire à l'iré et tirelirant tire
> Vers la voûte du ciel; puis son vol vers ce lieu
> Vire et désire dire : adieu, adieu, adieu !

Dupont de Nemours a traduit ainsi le chant du rossignol pendant la couvée :

> Dors, dors, dors, dors, dors, ma douce amie,
> Amie, amie,
> Si belle et si chérie,
> Dors en aimant,
> Dors en aimant,
> Ma belle amie,
> Ma belle amie,
> Nos jolis enfants
> Nos jolis, jolis, jolis, jolis
> Petits enfants.

Le même chant a été ainsi noté par Dureau de la Malle :

Tinû, tinû, tinû, tinû
Spretiû, z-qua,
Querrec, pi, pi,
Tio, tio, tio, tix,
Qutio, qutio, qutio, qu-tio,
Zquo, zquo, zquo, zquo,
Zi, zi, zi, zi, zi, zi, zi,
Querrec, tiu, zquia, pi, pi, quî!

Il n'y a pas qu'en France que l'on ait tenté de pareilles imitations. Ainsi, au Kamtschatka, on a adapté au chant du roselin cramoisi un texte russe très approprié, ayant pour titre *Tschewitschou widael*, ce qui veut dire : *j'ai vu la tschewitscha*. Pour comprendre ce titre, il faut savoir que la tschewitscha est le nom de la plus grande espèce de saumons, la plus recherchée des pêcheurs par conséquent, et qui arrive au Kamtschatka à la même époque que le roselin cramoisi. Le chant de ce dernier annonce donc réellement l'arrivée du saumon, et dans un pays où les habitants ne se nourrissent que de poissons, il est messager et de la belle saison et de l'abondance. Ce chant est d'ailleurs très agréable, clair et traînant, d'une nature tellement particulière qu'on ne l'oublie pas une fois qu'on l'a entendu.

Fig. 68. — Le ménure lyre.
Un oiseau lyrique par son chant et par.. sa queue.

Le chant de l'oiseau-lyre (*fig.* 68), composé de phrases décousues et rapides terminées par une note basse, ressemble à la voix d'un ventriloque. Il vient s'y ajouter en outre des sons imités des bruits environnants. Becker raconte que, dans la province de Sipp, sur le versant des Alpes australiennes, se trouvait une scierie mécanique. Là, les dimanches, quand tout travail était suspendu, on entendait au loin, dans la forêt, l'aboiement d'un chien, le rire d'un homme, le chant de divers oiseaux, les pleurs des enfants, le bruit de la scie; et tous ces bruits, tous ces sons provenaient d'un seul oiseau-lyre qui avait établi son domicile non loin de la scierie.

Une curieuse observation sur la faculté d'imitation des oiseaux a été communiquée récemment à la Société des sciences naturelles de Nîmes par M. Louis Mingaud.

Je possède, dit-il, depuis le mois d'avril 1893, un vulgaire moineau qui, pris au nid, a été nourri à la becquée ; dès que le passereau a pu se suffire à lui-même, je l'ai mis dans une cage où se trouvaient déjà un pinson, un chardonneret et deux serins. Au bout de quelque temps le moineau s'est approprié le chant de ses compagnons, à tel point que l'on s'y méprend. Il ramage comme le pinson, chante avec finesse comme le chardonneret et, avec des roulades, contrefait les serins. Il n'y aurait peut-être là encore rien d'étonnant, car beaucoup d'oiseaux possèdent la faculté de s'approprier le chant des oiseaux chanteurs ; mais où je trouve que le moineau est véritablement polyphone, si je puis lui appliquer ce terme, c'est dans le fait suivant : au printemps, j'ai l'habitude de capturer des grillons des champs et de les garder vivants dans de petites cages *ad hoc*. Jusqu'à ce jour, ces petites cages étaient pendues à côté de celles de mes oiseaux, et aucun de ceux-ci, même le moineau, n'avait eu la prétention d'imiter le chant du cri-cri. Cette année, j'ai pris de nouveaux grillons, et j'ai mis leurs cages à côté de celles de mes oiseaux. Quel n'a pas été mon étonnement, deux jours après, d'entendre le moineau imiter avec sa voix le chant du grillon !

Aujourd'hui, les grillons sont morts depuis longtemps et le pierrot ne cesse d'imiter le chant de ces orthoptères, qu'il entremêle à celui des autres oiseaux. Chose curieuse à mentionner, ce moineau ne sait pas du tout chanter ou mieux piailler comme un moineau. Fort jeune, il a été pris au nid ; sa mémoire n'a pas su conserver le piaillement de ses parents.

On a aussi cité des linots qui, recueillis jeunes et mis dans le voisinage de rossignols, avaient pris le chant de ces oiseaux.

Le chant d'une même espèce d'oiseau peut différer suivant la contrée qu'il habite. Chez eux comme chez nous, il y a des dialectes et des patois : le fond reste le même, mais les détails varient. Le fait est surtout très net pour les serins : ceux de la Thuringe, par exemple, chantent beaucoup mieux que ceux du Hartz. Mais ces différences tendent à s'atténuer par suite des migrations des oiseaux. Leur chant est, en effet, susceptible de se modifier sous l'influence d'un autre chant qu'ils entendent. Ils ont heureusement une tendance à copier un chant plus harmonieux que le leur. Ainsi, dans une région, s'il se manifeste une année un virtuose émérite, il n'est pas rare de voir d'autres représentants de la même espèce perfectionner leur voix d'une manière très sensible.

Ces faits sont bien connus des éleveurs qui ne manquent pas de mettre un bon chanteur dans chaque volière pour améliorer le chant de ses camarades de captivité. Il est intéressant de noter à ce propos que les progrès acquis se transmettent parfois à la progéniture. Ainsi, un menuisier parisien, célèbre à ce point de vue, avait élevé des alouettes pendant plus de 26 ans en leur inculquant les « bons principes » du chant : il avait amélioré et transformé tellement leur chant que la voix des dernières alouettes, en tant que mélodie et timbre, ne rappelait en rien celle de leurs ancêtres.

Chez certaines espèces, cette facilité d'imitation est poussée à l'extrême. La plus

curieuse est la fameuse grive persifleuse du Mexique, qui imite tous les oiseaux du
voisinage. L'oiseau-flûte d'Australie imite en outre les cris et les paroles. Quant
à l'oiseau moqueur des États-Unis, c'est une véritable merveille ! Voici, par
exemple, ce qu'a raconté Gerhardt à son propos :

J'observais, dit-il, un moqueur polyglotte mâle qui faisait entendre sa voix non loin
de moi. Comme d'ordinaire, le cri d'appel et le chant du roitelet d'Amérique formaient
bien le quart de sa chanson.

Il commença par le chant de cet oiseau, continua par celui de l'hirondelle pourprée,
cria tout à coup comme le rhyncodon, puis, s'envolant de dessus la branche où il s'était
posé, il imita le cri de la mésange tricolore et celui de la grive voyageuse. Il se mit ensuite
à courir autour d'une haie, les ailes pendantes, la queue en l'air, et reproduisit les chants
du gobe-mouches, du carrouge, du tangara, le cri d'appel de la mésange charbonnière ;
il vola sur un buisson de framboisiers, y picota quelques fruits et poussa des cris semblables à ceux du pic doré et de la caille de Virginie.

Audubon a trouvé une bien jolie expression pour synthétiser le chant du moqueur :

Ce ne sont pas, dit-il, les doux sons de la flûte ou de quelque autre instrument de
musique que l'on entend, mais c'est la voix bien plus mélodieuse, de la nature elle-même !

C'est au moqueur qu'il est fait allusion dans la chanson, ci-dessous, du troisième
acte de *Si j'étais roi*.

Entends-tu sous les bambous
L'oiseau moqueur qui bavarde ?
On dirait qu'il est jaloux,
Jaloux de nos chants si doux.
Ne montrons pas de courroux,
Feignons de n'y prendre garde,
C'est le moyen le meilleur
De nous moquer du moqueur.

Cet oiseau,
Vil moineau,
Est vraiment
Ignorant.
Il n'entend
Rien au chant.
Raillons-nous
Du jaloux,
Et sans peur
Du moqueur,
Poursuivons
Nos chansons
Ah ! Ah ! Ah ! Ah ! etc.

Pour nous venger du jaloux
Que notre chant toujours choque,
Mon fiancé, taisons-nous ;
Dans le silence aimons-nous.
Mais, hélas ! sous les bambous,
De nos baisers il se moque ;
Ah ! puisqu'il raille toujours
Il n'entend rien aux amours.

Ce moqueur
Est sans cœur.
Il ne sait
Ce que c'est
Que d'aimer
Et charmer.
Au mépris
De ses cris
Aimons-nous,
C'est si doux ;
Et chantons
Nos chansons.
Ah ! Ah ! Ah ! Ah ! etc.

*
* *

Le geai est un des oiseaux de nos contrées chez lequel l'esprit d'imitation phonétique est poussé à l'extrême. Son cri personnel est *raetsch* ou *raeh*, se transformant en *kaeh* ou *kraeh* par la douleur, mais toujours rauque et désagréable. Parfois, il lui prend la fantaisie de miauler comme un chat. Mais, plus souvent encore, il imite tous les bruits qu'il entend, par exemple le bruit de la scie, le hennissement d'un poulain, le cri du coq, le gloussement de la poule, etc.

Un jour d'automne, fatigué de la chasse, raconte Rosenheyn, je m'assis au pied d'un haut bouleau et m'abandonnai au cours de mes pensées. Ma rêverie fut agréablement troublée par le babil d'un oiseau. Dans cette saison avancée, pouvait-il y avoir encore des chants d'oiseaux ? Mais qui donc chantait ainsi ? J'examinais tous les arbres, l'artiste était invisible, et son chant s'élevait toujours plus fort. Il ressemblait tout à fait à celui de la grive : c'est une grive, me disais-je ; mais, tout à coup, des sons moins mélodieux et entrecoupés venaient frapper mon oreille ; tout un cercle musical semblait s'être formé à deux pas de moi. Je reconnaissais les cris du pic et ceux de la pie ; puis c'étaient ceux de la pie-grièche, de la grive, de l'étourneau, du rollier. Enfin, sur une branche des plus élevées, j'aperçus... un geai. C'était lui qui avait imité et reproduit tous ces chants.

Le geai est un imitateur, c'est vrai, mais c'est un artiste dans son genre.

Il arrive parfois que la faculté d'imitation n'est que partielle, c'est-à-dire que l'oiseau ne se souvient que de bribes de chants et les intercale dans sa propre chanson. Le cas est même très fréquent ; on le rencontre par exemple chez la pie-grièche d'Italie.

Sa voix, dit Naumann, qu'elle ne cesse de faire entendre, attire sur elle l'attention, et ne contribue pas peu à animer un paysage. Son vol est léger et facile ; elle fend les airs sans mouvoir les ailes, comme les rapaces. Quand elle a à franchir un grand espace, elle se pose souvent, et décrit des lignes longuement ondulées. Sa voix peut se rendre par : *kiaek, kiaek*, ou *schaek, schaeck* ; son cri d'appel, par : *kwiae kwi-ell-kwi-ell* ou *perletsch-hrolletsch*, ou encore : *scharreck, scharreck*. On dit qu'elle est douée à un degré surprenant de la faculté d'apprendre et de répéter sans faute le chant des autres oiseaux ; jamais je n'ai pu m'en convaincre complètement. Souvent je l'ai entendue imiter le cri d'appel du verdier, du moineau, de l'hirondelle, du chardonneret, répéter quelques phrases de leur chant ; mais toujours elle confondait ces divers airs, en y mêlant son cri d'appel : du tout il résultait un chant assez agréable. Jamais je ne l'ai entendue redire toute la chanson d'un autre oiseau. Elle en commençait une, mais la

terminait par une autre ; souvent je l'ai entendue répéter le chant de l'alouette ou de la caille. Elle imite tout son qui vient frapper son oreille, et cependant je ne me suis jamais aperçu qu'elle imitât le chant du rossignol, bien qu'il y en eût bon nombre aux environs de ma maison, qu'habitaient aussi plusieurs pies-grièches à front noir.

Les mêmes faits se rencontrent chez un oiseau voisin, l'ennéoctone ou pie-grièche écorcheur qui mélange des phrases entières du chant des autres oiseaux avec les siennes.

Si un oiseau, dit le comte Gouray, mérite l'épithète de moqueur, c'est certes l'écorcheur. A part quelques notes rauques, il ne possède pas de chant qui lui soit particulier ; aussi, lorsqu'il ne vit pas au milieu d'autres oiseaux bons chanteurs, sa voix reste désagréable. Ceux que l'on prend s'apprivoisent rarement ; mais s'ils ont eu pour voisins des oiseaux chanteurs, ils n'en deviennent pas moins des compagnons d'appartement très agréables : ils répètent, en effet, avec une ardeur toujours nouvelle les chants qui les ont frappés. Malheureusement ils y mêlent de temps à autre quelques sons peu harmonieux. Je possède un individu qui imite à la perfection le chant du rossignol, de l'alouette, de l'hirondelle, de la fauvette, du loriot, le cri d'appel du merle, de la perdrix et aboie comme un chien. Souvent il chante encore au mois de septembre et recommence à se faire entendre dès le 16 novembre.

Le gorge-bleue imite si bien le chant des oiseaux, que les Lapons lui ont donné le nom de *chanteur aux cent voix*. Jouissent aussi de la même propriété : le rouge-queue tithys et le pétrosincle saxatile.

Au nombre des oiseaux imitateurs, il faut aussi compter notre calandre ordinaire.

Son cri d'appel, dit en effet le comte Gouray, ressemble assez à celui de l'alouette huppée. Son chant est délicieux, surprenant, tant il est varié. Elle a un talent d'imitation qui lui permet de changer sa voix à volonté, de pousser tantôt un cri aigu et perçant, tantôt une note harmonieuse. Après avoir répété quelque temps son cri d'appel, elle chante quelques airs de la chanson de l'hypolais polyglotte ; puis vient le cri bas et longuement traîné du merle, qui est suivi de notes, ou même du chant entier de l'hirondelle de cheminée, de la grive chantante (*Turdus musicus*), de la caille, de la mésange, du verdier, de l'alouette des champs, de l'alouette huppée, du pinson, du moineau, du cri de la pie, du héron ; et à chacun de ces sons est donnée l'intonation convenable. La calandre ronfle comme un homme endormi ; elle répète les sons les plus singuliers, sons qu'elle a certainement entendu pousser par d'autres animaux ; elle imite chaque chant avec tant de justesse que le connaisseur le reconnaît immédiatement. J'ai une calandre qui, lorsque je la reçus, ne connaissait pas encore le chant de l'alouette, ni le cri de la mésange à longue queue ; mais bientôt elle les apprit et les répéta admirablement. Souvent elle chante d'une façon fort curieuse ; elle semble ne pas remuer la gorge et ne produire les sons qu'avec le bec.

Malheureusement, sa voix est trop perçante pour qu'on puisse longtemps la supporter dans une chambre. Pour cette raison j'ai dû me défaire de ma calandre. L'oiseleur la revendit plusieurs fois : personne ne put la conserver, et cela toujours pour le même motif.

Plusieurs oiseaux imitent fort bien la voix humaine. Les plus habiles sous ce rapport sont les perroquets et les perruches, — non pas toutes les espèces, mais certaines seulement. On peut dire que ces oiseaux arrivent à répéter tous les mots et même, — jusqu'à un certain point — à en comprendre la signification, ou tout au moins à savoir les répéter à propos. Le perroquet cendré ou jaco est un habile parleur. Brehm nous a conservé l'histoire de l'un d'eux qui, en raison de son parler très varié, fut vendu près de mille francs.

Jaco, raconte-t-il, était attentif à tout, savait juger de tout, répondait pertinemment aux questions, obéissait au commandement, saluait les arrivants et les partants, ne disait *bonjour* que le matin et le soir *bonsoir*, demandait à manger quand il avait faim. Il donnait son nom à chaque membre de la famille, et avait parmi eux ses préférences. Voulait-il voir le président Kleimayn, il appelait : « Viens ici ». Il parlait, chantait, sifflait comme un homme. Parfois, il semblait un improvisateur transporté d'enthousiasme, et l'on aurait dit la voix d'un orateur que l'on entend de loin.

Voici les paroles qu'il prononçait : « Monsieur l'abbé, bonjour. — Monsieur l'abbé, une amande, je vous prie. — Veux-tu une amande ? — Veux-tu une noix ? — Tu auras quelque chose. — Tiens, voici. — Mon capitaine, bonjour, mon capitaine. — Votre serviteur, madame la surintendante. — Paysan, voleur, polisson, braconnier ; passe au large ; rentre ; veux-tu rentrer ! prends garde à toi ! — Polisson, vaurien, garnement ! — Brave *Jaco*, bon *Jaco*. — Tu es un bon garçon, un bien bon garçon. — Tu vas recevoir un bonbon, tu vas le recevoir. — Nenni, nenni. — Permettez, voisin, permettez. »

Quelqu'un frappait-il à la porte, il criait tout haut et d'une voix d'homme : « Entrez ; je suis votre serviteur ; j'ai plaisir à vous voir ; j'ai l'honneur de vous saluer. » Parfois, il frappait lui-même à sa cage et tenait ce même discours et imitait parfaitement le coucou. « Donne un baiser, un baiser, tu auras une amande. — Voilà. — Sors, monte. — Viens ici. — Mon cher *Jaco*. — Bravo, bravissimo. — Prions, allons prier. — Mangeons. — Allons à la fenêtre. — Jérôme, debout. — Je m'en vais, Dieu vous garde. — Vive l'empereur ! vive l'empereur ! — D'où viens-tu, coquin ? — Oh ! pardonnez-moi, monsieur ; je croyais que vous étiez un oiseau. »

Quand il avait rongé ou détruit quelque chose : « Ne mords pas ! Tranquille ! — Qu'as-tu fait ? qu'as-tu fait ? Attends, polisson ! gare ! je te fouette. — *Jaco*, comment vas-tu, *Jaco* ? — As-tu à manger ? — Bon appétit. — Pst, pst, bonne nuit. — *Jaco* peut sortir, allons, viens. — Garde à vous, joue, feu !... poum ! — Va à la maison ; veux-tu rentrer ! de suite ; gare ! je te fouette. » Il agitait une sonnette suspendue dans sa cage et criait : « Qui sonne ? qui sonne ? c'est *Jaco*. — Le chien est là, un joli petit chien ! » Et il sifflait. — « Comment parle le chien ? » disait-il, et il aboyait. — « Appelez le chien. » Et il sifflait. Quand on lui commandait « feu », il criait « poum » ! Il connaissait les commandements militaires : « Halte ! garde à vous ! portez arme ! apprêtez arme ! joue ! feu ! poum ! bravo, bravissimo ! » Quelquefois, il oubliait le commandement de feu, il criait poum ! et de suite après, « apprêtez arme ! » mais alors, il n'ajoutait pas bravo, bravissimo ! il avait conscience d'avoir fait une faute. « Dieu vous garde, addio, Dieu vous garde ! » Ainsi saluait-il les gens qui partaient. « Quoi ! me frapper, moi ! me frapper ! » et il poussait un cri d'effroi, comme s'il était réellement battu, et continuait : « Me frapper, moi ! attends, vaurien ! Me frapper ! Oui, oui, c'est ainsi que va le monde », et il riait très distinctement. « *Jaco* est malade ; il est malade, pauvre *Jaco*. — Attends, je vais te secouer, toi. »

Quand il voyait couvrir la table, ou qu'il entendait d'une autre pièce mettre le couvert : « Allons manger ; allons à table. » Lorsque son maître déjeunait dans une autre chambre, il criait : « Chocolat ! tu auras du chocolat, tu en auras ! »

Quand la cloche de la cathédrale sonnait l'heure de l'office, il criait : « Je viens, Dieu vous garde ! je viens. » Quand son maître sortait à une autre heure, le perroquet lui criait dès que la porte s'ouvrait : « Dieu vous garde ! » Son maître était-il accompagné, il ajoutait : « Dieu vous garde tous ! » S'il passait la nuit dans la chambre de son maître, il restait silencieux tant que celui-ci dormait ; mais, dans une autre chambre, il commençait dès l'aurore à chanter, à siffler et à parler.

Le possesseur de *Jaco* avait une perdrix. Lorsqu'elle fit entendre son chant pour la première fois, le perroquet se tourna vers elle et cria : « Bravo ! petit ! bravo ! » Pour voir si l'on arriverait à lui faire chanter quelque chose, on choisit d'abord des mots qu'il savait déjà, comme ceux-ci : « Le beau *Jaco* est-il là ? le bon *Jaco* est-il là ? oui, oui, oui. » Plus tard, on lui apprit quelques petites chansons. Il donnait des accords, sifflait une gamme montante et descendante, des trilles, etc., mais ne chantait ni ne sifflait toujours dans le même ton ; il montait ou baissait d'un ton ou d'un demi-ton, sans jamais cependant faire de fausses notes. A Vienne, on lui apprit à siffler un air de *Martha* ; son maître dansa en mesure devant lui, *Jaco* l'imita, soulevant une patte après l'autre, et remuant son corps de la façon la plus comique.

Le président de Kleimayn mourut en 1853, *Jaco* tomba malade de chagrin ; en 1854, on dut le mettre sur une petite couchette, on le soigna avec tendresse, il parlait encore, répétant souvent d'une voix triste : « *Jaco* est malade, il est malade, le pauvre *Jaco* », et il mourut.

L'étourneau, qui imite fort bien les bruits les plus divers, arrive aussi, quoique difficilement, à répéter la voix humaine. On peut, avec beaucoup de patience, lui apprendre des mots isolés : *Polisson !* par exemple.

* *

Le chant varie presque toujours d'un sexe à l'autre ; il change aussi suivant l'âge. Les jeunes gélinottes, selon Legeu, changent cinq fois leur cri d'appel jusqu'au mois de septembre de leur première année. Il est très difficile de noter ce cri. Il commence par une voix de dessus montant et descendant, et se termine dans le même ton, par un trille plus ou moins court. Les gélinottes des bois, d'un an, les mâles comme les femelles, tant qu'elles restent ensemble appellent simplement : *pi pi pi pi*. Une fois qu'elles ont atteint l'âge de puberté, mais avant qu'elles se soient séparées, elles crient : *tih* ou *tihti* ; plus tard, leur cri est *tih tih-titi* ou *tih tih-tite*. Le mâle adulte a un véritable chant qu'on a essayé de rendre par *tih tih-titi diri*. Il change souvent cette phrase au début, aussi bien qu'à la fin. La femelle produit des tons tout différents. Lorsqu'elle s'envole, elle fait particulièrement entendre un cri bas, qui augmente de force et d'ampleur et se termine par des notes précipitées. Leyen essaye de l'écrire *tititititititititi kioul kioul kioul kioul* ; d'après Kobell, les chasseurs de la haute Bavière le traduisaient par la phrase allemande : *zieb, zieb, zieb, bei der Hitz in die Höhe* (va, va, va, par la chaleur vers les hauteurs). Quand le mâle est très excité, il chante toute la nuit, depuis le coucher du soleil jusqu'au matin ; il se tient alors généralement sur un arbre, à une hauteur moyenne ; la femelle est sur un arbre voisin. (Brehm.)

* *

Il y a peu de relation entre la classification des oiseaux et leur chant. Tout ce que l'on peut dire, c'est que le plus grand nombre d'oiseaux chanteurs se rencontrent chez les passereaux, tandis que les rapaces sont criards, etc.

Mais ce sont là des règles où il y a de nombreuses exceptions, car il est des passereaux chantant mal ou ne chantant pas du tout, tandis qu'on peut trouver des chanteurs — assez bons même — chez les rapaces. Le chant varie d'ailleurs beaucoup entre deux espèces quelquefois très voisines : même quand il est très analogue, les naturalistes à l'oreille fine y découvrent des nuances permettant de les reconnaître. Le fait est bien connu, par exemple, chez les grives et les merles dont nous allons dire quelques mots, d'après Brehm.

Les cris des différentes grives ont beaucoup d'analogie ; on peut cependant reconnaître celui de chaque espèce. La draine a pour cri d'appel la syllabe *schnerr ;* on l'imite parfaitement en frottant avec une baguette les dents d'un peigne ; quand elle est excitée, elle y ajoute les syllabes : *ra, ta, ta.* Son cri d'angoisse est difficile, sinon impossible à décrire. Le cri d'appel de la grive musicienne est un sifflement rauque, *tzip,* que suit d'ordinaire la syllabe : *tack* ou *tock ;* quand l'oiseau est excité, son cri exprime : *styx, styr, styx.* Celui de la litorne est *tschack, tschack, tschack,* dit plusieurs fois de suite et très rapidement ; quand elle appelle ses compagnes, elle y ajoute : *gri, gri.* La grive mauvis a comme cri d'appel une note très haute et traînante, *tzi,* que suit une note plus basse, *gack ;* son cri d'angoisse est *scherr* ou *tscherr.* Le merle à collier crie *toec, toeck ;* il y mêle la syllabe *tack* prononcée sur un ton beaucoup plus bas. Le merle noir lance un trille : *sri* ou *traenk.* Quelque chose de suspect l'a-t-il frappé, il crie avec force : *dix, dix,* et s'il se voit obligé de fuir, il y ajoute : *gri, gich, gich.* Tous ces cris que nous ne pouvons noter que d'une manière fort imparfaite sont très variés ; mais toutes les grives les comprennent. On les voit prêter toute leur attention aux cris des autres espèces, surtout au cri d'avertissement.

Les grives peuvent être rangées parmi les oiseaux bons chanteurs. La première place appartient à la grive musicienne ; à côté d'elle vient le merle, puis la draine et la litorne.

Les Norvégiens appellent la grive musicienne le rossignol du Nord, et le poète Welcher lui a donné le nom de rossignol des forêts. A ses notes, qui rappellent les sons de la flûte, s'en mêlent malheureusement d'autres, criardes, peu agréables ; néanmoins la grâce de ce chant en est peu altérée.

Le chant du merle est à peine inférieur à celui de la grive commune. Il se compose de plusieurs phrases admirablement belles ; toutefois ce chant est plus triste que le précédent. La draine n'a que cinq ou six phrases au plus, peu différentes les unes des autres, mais composées à peu près exclusivement de notes pleines et flûtées. Il en est de même de la grive mauvis et du merle à collier. « Leur chant n'a pas, il est vrai, tout le fondu de celui du rossignol, dit Tschudi, mais des centaines d'individus le font retentir dans la forêt comme un chœur mélodieux, et il anime les paysages déserts de hautes montagnes. »

Les espèces exotiques ne sont pas moins remarquables sous ce rapport. « Le chant de la grive chochi ou à ventre rouge du Brésil, dit le prince de Wied, est fort harmonieux ; les sons en sont flûtés ; les variations en sont riches quoique moins nombreuses que chez les grives d'Europe. Comme ses congénères de l'ancien monde, cette grive est un des plus beaux ornements des gigantesques forêts vierges, et la messagère du printemps. » C'est en termes enthousiastes que les naturalistes américains célèbrent les grives de leur patrie. « Le chant de la grive solitaire, dit Audubon, quoique composé de quelques notes seulement, est si fort, si clair, si harmonieux, si limpide, qu'on ne peut l'entendre sans se sentir ému jusqu'au plus profond de son être. Je ne sais à quel instrument de musique le comparer ; je n'en connais aucun qui soit aussi harmonieux. » Sans être tout à fait aussi enthousiaste que ces auteurs, nous n'hésitons pas à mettre les grives parmi les bons oiseaux chanteurs.

Tandis que la plupart des oiseaux accompagnent leurs chansons de mouvements d'ailes, de queue, de tout le corps, les grives restent tranquilles, solennelles, quand elles font entendre leur chant. Chacune de leurs phrases est arrondie, chacune de leurs notes nettement prononcée. Ce chant s'approprie tout à fait aux forêts ; pour les appartements, il est beaucoup trop fort. Les grives commencent à chanter de bonne heure, et ne cessent que vers la fin de l'été. Le merle fait entendre ses chansons dès le mois de février, quand toute la forêt est encore couverte de neige et de glace. La grive musicienne, réfugiée à l'étranger, pense à sa patrie et semble vouloir lui consacrer ses chants. Il en est de même de la grive voyageuse de l'Amérique du Nord, et probablement de toutes les espèces qui émigrent plus ou moins loin. Comme chez les autres oiseaux chanteurs, les mâles rivalisent entre eux : une grive se perche-t-elle sur la cime d'un arbre et fait-elle entendre sa voix ? toutes les autres se hâtent de lui répondre. Cet oiseau sait, dirait-on, combien son chant est excellent ; il a une certaine vanité à cet égard. Autant il se tient caché d'ordinaire, autant il se montre quand il se met à chanter. Il se perche alors sur un arbre élevé, à l'extrémité d'une branche et lance ses notes argentines, qui retentissent dans la forêt.

*
* *

A côté des grives et des merles, il faut placer, comme bons chanteurs, les diverses espèces de fauvettes et, parmi elles, la fauvette orphée qui mérite bien son nom.

Son chant, dit Homeyer, est particulier. Ce n'est bien évidemment qu'un chant de fauvette, mais les phrases en sont mélodieuses et douces comme celles des moqueurs ; seulement il y figure quelques sons particuliers aux fauvettes. Les notes en sont pleines et lancées de la même façon que celles de la fauvette des jardins, mais tout le chant est plus clair, plus varié que celui de cette espèce. Tandis que celle-ci n'a qu'une manière, qu'elle ne sort pas de ses notes pleines et régulières, l'orphée pousse des sons tantôt ronflants, tantôt gazouillants, tantôt tremblotants, tantôt lancés, au contraire, avec une ardeur vraiment étonnante. En même temps, elle prononce chaque mot, chaque phrase si distinctement qu'on peut les écrire comme à la dictée. Son cri d'appel est *jiel, lscherr* et *trouii rarara ;* son cri d'angoisse : *wiechl, wiechl* (prononcer à l'allemande), répété à plusieurs reprises. Quelques orphées imitent en outre les chants des autres oiseaux.

Homeyer est sévère pour la fauvette des jardins. Naumann est plus indulgent :

Au printemps, dès que le mâle arrive, on entend retentir son chant, aux notes douces, flûtées, très variées, dont les longues mélodies se suivent lentement et sans interruption ; il chante depuis son arrivée jusque vers la Saint-Jean. Ce n'est qu'au milieu de la journée, alors qu'il relaye sa femelle et couve, qu'il se tait ; tout le reste du temps il fait retentir la forêt de sa voix. Le matin, à l'aurore, il chante en se tenant immobile sur une haie ou sur un arbre. Le reste de la journée, c'est en fouillant les arbres, en sautant de branche en branche pour chercher sa nourriture, qu'il se fait entendre. Son chant est de tous les chants de fauvettes que je connais celui dont la mélodie est la plus longue ; il a quelque analogie avec celui de la fauvette à tête noire, et plus encore avec celui de la fauvette épervière, dont il ne diffère que par quelques notes plus douces, moins mélodieuses.

Souvent, dans les descriptions des auteurs, on trouve de grandes variations dans l'estimation du chant, les uns le trouvant agréable, les autres médiocre ou même mauvais. Ainsi, pour certains, le roucoulement de la tourterelle, qui ne se compose que d'une note, *tour, tour*, assez haute, est d'une grande douceur ; pour d'autres, aux nerfs sensibles sans doute, cette répétition de note est horripilante et bien faite pour engager à la mélancolie. Ce roucoulement est d'autant plus désagréable qu'il commence dès le lever du soleil et, quand il fait beau, ne cesse pas de la journée.

*
* *

Beaucoup d'oiseaux chantent toute leur vie. D'autres ne se livrent à la chanson qu'à certaines époques, par exemple, comme le plectrophane des neiges, au moment de la ponte. Le chardonneret en liberté se tait à l'époque de la mue et par le mauvais temps.

La plupart d'entre eux se taisent en hiver. Le froid le plus intense ne rend point muet cependant le cincle aquatique, dont le mâle, même au milieu de la neige, égrène ses *tzerr* ou *tzerb* ; ses notes sont ronflantes comme celles du gorge-bleue et sont suivies par d'autres plus fortes, comme celles du traquet motteux. « C'est une charmante apparition, dit Schinz, au mois de janvier, quand le froid est vif et pénétrant, quand toute la nature paraît engourdie, que celle de cet oiseau, perché sur un pieu, sur une pierre, sur un glaçon, lançant dans l'air ses notes harmonieuses. » Le troglodyte mignon chante aussi en hiver.

*

Les uns restent immobiles en chantant, les autres agitent la queue ou les ailes, d'autres ne chantent guère qu'en volant (pipi des prés, vanneau huppé). Certains enfin chantent indifféremment au vol ou au repos (hochequeue grise). Plusieurs accompagnent leur chanson, surtout au moment des amours, d'attitudes bizarres. Ainsi fait le lyrure des bouleaux. Voici ce qu'en dit Brehm :

L'amour du lyrure de bouleau se traduit par des chants et des danses. Au premier sifflement ou pépiement succède le remoulage : c'est un sifflement singulier, à timbre creux que Nilsson a assez exactement rendu par *tschiio-y* ; puis vient le roulement que Bechstein note : *golgolgolgolrei ;* et Nilsson avec plus de justesse à mon avis : *routtourou-routtou-rouiki-ourr-ourr-ourr-rrrouttourou-routtou-rouiki.* Lorsque le lyrure est fort excité, ces diverses phrases se suivent, se lient si bien, qu'on ne peut reconnaître ni la fin de l'une, ni le commencement de l'autre. Il est rare que le lyrure arrive, comme le tétras urogolle, à oublier dans ses transports tout ce qui l'entoure, à devenir sourd et aveugle. Je connais cependant des cas où quelques-uns de ces oiseaux, sur lesquels on avait tiré pendant qu'ils rémoulaient, n'ont pas quitté la place, ce qui laisserait supposer qu'ils n'avaient pas entendu le bruit de la détonation. En même temps le lyrure mâle se comporte de la façon la plus comique : avant de chanter, il lève la queue, l'ouvre en éventail, dresse la tête et le cou, en hérisse toutes les plumes, écarte les ailes et les laisse pendre ; il saute un peu à droite et à gauche, décrit quelques ronds, puis applique son bec à terre, frottant et usant les plumes du menton. En même temps, il bat des ailes et tourne sur lui-même. Plus il est excité, plus ses mouvements deviennent vifs ; à la fin, on croit voir en lui un animal complètement fou.

A citer au même point de vue, les érythrospizes githagines qui, en captivité, sont de charmants oiseaux.

Sans cesse, dit Bolle, ils s'appellent et se répondent. Ils paraissent plus vifs et plus éveillés le soir à la lumière que pendant le jour. Dès que la lampe est allumée, ils saluent leur maître par leurs cris, sans voleter, à en devenir gênants, comme certains insectivores. C'est le concert le plus réjouissant que l'on puisse imaginer. Tantôt ce sont des sons de trompette, nets et clairs ; tantôt des notes basses et traînantes ; puis des grognements, des intonations très variables ressemblant au miaulement d'un chat. Parfois ils commencent par quelques notes pures et argentines comme le tintement d'une clochette, et les font suivre immédiatement d'un second grognement. Aux *kae, kae, kae,* qu'ils répètent le plus souvent, répond presque toujours une note plus basse et très brève. Ces sons, tantôt rauques, tantôt harmonieux, mais toujours éminemment expressifs, traduisent parfaitement tous les sentiments de l'oiseau. Quelquefois on entend un babil long bien que décousu, comme celui des petits perroquets ; parfois aussi, ils crient comme les poules : *kekek, kekek,* trois ou quatre fois de suite : *chac, chac,* est leur cri de surprise ou de défiance.

Lorsqu'on les pourchasse et qu'on va les prendre, ils poussent de petits cris de détresse. Mais tous leurs cris sont si expressifs et si harmonieux, qu'on est stupéfait de les entendre chez un si petit animal. On pourrait sûrement perfectionner leur voix, comme on le fait pour le bouvreuil.

C'est au printemps que les mâles (les femelles n'ont pas ce genre de cri) trompettent le plus. Ils renversent alors la tête en arrière, ouvrent largement le bec et le dirigent directement en haut. Les notes plus douces sont prononcées le bec fermé. En chantant, ces oiseaux prennent les postures les plus comiques. Ils dansent l'un autour de l'autre, et sont dans une agitation continuelle. Lorsque le mâle poursuit sa femelle, il redresse le corps, ouvre largement les ailes, et ressemble à un écusson : on dirait qu'il veut serrer dans ses bras l'objet de son amour.

Bolle appelle l'érythrospize la « trompette du désert » à cause des sons très spéciaux qu'il émet :

Le naturaliste aurait bientôt perdu sa trace, dit cet auteur, si sa voix ne venait le guider. Un son perce l'air, semblable à celui de la trompette ; il est strident, vibrant, et si l'on a l'oreille fine, on entend qu'il est suivi de quelques notes douces, argentines, comme les derniers accords d'une lyre touchée par des mains invisibles. Ou bien, ce sont des sons singuliers, bas, analogues aux coassements de la grenouille des Canaries ; les sons se suivent, répétés à courts intervalles et l'oiseau lui-même y répond par quelques notes presque semblables, mais plus faibles : on dirait un ventriloque. Rien n'est plus embarrassant que de vouloir écrire le chant des oiseaux ; pour l'érythrospize githagine, ce serait chose impossible. Ce sont des sons tout particuliers, appartenant à un monde idéal, et qu'il faut avoir entendus, pour pouvoir s'en faire une idée. Personne ne s'attend sans doute à trouver un véritable oiseau chanteur dans ces contrées désolées ; et, en effet, ces sons singuliers, romanesques, si j'ose m'exprimer ainsi, suivis de quelques notes particulièrement rauques, constituent seuls la chanson du githagine. Elle cadre parfaitement avec la physionomie du paysage, on l'écoute avec plaisir, on est triste quand le silence se fait. Ces sons de trompettes sont comme la voix mélancolique du désert ; les esprits de la solitude semblent parler par eux.

⁎

La très grande majorité des oiseaux ne chantent que lorsqu'il fait jour. A peine le soleil est-il levé qu'ils commencent à égrener leur joyeuse chanson, pour ne la terminer qu'à la nuit : chacun sait, d'ailleurs, que pour faire cesser le chant des oiseaux en cage, il suffit de recouvrir leur prison d'une serviette.

Mais tous ne commencent pas à chanter à la même heure : on a même fait à ce propos une curieuse horloge des oiseaux. On a, en effet, remarqué que le pinson commence sa chanson de une heure et demie à deux heures du matin ; la mésange, de deux heures à deux heures et demie ; la caille, de deux heures et demie à trois heures ; le rouge-queue, de trois heures à trois heures et demie ; le merle, de trois heures et demie à quatre heures ; le bec-fin, de quatre heures à quatre heures et demie ; la mésange des marais, de quatre heures et demie à cinq heures. Quant au moineau, le paresseux, il ne commence à chanter qu'après cinq heures du matin.

De très rares oiseaux chantent la nuit. A citer cependant le dur-bec vulgaire que l'on entend surtout par les belles nuits d'été, ce qui lui a fait donner par les naturalistes suédois le nom de *veilleur de nuit*. D'autres, comme le plectrophane lapon, mâle, ne chantent qu'en volant. La lulu chante surtout la nuit et envoie entre les bruyères ses trilles harmonieux. Nocturne aussi est la locustelle tachetée, dont le chant peut se noter par *sirrrr*.

Il est singulier, dit Naumann, que ce bruit, qui est très faible quand on l'entend de près, soit perçu de très loin. Par une soirée bien calme, une bonne oreille l'entend encore à plus de mille pas. D'ordinaire, le mâle lance son trille d'une seule haleine, pendant une minute entière ; s'il est très ardent, il le soutient pendant deux minutes et demie, comme j'ai pu le constater en l'écoutant montre en main. Il s'arrête quelques secondes puis recommence, et ainsi de suite pendant plusieurs heures. Près de l'endroit où est établi un nid, on ne l'entend que rarement le jour, et seulement quelques instants. Il ne se met à chanter qu'après le coucher du soleil, et avec une ardeur qui va croissant jusque vers minuit ; puis il se tait, et à une heure, il se fait de nouveau entendre jusqu'au lever du soleil. Une fois que la femelle a pondu, le mâle reste muet toute la journée ; il ne chante plus que vers minuit et aux premières heures de l'aurore.

Tant que son nid n'est pas encore construit, la locustelle chante tout en se glissant au travers des branches et d'ordinaire, lorsqu'elle finit son trille, elle se trouve à cinquante ou soixante pas de l'endroit où elle l'a commencé. Plus tard, elle reste des heures entières au même endroit ; au plus monte-t-elle ou descend-elle le long d'une tige ou d'une branche.

Bien des fois, et à toute heure, continue Naumann, j'ai cherché à surprendre cet oiseau ; j'ai passé des nuits entières dans la forêt et, chaque fois, son chant me faisait une profonde impression ; plusieurs heures après avoir quitté la forêt, je croyais encore l'entendre ; une branche qui se cassait, un zéphyr qui froissait les feuilles, tout me le rappelait.

**
* *

Les oiseaux sont essentiellement des solistes. Mais il en est quelques-uns aussi qui ne peuvent chanter que des duos. Comme on pourrait croire que j'invente pour « corser » ce chapitre, je préfère citer le passage suivant de Brehm, relatif aux gonoleks d'Éthiopie.

Ce que ces oiseaux ont de plus singulier, c'est leur chant, qui n'a rien de commun avec celui des autres oiseaux : le mâle et la femelle lancent tous deux dans les airs quelques notes sonores. Le cri du gonolek écarlate rappelle le sifflement du loriot ; celui du gonolek d'Éthiopie est formé de trois notes, rarement de deux, très pures, argentines, embrassant environ une octave. Il commence par une note moyenne, que suit une plus basse, puis une troisième bien plus haute. Les deux premières notes forment généralement la tierce ; les deux dernières l'octave. Le mâle seul fait ainsi entendre sa voix ; immédiatement après, la femelle lui répond en poussant une sorte de grincement rauque et désagréable, difficile à décrire.

La femelle du gonolek écarlate attend pour lancer son cri que le mâle ait terminé le sien ; celle du gonolek d'Éthiopie commence à crier au moment où le mâle fait entendre sa seconde note ; mais chez l'une comme chez l'autre espèce, elle montre toujours un juste sentiment de la mesure, qu'on ne retrouve guère chez les autres oiseaux. Parfois c'est la femelle qui commence ; elle crie trois, quatre, six fois de suite avant que le mâle se fasse entendre, puis les cris recommencent, avec la même régularité. Je me suis parfaitement convaincu que le mâle et la femelle étaient nécessaires pour produire ces notes alternantes ; tue-t-on la femelle, le mâle pousse encore des sifflements, mais on n'entend plus de grincements, le contraire arrive si c'est le mâle qui a péri.

Dans le principe, ces oiseaux ravissent l'observateur ; mais au bout de quelque temps, quelque pures et singulières que soient leurs notes, quelque remarquable que soit leur chant, il y a là une monotonie, une uniformité qui finit par lasser, et par les rendre tout à fait insupportables.

On trouve quelque chose d'analogue chez le bucorax abyssinien ; le mâle fait entendre un cri sourd, mais retentissant, auquel la femelle répond par un cri analogue, mais d'une octave plus élevé. Cette conversation dure plus d'un quart d'heure sans interruption. C'est toujours le mâle qui commence à crier : on l'entend souvent à près de deux milles anglais de distance.

**
* *

Nombre d'amateurs sont passionnés pour le chant des oiseaux. Il fut un temps où, en Belgique et dans une partie de l'Allemagne, la passion pour le chant des pinsons était une véritable monomanie. On allait — on va même encore — jusqu'à commettre ce crime, que je trouve plus qu'abominable, de crever les yeux des meilleurs élèves sous le prétexte que, n'étant pas distraits par les objets environnants, ils chantaient mieux. Tout le monde, depuis les plus grands jusqu'aux plus petits, s'adonnait à l'éducation des pinsons et les concours des dimanches étaient très courus. On faisait parfois plusieurs lieues pour entendre un bon virtuose. Les oiseaux étaient rangés en ligne dans leur cage et le concours durait une heure. On notait combien de fois chaque pinson répétait sa chanson pendant ce laps de temps et, d'après ce relevé, le plus fort remportait le prix.

La farlouse des bois a aussi ses fanatiques forcenés, surtout en Angleterre.

L'enthousiasme pour le rossignol date de fort loin. L'empereur Claude offrit à Agrippine un de ces oiseaux qui valait six mille sesterces, soit 1350 francs. La plupart des rossignols coûtaient plus cher qu'une pierre précieuse. Plus tard, cet amour dégénéra d'une façon barbare : les riches prenaient plaisir à les faire servir à leur sensualité gastronomique. L'histoire nous a rapporté que Lucullus savoura avec délices un plat de langues de rossignols rôties sur des tranches de pain étendues de confiture. Quel détail pourrait mieux faire sentir l'état de décadence de cette époque? Aujourd'hui on se contente d'aller entendre le rossignol dans les bois. En captivité, il meurt en effet presque toujours et, en tout cas, y chante moins bien qu'en liberté. Il est vrai, dit M. Sabin Berthelot, que deux rossignols captifs et qu'on tient séparés paraissent s'adresser des défis par des tirades lancées avec une extrême bravoure, et qu'on en a vu s'exciter au point que l'un d'eux a succombé souvent dans

Fig. 69. — Les serins hollandais.
En somme, ils sont vilains en diable, mais ils chantent si bien et ils coûtent si cher !...

cette lutte de prouesse. Il expire en vainqueur et ses dernières notes s'échappent avec son souffle : *Victa morte finit sæpe vitam, spiritu prius deficiente quam cantu.* (PLINE, lib. X. § XLVIII.)

Mais le véritable virtuose pour amateurs est le serin, malgré la réputation de bêtise qu'on lui a faite, je ne sais vraiment pas pourquoi. Ce « rossignol des concierges » a eu une vogue immense en France sous les règnes de Louis XIII, Louis XIV et Louis XV. Depuis, la passion serinophile s'est étendue aux pays voisins. Aujourd'hui, les principaux centres sont surtout Saint-Andreasberg, qui a la spécialité des serins du Hartz; le pays de Liège, où on élève particulièrement les serins longs, les serins de Liège, les bossus belges, les hollandais frisés (*fig.* 69) et les jabotés hauts sur pattes. C'est dans les comtés d'York, de Derby et de Norfolk qu'il faut aller chercher les serins de Norwich et les cinnamons. En France, l'élevage comprend de nombreux petits amateurs. Il paraît néanmoins que les pays du Nord ne réclament, par an, pas moins de quatre cent mille serins dont la valeur varie de 3 à 500 francs pièce. A Paris, on produit environ tous les ans deux mille serins :

on y organise souvent des concours, à la suite desquels le premier prix se vend environ 5oo francs, le second 2oo francs, le troisième 1oo francs, le quatrième 75 francs, etc. Les mentions honorables trouvent acquéreur à 5o ou 25 francs la paire. On a calculé que tous les serins de Paris réunis mangent 10 000 francs de mouron par jour. Sous toutes réserves.

Les prix élevés des bons chanteurs tiennent à ce qu'ils sont difficiles à conduire à bien. Il faut « tâter » de plusieurs avant d'en trouver un susceptible d'une excellente éducation musicale. Quand on en découvre un arrivant à exécuter le coulé, le trille, la roulade, le fleuretis, la reprise et le cantabile, c'est presque la fortune.

Pour l'éducation des serins ordinaires, — ceux qui se vendent au plus 25 francs la paire au marché aux oiseaux, — on se contente de les placer dans le voisinage de virtuoses appelés *professeurs pour jeunes*.

Voici maintenant, d'après M. Devaux, comment on procède pour former les grands artistes :

Deux semaines environ après que le jeune serin s'est émancipé, aussitôt qu'il essaye d'émettre des sons, on le renferme seul dans une cage de taille moyenne, couverte d'une housse en tissu clair, et la cage est accrochée au fond d'une salle tranquille, éloignée de tout bruit, de tout mouvement et du passage des voitures. Il faut, pour que l'éducation soit parfaite, que l'élève n'entende aucun ramage. Pendant huit jours, il reste dans la solitude et le recueillement. La semaine écoulée, on commence à jouer deux fois par jour, à intervalles fixes, d'un petit flageolet dont les sons ne soient pas trop élevés, toujours le même air, afin que l'oiseau l'approfondisse et parvienne à le traduire à sa manière. Au bout de huit jours, on change la housse claire pour une autre de serge verte, ou d'autre étoffe qui assombrisse complètement la cage, ceci pour lui éviter les distractions, et l'on continue le même régime musical, en ayant la précaution de ne changer la nourriture et la boisson que le soir. On peut se servir d'une serinette ; l'important, pour l'éducateur, est de ne pas abuser des tenues, des points d'orgue et de ne pas jouer trop vite ; livré à lui-même, le serin accélérera toujours assez le mouvement. L'éducation dure deux mois au minimum et six au maximum, suivant les aptitudes de l'oiseau.

En général, on peut apprendre à chaque petit élève un air et un prélude ; avec un peu de patience, on parvient à lui faire retenir trois airs choisis. Quelques amateurs entraînent leurs serins à chanter en employant le violon ou le piano ; ils sont parvenus à inculquer à leurs élèves des modulations très curieuses :

PRÉLUDE

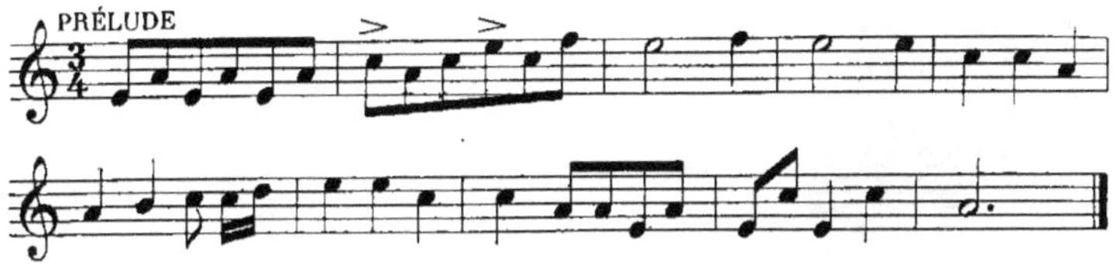

MARCHE

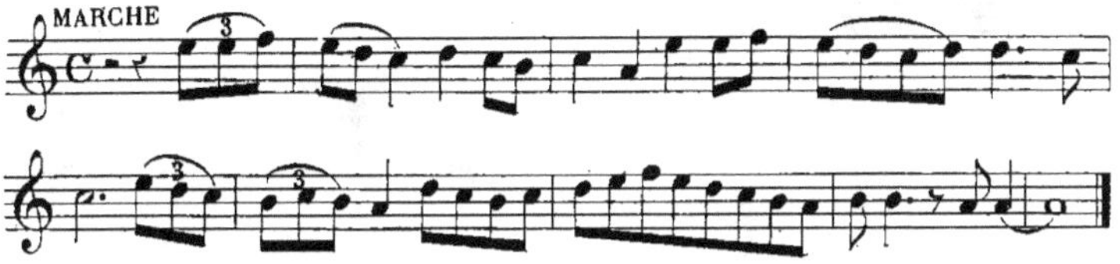

PRÉLUDE

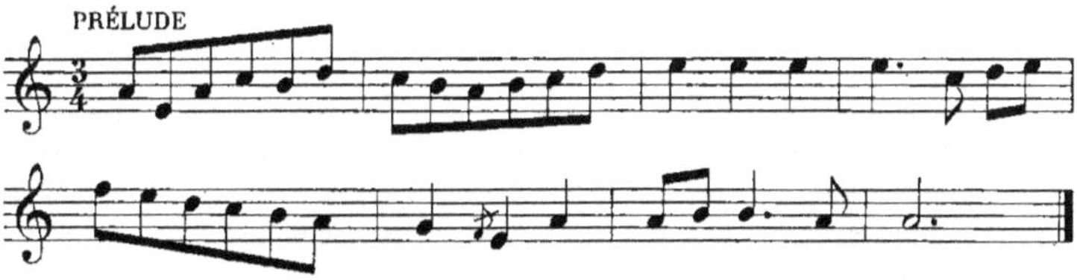

PRÉLUDE

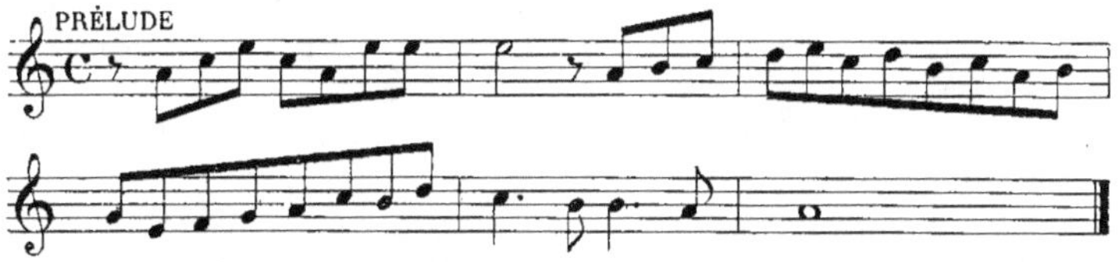

MARCHE

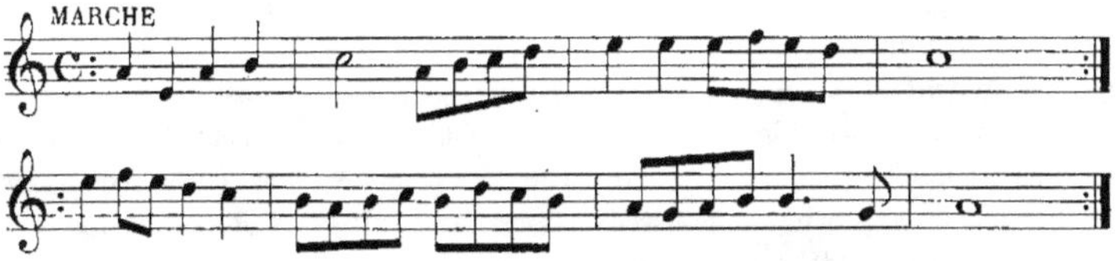

GAVOTTE

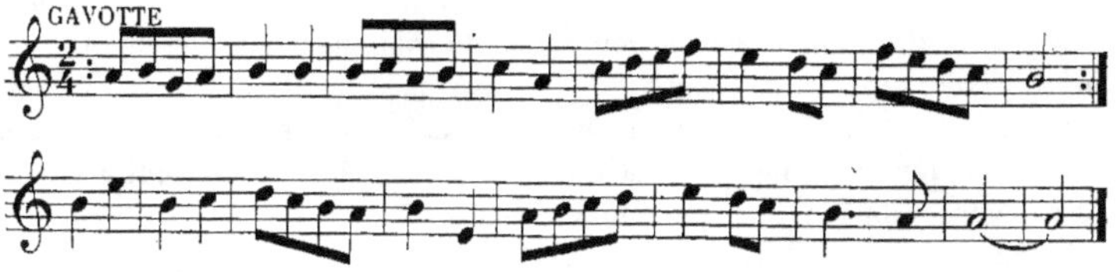

Le serin chanteur est sujet à s'enrouer; on lui rend l'éclat du timbre en lui servant de l'eau bouillie, une décoction de fenouil, et, pour nourriture, un mélange de miel et de biscuits de Reims pilés.

* **

Les expressions populaires faisant allusion à des sujets d'histoire naturelle sont très fréquemment erronées. On dit, par exemple, souvent : chanter comme un oiseau, et un esprit non prévenu s'imaginerait certainement que tous les oiseaux sans exception ont été dotés par la nature d'une voix mélodieuse. Ce serait une grosse erreur, les oiseaux bons chanteurs constituant en quelque sorte l'exception. Tous les autres ont une voix insignifiante, bizarre ou même très désagréable. Ce sujet étant en général mal connu, on nous permettra d'y insister ici, en citant les exemples les plus typiques.

Un certain nombre d'oiseaux en effet ne chantent pas et se contentent de crier. Parmi ceux-là les plus connus sont les perroquets, les cacatoès, les perruches ; quand ils se mettent en colère, les sons criards qu'ils font entendre sont véritablement douloureux pour le tympan. Dans les forêts des tropiques, où ils vivent toujours en bandes, il paraît que le concert qu'ils donnent au voyageur venant les visiter est épouvantable : quiconque d'ailleurs a eu la patience d'avoir un de ces animaux dans un appartement en sait quelque chose. Certains perroquets (nestors) ont la voix rauque, grondante, criarde et ressemblant à l'aboiement d'un chien. Le cri rauque des aras est monosyllabique et se rapproche du croassement des corbeaux ; quand un chasseur les approche, ils poussent des cris assourdissants et peuvent, comme l'a dit A. de Humboldt, couvrir le mugissement des torrents.

Criards aussi les corbeaux, avec leurs *kork kork, kolk, kolk, rabb, rabb, rabb,* où les anciens devins prétendaient trouver tant de sons différents ; les freux, avec leurs *kra kroa, girr, querr* et *jack jack ;* le casse-noix, avec ses *kraeck, kraeck, kraeck* ou *koerr koerr ;* la pie qui bavarde toute la journée en mêlant ses *schak* et ses *krak,* la plupart des rapaces, quand ils font entendre leur voix, ce qui est assez rare en temps ordinaire, mais commun au moment des amours.

Parmi les oiseaux au chant désagréable, il faut encore placer le gros-bec commun que Naumann range parmi les plus déplaisants. Mais ceci n'est que relatif à notre oreille et à notre esthétique particulières. Les chants des mâles, qui nous font faire la grimace, charment manifestement les femelles. Et les mâles eux-mêmes ont une haute idée de leur voix : quand ils chantent, ils prennent des allures de vainqueurs pour exprimer leur propre satisfaction.

Tous les oiseaux au chant désagréable ne sont pas aussi admiratifs d'eux-mêmes.

Les hespériphones crépusculaires non plus ne chantent pas bien :

Leur voix, dit Townsend, qu'ils font entendre lorsqu'ils sont en quête de nourriture, est criarde ; j'ai cru longtemps que c'était leur signal d'avertissement. Vers midi, les mâles montent jusque sur les branches les plus élevées des pins et commencent à chanter. Leur chant est misérable et on dirait qu'ils en ont conscience ; ils se taisent souvent et paraissent très mécontents d'eux-mêmes. Puis, après un long silence, ils recommencent, mais sans plus de succès. Leur chant n'est qu'un trille court, ressemblant extraordinairement aux premières notes de la chanson du merle voyageur ; mais il est moins doux, et s'arrête subitement, comme si l'oiseau était hors d'haleine. A mon avis, ce chant, si j'ose lui donner ce nom, est ennuyeux et fatigant à entendre. Chaque fois j'en attendais la suite, et chaque fois mon attente était déçue.

Le chant du proyer d'Europe n'est ni fort ni agréable ; il ressemble tout à fait au bruit d'un métier à tisser les bas ; c'est de cette particularité que vient le nom de *bonnetier* qu'il porte dans diverses localités.

Le chant du martin-rose est un mélange de sons rauques, criards et grinçants. D'après Nordmann, on peut comparer ce chant au bruit que feraient plusieurs rats enfermés dans un petit espace et se battant, se mordant mutuellement : celui qui entend des martins-roses pour la première fois est persuadé qu'ils sont en train de se livrer un combat acharné.

Les cris (*sroui, sroui*) du mésangeai de malheur ressemble à celui d'un homme appelant au secours. Celui du taxostome roux, au miaulement du chat, ce qui a fait donner à l'oiseau le nom anglais de *cat-bird*.

Le touraco à joues blanches a un cri particulier qui semble venir de très loin alors que l'oiseau qui le pousse (*cahouhaiagagouga !*) est tout près : c'est un ventriloque. Il parle d'ailleurs, comme le font les ventriloques, sans ouvrir le bec.

La voix des schizorhis à bandes ressemble à celle des singes : réunis à plusieurs, comme cela leur arrive souvent, ils font un tapage assourdissant.

Le batara ondulé a un cri qui ressemble au bruit d'une bille tombant de haut sur une pierre et y rebondissant plusieurs fois.

Le chant du jaseur d'Europe ressemble au grincement d'une roue de voiture mal graissée ; celui du manakin moine, au murmure d'un rouet ; celui du gymnocéphale, au bêlement d'un veau ; celui du sonneur, au son de plusieurs cloches, et les voyageurs ne tarissent pas sur sa bizarrerie.

Sa voix, dit le prince de Wied, ressemble au tintement argentin d'une cloche ; il pousse un cri qu'il soutient longtemps, et qu'il répète souvent plusieurs fois de suite. On croirait entendre un forgeron frapper à plusieurs reprises à coups de marteau sur une enclume. On entend ces cris à toutes les heures de la journée, et de très loin. D'ordinaire, plusieurs de ces oiseaux se trouvent dans une même localité, s'appelant et se répondant mutuellement. L'un lance une seule note, claire et forte ; un autre fait entendre des tintements répétés, et il finit par en résulter un concert des plus singuliers. D'ordinaire, le forgeron se perche sur une des branches sèches les plus élevées d'un arbre gigantesque et c'est de là qu'il fait résonner sa voix. On voit son plumage d'un blanc éclatant trancher vivement sur l'azur du ciel.

Le chant de l'*hylactes Tarnii* est un véritable aboiement ; aussi les indigènes le désignent-ils, et avec juste raison, sous le nom d'oiseau aboyeur. Le chant du mélichère mellivore n'est pas plus distingué : on l'a comparé au bruit que fait un homme au moment où le mal de mer se fait sentir ; de là vient le nom local, *goo-gwar-rack*, donné à cet oiseau. La voix du paralcyon géant est un ricanement rauque, d'où son nom populaire de « Jean le Rieur ». Le cri de l'ani des savanes est nasillard, ce qui lui a fait donner par les colons le nom de « vieille sorcière ». Le cri du dichochère peut être comparé au braiement de l'âne ; à noter qu'il peut être lancé aussi bien pendant l'inspiration que pendant l'expiration. Celui du tragopan mélanocéphale est digne du bêlement d'une chèvre égarée ; sa syllabe *wal*, lancée avec force, s'entend à plus d'un mille de distance.

* *

Très singulier aussi le cri du butor (*fig.* 70) qui, de l'aveu de tous ceux qui l'ont entendu, est un véritable beuglement. Ce cri n'est guère poussé que la nuit, et il est par suite difficile de se rendre compte des circonstances dans lesquelles il se produit. Pour le savoir, un naturaliste, Wodzicki, est resté plusieurs heures dans l'eau, immobile : mais les butors, soupçonnant sa présence, refusèrent de mugir.

Fig. 70. — Le butor.
Un animal qui n'a pas volé son nom par son aspect et la façon dont il beugle.

Un jour enfin, au milieu d'une tourmente, il finit par savoir ce qu'il cherchait avec tant de peine.

Je connaissais l'endroit parfaitement, dit-il ; je m'y glissai par un fort vent, et je vis la femelle dans l'eau, à dix pas environ du mâle, le jabot gonflé, le cou rentré entre les épaules, livrée, semblait-il, à un doux *far niente*, tout comme quelque mélomane italien plongé dans un demi-sommeil et absorbé dans l'audition de la plus suave des mélodies. Certes, cette femelle ainsi ravie avait raison d'admirer le talent de l'artiste ; c'était une basse aussi excellente que Lablache. Il était là, debout sur ses deux pattes, le corps horizontal, le bec dans l'eau. Au moment où les beuglements se faisaient entendre, l'eau rejaillissait de toutes parts. Après que l'oiseau eut lancé quelques notes, j'entendis enfin le *u* (prononcer à l'allemande) signalé par Naumann ; le butor releva la tête, la lança en arrière, puis enfonça rapidement le bec dans l'eau et les beuglements commencèrent avec une telle violence que j'en fus effrayé. Un fait m'était ainsi expliqué ; ces notes hautes au début, l'oiseau ne les fait entendre que quand il a son cou plein d'eau, et qu'il lance cette eau avec beaucoup de force. La musique continua ; mais le butor ne rejeta plus le cou en arrière, et je n'entendis plus ces notes élevées. Il semble donc que ce cri soit l'expression de sa plus grande ardeur, et qu'il ne le répète plus une fois ses désirs satisfaits. Après quelques accords, il lève la tête et regarde prudemment de tous côtés ; autant qu'il m'en semble, il ne peut pas se fier à la bonne impression qu'il a produite sur sa femelle. Au moment des amours, le butor étoilé ne se tient pas au plus épais du fourré de roseaux ; il recherche au contraire les endroits découverts et de peu d'étendue : il faut que la femelle puisse le voir et l'admirer. Le bruit comparable à celui qu'on fait en frappant l'eau avec un bâton est produit par le mâle qui, au moment où il lance ses notes hautes, frappe l'eau deux ou trois fois de son bec avant de l'y enfoncer. D'autres bruits, bruits aquatiques, s'il m'est permis de les appeler ainsi, sont produits par la chute des gouttelettes d'eau qui sont restées adhérentes au bec. Le dernier son, un *bouh* étouffé, s'entend quand l'oiseau, en retirant le bec, rejette au dehors l'eau qui le remplissait.

*

La voix du cariama huppé ressemble aux jappements d'un jeune chien ; pour la produire dans toute son ampleur, l'oiseau est obligé de se tenir sur un arbre élevé. Voit-on le cariama s'élancer sur quelque tronc d'arbre, c'est un signal pour toutes les personnes nerveuses de s'éloigner ; un concert des plus agaçants va commencer. L'oiseau se dresse, regarde le ciel, puis d'une voix forte et retentissante, il crie : *ha, hahahahi, hihi, hîl, hîl, hi, el ;* puis, suit un petit intervalle de quatre à cinq secondes, auquel succède un cri bref : *hah.* A chaque syllabe que lance l'oiseau, il avance et retire la tête, ce qui produit une sorte de balancement très singulier de tout l'avant-train. A la fin, il renverse complètement la tête en arrière, et il recommence la seconde partie de son cri. Au début de cette seconde reprise, il lance les sons avec plus de force que dans la première partie, puis il va peu à peu en diminuant ; on peut noter cette seconde reprise : *hahîl, hahîl, hîl, il, ilk, ilk, ilk, ack.* Parfois, l'oiseau crie ainsi une demi-heure entière. (Prince de Wied.)

Le sifflement du râle d'eau a quelque ressemblance avec le bruit que l'on produit en fouettant l'air avec une baguette.

Le chant du cygne chanteur, désagréable de près, est assez harmonieux entendu de loin : il a un timbre très clair, comme celui d'une clochette d'argent. Il chante souvent et, même au moment de mourir, ses dernières respirations produisent un son : de là, la légende du cygne qui ne chante qu'au moment de mourir. Le cri ordinaire est *killklii ;* son cri plus doux, *ang.* Il est souvent célébré dans les chansons populaires russes.

Je suis parvenu, dit Homeyer, à entendre la voix du cygne chanteur. Huit à dix de ces oiseaux se trouvaient sur le Grabow, à environ une centaine de pas du bord, et poussaient des sons perçants et harmonieux. On ne pouvait y reconnaître de mélodie ; ce n'étaient que quelques notes agréables, traînantes ; mais, comme les unes étaient plus élevées, les autres plus basses, les intervalles des tons se faisaient sentir et le tout constituait un ensemble assez harmonieux. Malgré la grande distance, ces notes arrivaient distinctes à mon oreille.

Schilling est plus explicite :

Le cygne chanteur charme l'amateur non seulement par sa beauté, sa grâce, sa prudence, mais encore par sa voix forte, riche en notes pures et variées; il la fait entendre à toute occasion : c'est un cri d'appel, d'avertissement.

Quand il est réuni à ses semblables, il semble causer avec eux ou rivaliser à qui chantera le mieux.

Lorsque, par les grands froids, la mer est couverte de glace dans les endroits non occupés par les courants, que les cygnes ne peuvent plus se rendre là où l'eau peu profonde leur garde une nourriture abondante et facilement accessible, alors on voit ces oiseaux se rassembler par centaines sur les points où des courants maintiennent la mer libre, et leurs cris mélancoliques racontent leur triste sort; souvent alors, dans les longues soirées d'hiver et pendant des nuits entières, j'ai entendu leurs cris plaintifs retentir à plusieurs lieues. On croit entendre tantôt des sons de cloche, tantôt des sons d'instruments à vent; ces notes sont même plus harmonieuses ; provenant d'êtres animés, elles frappent nos sens bien plus que des sons produits par un métal inerte. C'est bien là la réalisation de la fameuse légende du chant du cygne; c'est, en effet, souvent le chant de mort de ces superbes oiseaux. Dans les eaux profondes où ils ont dû chercher un refuge, ils ne trouvent plus de nourriture suffisante; affamés, épuisés, ils n'ont plus la force d'émigrer vers des contrées plus propices, et souvent on les trouve sur la glace, morts ou à moitié morts de faim et de froid. Jusqu'à leur trépas, ils poussent leurs cris mélancoliques.

.*.

Les chants lugubres des engoulevents d'Amérique sont très singuliers et donnent un charme étrange aux forêts où ils se font entendre.

L'on entend alors, dit Schomburgk, retentir au milieu de la nuit les cris plaintifs des engoulevents, perchés sur les branches sèches inclinées vers la surface de l'eau. Ces cris sont si sombres, si désagréables, que je comprends la peur que l'on a de ces oiseaux. Pas un Indien, pas un nègre, pas un créole n'ose les tuer. L'Indien croit voir en eux des serviteurs du mauvais esprit Jabahu ; les nègres, des messagers de la méchante divinité Junibo ; les créoles, des messagers de la mort. De chaque arbre, on entend les *ha ha ha* plaintifs. La première note est lancée avec éclat, à pleine gorge ; puis le ton baisse, faiblit et finit par ne plus être qu'un soupir. Tantôt on entend crier, avec une expression à la fois de haine et d'angoisse : *who are you, who, who, who are?* (qui es-tu, qui, qui, qui es-tu ?) ; tantôt ce commandement, poussé d'une voix sombre : *work away, work, work, work away !* (travaille, loin d'ici, travaille, travaille, travaille, loin d'ici) ; un instant après, une voix pleine de la tristesse la plus profonde : *Willy come go, Willy, Willy, Willy, come go !* (Willy, viens, allons-nous-en ; Willy, Willy, Willy, viens, allons-nous-en) ; ou bien : *whip, poor Will, whip, Will, whip, whip, whip, poor Will* (des coups, pauvre Will, des coups, Will, des coups, des coups, des coups, des coups, pauvre Will) ; et ces sons se suivent, se succèdent, jusqu'à ce que tout à coup le cri perçant d'un singe troublé dans son sommeil par quelque carnassier vienne dominer tous les autres bruits.

La liste des oiseaux au chant désagréable est fort difficile à faire, par la raison que ce qui plaît à l'un peut déplaire à l'autre. C'est ce qui arrive au sujet du cardinal de Virginie, dont le chant plaît en Amérique et déplaît en Europe. Tandis que le prince de Wied déclare que ce chant n'est nullement distingué et que Gerhardt affirme qu'il ne répond nullement à la beauté de son plumage, Audubon se livre sur lui à un panégyrique bien senti.

Je ne peux regarder comme fondée, dit-il, cette opinion répandue en Europe, que le chant des oiseaux d'Amérique n'est nullement comparable à celui des oiseaux qui peuplent les forêts européennes. Nous ne pouvons mettre en parallèle les immenses forêts de l'Amérique avec les champs cultivés de l'Angleterre, où les oiseaux chanteurs sont rares, ce qui est bien connu; mais si nous comparons entre elles des localités semblables des États-Unis et de l'Europe, nous verrons que le Nouveau-Monde est le plus favorisé. Les quelques oiseaux chanteurs que, de nos contrées, on a apportés en Europe, y ont rempli d'étonnement et d'admiration les meilleurs connaisseurs.

La voix du cardinal ressemble tout à fait à celle du rossignol, et quelque claire, quelque harmonieuse qu'elle soit, elle est encore bien au-dessous de celle de la grive des forêts et de la grive draine. Notre oiseau moqueur vaut bien le rossignol, et il en est de même de presque tous nos oiseaux chanteurs. Qu'un Européen vienne se promener, par un beau soir de mai, à la lisière de la forêt, et il pourra se faire une idée du concert des oiseaux! Souvent on a donné au cardinal le nom de rossignol de Virginie, et certes, il mérite son nom par le chant si clair, si varié qu'il fait entendre du mois de mars au mois de septembre.

Ce chant est d'abord clair, semblable au son du flageolet; il diminue peu à peu jusqu'à ce que finalement il s'éteigne. Pendant toute la saison des amours, il lance avec feu ses chansons. Il est conscient de sa force; il gonfle sa poitrine, étale les plumes roses de sa queue, bat des ailes, se tourne à droite, à gauche, et semble témoigner toute son admiration pour la beauté extraordinaire de sa voix. Ce sont toujours de nouvelles mélodies, et il ne se tait que pour respirer. On l'entend bien avant que le soleil ait doré l'horizon et jusqu'au moment où les ardeurs de l'astre brûlant forcent toute la création à prendre quelque temps de repos; mais quand la nature se réveille, le chanteur recommence à dire ses chansons aux échos d'alentour, et il ne se tait que quand les ombres du soir l'environnent. Chaque jour, il cherche à diminuer à sa femelle les ennuis de l'incubation. Bien peu de nous refuseront de payer à ce chanteur ravissant leur tribut d'admiration. Quand, par un ciel obscur, les ténèbres envahissent la forêt, quand on croit la nuit venue, quoi de plus doux que d'entendre résonner tout à coup la voix mélodieuse du cardinal! Combien de fois n'ai-je pas été ainsi ravi de joie!

* *
*

Quelques oiseaux produisent des sons non avec leur gosier, mais simplement par le frottement et le claquement de leurs mandibules. Ce fait se rencontre chez un rapace, la sturnie caparacoch. Brehm l'a observé sur un sujet en captivité.

Sa voix, qu'il faisait surtout entendre lorsqu'on voulait le saisir, ressemblait assez au cri d'angoisse de la crécerelle; elle rappelait parfois le piaulement de la poule. Quand il était en fureur, il claquait du bec, comme le font les autres chouettes; quand il était moins courroucé, il se contentait de frotter les extrémités de ses deux mandibules l'une contre l'autre; il avançait la mandibule inférieure et la frottait contre la mandibule supérieure, la faisant remonter par dessus le crochet de celle-ci, à la façon des perroquets. Cela produisait un claquement particulier, et je crus, en l'entendant pour la première fois, qu'il s'était cassé un os. Il se montrait surtout éveillé l'après-midi, jusqu'à la tombée de la nuit.

Les cigognes sont, elles aussi, très amateurs de castagnettes. En faisant claquer leurs deux mandibules, elles produisent toutes sortes de sons, rapides, lents, forts, légers, etc., bien en rappor avec les sentiments qu'elles veulent exprimer : chez elles, pourrait-on dire, le c..quement remplace la voix, sifflement rauque insignifiant.

* * *

Il est enfin d'autres oiseaux qui produisent des sons avec leurs ailes. Le fait peut être constaté chez les bécassines, au moment de la reproduction. Le mâle s'élance, s'élève dans les airs, obliquement d'abord, puis en décrivant une spirale allongée, et si haut que l'œil a peine à le suivre. A cette hauteur, il décrit des cercles, puis, les ailes étendues, immobiles, il se laisse tomber verticalement ; il descend, il remonte en décrivant une ligne ondulée, et avec tant de force, que les extrémités de ses grandes remiges en vibrent et produisent un son singulier, tremblé, qui ressemble beaucoup au bêlement d'une chèvre. Revenu dans les hautes régions, il recommence à tourner en cercle pour décrire de nouveau une seconde ligne ondulée, en produisant le même bruit. Ce manège se continue sans interruption pendant un quart d'heure ou une demi-heure ; quant au bruit qui l'accompagne, il dure environ deux secondes et se répète à des intervalles de six à huit secondes ; plus tard, quand les forces commencent à diminuer, à des intervalles de vingt à vingt-cinq secondes. On pourrait rendre ce bruit par les syllabes *doudoudoudoudoudoudou* prononcées aussi vite que possible. Le mâle se livre à ces exercices le matin et le soir, et même pendant le jour, quand le ciel est parfaitement pur, l'air tranquille ; on peut alors, si l'on est doué d'une bonne vue, voir les vibrations de l'extrémité des ailes, et reconnaître que c'est là la seule cause de ces bruits. (Naumann).

* * *

Disons en passant quelques mots sur les autres chanteurs de la nature. Bien que leur chant ne soit pas toujours très harmonieux, nous ne pouvons les passer sous silence.

On ne peut nier, en effet, que les coassements des grenouilles, surtout les soirs d'été ne contribuent pour une large part aux bruits de la nature.

La grenouille verte est celle dont le chant est le plus compliqué, et donnera certainement du fil à retordre au musicien qui tentera de le noter. Son coassement est tantôt une sorte de ricanement que l'on peut exprimer par *brekeke*, tantôt une exclamation sur deux notes exprimant le mot *koaar*.

La grenouille rousse se contente de faire entendre un coassement sourd et plus prolongé. A. de l'Isle le rend par les mots *rrouou, grouou, ourrou, rrououou*, et Schiff par *ouorrr, ouorr*. Quant à l'alyte accoucheur, si commun aux environs de Paris, son chant se compose d'une seule note isolée, faible, brève, douce et flûtée. Mais cette note diffère suivant l'âge et la taille de l'animal, de telle sorte que, lorsqu'on les entend tous ensemble, on croirait que le chant de chacun est composé de plusieurs notes. Offroy a noté ainsi l'effet produit sur son oreille par quelques-uns de ces chanteurs :

Ces notes doivent être sifflées doucement, nettement attaquées et brèves.

Les alytes poussent leurs *clock, clock* d'avril au commencement de septembre.

Le chant de la gentille rainette verte n'est pas à la hauteur de son habillement; il ressemble à une meute de chiens qui aboient au loin : ses *krac, krac, krac* ou *carac, carac, carac* sont, en somme, peu harmonieux. C'est, heureusement pour nos oreilles, le mâle seul qui chante. Félicitons-nous aussi que le crapaud ne chante guère qu'au moment de la ponte, car ses *crrraa, crrraa, quera, quera* plaintifs sont peu agréables.

Les oiseaux et les grenouilles chantent avec leur gosier. Les insectes, eux, produisent des sons d'une façon plus simple en frottant deux parties dures et rugueuses de leur corps.

Ce ne sont pas des chanteurs, mais des musiciens : nous y reviendrons dans le chapitre suivant.

Les musiciens ambulants.

Chantez, chantez, magnanarelles,
Car la cueillette aime les chants !
Comme les vertes sauterelles
Au soleil, dans l'herbe des champs...
....
(MIREILLE.)

Bien que moins mélodieux que celui des oiseaux, le chant des insectes ne manque pas de charme. Non pas qu'au point de vue musical il soit bien remarquable — deux ou trois notes suffisent parfois à chacun d'eux, — mais, généralement, il se fait entendre lorsque le baromètre est au beau et que le soleil réchauffe la nature de ses gais rayons. Cette remarque, que chacun a faite inconsciemment, a eu pour conséquence d'associer en quelque sorte le chant des insectes à la joie que procure le beau temps : qui n'entend avec plaisir les grillons égayer les prairies de leurs cris-cris cependant monotones et les sveltes sauterelles susurrer une plaintive chanson sur un brin d'herbe ?

Le public n'a généralement que des notions assez vagues sur la manière dont se produisent ces sons et les appareils auxquels ils sont dus ; je vais résumer les renseignements que l'on possède à ce sujet.

Chez les oiseaux et les mammifères, les chants ou la voix sont comme chez l'homme produits par de l'air sortant des poumons et venant vibrer dans une sorte de tuyau sonore qui n'est autre que le larynx et que des muscles spéciaux peuvent modifier plus ou moins. Chez les insectes, rien d'analogue : les sons ne sont jamais provoqués par l'air ayant servi à la respiration ; ils reconnaissent presque toujours comme origine le frottement, l'une contre l'autre, de deux parties dures et généralement rugueuses. Ce ne sont pas des chanteurs, mais des musiciens, des « stridulateurs ».

*
* *

Un des appareils stridulents les plus simples se montre chez les acridiens, auxquels leur chant a fait donner le nom de criquets, et qui, dans la catégorie des musiciens, doivent prendre place parmi les violonistes. On y observe d'ailleurs toutes les gradations, mais l'appareil se résume toujours en un archet constitué par les pattes, frottant contre les ailes, faisant par suite fonction de violon. Le plus compliqué se montre chez un criquet des plus bruyants, le sténobothrus. Sur le flanc de chaque élytre, on aperçoit une tache plus ou moins translucide formée d'une membrane sèche et élastique qui est la chanterelle ; elle est rehaussée, au-dessus, d'une forte nervure longitudinale et, des deux côtés, par deux autres nervures beaucoup plus fines et de nervules encore plus petites. Tout cela forme un ensemble rugueux : en y faisant glisser une épingle, la membrane entre en vibration. Quant à l'archet, il est représenté par la cuisse postérieure qui, sur la face interne, présente une gouttière limitée par une petite côte saillante s'étendant tout le long du membre et striée en dentelure comme une lime. Plus cet archet frotte fort et vite sur la chanterelle, plus le son est fort. Sur l'animal mort, on peut reproduire artificiellement cette friction et produire un chant ; mais, remarque que l'on peut faire pour tous les insectes stridulents, celui-ci est sensiblement moins fort que chez l'animal vivant : mais cela tient très probablement à ce que nous ne savons pas nous servir de l'instrument aussi bien que l'insecte.

Chez les autres acridiens, la chanterelle est moins détachée du reste de l'élytre. Le plus souvent même, à l'endroit de la friction, les nervures ne sont ni plus abondantes ni plus âpres que partout ailleurs. Quant aux archets, ils sont nervés aussi bien en dedans qu'en dehors, ce qui prouve que les nervures, d'ailleurs lisses, n'ont pas été faites spécialement pour striduler. Malgré l'imperfection de cet appareil, le son produit s'entend assez loin : pour le produire, l'insecte s'arrête sur les quatre pattes de devant et plie les pattes postérieures de manière que la jambe soit logée dans la rainure de la cuisse qui lui est destinée. Puis les archets se mettent en mouvement, tantôt ensemble, tantôt l'un après l'autre, provoquant un grincement qui paraît faire plaisir à l'insecte. On dirait jusqu'à un certain point un homme se frottant les mains pour exprimer son contentement. Les grands musiciens exécutent leur stridulation d'une manière continue ; les autres se contentent de passer trois ou quatre fois leurs cuisses sur leurs élytres, puis de se reposer un temps assez long. Un assez grand nombre exécutent ces mouvements, mais sans qu'il nous soit possible de percevoir le moindre son : cela tient sans doute à l'imperfection de notre appareil auditif, mais il serait bien intéressant d'étudier la question avec un microphone. Les femelles notamment sont pourvues d'archets lisses et ne donnent aucun son, mais cependant on les voit assez souvent frotter leurs cuisses sur leurs élytres, comme pour chanter. Peut-être aussi est-ce là un mouvement produit par esprit d'imitation.

Les sons émis par les acridiens sont franchement en rapport avec la nécessité pour les mâles de charmer les femelles. Les premiers préludes de la pariade sont, en effet, la stridulation des mâles, qui est plus variée que dans les autres tribus d'orthoptères bruyants.

Chez le *stenobothrus biguttatatus*, si commun dans toute l'Europe, elle est d'abord croissante en intensité, puis décroissante, et remarquable par son timbre métallique. On peut saisir, dans beaucoup d'espèces, des rythmes assez nets pour qu'ils aient été notés en musique, aussi bien sur des espèces d'Europe que sur celles d'Amérique. On a mis en musique également les bruits de certains grylliens et locustiens, où les différences de rythme sont bien moins grandes que chez les acridiens violonistes. Les criquets musiciens, surtout les sténobothrus, toujours diurnes, montent sur les tiges des graminées, sur les feuilles des bas buissons, et font constamment retentir l'air d'une chanson aiguë et monotone, composée de couplets sans nombre, de huit à dix secondes de durée, séparés par une pause de deux ou trois secondes. Lorsqu'ils ont ainsi chanté pendant un certain temps, s'ils ne voient venir vers eux aucune femelle, ils s'envolent, et vont se poser sur une autre tige, où ils recommencent leur stridulation. S'ils sont avertis de l'approche ou du voisinage d'une femelle, ils redoublent d'ardeur tant qu'elle est au loin ; mais lorsqu'elle est voisine, ils changent la note en baissant le ton, adoucissent leurs accents d'appel, et ne font plus entendre qu'une stridulation douce et tendre, le chant d'amour. D'autres acridiens, à son moins éclatant, se tiennent presque toujours sur la terre, où ils marchent avec facilité et courent avec une assez grande vitesse. Ils y restent silencieux jusqu'au moment où ils aperçoivent une femelle ; alors ils courent à sa rencontre et s'arrêtent à petite distance. Là ils font entendre une stridulation faible,

formée de quelques cris, et qu'il faut écouter avec attention si l'on veut les percevoir. Si la femelle reste immobile, ils s'élancent vers elle ; si elle continue à marcher, le mâle s'éloigne, pour revenir ensuite ou se mettre en quête d'une autre. (M. Girard.)

Si les criquets sont des violonistes, les locustiens (ou sauterelles) (*fig.* 71) rentrent dans la catégorie des amateurs de tambour de basque. Chez eux, en effet, les sons sont

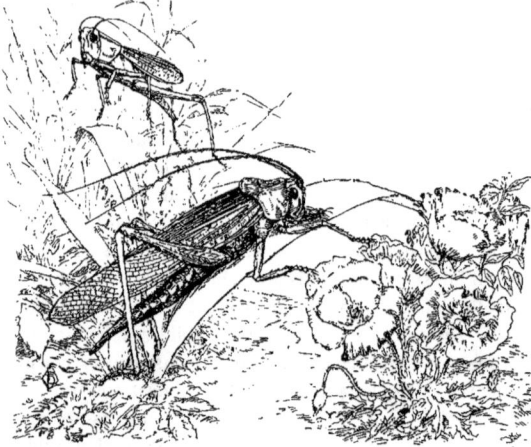

Fig. 71. — Sauterelle verte.
Le gendarme des prairies, grand amateur de tambour de basque.

produits par la friction des deux élytres chevauchant l'une sur l'autre, en deux points rugueux qui, tous deux, entrent en vibration, surtout l'un deux qui, semblable à la membrane d'un tambour, a reçu, en raison de son aspect brillant, le nom de « miroir ». Nous pourrons prendre comme exemple le dectique, sorte de sauterelle courte, commune dans le Midi, et que J.-H. Fabre a décrit dernièrement ([1]) de main de maître.

Cela débute par un bruit sec, aigu, presque métallique, fort semblable à celui que fait entendre le tourde sur le qui-vive, quand il se gorge d'olives. C'est une suite de coups isolés, *tik-tik*, longuement espacés. Puis, par crescendo graduel, le chant devient un cliquetis rapide où le *tik-tik* fondamental s'accompagne d'une sourde basse continue. En finale, le crescendo devient tel que la note métallique s'éteint et que le son se transforme en un simple bruit de frôlement, en un *frrr-frrr-frrr* de grande rapidité... Les élytres du dectique se dilatent à la base et forment sur le dos une dépression plane en triangle allongé. Voilà le chant sonore. L'élytre gauche y chevauche sur l'élytre droite et masque en plein, au repos, l'appareil musical de celle-ci. De cet appareil, la partie la mieux distincte, la mieux connue de temps immémorial, est le *miroir*, ainsi dénommé à

([1]) *Souvenirs entomologiques*, 6ᵉ série. Delagrave, édit.

cause du brillant de sa fine membrane ovalaire, enchaînée dans le cadre d'une nervure. C'est la peau d'un tambour, d'un tympanon d'exquise délicatesse, avec cette différence qu'elle résonne sans être percutée. Rien n'est en contact avec le miroir quand le dectique chante. Les vibrations lui sont communiquées, parties d'ailleurs. Et comment? Le voici. Sa bordure se prolonge à l'angle interne de la base par une obtuse et large dent, munie à l'extrémité d'un pli plus saillant, plus robuste que les autres nervures, çà et là réparties. Je nommerai ce pli *nervure de friction*. C'est là le point de départ de l'ébranlement qui fait résonner le miroir. L'évidence se fera quand le reste de l'appareil sera connu. Le reste, mécanisme moteur, est sur l'élytre gauche, recouvrant l'autre de son rebord plan. Au dehors, rien de remarquable, si ce n'est, et encore quand on est averti, une sorte de bourrelet transversal, un peu oblique, que l'on prendrait tout simplement pour une nervure plus forte que les autres. Mais soumettons à l'examen de la loupe la face inférieure. Le bourrelet est bien mieux qu'une vulgaire nervure. C'est un instrument de haute précision, un superbe *archet* à crémaillère, merveilleux de régularité dans sa petitesse. Jamais l'industrie humaine entaillant le métal pour les plus fines pièces d'horlogerie n'est arrivée à cette perfection. Sa forme est celle d'un fuseau courbe. D'une extrémité à l'autre, il est gravé en travers d'environ quatre-vingts dents triangulaires, bien égales, en matière dure, inusable, d'un brun marron foncé. L'usage de ce bijou mécanique saute aux yeux. Si l'on soulève un peu sur le dectique mort le rebord plan des deux élytres pour mettre celles-ci dans la position qu'elles prennent en résonnant, on voit l'archet engrener sa crémaillère sur la nervure terminale que je viens de nommer nervure de friction ; on voit le passage des dents qui, d'un bout à l'autre de la série, ne s'écartent jamais des points à ébranler ; et si la manœuvre est conduite avec quelque dextérité, le mort chante, c'est-à-dire fait entendre quelques notes de son cliquetis. La production du son chez le dectique n'a plus rien de caché. L'archet denté de l'élytre gauche est le moteur ; la nervure de friction de l'élytre droite est le point d'ébranlement ; la pellicule tendue du miroir est l'organe résonnateur qui vibre par l'intermédiaire de son cadre ébranlé. Notre musique a bien des membranes vibrantes, mais toujours par percussion directe. Plus hardi que nos luthiers, le dectique associe l'archet avec le tympanon. La même association se retrouve chez les autres locustiens. Le plus célèbre d'entre eux est la sauterelle verte, qui, au mérite d'une taille avantageuse et d'une belle coloration verte, joint l'honneur de la renommée classique. Pour La Fontaine, c'était la cigale qui vient quémander auprès de la fourmi, lorsque la bise est venue. A quelques détails près, son instrument musical est celui du dectique. Il occupe à la base des élytres une ample dépression, un triangle courbe et brunâtre cerné de jaune obscur. C'est une sorte d'écusson nobiliaire, chargé d'hiéroglyphes héraldiques. L'élytre gauche, superposée à la droite, est gravée en dessous de deux sillons transverses et parallèles dont l'intervalle fait saillie en dessous et constitue l'archet. Celui-ci, fuseau de couleur brune, a les dents fines, très régulières et très nombreuses. Le miroir de l'élytre droite est presque circulaire, bien encadré, avec forte nervure de friction. L'insecte stridule en juillet et août, au crépuscule du soir, vers les dix heures. C'est un rapide bruit de rouet, accompagné d'un subtil cliquetis métallique, sur la limite des sons perceptibles. Le ventre, simplement rabaissé, palpite et bat la mesure. Cela dure des périodes non réglées et brusquement cesse ; cela s'entremêle de fausses reprises réduites à quelques coups d'archet, hésite, recommence en plein.

*

Chez l'éphippigère (*fig.* 72), le son est plus intense ; il fait entendre un plaintif et traînant *tchiii–tchiii–tchiii*, en mode mineur. Mais il faut remarquer que chez lui, les élytres, trop courtes, ne servent plus à voler et ont pu se transformer ainsi tout entières en organes de chant. L'écaille de gauche porte en dessous une crémaillère de quatre-vingts denticulations transversales très vigoureuses. L'écaille de droite porte le miroir avec une forte nervure. Tandis que chez les autres locustiens le mâle seul stridule, ici les deux sexes peuvent chanter. mais, fait curieux, le mâle est gaucher et opère de l'élytre supérieure, alors que la femelle est droitière et râcle de l'élytre inférieure. Chez elle, d'ailleurs, il n'y a pas de miroir et son chant est plus plaintif que celui du mâle.

Fig. 7ɔ. — Les éphippigères.

Monsieur et Madame sont musiciens, mais ils « jouent » si mal qu'ils n'ont pu trouver d'engagement pour la saison et en sont réduits à errer mélancoliquement.

L'appareil à musique du grillon est construit sur le même principe que celui des locustiens :

Les deux élytres ont également même structure. Connaître l'une, c'est connaître l'autre. Décrivons celle de droite. Elle est presque placée sur le dos et brusquement déclive sur le côté par un pli à angle droit qui cerne l'abdomen d'un aileron à fines nervures obliques et parallèles. Sa lame dorsale a des nervures robustes, d'un noir profond, dont l'ensemble forme un dessin compliqué, bizarre, ayant quelque ressemblance avec un grimoire de calligraphie arabe. Vue par transparence, elle est d'un roux très pâle, sauf deux grands espaces contigus, l'un plus grand, antérieur et triangulaire, l'autre moindre, postérieur et ovale. Chacun est encadré d'une forte nervure et gaufré de légères rides. Le premier porte en outre quatre ou cinq chevrons de consolidation ; le second, un seul, courbé en arc. Ces deux espaces représentent le miroir des locustiens ; ils constituent l'étendue sonore. Leur membrane est, en effet. plus fine qu'ailleurs et hyaline, quoique un peu enfoncée. Le quart antérieur, lisse et légèrement lavé de roux, est limité en arrière par deux nervures courbes, parallèles, laissant entre elles une dépression où sont rangés cinq ou six petits plis noirs semblables aux barreaux d'une minuscule échelle. Sous l'élytre gauche, exacte répétition de la droite, ces plis constituent les nervures de friction qui rendent l'ébranlement plus intense en multipliant les points d'attaque de l'archet. A la face inférieure, l'une des nervures, limitant la dépression à échelons, devient une côte taillée en crémaillère. Voilà l'archet. J'y compte environ 15o dents ou prismes triangulaires d'une exquise perfection géométrique. Bel instrument en vérité, bien supérieur à celui du dectique. Les cent cinquante prismes de l'archet mordant sur les échelons de l'élytre opposée ébranlent à la fois les quatre tympanons, ceux d'en bas par la friction directe, ceux d'en haut par la trépidation de l'outil frictionneur. Aussi quelle puissance de son ! Le dectique, doué d'un seul et mesquin miroir, s'entend tout juste à quelques pas ; le grillon, possesseur de quatre aires vibrantes, lance à des cent mètres son couplet. (J.-H. Fabre.)

Il est à remarquer que l'aile gauche possède aussi bien que l'autre un archet, bien que celui-ci, ne reposant sur rien, soit inutile.

En relevant plus ou moins les élytres pour chanter, les grillons peuvent donner à volonté des sons éclatants ou étouffés. Ils semblent même susceptibles de pratiquer la ventriloquie. Lorsqu'on approche de l'un d'eux, le son s'arrête, pour s'entendre un peu plus loin. En s'en rapprochant à nouveau, le chant s'éloigne encore ou revient au point initial. Mais peut-être est-ce là une illusion. Lorsqu'on se trouve dans une prairie habitée par des grillons, il est facile de remarquer ce fait curieux qu'ils poussent tous leurs cris-cris en même temps en faisant coïncider aussi les silences qui les séparent ; ces faits prouvent, entre parenthèses, que ces orthoptères s'entendent fort bien les uns les autres ; sans quoi, ils ne chanteraient nullement à l'unisson. Cela étant, supposons que l'on s'approche d'un orifice ; le grillon qui y chantait cesse sa musique et le son que l'on perçoit dès lors est celui du terrier le plus voisin. En s'approchant de celui-ci, sa chanson cesse et c'est une autre ou même celle du premier qui répond. Il n'y a rien de la ventriloquie dans ce phénomène.

Les grillons, pour chanter, se rapprochent de l'orifice de leur trou ou même en sortent à quelques centimètres. Ils choisissent pour cela une journée bien ensoleillée et semblent chanter en grande partie pour leur satisfaction personnelle. Au moment de la pariade, les chants redoublent et ont alors pour but d'attirer l'attention des femelles — lesquelles sont muettes.

*
* *

Comme roi des chanteurs entomologiques, le grillon a un rival dans la cigale, plus célèbre que lui encore à cet égard. Les Grecs avaient son chant en haute estime ; Homère et Anacréon l'ont chantée en vers, Platon en prose. Les enfants enfermaient les cigales dans de petites cages pour jouir de leurs chansons. Par contre, les Latins goûtèrent fort peu celles-ci, ce qui n'étonnera certainement pas ceux qui, dans le Midi, déjà fatigués par la chaleur étouffante, les ont entendues bruire pendant des heures entières. Bien qu'on en ait fait l'emblème de la musique, rien n'est plus insupportable ni plus monotone que leur chant, et les cigaliers — qui chantent souvent agréablement — ont été singulièrement inspirés de la choisir comme signe de ralliement.

Basés sur le même principe, les appareils stridulents des cigales, diffèrent cependant, quant aux détails, d'une espèce à l'autre. En examinant la poitrine du mâle de la cigale commune, on remarque deux larges volets, les *opercules*, qui jouent simplement dans la musique le rôle d'étouffoir. En soulevant l'un d'eux, on tombe dans une vaste cavité de renforcement, la *chapelle*. L'ensemble des deux chapelles constitue l'*église*. Chaque chapelle est limitée en arrière par une pellicule irisée et dénommée *miroir*. Tout cela ne sert pas directement à la production des sons et n'a pour rôle que d'en modifier l'intensité. L'appareil sonore proprement dit est plus difficile à voir. En regardant la face externe de chaque chapelle, on voit une sorte de boutonnière, la *fenêtre*, qui donne accès dans une *chambre sonore*. C'est à l'intérieur de celle-ci que se trouve la *cymbale*, membrane ovalaire, entourée d'un cadre rigide, bombée et parcourue par quelques nervures qui en rehaussent la solidité. A cette cymbale s'insèrent des piliers musculaires qui, en se contractant et en se relâchant successivement, déforment la cymbale et la font vibrer. Cet appareil est tout à fait analogue à ce jouet stupide, si en faveur il y a quelques années et que l'on a dû interdire, le cri-cri. L'un et l'autre bruissent par la déformation d'une lame solide qui revient à son état primitif. On peut d'ailleurs faire chanter une cigale morte en tirant avec une pince sur les piliers musculaires. On peut aussi rendre aphone une cigale vivante en perçant d'un simple petit trou d'épingle les deux cymbales que l'on atteint en passant par la *fenêtre*.

Les opercules sont immobiles. L'animal les ouvre et les ferme en relevant ou en abaissant l'abdomen.

Quand le ventre est abaissé, les opercules obturent exactement les chapelles ainsi que les fenêtres des chambres sonores. Le son est alors affaibli, sourd, étouffé. Quand le ventre se relève, les chapelles bâillent, les fenêtres sont libres, et le son acquiert tout son éclat. Les rapides oscillations de l'abdomen, déjà chroniques avec la contraction des muscles moteurs des cymbales, déterminent donc l'ampleur variable du son, qui semble provenir de coups d'archet précipités. Si le temps est calme, chaud, vers l'heure méridienne, le chant de la cigale se subdivise en strophes de la durée de quelques secondes et séparées par de courts silences. La strophe brusquement débute. Par une ascension rapide, l'abdomen oscillant de plus en plus vite, elle acquiert le maximum d'éclat ; elle se maintient avec la même puissance quelques secondes, puis faiblit par degrés et dégénère en un frémissement qui décroît à mesure que le ventre revient au repos. Avec les dernières pulsations abdominales survient le silence, de durée variable suivant l'état de l'atmosphère. Puis soudain, nouvelle strophe, répétition monotone de la première. Ainsi de suite indéfiniment. Il arrive parfois, surtout aux heures des soirées lourdes, que l'insecte, enivré de soleil, abrège les silences, et les supprime même. Le chant est alors continu, mais toujours avec alternance de crescendo et de decrescendo. C'est vers les sept ou huit heures du matin que se donnent les premiers coups d'archet, et l'orchestre ne cesse qu'aux lueurs mourantes du crépuscule, vers les huit heures du soir. Total, le tour complet du cadran pour la durée du concert. Mais si le ciel est couvert, si le vent souffle trop froid, la cigale se tait. (J.-H. Fabre.)

Quand on la prend, elle ne cesse pas de chanter, contrairement à ce que font la plupart des autres insectes stridulents, et pousse même de véritables cris de frayeur.

La cigale de l'orne émet un son rauque et fort, une série de *can ! can ! can !* sans aucun silence, ce qui la fait appeler *cacan* dans le Midi. Ce bruit est très monotone ; heureusement la cigale de l'orne est moins matinale et se couche plus tôt que sa voisine, la cigale commune. Son chant est aussi plus sourd, comme enroué, et ne se fait pas entendre d'aussi loin. Chez elle, il n'y a ni fenêtre, ni chambre sonore, et les chapelles sont très petites. Le renforcement du son est produit par un large creux de l'abdomen. Ce qui le prouve bien c'est que si l'on approche le doigt de cette cavité, le son diminue. Il augmente au contraire si l'on y adapte la pointe d'un cornet de papier dont la large embouchure aboutit dans celle d'une éprouvette renforçante ; dans ce dernier cas, on obtient un véritable beuglement de taureau.

Comme tant d'autres insectes stridulents, les cigales semblent ne chanter que pour leur plaisir personnel ; les mâles sont tout à côté des femelles et l'on ne voit pas pourquoi ils leur adresseraient pendant des mois la même romance. Bien plus, les cigales, quoi qu'on en ait dit, paraissent sourdes ; on peut faire éclater à côté d'elles une pièce d'artillerie sans produire le moindre arrêt dans leur chanson. Ajoutons enfin que les cigales femelles ne chantent jamais ; elles sont muettes, ce qui faisait dire au peu galant Xénarque que leurs maris avaient bien de la chance...

A côté des princes de la musique que nous venons de citer, il faut en placer un certain nombre d'autres plus modestes et qui ne font généralement entendre qu'un grincement peu intéressant. De ce nombre sont les capricornes, les lemas, les donacias, qui font glisser le bord postérieur du prothorax sur le pédoncule du mésothorax couvert de stries transversales.

*
* *

On a remarqué que le capricorne musqué mâle émet un son désigné en physique par d''' ou par re''' (2.141 vibrations par seconde). Chez la femelle du même insecte, nous trouvons a''' ou la''', représenté par la note moindre d'une octave par rapport à la dernière note du clavier du piano.

Notons à ce propos que l'on a essayé de faire la notation musicale des divers sons d'insectes ; en voici quelques-uns.

Son émis par :

la
MOUCHE
ORDINAIRE :

Ces notations sont bien imparfaites.

Chez les nécrophores et les trox, ce sont deux bandelettes étroites, du cinquième anneau abdominal, qui frottent contre des bandelettes transversales de la face inférieure des élytres. Chez les géotrupes, le mouvement transversal du bord de la hanche postérieure contre le bord du troisième anneau abdominal produit un bruissement sec. Quant au criocère du lis, qui grince si fort quand on veut le capturer, il promène les stries du bord des élytres contre la surface granuleuse de la partie correspondante de l'abdomen. Certains papillons, le sphinx atropos, par exemple, peuvent pousser un cri perçant, mais le mécanisme de sa formation est mal connu.

Et pour avoir terminé ce sujet, il ne nous reste plus qu'à dire quelques mots des insectes bourdonneurs, dont fait partie la mouche domestique. Landois a étudié cette question du bourdonnement avec beaucoup de soin et est arrivé aux conclusions suivantes : le bourdonnement est le produit de trois sons différents. Le son le plus bas est produit par les vibrations des ailes et les balanciers en mouvement. Capturons une mouche et immobilisons ces deux organes ; aussitôt nous percevrons un deuxième son plus haut que le précédent. En examinant à ce moment les anneaux de l'abdomen, on les voit se frotter les uns contre les autres, convulsivement. C'est évidemment à ce frottement qu'est dû le second bruit, car il cesse aussitôt que l'on immobilise l'abdomen, et se trouve remplacé par un son encore plus haut. Pour comprendre ce dernier, il faut savoir que, chez les mouches, les stigmates sont limités par un rebord corné, et les trachées, avant d'y aboutir, se renflent en une grosse vésicule. L'air exprimé avec force par la vésicule vient heurter contre l'anneau corné et entre en vibration : c'est un appareil rappelant un peu le larynx des animaux supérieurs. Le troisième bruit, on le devine, est produit par les trachées : quand on oblitère les stigmates avec de la cire, il cesse complètement. Lorsqu'on saisit une mouche avec les doigts, on observe un bourdonnement très fort, en même temps qu'un chatouillement désagréable ; l'un et l'autre sont produits par les mouvements de vibrations rapides des muscles du thorax et de l'abdomen.

Les instruments à vent et les instruments à cordes. Toute la lyre !

CHAPITRE X

La toilette chez les animaux.

La manière dont on comprend la propreté varie évidemment avec les individus et les latitudes. Un vrai disciple de saint Hubert fait ses délices d'une pièce de gibier faisandée, c'est-à-dire putréfiée et farcie de microbes. Certaines peuplades considèrent que se laver le corps ou même seulement le visage est une pratique ridicule. En Égypte, sur le littoral méditerranéen, les pêcheurs laissent s'amonceler dans le voisinage de leurs habitations des amas de coquilles pourries dont l'odeur est insupportable pour l'étranger.

Mais, à vrai dire, ce sont plutôt là des exceptions, et l'on peut, d'une manière générale, poser comme principe que l'homme est propre (ou, du moins, cherche à en avoir l'air), c'est-à-dire éloignant de son logis et de son corps les substances tendant à le souiller, précaution d'origine à la fois esthétique et hygiénique.

Des faits rappelant par certains côtés la propreté, peuvent se rencontrer chez quelques animaux.

En ce qui concerne la propreté du tégument, remarquons tout d'abord qu'il y a de nombreuses dispositions naturelles favorisant l'intégrité de la peau à l'égard des souillures. Le corps des animaux est presque toujours arrondi de manière à faciliter le roulement des poussières. De plus, les poils ou les écailles qui revêtent le corps sont toujours inclinés, imbriqués les uns sur les autres, ce qui protège la peau bien plus efficacement que si ces productions étaient dressées verticalement; les sourcils et les cils défendent les yeux; le pavillon de l'oreille protège le tympan; enfin les mues renouvellent la peau et ses dépendances et donnent un tégument plus net que le bain le plus prolongé.

Le Dʳ Ballion a publié sur l'instinct de la propreté chez les animaux un très intéressant travail qui nous sert de guide dans ce chapitre. Il y fait, entre autres, la remarque que la nature a pourvu les animaux de moyens suffisants pour qu'ils puissent donner satisfaction au besoin universel de la propreté. Elle a mis partout à leur disposition l'eau, qui est le meilleur des cosmétiques; une sorte de savon naturel, la salive; la matière sébacée, qui remplace pour eux les pommades; la poussière des chemins, qui leur tient lieu de poudre de riz; enfin divers produits de sécrétions, dont l'odeur forte est à leur gré plus suave que tous les produits de notre parfumerie.

La nature a aussi distribué aux animaux tout un assortiment d'outils de toilette: éponges et houppes, plumeaux et grattoirs, démêloirs et peignes fins, brosses dures et brosses molles, cure-dents et cure-oreilles, éventails et mouchoirs, étrilles et époussettes. On ne peut pas affirmer, il est vrai, qu'aucun animal ait reçu en partage un appareil organique spécialement destiné à la toilette. Mais la plupart des espèces utilisent pour entretenir la propreté de leur corps ou celle d'autrui certains organes affectés à d'autres fonctions plus immédiatement nécessaires à la vie. Ainsi que le note avec juste raison le D' Ballion, d'une manière générale ceux qui sont destinés à la préhension des aliments sont aussi ceux dont les animaux se servent pour leur toilette.

Les singes prennent soin de leur personne, mais n'emploient l'eau que très rarement. Le fait rapporté par de Duvancelle d'un gibbon qui portait ses petits à la rivière pour les débarbouiller est tout à fait exceptionnel. De même pour cette femelle de chimpanzé noir qui, d'après Boitard, se lavait tous les matins les mains et la figure avec de l'eau froide.

Mais si les singes n'aiment pas les lotions, par contre ils abusent presque du grattage et de l'épouillage. Toute leur existence, en somme, comme on peut le voir dans les jardins zoologiques, se passe à fouiller les poils pour manger tout ce qui s'y trouve, parasites et écailles épidermiques (*fig.* 73). Cette besogne leur est rendue facile grâce aux mains dont la nature les a pourvus. On a vu souvent des mandrilles s'en servir pour se moucher. Pour un homme, évidemment, ce ne serait pas très propre, mais pour un singe...

Fig. 73. — Singe se livrant à la toilette de son pelage.
Le geste n'est peut-être pas très beau, mais il est si utile au point de vue hygiénique....

La plupart des singes mangent aussi très proprement, beaucoup s'essuyent la bouche après le repas, et Brehm cite même une femelle d'orang-outang captive qui se servait d'un cure-dents, absolument comme un homme. Un chimpanzé, élevé par Buffon, s'essuyait la bouche chaque fois qu'il avait bu.

A l'état sauvage, les singes boivent dans les étangs ou les rivières en inclinant le corps et en humant le liquide. On connaît quelques exceptions à cette règle: le chiropote et le saki satan se servent de leurs mains pour puiser l'eau. Cette habitude vient de ce que tous deux possèdent une barbe luxuriante qui, sans cette précaution, tremperait dans l'eau.

Les makis, aye-ayes, chéiromys et autres prosimiens agissent comme les singes, d'autant mieux qu'ils sont pourvus d'un doigt très long et de griffes allongées, grâce auxquels ils peuvent se gratter et même se curer les oreilles.

Les félins sont des animaux propres au premier chef. Tout le monde a été témoin du soin que le chat met à se lécher les babines après le repas ou ses poils en temps ordinaire.

> Le chat à Jeannette
> Est une jolie bête;
> Quand il veut se faire beau,
> Il se lèche le museau ;
> Avecque sa salive
> Il fait la lessive (¹).

Quand l'endroit qu'ils veulent nettoyer est inaccessible à leur langue, ils se débarbouillent avec la patte enduite au préalable de salive. C'est ce qu'ils font notamment pour le dessus de la tête et l'on sait que ce geste gracieux est surtout fréquent quand il va pleuvoir.

Tous les félins d'ailleurs sont admirablement outillés pour la propreté. Leur langue est hérissée de papilles dures qui en font une admirable brosse, peut-être un peu rude, mais bien faite pour polir et lustrer le poil. Grâce à la souplesse de leur corps, ils peuvent la promener presque partout. Les pattes, avec les griffes rétractiles, sont d'admirables tampons; avec les griffes étendues, ce sont de très forts grattoirs, des peignes bien faits pour purger les poils de leurs nombreux parasites. Quant à la queue, longue et flexible, elle constitue, pour les lions, une excellente époussette avec laquelle ils se battent les flancs. Mais toujours les félins aiment les nettoyages à sec : on sait combien les chats redoutent l'eau et les précautions qu'ils prennent pour ne pas se mouiller quand ils doivent traverser un endroit boueux.

Fig. 74. — Maman ourse faisant prendre un bain à son petit, qui, à sa mine, n'en paraît guère réjoui... ce qu'il a de commun avec beaucoup d'enfants.

(¹) Jérôme Bujeaud. *Chants et chansons populaires de l'Ouest.*

Les ours font aussi un grand usage de leur langue pour eux-mêmes ou leurs petits. Les ours « mal léchés » ne se voient que rarement. Mais cependant leur propreté n'est pas comparable à beaucoup près à celle des félins. Elle est beaucoup plus grossière, bien qu'eux ne craignent pas l'eau. En été, l'ours brun recherche les rivières pour s'y plonger ; les femelles portent aussi leurs petits avec leur gueule et leur font faire « la trempette » à plusieurs reprises (*fig.* 74) : cette scène a maintes fois été reproduite par les artistes.

Tous les autres carnassiers se lèchent avec soin les babines et les griffes après le déjeuner, surtout lorsqu'ils ont dévoré une proie vivante et qu'ils sont souillés de sang.

Les chauves-souris se lèchent et se grattent souvent. Un auteur plutôt superficiel a même été jusqu'à dire que l'une d'elles qu'il élevait en captivité « mettait un soin particulier à sa toilette, consacrant beaucoup de temps à nettoyer sa fourrure, et à la partager en deux parties par une raie droite qui suivait le milieu du dos ; pour cela, elle se servait des extrémités postérieures comme d'un peigne. » Cette chauve-souris se faisant une raie comme le « pschutteux » le plus « verni » est une pure invention, ou plutôt la raie se forme d'elle-même par suite de l'écartement des poils et aussi par l'effet des griffes qui, chacune, ne peut gratter que de son côté.

*
* *

Sous le rapport de la toilette, les rongeurs sont certainement les plus délicats des mammifères. C'est presque pour eux une question de vie ou de mort, car ils sont d'une complexion très délicate qu'abat le moindre parasite ou le moindre microbe. On en a un exemple frappant chez les lapins dont l'élevage ne réussit que si le clapier où on les élève est maintenu très propre. Les rongeurs ont comme instruments de toilette leurs fortes incisives, leur langue, leurs lèvres charnues, leurs ongles acérés qui font l'office de peigne et enfin leur pouce rudimentaire. La propreté des souris, des écureuils, des lapins, des surmulots est bien connue de tout le monde. L'écureuil noir d'Amérique choisit toujours une branche qui descend jusqu'à l'eau ; il s'y suspend, atteint la surface du liquide, boit à longs traits, puis finalement se lave le museau avec les pattes de devant, qu'il trempe l'une après l'autre dans l'eau.

D'après Brehm, le hamster est très habile de ses pattes de devant ; il s'en sert, comme de mains, pour porter sa nourriture à la bouche, pour retourner les épis jusqu'à ce que les grains en sortent, pour enserrer ces grains dans ses abajoues, pour lisser son poil.

Lorsqu'il est sorti de l'eau, il se secoue, s'assied sur son derrière, se lèche et se nettoie. C'est toujours par la tête, comme du reste tous les animaux, qu'il commence sa toilette. Il met ses pattes sur ses oreilles, les ramène sur la face, prend chaque mèche de poils l'une après l'autre, et la frotte jusqu'à ce qu'elle soit sèche. Pour mettre en ordre les poils du dos et des cuisses, il se sert de ses dents, de ses pattes et de sa langue. Cette opération dure assez longtemps et il l'accomplit avec assez de contentement.

Le même auteur donne aussi d'intéressants détails sur la toilette de la gentille gerboise (*fig.* 75), laquelle ne se fait qu'au commencement de la nuit ; ses observations ont porté sur un animal captif qu'un de ses amis lui avait procuré :

Aucun rongeur n'est aussi propre qu'elle. Elle emploie à sa toilette une très grande partie de son temps, lèche ses poils un à un, les lisse, n'en oubliant aucun. Le sable lui est fort utile, et elle semble ne pouvoir s'en passer. Quand je la reçus, elle avait dû en

Fig. 75. — Les gerboises.

Ces gentilles petites bêtes sont très propres, et se contorsionnent de mille manières pour faire leur toilette et atteindre toutes les parties de leur corps.

être privée depuis longtemps, car elle se roula avec volupté dans celui que je lui procurai, le fouilla, le creusa, ne voulant plus le quitter. Pour se nettoyer, elle prend les postures les plus diverses. D'ordinaire elle s'assied sur le bout de ses pattes de derrière et sur sa queue. Elle élève les talons à quatre centimètres du sol, plie sa queue en arc, le dernier quart appuyant sur le sol, porte le corps un peu en avant, joint ses pattes de devant de manière que les ongles se touchent, et les projette en avant, de telle sorte qu'elles paraissent être des appendices de sa bouche. Elle se sert très habilement de ses membres pour se nettoyer. Après avoir fait un petit creux dans le sable, elle se penche, y place ses pattes et son museau, et pousse en avant ; si quelque obstacle s'oppose à ce qu'elle puisse chasser le sable devant elle, elle le rejette de côté avec ses pattes. Elle se fait ainsi une sorte de sillon dans lequel elle se couche et promène la tête en commençant par la partie supérieure, puis par la partie inférieure, ensuite par le côté droit, enfin par le côté gauche. Cela fait, elle s'y couche tout au long, se retourne, s'étend, portant ses pattes tantôt directement en arrière, tantôt directement en haut, en avant, ou les ramenant à son museau. Enfin elle reste immobile, ferme les yeux à moitié et passe de temps à autre une de ses pattes sur sa face. Alors commence le nettoyage successif de chaque partie : la bouche, les joues, les moustaches lui donnent beaucoup de peine, emploient plusieurs minutes. Après la toilette de ces parties, elle se relève, s'assied et nettoie le reste du corps. Les pattes de devant saisissent les poils par mèches, et ses dents les peignent, les lissent. Quand elle arrive plus bas, elle courbe son corps, qui prend alors l'apparence d'une boule. Les postures qu'elle affecte, quand elle nettoie ses membres postérieurs, sont des plus curieuses. Elle laisse l'un d'eux dans la position ordinaire qu'il a quand elle est assise, et étend l'autre, la queue lui servant toujours à se maintenir en équilibre. Les pattes de derrière, quand elle s'en sert pour se gratter, se meuvent avec une telle rapidité qu'on ne voit guère qu'une ombre qui s'agite. Les pattes de devant, dont elle se sert pour se gratter la face, ont des mouvements moins vifs. C'est sur une de ces pattes qu'elle s'appuie, quand elle se penche de côté.

* *
*

Les cas de propreté corporelle abondent aussi chez les insectivores, les tardigrades et les marsupiaux. Quoy et Gaimard en ont observé un très net chez un dasyure d'Australie qu'ils avaient pu conserver vivant.

Quand il avait achevé de manger, il s'asseyait sur son train de derrière, et frottait longtemps et avec prestesse ses deux pattes l'une contre l'autre, absolument comme nous nous frotterions les deux mains, les passant sans cesse sur l'extrémité de son museau toujours très lisse, très humecté et couleur de laque, quelquefois sur les oreilles et la tête, comme pour en enlever les parcelles d'aliments qui auraient pu s'y accrocher. Ces soins d'une excessive propreté ne manquaient jamais d'avoir lieu après qu'il s'était repu.

Les grands quadrupèdes herbivores offrent quelques particularités remarquables au point de vue de la propreté du corps ; le Dr Ballion les énumère d'une manière parfaite :

Les solipèdes sont sans contredit mieux organisés pour la course que pour la toilette. Ils se servent cependant sans difficulté de la langue, des dents, et surtout de leurs lèvres charnues et mobiles. Avec les pieds de derrière, ils peuvent tant bien que mal se gratter la face et la nuque. Le muscle peaussier, très développé chez ces animaux, leur permet de secouer toutes les parties de leur tégument, soit pour faire égoutter l'eau, soit pour mettre en fuite les mouches. Enfin la queue, terminée habituellement par une touffe de longs crins, leur est d'une incontestable utilité. Destiné à protéger la région anale et à abriter les jarrets de la pluie, cet organe est aussi une époussette naturelle, à l'aide de laquelle ces animaux nettoient leur robe ; il est surtout pour eux un excellent émouchoir, dont ils font, l'été, un usage continuel. Aussi doit-on déplorer l'absurde mutilation qui, en réduisant cet appendice à des proportions infimes, prive ainsi les chevaux d'un organe extrêmement utile, en même temps qu'elle leur enlève un de leurs plus beaux ornements. Le cheval aime à se baigner, ce qu'il ne fait jamais sans avoir au préalable tâté l'eau avec son sabot. On sait d'ailleurs combien le pansage lui est agréable. Souvent fatigué par des démangeaisons, surtout à la crinière et à la queue, il frotte énergiquement ces régions, soit contre un arbre ou un pan de muraille, quand il est en liberté, soit dans son *box*, où il lui arrive parfois de mettre à mal sa queue, dont les crins peu à peu se hérissent et s'embroussaillent, au grand déplaisir des gens d'écurie chargés du pansage.

L'éléphant n'a pour se nettoyer que sa trompe ; il s'en sert pour s'administrer des douches copieuses, lesquelles lui procurent un sensible plaisir. Il recherche toujours de l'eau claire pour ses ablutions et n'emploie de l'eau boueuse que lorsqu'il n'en a pas d'autre à sa disposition. On assure que lorsqu'il voyage l'éléphant tient en réserve dans sa trompe une certaine quantité d'eau, avec laquelle il s'arrose de temps en temps, soit pour se rafraîchir, soit pour débarrasser sa peau rugueuse de la poussière des chemins. La chose nous paraît douteuse. Quant à l'hippopotame, on sait qu'il est encore plus amoureux de l'eau que l'éléphant.

La plupart des ruminants n'ont guère que leur langue pour se nettoyer et ils n'y manquent pas. Il leur arrive aussi souvent de se frotter contre un pan de muraille ou un tronc d'arbre rugueux, qui constituent d'excellentes étrilles.

*
* *

Les oiseaux sont encore plus soigneux que les mammifères de leur personne. Tout le monde a remarqué qu'ils sont toujours proprets et bien lustrés. C'est qu'ils ont à leur disposition un pot de pommade inépuisable dont la nature, dans sa bonté, les a pourvus presque tous. Ce pot de pommade se trouve tout près du croupion ; c'est une poche interne, s'ouvrant au dehors par un orifice assez petit que le liquide intérieur vient imbiber au fur et à mesure de sa sécrétion. L'oiseau recueille cette liqueur onctueuse avec le bec et l'étale sur ses plumes, ce qui les fait luire et, de plus, les met à l'abri de l'eau. C'est grâce à ce cosmétique que les oiseaux nageurs ou plongeurs, — cygnes, canards, goélands, etc., — ne sont jamais mouillés et conservent la blancheur de leur plumage même dans les eaux les plus vaseuses.

A part cet onguent, la table à toilette des petits oiseaux est assez mal garnie. Heureusement pour eux, leur cou est très mobile et permet au bec de se porter à tous les endroits où son intervention est nécessaire. Ce bec corné est, d'ailleurs, un excellent grattoir dont l'extrémité pointue peut happer les moindres poussières introduites entre les plumes ou les écailles des pattes. Celles-ci, à leur tour, peuvent nettoyer, plus grossièrement, les plumes et le bec, car elles constituent, grâce à leurs griffes acérées, un peigne très efficace. Chez beaucoup d'échassiers et de palmipèdes, ce rôle est encore rendu plus facile par la fine dentelure en forme de peigne que présente le bord interne du doigt intermédiaire. Les griffes sont très utiles aux martinets et autres oiseaux analogues qui sont rongés de vermine : si on les regarde au télescope pendant qu'ils volent, on les voit presque toujours s'arrêter dans leur vol pour se gratter le front.

Quiconque a élevé des oiseaux en cage a remarqué combien les oiseaux aiment se baigner. Au moment où j'écris ces lignes, j'ai précisément à mes côtés deux serins qui se battent comme plâtre pour avoir la priorité de la baignoire qu'on vient de leur apporter. A côté d'eux, il y a une serine qui ne s'est jamais baignée ; on voit que chez les oiseaux, il y a des différences individuelles comme chez nous.

Il est rare que les oiseaux prennent des bains complets. Habituellement, ils ne plongent que les pattes et le ventre. Puis, en agitant leurs ailes et leur tête, ils font gicler de toute part l'eau, qui leur retombe en gouttelettes sur le dos. En même

Fig. 76. — Hirondelles folâtrant à la surface de l'eau.
Une manière élégante et distinguée de prendre un bain.

temps, les plumes se hérissent et l'eau peut s'infiltrer entre elles pour venir humecter la peau.

Certains oiseaux ne se baignent pas, mais se mouillent simplement à la pluie. D'autres se baignent tout en volant : c'est le cas des hirondelles (*fig.* 76)qui, rasant la surface des étangs et des rivières, se laissent souvent tenter par le liquide et y plongent soit leur bec largement ouvert, soit les plumes largement étalées de leur queue qu'elles ramènent ensuite sous le ventre, par un mouvement brusque, afin de s'asperger le corps.

Lorsque les oiseaux vivent en société, il n'est pas rare de les voir prendre leur bain en commun. Levaillant a signalé ce fait chez des perroquets du cap de Bonne-Espérance. Dans les jardins zoologiques, on peut voir aussi les mouettes se précipiter souvent à plusieurs dans leur bassin en poussant des cris assourdissants.

Au sortir du bain, les oiseaux se secouent pour rejeter au loin l'eau en excès, puis se mettent en devoir de nettoyer leurs pattes et l'intervalle de leurs plumes.

Dans l'état de captivité, certaines espèces poussent à l'excès ces soins corporels. Les cacatoès, par exemple, sont tellement assidus à cette besogne, qu'ils finissent par s'arracher toutes les plumes, de sorte qu'ils sont dans une mue continuelle. J'ai dit que le premier soin des oiseaux, après le bain, est de se secouer et d'étaler leurs pennes et leurs rémiges. Ils marquent ainsi l'intention de faire sécher leurs plumes. Je reviens sur ce point pour signaler certaines espèces qui mettent à cette opération du séchage une application toute particulière. A cet effet, ces oiseaux restent longtemps au repos, tête basse, plumes hérissées, ailes pendantes, jusqu'à ce que l'eau se soit évaporée. Ce n'est qu'alors qu'ils commencent leur toilette. J'ai constaté le fait chez des oiseaux captifs : les becs-fins, qui, montés sur leur perchoir, y passent quelques minutes tout transis à secouer leurs ailes alourdies ; les hérons, qui s'en vont gravement sur une pelouse exposer leur corps à l'action desséchante de l'air et du soleil. On comprend que ce besoin soit surtout pressant chez les rapaces, qui, généralement, n'aiment pas l'eau. C'est ainsi que l'urubu, mouillé par la pluie, va se poser sur la cime d'un arbre et s'y tient immobile, les ailes étendues, pendant des heures entières. Alcide d'Orbigny dit que rien n'est plus singulier que de voir, après un orage, un grand nombre d'urubus rangés en ligne, sur une maison, avec les ailes ouvertes, pour les faire sécher. (Dr Ballion.)

●

Parmi les autres animaux les plus propres de la création, il faut citer les insectes. Pour maintenir l'intégrité de leur tégument, ils ont à leur disposition six paires de pattes adaptées en partie à ce rôle. Ces pattes sont, en effet, presque toujours garnies de brosses de poils, de dentelures en peigne, de soies hérissées. Les pattes antérieures servent surtout à nettoyer la tête et les antennes. Les pattes postérieures sont très souvent occupées à lisser les ailes et à les débarrasser de leur poussière.

Cette coutume de se nettoyer le corps est devenue pour eux une véritable habitude, presque une manie. Observez une mouche posée : presque toujours elle se nettoie : d'abord elle frotte ses pattes antérieures l'une contre l'autre, puis elle se brosse dans tous les sens la tête, qui pivote autour de son mince pédicule comme si elle allait tomber. C'est ensuite aux membres postérieurs à se frotter l'un contre l'autre, puis à passer sur les ailes pour les approprier.

Chose curieuse, ces mouvements de nettoyage continuent même lorsque l'animal est décapité et cela pendant plusieurs heures de suite. L'insecte nettoie même l'endroit où la tête a été détachée !

●

Les bêtes ne sont pas toujours des égoïstes. Elles ne se bornent pas à nettoyer leur propre corps ; elles se rendent aussi entre elles des services pour l'entretien de la propreté corporelle. C'est un fait bien connu et presque général que les père et mère nettoient eux-mêmes ceux de leurs enfants qui ne sont pas assez vigoureux pour vaquer à ce soin. Il est aussi fréquent de voir mâle et femelle se lécher mutuellement ou se débarrasser de leurs parasites. Mais il n'est pas toujours nécessaire qu'il y ait entre eux des liens de parenté pour que ces bons offices s'effectuent. Chez les mammifères et les oiseaux captifs, la chose est facile à vérifier. Qui n'a vu des singes s'épouiller réciproquement ou des serins s'éplucher les uns les autres avec le bec ? Des faits analogues se rencontrent un peu dans tout le règne animal, même chez les tortues. On sait que certaines d'entre elles, qui vivent dans la mer, sont couvertes de toute une flore et une faune spéciales. Ainsi que l'ont constaté MM. Chevreux et de Guerne, quand plusieurs de ces tortues ainsi habitées viennent à s'échouer sur le sable au moment de la marée, il n'est pas rare de les voir se rendant le service mutuel de se débarrasser de ces parasites gênants ; elles broutent alors la végétation qui les recouvre jusqu'à toilette parfaite de leur carapace, ce qu'elles ne pourraient faire par elles-mêmes.

CHAPITRE XI

Poissons singuliers.

Les poissons que l'on mange ou ceux que l'on élève dans les aquariums ont tous à peu près la même forme, ce qui fait que l'on s'imagine aisément que le groupe auquel ils appartiennent est des plus monotones : c'est une erreur profonde,

Fig. 77. — Exocet ou poisson volant.
Un original qui ne veut pas faire comme les autres poissons, peut-être un poète qui ne rêve qu'aux longues envolées dans l'infini et l'azur des cieux.

car chez eux, on trouve une multitude de particularités et de bizarreries comme on n'en voit pas ailleurs. Ce chapitre va nous le montrer.

D'abord la locomotion. On dit : « nager comme un poisson », expression qui pourrait faire croire que la natation est le seul mode de déplacement des poissons. C'est vrai dans la majorité des cas, mais non dans tous, car il est un certain nombre d'espèces qui peuvent se déplacer autrement que par la natation. Il en est, par exemple, qui peuvent voler.

L'exemple le plus net est celui des exocets (*fig.* 77), qui, en raison de leur mode de vie, sont bien connus sous le nom de poissons volants. Ces singuliers poissons des mers tropicales ont des nageoires transformées en larges membranes planes. On les voit s'élancer tout d'un coup de la mer, se précipiter dans l'air avec une grande rapidité et parcourir cinq à six mètres et même plus. Au bout de leur course, ils replongent dans l'eau, ou plus souvent s'abattent simplement à sa surface pour rebondir et parcourir un nouvel espace : ils font le ricochet. Leur trajectoire n'est pas, comme on pourrait le croire, régulière : en étendant ou en rétractant leurs nageoires soit d'un côté, soit de l'autre, ils peuvent faire subir un crochet à leur course ou bien suivre les ondulations des vagues dont ils s'écartent d'un mètre environ.

On est loin d'être d'accord sur l'espace que peut parcourir un exocet d'un seul bond. Certains voyageurs ont été jusqu'à dire qu'il pouvait franchir des arcs surbaissés de cent à cent vingt mètres : ces chiffres sont sans doute exagérés. Comme les exocets sont toujours réunis par troupes, on confond le vol de plusieurs exocets en un seul. Souvent on voit des troupes de cent à mille poissons s'élancer tous en même temps hors de l'eau et dans une direction constamment opposée à celle de la lame.

Le vol des exocets s'observe surtout quand la mer est agitée, violente même. Leur progression, d'abord rapide, va bientôt en diminuant ; on en a vu dépasser un navire dont la marche était de dix milles à l'heure.

« Les poissons volants, dit le naturaliste Möbius, tombent souvent à bord des bateaux en marche ; mais cela n'arrive jamais pendant un temps calme ou du côté de dessous le vent, mais seulement avec une bonne brise et dans la direction du vent. Pendant la journée, les exocets évitent les navires, volant loin d'eux ; mais pendant la nuit ils volent fréquemment contre les bordages, contre lesquels ils sont portés par le vent, soulevés à une hauteur de parfois vingt pieds au-dessus de la surface de la mer. »

Les exocets ne sont pas les seuls poissons susceptibles de s'élever dans le milieu aérien. Les dactyloptères volants de la Méditerranée font de même et, au dire des voyageurs qui les ont observés, peuvent parcourir jusqu'à cent mètres ; mais il est bien probable que, comme pour les exocets, ils ont confondu plusieurs vols en un seul.

On n'est pas non plus d'accord sur les raisons qui forcent les poissons à agir ainsi ; la plupart des naturalistes pensent qu'ils sortent de l'eau quand ils sont poursuivis par des requins ou autres forbans des mers. Ils ne quittent d'ailleurs un danger que pour retomber dans un autre au moins aussi grand, car les mouettes et les pétrels leur font une chasse acharnée.

Lacépède nous a laissé un joli tableau de la vie des dactyloptères, également appelés hirondelles de mer.

Lorsque les circonstances favorables, dit-il, éloignent de la partie de l'atmosphère que les hirondelles de mer traversent les ennemis dangereux, on les voit offrir au-dessus de la mer un spectacle assez agréable. Ayant quelquefois un demi-mètre de longueur, agitant vivement dans l'air de larges et longues nageoires, elles attirent d'ailleurs l'attention par leur nombre, qui souvent est de plus de mille. Mues par la même crainte, cédant au même besoin de se soustraire à une mort inévitable dans l'Océan, elles s'envolent en grandes troupes ; et lorsqu'elles se sont confiées ainsi à leurs ailes au milieu d'une nuit obscure, on les a vues briller d'une lueur phosphorique semblable à celle dont resplendissent plusieurs autres poissons, et à l'éclat que jettent pendant les belles nuits des pays méridionaux les insectes auxquels le vulgaire a donné le nom de vers luisants. Si la mer est alors calme et silencieuse, on entend le petit bruit que font naître le mouvement rapide de leurs ailes et le choc de ces instruments contre les couches de l'air; et on distingue aussi quelquefois un bruissement d'une autre nature, produit au travers des ouvertures branchiales par la sortie accélérée du gaz que l'animal exprime, pour ainsi dire, de diverses cavités intérieures de son corps. Le bruissement a lieu d'autant plus facilement que ses ouvertures branchiales, étant très étroites, donnent lieu à un frôlement plus considérable; et c'est parce que ces orifices sont très petits que les dactyloptères, moins exposés à un dessèchement subit de leurs organes respiratoires, peuvent vivre assez longtemps hors de l'eau.

*
* *

Au point de vue de la locomotion, on pourrait, d'ailleurs, écrire un volume entier, même sur les espèces les plus vulgaires.

Depuis un certain nombre d'années, les citadins ont pris l'habitude de fuir pendant un mois ou deux l'endroit où ils résident pour aller faire un « voyage circulaire », qui à la mer, qui à la montagne. Mais il ne faudrait pas croire que l'espèce humaine, sous ce rapport, fût d'une essence supérieure à celle des autres êtres de la création. Il y a beau temps, en effet, que les animaux — du moins certains d'entre eux — pratiquent ce genre de sport. La plupart même sont bien connus de tout le monde quant à leur nom et à leur aspect extérieur, mais non au point de vue de leurs mœurs. Le saumon, par exemple, est bien plus intéressant vivant qu'à la sauce aux câpres, car c'est un voyageur enragé qui rendrait des points aux plus fidèles amis du *Baedeker* ou du *Guide Joanne*. Ses œufs, on le sait, sont déposés dans l'eau douce, et donnent naissance à de petits poissons pas bien jolis, d'une teinte gris terne sur le dos, avec des bandes transversales sur les côtés. A un moment donné, ces jeunes saumons se transforment et deviennent *smolts*, comme prononcent les Anglais, c'est-à-dire qu'ils prennent leur costume de voyage : tout leur corps prend un magnifique éclat métallique. Jusqu'à ce moment ils vivaient chacun de leur côté; mais devenus *smolts*, — tel une caravane de l'agence Cook, — ils se rapprochent et se forment en troupes. Pendant tout le printemps, les bandes de saumonneaux descendent les rivières pour gagner la mer. Le voyage ne se fait pas d'ailleurs sans péripéties : ici, c'est la dent du vorace brochet qu'il faut éviter; là, danger terrible, ce sont les filets des pêcheurs qui, insidieusement, les menacent; ailleurs, c'est un remous violent qui les oblige momentanément à rebrousser chemin. Mais, comme dit la chanson, ce sont les plaisirs du voyage. Enfin, les bandes, un peu décimées, arrivent dans l'embouchure du fleuve; loin de se plonger dare-dare dans l'onde amère, milieu qui, abordé sans transition, leur serait peut-être fatal, les jeunes saumons restent dans l'eau saumâtre pendant deux ou trois jours. Enfin, l'accoutumance est faite et les bandes disparaissent dans la mer. Qu'y deviennent-elles ? Je dois avouer à la honte des ichthyologistes que l'on n'en sait absolument rien. Tout au plus est-on à peu près certain que les saumons disparaissent dans les profondeurs de l'océan, où le filet des pêcheurs ne peut les atteindre. L'eau salée paraît leur être nécessaire pour leur fournir une nourriture abondante. De plus, elle leur donne sans doute ce « coup de fouet » que les villégiateurs vont chercher sur les plages du littoral et qui facilite grandement leur nutrition. La preuve en est que, si on les retient captifs dans l'eau douce, malgré l'abondance de la nourriture qu'on leur donne, ils ne « profitent » pas beaucoup et leur chair, décolorée, devient molle et sans saveur.

Toujours est-il qu'au bout de sept à huit semaines de leur fugue maritime, les saumons reparaissent à l'embouchure du même fleuve d'où ils étaient sortis. Mais

Fig 78. — L'anabas.
Poisson d'humeur vagabonde qui sort de l'eau et monte jusqu'au haut des palmiers.

ils sont tellement changés qu'on ne les reconnaît nullement et qu'autrefois on les prenait pour des poissons tout à fait différents. On fit un très grand nombre d'expériences en attachant un fil à la queue des *smolts* et en les lâchant dans la rivière. Deux mois après, on les voyait revenir saumons toujours avec leur marque distinctive. Avant le départ, chaque *smolt* ne pesait pas plus de deux à trois cents grammes ; au retour, ils pèsent un kilogramme et demi à deux kilogrammes : cette rapidité de croissance, très remarquable, montre que, si les voyages forment la jeunesse moralement, ils ne leur sont pas non plus inutiles physiquement.

De même qu'à l'aller, les saumons s'arrêtent un instant dans l'eau saumâtre avant de s'engager dans l'eau douce. Puis les bandes se mettent à remonter le courant, les vieux individus en tête, les jeunes en arrière. Ces colonnes, d'ailleurs, ne sont pas toutes du même âge ; celles qui reviennent les premières sont les plus vieilles ; puis arrivent celles qui ont déjà effectué le voyage, et enfin les plus jeunes.

Dans cette montée, rien ne les arrête. S'ils donnent contre un filet, écrit Baudrillart, ils le déchirent ou cherchent à s'échapper par dessous ou par les côtés ; et dès qu'un de ces poissons a trouvé une issue, les autres le suivent et leur

premier ordre se rétablit. Ils nagent au milieu du fleuve et près de la surface de
l'eau ; et comme ils sont souvent très nombreux et qu'ils agitent l'eau violemment,
ils font un bruit qu'on entend de loin. Lorsque le temps est chaud et à l'orage, ils
rasent le fond de l'eau ou se réfugient dans les endroits les plus profonds, où ils
peuvent jouir de la fraîcheur qu'ils recherchent ; et c'est par une suite de ce besoin
de fraîcheur qu'ils aiment les eaux douces dont les bords sont ombragés par des
arbres touffus. Les corps flottants sur l'eau et les couleurs les effraient et les forcent
quelquefois à rétrograder. Si la température de la rivière et la qualité de l'eau leur

Fig. 79. — Le périophtalme.
Poisson ami des promenades en plein air et des exercices acrobatiques sur les
racines des palétuviers.

conviennent, ils voya-
gent lentement ; mais
s'ils veulent se dérober
à quelque sensation
incommode ou à quel-
que danger, ils s'élan-
cent avec tant de ra-
pidité, que l'œil a de
la peine à les suivre.
On a remarqué qu'ils
pouvaient parcourir
en une heure un inter-
valle de dix lieues, et
que lorsqu'ils ne sont
pas forcés à des efforts
prolongés, ils peuvent
franchir en une se-
conde une étendue de
vingt-quatre pieds.

Les saumons ont dans leur queue une rame très puissante, et c'est également par
son secours qu'ils franchissent des cataractes assez élevées. Ils s'appuient contre de
grosses pierres, rapprochent de leur bouche l'extrémité de leur queue, en serrent le
bout avec les dents, en font par là une sorte de ressort fortement tendu, lui donnent
avec promptitude sa première fonction, débandent avec vitesse l'arc qu'elle forme,
frappent avec violence contre l'eau, s'élancent à une hauteur de plus de quatre à cinq
mètres, et franchissent la cataracte. Ils retombent quelquefois sans avoir pu s'élancer
au delà des roches, ou l'emporter sur la chute de l'eau ; mais ils recommencent bientôt
leurs manœuvres, ne cessent de redoubler d'efforts après des tentatives très multi-
pliées ; et c'est surtout lorsque le plus gros individu de leur troupe, celui que l'on a
nommé le conducteur, a sauté avec succès, qu'ils s'élancent avec une nouvelle ardeur.

Quand les barrages sont trop hauts, on a soin de mettre des « échelles à
saumons » pour leur permettre de les franchir.

Les aloses ne le cèdent en rien pour le goût du tourisme aux saumons, avec
cette différence que leur cure marine dure plus longtemps. Elles ne remontent
guère les rivières que pour aller frayer, et pour cela elles vont à une très grande

distance de leur embouchure. C'est ainsi qu'elles pénètrent dans l'Isère jusqu'au-dessus de Grenoble, et dans la Saône jusqu'à Gray.

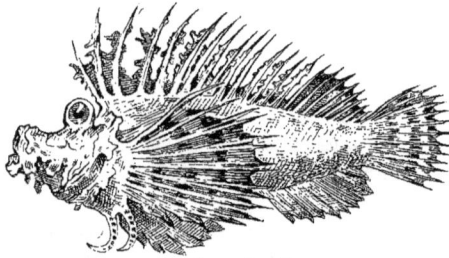

Fig. 80. — Le pélor.
Malgré tous ses ornements, il n'est pas joli, joli...

Les éperlans, eux, n'agissent pas tous de la même façon. Les uns sont d'une humeur voyageuse, les autres préfèrent la vie sédentaire. Les premiers vont aux bains de mer une fois l'an, tandis que les seconds restent dans l'eau douce pendant toute leur vie.

Les esturgeons, les mulets, les dorades, les lamproies passent aussi leur vie à aller de l'eau douce à l'eau de mer et réciproquement. Les anguilles sont plus téméraires; pour passer d'un étang dans un autre qui leur convient mieux, elles n'hésitent pas à se rendre sur la terre et à y parcourir, en rampant, de vastes espaces. Elles ne se pressent d'ailleurs pas énormément ; et, quand elles rencontrent une culture de leur choix, elles y font l'école buis-

Fig. 81. — Le malthée.
Poisson horrible, être hideux, malgré les « grâces » qu'il essaie de faire avec ses nageoires.

sonnière : c'est ainsi que récemment on citait toute une plantation de petits pois qui avait été ravagée par des bandes d'anguilles. Citons aussi les anabas (*fig.* 78), poissons de l'Indo-Chine, qui sont de véritables *globe-trotters*. Ils vont se promener dans les rizières, dans les champs et même, grâce aux fortes dentelures dont leurs opercules sont armés, grimpent sur les arbres pour aller prendre l'air dans les branches. Les périophtalmes (*fig.* 79) agissent à peu près de même, et, en Sénégambie, si l'on vient à monter sur des palétuviers, il n'est pas rare de trouver au sommet de l'arbre quelques-uns de ces poissons, se chauffant au soleil.

Fig. 82. — L'hippocampe, bien nommé cheval marin par sa tête sinon par le reste de son corps.

Comme poissons à formes singulières, il faut citer le marteau dont la tête semble étirée sur les côtés pour porter les yeux ; le pélor (*fig.* 80), véritable chimère monstrueuse ; les rémoras, avec leur ventouse sur la tête, et dont nous nous sommes occupés au chapitre premier; le malthée (*fig.* 81), dont l'aspect est horrible ; les soles et les turbots, qui sont couchés sur un côté du corps et dont la tête s'est toute déformée pour ramener les yeux du même côté de la face ; les esturgeons, au corps garni de rangées de solides plaques en émail ; les lamproies, à la bouche en ventouse, qui sucent le sang des poissons ; les hippocampes (*fig.* 82), dont la queue est prenante et dont la tête ressemble étrangement à celle d'un cheval minuscule ; le phyllopteryx chevalier (*fig.* 83), sorte d'hippocampe au corps garni de banderoles de manière à se confondre

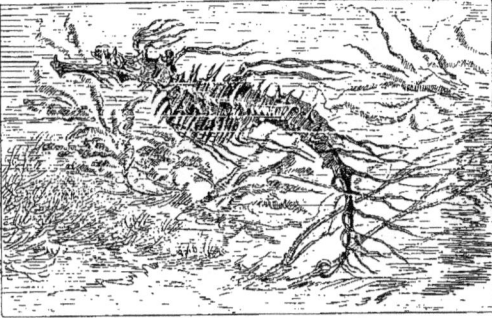

Fig. 83. — Phyllopteryx.
Un malin qui, avec les banderolles dont son corps est garni, se confond avec les algues au milieu desquelles il vit.

avec les algues au milieu desquelles il vit ; le hérisson de mer (*fig.* 84), au corps couvert d'épines, et pouvant se gonfler pour effrayer ses ennemis ; l'énorme poisson lune, au corps très aplati latéralement, flottant au voisinage de la surface de l'eau et sur le dos duquel les oiseaux de mer viennent se poser et chercher des parasites ; le coffre (*fig.* 85), au corps barricadé de plaques très dures, le « diable de mer » (*fig.* 86), pois-

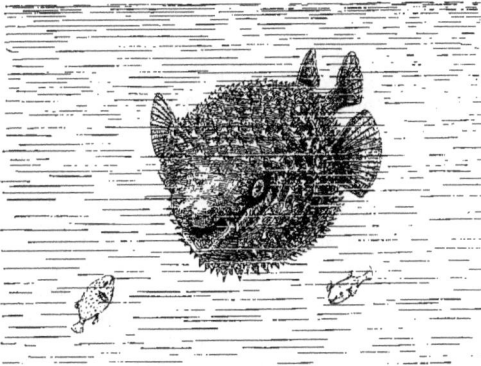

Fig. 84. — Hérisson de mer.
Qui s'y frotte s'y pique.

son large comme une table et à la tête pourvue de deux cornes recourbées sur elles-mêmes en forme d'oublies.

* *

Quant aux teintes que peuvent avoir les poissons, elles sont véritablement inouïes et souvent d'une nature *sui generis*. Les plus beaux de tous sont peut-être les squammipennes, des mers tropicales.

Leur parure, dit H. E. Sauvage, rivalise en beauté avec celle des oiseaux les plus

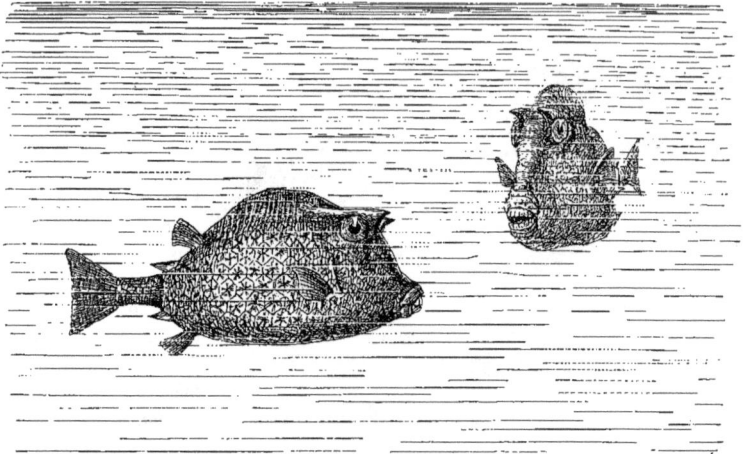

Fig. 85. — Le coffre.
Un poisson dont le corps est barricadé d'une manière très solide, ce qui lui permet de se promener au sein de la mer sans craindre les malandrins.

éclatants, avec celle des papillons aux couleurs les plus variées ; ils sont l'ornement de la mer, comme les colibris et les paradisiers sont l'ornement des forêts vierges ; leurs couleurs sont peut-être encore plus pures, plus éclatantes, et dans leur agencement règne une admirable harmonie. Des taches, des bandes, des zébrures, des raies, des anneaux, de couleur bleue, azurée, verte, purpurine, noir velouté, se détachent avec éclat sur un fond tout resplendissant d'or et d'argent ; le bleu du ciel, le vert des flots se reflètent sur leurs brillantes écailles ; des plus délicates nuances de l'arc-en-ciel resplendit leur corps, qui réfléchit la splendeur des métaux les plus précieux, l'éclat des

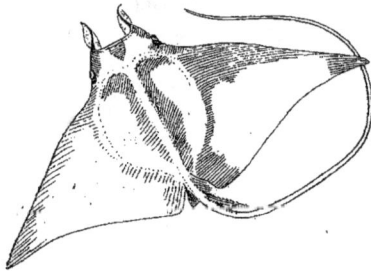

Fig. 86. — Poisson de taille gigantesque bien nommé « diable de mer ».

pierreries, la couleur délicate des plus belles fleurs, le tout relevé par des nuances plus foncées. Ces animaux sont de ceux que la nature semble avoir pris à plaisir d'habiller de la manière la plus brillante ; elle n'a certes épargné ni l'or, ni l'argent, ni la topaze, ni le rubis, ni l'améthyste, ni le corail, ni toutes les pierres précieuses. A la beauté, à l'éclat des couleurs, à la délicatesse, à l'infinie variété du dessin, s'ajoute encore une forme tout à fait particulière, et qui nous est tout à fait étrangère, à nous habitants du Nord. Sauf quelques rares exceptions, les squammipennes séjournent à peu de profondeur et dans le voisinage immédiat des côtes ; quelques-uns remontent les rivières, d'autres émigrent accidentellement vers la haute mer. Les espèces le plus brillamment colorées se trouvent presque toujours dans le voisinage des récifs de coraux ; c'est alors que sous les rayons d'un brillant soleil les squammipennes aiment à prendre leurs ébats ; on dirait vraiment qu'ils cherchent à se faire voir et à étaler tous les ornements qu'ils ont reçus de la nature ; ils sont sans cesse en mouvement, aussi tous les observateurs parlent-ils de leurs ébats dans les termes les plus enthousiastes. Dans la mer Rouge, on voit les squammipennes jouer dans les profondes crevasses qui découpent les récifs de coraux et dans lesquelles l'eau est calme et transparente. Lorsque le navire est à l'ancre entre les récifs pendant les nuits obscures, on reconnaît la présence de ces poissons à la lumière qui émane de la mer ; souvent on aperçoit à de grandes profondeurs des taches jetant une vague lueur, qui soudain se dispersent comme des étincelles jaillissantes, errent lentement çà et là, se rassemblent peu à peu de nouveau, forment des groupes, puis se séparent et vont dans toutes les directions.

* *
*

Certains poissons sont remarquables par leur grande taille. On en rencontre

Fig. 87. — L'arapaïma.

Un poisson que l'on chasse plutôt qu'on ne le pêche, une magnifique pièce à servir sur la table des grands, ses collègues.

surtout chez les poissons au squelette cartilagineux, les requins par exemple. Mais il y en a aussi chez les espèces plus élevées en organisation, c'est-à-dire les « téléostéens » ou « poissons osseux ». Parmi ceux-là, nous ne citerons que l'arapaïma (fig. 87) qui habite les grands cours d'eau des Guyanes et du nord du Brésil : c'est le plus grand des poissons des eaux douces, car il peut atteindre 15 pieds de long et peser plus de 400 livres.

On doit à Schomburgk les meilleurs renseignements sur l'arapaïma.

Les Indiens nous apportèrent parmi une quantité d'autres poissons, le géant des eaux douces des Guyanes, l'arapaïma ; nous regardions avec étonnement l'animal qui remplissait à peu près toute l'embarcation, mesurant près de trois mètres et pesant certainement 100 kilogrammes. Le Rupununi, seul de toutes les rivières de la Guyane anglaise, nourrit ce poisson ; mais cette rivière le renferme en quantité considérable. L'arapaima serait également assez commun dans le Rio Banco, le Rio Négro et le fleuve des Amazones.

L'arapaima se prend à l'hameçon aussi bien qu'on le tue avec l'arc et la flèche. Sa chasse est sans conteste une des plus attrayantes et des plus animées, car elle rassemble le plus souvent plusieurs corials (embarcations), qui se distribuent sur la rivière. Dès qu'un poisson est aperçu, on fait un signe ; sans faire de bruit, le corial s'approche armé du meilleur tireur jusqu'à portée de l'arme ; la flèche s'élance de sa corde et disparaît avec le poisson. C'est alors que commence la chasse générale. A peine les barbes de la flèche se montrent-elles au-dessus de l'eau que tous les bras sont prêts à tendre l'arc ; le poisson remonte, et piqué par une quantité de nouveaux traits, il disparaît pour se faire voir encore une fois après un court intervalle et recevoir une nouvelle décharge de flèches jusqu'à ce qu'il finisse par devenir la proie des chasseurs. Ceux-ci le tirent sur un endroit plat, poussent le corial sous lui, retirent l'eau qui s'est introduite dans la barque et regagnent leurs demeures au milieu des cris de joie.

Parmi nos matelots de couleur se trouvait un muet, pêcheur passionné. A peine avions-nous établi notre camp qu'il saisit sa ligne et se dirigea dans un des bateaux vers un petit banc de sable situé sur la rive opposée. Le camp dormait d'un profond sommeil quand tout à coup il fut mis sur pied par un bruit singulier et effrayant. Tout d'abord personne ne savait quelle conduite tenir en face de cris terribles jusqu'à ce qu'un des gens s'écria : « ce doit être le muet. » Armés de couteaux de chasse et de carabines, nous sautâmes dans le bateau pour voler à son secours ; ses cris effrayants n'indiquaient que trop clairement qu'il en avait besoin. Lorsque nous abordâmes sur le banc de sable, nous remarquâmes autant que nous le permit l'obscurité, que le pêcheur était tiraillé à droite et à gauche par une puissance invisible contre laquelle il cherchait à résister de toutes ses forces et en même temps il poussait des cris terribles. Nous fûmes bientôt auprès de lui ; mais nous ne pouvions encore découvrir cette force qui le jetait et le secouait par saccades jusqu'à ce qu'enfin nous remarquâmes qu'il avait enroulé la corde de sa ligne 5 à 6 fois autour du poignet.

Un monstre puissant devait donc être suspendu à l'hameçon. Un arapaima énorme s'était laissé prendre à l'appât ; mais immédiatement après, il avait tendu la ligne avec une telle rigidité que les forces du muet étaient bien loin de suffire pour dérouler sa ligne enlacée autour de sa main ou à tirer le géant à terre.

Quelques minutes encore et l'homme épuisé n'aurait pu résister davantage à la force prodigieuse du poisson. Ce fut au milieu de bruyants éclats de rire que tous se jetèrent sur la ligne et bientôt après le monstre, pesant plus de 100 kilogrammes, gisait sur le sable. Notre muet, dont la ligne avait pénétré dans la chair du poignet, chercha par une mimique des plus expressives à nous faire comprendre ce qui était arrivé, sa détresse et son extrême anxiété.

Bien que la nuit fût déjà profonde, on dépeça la proie aussitôt après le retour au camp. Maint feu sur le point de s'éteindre fut rallumé et ravivé ; on fit la cuisine pendant toute la nuit, car la certitude de posséder dans le camp un poisson qui aurait déjà été gâté le lendemain matin ne laissa pas aux Indiens et aux nègres le temps de songer au sommeil.

A l'état frais, la chair de l'arapaima est savoureuse, bien qu'elle ne soit pas mangée par quelques peuplades.

*
* *

Les moyens de défense des poissons sont très variés. Les uns ont recours à la force, d'autres à la ruse. Certains fabriquent des poisons dangereux, même pour l'homme.

Les plus connus des poissons venimeux sont les vives, que l'on rencontre malheureusement sur la plupart de nos plages. Il y en a deux espèces principales : la vive commune, qui a quarante centimètres de longueur, et la petite vive, dont la taille ne dépasse guère douze centimètres. Toutes deux possèdent des épines très acérées, placées sur la région dorsale de la tête, et aussi sur les opercules qui recouvrent les ouïes. A l'état de repos, ces épines sont appliquées sur le corps ; mais, à la moindre excitation, le poisson les redresse, et elles se présentent alors sous un aspect menaçant.

Ce qu'il y a de fâcheux chez ces poissons, c'est qu'ils vivent le plus habituellement presque entièrement cachés dans le sable, d'où ils ne laissent passer que la tête. Il arrive par suite souvent qu'un baigneur ou un pêcheur mette le pied sur l'un d'eux. Les piquants se dressent aussitôt et pénètrent dans le pied. Or chaque épine est en rapport avec une glande à venin, dont le contenu se déverse de suite dans la plaie.

On connaît depuis très longtemps ces propriétés venimeuses des vives. Élien, Oppien et Pline en parlent dans leurs écrits.

Belon dit que la vive est un poisson moult bien armé de forts aiguillons, desquels la poincture est si venimeuse, principalement quand ils sont en vie, qu'ils font périr la main si l'on n'y remédie bien tost. Ia en avons veu en fiebvre et resverie, avec grande inflammation de tout le brachs d'une seule petite poincture au doigt. Le commun bruit est entre les mariniers, qu'il s'engendre des petits poissons en la playe : de laquelle chose i' en a ay veu plus de cent, qui m'ont affermé l'avoir veu ; et que le souverain remède est de repoindre la playe plusieurs fois avec ledict aiguillon.

De son côté, Rondelet écrit que

... l'araignée de mer, ou la vive, est nommée dragon, comme très bien dist Œllian, à cause de sa teste, des ieux, des éguillons venimeux... Nature n'ha point desprouvé les homes de remède contre le venin de ce poisson : car il est lui-même remède à son venin ; la chair du surmulet appliquée prouficte autant. J'ai veu autrefois partie piquée de ce poisson devenir fort enflée et enflammée, avec grandissimes doleurs ; que si on n'en tient conte, la partie se gangrène. Les pescheurs é poissonniers en maniant ce poisson se prennent bien garde. En France, on ne les sert à table que la teste coupée.

Voici maintenant ce que dit Lacépède sur la vive :

Cet animal a tant de facilité de creuser son asile dans le limon, que lorsqu'on le prend et qu'on le laisse échapper, il disparaît en un clin d'œil et s'enfonce dans la vase.

Lorsque la vive est ainsi retirée dans le sable humide, elle n'en conserve pas moins la faculté de frapper autour d'elle avec force et promptitude par le moyen de ses aiguillons, et particulièrement de ceux qui composent sa première nageoire dorsale. La vive n'emploie pas seulement contre les marins qui la pêchent et les grands poissons qui l'attaquent l'énergie, l'agilité et les armes dangereuses dont elle est armée ; elle s'en sert aussi pour se procurer plus facilement sa nourriture, lorsque, ne se contentant pas d'animaux à coquilles, de mollusques ou de crabes, elle cherche à dévorer des poissons d'une taille presque égale à la sienne. Si plusieurs marins vont sans cesse à la recherche des vives, la crainte fondée d'être cruellement blessé par les piquants de ces animaux, et surtout par les aiguillons de la première nageoire dorsale, leur fait prendre de grandes précautions. Les accidents occasionnés par ces dards ont été regardés comme assez graves pour que dans le temps l'autorité publique ait cru, en France, devoir donner à ce sujet des ordres très sévères.

Les pêcheurs s'attachent surtout à briser ou arracher les aiguillons des vives qu'ils tirent de l'eau. Lorsque malgré leur attention, ils ne peuvent pas parvenir à éviter la blessure qu'ils redoutent, ceux de leurs membres qui sont piqués présentent une tumeur accompagnée de douleurs très cuisantes et quelquefois de fièvre. La violence de ces symptômes dure ordinairement pendant douze heures, et comme cet intervalle de temps est celui qui sépare une haute marée de celle qui la suit, les pêcheurs de l'Océan n'ont pas manqué de dire que la durée des accidents occasionnés par les piquants des vives avait un rapport très marqué avec les phénomènes de flux et de reflux, auxquels ils sont forcés de faire une attention continuelle, à cause de l'influence des mouvements de la mer sur toutes leurs opérations. Au reste, les moyens dont les marins de l'Océan et de la Méditerranée se servent pour calmer leurs souffrances, lorsqu'ils ont été piqués par les trachines vives, ne sont pas très nombreux; et plusieurs de ces remèdes sont très anciennement connus. Les uns se contentent d'appliquer sur la partie malade le foie ou le cerveau encore frais du poisson; les autres, après avoir lavé la plaie avec beaucoup de soin, emploient une décoction de lentisque, ou les feuilles de ce végétal, ou des joncs de marais. Sur quelques côtes septentrionales, on a recours quelquefois à l'urine chaude; le plus souvent on y substitue du sable mouillé, dont on enveloppe la tumeur, en tâchant d'empêcher tout contact de l'air avec les membres blessés par la trachine.

Au sujet du même poisson, Émile Moreau rapporte ce qui suit: « J'ai connu un peintre d'histoire naturelle qui, en pêchant en 1874 à Veules (Seine-Inférieure), fut blessé au pouce par l'épine operculaire d'une petite vive. Une douleur atroce se fit sentir à l'instant; la main et l'avant-bras furent le siège d'un gonflement considérable qui dura vingt-quatre heures environ. »

Le venin de la vive est liquide et légèrement bleuâtre pendant la vie, opalescent et un peu épaissi après la mort. Il est coagulable par la chaleur, les acides forts et les bases caustiques. Son action physiologique a été étudiée par Schmidt, puis par Gressin. A la dose d'une demi-goutte ou d'une goutte, il cause rapidement la mort chez les poissons et le rat, plus lentement chez la grenouille. Une première période de contracture est suivie d'une phase de paralysie avec abaissement de la température. On connaît un grand nombre d'observations de piqûres de vives. La douleur est excessive, mais les accidents se bornent le plus souvent à une forte inflammation locale avec fièvre et tuméfaction étendue : des phlegmons, des panaris, des escharres peuvent en résulter. Ambroise Paré cite le cas d'une femme dont le bras tomba promptement en mortification, ce qui causa la mort; mais c'est là une terminaison exceptionnelle. (R. Blanchard.)

Les vives se nourrissent de petits calmars et de petits poissons. Elles se rapprochent des côtes au mois de juin pour frayer. On les pêche au moyen de nasses ou de filets.

*
* *

Les pastenagues (fig. 88), appelées aussi trygons ou turturs, sont des sortes de raies qui diffèrent des espèces ordinaires en ce que les nageoires latérales se réunissent au-dessous de l'extrémité du museau. Leur queue, en forme de fouet, est pointue et présente de chaque côté, non loin de la base, un ou plusieurs aiguillons barbelés, dont la piqûre est très redoutable. Voici un récit qui le prouve :

Parmi les nombreux poissons qui sont propres à Takutu, raconte Schomburgk, les pastenagues occupent une des premières places par leur qualité. Elles enfouissent leurs corps aplatis dans le sable ou la vase, de manière à ne laisser que les yeux de libres, et se soustrayent ainsi, même dans l'eau la plus limpide, aux regards des promeneurs.

Si quelqu'un a le malheur de marcher sur un de ces insidieux animaux, le poisson inquiété lance sa queue avec une telle force contre le perturbateur de son repos, que l'aiguillon cause les blessures les plus redoutables, qui ont pour conséquence non seulement les convulsions les plus dangereuses, mais encore la mort.

Comme nos Indiens connaissaient ce dangereux animal, ils examinaient toujours la route avec une rame ou un bâton, sitôt que l'embarcation était glissée ou poussée sur les bancs. Malgré cette précaution, un de nos bateliers fut cependant blessé deux fois au cou-de-pied par un de ces poissons. Sitôt que le malheureux reçut les blessures, il chancela vers le banc de sable, s'abattit et se roula, se

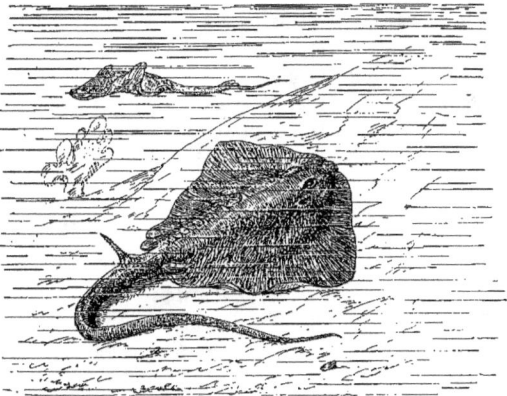

Fig. 88. — La pastenague.

Ne vous avisez pas d'y toucher. Avec l'épine qui garnit la base de sa queue, elle vous inoculerait un poison très dangereux.

mordant les lèvres de la douleur atroce qu'il ressentait, bien qu'aucune larme ne s'échappât de ses yeux et que sa bouche ne proférât aucune plainte. Nous étions encore occupés à soulager autant que possible le pauvre garçon, lorsque notre attention fut attirée par un cri perçant, et dirigée sur un autre Indien, qui avait également été piqué. Ce garçon ne possédait pas encore la fermeté de caractère nécessaire pour supprimer comme celui-là l'expression de la douleur. Il se jeta sur le sol au milieu de cris retentissants, cacha sa figure et sa tête dans le sable et y mordit même. Je n'ai jamais vu un épileptique être atteint à ce point de convulsions.

Bien que les deux Indiens eussent été blessés seulement, l'un au cou-de-pied, l'autre à la plante du pied, tous deux cependant ressentaient les plus violentes douleurs dans les flancs, la région du cœur et sous les bras. Les convulsions survinrent assez fortes chez le vieil Indien, mais elles prirent chez le garçon un caractère si intense, que nous crûmes devoir tout redouter. Après avoir fait sucer les blessures, nous les pansâmes, les lavâmes, et nous plaçâmes alors en permanence des cataplasmes de « pain de Kassava. » Ces symptômes avaient beaucoup de ressemblance avec ceux qui accompagnent la morsure des serpents. Un vigoureux et robuste ouvrier, qui, peu avant notre départ de Bemerara, avait été blessé par une pastenague, mourut au milieu des convulsions les plus terribles.

Les anciens, qui appelaient la pastenague « tourterelle », à cause de son aspect en nageant, redoutaient beaucoup sa piqûre. Rondelet nous apprend que son épine

... est plus venimeuse que les flèches envenimées des Perses, laquelle garde son venin encore que le poisson soit mort, estant pernicieux non seulement aux bestes, mais aussi aux herbes et arbres, car ils sèchent et meurent étant touchés d'icelui-ci. Circé en donna à Télégone pour en user contre ses ennemis; toutefois, il en tua son père sans y mal penser. Du venin de cet aiguillon, autant en disent Œlien et Pline. Estant brûlé, mis en cendres, appliqué sur la plaie, avec vinaigre, est remède à son venin mesme. Le poisson, ouvert et appliqué sur la plaie, guesrit le mal qu'il a fait. Pline escrit que la présure du lièvre ou du chevreau ou de l'agneau, prise du poids d'une drachme, proufite contre la piqueure de la pastenague et contre la piqueure et morsure de tous autres poissons marins.

En Europe, on trouve une espèce de pastenague qui se tient sur les fonds de sable au voisinage des côtes. Elle mange des petits poissons, des mollusques, des crustacés qu'en été elle vient chercher dans les bas-fonds formés à marée basse. Lorsqu'on cherche à s'en emparer, sa queue s'enroule immédiatement autour du bras, et de telle sorte que l'aiguillon fasse une large plaie. Aussi les pêcheurs cherchent-ils toujours à éviter cette queue, que la pastenague lance avec la rapidité d'un fouet, et ont-ils soin de la lui couper dès qu'ils l'ont prise.

* * *

Les murènes (*fig.* 89) sont également très venimeuses. Ce sont des poissons parfois d'assez grande taille, ayant la même forme que les congres ou les anguilles, c'est-à-dire qu'elles ressemblent à des serpents, dont elles se rapprochent un peu par les mœurs.

Leur bouche est garnie de dents bien développées et en rapport avec un appareil à venin qui contient à peu près un centimètre cube de liquide. Elles sont essentiellement voraces et carnassières, s'attaquant à de gros poissons et à de volumineux crustacés. Certaines arrivent à une grande taille. Dans toutes les îles de l'océan Pacifique, les murènes sont extrêmement redoutées.

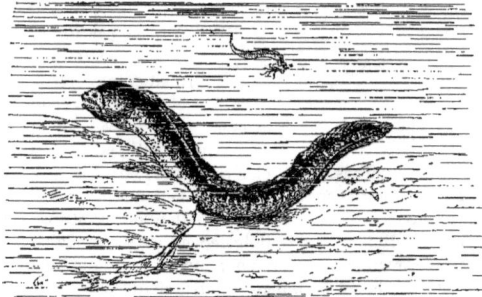

Fig. 89. — Murène.
Excellent à manger, mais pas à caresser : quoique poisson, c'est un véritable serpent venimeux.

La murène hélène habite la Méditerranée ; on la pêche souvent sur les côtes de France. Voici quelques renseignements que donne Brehm sur cette espèce, qui a un certain intérêt biologique.

La murène vit dans les eaux profondes et se tient sur le fond. On la trouve parfois dans les eaux douces des contrées chaudes du pourtour de la Méditerranée ; elle se rapproche au printemps des côtes pour frayer. Sa nourriture se compose de poissons, de crustacés, de coquillages et surtout de seiches. Les anciens connaissaient bien la murène. Pline rapporte que la blessure de ce poisson est dangereuse, mais qu'on peut la guérir avec de la cendre de cheveux ; que la murène va assez souvent à terre. Il rapporte également que le principe vital de l'animal se trouve dans la queue, ce qui fait que la murène meurt rapidement si on lui brise cette partie. Pline dit qu'on voit rarement les murènes pendant l'hiver.

La chair de la murène, bien que grasse, est de fort bon goût ; aussi ce poisson est-il généralement très estimé. Les Romains faisaient un grand cas de la murène ; pour la nourrir et l'engraisser, ils formaient à grands frais des parcs dans la mer. D'après Pline, ce fut Ilirius qui le premier construisit ces étangs, dans lesquels il nourrissait une telle quantité de murènes, qu'au triomphe de César, son ami, il put faire servir six mille murènes sur les tables.

La passion des Romains pour la murène prit à un certain moment des proportions inouïes. On sait que Cassius avait de ces animaux apprivoisés à ce point qu'ils venaient à la voix. Cassius, dit Pline, a possédé dans son vivier une très belle et très grosse murène qu'il aimait beaucoup ; il l'avait parée de bijoux en or. La murène reconnaissait la voix de son maître, et venait prendre la nourriture de sa main. Lorsque ce poisson mourut, Cassius en éprouva le plus vif chagrin ; il la pleura et lui fit faire des obsèques magnifiques. Dedius Pollio, ayant remarqué que la murène avait un goût prononcé pour la chair humaine, eut la cruauté de sacrifier plusieurs de ses esclaves pour nourrir ses poissons.

D'après Baudrillard,

... la murène se tient cachée pendant le froid dans les rochers, ce qui fait qu'on ne la pêche que dans certains temps. On prend ce poisson sur les bords cailouteux de ces rochers, et pour cet effet on tire plusieurs cailloux pour faire une fosse jusqu'à l'eau, ou bien on y jette un peu de sang, et à l'instant on voit venir la murène, qui avance sa tête entre deux rochers. Aussitôt qu'on lui présente un hameçon amorcé de crabe ou de quelque poisson, elle se jette dessus et l'entraîne dans son trou. Il faut alors avoir l'adresse de la tirer tout d'un coup ; car si on lui donnait le temps de s'attacher par la queue, on lui arracherait plutôt la mâchoire que de la prendre. Quoique la murène soit hors de l'eau, on ne la fait pas mourir sans beaucoup de peine, à moins qu'on ne lui coupe ou écrase le bout de la queue.

*
* *

La synancée mérite aussi une mention spéciale. Longue de quarante-cinq centimètres, elle habite les parties chaudes de l'océan Indien et de l'océan Pacifique, et notamment à la Réunion, à l'île Maurice, aux Seychelles, à Java, à Bornéo, aux Moluques, à Taïti, à la Nouvelle-Calédonie. Les épines qu'elle porte sur son dos sont très aiguës ; leur piqûre est très venimeuse. La synancée se tient près du rivage, cachée dans les rochers ou sous les bancs de coraux, ou enfouie dans le sable. Elle prend la couleur même du fond et devient difficilement perceptible. Qu'un pêcheur ou un baigneur appuie le pied sur sa nageoire dorsale, les épines acérées pénètrent dans les tissus et le pied fait pression sur le réservoir ; celui-ci éclate et le venin

s'écoule le long des cannelures des épines jusque dans la plaie. Sans cette pression,
l'animal est incapable de nuire. Il peut redresser volontairement les rayons épineux
de sa nageoire, d'ordinaire couché le long du dos, mais le venin renfermé dans ses
treize paires de sacs clos n'est pas rejeté au dehors. L'appareil à venin constitue
donc une arme défensive. Cet animal est le plus dangereux de tous les poissons
venimeux.

D'après Nadeaud, « sa piqûre détermine une vive douleur, qui suit le trajet des
vaisseaux, s'irradie à la poitrine et cause une anxiété subite. Autour de la petite
plaie se dessine une auréole d'un blanc mat, puis noirâtre ; toute la peau sous-
jacente se mortifie, et il se forme une eschare large de douze à quinze millimètres. Les tissus ambiants sont le siège d'une in-flammation ordinai-rement légère, mais qui se termine assez souvent par un phleg-mon. Dans quelques cas, le malade est pris de lipothymie et de vomissements qui du-rent une ou deux heures. D'ordinaire, les douleurs vont en diminuant après la

Fig. 90. — Le silure.
Poisson toujours affamé qu'il ne fait pas bon rencontrer nez à nez quand on
prend un bain.

première heure, et il ne reste plus qu'un peu de céphalalgie et de faiblesse des
membres. » La piqûre de la synancée n'est que rarement mortelle.

Les scorpènes, et parmi elles la rascasse, dont on fait la bouillabaisse, seraient
également venimeuses.

*
* *

Tous les animaux dont nous venons de parler habitent la mer. Dans les eaux
douces, les poissons dangereux sont beaucoup plus rares. Le plus intéressant à signaler
est le silure glanis (*fig.* 90), non qu'il soit venimeux, mais parce qu'il paraît avoir un
faible pour la chair humaine. C'est un gros poisson serpentiforme qui peut atteindre
jusqu'à trois mètres de long, et peser de deux cents à deux cent cinquante kilogrammes. Il est surtout abondant dans le Bas-Danube et dans divers lacs ou fleuves
de l'Europe centrale ou orientale.

Le glanis, dit Brehm, est un animal aux allures lentes et paresseuses ; il se tient
de préférence dans les endroits vaseux, s'enfonçant parfois même dans la boue. Il

se tient sous les rochers, sous les troncs d'arbres. Il est averti de l'approche de sa proie par le moyen de ses barbillons. Extrêmement vorace, il s'empare des poissons, des grenouilles et même des oiseaux aquatiques. On peut dire, écrit Gesner, que cet animal est vorace, tellement qu'une fois on a trouvé dans l'un deux une tête humaine et une main portant deux anneaux d'or. Il dévore tout ce qu'il peut atteindre, oies, canards, n'épargnant pas même le bétail quand on le mène paître, et le noyant. Ces faits ont été confirmés par plusieurs observateurs, tout exagérés qu'ils paraissent être. D'après Valenciennes, on assure que le silure n'épargne même pas l'espèce humaine. En 1700, le 3 juillet, un paysan en prit un auprès de Thorn, qui avait un enfant entier dans l'estomac. On parle en Hongrie de jeunes filles et d'enfants dévorés en allant puiser de l'eau, et l'on raconte même que, sur les frontières de la Turquie, un pauvre pêcheur en prit un jour un qui avait dans l'estomac le corps d'une femme, sa bourse pleine d'or et ses anneaux. Heckel et Kner rapportent également qu'on trouva dans l'estomac d'un glanis, capturé à Presbourg, les restes d'un jeune garçon; dans celui d'un autre, un caniche; dans celui d'un troisième, une oie que l'animal avait noyée avant de la dévorer.

Les habitants du Danube et de ses affluents, écrivent les ichthyologistes dont nous venons de citer les noms, redoutent le silure. D'après Gmelin, le silure secoue avec sa queue, lors des inondations, les arbustes sur lesquels se sont réfugiés les animaux terrestres, de manière à les faire tomber et à s'en emparer. La femelle pond environ dix-sept mille œufs, qui heureusement n'arrivent pas tous à leur complet développement. C'est le mâle qui veille sur sa progéniture.

* * *

Mais les plus dangereux de tous les poissons sont certainement les requins, dont la voracité est toujours inassouvie. Dans les mers chaudes, ils constituent un véritable fléau, au point que les indigènes ne peuvent se baigner sur la plage sans être saisis par l'un d'eux et dévorés. Ils ont la coutume de suivre les navires pour récolter tout ce qui en est jeté, aussi bien les objets comestibles que les autres. Mais malheur au matelot qui viendrait à tomber à la mer. Si bon nageur qu'il soit, il serait saisi par un requin, puis dévoré en un clin d'œil.

Lacépède a laissé une peinture pittoresque des mœurs des requins :

Ce sont les plus grands animaux que le requin recherche avec ardeur ; et, par une suite de la perfection de son odorat, ainsi que de la préférence qu'elle lui donne pour les substances dont l'odeur est la plus exaltée, il est surtout très empressé de courir partout où l'attirent des corps morts de poissons ou de quadrupèdes, et des cadavres humains.

Il s'attache, par exemple, aux vaisseaux négriers, qui, malgré la lumière de la philosophie, la voix du véritable intérêt et le cri plaintif de l'humanité outragée, partent encore des côtes de la malheureuse Afrique. Digne compagnon de tant de cruels conducteurs de ces funestes embarcations, il les escorte avec constance, il les suit avec acharnement jusque dans les ports des colonies américaines, et, se montrant sans cesse autour des bâtiments, s'agitant à la surface de l'eau, et pour ainsi dire sa gueule toujours ouverte, il y attend, pour les engloutir, les cadavres des noirs qui succombent sous le poids de l'esclavage ou aux fatigues d'une dure traversée. On a vu de ces cadavres de noirs pendus au bout d'une vergue élevée de six mètres, vingt pieds au-dessus de l'eau de mer, et un requin s'élancer à plusieurs reprises vers cette dépouille et y atteindre enfin, et la dépecer sans crainte, membre par membre.

Quelle énergie dans les muscles de la queue et de la partie postérieure du corps ne doit-on pas supposer, pour qu'un animal aussi gros et aussi pesant puisse s'élever comme une flèche à une aussi grande hauteur ? Comment être surpris maintenant des autres traits de l'histoire de la voracité des requins ? Et tous les navigateurs ne savent-ils pas quel danger court un passager qui tombe à la mer auprès des endroits les plus infestés par ces animaux ? S'il s'efforce de se sauver à la nage, bientôt il se sent saisi par un de ces squales, qui l'entraîne au fond des ondes.

Si l'on parvient à jeter jusqu'à lui une corde secourable et à l'élever au-dessus des flots, le requin s'élance et se retourne avec tant de promptitude, que malgré la position de l'ouverture de sa bouche au-dessous du museau, il arrête le malheureux qui se croyait près de lui échapper, le déchire en lambeaux, et le dévore aux yeux de ses compagnons effrayés. Oh ! quels périls environnent donc la vie de l'homme, et sur la terre et sur les ondes ! et pourquoi faut-il que ses passions aveugles ajoutent à chaque instant à ceux qui le menacent !

On a vu quelquefois, cependant, des marins surpris par le requin au milieu de l'eau profiter, pour s'échapper, des effets de cette situation de la bouche de ce squale dans la partie inférieure de sa tête, et de la nécessité de se retourner, à laquelle cet animal est condamné par cette conformation, lorsqu'il veut saisir les objets qui ne sont pas placés au-dessous de lui.

C'est par une suite de cette même nécessité que, lorsque les requins s'attaquent mutuellement (car comment des êtres aussi atroces, comment les tigres de la mer pourraient-ils conserver la paix entre eux ?), ils élèvent au-dessus de l'eau et leur tête et la partie antérieure de leur corps ; et c'est alors que, faisant briller leurs yeux sanguinolents et enflammés de colère, ils se portent des coups si terribles que, suivant plusieurs voyageurs, la surface des ondes en retentit au loin.

Les récits de voyageurs concernant le requin abondent. En voici un, dû à Heuglin, qui raconte que le pilote du navire avait été chercher un oiseau tué tombé à la mer, et que, revenant avec la barque, il était suivi de très près par un requin :

Raschid, le pilote, était mort de frayeur, et par signe me montrait la bête ; puis un second et un troisième requin apparurent rapides comme des flèches. A l'unanimité, nous résolûmes de nous débarrasser de ces « hyènes de mer ». Un croc long d'environ trente centimètres fut solidement fixé à une chaîne de fer et amorcé avec un poisson à demi fumé. L'appât n'était pas descendu d'une demi-brasse dans l'eau que le plus petit des requins nagea vers lui en ligne droite et se jeta dessus. Le matelot qui tenait le câble tira trop vite, de sorte que le squale lâcha prise ; mais ce fut pour mordre à nouveau et mieux cette fois. Le câble fut alors remonté autour d'un cylindre, et à grand renfort de bras, le requin fut hissé par-dessus bord, et à son arrivée dans le bateau accueilli à coups de bâtons, de haches et de harpons. On mit un nouvel appât à l'hameçon ; cinq minutes ne s'étaient pas écoulées que l'on capturait un second squale. Cependant le plus gros requin n'était plus visible, bien que nous fussions convaincus qu'il n'était pas bien loin de nous ; nous le revîmes quelque temps après, et c'est en vain que nous lui offrîmes un morceau de mouton. Il nageait tranquillement près de nous sans paraître se soucier de l'appât qui lui était offert.

On descendit l'appât à une plus grande profondeur ; le requin s'approcha avec défiance et se fit capturer. Nous n'osions nous hasarder à le prendre vivant dans l'embarcation, car il était réellement effrayant. Pendant qu'il se balançait entre ciel et terre, nous lui envoyâmes deux balles dans le crâne ; on l'acheva à coups de gaffe et on put alors le hisser sur le pont. Le monstre mesurait près de trois mètres, et les gens de l'équipage estimaient son poids à au moins deux cents kilogrammes.

Comme les animaux capturés n'étaient pas encore morts et se débattaient sur le pont, au point d'ébranler les parois de l'embarcation, les matelots leur jetèrent dans la gueule quelques cuviers d'eau douce, prétendant que ce moyen tuerait infailliblement les squales ; il est vrai de dire qu'ils accompagnaient ce moyen de violents coups de bâton et de crocs sur le crâne, ce qui certainement fut la cause de la mort. On dépeça alors les animaux. Le foie, long de près de un mètre, fut enveloppé dans l'estomac même du monstre, car il fournit une huile excellente pour le calfatage des barques. On coupa les nageoires pectorales, caudales et dorsales pour les vendre à Massoua, d'où on les expédie aux Indes. Ces nageoires servent comme cuir pour repasser les objets en métal et leur donner du poli. Le corps fut jeté à la mer, car on ne mange pas la chair des grands requins.

Les requins, avec leur corps élancé, sont admirablement taillés pour la natation. Les organes des sens sont chez eux très développés, ainsi que leurs facultés mentales.

* * *

Citons enfin comme poisson dangereux, au moins accidentellement, l'espadon, dont la tête se prolonge en avant par un long sabre pointu, dont il se sert parfois pour transpercer les baigneurs imprudents et même les barques trop frêles. Il n'est pas rare de trouver dans la paroi des navires le bec brisé d'un espadon. Sa chair n'en est pas moins estimée. Sa pêche, sur laquelle M. V. Meunier donne les renseignements qui suivent, occupe encore aujourd'hui de nombreux pêcheurs, bien qu'elle soit moins pratiquée qu'autrefois.

Un des procédés en usage chez les Grecs consistait à se servir de barques taillées d'après la forme de l'espadon, pourvues d'une pointe avancée qui représentait sa mâchoire, et peinte des couleurs foncées qui lui sont propres. L'espadon s'en approchait sans défiance, croyant voir des poissons de son espèce ; les pêcheurs profitaient de son erreur, le perçaient avec des dards. Quoique surpris, l'animal se défendait vigoureusement, frappait de son épée les bordages des barques trompeuses, et souvent les mettait en danger. Les pêcheurs saisissaient le moment de cette attaque pour essayer de lui fendre la tête et de lui couper la mâchoire supérieure. Après avoir triomphé de sa résistance, ils l'attachaient à l'arrière de la barque et l'amenaient à terre. Oppien compare à une ruse de guerre cette manière de prendre l'espadon en le trompant par la forme des barques.

Cette ruse fut également mise en usage par les Romains. La pêche de l'espadon était alors une des plus importantes qui se fissent sur les côt s de la mer Tyrrhénienne et sur celles de la Gaule narbonnaise. On le prenait aussi, mais ccidentellement, dans la madrague, où il s'engageait imprudemment, emporté par son ardeur à poursuivre les thons et d'autres scombres. « Quoiqu'il puisse rompre les filets, dit Oppien, il recule, il soupçonne quelque piège. Sa timidité le conseille mal ; il finit par rester prisonnier dans l'enceinte et par devenir la proie des pêcheurs, qui, réunissant leurs efforts, l'amènent sur le rivage, où il trouve une mort certaine. »

Les choses ne se passaient cependant pas toujours ainsi, et trop souvent au gré des pêcheurs, l'espadon, déchirant les parois de la *chambre de mort*, rendait la liberté aux poissons tombés avec lui dans le piège.

La pêche de l'espadon se fait dans le détroit de Messine, à la lance pour les gros et au filet pour les petits. Ce filet, long de trente mètres, large de trois, à mailles serrées, faites de fortes ficelles, se nomme *palimadara*. Elle commence vers la mi-avril et se fait jusqu'à la fin de juin, le long des rivages de la Calabre, que suit alors le poisson entré dans le détroit par le Phare. Passé cette époque, la pêche se fait jusqu'au milieu de septembre, où elle prend fin, sur la rive opposée, sur les côtes de la Sicile, que longe alors l'espadon entré par la bouche du sud. Quel motif l'attire ainsi alternativement d'un côté à l'autre? Est-ce le même poisson qui passe et repasse? Spallanzani, à qui nous empruntons les détails qui vont suivre, pose ces questions sans les résoudre ; elles restent pendantes. La seule chose certaine, c'est que l'espadon ne côtoie la Sicile que quand il fraye ; on voit alors les mâles courir après les femelles. L'occasion est belle pour les prendre, car une fois que la femelle est tuée, les mâles ne s'en éloignent point et se laissent facilement approcher.

Il paraît d'ailleurs certain qu'ils se propagent dans la mer de Sicile et de Gênes, car depuis novembre jusqu'aux premiers jours de mars, on en prend chaque année dans le détroit de Messine, du poids d'une demi-livre jusqu'à douze livres.

Ce sont les jeunes qu'on pêche avec la palimadara. Entre deux bâtiments à grandes voiles latines, le filet descend jusqu'au fond de la mer. Les balancelles voguent à pleines voiles. Dans ses mailles étroites, le filet prend tout ce qui se trouve sur son passage. L'illustre observateur qu'on vient de citer s'élève avec raison contre cette méthode barbare.

J'assistai plusieurs fois à cette pêche, écrit-il, et je ne puis dire combien de petits poissons en étaient les victimes ; n'étant bons à rien, on les rejetait à la mer, mais tout mutilés et déjà morts par le froissement qu'ils avaient éprouvé dans les mailles du filet.

J'écrivis contre cette manie destructive, et je représentai avec force tout le dommage qui en résultait. On me répondit, à la vérité, qu'il existait une loi à Gênes qui prohibait l'usage, ou pour mieux dire l'abus des balancelles ; mais cela n'empêche pas qu'il ne sorte chaque année du golfe de la Spezzia trois ou quatre paires de ces bâtiments, qui, gagnant la haute mer, vont se livrer à cette pêche. Il y a plus ; le gouverneur du lieu, qui devrait surveiller l'exécution de la loi, est le premier à favoriser, moyennant une somme d'argent, l'abus qu'elle proscrit.

La pêche à la lance, outre qu'elle est tout à fait avouable, offre plus d'intérêt. La barque qu'on y emploie est longue de six mètres, large de six mètres soixante-six centimètres, haute de un mètre trente-trois centimètres, et plus large à la poupe qu'à la proue. Au milieu est planté un mât haut de cinq mètres soixante-six cen-timètres, surmonté d'un plancher de forme circulaire, et muni de marches pour faciliter l'accès de cette plateforme. C'est là que se place la vigie, dont l'office est de suivre l'espadon dans ses tours et détours, et de l'indiquer de la main ou de la voix aux rameurs, que le poisson semble défier à la course. Le même mât est tra-versé près de sa base par une pièce de bois qui coupe la barque à angle droit dans toute sa largeur, et en dépasse les bords. A chacune de ses extrémités est attachée une rame qu'un homme fait agir, et à un certain moment la vigie elle-même, des-cendant de son poste, se place sur le milieu, et d'une main tenant la rame droite, de l'autre la gauche, en règle le mouvement et fait office de timonier. D'autres rameurs sont au milieu de la barque ; d'autres encore, armés de rames plus petites, sont attachés à la poupe. A l'avant se tient debout l'homme dont le rôle est de frapper. Sa lance, qui a quatre mètres de long, est faite d'un bois de charme qui plie difficilement, terminée par un fer long de dix-huit centimètres environ, et munie latéralement des deux autres fers appelés *oreilles*, comme le premier aigus et tranchants, mais mobiles, et qui, se séparant de celui-ci, rendent la blessure plus large. Le fer principal lui-même, quand le coup a porté, se détache du bois et reste plongé dans la plaie. Il est attaché à une corde grosse comme le petit doigt et longue de deux cents mètres.

Ce n'est pas tout. Il est nécessaire encore d'avoir deux vigies sur la côte. Sur celles de Calabre, les vigies s'établissent parmi les rochers et les écueils. Ceux-ci manquant sur le rivage opposé, les hommes se tiennent sur un échafaudage établi tout exprès, et dont la hauteur est de vingt-sept mètres.

Tout étant disposé, voici, dit Spallanzani, l'ordre de la pêche. Lorsque les deux explorateurs perchés sur la cime des rochers ou des mâts jugent de loin l'approche d'un espadon au changement de la couleur de l'eau, sous la surface de laquelle ce poisson nage, ils le signalent de la main aux pêcheurs, qui accourent avec leurs barques, et ils ne cessent de crier et de faire des signes que lorsque l'autre explorateur, monté sur le mât, l'a découvert et le suit des yeux. A la vue de celui-ci, la barque vogue tantôt à droite, tantôt à gauche ; tandis que le lancier, debout sur la proue, l'arme en main, cherche à le tenir sous le coup. Quand le poisson est à la portée de la lance, l'explorateur descend de son mât, se met au milieu des deux rames, les dirige selon les signes que lui fait le lancier. Celui-ci, saisissant le moment favorable, frappe sa proie souvent à la distance de dix pieds. Aussitôt après le coup, il lui lâche la corde qu'il tient en main pour lui donner *calme*, dit-il, tandis que la barque, voguant à toutes rames, suit le poisson blessé jusqu'à ce qu'il ait perdu ses forces. Alors il monte à la surface de l'eau ; les pêcheurs s'en approchent, le tirent à eux avec un crochet de fer et le transportent sur le rivage. Quelquefois il arrive que l'espadon, furieux de sa blessure, s'élance contre la barque et la perce de son épée ; aussi les pêcheurs se tiennent-ils sur leurs gardes au moment de l'abordage, surtout si l'animal est d'une grandeur considérable et paraît conserver de la vie. Quelquefois il se sauve de leur poursuite, soit que le coup n'ait pas pénétré assez profondément, soit que la corde vienne à se rompre en laissant le fer dans la blessure. Si elle n'est que légère, il en guérit promptement, plusieurs ayant été pris couverts de cicatrices ; si elle est profonde, il meurt infailliblement et devient la proie des autres poissons ou du premier occupant.

Il y a encore nombre d'autres poissons dangereux, notamment ceux dont la chair est toxique par elle-même ou par les microbes qui s'y développent rapidement ; mais leur étude nous entraînerait trop loin.

*
* *

D'autres poissons ont un moyen de défense encore plus singulier que ceux que nous venons de citer : ils fabriquent de l'électricité et foudroient leurs ennemis.

Sur nos côtes de l'Océan, surtout dans la Méditerranée, il n'est pas rare de rencontrer un poisson assez semblable par sa forme à une raie, et auquel on a donné le nom de torpille. Il se tient au fond de l'eau, plaqué sur le sol. Son corps, plat et arrondi, se prolonge en arrière en une queue charnue portant des nageoires.

Lorsqu'on saisit dans l'eau avec la main une torpille vivante, on éprouve immédiatement une commotion douloureuse, analogue à celle produite par une machine électrique, ce qui s'explique par ce fait que la commotion est due à une véritable décharge électrique. Le ventre et le dos de la torpille sont chargés d'électricité de noms contraires ; la main établit une communication entre les deux surfaces, et c'est à son intérieur qu'a lieu la reconstitution de l'électricité neutre.

Dans le corps de l'animal, sous la peau du dos, on trouve deux grosses masses en forme de croissant, situées à droite et à gauche ; ce sont les *organes électriques*. A leur surface, ces masses portent un dessin très régulier de petits polygones, serrés les uns contre les autres, figurant une sorte de marqueterie. Chaque polygone correspond à la partie supérieure d'une des colonnettes, dont l'ensemble constitue l'organe électrique. Chacune de ces colonnettes, prise en particulier, est composée de nombreuses lamelles électrogènes, alternant avec des lamelles gélatineuses. On le voit, l'appareil ainsi constitué peut être comparé à la pile de Volta, la lame électrique représentant le couple de cuivre et zinc, et la lame gélatineuse la rondelle de drap humide interposée entre les couples. On a calculé que les organes électriques de la torpille étaient composés chacun de deux millions trois cent mille piles semblables. De plus, ils reçoivent de nombreux nerfs qui activent plus ou moins, selon les nécessités, la production de l'électricité. Si l'on réunit par un fil métallique les deux extrémités d'une de ces colonnettes, on peut y constater la présence d'un courant électrique ; vient-on, par exemple, à couper le fil, on obtient une étincelle électrique petite, mais très nette.

A l'aide d'instruments spéciaux de son invention, M. d'Arsonval est arrivé à faire inscrire par la torpille elle-même tous les phénomènes qui accompagnent sa décharge électrique.

L'intensité du courant que l'animal émet *volontairement* est, d'après ces expériences beaucoup plus grande qu'on ne pouvait le penser. Une raie-torpille de taille moyenne (trente centimètres de diamètre) donne un courant variant entre deux et dix ampères, avec une force électro-motrice de quinze à vingt volts.

M. d'Arsonval met en évidence cette production d'électricité d'une manière frappante. Une lampe électrique à incandescence de dix bougies environ est mise en rapport métallique avec l'organe électrique de la torpille. Si l'on vient alors à irriter la bête en lui pinçant légèrement la peau, elle envoie sa décharge, et la lampe aussitôt brille d'un vif éclat. M. d'Arsonval a montré à l'Académie une lampe qui a été brûlée par la décharge d'une torpille un peu trop vigoureusement excitée. Ce même courant, actionnant une bobine de Ruhmkorf, illumine très vivement des tubes de Geissler, ces tubes de colorations diverses, bien connus des « potaches ». Enfin, mis en rapport avec une amorce électrique, il fait détoner des cartouches de dynamite, etc. Ces expériences ne laissent aucun doute sur la nature électrique de la décharge de la torpille, et sur sa grande intensité.

En poursuivant cette analyse, M. d'Arsonval a montré que l'organe électrique se comporte, au point de vue physiologique, comme un muscle transformé qui donne de l'énergie électrique au lieu de donner de l'énergie mécanique. Ainsi la décharge est discontinue et se compose d'une série de décharges partielles (quinze à vingt) se succédant à un centième de seconde environ, et étant toutes de même sens, de façon que le dos de la torpille constitue le pôle positif, et le ventre, le pôle négatif de ce nouveau générateur d'électricité. La courbe qui représente la production d'électricité est tout à fait semblable à la courbe de contraction d'un muscle. Enfin, lors de la décharge, l'organe électrique rend un son comme le fait un muscle en contraction qu'on ausculte. L'organe s'échauffe pendant la décharge comme le fait un muscle, mais seulement si le courant est fermé sur lui-même. Le mécanisme de la production d'électricité est le même que le mécanisme de la contraction musculaire, si bien mis en lumière par M. d'Arsonval. Dans l'un et dans l'autre cas, la production du phénomène est due aux variations de la tension superficielle, comme cela a lieu dans l'électromètre capillaire de M. Lippmann. Depuis dix-huit ans, M. d'Arsonval avait donné la théorie scientifique de cette production d'électricité. Les expériences qu'il vient de rapporter la confirment définitivement.

Évidemment, leur appareil électrique est pour les torpilles un organe de défense. Un ennemi, en effet, s'avise-t-il de saisir un de ces poissons, la commotion électrique qu'il éprouve ne tarde pas à lui faire lâcher prise. C'est aussi un appareil d'attaque, car le poisson lui-même, grâce aux nerfs qui se rendent à l'organe, a le pouvoir de produire une décharge électrique, ce qui foudroie tous les petits animaux qui se trouvent autour de lui ; la décharge est même assez forte pour tuer un animal gros comme un canard. Il y a bien longtemps que l'on connaît cette propriété si curieuse de la torpille ; Aristote en parle dans ses écrits. On raconte même que, du temps de Tibère, un homme du nom de Anthero utilisa les chocs de la torpille pour se guérir de la goutte.

*
* *

La torpille est un des animaux électriques les plus remarquables ; mais ce n'est point le seul. Dans le Nil et dans plusieurs fleuves de l'Afrique on en rencontre un autre, le malaptérure. Celui-ci n'a pas la forme de la torpille. Son corps est allongé et se rapproche de la forme élancée des poissons. Sa tête est pourvue de nombreux barbillons. Les organes sont placés le long du tronc et au-dessous de la peau. Leurs décharges sont également assez fortes, mais beaucoup moins que celles de la torpille. Les Arabes connaissent bien ce poisson, auxquels ils donnent le nom de *Raad*, ce qui signifie tonnerre.

*
* *

Citons encore un poisson des plus remarquables pour la grosseur de ses organes électriques, le gymnote (*fig.* 91). Chez ce poisson, en effet, les organes électriques forment les deux tiers de l'épaisseur du corps. Les gymnotes vivent, comme les malaptérures, dans les eaux douces. On les rencontre dans l'Amérique tropicale. Ils ont la forme d'une grosse anguille, et leur taille peut atteindre jusqu'à deux mètres de long. Les décharges électriques que le gymnote est capable de donner sont extrêmement fortes. De nombreux récits de voyageurs le prouvent. Bayon raconte qu'ayant saisi un gymnote par le bout de la queue, il reçut un choc tellement fort qu'il fut renversé sur le sol et qu'il resta engourdi pendant quelque temps.

L'électricité du gymnote se communique à l'eau, et l'on peut ressentir un choc en plongeant simplement la main dans un vase où l'on a placé un de ces animaux. Alexandre de Humboldt, dans son *Voyage dans les régions équinoxiales du nouveau continent*, dit ne pas se souvenir d'avoir reçu, par la décharge d'une grande bouteille de Leyde, une commotion aussi effrayante que celle qu'il a ressentie en plaçant imprudemment les deux pieds nus sur un gymnote que l'on venait de retirer de l'eau. Il fut affecté tout le reste du jour d'une vive douleur dans le genou et dans presque toutes les jointures.

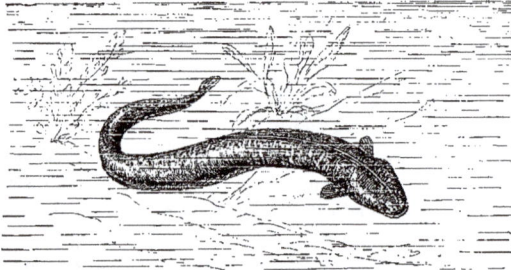

Fig. 91. — Le gymnote.

Un animal qui n'a rien d'effrayant, mais qui sait cependant envoyer au moment voulu une décharge électrique suffisante pour paralyser les plus solides.

Le même auteur raconte aussi que les Indiens chassent les gymnotes à l'aide de chevaux :

Nous eûmes, dit-il, de la peine à nous faire une idée de cette pêche extraordinaire ; mais bientôt nous vîmes nos guides revenir de la savane, où ils avaient fait une battue de chevaux et de mulets non domptés. Ils en amenèrent une trentaine qu'on força d'entrer dans la mare. Le bruit extraordinaire causé par le piétinement des chevaux fait sortir les poissons de la vase et les excite au combat. Les anguilles jaunâtres et livides, semblables à de grands serpents aquatiques, nagent à la surface de l'eau et se pressent sous le ventre des chevaux et des mulets. Une lutte entre ces animaux d'une organisation si différente offre le spectacle le plus pittoresque. Les Indiens, munis de harpons et de roseaux longs et minces, ceignent étroitement la mare ; quelques-uns d'entre eux montent sur les arbres, dont les branches s'étendent horizontalement au-dessus de la surface de l'eau. Par leurs cris sauvages et la longueur de leurs joncs, ils empêchent les chevaux de se sauver en atteignant la rive du bassin. Les anguilles, étourdies du bruit, se défendent par la décharge réitérée de leur batterie électrique. Pendant longtemps elles ont l'air de remporter la victoire. Plusieurs chevaux succombent à la violence des coups invisibles qu'ils reçoivent de toutes parts. Étourdis par la force et par la fréquence des commotions, ils disparaissent sous l'eau. D'autres, haletants, la crinière hérissée, les yeux hagards, exprimant l'angoisse, se relèvent et cherchent à fuir l'orage qui les surprend. Ils sont repoussés par les Indiens au milieu de l'eau ; cependant un petit nombre parvient à tromper l'active vigilance des pêcheurs. On les voit gagner la rive, broncher à chaque pas, s'étendre sur le sable, excédés de fatigue et les membres engourdis par les commotions électriques des gymnotes. En moins de cinq minutes, deux chevaux étaient noyés. Peu à peu, l'impétuosité de ce combat inégal diminue ; les gymnotes, fatigués, se dispersent. Les mulets et les chevaux parurent moins effrayés... Les gymnotes s'approchaient timidement du bord du marais, où on les prit au moyen de petits harpons attachés à de longues cordes.

Lorsque les cordes sont bien sèches, les Indiens, en soulevant le poisson dans l'air, ne ressentent pas de commotion. En peu de minutes nous eûmes cinq grandes anguilles, dont la plupart n'étaient que légèrement blessées.

Si l'on ajoute aux trois poissons que nous venons de décrire les mormyres, on aura la liste des animaux chez lesquels il est facile de constater une production abondante d'électricité. Cependant il paraît que la raie, ainsi que certains insectes, sont susceptibles de donner de l'électricité ; mais cela demande encore confirmation.

* * *

Pour se procurer de la nourriture, les poissons usent parfois de curieux stratagèmes. Le toxote (*fig.* 92) est un poisson des rivières de la Malaisie ; on le désigne aussi sous le nom bien significatif d'archer ou de poisson-cracheur. Il fait sa nourriture d'insectes ailés, lui un être aquatique. Quand il aperçoit sur les nombreuses plantes qui garnissent le bord de la rivière un insecte se reposant un instant, il s'avance le plus près possible de sa victime, s'emplit la bouche d'eau et ferme les ouïes. Aussitôt, il fait émerger le bout de son museau à l'air et, contractant ses mâchoires, il envoie sur l'insecte un long filet

Fig. 92. — Le toxote.
Ce « poisson-cracheur » a inventé la chasse à tir et s'y livre avec un succès qu'envieraient nos nemrods.

d'eau, une vraie douche qui, en retombant, entraîne la bestiole dans la rivière, où elle ne tarde pas à être dévorée. Ce qu'il y a de tout à fait remarquable dans cet acte, c'est la justesse de tir du poisson, qui manque très rarement son coup. A Java et dans les pays limitrophes, on conserve précieusement le toxote dans les aquariums, et l'on s'amuse à lui donner à distance des mouches sur lesquelles il darde sa douche aquatique, à la grande joie des spectateurs.

Tout aussi malin est la baudroie qui se cache dans la vase et ne laisse émerger qu'une sorte de petit drapeau inséré sur son nez par l'intermédiaire d'un long filament. Les petits poissons du voisinage accourent vers ce drapeau, croyant avoir affaire à une proie facile. Quand ils sont bien rassemblés, se disputant d'avance ce bon morceau, la baudroie ouvre sa large bouche et les engloutit.

.*.

Bien bizarre aussi, mais à un autre point de vue, est le chromis, bien surnommé « père de famille » (*fig.* 93).

Les œufs du chromis, dit Lortet, sont gros comme du plomb de chasse numéro 4 et

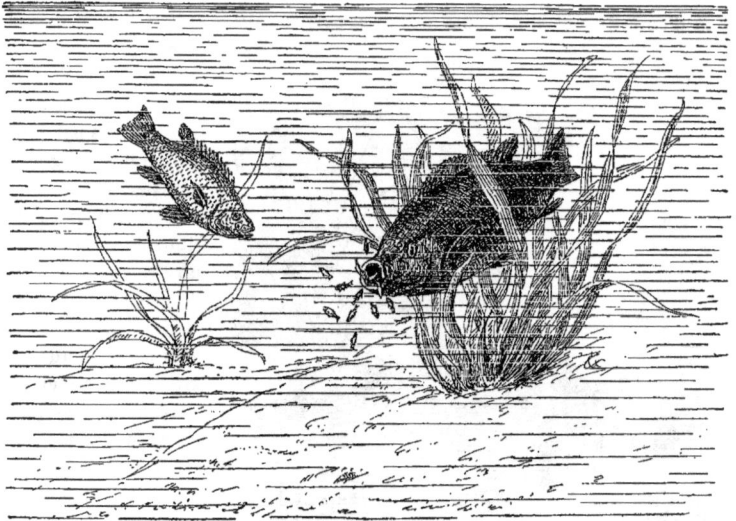

Fig. 93. — Le chromis.
Un père de famille qui garde ses petits dans sa bouche !

d'un beau vert foncé. J'ai vu plusieurs fois la femelle en pondre une quantité considérable, deux cents environ, entre les joncs et les roseaux, dans une petite excavation qu'elle creuse en se frottant dans la vase. Lorsque la femelle a terminé sa ponte, elle paraît épuisée et reste immobile à une petite distance. Le mâle, au contraire, semble très agité, tourne autour des œufs, nage sans cesse au-dessus. Quelques minutes plus tard, il avale les œufs les uns après les autres, et les garde dans l'intérieur de la cavité buccale, contre ses joues qui se gonflent d'une manière étrange. Quelques-uns passent cependant au milieu des branchies. Ces œufs, quoiqu'ils ne soient maintenus par aucune membrane, ni par une matière gommeuse ou glaireuse quelconque, tiennent cependant très bien dans la bouche. L'animal ne les lâche jamais lorsqu'il est dans l'intérieur de l'eau. Ce n'est que lorsqu'on jette le poisson sur le sable, que les œufs tombent au dehors, à la suite des efforts provoqués par l'agonie ; il en reste toujours néanmoins une grande quantité dans la bouche. Dans cette cavité incubatrice d'un nouveau genre, les œufs subissent en quelques jours toutes leurs métamorphoses. Les petits prennent rapidement un volume considérable et paraissent bien gênés dans leur étroite prison. Ils restent en grand nombre pressés les uns contre les autres comme les grains d'une grenade mûre. La bouche du père nourricier est alors tellement distendue par la présence de cette progéniture, que les mâchoires ne peuvent absolument plus se rapprocher. Les joues sont gonflées et l'animal présente un aspect des plus étranges. Quelques jeunes, arrivés à l'état parfait, continuent à vivre et à se développer au milieu des feuillets branchiaux ; les autres ont tous la tête dirigée vers l'ouverture buccale du père et ne quittent cette cavité protectrice que lorsqu'ils sont longs de dix millimètres et sont alors assez forts et assez agiles pour échapper facilement à leurs nombreux ennemis. Je ne puis comprendre comment le mâle, qui porte ainsi plusieurs semaines plus de deux cents petits, peut se nourrir sans avaler avec sa proie, un grand nombre d'alevins.

Pour terminer ce chapitre, il nous faudrait parler des poissons qui font des nids — l'épinoche par exemple — mais leur étude se trouve déjà exposée tout au long dans notre ouvrage sur *Les Arts et Méliers chez les animaux*. Au chapitre XVII nous aurons d'ailleurs l'occasion de parler de l'épinoche au sujet de ses changements de couleur.

CHAPITRE XII

Les électriciens.

L'action de l'électricité sur les animaux est encore mal connue. Cette étude, surtout en ce qui concerne les êtres inférieurs, conduirait sans doute à des résultats

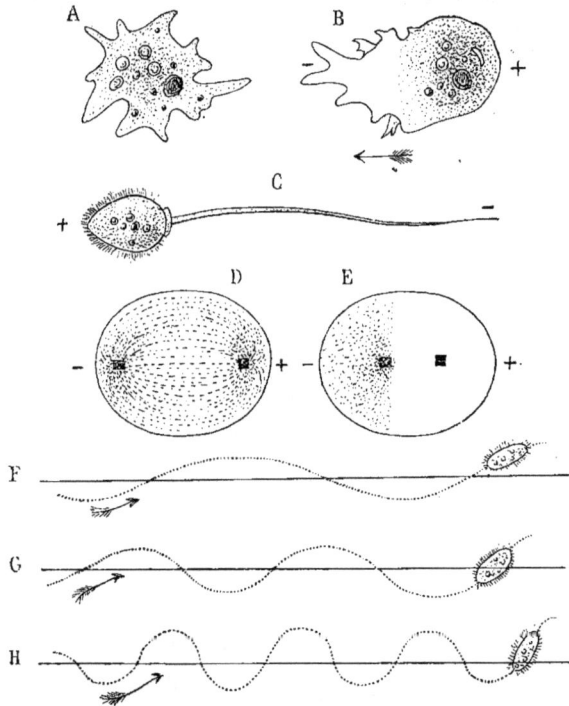

Fig. 94. — Amibes électrisées.
A. Amibe au repos. B. Amibe électrisée.
C. Trachélomonade.
D, E. Comment se disposent les paramécies sous l'influence de l'électricité.
F, G, H. Paramécies se déplaçant de diverses façons sous l'action d'un courant électrique.

intéressants. Dans le but de favoriser de telles recherches — qui ne présentent pas de difficultés très grandes — nous allons résumer brièvement l'état de nos connaissances sur ce point.

Plaçons, entre lame et lamelle, sous le microscope, une de ces amibes (*fig.* 94, A) qui sont si fréquentes dans les mares et laissons-la au repos. Nous la voyons s'épanouir en une masse gélatineuse dont tout le pourtour se garnit de *pseudopodes* irréguliers avec lesquels l'amibe rampe à la surface du support. Faisons maintenant passer un courant électrique dans l'eau où elle se déplace. Si le courant est trop fort, tous les pseudopodes se contractent. Mais, si le courant est faible, les pseudopodes du côté du pôle positif seuls rentrent dans la masse, tandis que ceux tournés du côté du pôle négatif continuent à ramper. De ce fait, l'amibe se déplace du pôle positif au pôle négatif (*fig.* 94, B) : on peut donc dire qu'elle est *négativement électrotactique.*

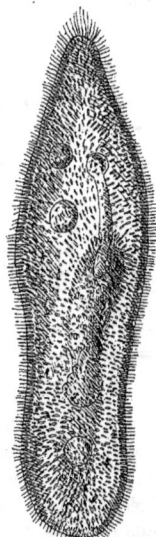

Examinons de même une trachélomonade (*fig.* 94, C) ; elle se présente sous la forme d'une masse ovoïde, un peu hérissée à la surface et munie d'un long flagellum effilé et toujours en mouvement : grâce à celui-ci, l'infusoire se déplace dans tous les sens. Si, maintenant, nous venons à faire passer un courant, nous verrons la trachélomonade tourner lentement sur elle-même de manière à placer son flagellum dans la direction du courant, la tête tournée du côté de l'anode et se déplacer de l'anode vers la cathode : elle aussi, elle est douée d'un électrotactisme négatif. Des faits analogues ont été constatés avec nombre d'autres infusoires. Ceux-ci finissent toujours par venir s'accumuler tout près du pôle négatif. La rapidité avec laquelle se fait cette agglomération dépend de la force du courant : il y a d'ailleurs un minimum, un optimum et un maximum. Si le courant est trop faible, les infusoires ne réagissent pas ; s'il est trop fort, les infusoires sont en quelque sorte paralysés et ne peuvent se déplacer.

Les expériences réussissent très bien avec les infusoires du genre *paramecium* (*fig.* 95) : si l'on en met plusieurs sous la lamelle, aussitôt que le courant passe, on les voit se disposer en lignes plus ou moins arrondies qui réunissent les deux pôles : sous cette forme, la position des bactéries est tout

Fig. 95. — Paramécie. Cet être microscopique est couvert de myriades de cils vibratiles qui lui permettent de se déplacer.

à fait semblable à celle des grains de limaille dans l'expérience classique du spectre magnétique (*fig.* 94, D). Puis, peu à peu, cet ordre disparaît et les paramécies (*fig.* 94, E) vont s'accumuler au pôle négatif. On remarque aussi un autre fait. Quand la paramécie n'est soumise à aucun courant, elle se déplace non en ligne droite, mais en décrivant de larges sinuosités (*fig.* 94, F). Si l'on fait passer un courant faible, ces sinuosités deviennent plus manifestes (*fig.* 94, G). Enfin, si le courant est très fort, la paramécie décrit des sinuosités encore plus marquées (*fig.* 94, H).

Tous ces mouvements peuvent s'expliquer par le mouvement des cils vibratiles qui garnissent le corps de la paramécie.

Les organismes dont nous venons de parler sont tous négativement électrotactiques. Il en est aussi qui le sont positivement, c'est-à-dire qui vont du pôle négatif au pôle positif. Cet électrotactisme positif se rencontre par exemple chez le *polytoma uvella*, la *cryptomonas ovata*, la *chilomonas paramecium*.

Enfin, certains organismes se placent dans une position transversale par rapport à la direction du courant : cela peut s'appeler un *électrotactisme transversal* ; il se manifeste chez un infusoire cilié, le *spirostromum ambiguum*.

La plupart des organismes inférieurs sont donc sensibles au courant électrique et modifient leur locomotion en conséquence. En est-il de même des organismes plus élevés en organisation ? Un grand nombre d'expériences ont été faites dans ce but et ont donné quelques résultats. Le tableau ci-dessous en indique les principaux ; les signes + ou — indiquent le pôle vers lequel l'animal se dirige.

NOM DE L'ANIMAL	Électrotactisme	NOM DE L'ANIMAL	Électrotactisme
Mollusques :		Crustacés :	
Lymnæa stagnalis	—	*Cyclops*.	+
Gastéropode indéterminé	—	*Asellus aquaticus*	+
		Astacus fluviatilis	+
Vers :		Insectes :	
Lumbricus.	—	*Notonecta*.	+
Tubifex rivulorum.	—	*Lorixa striata*.	+
Hirudo medicinalis.	—	*Dytiscus marginalis*	+
Branchiobdella parasitica. . . .	—	*Hydrophilus piceus*	—

Ces résultats auraient besoin d'être étendus à d'autres espèces. Néanmoins, ils montrent ce fait curieux qu'en général, les mollusques et les vers sont négativement électrotactiques, tandis que les crustacés et les insectes le sont positivement, du moins autant qu'il est permis de généraliser après un si petit nombre d'exemples.

Quelques expériences ont été aussi effectuées avec des vertébrés, des poissons ou des larves de grenouilles. On les plaçait dans une cuve, remplie d'eau, et dont deux des faces en regard étaient en zinc. C'est à ces faces qu'aboutissaient les fils de la pile. Lorsque l'eau était parcourue par un courant, on notait que les poissons ou les têtards avaient une tendance à diriger leur tête vers l'anode. Mais les résultats des divers auteurs ne s'accordent pas toujours, ce qui fait penser que le sens de l'électrotactisme chez ces animaux dépend beaucoup de l'intensité du courant.

Il reste beaucoup à faire dans cette voie.

CHAPITRE XIII

La vengeance chez les bêtes.

La vengeance, quand elle est légitime, est un trait manifeste de justice, car elle implique chez l'animal la nécessité de châtier un sujet qui ne s'est pas conduit d'une manière correcte. Ce sentiment est très développé chez l'éléphant ; aucun animal n'a la rancune aussi tenace et n'exerce sa vengeance à aussi bon escient. Il existe plusieurs exemples authentiques de telles représailles.

Le capitaine Shippé, ayant donné à un éléphant un sandwich dont le beurre était imprégné de poivre de Cayenne, revint rendre visite à l'animal six semaines après et lui prodigua ses caresses. Tout d'abord l'éléphant le reçut comme un visiteur ordinaire, mais au bout d'un instant, il remplit sa trompe d'eau sale et en arrosa l'officier.

Voici une autre anecdote racontée par Griffiths :

C'était en 1805, au siège de Burtpore. Les vents secs et chauds avaient tari les sources et la concurrence était grande autour d'un vaste puits où il y avait encore de l'eau. Un jour que deux conducteurs se trouvaient auprès du puits avec leurs éléphants, l'une des bêtes, qui était d'une taille et d'une force remarquables, voyant l'autre munie d'un seau que lui avait fourni son maître et qu'elle portait au bout de sa trompe, lui arracha cet ustensile nécessaire. Tandis que les deux gardiens se disaient des sottises, la victime, consciente de son infériorité comme force et comme taille, contint son ressentiment d'une insulte à laquelle elle était évidemment très sensible, mais elle eut bientôt l'occasion de se venger. Choisissant le moment où l'autre présentait le côté au puits, le petit éléphant recula tranquillement de quelques pas avec un air des plus innocents; puis, prenant son élan, il s'en vint donner de la tête contre le flanc de son ennemi et le fit tomber dans le puits.

L'anecdote suivante relative à un éléphant appelé Chuny, a été racontée par le révérend Julius Young :

Un jour un individu, après s'être bêtement amusé à taquiner l'animal en lui offrant de la laitue, légume qui lui était notoirement antipathique, finit par lui donner une pomme et lui enfoncer du même coup une épingle dans la trompe en ayant soin de s'esquiver promptement. Voyant que l'éléphant commençait à se fâcher, et craignant qu'il ne devint dangereux, le gardien pria le mauvais plaisant de s'éloigner, ce qu'il fit en haussant les épaules. Mais après avoir passé une demi-heure à persécuter de plus humbles victimes, à l'autre bout de la galerie, il revint du côté de Chuny, et comme il ne se souvenait plus des tours qu'il lui avait joués, il s'approcha sans méfiance d'une cage qui se trouvait vis-à-vis. A peine avait-il tourné le dos à l'éléphant, que celui-ci, passant sa trompe à travers les barreaux de sa prison, saisit le chapeau du personnage, le déchira et lui en jeta les morceaux à la face avec un bruyant ricanement de satisfaction.

Des faits du même ordre ont été signalés chez le chien par un rédacteur du *Cassel 13 Family Magazine*. Un fermier des environs de Londres avait coutume d'aller chaque matin vendre son lait dans la petite ville la plus rapprochée. Il ne se mettait jamais en route sans être accompagné de son chien qui était chargé du soin de garder la voiture. A première vue, cet animal inspirait peu de sympathie. Il n'était pas d'une race recherchée. C'était un chien très vulgaire d'origine, à qui son maître avait donné le nom de Victor. Il se rendait sans cesse coupable de méfaits sans nombre que n'eût jamais commis un chien de race pure. Lorsqu'un animal moins fort que lui se rencontrait sur son chemin, il ne manquait jamais de l'attaquer et de le mordre jusqu'au sang ; mais il était très circonspect en proportion en présence d'un adversaire capable de lui répondre, et devant un bouledogue ou un terre-neuve, il baissait pavillon. Pendant plusieurs mois, Victor fut la terreur des chiens de petite et moyenne tailles ; mais un jour vint où la coupe des iniquités fut pleine. Une de ces agitations sourdes qui précèdent les résolutions suprêmes se manifesta parmi les représentants de la race canine ; une meute de terriers, de havanais, de loulous, d'épagneuls, de caniches se forma spontanément sur la place publique et au coucher du soleil se dirigea comme un tourbillon vers la résidence du tyran. Le lendemain matin, le laitier trouvait son chien étendu devant la porte de sa ferme. Le malheureux animal, criblé de morsures, avait perdu presque tout son sang et gisait presque inanimé. Ce ne fut qu'à force de soins et après une longue convalescence qu'il put reprendre son service. Les anciennes victimes ne le reconnurent plus. Victor était devenu un autre chien. Il avait profité de la sévère leçon qu'il avait reçue. Au lieu de se précipiter à droite et à gauche sur les carlins inoffensifs et les levrettes timides qu'il rencontrait sur son chemin, il suivait pas à pas la voiture de son maître et n'avait plus d'autres soucis que de défendre le cheval, la carriole et le lait contre les entreprises des voleurs. A bon droit condamné par un jury de chiens qui s'étaient chargés d'exécuter eux-mêmes la sentence, le coupable avait été ramené à de meilleurs sentiments. Loin de retomber dans ses anciennes erreurs et de passer à l'état de récidiviste endurci, il s'était amendé en subissant sa peine. C'est en cela que la justice canine l'emporte peut-être sur la justice humaine.

Un clergyman anglais raconte aussi l'histoire d'un coq qui, dans une basse-cour, voulait conserver la nourriture pour lui tout seul. Il éloignait les canards de l'écuelle à grands coups de bec. Les canards finirent par se révolter. Après s'être concertés dans un coin, les canards formèrent un cercle qui se referma sur le tyran. Le coq, écrasé de toute part, fut obligé de fuir, trop heureux encore d'en être quitte à si bon compte. A partir de ce jour, les canards purent venir manger sans être inquiétés par le coq, qui était tout penaud.

L'esprit de vengeance est aussi très développé chez les singes. En voici un exemple que j'emprunte à Charles Darwin : « Sir Andrea Smith, zoologiste d'une exactitude reconnue, m'a raconté, dit-il, qu'il vit un dimanche au Cap de Bonne-Espérance un babouin éclabousser un officier qui se rendait à la parade. C'était un ennemi du singe, qui avait eu souvent à souffrir de ses taquineries et qui, le voyant approcher ce jour-là, s'était dépêché de verser de l'eau dans un trou et d'y mélanger une boue épaisse. Pendant longtemps après cette niche, la vue de sa victime était pour lui un signal de réjouissance. » Des anecdoctes analogues abondent ; on pourrait en citer aussi relativement aux perroquets et aux perruches qui reconnaissent fort bien les personnes qui leur ont fait une mauvaise farce.

La verdure animale.

On s'imagine généralement que le grand critérium qui sépare les végétaux des animaux consiste en ce que les premiers possèdent de la chlorophylle, tandis que les seconds en sont dépourvus. Cependant, pour peu que l'on jette un coup d'œil. même rapide, sur l'ensemble des animaux, on ne tarde pas à s'apercevoir qu'un

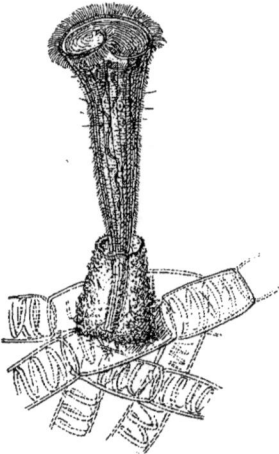

Fig. 96.— Stentor, vu au microscope.
Le mot stentor lui vient de sa forme en trompette, mais non de sa voix, car il est muet, du moins pour notre oreille.

Fig. 97. — Un groupe élégant d'anémones de mer, parmi lesquelles, à droite, l'*anthæa cereus*, dont il s'agit dans ce chapitre.

certain nombre d'entre eux sont colorés par une. matière verte qui, au moins pour l'aspect extérieur, ne le cède en rien à la chlorophylle végétale. Y a-t-il là une simple analogie ou une identité complète, et dans ce cas, la matière verte appartient-elle bien en propre à l'animal ou seulement à des végétaux parasites? Telles sont les questions, du plus haut intérêt au point de vue biologique, sur lesquelles M. E-L. Bouvier a publié un intéressant travail d'ensemble que nous allons résumer dans ses grandes lignes.

Et tout d'abord, quels sont les animaux qui présentent la couleur verte en question? Leur nombre est assez considérable, mais ce qu'il y a de particulièrement curieux, c'est qu'ils appartiennent à des groupes très variés du règne animal ; on y trouve des protozoaires *(Stentor polymorphus (fig. 96), Acanthocystis pectinata, Vorticella campanula, Paramœcium bursaria)*, des spongiaires (spongille d'eau douce), des cœlentérés *(Anthæa cereus (fig. 97), Hydra viridis)*, des échinodermes *(Asterias aurantiacum)*, des mollusques *(Mytilus edulis, Buccinum undatum, Elysia viridis)* des crustacés *(Homarus)*, des vers *(Bonellia viridis, Vortex viridis, Aelosoma variegatum)*, etc.

Parmi ces derniers, il faut faire une mention toute spéciale pour les *convoluta roscoffensis (fig. 98)*, petits vers plats fort petits qui vivent sur nos côtes. Au pied même du laboratoire de Saint-Vaast-la-Hougue, où j'ai eu le plaisir de les observer, ils forment sur la grève, à marée basse, d'immenses taches vertes que l'on est tenté de prendre pour des amas d'algues. En portant un fragment de ces taches sous le microscope, on voit les petites planaires courir dans tous les sens avec une grande rapidité. Leur teinte est d'un beau vert émeraude.

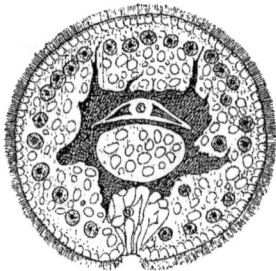

Fig. 98. — Convoluta.
Ver très petit et aux couleurs admirables.
À droite : coupe en travers pour montrer les algues arrondies auxquelles il doit sa teinte.

Fig. 99. — Elysie verte.
Par sa couleur on croirait voir ramper une feuille pleine de souplesse.

Non moins variée est la position de la matière verte chez les animaux ; dans les uns, elle se trouve dans la peau même ou à une faible distance au-dessous, tandis que chez d'autres, elle est placée dans les profondeurs mêmes des tissus. Ce dernier cas se rencontre chez divers mollusques, où l'*entérochlorophylle* est localisée dans le foie ou dans l'intestin.

Nos figures reproduisent quelques-uns des animaux les plus remarquables qui présentent une couleur verte due à de la chlorophylle. La plus jolie de toutes est certainement l'*élysia viridis* (*fig.* 99) que l'on prendrait au premier abord pour un ver plat, mais qui est en réalité un mollusque. Les deux larges expansions que l'on voit sur les côtés sont ordinairement relevées et recouvrent l'animal comme d'un toit. La teinte générale est d'un vert sombre ; de place en place apparaissent des taches blanchâtres et des points bleu-verdâtre qui semblent autant de pierres précieuses enchâssées dans la peau. Ce bel animal se trouve sur presque toutes nos côtes ; il rampe lentement à la surface des rochers submergés et des algues, en laissant derrière lui une longue traînée mucilagineuse, à la manière des escargots.

Une question intéressante à résoudre consiste à savoir comment la matière colorante est fixée, à quel état elle se trouve chez les animaux qui en possèdent.

Le cas où la chlorophylle est diffuse à l'intérieur de l'animal est très rare, mais il est très important, car il prouve que la matière appartient bien en propre à l'organisme et qu'elle est un des produits de son activité. Ce cas a été signalé chez plusieurs protozoaires, notamment la *vorticella campanula*, le *stentor mulleri*, le *freia producta*.

Bien plus souvent, la chlorophylle est fixée sur de petits corps arrondis parfaitement nets et bien distincts des tissus ambiants Ils ressemblent aussi bien à des algues vertes qu'aux grains de chlorophylle si abondants dans les feuilles, de telle sorte qu'il est impossible *a priori* de dire si l'on a affaire à des algues parasites ou à des chloroleucites produits par l'animal. Pour résoudre la question, il est nécessaire de suivre ces *corps verts* dans leur structure et leur évolution. Leur forme est généralement ovalaire ou arrondie ; ils sont cependant allongés chez l'*acanthocystis pectinata*, réniformes chez l'hydre, irréguliers chez l'élysie ; leur diamètre ne varie pas au delà de 1,5 à 13 centièmes de millimètre. Chacun de ces corps verts est entouré d'une membrane qui est rarement cellulosique, parfois imprégnée de cellulose, le plus souvent mucilagineuse ; à l'intérieur, on rencontre un noyau clair et un chloroleucite cupuliforme. Les corps verts ne paraissent pas exister dans les embryons des animaux, qu'ils n'envahissent que plus tard, à la façon des algues parasites. Ils se reproduisent ensuite par divisions successives. Séparés de leurs hôtes, ils se cultivent, quoique difficilement, dans des milieux appropriés, mais non dans le liquide où vit l'animal ; on peut alors les inoculer artificiellement à un animal de la même espèce, mais on n'a pas encore réussi à les inoculer à des animaux d'espèces différentes.

Tout se passe, en un mot, comme si les animaux étaient contaminés par des algues vertes, auxquelles on a donné le nom de *zoochlorelles*. On admet aussi que celles-ci vivent dans les animaux par un phénomène non de parasitisme, mais de *symbiose* : c'est une association amicale où chacun des conjoints tire un profit quelconque de leur réunion. On a démontré, en effet, que la matière verte des corps verts était chimiquement et spectroscopiquement identique à la chlorophylle végétale, et que, comme elle, elle décompose le gaz carbonique de l'air, en fixant le carbone et en rejetant de l'oxygène. On sait que les animaux ne possèdent pas cette propriété.

En somme, l'animal reçoit de l'algue l'oxygène et l'amidon qui sont le résultat, direct ou indirect, de la fonction chlorophyllienne; l'algue reçoit de son hôte l'humidité qui lui est nécessaire, un abri, le gaz carbonique exhalé et probablement aussi certains produits azotés d'origine animale. « Mais, dit M. Bouvier, l'influence de l'adaptation se fait sentir bien plus fortement sur l'algue que sur l'animal; l'algue peut difficilement se passer de l'animal, mais ce dernier peut, le plus souvent, sinon toujours, se passer complètement de l'algue. L'animal se reproduit normalement, qu'il soit ou non associé à l'algue, mais celle-ci ne forme pas de zoospores et ressemble en cela aux algues des lichens. »

On voit, en résumé, que la plupart des animaux verts sont colorés accidentellement par des algues qui vivent en symbiose avec eux. Quelques-uns, cependant, peuvent produire eux-mêmes de la chlorophylle et se comportent ainsi tout à fait comme des plantes.

CHAPITRE XV

Une bête dont on fait tout ce que l'on veut.

Les hydres d'eau douce, seulement citées au chapitre précédent, mais méritant une étude spéciale, se rencontrent au-dessous de nombreuses plantes aquatiques, telles que les lentilles d'eau et surtout sous les feuilles de la *veronica beccabunga*, bien connue par ses fleurs bleues à deux étamines. En regardant attentivement la face inférieure des feuilles de cette plante, on voit souvent une toute petite masse verdâtre à l'aspect gélatineux, et paraissant d'une immobilité absolue. Qu'est-ce ? Un animal, une plante ? Il serait bien difficile de le dire à un simple coup d'œil.

Plaçons notre plante dans un aquarium et attendons dix minutes, un quart d'heure, une demi-heure s'il le faut, et nous ne regretterons certainement pas notre temps. La masse verdâtre immobile commence à s'agiter, puis elle s'allonge avec prudence, enfin elle prend une forme élancée, et l'on voit pendre de longs bras très fins, fort jolis, qui s'agitent avec élégance dans l'eau ; c'est une hydre d'eau douce, appelée aussi hydre verte, à cause de sa couleur ou encore hydre de Trembley, en souvenir des expériences que ce naturaliste a faites sur cet organisme, expériences que nous allons décrire et que nous pourrons effectuer à nouveau.

Avec une paire de ciseaux bien aiguisés, une bonne loupe et une soie de porc, nous aurons tous les objets nécessaires.

Les hydres d'eau douce ont été découvertes par Leuwenhœck, l'un des inventeurs du microscope. Mais elles ne furent étudiées que beaucoup plus tard par Trembley en 1744 et, depuis cette époque, elles devinrent très célèbres dans la science. Trembley était à cette époque précepteur des enfants du comte de Bentinck et avait trouvé dans les bassins du château de Songuliet de petit polypes qu'il prit d'abord, à cause de leur couleur verte, pour des plantes. Les ayant mis dans l'eau, il les vit s'agiter, se contracter : c'est pour déterminer la nature, soit végétale, soit animale, de ces petits organismes qu'il entreprit ses merveilleuses recherches.

Mais laissons-lui narrer sa découverte ; ce récit montrera comment les observations patientes et consciencieuses peuvent mener parfois à de belles découvertes.

Dès le premier été, dit-il, que j'ai passé dans les propriétés du comte de Bentinck, à un quart de lieue de La Haye, j'y ai trouvé des polypes. Ayant remarqué divers petits animaux sur certaines des plantes retirées d'un fossé, je mis quelques-unes de ces plantes dans un grand verre empli d'eau que je plaçai sur la planchette d'une croisée, à l'intérieur de la maison, et je me mis à étudier de plus près les insectes contenus dans ce vase. J'en trouvai tout de suite beaucoup qui sont très communs, il est vrai, mais qui m'étaient en grande partie inconnus. Un spectacle aussi nouveau que celui que m'offrirent ces animalcules excita ma curiosité. En parcourant alors du regard ce verre peuplé d'insectes, j'aperçus pour la première fois un polype qui adhérait à la tige d'une plante aquatique ; je n'y fis pas grande attention tout d'abord et je poursuivis de petits insectes, lesquels, en raison de leur vivacité, attiraient plus mon attention qu'un objet immobile qui, vu pour ainsi dire en passant, pouvait être pris tout simplement pour une plante, surtout lorsqu'on n'a encore aucune idée de ces êtres dont la figure se rapproche de celle des polypes de mer. Les polypes que j'ai découverts en premier lieu sont d'une très belle couleur verte. Les premières fois que j'ai observé ces corpuscules, je les ai pris pour des végétaux parasites poussés sur les autres plantes. C'est aussi la première pensée qui vient à l'esprit de bien des personnes lorsqu'elles voient pour la première fois ces êtres dans leur attitude la plus commune.

Le premier phénomène que j'ai constaté sur ces polypes consiste dans le mouvement des bras ; ils les courbaient et les contournaient lentement en différents sens. Par suite de l'idée préconçue que je m'étais mise en tête et qui me faisait prendre ces polypes pour des végétaux, je ne pouvais me figurer que ces mouvements que je constatais à l'extrémité supérieure des minces filaments leur fût propre. Toutefois ils en avaient l'apparence, et plus j'observais dans la suite les mouvements de ces bras, plus ils me semblèrent dépendre d'une cause interne et non pas d'une force impulsive étrangère à ces créatures. Une fois, je remuai le verre qui les contenait, avec beaucoup de douceur, pour voir quelle influence le mouvement de l'eau pourrait avoir sur ces bras. Je ne m'attendais pas le moins du monde au résultat de mon expérience, lorsque je l'exécutai. Contrairement à mes prévisions, au lieu de voir les bras et les corps des polypes participer tout simplement au mouvement de l'eau et par conséquent suivre ses déplacements, je les vis se contracter tout à coup ce point que le corps de ces polypes ne ressembla plus qu'à un granule verdâtre et que les bras disparurent complètement à mes regards. Ce phénomène me surprit. Ma curiosité fut d'autant surexcitée et je redoublai d'attention. En parcourant, avec l'œil armé d'une loupe, divers polypes que j'avais vu se contracter, je les vis bientôt commencer à s'étendre de nouveau. Leurs bras reparurent à mes regards et les polypes reprirent leur premier aspect. Cette contraction des polypes jointe à tous les mouvements que je leur avais vu exécuter lorsqu'ils s'étendaient à nouveau, éveilla vivement en moi cette idée, qu'il s'agissait là de véritables animaux.

Les expériences ultérieures de Trembley le confirmèrent de plus en plus dans cette manière de voir. On raconte que Lyonnet en fut tellement enthousiasmé qu'il apprit à graver pour exécuter lui-même les figures qui devaient accompagner le travail de Trembley sur l'hydre verte (On s'enthousiasmait encore dans ce temps là !).

On trouve dans nos eaux douces trois espèces d'hydres : l'hydre verte, l'hydre brune et l'hydre aux longs bras. Le corps de chacune de ces espèces affecte la forme d'un long cornet dont l'extrémité fermée s'étale en une sorte de ventouse au moyen de laquelle l'animal s'accroche aux corps étrangers, tandis que l'autre extrémité est ouverte et se prolonge par des bras au nombre de six à dix-huit, longs, flexibles, mobiles. L'orifice limité par la base de ces tentacules est l'ouverture par laquelle pénètrent les matières alimentaires, en même temps qu'elle sert à l'expulsion des résidus de la digestion ; c'est à la fois une bouche et un anus.

Les bras ou tentacules sont des filaments extrêmement grêles et parfois remarquablement longs ; on en a vu qui atteignaient plusieurs décimètres, alors que le corps n'avait pas plus de 2 à 3 millimètres. L'animal les étend de toutes parts, les accrochant aux objets environnants ou les promenant lentement dans l'eau. Si un petit animal, un petit crustacé, une daphnie par exemple, vient à heurter l'un de ces bras, aussitôt on voit la bestiole rester immobile. comme paralysée, pendant que le bras l'entoure petit à petit, puis se rétracte pour l'amener jusqu'à la bouche où il la fait pénétrer. Chaque bras est en effet pourvu d'une multitude, de milliers de petites capsules que l'on appelle des nématocystes. Ce sont des cellules renfermant à l'état de repos un long filament enroulé sur lui-même à la manière d'un ressort à boudin ; ce filament est garni de barbules sur les bords. Lorsque la cellule subit une excitation quelconque, le filament se déroulant brusquement est projeté au dehors, en devenant rigide et emportant sans doute avec lui un peu de liquide vénéneux contenu dans la capsule. Aussi, dès qu'un animal vient toucher un bras, tous les némato-

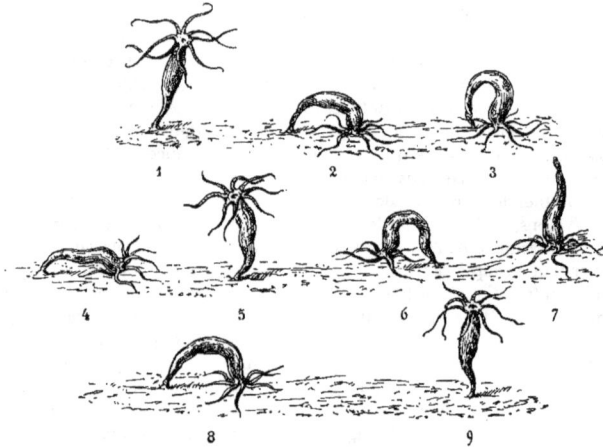

Fig. 100.— L'hydre d'eau douce exécutant un mouvement de reptation en quatre temps (1, 2, 3, 4 et une pirouette pleine de grâce (5, 6, 7, 8, 9).

cystes excités dardent leurs flèches sur la bestiole qui est paralysée et ne tarde pas à mourir. D'ailleurs, quand on prend une hydre avec la main, on s'aperçoit qu'elle colle aux doigts ; cette adhérence est produite par les filaments des nématocystes qui pénètrent dans l'épiderme de la main. Ici les nématocystes n'ont pas une puissance très grande, mais chez d'autres cœlentérés marins tels que les anémones de mer, les méduses, etc., leurs propriétés nocives sont très développées ; le contact de la main avec un de ces animaux produit une rougeur intense et même une fièvre parfois assez forte. Chez l'hydre, une puissance pareille serait bien inutile ; ses faibles nématocystes suffisent à paralyser les bestioles dont elle fait sa nourriture.

L'hydre peut se déplacer facilement et son mode de locomotion est fort curieux.

On la voit, dit M. Ed. Perrier, courber son corps en arc, se fixer par la bouche, détacher son pied et le ramener vers la bouche, puis détacher celle-ci, la fixer de nouveau et ramener vers elle comme précédemment sa partie postérieure ; l'hydre marche alors exactement comme le font les chenilles arpenteuses qui ont l'air de mesurer le terrain sur lequel elles se meuvent (fig. 100, 1, 2, 3, 4). Mais l'animal procède quelquefois d'une façon plus expéditive. Il fait son premier pas comme précédemment, se fixe par la bouche, puis se dresse verticalement, recourbe son corps du côté opposé, fixe son pied et se remet debout exactement comme un gymnaste exécutant une culbute (*fig.* 100, 5, 6, 7, 8, 9). C'est ordinairement pour aller vers la lumière qu'elles aiment beaucoup, bien qu'elles n'aient pas d'yeux, que les hydres exécutent tous ces mouvements; mais elles se déplacent aussi pour chercher leur proie.

Les hydres sont, on le voit, des animaux à structure extrêmement simple et pouvant en somme se résumer en un sac dont le côté le plus extérieur serait la peau, tandis que le côté le plus interne serait la paroi digestive. A l'état normal, l'une sert à protéger l'animal contre les actions extérieures, l'autre sert à digérer les aliments. Il semble donc y avoir, au point de vue fonctionnel, une différence profonde entre ces deux parois; en réalité cette différence n'est pas aussi grande qu'il y paraît au premier abord.

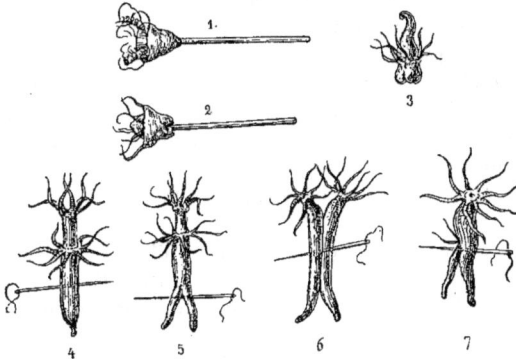

Fig. 101. — Hydres soumises à des expériences cruelles par des physiologistes sans cœur.

1, 2. Comment on retourne une hydre.
3. Hydre à demi retournée.
4, 5, 6, 7: Soudure d'hydres.

Trembley a, en effet, montré que la peau pouvait aussi bien digérer que la paroi interne. Voici comment il s'y est pris (*fig.* 101) :

Je commence, dit-il, par donner à manger au polype que je veux retourner un ver du genre des naïdes. Dès qu'il l'a englouti, je me dispose à faire l'opération. Je n'ai pas besoin d'attendre que le ver soit complètement digéré; je place le polype, dès que son estomac est rempli, dans le creux de ma main gauche, avec un peu d'eau, puis je comprime le corps à l'aide d'un pinceau, un peu plus fortement à la partie antérieure qu'en arrière. De la sorte, je pousse le ver de l'estomac vers la bouche du polype; c'est dans ce but que j'agis, et tandis que je presse de nouveau sur le polype avec mon pinceau, une portion du ver émerge hors de la bouche; ainsi, à mesure que l'estomac se vide, le ver émerge davantage. Il faut pousser cette manœuvre assez loin pour que le ver se trouve amené hors de la bouche du polype. Je l'oblige alors à se contracter de plus en plus, ce qui dilate de plus en plus la bouche et l'estomac. Je prends ensuite dans ma main droite une soie de porc, asez épaisse et tronquée, que d'autres ont remplacée par une épingle fine, et que je tiens comme une lancette au moment de saigner une veine. Je maintiens le bout le plus épais dans l'extrémité postérieure du polype que je repousse ainsi jusque dans l'estomac; cette manœuvre s'effectue d'autant plus aisément que cet organe se trouve vide et très dilaté. Je continue alors à pousser la soie de plus en plus loin. Plus celle-ci pénètre profondément et plus le polype se retourne. Bref, le polype se trouve fixé finalement en cette soie comme l'ours de Münchhausen sur son pieu, seulement sa paroi externe est devenue interne, et l'animal, maintenu dans l'eau, est repoussé au-delà de la soie au moyen du pinceau.

Enfin, comme il arrivait souvent que l'hydre se *détournait* pour reprendre sa position naturelle, Trembley embrochait la bouche avec une soie de porc.

L'animal ne paraît pas très incommodé de ce traitement ; au bout de deux jours, il est complètement remis et se reprend à manger comme si de rien n'était, mais il digère avec sa peau.

La même expérience permet aussi de faire une autre observation. Il arrive parfois que l'animal ne se retourne qu'en partie en appliquant ainsi peau contre peau ; on voit alors ces deux parties se souder intimement l'une à l'autre. Mais si la peau peut se souder à elle-même chez un même animal, en est-il de même quand on s'adresse à deux individus différents ? Oui, on peut lier deux hydres ensemble et les voir se souder intimement. La paroi digestive agit de la même façon. Si on lie une hydre, les deux parois opposées de sa cavité digestive viennent en contact et se soudent. Ainsi la peau se soude à la peau et la paroi digestive à la paroi digestive.

Mais peut-il y avoir accolement de la peau avec la paroi digestive ? Trembley montre que non. En effet, tandis qu'une hydre est bien épanouie, tâchons de lui faire avaler une autre hydre. Nous pourrons arriver facilement à faire pénétrer cette dernière dans la première ; mais l'hydre que l'on a donnée en pâture est bientôt rejetée sans avoir subi d'avaries. Nous pourrons empêcher ce rejet en profitant du moment où les deux hydres sont emboîtées l'une dans l'autre pour les embrocher toutes deux avec une soie de porc ; encore ici, nous verrons les deux animaux faire tous les efforts possibles pour se séparer. Finalement, l'hydre externe se fendra longitudinalement pour se débarrasser de son hôte intérieur ; cela fait, elle se refermera, la fente s'oblitérera peu à peu ; et les deux hydres seront séparées. Ainsi, quoi qu'on fasse, on ne pourra jamais obtenir la soudure entre le feuillet digestif et la peau. Au contraire, nous avons vu que chaque paroi pouvait se souder à elle-même. Il arrive parfois que l'on trouve des hydres toutes déformées, monstrueuses, qui ne ressemblent presque plus à des hydres normales. Ce sont des hydres attaquées par un parasite. Nous trouvons dans Brehm les renseignements suivants, empruntés à Rœsel, sur ce parasite, le *trichodina pediculus* :

> Quant au parasite en question, qui peut harceler jusqu'à la mort ces polypes, et qu'on trouve en tout temps avec des dimensions variables, il est clair et transparent ; mais on découvre néanmoins dans son corps des points sombres. Lorsque ces parasites nagent dans l'eau, leur forme est ovalaire, et ils se meuvent tantôt suivant une ligne sinueuse, tantôt suivant une ligne spiralée. Leurs mouvements sont très rapides, car ils se meuvent rapidement en tous sens à travers l'eau.
>
> Lorsqu'ils s'installent sur un polype ou sur quelqu'autre corps, leur forme ovalaire s'altère et ils s'effilent en avant ainsi qu'en arrière. A l'aide du microscope on constate non sans étonnement la rapidité avec laquelle ils courent çà et là sur le polype sans qu'on puisse distinguer les nombreuses pattes d'un seul et même individu. (Ici le microscope de Rœsel a été insuffisant.) Au début, le polype se donne beaucoup de mal pour chasser cet hôte importun ; il cherche à s'en débarrasser, non seulement à l'aide de ses bras, mais encore en se contractant et en s'étirant à plusieurs reprises ; mais il n'y réussit guère, car le parasite se fixe immédiatement au bras à l'aide duquel le polype veut le chasser et se met à grimper le long de ce bras. J'ai même vu souvent le parasite s'échap-

per avec la rapidité de l'éclair de la place qu'il occupait, pour nager dans l'eau en suivant une ligne courbe et revenir bientôt sur le polype avec la même rapidité. Il semble enfin que le polype se lasse de lui résister, il est fréquemment si couvert de ces parasites qu'on peut à peine reconnaître en lui une hydre; tantôt ses bras disparaissent et il perd en même temps la vie.

Quelles sont les merveilles que l'hydre peut encore nous offrir? Profitons du moment où elle est en état d'extension pour la sectionner transversalement en deux parties d'un coup de ciseaux ; nous nous attendons à la voir périr par suite de cette terrible opération ; pas du tout, nous dirions même au contraire. La partie supérieure détachée qui porte les bras se met à nager avec ses tentacules jusqu'à ce qu'elle rencontre la paroi de l'aquarium ; arrivée là, l'ouverture que les ciseaux ont pratiquée se referme, se cicatrise, puis se soude au substratum : une nouvelle hydre est constituée. Quant à la portion restée adhérente, après le moment de stupeur causée par la section, on la voit de nouveau s'étaler, s'épanouir, en présentant une large ouverture béante qui va devenir la bouche, tandis que sur tout son pourtour vont apparaître des mamelons qui en s'allongeant beaucoup redonnent des bras : nous avons ainsi une seconde hydre. Si, au lieu de la couper transversalement nous la coupons longitudinalement, les choses se passeront de même. Bien plus, nous pouvons couper une hydre autant de fois que nous voudrons : Trembley en a sectionné une en cinquante parties, et chacun de ces lambeaux reconstitua un nouvel animal.

La multiplication des hydres par section est, en somme, artificielle ; elle ne se rencontre que rarement à l'état naturel. Mais ici il y a un mode de reproduction qui n'est pas moins curieux. Lorsqu'une hydre est bien nourrie, et c'est là une condition essentielle pour que l'expérience réussisse, on voit apparaître à la surface de son corps des petites bosselures qui grandissent lentement et qui sont creusées d'une cavité en communication avec la cavité digestive de l'hydre que l'on examine. Ces bosses grandissent et finalement se percent à leur sommet chacune d'une bouche, laquelle s'entoure d'une couronne de tentacules : il s'est formé des hydres filles, dont l'estomac est encore en communication avec celui de la mère. Les choses en restent à cet état pendant quelques jours ; mais si l'on a soin de ne pas laisser les animaux sans nourriture, chaque petite hydre nouvelle se sépare de sa mère pour aller se fixer ailleurs. Rœsel a fort bien décrit cette séparation :

Avant que le jeune polype ait acquis ses bras et qu'il puisse s'en servir pour capturer des proies, il reçoit sa nourriture du corps de la mère, à laquelle il se trouve relié comme la ramification d'un vaisseau sanguin à son tronc, de telle sorte qu'il s'ouvre dans le conduit creux de cette cavité. Mais quand il peut se servir de ses bras et les étirer bien qu'il soit encore fixé à sa mère, il cherche à l'aide de ses bras à se procurer lui-même sa nourriture en saisissant et en avalant, grâce à leur intermédiaire, de petits insectes de temps à autre, ainsi que je l'ai vu plusieurs fois. Lorsque le jeune polype atteint sa maturité, on peut constater, à l'aide d'un léger grossissement, qu'il ne tarde pas à se détacher. Le canal obscur du jeune polype devient de plus en plus mince à son extrémité postérieure, celle qui le relie visiblement à sa mère : ce canal devient enfin tellement grêle qu'on ne peut plus constater aucune communication entre le jeune polype et sa mère, même à l'aide des plus forts grossissements, bien qu'il lui soit encore attaché par son tégument externe qui est transparent, mais qui ne persiste pas longtemps. Une fois arrivé à ce point, le jeune polype commence à étirer fortement son corps aussi bien que ses bras, jusqu'à ce qu'enfin, grâce à ses mouvements, il se détache ; quand ce fait s'est produit, il se fixe solidement en un point quelconque par sa partie postérieure, à l'instar de sa mère, et il pourvoit lui-même à ses besoins.

Parfois, souvent même, les hydres filles bourgeonnent à leur tour, tout en restant fixées sur l'hydre mère : il n'est pas rare de trouver trois ou quatre générations fixées les unes sur les autres ; Trembley a pu obtenir une hydre qui portait dix-neuf petites hydres appartenant à trois générations successives ; c'était un véritable arbre généalogique vivant.

CHAPITRE XVI

Les comédiens de la nature.

La vie des animaux peut se résumer en trois fonctions principales : 1° manger ; 2° se reproduire ; 3° se défendre de leurs ennemis. Cette dernière fonction est certainement celle qui leur donne le plus de peine, surtout quand elle doit se manifester d'une manière active, c'est-à-dire par des luttes sans relâche. Heureusement pour les animaux, la nature, toujours fidèle à ses tendances économiques, a donné à certains d'entre eux des moyens de défense passifs, bien faits par conséquent pour ménager leurs forces, et cependant des plus efficaces. Ces moyens passifs ont été réunis sous la dénomination de *mimétisme* (du mot grec μῖμος, comédien), mot qui veut dire que les animaux imitent le milieu dans lequel ils vivent ou copient la forme d'autres animaux ou d'objets extérieurs : tous ces procédés contribuent à dissimuler l'animal ; on va voir par les exemples que nous allons citer qu'ils sont fort curieux.

L'un des exemples les plus connus de mimétisme nous est fourni par un insecte de l'ordre des orthoptères, la phyllie feuille sèche (*fig.* 102), habitant les régions tropicales. Cet insecte, qui vit sur les arbres, a une forme aplatie et ovalaire. Les ailes, étalées à plat sur le dos, figurent absolument une feuille, portant comme celle-ci une nervure médiane longitudinale et des nervures latérales ramifiées et anastomosées. Lorsque l'animal est posé au milieu des feuilles, il est impossible de le distinguer du feuillage.

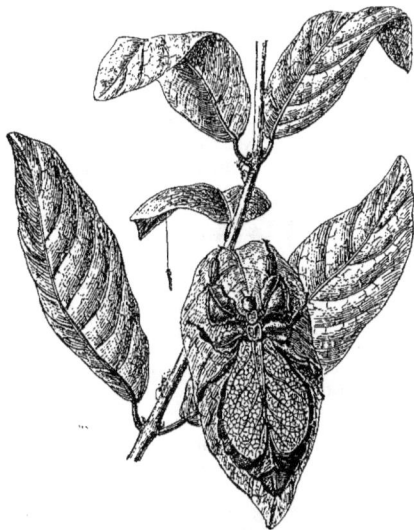

Fig. 102. — Phyllie.
Une feuille qui se déplace.

* *

Non moins curieux que la phyllie est le callima (*fig.* 103), papillon de Sumatra,

Sir J. Wallace, le savant voyageur naturaliste qui s'est occupé d'une manière toute spéciale du mimétisme, donne de cet insecte la description suivante :

Les ailes sont, en-dessus, d'une riche couleur pourprée variée de cendré. En travers des ailes supérieures s'étale une large bande d'un orangé éclatant, ce qui rend cette espèce très apparente quand elle vole. Elle n'est pas rare dans les bois secs et fourrés, et je me suis souvent efforcé de capturer un callima, mais sans succès, car après avoir parcouru en volant une courte distance, le papillon entrait dans un buisson, parmi les feuilles mortes, et, quel que fût mon soin à trouver sa place, je ne pouvais jamais la découvrir, à moins qu'il ne partît à nouveau pour disparaître bientôt dans un endroit semblable. A la fin, je fus assez heureux pour voir l'endroit exact où s'était posé le papillon ; et, bien que je l'eusse perdu de vue pendant quelque temps, je découvris qu'il s'était fermé devant mes yeux, mais que, dans cette position de repos, les ailes ainsi fermées, il ressemblait à une feuille morte attachée à une petite branche, de façon à tromper certainement même des yeux attentivement fixés sur lui. J'en ai capturé plusieurs spécimens au vol, et j'ai été à même de comprendre comment cette merveilleuse ressemblance se produisait. Les ailes supérieures sont terminées à leur extrémité par une fine pointe, exactement comme celle des feuilles de beaucoup d'arbres et d'arbustes des tropiques ; les ailes inférieures, au contraire, sont plus larges et terminées par une queue large et

Fig. 103. — Callima.

Regardez bien la branche : il y a deux callimas posés, mais ils se confondent si bien avec les feuilles qu'on a de la peine à les distinguer. (Nota : le dessin est d'une exactitude rigoureuse et non « truqué ».)

courte. Entre ces deux pointes court une ligne courbe et sombre, qui représente exactement la nervure médiane de la feuille, et d'où rayonnent de chaque côté des lignes légèrement obliques qui imitent fort bien les nervures latérales. Ces lignes se voient plus clairement sur la partie externe de la base des ailes et sur le côté interne vers le sommet et vers le milieu. Elles sont produites par des stries et des marques très communes chez des espèces voisines, mais qui sont modifiées et renforcées, de manière à imiter plus exactement la nervulation des feuilles. La teinte de la face intérieure varie beaucoup, mais elle est toujours de couleur grisâtre ou rouge comme celle des feuilles mortes. Cette espèce a l'habitude de rester toujours sur une petite branche, parmi des feuilles mortes ou serrées, et, dans cette position, les ailes fermées et pressées l'une contre l'autre, elle présente exactement l'aspect d'une feuille de grandeur ordinaire, légèrement arrondie et dentée. La queue des ailes forme une tige parfaite et touche la branche, pendant que l'insecte est supporté par les pattes du milieu, que l'on ne peut remarquer parmi les brindilles qui l'entourent. La tête et les antennes sont disposées entre les ailes de façon à être cachées complètement ; et une petite entaille, pratiquée à la base des ailes, permet à la tête de se retirer suffisamment. Ces divers détails se combinent pour produire un déguisement si complet et si merveilleux, que tous ceux qui l'observent en sont étonnés, et les habitudes de l'insecte sont telles, qu'elles utilisent toutes ces particularités en les rendant profitables, et cela de manière à ne laisser aucun doute sur ce singulier cas d'imitation, qui est certainement une protection pour l'insecte. La fuite rapide est suffisante pour le sauver des ennemis qu'il rencontre dans son vol, mais s'il était aussi visible lorsqu'il s'arrête, il n'échapperait pas longtemps à la destruction, à cause des attaques des reptiles et des oiseaux insectivores qui abondent dans les forêts des tropiques.

Personne ne pourra nier après cette description que le mimétisme du callima ne soit grandement favorable à sa conservation.

Cette ressemblance entre les ailes et les feuilles se rencontre aussi d'une manière très évidente chez les ptérochrozes et les lasiocampes.

*

Dans nos pays, l'on trouve fréquemment dans les buissons une chenille de couleur brune munie de pattes seulement à l'extrémité antérieure (vraies pattes) et à l'extrémité postérieure (pattes membraneuses). Lorsqu'elle marche, cette chenille se fixe par ses pattes de devant et, recourbant son corps, elle amène près de celles-ci ses pattes de derrière. Les pattes membraneuses s'accrochant au support, le corps s'allonge et va de nouveau fixer un peu plus loin ses pattes antérieures pour recommencer le même manège. La chenille a ainsi l'air de mesurer le terrain qu'elle parcourt ; c'est pour cela qu'on lui a donné le nom de chenille arpenteuse. Vient-on à secouer légèrement la branche où se trouve une de ces chenilles, aussitôt celle-ci se campe solidement sur ses pattes postérieures et, raidissant son corps, elle le dirige obliquement par rapport à la branche et reste immobile. A la voir ainsi dressée, on la prendrait absolument pour une petite branche ; ses ennemis s'y trompent certainement, car la ressemblance est si grande que, même en connaissant la présence de la chenille — je l'ai maintes fois constaté, — il est difficile de la découvrir.

* *

Un grand nombre d'orthoptères sont très allongés et ressemblent à des morceaux de bois. Voici quelques renseignements donnés par M. L. Gérardin sur ces « bâtons qui marchent ».

Il y a des phasmides, les cyphocrânes par exemple, qui atteignent jusqu'à vingt-sept centimètres de longueur ; aussi produisent-ils invariablement une très vive impression sur ceux qui les observent. Cette impression se trouve traduite dans le nom qui leur a été donné (φάσμα signifie spectre ou fantôme). Les espèces du genre phasme qui représentent les types de la famille offrent des couleurs très bariolées. Elles vivent dans l'Amérique du Sud et dans les îles de la Sonde ; celles du genre cyphocrâne sont aussi originaires des îles de la Sonde ; pourtant Westwood en signale une qui vivrait au Congo. Les bacilles (de *bacillus*, baguette) ont le corps sec, sans ailes ni épines, des antennes filiformes et des pattes courtes. Le spectre de Rossi est une des rares espèces européennes. Ce « bâton qui marche » habite l'Italie et le midi de la France. Les bactéries (βακτηρία, bâton), très voisines des bacilles comme forme, sont aussi des phasmides sans ailes. Leurs espèces extrêmement nombreuses se rencontrent sur tous les continents dans les parties chaudes. La *bacteria arumatia* a pour patrie la Guadeloupe et l'Amérique inter-tropicale ; elle simule avec la plus rare perfection une longue branche d'arbre. Le *diapheromera femorata* est très commun aux États-Unis. On l'appelle « cheval de la sorcière » dans le Massachusetts ; « alligator des prairies » dans d'autres États. Cet animal peut être exactement comparé à une paille animée. Lorsqu'au repos son corps grêle est accolé à la tige d'un arbuste, lorsque ses pattes serrées contre le corps s'étendent en avant de la tête, il est matériellement impossible de remarquer sa présence. L'œil le plus perçant ne saurait le distinguer. Au réveil, la paille s'agite, les antennes frémissent, la bête s'éloigne rapidement avec ses pattes en aiguilles à tricoter. Si c'est une femelle chargée d'œufs, le spectacle est fort intéressant, car l'animal se hisse en se déhanchant d'une façon véritablement burlesque, craignant probablement de perdre l'équilibre malgré la grande surface d'appui que lui fournissent ses pattes écartées. Le *diapheromera denticra* habite le Texas

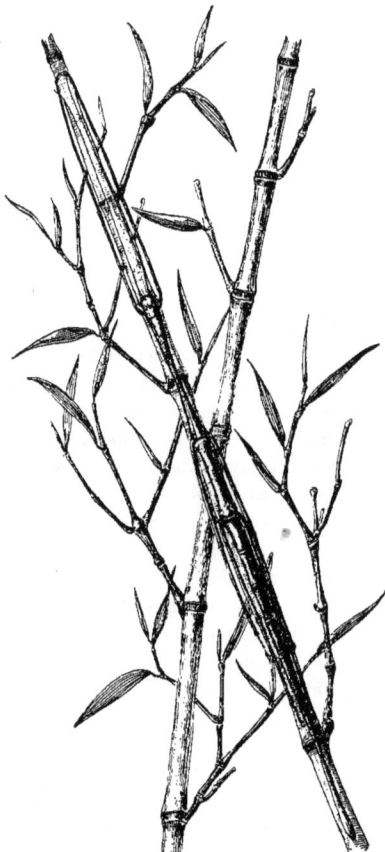

Fig. 104. — Phanoclès.
Un morceau de bambou qui marche !

méridional ; la longueur de son corps dépasse souvent quinze centimètres. Il est moins fluet que le précédent, mais aussi curieux à étudier au point de vue qui nous occupe.

D'autres espèces, plus bizarres, plus caractéristiques si possible, vivent sous des cieux plus brûlants. Leur corps est d'une extrême ténuité, renflé seulement aux attaches des membres. Au Mexique, c'est le *phanocles* (*fig.* 104) qui mesure près de trente centimètres de longueur ! Que dire de la femelle, complètement dépourvue d'ailes, du spectre à pattes épineuses, le *phibalosoma acanthopus* (*fig.* 105), qui réside à Java, ou de la femelle, également aptère, de la bactérie auriculée, *phibalosoma phyllocephalura*, qui vit dans les solitudes de l'intérieur du Brésil ? Elles comptent toutes deux une quarantaine de centimètres de long sur trois ou quatre millimètres de large !

Ce sont là de véritables bâtons, ou plutôt de grêles fétus marchant, minces branches, sèches et cassantes, perdues au milieu des végétaux qu'elles imitent aussi bien dans leur forme que dans leur coloration ! La *phibalosoma phyllocephalura* porte à la tête une paire d'appendices fort remarquables qui s'étalent comme des oreilles de chauve-souris, et son dos est muni, juste entre les deux paires de pattes postérieures, d'un aiguillon puissant dirigé vers le haut. Ces longues bêtes sont d'une extrême indolence, malgré les ressemblances protectrices qu'elles offrent à un si haut degré ; leur timidité est très grande. La nuit seulement elles osent brouter les feuilles des taillis et des buissons qui les cachent à tous les yeux. Le jour, elles restent plongées dans un profond sommeil, gardant une immobilité parfaite ; le vent sud les agite, mais sans les réveiller.

Toutes les formes de phasmides que nous avons mentionnées jusqu'ici ressemblent à de simples baguettes plus ou moins nues et régulières ; il y en a d'autres qui offrent sur le corps des expansions foliacées d'un effet véritablement étonnant. On croirait voir tantôt un rameau portant ses feuilles — c'est

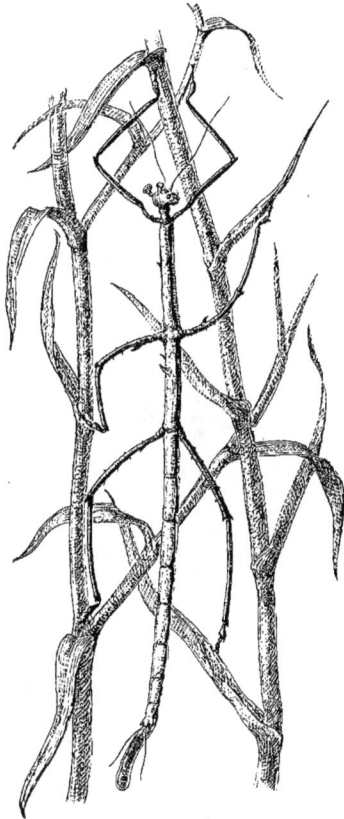

Fig. 105. — Phibalosome.
Un spectre fantastique comme on s'imagine qu'il en existe dans les grottes des fées et des enchanteurs.

le cas des céroys du Nicaragua (*fig.* 106), — tantôt un fragment de tige avec des taches de lichens entremêlées d'épines — c'est celui des hétéroptéryx recueillis et étudiés par Wallace à Bornéo.

Les papillons de nuit vivent pendant le jour accrochés aux écorces des arbres. On sait que la teinte des ailes étalées de ces insectes est toujours de couleur brune, comme celle des écorces et que, de plus, elles présentent comme elles des marbrures plus ou moins nettes.

Signalons aussi un poisson d'aspect très étrange, le phyllopréryx chevalier, dont le corps verdâtre, à l'apparence décharnée et pourvu de nombreuses banderoles irrégulières, se confond absolument avec les algues connues sous le nom de fucus au milieu desquelles il vit (Voir page 143, *fig.* 83). Les exemples analogues abondent : citons encore le *gastropaca quercifolia*, qui ressemble à des feuilles mortes ; les papillons appelés lichénés, qui ressemblent aux lichens sur lesquels ils vivent posés ; les *cryptorynchus* du Brésil, qui figurent les bourgeons des plantes sur lesquelles on les trouve ; les *chlamys*, que l'on prendrait pour des graines, etc.

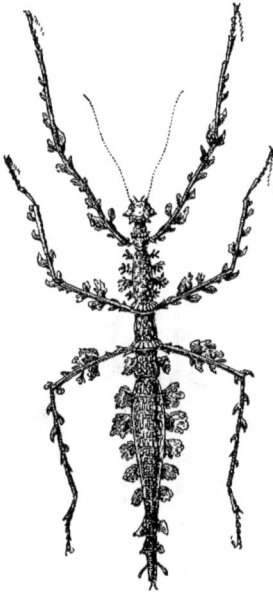

* *

Une autre série de faits relatifs au mimétisme nous est fournie par des êtres inoffensifs ayant l'aspect d'un autre être dangereux. Ce sont là les exemples les plus frappants du mimétisme, car les êtres qui se *miment* ainsi sont d'une organisation très différente de ceux dont ils prennent le masque. De plus, ce n'est pas là seulement une ressemblance fortuite comme on pourrait en trouver entre des êtres pris en des points différents du globe, car les espèces dont il s'agit ici habitent les mêmes régions et souvent partagent la même vie. Il y a en outre ce fait général que l'espèce-copie est toujours moins abondante que l'espèce dangereuse. Il est de toute évidence que les êtres inoffensifs bénéficient de la crainte ou de la répulsion qu'inspirent dans le même lieu les espèces qu'ils imitent.

Fig. 106. — Céroys du Nicaragua.
Ne croirait-on pas une branche d'arbre couverte de lichens?

Dans l'Amérique du Nord existe un magnifique papillon de jour du groupe des héliconides : c'est l'*ithonia ilerdina* (*fig.* 107). Ces papillons ont de grandes ailes décorées de brillantes couleurs ; mais ils exhalent une odeur repoussante provenant d'une liqueur fétide qui suinte de leur corps. Par suite, le goût de leur chair doit être très désagréable ; et les oiseaux connaissent sans doute cette particularité, car ils ne s'attaquent jamais à eux : on chercherait vainement dans les forêts des débris de ces papillons. Dans les mêmes forêts existent aussi d'autres papillons appartenant à un groupe très différent, celui des leptalidés (*Leptalis theonæ*) (*fig.* 108). Les premiers possèdent trois paires de pattes, tandis que les seconds n'en ont que deux paires bien développées ; mais, malgré cette différence anatomique et quelques autres assez peu importantes, leur apparence extérieure est tellement semblable qu'elle a trompé au début des naturalistes cependant très exercés, tels que Wallace et Bates, qui confondirent pendant quelque temps les espèces des deux groupes. Or, les leptalidés n'exhalent aucune odeur répugnante et, à cause de leurs couleurs brillantes, deviendraient bientôt la proie des oiseaux. Grâce à leur ressemblance si remarquable avec les héliconides, ils sont dédaignés par les oiseaux, qui ne peuvent établir la distinction.

D'autres fois, c'est l'un des sexes seulement qui est mimé : ainsi le *diadema misippus* femelle est fétide comme le *danaïs chrysippus* ; le mâle ne l'est nullement. Et l'on voit que c'est précisément le sexe le plus utile à la conservation de l'espèce qui est pourvu de protection : le mâle, une fois son rôle rempli, peut mourir ; la femelle doit au contraire subsister pour laisser mûrir les œufs et effectuer la ponte.

Un autre insecte orthoptère de nos pays, le condiglodera, est inoffensif, mais s'est travesti en un insecte coléoptère très carnassier, dont il partage l'habitat dans les terrains sablonneux bien exposés au soleil.

Fig. 107. — Ithonia.   Fig. 108. — Leptalis.

Ces deux papillons se ressemblent beaucoup, mais il y a entre eux autant de différence qu'entre l'oronge, mets délicieux, et la fausse-oronge, poison violent.

Dans nos régions on rencontre aussi un grand nombre de papillons, en particulier du genre sésie, qui ressemblent d'une manière étonnante à des abeilles ou à des guêpes : ce n'est pas sans une certaine appréhension qu'un naturaliste même expérimenté les saisit avec les doigts.

De même les mouches du genre éristale, abondantes en été sur les fleurs pourraient être confondues avec des abeilles et bénéficient sans aucun doute de la terreur que celles-ci inspirent à leurs ennemis grâce à l'aiguillon dangereux dont elles sont pourvues.

*
* *

Un cas plus extraordinaire de mimétisme défensif par terrification est celui des papillons brésiliens du genre caligo. Dans leur position normale de repos, la tête en bas, ces animaux ressemblent à s'y méprendre à une tête de chouette vigilante, les yeux grands ouverts ; le mimétisme est si extraordinaire que les taches ocellées des ailes reproduisent non seulement l'œil de la chouette, mais encore la tache lumineuse qui se produit normalement sur la cornée. Nul doute que cette apparence terrifiante écarte de l'inoffensif papillon endormi les petits oiseaux carnivores qui, sans cette protection, en feraient infailliblement leur proie. (Le Dantec.)

Le cas de mimétisme le plus remarquable par son utilité est peut-être celui des mouches du genre volucelle (*fig.* 109), qui paraissent tellement identiques aux bourdons, au milieu desquels elles vivent, que ceux-ci les prennent pour des insectes de la même espèce et se laissent duper par eux. Les volucelles, en effet, sous le couvert de leur déguisement, pénètrent dans les nids des bourdons sans être reconnues et déposent leurs œufs au milieu des provisions que les bourdons accumulent pour leur progéniture. Un peu plus tard, les larves des mouches sortent et profitent de cette nourriture, aux dépens des jeunes larves de bourdons, qui en sont les légitimes propriétaires.

Fig. 109. — Bourdons (A) et Volucelles (B).
Comme quoi il est souvent difficile de distinguer les honnêtes gens des voleurs.

Dans l'Amérique méridionale, beaucoup de serpents inoffensifs copient fidèlement d'autres serpents, les élaps, par exemple, qui sont extrêmement dangereux. D'après M. Ph. François, dans les récifs de corail des Nouvelles-Hébrides on trouve un poisson du groupe des murénides qui cohabite avec un élaps dangereux et lui ressemble étonnamment.

*

Le savant Bates raconte qu'au Brésil une grande chenille lui causa une certaine frayeur par suite de son apparente conformité avec la tête d'un serpent venimeux. On peut dans nos régions faire des observations analogues. C'est le cas notamment d'une chenille (*fig. 110*), le *chœrocampa elpenor* ; elle possède de chaque côté du premier et du deuxième segment abdominal de larges taches semblables à des yeux qui n'attirent pas l'attention quand l'insecte est au repos. Mais que la chenille vienne à être effrayée, immédiatement la tête rentre dans le corps, en même temps que les taches en question donnent à la partie antérieure l'aspect d'une tête de serpent. La simulation est si bien faite qu'on retire vivement la main quand on veut la saisir. Les animaux en sont aussi effrayés.

Poulton raconte qu'il offrit une chenille de cette espèce à un lézard vert bien développé. Le lézard ne savait trop s'il devait attaquer la chenille, qui avait pris une attitude agressive. Il s'avança bravement ; mais, effrayé tout à coup, il revint en arrière. Ce manège se renouvela plusieurs fois ; néanmoins, à chaque tentative, il approchait un peu plus de la chenille. Encouragé par l'immobilité de celle-ci, le lézard porta une dent timide dans ce qui paraissait être la tête de la chenille. Épouvanté de son audace, il recula vivement ; mais voyant que l'insecte ne répondait pas à ses attaques, il s'avança avec résolution et risqua un coup de dent plus énergique. Après quelques morsures données avec les mêmes précautions, le pusillanime lézard s'aperçut enfin qu'il n'avait rien à craindre et se mit à dévorer la chenille.

Fig. 110. — La chenille du chœrocampa.
Pour effrayer les lézards qui veulent la dévorer, elle se donne des airs de serpent en colère. Et ça réussit !

La chenille du *dicranura vinula* offre un phénomène analogue. Effrayée, elle gonfle sa tête, et deux taches noires qu'elle porte lui donnent un aspect terrifiant.

CHAPITRE XVII

Les animaux qui se maquillent.

Les personnes qui se déguisent ne se contentent pas toujours de se mettre des costumes fantaisistes ou de prendre des attitudes inaccoutumées : elles modifient aussi leur teint en se couvrant les joues d'un fard, rouge ou blanc, suivant les cas. Le même fait peut s'observer chez divers animaux, avec cette différence que le fard est placé ici *au-dessous* de la peau au lieu d'être *au-dessus*.

Le cas le plus connu est celui du poulpe, cet animal si fréquent sur nos côtes et dont la tête est armée de huit bras garnis de ventouses. L'animal au repos présente une couleur jaune pâle analogue à celle du sable ; mais cette couleur n'est pas fixe ; quand le poulpe se transporte d'un point à un autre où le fond n'a pas la même teinte, on voit la couleur du céphalopode se modifier, s'identifier à celle du nouveau milieu et se propager à la surface de l'animal en formant des ondulations marbrées. En quelque point qu'il se trouve, l'animal se confond avec les objets environnants. A cette faculté de changer de couleur, utile pour échapper à la vue, le poulpe joint celle de pouvoir troubler l'eau autour de lui lorsqu'il est attaqué par un ennemi. Il possède à cet effet une assez grosse glande, la *poche du noir* ou *poche à encre*, contenant un liquide noirâtre. Lorsqu'on veut s'emparer d'un poulpe, celui-ci contracte brusquement sa glande et, aussitôt, un nuage noir très obscur se répand autour de lui. En même temps sa peau, naguère claire, devient très foncée, de telle sorte que nuage et poulpe se confondent à tel point qu'il est impossible aux plus clairvoyants de dire où l'animal est passé. Celui-ci profite du moment de stupeur de son ennemi pour s'échapper au plus vite à reculons ou pour s'enfoncer non moins rapidement dans le sable en se couvrant de granulations difficiles à distinguer des grains de sable.

Ces changements de coloration sont produits par de petits organes disséminés sous la peau et qui, à cause de leur propriété, ont reçu le nom de chromatophores : ce sont de toutes petites cellules, d'une forme vaguement arrondie et renfermant de nombreuses granulations de différentes couleurs. Tout autour d'elles s'attachent de petites fibres musculaires qui, en se contractant, les font augmenter de volume. C'est à ces contractions plus ou moins puissantes que sont dus les changements de couleur : en effet, à l'état ordinaire, les chromatophores forment une petite boule et sont à peine visibles ; mais, s'ils viennent à s'étaler, leur couleur deviendra de plus en plus intense. Comme l'a fait remarquer Pouchet, on peut comparer le phéno- mène au fait suivant : qu'on imagine une feuille de papier blanc placée à 15 ou 20 mètres; on n'y distingue pas une gouttelette d'eau grosse comme une tête d'épingle; mais qu'on vienne à étaler cette gouttelette sur le papier, on aura une tache parfaitement visible, sans que la quantité d'eau ait varié.

*
* *

La propriété de changer de couleur se rencontre aussi chez différents poissons, et notamment chez les turbots. Pouchet a fait sur eux de nombreuses observations que nous allons relater. De pâle, un turbot devient foncé et réciproquement en un temps très court si on le fait vivre, par exemple, dans une vasque dont une moitié est sablée, tandis que l'autre est couverte d'herbes marines. Y a-t-il plusieurs turbots dans ces conditions, on les voit, chaque fois qu'ils changent de place d'un fond à l'autre, faire tache d'abord : ceux qui passent du sable sur le goémon sont plus

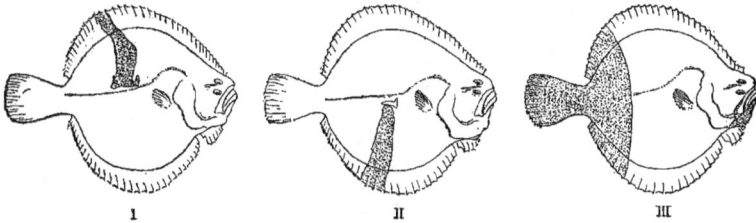

Fig. 111. — Le turbot ou la manière de transformer un poisson en arlequin.

I. On a sectionné les branches ventrales des nerfs rachidiens *au-dessus* du point où elles reçoivent le filet sympathique.
II. Même opération, mais *au-dessous*.
III. On a détruit les organes nerveux contenus dans le canal vertébral.

clairs; ils sont plus foncés s'ils quittent le fond brun pour le sable. Au bout de quelques instants, le contraste a disparu, et, de part et d'autre, les animaux ont pris exactement la couleur du fond où ils sont posés : sur le goémon on les distingue à peine, et sur le sable encore moins. Dans les rivières où on les engraisse, on en voit bien çà et là quelques-uns qui nagent dans l'eau, et l'on croit d'abord que ce sont les seuls hôtes du bassin; mais que l'on jette un appât aimé, tel que des têtes de sardines salées, on aperçoit aussitôt tout le fond du bassin, ce qu'on prenait pour la terre même, s'ébranler et venir au-devant du régal.

On trouve parfois des turbots d'une sensibilité extrême. Vivant sur le sable, ils en ont la couleur grise, au point qu'on les distingue à peine; mais il suffit d'approcher d'eux quelque objet pour les voir aussitôt se bigarrer de taches noires, larges comme le doigt et foncées comme un lavis d'encre de Chine. On a démontré d'une manière certaine que le milieu dont l'animal prend le ton n'a pas d'action directe sur le pigment pour en amener le retrait ou l'épanouissement. Tout prouve, au contraire, que l'influence de ces changements part du cerveau. Si l'on vient, en effet, à aveugler un turbot, les changements de couleur ne se produisent plus. En sectionnant certains nerfs, on obtient dans la région qu'ils innervent des taches noires, par suite de la paralysie des chromatophores (*fig.* 111).

*

. Ne quittons pas le sujet des changements de teintes plus ou moins rapides sans citer le caméléon (*fig.* 112), qui est devenu un emblème à cet égard. En général, il prend une teinte claire à l'obscurité et une teinte foncée à la lumière. Paul Bert, qui a particulièrement étudié cet animal, a montré que, dans la peau, il existe deux couches différentes de chromatophores, l'une superficielle, jaune pâle, l'autre plus profonde, allant du brun au noir. Le jeu des chromatophores est le même que celui que nous

Fig. 112. — Le caméléon.
Pourrait servir d'emblème à pas mal de politiciens.

avons décrit chez les poulpes. Paul Bert a montré, en outre, par une expérience élégante, que les changements de couleur sont bien dus à la puissance de la lumière : un caméléon étant au repos, on interpose entre lui et le soleil une feuille de carton percée de trous de forme différente. Au bout de peu de temps, on enlève la feuille, et l'on voit sur la peau du caméléon les trous des cartons repro-

duits en une teinte foncée, parce que ce sont les points qui sont éclairés. Dans nos pays, les changements de robe du **caméléon** sont insignifiants et la gamme des couleurs qui parcourt sa peau est très restreinte, allant du gris et du vert clair au brun verdâtre.

Sous le ciel d'Afrique, dit Pouchet, leur livrée change incessamment, quoique dans une gamme peu étendue. Tantôt l'animal offre un rang de larges taches alignées sur les flancs, tantôt toute sa peau se sème de moucheturces comme celle des truites, ou bien c'est un piqueté à grains très fins qui prend leur place. Parfois, on voit les mêmes figures se dessiner en clair sur fond brun, qui, un instant auparavant, apparaissaient en brun sur fond clair, et ainsi tant que dure le jour... Nous nous souvenons d'avoir vécu pendant plusieurs semaines sur le Haut-Nil en compagnie de deux caméléons qu'on laissait à peu près libres dans la barque. Ils étaient simplement attachés l'un à l'autre par un bout de ficelle, et, ne pouvant s'éloigner, soumis par conséquent aux mêmes influences ; ils ne cessèrent d'offrir un contraste de coloris qui attachait par sa variété même ; mais le soir, quand ils dormaient sous les barreaux d'une chaise dépaillée où d'un commun accord ils avaient élu domicile, ils devenaient de la même couleur pour tout le temps de leur sommeil, un beau vert d'eau qui ne variait pas. La peau se reposait comme le cerveau.

* * *

Certains animaux changent de couleur soit pour effrayer leurs ennemis, soit pour exprimer leur « état d'âme ». Un exemple facile à observer se rencontre chez les épinoches, ces petits poissons si communs dans nos mares. Quand on les met dans un aquarium, ils entrent dans une grande colère, nageant dans tous les sens, et vont se cogner si fort aux parois que certains en périssent ; puis le calme se rétablit lentement et ils finissent par vivre comme si de rien n'était. Mais il ne faut pas les exciter, car ils sont d'une irritabilité sans pareille ; leur colère se manifeste par des changements de couleur. Voici ce que dit Brehm : Les diverses passions exercent une grande influence sur la coloration des épinoches. La colère du vainqueur transforme la couleur vert argenté de son corps en teintes les plus vives ; le ventre et la mâchoire inférieure deviennent d'un rouge vif, le dos passe du jaune rougeâtre au vert clair ; l'œil luit d'un vert d'émeraude. Cette coloration ne dure parfois qu'un instant, et, le vainqueur est-il vaincu à son tour, il pâlit de suite, tandis que l'adversaire, de gris, de terne qu'il était, revêt immédiatement sa brillante parure de triomphateur. Even a fait à ce sujet de nombreuses et curieuses observations, et rien qu'en voyant la coloration de ses petits hôtes, il pouvait savoir quels étaient, pour ainsi dire, les sentiments qui les faisaient agir. Tout mâle qui s'était emparé de la place qui lui convenait était paré des plus brillantes couleurs ; ceux qui aspiraient à prendre cette place de gré ou de force étaient également parés ; si, brusquement, une épinoche, soit un mâle, soit une femelle, devenait d'un rouge rosé, on pouvait affirmer qu'elle se préparait au combat ; si la coloration disparaissait soudain, il était certain que l'animal avait échoué dans son entreprise et que, tout honteux de sa défaite, il devenait humble, ainsi que cela convient à un vaincu. Lorsqu'un animal paré de toutes ses couleurs était brusquement placé dans un autre bassin, la parure disparaissait de suite et ne revenait pas tant que la bête était au repos. Parfois, cependant, les épinoches isolées ainsi se coloraient brusquement, sans qu'on pût bien exactement en savoir la cause ; essentiellement irritable et despote, l'épinoche prenait feu et se mettait en colère contre un roseau agité par le vent, contre un grain de sable ou un caillou qu'elle ne trouvait sans doute pas bien placé, parfois contre l'ombre de l'observateur.

Pendant tout le temps que le mâle construit son nid, on assiste à des changements de teintes très remarquables. L'épinoche qui, naguère encore, était d'une couleur verdâtre assez terne se revêt d'une brillante livrée : le dos devient d'un beau vert émeraude, l'œil devient plus vif, l'abdomen et les joues se couvrent du plus beau rouge vermeil.

CHAPITRE XVIII

Lézards curieux.

A côté des caméléons et des orvets, dont nous nous occupons dans d'autres chapitres de cet ouvrage, le groupe des lézards ou sauriens présente des types curieux.

Le dragon volant et le ptychozoon ont tous deux la peau des flancs dilatée en

Fig. 113. — Le moloch.

Malgré son aspect de foudre de guerre, c'est un timide qui, pour un rien, s'enfonce dans le sable, comme un poltron qu'il est.

une large membrane qui réunit les pattes. Grâce à ce parachute, ils peuvent s'élancer d'un lieu élevé et atterrir sur le sol sans chocs brusques.

Le chlamydosaure a le cou garni d'une sorte de bouclier qu'il étale pour se défendre.

Le moloch (*fig.* 113), bien dénommé « diable épineux », a un aspect encore plus étrange, avec son corps couvert de piquants assez analogues à ceux du rosier et simulant sur la tête des sortes de cornes. Dans la Nouvelle-Hollande où il vit, il s'enfonce fréquemment dans le sable, à une faible profondeur, et se chauffe au soleil. Malgré son aspect terrifiant, c'est un animal inoffensif qui se contente de manger des fourmis et ne se défend même pas quand on cherche à le prendre. Ce qui prouve, entre parenthèses, qu'il ne faut pas se fier aux apparences.

Les phrynosomes (*fig.* 114), bien qu'hérissés également d'épines, sont moins horribles ; ils présentent une particularité remarquable. Sir J. Wallace avait raconté, il y a déjà plus de vingt ans, que les phrynosomes étaient doués de la singulière propriété de faire jaillir du sang de leurs yeux.

En certaines circonstances, dit-il, dans un but évident de défense, le phrynosome fait jaillir d'un de ses yeux un jet de liquide d'un rouge éclatant, qui ressemble à s'y méprendre à du sang. J'ai constaté trois fois cet étrange phénomène sur trois individus, mais j'ai vu d'autres animaux qui ne se comportaient pas ainsi ; l'un d'eux fit jaillir le liquide sur moi-même placé à près de quinze centimètres de distance de ses yeux ; un

Fig. 114. — Le phrynosome.
Un être qui a la propriété de projeter par les yeux du sang sur ses ennemis !

autre fit sourdre du sang lorsque je brandis devant lui, et à peu de distance, un couteau brillant. Ce liquide doit provenir des yeux, parce que je ne saurais imaginer un autre endroit d'où il puisse sortir.

Il est regrettable que Wallace, observateur excellent, n'ait pas poussé plus loin ses recherches. Aussi le doute est-il venu à l'esprit des naturalistes. Ce phénomène paraissait tellement extraordinaire que l'on mit en doute les observations du savant anglais et que le liquide projeté, si tant il était vrai qu'il existât, fut considéré comme le produit de la glande lacrymale. Celle-ci, au lieu de sécréter des larmes incolores, aurait bien donné un liquide rouge et pouvant être projeté au loin ; considéré ainsi, le phénomène ne présentait plus rien d'extraordinaire. Mais les observations récentes vont nous montrer qu'il faut en rabattre de cette opinion. M. Hay, de Washington, ayant eu la curiosité de se procurer un phrynosome, le trouva un jour en train de muer, c'est-à-dire de changer de peau. Croyant activer l'opération, il plongea l'animal dans l'eau et ne fut pas peu étonné de voir l'eau se couvrir de quatre-vingt-dix taches, qu'il examina au microscope : la présence de globules sanguins indiquait que c'était bien du sang. Il sortit l'animal du bain, le laissa sécher, puis l'excita vivement ; il vit de suite un jet de sang sortir de l'œil droit et venir ruisseler sur sa main. Deux observations analogues et aussi authentiques ont été recueillies en Californie. Un fait curieux, c'est que deux fois le jet de sang fut projeté dans l'œil de l'observateur, qui en fut légèrement enflammé. Est-ce un pur hasard, ou bien l'animal avait-il bien réellement visé ? S'il en était ainsi, il aurait agi comme ces voleurs qui, se sentant poursuivis de près par les gendarmes, leur jettent du poivre à la figure pour les aveugler momentanément. Quoi qu'il en soit, il est un fait aujourd'hui certain, c'est que les phrynosomes peuvent faire jaillir de leurs yeux un jet de sang, de plus d'une cuillerée à café parfois, et que très probablement ce phénomène est un moyen de défense.

Citons encore, parmi les sauriens intéressants, l'héloderme, dont la morsure est venimeuse ; le chirote canaliculé, qui, allongé comme un serpent, présente deux toutes petites pattes antérieures ; et l'amphisbène blanche, qui, elle, comme l'orvet, n'a plus de pattes du tout.

CHAPITRE XIX

Les bêtes bien emmitouflées.

C'est un fait presque général que la toison des mammifères devient plus épaisse en hiver, à l'exception cependant de l'homme, qui doit se raser plus souvent pendant les beaux jours que durant la mauvaise saison. Cet épaississement est dû à l'allongement des poils déjà existants ou, après la mue, à la formation de longs appendices pileux et l'apparition entre eux de poils plus petits, plus moelleux. Ce phénomène, évidemment en rapport avec le froid, est particulièrement net chez certaines espèces, auxquelles, pour cette raison, on fait la chasse dans le but de s'approprier leurs fourrures.

L'habitude de porter des fourrures — j'entends des fourrures *très travaillées*, et non de simples peaux de bêtes comme en portait l'homme préhistorique et en portent encore aujourd'hui les pauvres gens des campagnes — cette habitude, dis-je, si répandue aujourd'hui dans toutes les classes de la société, n'est pas aussi ancienne qu'on le croit généralement. Elle ne date guère, en effet, que du terrible hiver 1879-1880 : on apprécia combien la chaleur que donnent les fourrures est agréable, et le cachemire de nos mères disparut. Les années suivantes, le froid fut moins considérable, mais la mode des fourrures continua. D'abord réservées à la classe aisée, les fourrures ne tardèrent pas à se « démocratiser » et, aujourd'hui, on peut dire que tout le monde en porte... vraies ou plus ou moins truquées. Aussi croyons-nous intéressant de donner ici quelques renseignements sur leur commerce et les principaux animaux qui les fournissent.

Le plus grand « gisement » de fourrures que l'on connaisse est certainement la Sibérie, où une grande partie de la population est occupée à leur récolte. Les produits de la chasse y ont trois débouchés. Le plus important est la foire d'Irbit qui se tient en février dans la petite ville de Lerm (versant oriental de l'Oural). En 1891, on y a vendu 4 500 000 peaux d'écureuils, 72 600 de renards et 12 500 de zibelines. De 1890 à 1892, les transactions se sont élevées à près de 6 millions et demi. Le deuxième débouché est la foire de Kiakta située sur la frontière sino-russe ; on y vend surtout aux Chinois des hermines et des petits-gris. Enfin, le troisième débouché est relatif aux peaux récoltées dans le Kamtchatka et les régions de l'Anadyr et de l'Amour : les peaux sont achetées par l'*Alaska Commercial Company* et transportées à Londres. Quant à la foire de Nijni-Novgorod, que l'on s'étonnera peut-être de ne pas voir citer en première ligne, ce n'est qu'un marché de seconde main, sauf pour l'astrakan et les peaux de la Russie boréale. Surtout, sous prétexte de bon marché, n'y allez pas acheter des pelisses toutes façonnées, car la plupart ont été confectionnées en France ou à Londres et ont ainsi deux voyages à solder.

*
* *

Une des fourrures les plus importantes est celle de la zibeline (*fig.* 115), qui se rencontre surtout en Asie, mais dont l'ère de dispersion diminue chaque jour. Elle ne diffère que peu de la marte ordinaire ; le cou est seulement un peu plus allongé,

Fig. 115 — La zibeline.

Comme on s'aperçoit à son air fier qu'il a conscience, le bêta, de la beauté de sa fourrure. Il ne voit pas que c'est à elle qu'il devra sa perte.

les oreilles plus grandes, la queue plus courte, la fourrure plus brillante et plus molle.

Voici, d'après Brehm, quelques renseignements sur sa chasse. Celle-ci rapporte beaucoup quand elle est heureuse, mais cette chasse est accompagnée de beaucoup de dangers. Plus d'un chasseur laisse sa vie dans les déserts couverts de neige de ces contrées ; une tourmente vient subitement lui enlever tout espoir de revoir les siens. Une constitution des plus robustes et une expérience consommée peuvent seules le sauver. Chaque année apporte son contingent de victimes.

Les chasses n'ont lieu que du mois d'octobre au 15 novembre, ou au commencement de décembre, parce qu'au printemps les zibelines muent, et que leur poil est très court en été : au commencement de l'automne, il n'est même pas toujours très fourni. Les hardis chasseurs se réunissent en compagnies, quelquefois de quarante hommes ; pendant le voyage, les chiens tirent les traîneaux sur lesquels sont chargées les provisions pour plusieurs mois. La chasse commence alors ; les chasseurs, chaussés de patins, poursuivent la zibeline jusqu'à ce qu'ils l'aient aperçue ou qu'ils aient connaissance de son gîte. Découvre-t-on une zibeline dans un terrier, dans le creux d'un arbre, on dresse un filet tout autour, et on la fait sortir de sa retraite ; ou bien on abat l'arbre, et l'on tue l'animal à coups de flèches ou à coups de fusil. Mais on préfère prendre la zibeline dans des pièges qui n'endommagent pas sa fourrure. Les chasseurs emploient plusieurs jours à mettre ces pièges en ordre ; ce sont des trébuchets élevés au-dessus du sol, ou des pièges creusés dans la terre, entourés de pieux et recouverts de planches pour empêcher la terre de les remplir ; il leur faut, de plus, les visiter continuellement, car il peut se faire qu'un renard bleu ou un autre animal ait complètement dévoré la zibeline, moins quelques lambeaux qui apprennent au chasseur qu'il a perdu, là, quarante, cinquante et même soixante roubles d'argent. D'autres fois, la tourmente s'élève, le surprend, il n'a que le temps de se sauver en abandonnant son butin. La chasse de la zibeline n'est qu'une suite de difficultés de toute espèce. Le temps de la chasse fini et en attendant l'époque du retour, qui est celle du dégel des rivières, on prépare les peaux. Quand la compagnie est rentrée au logis, c'est à peine souvent si ses frais sont payés. La chasse a-t-elle été heureuse, les chasseurs (ceux du moins qui sont chrétiens) donnent d'abord à l'église quelques-unes de leurs fourrures ; ensuite, ils payent en nature leur tribut aux agents du fisc ; ils vendent le reste et partagent également les profits.

La fourrure de la zibeline est une des plus anciennement connues et dont la mode ne se soit jamais lassée. On la chassait dès le xiᵉ siècle dans les régions de l'Obi et de la Petchora, où venaient se rassembler des chasseurs de tous les pays, voire même des Arabes. Jusqu'au xviiᵉ siècle, les chasseurs étendirent peu à peu leur champ de bataille et la conquête de la Sibérie ne fut, en somme, qu'une longue chasse à la zibeline. Les Cosaques, au nom du tsar, imposaient aux indigènes un tribut, appelé *Iassak*, consistant surtout en fourrures. Ils chassaient eux-mêmes, ou plus souvent laissaient ce soin aux indigènes et leur échangeaient ensuite leurs peaux contre de menus objets, un couteau ou une cuillère par exemple.

Cette coutume de l'Iassak s'est prolongée jusqu'à nos jours. Les Ostiaks, les Samoyèdes, les Toungouses, les Iakoutsks, les Tchouktchis payent leurs impôts, non en argent, mais en peaux. Les plus belles sont pour la famille impériale ou pour les cadeaux aux nations étrangères ; les autres sont vendues au profit du trésor russe.

Toutes les peuplades de l'extrême nord de l'Asie russe se livrent à la chasse aux zibelines, aux martes, aux écureuils, aux gloutons, aux hermines. Ils se servent pour cela de fusils à pierre ou de flèches munies d'une boule pour ne pas abîmer les fourrures.

Cette chasse acharnée, faite depuis des siècles aux animaux à fourrures, a eu naturellement pour conséquence une diminution très sensible dans les produits de la chasse. Aujourd'hui, plusieurs espèces sont menacées d'une extinction prochaine et ont même déjà disparu de certaines régions. La zibeline notamment devient de plus en plus rare ; dans une partie de la vallée de l'Obi elle a été détruite, et dans la Sibérie orientale on en constate une diminution rapide très considérable. En 1825, on vendit au marché d'Iakoutsk 18 000 peaux de cet animal ; en 1830, seulement 6 000 ; en 1884, cette immense province, dont la superficie est égale à dix fois celle de la France, n'a produit que 430 de ces peaux. A la foire d'Irbit, de 1850 à 1870, le contingent de zibelines a diminué de près des neuf dixièmes. Tous les produits de leur chasse, les indigènes les portent à des marchés où ils les échangent contre des marchandises et des denrées européennes. Ces foires se tiennent dans de petits postes russes perdus dans les solitudes de la Sibérie septentrionale, telle par exemple celle d'Obdorsk, située près de l'embouchure de l'Obi, à plus de 500 lieues au nord de Tobolsk. Peu de spectacles sont aussi pittoresques que celui de ces marchés. Au milieu d'une immensité blanche, mettez quelques baraques en bois dominées par les clochetons bulbeux d'une église grecque; à l'entour une ville de tentes en peaux, et dans ce cadre une foule étrange emmaillotée d'épaisses fourrures et un va-et-vient constant de traîneaux de rennes. Non moins extraordinaires que le paysage sont les transactions; jamais l'acheteur ne remet de l'argent au vendeur : toutes les opérations consistent en troc, et, pour ces échanges, la peau du petit-gris est prise pour unité monétaire. Dans la Sibérie orientale, où les derniers établissements des Slaves sont encore très éloignés du pays des Tchouktchis, les négociants doivent entreprendre des voyages qui durent souvent un an pour récolter les fourrures, et quels voyages! Les prix représentés par la valeur des marchandises données aux indigènes en échange de leurs pelleteries sont naturellement très bas. A la foire d'Obdorsk, en 1881, la peau du renard blanc valait 7 fr. 50, celle du renard bleu 25 francs, l'hermine et le petit-gris étaient payées environ 50 centimes; par contre, huit peaux de renard noir ont atteint la valeur, énorme pour le pays, de 75 francs. Une fourrure entièrement noire de ce renard peut, sur ces marchés polaires, arriver au prix de 500 à 600 francs. Ces transactions si singulières constituent la première étape dans la longue série des transactions par lesquelles passent les fourrures avant d'arriver sur notre dos. (Charles Rabot.)

En 1893, l'*Alaska Company* a envoyé en Angleterre 21 000 peaux de zibelines. Les plus belles valent plus de 800 francs.

*
* *

D'après les renseignements recueillis par le *Moniteur officiel du commerce*, la persiane et l'astrakan sont deux fourrures fort différentes. La première est de beaucoup supérieure à la seconde en prix, en élégance et en solidité. Elle provient de la toison des agneaux de Perse. On l'obtient de la manière suivante. Aussitôt que la bête est née, les éleveurs persans l'entourent d'un drap ou d'une étoffe résistante dont les deux extrémités sont maintenues autour du corps à l'aide d'une couture, la tête et les pattes de l'animal restant libres. Ce procédé a pour but d'empêcher la laine de croître, de la presser, pour ainsi dire, entre l'étoffe et le corps de l'agneau et de lui donner cet aspect couché, aplati et bouclé qui donne plus tard à la fourrure une si grande valeur. La bête est laissée dans cette situation pendant quinze jours, période de temps jugée suffisante pour obtenir le résultat désiré. De temps en temps, on l'arrose d'eau chaude, on lisse le dos et le ventre avec la main. Les deux semaines écoulées, les agneaux sont tués. On en enlève les toisons et on les soumet à l'œil connaisseur des agents que les maisons de Leipzig entretiennent à Téhéran, à Tauris, à Ispahan et ailleurs. Ceux-ci les expédient à Moscou et à Nijni-Novgorod, où les fourreurs allemands vont les chercher à l'époque des foires. Quant à l'astrakan, ce n'est plus une toison d'agneau, mais bien de mouton plus ou moins jeune. Il forme un tout beaucoup moins uni, présente au regard une succes-

sion de pompons frisés, laissant parfois entre eux de l'intervalle. On la tire de la
Perse et aussi des provinces russes d'Astrakan, de la Crimée et de l'Ukraine. C'est
également aux foires russes qu'on l'expédie et que les industriels allemands se
rendent pour faire leur choix. Les peaux de Persiane et d'Astrakan, à l'état brut, se
vendent par paquets de dix peaux, lesquels valent, suivant la qualité, de 100 à
250 francs. Mais tout n'est pas dit. Reste l'opération de la teinture, du lustre et de

Fig. 116. — Le renard bleu.

Sa fourrure est très cher ou très bon marché suivant la saison, mais toujours elle donne du fil à retordre
aux « trappeurs ».

l'apprêt qui vaut à Leipzig, depuis si longtemps, le monopole de ce commerce
spécial. La teinture en noir est un travail des plus délicats. A l'odeur et au
toucher, on reconnaît, paraît-il, immédiatement si c'est bien en Saxe qu'il y a été
procédé.

Le renard est un des animaux dont la fourrure change le plus avec les saisons et
les localités ; par un phénomène de mimétisme, elle est adaptée à la couleur du
milieu où vit l'animal. L'une des plus belles variétés est celle dite *argentée* dont la
toison varie du noir le plus pur au noir présentant des reflets argentins. Une belle
peau de cet animal vaut de 1 800 à 3 000 francs ; si toute la robe est argentée com-

plètement, elle ne vaut que 200 francs ; à Londres on en vend en moyenne de 1 500 à 2 000 par an. Le renard croisé, très apprécié en Russie, atteint 180 francs au maximum : on en a vendu 7 000 à Londres en 1894. Les autres variétés de renards donnent aussi un contingent important au commerce des pelleteries ; c'est ainsi qu'en 1893 on a vendu, sur le seul marché de Londres, 800 000 renards d'Europe et 100 000 renards rouges : les meilleurs viennent du Labrador et valent de 20 à 37 francs. On les teint facilement en noir, ce qui leur donne une valeur beaucoup plus considérable.

Le renard bleu ou isatis *(Vulpes lagopus) (fig.* 100) mérite une mention spéciale, car il donne une fourrure de grand luxe, et ses mœurs sont moins connues du public que celles du renard ordinaire. Son corps a 66 centimètres de longueur et sa queue 33 centimètres. Les oreilles sont petites et rondes, les pattes courtes, le museau obtus. Les variétés en sont nombreuses et un même animal change de couleur dans la même année : en été, il est ordinairement couleur de terre ou de rocher ; en hiver, couleur de neige ou bleu de glace. On ne le rencontre que dans les régions polaires.

C'est un animal très carnassier, qui se nourrit de tous les animaux vivants plus faibles que lui et dont il fait un grand carnage. Éloigné des maisons, il ne s'en rapproche que lorsqu'il n'a plus rien à se mettre sous la dent, et alors y pénètre, volant non seulement des victuailles, mais encore des objets qui lui sont inutiles comme des vêtements et des bottines. Quand son butin est trop considérable, il enterre le surplus et ratisse la terre à la surface, si bien qu'on ne peut deviner sa cachette.

Steller ne tarit pas d'anecdotes sur l'importunité des renards bleus qu'il a observés à l'île de Behring.

Ils observaient toutes nos actions, nous accompagnant partout. La mer rejetait-elle un animal ? ils le dévoraient avant qu'un de nous eût eu seulement le temps d'arriver ; s'ils ne pouvaient tout manger, ils enlevaient le reste à nos yeux, le transportaient dans la montagne, l'y enfouissaient sous terre ; pendant ce temps, les autres faisaient sentinelle pour signaler l'approche de l'homme. Si quelqu'un s'approchait, ils creusaient tous le sol, y enterraient un castor, un ours blanc, et si bien qu'on n'en pouvait plus trouver la place. La nuit, lorsque nous dormions en plein air, ils nous enlevaient nos bonnets, nos gants, des peaux qui nous servaient de couverture ; nous nous couchions sur les castors que nous avions abattus, pour qu'ils ne vinssent pas nous les voler, et, sous nous, ils leur dévoraient les entrailles ; nous ne nous endormions qu'avec un bâton sous la main pour pouvoir chasser ces hôtes incommodes. Lorsque nous faisions une halte, ils nous attendaient, jouaient mille tours sous nos yeux ; puis, s'enhardissant de plus en plus, s'approchaient jusqu'à ronger le cuir de nos chaussures. Si nous nous couchions comme pour dormir, ils venaient nous flairer au nez pour voir si nous étions morts ou non ; si nous retenions notre souffle, ils cherchaient à mordre. A notre arrivée, ils mangèrent à nos morts le nez et les doigts pendant que nous creusions leurs fosses ; ils attaquèrent aussi nos malades et nos blessés... Le plus amusant était d'en tenir un par la queue, et de la lui couper tandis qu'il tirait de toutes ses forces pour se sauver, il faisait alors quelques pas, et tournait plus de vingt fois en rond... Quand ils ne pouvaient se servir d'un objet nous appartenant, d'un vêtement par exemple, ils urinaient dessus, et aucun ne passait sans faire la même chose.

Les peaux de la variété blanche sont les plus communes et ne valent que de 3 à 20 francs : on en importe de 25 000 à 60 000 par an du Groenland, du Nord-Amérique et de Sibérie. La variété bleue est beaucoup plus estimée : en 1888, elles ne valaient pas moins de 300 à 350 francs. On en vend en moyenne 4 000 à Londres, 1 000 à Copenhague et 2 000 à Irbit.

La peau du vison est bien connue pour sa solidité et son prix peu élevé : on peut en avoir une, à Londres, pour 50 centimes. Les plus belles ne dépassent pas 27 francs. Le vison rappelle un peu la belette par son aspect général ; son corps est long de 36 centimètres avec une queue de 19 centimètres. Les pattes sont courtes et le museau allongé. Il habite les bords rocheux et couverts de roseaux des lacs et des cours d'eau. Il nage avec une grande facilité. On le prend surtout à l'aide de pièges. La Compagnie de la baie d'Hudson a vendu 46 000 peaux de vison en 1895. A Lampson, on en vend environ 200 000.

*
* *

La loutre d'Europe se vend 37 francs et celle d'Amérique 72 francs. On en vend plus de 20 000 par an. Son pelage est épais et court. On sait que la loutre vit à peu près constamment dans l'eau douce, où elle mange beaucoup de poissons. Elle est peu abondante sur les marchés parce qu'on ne la prend guère qu'accidentellement.

Le castor y devient aussi de plus en plus rare. On sait qu'il a complètement disparu d'Europe, ou à peu près, et qu'on ne le trouve plus que dans l'Amérique boréale Là, encore, le nombre de peaux que l'on en rapporte diminue tous les ans. Néanmoins, en 1895, on a compté environ 60 000 peaux.

Par opposition avec les deux précédentes fourrures, celles du vison d'Amérique et du petit-gris sont extrêmement abondantes. Le vison d'Amérique n'est autre que le rat musqué auquel on a retiré son nom peu attrayant. On s'en sert, en même temps que les peaux de lapin, pour imiter un grand nombre de fourrures précieuses : les plus belles ne valent que 1^{fr},25 à 1^{fr},75. Quant au petit-gris, ce n'est pas un animal fantastique comme son nom le laisse supposer, mais tout simplement le gentil écureuil de nos bois dont la toison devient de plus en plus grise à mesure que l'on va vers l'Est. Il est surtout gris dans l'Oural ; mais, sur les bords de la Léna, il devient bleuâtre et enfin presque noir dans la province d'Okhotsk. L'écureuil rouge de nos contrées est également employé. Le petit-gris est un animal très prolifique, ce qui fait que sa population ne diminue pas, malgré les hécatombes que font les trappeurs. La Russie et la Sibérie ne produisent pas moins de 5 millions de peaux : le principal marché se tient à Leipzig, où les Allemands les achètent, pour les préparer, ce qu'ils savent fort bien faire.

Nous ne parlerons pas des peaux de rennes et d'ours qui sont peu employées, sauf pour faire des tapis.

*
* *

L'Alaska est un riche pays à fourrures. En 1770, on n'y récolta pas moins de

16 000 loutres de mer, 23 000 zibelines, 2 400 renards noirs, 14 000 renards rouges, 36 000 renards bleus et 25 000 phoques. Depuis, le nombre de ces animaux a beaucoup décru, mais il est encore respectable, surtout en ce qui concerne les phoques, dont la chasse a été réglementée.

Ces phoques à fourrures ont été la cause d'un grave différend en 1894 entre les États-Unis, qui avaient acheté l'Alaska à la Russie, et l'Angleterre. Le tribunal arbitral, réuni à Paris, mit les parties d'accord... sauf les phoques. La réglementation de la chasse ne peut être comprise que si l'on connaît les mœurs très curieuses de ces précieux animaux, dont la peau vaut parfois près de 1 000 francs.

Il y a deux espèces de phoques dans la mer de Behring : le lion marin *(Otaria Stelleri)* et le phoque à fourrure proprement dit *(Callorhinus ursinus)* dont les poils larges recouvrent un poil dru, fin et soyeux. Ils vivent en bandes innombrables, qui, en été, viennent se rassembler dans certaines régions bien connues et toujours les mêmes, connues sous le nom de *rookeries :* ce sont, dans la mer de Behring, les îles du Commandant (à la Russie) et les îles Pribylov (aux États-Unis) ; dans la mer d'Okhotsk, le récif Robben (à la Russie) et, dans le Pacifique, les îles Kouriles (au Japon).

Tous ces phoques passent l'hiver en Californie et sur les côtes du Japon. Ce n'est que pour se reproduire qu'ils viennent dans les *rookeries.* Ce sont les mâles, beaucoup plus grands que les femelles, qui arrivent les premiers, à la fin d'avril, et cherchent un endroit à leur convenance. Les femelles n'arrivent qu'au mois de juin, par troupes d'une centaine environ ; elles sont suivies par de jeunes mâles.

Aussitôt l'arrivée des femelles, les gros mâles, les *bulls* comme on dit là-bas, se livrent des combats terribles pour leur possession. Les vainqueurs s'organisent de véritables harems de 20 à 40 sultanes sur lesquelles ils veillent avec un soin jaloux, ne leur permettant de s'éloigner que peu de leur aire. Quant aux jeunes mâles, ils sont bien obligés de vivre seuls ; mais ils prendront leur revanche l'année suivante.

Les femelles ne tardent pas à donner naissance à un seul petit chaque année. Elles l'allaitent avec une grande sollicitude et ne permettent pas qu'aucune autre femelle y touche. Quand l'une d'elles revient de la mer où elle a été chercher sa nourriture, mère et nourrisson se reconnaissent très bien et manifestent une joie des plus vives.

Les mâles n'atteignent leur complet développement qu'au bout de sept ans et pèsent alors 250 kilogrammes. Au bout de quatre ans, les femelles pèsent 35 à 40 kilogrammes et, à partir de ce moment, ne grandissent plus.

Les célibataires forment, dans les *rookeries*, des agglomérations à part ; mais à plusieurs reprises, ils tentent de conquérir les femelles, ce à quoi ils arrivent surtout à la fin de la saison, époque à laquelle les *bulls* sont fatigués et se relâchent de leur surveillance sur leur harem.

Aux Pribylov, le seul rassemblement vraiment important de ces amphibies, les célibataires, formés en colonnes compactes, poussés par un irrésistible instinct, tente sans trêve ni repos la conquête des harems. Les vieux bulls, incapables de repousser cette masse toujours ascendante, sont contraints de lui abandonner une sorte de sentier par lequel s'effectue un défilé sans fin. Malheureusement pour les célibataires, le défilé aboutit toujours au sommet escarpé d'une falaise, et, comme ceux qui l'atteignent sont dans l'impossibilité de rebrousser chemin, ils sont, comme Télémaque, précipités dans la mer, et parfois sur des pointes de rochers sur lesquels quelques-uns se tuent ou se blessent. Le plus grand nombre sortent pourtant intacts de l'effroyable culbute, et aussitôt faisant à la nage le tour de l'île, les jeunes phoques reviennent à leur point de départ, pour parcourir une deuxième, une troisième, une quatrième fois la voie douloureuse. (Planchut.)

Il y a deux modes de chasse aux phoques, l'un ancien, l'*abattoir;* l'autre plus récent, mais déplorable, la *chasse pélagique* ou de *haute mer.* Voici, d'après M. Poirrier, des détails circonstanciés sur le premier de ces procédés.

Voici comment se pratique l'abatage. On a remarqué que les jeunes mâles célibataires, formés en troupeaux, sortent de l'eau surtout par les temps humides et brumeux et se promènent en certains endroits qu'on appelle champs de halage. C'est là que les indigènes se rendent pour procéder à la *promenade,* c'est-à-dire pour pousser le troupeau de phoques jusqu'au lieu choisi comme abattoir. Les hommes avancent doucement, se glissent sans bruit entre le troupeau et la mer, puis tout à coup se mettent à gesticuler et à pousser des cris. Les phoques surpris se pressent, d'abord confusément, marchent les uns sur les autres, et s'amoncellent parfois en amas énormes où plusieurs sont étouffés. Mais bientôt le troupeau finit par se débrouiller et les malheureuses bêtes, au comble de la frayeur, fuient sans résistance devant les hommes. Les phoques s'acheminent à travers les rochers raboteux et pointus, les pierres roulantes, les couches de sable épaisses, les touffes de mousse, s'agitant violemment, faisant des efforts musculaires prodigieux pour accélérer leur course; mais leurs membres conformés en nageoires ne sont guère propres à cette gymnastique. Il arrive souvent que, haletants, pantelants, ils sont contraints de s'arrêter pour reprendre haleine. Ce n'est qu'au bout de plusieurs heures de ce douloureux calvaire, que le troupeau a parcouru les 4 ou 5 kilomètres qui séparent l'abattoir du champ de halage.

Les phoques se laissent docilement rassembler en petits groupes ou *pods.* Les sacrificateurs, armés de longs gourdins de 5 à 6 pieds terminés en massue, abattent d'un seul coup porté sur la tête les bêtes que le chef a désignées. Les phoques épargnés peuvent regagner la mer. A un nouveau signal du chef, les victimes sont frappées au cœur d'un coup de couteau afin que leur sang s'écoule jusqu'à la dernière goutte et ne tache pas les peaux pendant le dépeçage. Cette dernière opération, bien que délicate, ne demande que quatre minutes, tant les opérateurs sont exercés. Il paraît d'ailleurs que leurs instruments ont des lames aussi tranchantes que celles des instruments de chirurgie. Les carcasses sont ensuite portées à dos d'hommes sur les dunes. Il arrive parfois que, pendant le transport, l'animal dépecé mord, dans un dernier spasme, la jambe de celui qui le porte. Quant aux immondes charniers où les carcasses s'entassent par milliers et d'où se dégagent les émanations les plus infectes, il ne semble pas que, jusqu'ici, ils aient fait de mal à personne.

Les peaux, transportées dans des cabanes dites « maisons de sel », élevées au voisinage du champ de massacre, sont de nouveau examinées, triées avec soin, saupoudrées de sel et portées à bord des bateaux. Autrefois les Russes séchaient les peaux ; la salaison est incomparablement plus rapide et permet d'expédier aisément 100 000 peaux, alors qu'on arrivait péniblement à en préparer 50 000 par le séchage. En Europe, les peaux salées sont préférées ; mais les Chinois n'acceptent que les peaux séchées. Le procédé de l'abattoir serait, en somme, rationnel s'il ne sacrifiait pas plus d'animaux qu'il ne fournit de peaux. Mais il est certain que, outre les animaux qui succombent dans le parcours, beaucoup des mâles trop jeunes ou trop vieux, qui ont été dédaignés à l'abattoir, ne survivent pas aux fatigues qu'ils ont endurées, aux blessures externes ou internes qu'ils se sont faites. Le choix des peaux, conséquence naturelle de la taxe par unité qui frappe les moins belles comme les plus parfaites et ne se payent que sur les peaux embarquées, est un élément sérieux de dépopulation introduit par l'exploitation américaine. Les Russes, qui ne payaient pas de taxe, utilisaient toutes les peaux, et leur œuvre de destruction était en outre atténuée par la lenteur du séchage.

Quant à la chasse pélagique, inaugurée en 1886, elle consiste à aller chasser les phoques dans la mer en les harponnant ou en les tuant à coups de fusil. On choisit pour cela ceux d'entre eux qui dorment à la surface de l'eau et dont on peut par suite s'approcher pour les bien viser.

Actuellement le nombre de phoques que l'on peut abattre tous les ans, en juin, juillet, septembre et octobre, est limité à 100 000. La Compagnie fermière aux îles Pribylov payait autrefois aux États-Unis un droit de 10 francs par peau : cette taxe a ainsi rapporté, de 1870 à 1881, la somme de 16 millions. En 1890, la Compagnie paye un droit fixe de 276 000 francs, plus une taxe de 53 fr. 75 par phoque abattu.

*
* *

La loutre de mer (Enhydris marina) (fig. 117) est relativement rare. Cependant, en 1893 et 1894, MM. Lampson en ont vendu environ 1 500 exemplaires. C'est une fourrure de grand luxe : en 1891, une peau valait 1 500 francs. En 1895, on en a vu vendre à 3 000 ou 4 000 francs. Par son aspect général, on peut dire que cet animal est intermédiaire entre la loutre ordinaire et les phoques. Son corps est allongé (1m,30), terminé par une queue de 30 centimètres, et porte des pattes courtes, palmées et munies de griffes. Sa fourrure, bien noire, ressemble à du velours. Un naturaliste voyageur, Steller, nous a laissé sur elle plusieurs renseignements :

La fourrure de la loutre de mer dépasse en beauté toutes les fourrures de castor. Les meilleurs se vendent au Kamtchatka trente roubles, à Iakoutsk quarante roubles et, sur la frontière de Chine, on les troque contre des marchandises d'une valeur de quatre-vingts à cent roubles. La loutre de mer est un animal charmant, aimant à jouer, très caressant. Elle vit en famille. Le mâle caresse la femelle avec ses pattes de devant, dont il se sert comme de mains ; la femelle joue avec ses petits comme la plus tendre mère. Les parents aiment beaucoup leur progéniture ; ils s'exposent pour elle à tous les dangers et, quand on la leur enlève, ils pleurent et gémissent presque comme des enfants. Toute l'année on les rencontre avec leurs petits. La femelle n'en a qu'un par portée. Le petit naît avec toutes ses dents. La mère le porte dans sa gueule, et, arrivée à l'eau, elle se couche sur le dos, et le tient dans ses pattes de devant, comme une nourrice porte son enfant. Elle joue avec lui, l'embrasse, le lance en l'air et le rattrape comme une balle ; le jette à l'eau pour lui apprendre à nager, le prend quand il est fatigué.

Lorsque la loutre de mer a pu échapper au chasseur et gagner un peu le large, elle agit comme si elle se moquait du chasseur, et devient alors très amusante.

Fig. 117. — La loutre de mer.
Malgré son aspect un peu hirsute, ses mœurs sont raffinées, ses gestes charmants et sa fourrure délicieusement douce. Pauvre bête victime de la coquetterie féminine !

Tantôt elle se dresse verticalement dans l'eau, et saute au milieu des flots, une de ses pattes au-dessus des yeux, comme pour les garantir du soleil ; tantôt elle se jette sur le dos ; elle lance son petit à l'eau, le rattrape. Si, au contraire, elle se voit prise, elle gronde et siffle comme un chat en colère. Quand elle reçoit un coup mortel, elle se jette sur le flanc, ramène l'une contre l'autre ses pattes de derrière, et se couvre les yeux avec celles de devant. Morte, elle est étendue, comme un homme, les pattes de devant écartées en croix.

Les mouvements de la loutre de mer sont très gracieux et très prompts. Elle nage à merveille et court rapidement. C'est chose remarquable que plus l'animal est gai, éveillé et rusé, plus aussi sa fourrure est belle. Les loutres toutes blanches qui sont très vieilles probablement, sont très rusées, et ne se laissent prendre que très difficilement. Celles qui ont la fourrure la plus mauvaise et un duvet brun sont paresseuses, endormies, stupides ; elles se couchent sur les rochers ou sur la glace ; leurs mouvements sont lents et on s'en empare avec beaucoup de facilité. En dormant sur la terre, ces loutres de mer s'enroulent comme les chiens. En sortant de l'eau, elles se secouent et se frottent avec leurs pattes de devant. Elles courent rapidement, comme les chats, en faisant beaucoup de tours. Si on leur coupe la retraite vers la mer, elles s'arrêtent, font le gros dos, sifflent et menacent d'attaquer leur ennemi. Mais un seul coup sur la tête suffit : elles tombent comme mortes en se couvrant les yeux avec leur pattes de devant. Lorsqu'elles sont couchées sur le dos, elles se laissent frapper ; mais si on leur touche la queue, elles se retournent et se présentent de front à leur agresseur. Souvent elles simulent la mort au premier coup qu'elles reçoivent et s'enfuient dès qu'on les abandonne. Leur mue a lieu en juillet ou en août ; elles sont alors un peu plus brunes. Les meilleures fourrures se prennent dans les mois de mars, avril et mai.

Au printemps, les Kouriles vont dans la mer jusqu'à dix verstes et plus, en canots montés par six rameurs, un pilote et un chasseur. Quand ils aperçoivent une loutre, ils rament dans sa direction. La loutre fait son possible pour échapper. Quand ils sont assez près, le pilote et le chasseur qui est à l'avant lui tirent des flèches ; s'ils la manquent, ils la forcent néanmoins à plonger, et chaque fois qu'elle reparaît, ils lui lancent une autre flèche. Les bulles d'air qui montent indiquent sa route et guident le pilote. Le chasseur qui est à l'avant ramasse, avec une perche terminée par une sorte de balai, les flèches qui sont à la surface de l'eau. Quand la loutre a un petit, celui-ci est le premier à perdre haleine et se noie ; la mère l'abandonne pour mieux pouvoir échapper elle-même ; on le ramasse dans un canot, où parfois il revient à lui. Mais, enfin, la loutre poursuivie est fatiguée, elle ne peut plus rester sous l'eau ; le chasseur la tue alors à coups de flèche ou à coups de lance.

Si des loutres de mer se prennent dans des pièges, elles se désespèrent au point de se mordre entre elles d'une manière épouvantable. Quelquefois elles se coupent elles-mêmes les pattes, soit par rage, soit par désespoir.

Il n'est rien de plus terrible que le moment de la débâcle ; on chasse les loutres sur les glaçons rejetés par la mer, et on les tue à coups de massue ; souvent à cette époque, il y a de telles tempêtes, une telle tourmente de neige, qu'on peut à peine se tenir sur ses pieds ; le chasseur n'en est point arrêté, et il va même de nuit à la poursuite des loutres. Il n'hésite pas à s'aventurer sur les glaçons agités et soulevés par les flots, armé d'un couteau et d'un bâton, les pieds chaussés de souliers de neige munis de crampons. Il dépouille sur la glace même l'animal qu'il a tué. L'habileté des Kamtschadales et des Kouriles pour cette opération est telle qu'ils en dépouillent ainsi trente ou quarante en moins de deux heures. Mais souvent le glaçon se détache complètement du rivage et il doit tout abandonner pour ne penser qu'à son salut. Il se jette à la nage, une corde attachée à son chien qui le ramène au rivage. Quand le temps est favorable, il s'avance sur la glace, jusqu'à perdre la terre de vue, mais il a toujours soin de prendre garde aux heures de la marée et à la direction du vent.

Au Canada, le produit de la chasse des animaux à fourrures est exploité par une très puissante compagnie, dite de la baie d'Hudson, qui possède 152 verstes réparties en 33 districts. Elle importe en Angleterre environ 800 000 à 1 200 000 peaux par an. Elle ne chasse pas par elle-même, mais se contente de faire des échanges avec les Indiens et les Esquimaux. Les peaux sont ensuite portées par la voie des rivières jusque dans la baie d'Hudson, qui n'est ouverte que pendant peu de temps en été, et dont les glaces font courir de grands dangers aux navires.

A signaler aussi dans les mêmes régions un autre pays à fourrures, le Labrador, dont les produits, renommés pour leur qualité, sont exploités par une société importante, l'*Harmony Company*, dont les membres sont des missionnaires moraves.

**
* **

La Suède, la Norvège, l'Allemagne, voire même la France fournissent aussi

Fig. 118. — La marte.
Excellente pour faire des « tours de cou » très à la mode depuis quelques années.

quelques fourrures parmi lesquelles il faut citer — en outre du lapin et du chat — la marte et l'hermine.

La marte (*fig.* 118) se rencontre dans toutes les régions boisées de l'hémisphère septentrional, aussi bien en Europe et en Asie qu'en Amérique. Sa fourrure est très estimée et « riche » ; on en fait de jolis manchons, des cols et des manchettes. Sa queue sert à border les pelisses et à faire des boas.

Le corps mesure environ 50 centimètres de long et se prolonge par une queue de 30 centimètres. Le dos est brun, les joues, le museau et le front brun clair, les flancs et le ventre jaunâtres, les pattes brun noir, la gorge jaune, la queue brun fauve. La teinte varie d'ailleurs d'une saison à l'autre ; elle est plus foncée en hiver qu'en été. Elle n'est pas non plus la même suivant les climats. En Suède, les martes sont grisâtres ; en Allemagne, brun jaune ; dans le Tyrol, brun foncé, de même qu'en Amérique ; en Lombardie, gris brun clair ou brun jaunâtre ; dans les Pyrénées, claires ; en Macédoine, foncées.

La fourrure de la marte est formée de poils soyeux, longs et raides, disséminés au milieu d'un duvet court et fin.

La marte vit dans les forêts les plus épaisses et les plus sombres. Avec une agilité sans pareille, elle grimpe sur les arbres et se nourrit de toutes sortes de proies vivantes, depuis les rats et les souris jusqu'aux plus petits des oiseaux. Grâce à sa prudence et à sa vivacité, elle s'en empare sans difficulté et l'écureuil lui-même n'échappe pas à ses dents. En général, elle dort tout le jour et ne chasse que la nuit ; elle établit son nid dans le creux des arbres ou, plus rarement, dans une crevasse de rocher.

On chasse la marte au fusil, avec un bon chien, bien mordant et bien courageux, ou mieux au piège, que l'on amorce avec un morceau de pain enduit d'ail, de beurre, de miel ou de camphre. Le meilleur modèle est celui des assommoirs et des souricières.

La Compagnie de la baie d'Hudson, en 1895, a mis en adjudication 103 000 peaux de martes, tandis qu'on en vendait 50 000 à Lampson. Les prix varient, suivant la qualité, de 3 à 52 francs.

Les *kolinski* des fourreurs ne sont que des variétés de la marte *(Martela siberica)*. La valeur des peaux est de 2 fr. 50. La Sibérie en fournit environ 80 000 par an.

Fig. 119. — L'hermine.
Elle « fourre » les majestés, les juges et les professeurs, et n'en paraît point enorgueillie.

L'hermine (*fig.* 119) n'est blanche qu'en hiver, et encore dans certaines localités. Ainsi, en Angleterre, le pelage grisâtre ne fait que pâlir à l'approche de la mauvaise saison, sans jamais atteindre à la blancheur immaculée qui est devenue légendaire. Elle vit dans les bois, où elle s'attaque à la plupart des oiseaux et des petits rongeurs. On la prend à l'aide de pièges. Son pelage ne peut plus, chez nous, servir à orner le manteau des rois, mais il trouve encore un débouché important dans la robe des magistrats et des professeurs de l'Université.

Il ne nous reste plus qu'à citer un certain nombre de fourrures qui ne sont que peu employées. L'Australie nous envoie des peaux de kanguroo, animal que l'on chasse en même temps pour sa chair dont on fait des conserves. Le pelage du kanguroo est abondant, épais, lisse, un peu laineux, d'un brun mélangé de gris. L'avant-bras et la jambe sont jaune clair.

Le hamster, très commun en Europe et en Sibérie, donne une fourrure très utilisable.

*.

La toison des chinchillas (*fig.* 120) était déjà employée par les Péruviens, du temps des Incas, qui en tissaient les poils pour en faire des étoffes très recherchées. Elle n'a été connue en Europe que depuis 1590 ; mais, depuis lors, on l'a beaucoup utilisée. Les chinchillas sont propres à l'Amérique du Sud : ce sont, en somme, des lapins à queue longue et touffue. Leur pelage est fin et mou, d'une teinte générale argentée

avec des reflets foncés. Le ventre et les pattes sont blancs. Voici ce que dit Brehm
au sujet de leurs mœurs : Les voyageurs qui gravissent le versant occidental de
l'Amérique du Sud, arrivés à une hauteur de 2 600 à 3 600 mètres, voient presque
tous les rochers couverts de chinchillas : il en est qui disent en avoir compté plus de
mille en une seule journée. On en voit même en plein jour assis à l'entrée de leurs
demeures, mais constamment à l'ombre. Cependant, c'est principalement le matin
et le soir qu'on peut les observer. Ils peuplent les montagnes, les rochers, les

Fig. 120. — Le chinchilla.
Gentil animal qu'il est vraiment cruel de détruire pour le vain plaisir de rehausser le minois
des élégantes.

endroits les plus arides où ne croissent que quelques maigres plantes. Ils se meuvent avec rapidité, courent sur les rochers les plus nus, grimpent le long des parois
qui ne paraissent offrir aucun point d'appui, et s'élèvent ainsi jusqu'à 6 ou 9 mètres,
et cela avec tant d'agilité que l'on a de la peine à les suivre. Sans être précisément
craintifs, ils ne se laissent pas approcher de trop près ; fait-on mine de vouloir les
aborder, ils disparaissent aussitôt ; sont-ils réunis par centaines sur un point, si un
coup de feu se fait entendre, en un instant tout a disparu comme par enchantement,
dans les crevasses des rochers. Cependant le voyageur qui fait halte dans les hautes
régions qu'ils habitent, et qui ne cherche pas à leur nuire, se voit souvent littérale-

ment assiégé par ces animaux. Toute la roche devient vivante, de chaque trou l'on
voit sortir une tête. Confiants et curieux, les chinchillas se hasardent davantage, ils
sortent enfin et viennent jusque entre les jambes des mulets.

Comme les rats, les chinchillas sautent plus qu'ils ne marchent. Pour se reposer
ils s'asseyent sur leurs tarses, ramassent leurs pattes de devant sur leur poitrine, et
étendent leur queue en arrière. Ils se dressent aussi sur leurs pattes postérieures et
peuvent rester quelque temps dans cette position. Pour grimper, ils entrent leurs
pieds dans les fentes des rochers ; la moindre aspérité leur sert de point d'appui.

Fig. 121. — La viscache.
Animal dont on voit souvent la fourrure sous un nom plus ronflant. A part cela, c'est un mineur acharné
qui bouleverse les champs et collectionne dans son terrier toutes sortes d'objets des plus disparates.

Tous les observateurs s'accordent à dire que ces animaux savent parfaitement
trouver leur vie dans les contrées arides et sauvages qu'ils habitent, et qu'ils dis-
traient et égayent l'homme qui ose se hasarder dans ces régions désertes.

On ne sait rien de positif au sujet de leur reproduction, quoique l'on trouve à
toutes les époques de l'année des femelles pleines. On ignore combien de fois elles
mettent bas. Au dire des indigènes, les portées sont de quatre à six petits, qui vivent
indépendants aussitôt qu'ils peuvent quitter la crevasse où ils sont nés. A partir de
ce moment, la mère ne paraît plus s'inquiéter d'eux.

Autrefois les chinchillas se trouvaient très abondants à une hauteur bien moindre que celle où ils vivent aujourd'hui ; mais les poursuites continuelles auxquelles
ils sont en butte à cause de leur fourrure leur ont fait gagner des zones plus élevées.
Depuis les temps les plus reculés, les moyens que l'on emploie pour leur faire la
chasse ont peu varié. Les Européens se servent à la vérité de fusils ou d'arbalètes ;
mais ce procédé n'est pas le meilleur, car si l'animal n'est pas tué sur le coup, il

disparaît dans un trou et est perdu pour le chasseur. Les Indiens ont un meilleur procédé de chasse. Ils établissent des collets devant toutes les crevasses qu'ils peuvent atteindre et les visitent le matin pour ramasser les chinchillas qui y sont retenus. Ils en prennent de la sorte plusieurs douzaines à la fois. On leur fait, en outre, la même chasse qu'au lapin en Europe. Les Indiens apprivoisent à cet effet la belette du Pérou (*Mustela agilis*) qu'ils emploient comme nous employons le furet ; l'animal est dressé à pénétrer dans les terriers et à en rapporter les chinchillas qu'il y a rencontrés et égorgés.

La fourrure du chinchilla sert à faire en Europe des bonnets, des manchons, des bordures de vêtements. De 1828 à 1832, il s'en est vendu 18 000 à Londres. La peau du *chinchilla vulgaire* vaut de 15 à 22 francs la douzaine ; celle du *chinchilla laineux* atteint de 56 à 75 francs la douzaine.

Comme succédané du chinchilla, on emploie la fourrure de la viscache (*Lagostomus trichodactylus*) (*fig.* 121), qui a bien moins de valeur. Ce rongeur vit sur le versant oriental des Andes ; on le détruit surtout parce que c'est un animal nuisible qui mine les champs.

Londres est le principal marché de fourrures : en 1892, on y a importé pour plus de 43 millions de francs. Les peaux sont vendues à jour fixe et aux enchères, par les soins d'un certain nombre de maisons, en janvier, mars, juin et octobre. Les fourreurs de tous les pays viennent s'y approvisionner. Les prix varient beaucoup d'une année à l'autre ; la mode les fait parfois augmenter de 75 et même de 100 p. 100.

Un autre marché important se tient à Copenhague où l'on trouve surtout des ours blancs et des renards.

Beaucoup de peaux sont ensuite expédiées à Paris où nos fourreurs sont passés maîtres dans l'art d'en faire des vêtements de femmes. La France exporte pour 15 millions de fourrures montées, et cette suprématie s'affirme tous les ans.

CHAPITRE XX

Grenouilles fantasques.

A côté des grenouilles que tout le monde connaît, il est quelques espèces plus rares, mais fort intéressantes. L'alyte ou crapaud accoucheur a une taille ne dépassant pas 10 centimètres. C'est la plus terrestre des grenouilles de notre pays. Il se promène dans les vieilles carrières, le long des murailles, dans les prés. Ce qu'il présente de vraiment curieux, c'est que le mâle porte les œufs attachés à ses pattes postérieures. « Fatio, dit F. Lataste, suppose que le mâle chargé de son précieux fardeau se retire aussitôt sur le sol, où il attend dans le jeûne et la retraite le moment d'aller porter ses œufs à l'eau. Il n'en est rien. Il continue à sortir tous les soirs de son trou pour faire sa provision d'humidité et de nourriture. J'en ai vu se promenant ainsi avec des œufs à tous les degrés de développement, et ils n'en paraissaient pas fort gênés. » Si on les tourmente cependant, ou si on les réduit en captivité, ils s'en débarrassent et les laissent sur le sol pour ne plus les reprendre.

*

Le sonneur ou bombinator est assez commun en France. Au premier abord on le prend pour un crapaud à cause de sa peau rugueuse. Le dos est brun terreux ; le ventre, orangé avec des taches bleues, presque noires. Pendant presque tout l'été, il reste à l'eau à quelque distance du rivage. A l'automne seulement, il va se promener dans les champs. Quand on vient alors à le tracasser, il prend une position des plus comiques, il se renverse sur le dos, creuse son échine, relève ses cuisses et se met les pattes antérieures dans les yeux, comme un enfant coléreux à qui l'on a fait mine de prendre sa tartine de confiture. Le sonneur a un chant plutôt doux que l'onomatopée : *houhou, houhou, houhou,* rend assez bien.

*

Toutes ces petites bêtes sont fort jolies. Mais la plus agréable de toutes à contempler est certainement la petite rainette, si gentille dans son costume d'un vert idéal.

A propos de l'emploi de la rainette pour la prédiction du temps, M. de Guerne a présenté à la *Société nationale d'acclimatation de France* l'intéressante note que l'on va lire ci-dessous :

Dans une longue série de recherches fort judicieusement conduites, M. von Lendenfeld, professeur à l'Université de Czernovitz, en Bukovine, a résolu de soumettre à la critique de la méthode expérimentale la fameuse question de l'influence des conditions météorologiques sur les mouvements d'ascension des rainettes.

Une vaste cage vitrée, destinée à renfermer les batraciens en expérience, reçut une échelle de dix échelons, numérotés de un à dix ; des points de repère, marqués sur les vitres, permettaient en outre d'évaluer rapidement la position des rainettes, qui ne se trouvaient pas sur les échelons. Le nombre d'animaux en observation était de dix, chaque lecture de ce *baromètre à rainettes*, suivant l'expression même de l'auteur, se faisait de la manière suivante : en multipliant le numéro d'ordre de chaque échelon par le nombre de batraciens qui étaient posés sur celui-ci, et en additionnant ces produits partiels, on obtenait finalement la hauteur du *baromètre à rainettes* ; les indications recueillies variaient donc de 0 à (10 × 10) ou 100.

Dans une nouvelle série d'expériences, M. von Lendenfeld a quelque peu modifié son premier dispositif : il s'est servi d'une vaste cage en toile métallique, de 1 mètre de large et de long sur 2 mètres de haut ; le nombre des échelons, dans ce cas, était de vingt.

On prenait soin, d'ailleurs, de donner aux rainettes une abondante ration de viande finement hachée et collée avec du sirop sur un cordon pendant librement dans la cage.

Les observations étaient faites neuf fois par jour, à deux heures d'intervalle, entre six heures du matin et dix heures du soir, soit par le professeur lui-même, soit par son garçon de laboratoire.

M. von Lendenfeld a étudié successivement, en comparant les courbes de position des rainettes et celles des instruments qui convenaient à chaque cas particulier, l'influence des différentes conditions météorologiques.

1° *Pression atmosphérique.* — Sur 48 jours, les courbes ont concordé 26 fois : elles ont fourni des indications contraires 22 fois. Pour les deux jours pendant lesquels a été observée la plus basse pression barométrique (736^{mm},5) la courbe des batraciens a été une fois haute et une fois basse. En outre, pendant les trois jours de forte pression, cette même valeur a été deux fois élevée et une fois faible.

2° *État hygrométrique.* — Les courbes ont concordé 22 jours ; elles ont fourni des indications contraires 26 fois.

3° *Pluie.* — Pendant les 48 jours qu'ont duré les observations, il a plu 19 jours. Pendant ces 19 jours, la courbe des rainettes a été 12 fois au-dessus et 7 fois au-dessous de la moyenne.

On peut donc, d'après M. von Lendenfeld, conclure de ces expériences que la pluie n'a aucune influence sur la position des batraciens ; il en est de même pour les autres conditions météorologiques. Par contre, on peut observer une certaine concordance entre les variations de la courbe des rainettes et les heures de la journée. La moyenne quotidienne donne, en effet, les chiffres suivants pour la culmination :

6 heures du matin	. . . .	9 fois
8	—	0 —
10	—	0 —
12	—	2 —
2 heures du soir	. . . .	1 —
4	—	2 —
6	—	5 —
8	—	18 —
10	—	11 —

Il ressort nettement de ces chiffres que les rainettes opèrent, le soir, un mouvement d'ascension correspondant à leur plus grande activité, et qu'elles redescendent le matin. C'est, d'ailleurs, le seul résultat positif qu'ait obtenu M. von Lendenfeld dans ses intéressantes observations.

Les charmants batraciens qui en font l'objet pourraient donc bien plutôt servir d'horloge que de baromètre.

* *

Pendant que nous en sommes sur la question des animaux météorologiques, disons un mot d'un animal qui est un véritable calendrier, tant ses déplacements sont réguliers.

On sait que les récifs de coraux laissent entre eux et la terre une lagune où nagent de nombreux animaux et où vivent d'abondants êtres sédentaires. C'est là notamment que se trouvent les volumineux bénitiers que mangent les indigènes, et le trépang, holothurie qui, fumée, est un mets si délicieux qu'on l'expédie au loin, en Chine tout particulièrement, où l'on aime les aliments sortant de l'ordinaire. On y rencontre encore un autre animal comestible, celui-là moins connu que les deux précédents, mais fort intéressant au point de vue biologique. C'est un ver que les riverains appellent *palolo* et que les naturalistes ont rangé sous le nom de *lysidice viridis*. Il vit en temps ordi-

Fig. 122. — Le rhacophore.
Des palmures qui servent à voler ! La nature a souvent de drôles d'idées !

naire au fond de l'eau, et l'on ne se serait jamais douté de son existence s'il n'avait pris l'habitude de venir nager à la surface deux fois par an, en octobre et en novembre, exactement le jour du dernier quartier de la lune ainsi que le jour qui précède et le jour qui suit. Cette précision est telle que les indigènes l'ont notée pour régulariser leur calendrier dont ils ne prennent pas un soin excessif. Pour eux, octobre et novembre sont respectivement le petit et le grand mois du palolo. A ce moment, les pa-

lolos sont tellement abondants à la surface de la mer que celle-ci en est comme boueuse : une feuille de papier blanc, plongée à 10 centimètres de profondeur seulement, disparaît à la vue. Les indigènes récoltent cette sorte d'écume en grande quantité et la mangent à bouche que veux-tu : les mois du palolo sont bien connus d'eux comme étant l'occasion de fêtes et de festins.

Le palolo se trouve surtout aux îles Samoa et dans le groupe voisin (Fidji, Tonga). C'est un ver de 50 centimètres de long, large de 3 à 5 millimètres, véritable fil par conséquent. Fait encore plus curieux, les éléments qui viennent flotter ne sont qu'une partie de l'animal : la tête reste au fond de l'eau, sans doute pour régénérer l'animal par bourgeonnement, tandis que c'est le reste du corps décapité qui vient flotter. Cette dernière partie abandonne dans l'eau les œufs dont elle est bourrée et c'est certainement là la raison de sa pérégrination. Les riverains ont dès longtemps remarqué cette émission d'œufs ; palolo veut dire : animal qui donne de l'huile (lolo) en crevant (pa). Une fois les vers débarrassés de leurs œufs, ils redescendent au fond de la mer au moment où le soleil commence à monter à l'horizon.

Il faut donc les récolter sans tarder : bien qu'ayant « perdu la tête », il savent ce qu'ils font.

*

Revenons aux rainettes exotiques dont certaines méritent d'être signalées. L'une d'elles, qui habite le Brésil, *l'hyla faber,* élève du fond des étangs des sortes de volcans de vase et dans la cavité desquels elle dépose ses œufs pour les protéger

Fig. 123. — Le pipa de la Guyane.

Cet animal prend souvent des attitudes dépourvues d'esthétique. Peut-on imaginer rien de plus stupide que l'air du mâle dressé sur ses pattes de derrière ? Et que dire de la femelle avec son dos troué comme une écumoire, où vivent les petits pipas ?

contre les dangers des ennemis et l'assèchement. (Voir mon livre : *Les Arts et Métiers chez les animaux.*)

Une autre rainette de Java, le rhacophore de Reinwardt (*fig.* 122), est intéressante à un autre point de vue : ses pattes, démesurées et palmées, lui servent de parachute et lui permettent de voler en quelque sorte d'un arbre à un autre.

Mais la plus curieuse de toutes les grenouilles, bien que la plus laide, est le pipa.

Les premières notions que nous ayons eues sur l'animal singulier à tous les points de vue dont nous nous occupons en ce moment sont dues à Mlle Sibylle de Mérian, qui, en 1705, dans un ouvrage sur les insectes de Surinam, nous apprend que ce crapaud produit ses petits par la peau du dos, qu'il se trouve dans les eaux marécageuses et que les esclaves nègres en mangent la chair.

Philippe Firmin, qui exerçait la médecine à Surinam, nous apprend, en 1762, que la femelle est plus grosse que le mâle, que celui-ci place les œufs sur le dos de la femelle, et que les petits sortent de l'œuf lorsque leurs membres peuvent leur servir, ce qui n'arrive que quatre-vingt-deux jours après que les œufs ont été pondus.

Les récits des voyageurs nous confirment en partie ces données.

Le pipa habite les marais des forêts obscures, il rampe lentement et maladroitement sur le sol et répand une forte odeur sulfureuse. Le frai est déposé dans l'eau comme pour les autres anoures ; le mâle, qui prend soin des œufs, ne les enroule pas autour de ses pattes comme le fait l'alyte, mais les étend sur le dos de la femelle (*fig.* 123). Il se forme alors dans la peau du dos une petite cavité pour chaque œuf, cavité qui prend alors la forme hexagonale d'une cellule d'abeille et se referme par une sorte d'opercule. Dans cette cellule, le jeune pipa achève ses

Fig. 124. — Le protée.

Être aveugle qui, néanmoins, sait se diriger sans béquilles et sans chien dans les sombres grottes que la nature lui a données pour abri.

métamorphoses, brise sa prison, et l'on voit apparaître ici une patte, là une tête ; les jeunes quittent bientôt le dos maternel.

Firmin, dont nous venons de citer le nom, ajoute que la femelle dépose ses œufs dans le sable, et que le mâle s'empresse alors d'accourir ; celui-ci saisit la masse des œufs avec ses pattes de derrière, si longuement palmées, et les porte sur le dos de la femelle. Sitôt qu'il a fait cela, il se retourne et place son dos contre celui de la femelle, fait plusieurs tours, quitte la femelle pour se reposer, revient quelques minutes après et recommence le même manège. Après que l'éclosion des petits a eu lieu, la femelle se débarrasse des restes de cellules en se frottant contre les pierres, contre les plantes ; elle fait ensuite peau neuve. (E. Sauvage.)

Le pipa se trouve aux Guyanes et au Brésil.

*
* *

Pour terminer ce chapitre, nous citerons les protées (*fig.* 124), qui sont entièrement aveugles et vivent dans les grottes de la Carniole.

Sir Humphry Davy en a donné une curieuse description, dont la forme sort un peu de l'ordinaire, et qui, par conséquent, est bien ici à sa place.

La grotte de la Maddalena, à Adelsberg, nous demanda plus d'attention que le lac souterrain de Zirknitz. Nous la visitâmes maintes fois en détail comme le méritent son caractère géologique et les conséquences biologiques de sa situation souterraine pour les êtres qui l'habitent. Plusieurs fois, nous nous entretînmes, dans cette caverne, des phases curieuses de l'histoire de la nature.

Je me souviens, entre autres, d'une conversation instructive que j'eus là sur le protée et ses métamorphoses. Je crois utile et intéressant de les faire connaître en la reproduisant aussi fidèlement que ma mémoire me le permettra.

EUBATHÈS. — « On doit être ici de plusieurs centaines de pieds au-dessous de la surface ; cependant la température de cette caverne est bien agréable.

L'INCONNU. — Cette caverne a la température moyenne de l'atmosphère, ce qui est la condition générale de toutes les cavités souterraines situées hors de l'influence solaire. Au mois d'août, par un temps de chaleur comme aujourd'hui, je ne connais pas de manière plus salutaire ni plus agréable de prendre un bain froid que de descendre à des profondeurs établies à l'abri de l'action des températures élevées.

EUBATHÈS. — Avez-vous déjà visité ce pays dans vos nombreuses pérégrinations scientifiques ?

L'INCONNU. — Voilà le troisième été que j'en fais l'objet d'une visite annuelle. Indépendamment des beautés naturelles de ces régions charmantes de l'Illyrie et des sources variées d'agrément que l'amateur des curiosités de l'histoire naturelle peut y trouver, il a eu pour moi un objet d'intérêt tout particulier dans les animaux si extraordinaires qui se trouvent au fond de ces cavités souterraines. Je fais allusion au *proteus anguinus*, lequel est incontestablement plus merveilleux à lui seul que toutes les autres curiosités zoologiques de la Carniole, dont le baron Valvasor a entretenu la Société royale, il y a un siècle et demi, avec un enthousiasme un peu romanesque pour un savant.

PHILALÈTHÈS. — En voyageant dans ce pays j'ai déjà vu ces animaux ; je serais désireux cependant de mieux connaître leur histoire naturelle.

L'INCONNU. — Nous allons entrer tout à l'heure dans les solitudes de la grotte où ils se tiennent. Je vous ferai part volontiers du peu que j'ai pu apprendre sur leur caractère et sur leurs mœurs.

EUBATHÈS. — A mesure que nous avançons dans cette vaste et silencieuse caverne, je sens mon âme plus impressionnée devant des constructions géologiques si longtemps cachées au regard de l'homme. Ces piliers naturels, ces voûtes qui se soutiennent d'elles-mêmes paraissent prendre maintenant, voyez, des proportions gigantesques. Je n'ai vu aucune caverne souterraine réunissant de pareils traits de beauté et de magnificence. L'irrégularité de sa surface, la grandeur des masses brisées en morceaux dont elle est tapissée, et qui paraissent avoir été arrachées au sein de la montagne par quelque grande convulsion de la nature, leurs couleurs sombres, aux teintes variées, forment un contraste singulier avec l'ordre et la grâce des blanches concrétions de stalactites suspendues à ses voûtes. La flamme de nos flambeaux en rejaillissant sur ces bijoux calcaires qui brillent et étincellent crée une scène merveilleuse qui paraît appartenir au monde de l'enchantement.

PHILALÈTHÈS. — Si les déchirures sinistres de ces immenses rochers noirs qui nous entourent nous paraissent l'œuvre de démons échappés du centre de la terre, cette voûte naturelle fait songer, dans sa parure et dans sa splendeur, à ces temples féeriques dont on parle dans les *Mille et une Nuits*.

L'INCONNU. — Certainement un poète pourrait à juste titre placer ici le palais d'un roi des gnomes et trouver des témoignages de sa puissance créatrice dans ce petit lac qui s'étend devant nous, sur lequel se réfléchit la flamme de mon flambeau, car c'est là que je pense trouver l'animal singulier qui, depuis longtemps, a été pour moi un objet de recherches persévérantes.

EUBATHÈS. — J'aperçois trois ou quatre êtres vivants, semblables à de sveltes poissons qui se remuent dans la vase à quelques pieds au-dessous de l'eau.

L'INCONNU. — Les voilà précisément ! Ce sont bien des protées... Essayons d'en prendre quelques-uns avec nos filets.

Tenez, en voici tout un choix.

Le sort nous a favorisés, et nous pouvons les examiner maintenant tout à notre aise.

Au premier abord, on peut supposer que cet animal est un lézard, mais ses mouvements sont semblables à ceux du poisson. La tête, la partie inférieure du corps et de la queue ressemblent beaucoup à celles de l'anguille, sans nageoires cependant. J'ajouterai que ses branchies, fort curieuses, ne sont pas analogues aux ouïes des poissons ; elles forment une structure vasculaire bien singulière autour de la gorge, presque comme une crête que l'on peut couper sans occasionner la mort de l'animal, lequel est également muni de poumons. Grâce à ce double appareil par lequel l'air pénètre jusqu'au sang, cet être singulier peut vivre au-dessous comme au-dessus de la surface de l'eau avec la même facilité.

Les pattes de devant sont pareilles à des mains, mais elles ne sont garnies que de trois griffes ou doigts, qui sont trop faibles pour lui servir à se cramponner ou à porter son propre poids ; les pattes de derrière n'ont que deux griffes ou orteils, qui, dans les espèces plus grandes, sont tellement imparfaites que c'est à peine si on peut les discerner

Là où les yeux doivent exister, il n'y a que deux petits points, comme pour conserver l'analogie de la nature.

Dans son état naturel, le protée est d'une blancheur de chair transparente ; mais lorsqu'elle est exposée au jour, la peau devient graduellement plus foncée jusqu'à ce qu'elle prenne une teinte olivâtre.

Les organes de l'odorat sont généralement assez développés chez lui, et ses mâchoires jouissent d'une denture magnifique.

On peut en conclure que c'est une bête de proie ; cependant, dans toutes les expériences qu'on a faites sur les conditions de son existence, lors même qu'on l'a gardé plusieurs années en renouvelant l'eau du vase dans lequel on le renfermait, jamais on ne l'a vu manger.

EUBATHÈS. — Est-ce que ces animaux n'existent pas en d'autres endroits de la Carniole ?

L'INCONNU. — C'est ici que le baron Zois en fit la découverte, mais, depuis lors, on les a trouvés, quoique rarement, à Sittich, à quelques lieues de distance d'ici, rejetés par l'eau d'une cavité souterraine.

J'ai également entendu dire qu'on a reconnu les mêmes espèces dans les couches calcaires de Sicile.

EUBATHÈS. — Ce lac, où nous avons trouvé ces animaux, est très petit, supposez-vous qu'ils aient pu être engendrés ici ?

L'INCONNU. — Nullement. Dans les saisons de sécheresse ils ne paraissent ici que rarement ; mais après les grandes pluies, ils sont en assez grand nombre. Pour moi, je crois que l'on ne peut douter que leur demeure naturelle ne soit dans quelque lac souterrain très étendu, et d'une grande profondeur, d'où, au moment des inondations, le flux liquide les fait jaillir des fissures du sol et les amène jusqu'ici.

Aussi, quand on considère la nature particulière du pays où nous sommes, il ne me semble pas impossible que la même cavité étant sans doute d'une vaste étendue, puisse envoyer à la fois à Adelsberg et à Sittich ces êtres si singuliers.

EUBATHÈS. — C'est une manière assez bizarre d'envisager le sujet. Ne croyez-vous pas qu'il soit possible que cet être soit une larve de quelque grand animal inconnu habitant ces cavernes souterraines ? Ses pattes ne sont pas en harmonie avec le reste de son organisation et en les enlevant, il possède la forme caractéristique du poisson.

L'Inconnu. — Je ne puis supposer que ce soit là des larves. Je ne crois pas qu'il y ait dans la nature un seul exemple d'une transformation analogue à cette espèce de métamorphose d'un animal parfait à un animal imparfait. Le têtard ressemble au poisson avant de se transformer en grenouille ; la chenille et le ver ne reçoivent pas seulement des organes de locomotion plus parfaits, mais acquièrent encore ceux qui leur sont nécessaires pour habiter un autre élément.

Il est probable que cet animal, dans son lieu naturel et dans son état parfait, est beaucoup plus grand que nous le voyons ici, mais l'examen de son anatomie comparée s'oppose entièrement à l'idée qu'il puisse être dans un état de transition. On en a trouvé de grandeurs bien variées, depuis la grosseur d'un tuyau de plume jusqu'à celle du pouce, sans qu'ils présentent cependant la moindre différence dans la forme des organes. Mon avis est que c'est très probablement un animal parfait d'une espèce particulière.

Ceci nous est encore un exemple de plus de la manière merveilleuse dont la vie se produit et se répète en chaque coin de notre globe, même dans les endroits les moins appropriés aux manifestations de la vie.

Aussi découvre-t-on que la même sagesse et la même puissance infinies, dont on reconnaît les manifestations particulières, là dans l'organisation du chameau et de l'autruche créés pour les déserts d'Afrique, plus loin dans l'hirondelle apte à cacher son nid sous les cavernes de l'île de Java, plus loin encore dans la baleine des mers polaires, dans le morse et l'ours blanc des glaciers arctiques, se manifestent également dans le protée créé pour les lacs profonds et souterrains de l'Illyrie.

J'admire plus encore que la présence de la lumière ne lui soit pas nécessaire, que l'air ou l'eau de la surface d'un rocher ou les profondeurs vaseuses lui offrent, les unes comme les autres, autant de conditions diverses d'existence.

Philaléthès. — Il y a dix ans, lors de ma première visite à cet endroit, je fus extrêmement désireux de voir le protée, et je vins ici avec mon guide le soir du jour même où j'arrivai à Adelsberg ; mais malgré un examen rigoureux du fond de la caverne, on n'en trouva pas un seul. Le lendemain matin, nous recommençâmes nos recherches avec un meilleur succès, car nous en découvrîmes cinq tout près du rivage dans la vase qui s'étendait au fond du lac. La vase n'avait été remuée d'aucune façon et l'eau était parfaitement limpide.

Leur arrivée pendant la nuit me parut être un fait si remarquable que je ne pus m'empêcher de voir en eux des créations nouvelles, des générations spontanées. Je ne pus découvrir aucune fissure par laquelle ils eussent pu entrer, et la léthargie du lac m'affermit dans mes idées.

Ces observations m'entraînèrent à des réflexions rétrospectives sur l'histoire de la vie à la surface de notre globe. Je me laissai emporter sur les ailes de l'imagination vers l'état primitif de la terre au temps où les grands animaux de l'espèce saurienne furent créés sous la pression d'une lourde atmosphère. Et mes pensées sur ce sujet furent corroborées lorsque j'appris d'un anatomiste célèbre (à qui j'avais envoyé les protées pêchés par moi) que l'organisation de l'épine dorsale du protée était analogue à celle d'un animal du genre saurien, dont les restes gisent dans les plus anciennes couches secondaires.

On disait alors qu'un physiologiste n'avait jamais pu découvrir d'organes de reproduction chez le protée, ce qui ajoutait un certain poids à mon opinion sur la possibilité de leur génération spontanée, idée que sans doute vous considérez comme entièrement visionnaire et indigne d'un homme qui a consacré sa vie aux sciences positives.

Eubathès. — Le ton sur lequel vous venez de prononcer vos dernières paroles semblerait indiquer que vous ne croyez pas vous-même à cette génération spontanée. Pour moi, je n'y crois pas du tout. Par la même raison apparente, on pourrait regarder les anguilles comme des créations nouvelles, car on n'a jamais vu de leurs ovaires en maturité ; et elles montent de la mer aux rivières par un procédé si spécial qu'il est très difficile de tracer leur route.

L'Inconnu. — Le problème de la reproduction du protée, comme celui de l'anguille commune, est encore à résoudre. Cependant les ovaires ont été découverts dans les animaux des deux espèces, et, dans ce cas comme dans tout autre appartenant à l'ordre existant des chiffres, on a pu faire l'application du principe de Harvey : *Omne vivum ex ovo*.

Eubathès. — Vous disiez tout à l'heure que cet animal avait été depuis longtemps pour vous un objet de recherches. L'avez-vous étudié en qualité d'anatomiste cherchant par l'anatomie comparée à résoudre le problème de sa procréation ?

L'Inconnu. — Non. Cette recherche a été faite par des savants beaucoup plus capables de la faire que moi ; entre autres par Schreibers et Configliachi ; mes recherches ont eu plutôt pour but son mode de respiration et les changements occasionnés dans l'eau par ses branchies.

Eubathès. — J'espère que vos études ont eu pour vous des résultats satisfaisants ?

L'Inconnu. — Au moins ai-je obtenu la preuve que non seulement l'oxygène était dissous dans l'eau, mais encore qu'une partie de l'azote était absorbée dans la respiration de l'animal.

Eubathès. — De sorte que vos recherches vous font partager les opinions d'Alexandre de Humboldt et des savants français, savoir que, dans la respiration des animaux qui séparent l'air de l'eau, les deux principes de l'air sont absorbés ?

Philalèthès. — J'ai entendu tant d'opinions variées sur la nature de la fonction de la respiration, soit pendant mes années d'études, soit depuis, que je serais charmé moi-même de savoir quelle est la doctrine définitive sur ce sujet. Je ne puis, sur ce point, m'en rapporter à une autorité meilleure que la vôtre, et c'est une raison pour moi de désirer obtenir quelques nouveaux éclaircissements à cet égard d'autant plus que je me suis trouvé, comme vous le savez, personnellement soumis à cette expérience, à laquelle j'aurais assurément succombé sans votre bon et effectif secours.

L'Inconnu. — Je vous transmettrai avec le plus grand plaisir ce que je sais ; malheureusement, c'est bien peu de chose. Dans la science de la matière inanimée, dans la physique et la chimie, nous possédons un certain nombre de faits et, de plus, quelques principes, quelques lois déjà déterminées ; mais là où il s'agit des fonctions de la vie, quoique les faits soient nombreux, à peine avons-nous, même à notre époque, le commencement de la connaissance des lois générales. De sorte que dans la vraie science on finit par où l'on commence, c'est-à-dire en déclarant son ignorance complète.

Le protée est pourvu de petites pattes qui servent — très peu — à la locomotion. Imaginez que ces pattes disparaissent et vous aurez les épicriums et les cécilies qui vivent dans la terre à la manière des vers de terre, dont ils ont épousé la forme.

CHAPITRE XXI

Les bêtes gélatineuses.

Je me souviendrai toujours de la mine ahurie d'un jeune étudiant qui était venu travailler au laboratoire maritime de Saint-Vaast-la-Hougue, si admirablement dirigé par M. Edmond Perrier, mon Maître si bienveillant, et qui m'exprima le désir d'étudier des méduses. Je l'envoyai en récolter lui-même dans le port où l'on remise les embarcations et dont l'eau, lui dis-je, en était remplie. Une demi-heure après, je le vis revenir, l'air furieux, me disant que je m'étais « payé sa tête », car il n'avait pas aperçu la moindre méduse. Pour toute réponse, je pris un filet fin et l'allai plonger dans l'eau du port. Après en avoir inspecté la surface, j'en ramenai une admirable petite méduse. Nouveau coup de filet, nouvelle méduse. Encore un coup de filet : c'était une chatoyante béroë. Encore un autre : c'était un cydipe. Le jeune étudiant n'en revenait pas ; il avait beau écarquiller les yeux, il ne voyait rien.

C'est qu'en effet les animaux que je viens de citer sont transparents comme du cristal et leur corps gélatineux se confond tellement avec l'eau, qu'il est presque impossible de les en distinguer. Je dis *presque*, parce qu'avec un peu d'habitude on finit par les apercevoir, surtout à cause de leurs mouvements de natation et aussi de certains chatoiements de leur surface.

Les méduses vivent toujours à la surface de la mer ; on peut les observer souvent sur le littoral, où bon nombre s'échouent à marée basse.

Le rhizostome de Cuvier est une des méduses les plus communes de nos côtes. On la rencontre surtout dans l'océan Atlantique et la Manche. Elle nage presque à fleur d'eau, mais il lui arrive fréquemment d'être rejetée sur la plage, où, par son aspect gélatineux, elle excite généralement le dégoût des baigneurs. Surmontez un peu ce sentiment, et plongez la dite méduse soit dans un seau d'eau, soit dans un aquarium, vous serez alors frappé de l'élégance de son corps. Sa constitution est très simple ; c'est, en somme, une cloche munie de son battant. La cloche, qu'on appelle aussi, avec juste raison, « l'ombrelle », est transparente comme du cristal et, n'était une légère teinte bleu opalescente, elle serait invisible au milieu de l'eau de mer, elle a au maximum 50 centimètres de diamètre. Le battant de la cloche se résout, à sa partie inférieure, en un grand nombre de lames ondulées, framboisées ; c'est tout à fait à l'extrémité de ces digitations que se trouvent *les* bouches de l'animal. Dans la mythologie, la divinité *Méduse* avait une tête horrible dont les cheveux étaient remplacés par des serpents sifflants. Une pareille tête, on le comprend, terrifiait ceux qui la regardaient.

Le mot méduse a été attribué aux animaux que nous étudions parce que l'ombrelle (avec un peu de bonne volonté) ressemble un peu à une tête et que les filaments du battant, de même que ceux qui ornent souvent le bord de l'ombrelle, ressemblent vaguement à des serpents. Voilà la réponse à cette phrase de Michelet : « Pourquoi ce terrible nom pour un être si charmant ? » En temps ordinaire, les rhizostomes se laissent aller au gré de l'eau, dont l'agitation les maintient à la surface. De temps à autre, elles se mettent à nager. Pour ce faire, elles dilatent leur corps qui se remplit d'eau, puis elles se contractent brusquement : c'est le mouvement de recul ainsi produit (comme dans le tourniquet hydraulique) qui fait progresser l'animal.

Ces mouvements successifs de dilatation et de contraction avaient déjà été remarqués des anciens, qui donnaient aux méduses le nom de « poumons de mer ». Les méduses nagent un peu sur le côté, l'ombrelle en avant, le battant en arrière. Grâce à ce mouvement, elles peuvent progresser beaucoup plus vite qu'on le croirait au premier abord. Les rhizostomes peuvent même être considérés comme des migrateurs ; cela explique pourquoi, à certaines époques de l'année, très variables, ils peuvent être abondants ou manquer complètement en un même point. Je suis resté

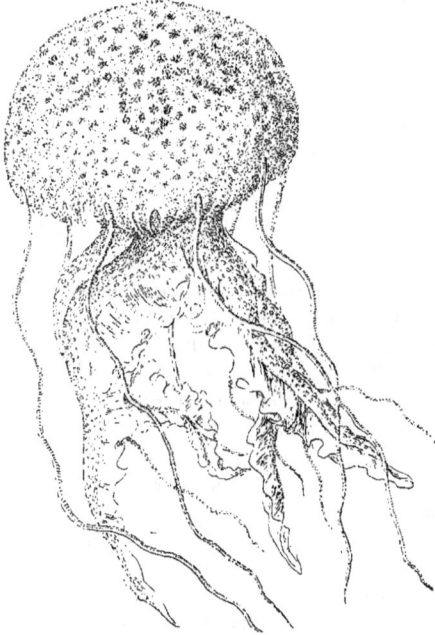

Fig. 125. — Pélagie noctiluque.
Une gracieuse méduse qui la nuit brille d'un feu mystérieux aux reflets opalins, ce qui la fait ressembler à une étoile tombée du firmament.

deux mois sur une plage de la Manche sans en voir un seul, alors que, l'année précédente, il y en avait eu en si grande abondance qu'ils gênaient les baigneurs se livrant au plaisir de la natation.

Tout le corps des rhizostomes est revêtu d'une multitude de petites capsules microscopiques qui, excitées, projettent au dehors un petit filament et sécrètent en même temps une goutte de liquide irritant : ces « capsules urticantes », comme on les appelle, foudroient littéralement les petits animaux dont les rhizostomes font leur nourriture. Elles peuvent aussi produire des démangeaisons désagréables sur la peau des personnes, surtout des dames et des enfants, qui viennent à les toucher, et même provoquer un peu de fièvre ; aussi recommande-t-on toujours aux baigneurs de toucher le moins possible aux méduses. Cela est un peu exagéré en ce qui concerne les rhizostomes, mais, néanmoins, le conseil est bon à suivre pour certaines autres méduses; il en est, en effet, dont les piqûres font presque autant de mal que celles des orties et produisent une rougeur que l'on prendrait pour un eczéma.

Une des plus redoutables sous ce rapport est la méduse chevelue (*Cyanea capil-*

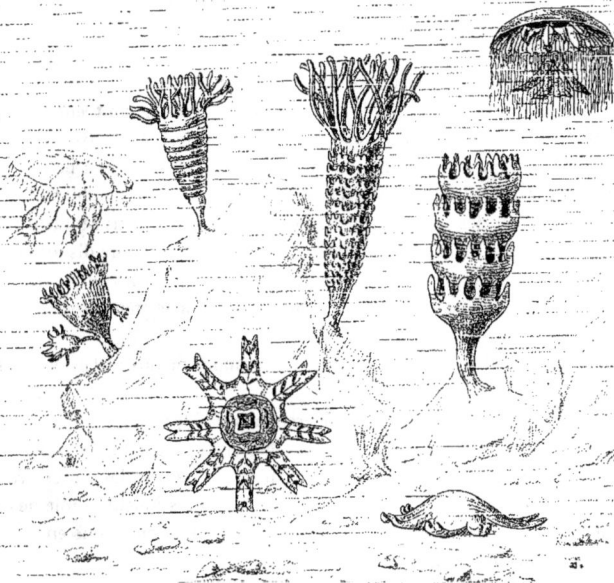

Fig. 126. — La naissance des méduses.

D'abord un verre à boire, puis une pile d'assiettes, puis une fleur des eaux, qui s'en va au loin doucement entraînée par le flot. Que de mystères au sein de l'Océan !

lata). Le pendant de sa cloche forme une véritable chevelure flottante et diaphane qui vient se coller aux bras et aux jambes des baigneurs, auxquels elle reste adhérente quand l'animal se sauve.

Une autre méduse également commune est l'*aurelia aurita*, dont le corps est blanc rosé et laiteux. La *cyanea capillata*, remarquable par sa couleur jaune et ses dessins bruns et pourprés, n'est pas, non plus, très rare.

De nombreuses espèces sont phosphorescentes pendant la nuit (*fig.* 125); elles paraissent devoir cette propriété à divers petits organismes qui habitent leur corps.

La conservation des méduses en collection est pour ainsi dire presque impossible : l'alcool lui-même les dessèche, les blanchit, les racornit et finalement ne laisse qu'une masse informe. Quand on les laisse se décomposer sur la plage, elles disparaissent très vite et fondent en quelque sorte ; elles ne renferment à leur intérieur aucun corps solide qui puisse subsister. Certaines espèces pesant 5 à 6 kilogrammes, ne pèsent plus, desséchées, que 10 à 12 grammes : tout le reste est de l'eau. Les méduses sont toutes marines ; mises dans l'eau douce, elles y meurent rapidement. Elles se nourrissent de tous les animaux qui flottent dans la mer : crustacés, poissons, mollusques, vers, etc. Elles avalent leurs proies sans les manger et, quand celles-ci sont volumineuses, il n'est pas rare de voir la partie ingérée presque digérée, alors que la partie qui est au dehors vit encore : tous ces faits seraient bien intéressants à observer dans un aquarium ; malheureusement les méduses y meurent très rapidement, quelque soin que l'on mette à renouveler l'eau et à les nourrir.

Les méduses sont fort curieuses au moment de la reproduction. On voit apparaître sur leur corps des taches brillamment colorées qui ne sont autres que des amas d'œufs. De chaque œuf naît une larve vermiforme qui, après avoir nagé quelque temps, se fixe, grandit, et se transforme en une sorte de verre à boire dont le bord se garnit de tentacules (*fig.* 126). Le verre s'allonge toujours et, bientôt, on voit apparaître à la surface des sortes de pincements qui s'accentuent rapidement. Les étranglements continuant, le verre se trouve divisé en une série de disques empilés les uns sur les autres, comme des assiettes placées les unes sur les autres. Le tout se désarticule, chaque disque s'isole et flotte dans la mer, en se transformant progressivement en une méduse.

Ce que je viens de dire ne s'applique qu'aux grandes méduses. Les petites naissent sur des polypiers.

Les polypes hydraires sont de taille généralement faible ; on les trouve fixés aux algues et aux rochers. Ils forment des colonies de polypes quelquefois tous semblables, mais plus souvent encore profondément différents les uns des autres : certains polypes se consacrent à la nutrition de la colonie ; les autres jouent le rôle de défenseurs ; d'autres, enfin, servent exclusivement à la reproduction : nous en avons vu un bel exemple dans le chapitre I, à propos des hydractinies.

Parfois l'on observe chez eux un phénomène fort curieux ; les polypes reproducteurs se détachent de la colonie et vont nager dans la mer, sous la forme de petites méduses transparentes comme du cristal et rappelant jusqu'à un certain point les grandes méduses que nous venons d'étudier. Ces petites méduses affectent la forme d'une cloche, pourvue sur ses bords d'yeux colorés et de longs tentacules des plus fragiles et des plus élégants, rien n'est joli comme de voir ces petites méduses nager par des contractions générales qui leur donnent une progression saccadée. Les œufs qu'elles portent tombent au fond de l'eau et redonnent des polypiers : c'est le phénomène des *générations alternantes*.

En même temps que les méduses, on voit fréquemment flotter dans la mer d'autres animaux gélatineux transparents comme du cristal ; l'un de ceux que l'on rencontre le plus souvent est une sorte de boudin ou plutôt de cornichon, si transparent qu'on a de la peine à le voir nager au sein de l'eau. Le *béroë*, comme on l'appelle, est garni de palettes, disposées en rangées longitudinales et constamment en mouvement ; c'est grâce à ces palettes aux reflets irisés que l'animal nage.

Un autre animal analogue est le cydipe qui ne diffère guère du béroë qu'en ce que son corps est une boule de la grosseur d'une noix au lieu d'être un cylindre.

Fig. 127. — Ceste de vénus.
Une ceinture mobile qui s'enroule d'elle-même. Ferait la fortune d'un industriel qui saurait l'imiter.

Il a comme lui des palettes natatoires, mais en outre il possède deux longs filaments plumeux grâce auxquels il peut capturer les petits animaux dont il fait sa nourriture.

Mais un des plus curieux de ces animaux gélatineux est le ceste de vénus (*fig.* 127), qui semble une longue ceinture de cristal et que l'on croirait de verre s'il n'avait la faculté de se ployer de mille façons. Sa surface est irisée et brille de mille couleurs quand le soleil vient la frapper. Il nage lentement et semble indifférent au monde extérieur. Mais ce calme n'est que trompeur ; vient-on, en effet, à le troubler brusquement, il s'enroule sur lui-même en spirale, en commençant par une de ses extrémités, — tout comme un « calicot » roule une ceinture pour permettre à un client de l'emporter facilement.

* *

Les siphonophores comptent, à juste titre, parmi les animaux les plus élégants de la mer. Pour comprendre leur constitution, il faut imaginer qu'une méduse plus ou moins déformée vienne à bourgeonner un grand nombre d'individus secondaires, individus à fonctions diverses, les uns reproducteurs, les autres nourriciers, les autres défenseurs, etc. On obtient ainsi une colonie transparente, à individus multiples et variés.

Bien peu d'animaux, dit M. Ed. Perrier, excitent l'étonnement au même degré que les siphonophores ; bien peu offrent des formes aussi capricieuses, aussi variées, aussi inattendues. Qu'on imagine de véritables lustres vivants, laissant flotter

Fig. 128. — La physalie ou galère.

Bête gélatineuse qui ne paraît nullement dangereuse, mais qui brûle comme l'ortie quand on la touche. Les animaux qui ont le malheur de vouloir s'approcher d'elle sont instantanément paralysés. Mais aussi qu'allaient-ils faire dans cette « galère » ?

nonchalamment leurs mille pendeloques au gré des molles ondulations de la mer tranquille, repliant sur eux-mêmes leurs trésors de pur cristal, de rubis, de saphirs, d'émeraudes, ou les égrenant de toute part comme s'ils laissaient tomber de leur sein une pluie de pierres précieuses, chatoyant des innombrables reflets de l'arc-en-ciel, montrant en un instant à l'œil ébloui les aspects les plus divers, tels sont ces êtres merveilleux, bijoux animés que l'on croirait fraîchement sortis de l'écrin de quelque reine de l'Océan. L'esprit ne saurait rien rêver de plus riche, et c'est précisément pourquoi la froide analyse des naturalistes est demeurée longtemps confondue en présence d'organismes qui ne semblaient relever que de la fantaisie d'un divin joaillier. Les siphonophores sont bien connus des navigateurs, qui désignent l'un d'entre eux, la physalie, sous le nom de galère. C'est surtout dans les mers chaudes et tempérées qu'ils abondent. Par les temps calmes, ils viennent à la surface et se laissent aller à la dérive, emportés par les courants, mais ils savent aussi très bien se soustraire à la poursuite de leurs ennemis. Après avoir suivi plus ou moins longtemps la même route, on les voit tout à coup changer d'allure. L'extrême complexité de leur corps, fait pour flotter et non pour nager, n'est pas un embarras pour eux, toutes ses parties se mettent admirablement au service de la volonté directrice, leurs mouvements se coordonnent de la façon la plus précise.

Les siphonophores sont tellement délicats que la plupart, dans l'eau de mer où ils flottent, passent inaperçus. Il n'y a guère que la galère comme espèce « familière » aux marins.

Parmi les êtres marins qui flottent au gré des forces brutales de la mer, dit le prince de Monaco, il en est un, du groupe des cœlentérés, muni de certains caractères intéressants pour quiconque ne passe pas avec indifférence devant l'infinie variété des formes lancées par la nature dans la lutte pour l'existence : je veux parler de la physalie, plus connue sous les noms familiers de « galère » ou de « frégate portugaise », et que l'on trouve dans les eaux chaudes, notamment vers les latitudes açoréennes. Cet animal (*fig.* 128), de consistance gélatineuse, comme les méduses, présente une couronne très fournie de filaments extensibles qui se partagent les rôles dans l'existence de l'organisme, et suspendue à un flotteur gonflé de gaz, rappelant, par sa forme, un chapeau de général, sans être plus gros que les deux poings. Les filaments, d'un beau bleu marine, peuvent s'allonger de trois ou quatre mètres ; ils portent de nombreuses vésicules presque invisibles, qui renferment chacune un petit dard fixé au bout d'un fil roulé sur lui-même, prêt à se détendre sur une proie, et mouillé d'une certaine liqueur très caustique. La physalie s'oriente-t-elle volontairement ou inconsciemment ? Le fait est qu'elle offre toujours son flotteur au vent sous un angle favorable pour la navigation. Elle possède les plus chatoyantes couleurs du vieux verre de Venise ; c'est une merveille à contempler dans un vaste récipient d'eau où ses filaments s'allongent et se rétractent indépendamment les uns des autres, mais sans interruption. Quelque petit poisson rêveur laisse-t-il passer sur lui le doucereux ballon, touche-t-il à peine un des fils caressants ? aussitôt les vésicules stimulées lancent leur dard baigné de poison, et la victime, instantanément paralysée, n'oppose aucune résistance au sort qui l'attend. Car déjà une autre couronne de filaments plus courts, chargés de la digestion, commence son œuvre ; et le poisson, naguère frétillant sous le reflet de ses écailles argentées, se couvre d'une bave corrosive qui met à nu ses chairs mortes. Les derniers jours qui précédèrent notre arrivée aux Açores furent occupés à recueillir les physalies près desquelles nous passions, pour étudier les gaz qu'elles mettent dans leur flotteur et la façon dont elles les extraient du sein de la mer. Il y avait mérite à cela, car, en dépit de sa méfiance, l'opérateur ne pouvait éviter complètement les flèches urticantes, qui lui causaient chaque fois pendant plusieurs heures une vive souffrance. On n'échappe guère à ce désagrément si l'on manipule beaucoup de physalies, dont la substance très fragile s'émiette un peu sur tous les objets qui les touchent sans que, durant plusieurs jours, la virulence de leur venin s'amoindrisse.

Les récits relatifs aux dangers qu'il y a de toucher aux galères abondent d'ailleurs dans les relations des voyageurs.

Un jour, dit Leblond, dans son *Voyage aux Antilles*, je me baignais avec quelques amis dans une grande anse, devant mon habitation. Pendant qu'on pêchait de la sardine pour le déjeuner, je m'amusai à plonger, à la manière des Caraïbes, dans la lame près de se ployer... Cette prouesse faillit me coûter la vie. Une galère (il y en avait plusieurs échouées sur le sable) se fixa sur mon épaule gauche, au moment où la mer me rapportait à terre ; je la détachai promptement, mais plusieurs de ses filaments restèrent collés à ma peau, jusqu'au bras. Bientôt, je sentis à l'aisselle une douleur si vive, que, près de m'évanouir, je saisis un flacon d'huile qui était là, et j'en avalai la moitié pendant qu'on me frottait avec l'autre ; mais la douleur s'étendant au cœur, j'eus un évanouissement. Revenu à moi, je me sentis assez bien pour retourner à la maison, où deux heures de repos me rétablirent, à la cuisson près, qui se dissipa dans la nuit.

*
* *

Méduses, béroës, cydipes, siphonophores, tout cela est cousin-cousine et il n'est pas extraordinaire que tous aient comme caractère commun d'être gélatineux et transparents. Mais ce qui est digne d'attention, c'est que l'on peut rencontrer des animaux analogues dans d'autres groupes où la chose est loin d'être la règle.

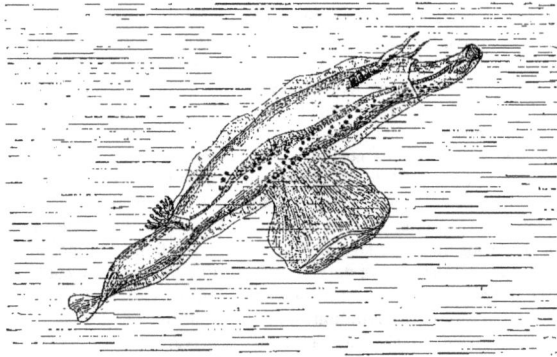

Fig. 129. — La firole.
Qui reconnaîtrait dans cette bête cristalline et délicate un petit cousin de maître colimaçon et de sa commère la limace?

Ainsi, dans les mollusques, ces animaux en général lourdauds qui, affublés d'une coquille pesante, se contentent de ramper ou de se fixer sur un rocher, qui se serait douté que l'on pût rencontrer des espèces pouvant faire concurrence aux méduses par la vie errante et la transparence? C'est cependant ce qui a lieu. Ainsi les firoles (*fig.* 129) sont des sortes de longues lanières sans forme bien précise, transparentes et gélatineuses, qui, malgré leur aspect fantasque, doivent, sans nul doute. être considérées comme des mollusques. En avant on remarque une sorte de trompe très mobile, au moyen de laquelle l'animal mange sans cesse. Au milieu du corps, on remarque une palette servant à la natation : c'est le pied. Enfin, en arrière, sur le dos, s'épanouit une branchie en forme de panache.

Mais le plus curieux des mollusques transparents est le phyllirrhoë (*fig.* 130), qui, en outre, est lumineux.

Les phyllirrhoës, gastéropodes appartenant à l'ordre des opistobranches, sont des mollusques sans coquille, pisciformes, à corps allongé, comprimé latéralement. Ils sont munis antérieurement de deux longs tentacules, et leur extrémité postérieure est tronquée. Leur corps, d'une transparence vitrée parfaite, peut aisément échapper aux regards, mais cette transparence permet d'étudier avec beaucoup de facilité leur organisation dans ses plus intimes détails. Ce sont des animaux pélagiques. Ils ont des mœurs crépusculaires et nocturnes, et une progression lente. Ces mollusques habitent le Pacifique, l'Atlantique, la Méditerranée et possèdent à un haut degré la faculté de produire de la lumière.

En agitant l'eau dans laquelle se trouve un phyllirrhoë bucéphale, ou en le touchant, on voit une luminosité jaillir de son corps et, en le stimulant avec une goutte d'ammoniaque, la surface de son corps et ses longs tentacules luisent d'une lumière vive et azurée. Toutefois, c'est aux bords supérieur et inférieur du corps que la lumière est le plus intense, de telle sorte que cette brillante illumination délimite parfaitement le contour du mollusque. Il est important d'ajouter que cette luminosité ne se communique pas aux liquides et aux solides en contact avec le phyllirhoë, contrairement à ce qui a lieu chez quantité d'animaux photogènes. (H. Gadeau de Kerville.)

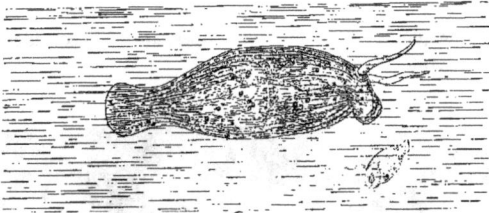

Fig. 130. — Le phyllirhoë.

Son existence est calme : grâce à sa transparence, il échappe à la vue de ses ennemis. Si, d'ailleurs, ceux-ci s'avisent de le toucher, il leur fait voir « trente-six chandelles ».

Des espèces transparentes peuvent encore s'observer chez les tuniciers, animaux à organisation encore plus élevée que celle des mollusques. C'est dans ce groupe en effet que se place un être bien bizarre, le doliolum, que l'on ne saurait mieux comparer, par sa forme renflée au milieu, qu'à une barrique dont les cercles seraient représentés par des muscles circulaires (*fig.* 131). L'animal lui-même est en quelque sorte enfermé dans l'épaisseur même du tonneau. Le milieu du tonneau est creux ; il est parcouru constamment par un courant d'eau qui sert à la respiration : c'est un véritable tonneau des Danaïdes.

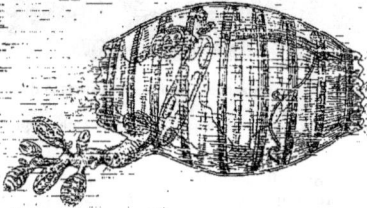

Fig. 131. — Le doliolum.

Une barrique transparente ! Un tonneau sans fonds ! Le voilà bien le tonneau des Danaïdes ! Avouez qu'il y a vraiment, de par le monde, des animaux extraordinaires !

Le même doliolum est encore singulier quant à sa reproduction. En un point de son corps, on remarque une sorte de corne qui, bien qu'un peu volumineuse, rappelle le robinet des barriques. Au moment de la reproduction, cette corne s'allonge, se transforme en un long stolon, et sur celui-ci naissent de petites tumeurs. Ces bourgeons grandissent, se régularisent et deviennent de petits tonneaux. Cette petite famille de tonneaux ne tardent pas à se détacher de leur mère et à rouler leur existence au sein des mers.

* *

C'est aussi dans les tuniciers que l'on rencontre les salpes, autrefois considérés tantôt comme des mollusques, tantôt comme des polypes.

Fig. 132. — Colonies de salpes brillant, tel un serpent de feu, à la surface de la mer.
A. Salpe isolé.
B. Six salpes réunis et jetant des feux comme les diamants les plus authentiques.

On trouve les salpes réunis en longues files transparentes (*fig.* 132), d'une grande délicatesse de tissu : cordons composés d'individus placés côte à côte et greffés transversalement ; rubans dans lesquels chaque bestiole est greffée bout à bout avec ses sœurs, doubles chaînes parallèles de créatures sociales, tantôt alternes, tantôt opposées... Merveilleuse symétrie qui ne déroge jamais aux lois qui la régissent ! Chapelets vivants dont chaque perle est un individu !

Ces sociétés voyageuses occupent jusqu'à 30 ou 40 milles d'étendue...

Leurs mollusques élémentaires ont un corps oblong, à peu près cylindrique ; irrégulier, contractile, souvent irisé, quelquefois phosphorescent, ouvert à chaque extrémité ; d'une transparence cristalline, avec une teinte rosée ou rougeâtre à l'intérieur.

Les colonnes de salpes glissent dans les eaux tranquilles par des ondulations régulières. Les petites nageuses de chaque file se contractent et se dilatent simultanément Elles manœuvrent de concert comme une compagnie de soldats bien disciplinés ; chaque série ne semble offrir qu'un seul individu, qui flotte en serpentant. Les matelots ont donné à la chaîne le nom de « Serpent de mer ».

Ces animaux nagent habituellement le dos en bas : ils font « la planche ». Ils se meuvent surtout en aspirant une certaine quantité d'eau par l'ouverture postérieure (qui est munie d'une valvule) et en la rejetant par l'orifice antérieur. En sorte que leur corps est toujours poussé en arrière, et qu'il chemine à reculons. Bizarre locomotion, qui ne ressemble en rien à celle des autres animaux !

Lorsqu'on retire de l'eau ces chaînes animées, leurs anneaux se séparent, et leurs individus se désagrègent. La compagnie est licenciée. Les salpes perdent la faculté d'adhérer ensemble ; les soldats ne peuvent plus s'aligner...

On rencontre quelquefois, dans la mer, des salpes solitaires. On serait tenté de les regarder comme d'un genre différent si de récentes découvertes n'avaient prouvé que ce sont des mères ou des filles des salpes enchaînés. On a constaté, en effet, que ces petits salpes solitaires s'unissaient ensemble en longs rubans à une époque de leur vie, et que ceux-ci engendrent des salpes isolés. En un mot, les salpes enchaînés ne produisent pas de salpes enchaînés, mais des salpes solitaires, et ceux-ci, à leur tour, donnent naissance, non à des individus distincts comme eux, mais à des salpes enchaînés. Par conséquent, un salpe n'est pas organisé comme sa mère, ni comme sa fille, mais il ressemble à sa sœur, à sa grand'mère et à sa petite-fille.

Que de recherches ne faut-il pas, que de patience et que de temps, pour arracher à la nature un admirable secret que l'on apprend souvent en trois minutes !

Malgré leur organisation si limitée et leurs fonctions si réduites, les salpes vivent et se reproduisent aussi certainement et aussi heureusement que les autres animaux. Ils s'élancent après leur proie ou l'attendent à l'affût ; ils ont des appétits, des instincts, peut-être même des caprices... Véritables sybarites, ils passent leur vie à manger et à dormir ; ils se promènent toujours en compagnie, sans trouble et sans fatigue ; ils sont balancés constamment, doucement et mollement... Ces associations enrégimentées ne révèlent-elles pas tout un monde nouveau de conditions particulières, de phénomènes collectifs et de sentiments confondus ? (A, Fredol, *alias* Moquin-Tandon.)

CHAPITRE XXII

Les joujoux des bêtes.

L'enfant aime à courir, danser, sauter, lutter avec un ami, faire des niches à son voisin, mais les jeux auxquels il se livre le plus souvent sont ceux où il emploie différents objets pouvant être maniés comme bon lui semble. La petite fille a sa poupée, le petit garçon sa toupie; au bord de la mer, l'enfant joue avec des galets, avec du sable. Les « tout petits » — ces chers petits — se contentent d'une bobine de fil et l'on en voit souvent s'amuser des journées entières avec des morceaux de papier, des perles ou de simples boutons. Quel que soit le peu de valeur de ces engins, ce n'en sont pas moins des jouets, et quelle est la fillette qui ne préfère une affreuse « pépée » d'un sou, qu'elle peut habiller elle-même, à la belle poupée d'un louis à laquelle elle ne peut toucher que du bout des doigts ?

Ces jouets modestes, ces humbles divertissements, les bêtes les ont aussi à leur disposition et ne se font pas faute d'en user pour leur plaisir, se contentant d'un simple caillou quand elles n'ont que cela pour jouer, se servant d'objets plus compliqués quand on en met à leur disposition.

.

Au premier rang des animaux joueurs, il faut assurément placer les singes. Pechuel-Losche cite, par exemple, un singe qui s'était fabriqué une balançoire. Descartes n'en serait pas revenu ! Il s'agit d'une guenon apprivoisée qui était fort intelligente. Elle avait trouvé une série d'incisions sur un arbre, sur un toit de hutte et sur le tonneau qui lui servait de dortoir ; elle s'en servait pour y fixer une longue corde au bout de laquelle elle pouvait se balancer à cœur joie; elle se mit à l'œuvre avec beaucoup d'attention et sut fort bien adapter aux circonstances la longueur de sa corde et la manière de la fixer.

Le même naturaliste parle de babouins qui choisissaient pour joujoux des objets inanimés avec lesquels ils se couchaient le soir, comme les enfants le font avec leur poupée, et qu'ils cachaient pendant la journée dans leur lit. « Isabelle, par exemple, chérit pendant assez longtemps une petite boîte en fer blanc; Pavy, un morceau de bois courbé qu'il faisait sauter en l'air en tapant sur l'un des bouts. »

Les singes, pareils aux enfants, aiment toucher aux allumettes. L'observation suivante, due à Fr. Ellendorf et relative à un petit singe noir à tête blanche, est intéressante à cet égard.

Le premier jour où je le laissai libre dans ma chambre, il s'assit devant moi sur la table et visita tout ce qu'il y trouva. Il finit par trouver une boîte d'allumettes, qu'il réussit bientôt à ouvrir. Il les flaira et les jeta sur la table. J'en pris une, l'allumai et la lui montrai. Il ouvrit ses petits yeux tout grands d'étonnement et regarda la flamme sans la quitter des yeux ; j'en allumai une deuxième et une troisième et les lui tendis. Il avança la main en hésitant, prit l'allumette, la tint devant son visage et la regarda, étonné. Puis la flamme se rapprocha de ses doigts et il jeta l'allumette. Je fermai la boîte et la mis sur la table, croyant qu'il s'en emparerait immédiatement. Mais il s'assit à côté de la boîte, la regarda et la flaira de tous côtés, sans oser la prendre ; puis il s'approcha de moi, se frotta contre moi, et fit entendre les sons qui lui servaient à demander, comme s'il eût été plein d'étonnement et qu'il eût voulu me dire : qu'est-ce que cela ? Puis il revint à la boîte, la retourna de tous côtés et essaya de l'ouvrir. Il y réussit bientôt et je croyais qu'il allait prendre des allumettes. Il se garda bien de le faire. Il semblait anxieux et hésitant ; il sautilla tout autour de la boîte et revint vers moi, comme pour me demander quelque chose. De nouveau j'allumai une allumette et la lui tendis. Lorsqu'elle eut brûlé, il en prit une, la frotta sur le couvercle de la boîte qui était devant lui et le renversa. Vite il le retourna, le côté préparé en haut, et frotta de nouveau. Mais il avait saisi l'allumette à l'envers, je la retournai ; il recommença à la frotter jusqu'à ce qu'elle s'allumât. Il montra alors une grande joie et une grande excitation. Il prit tout une poignée d'allumettes et les frotta sur le couvercle jusqu'à ce qu'elles s'allumassent.

Un chimpanzé appartenant à Brehm n'était pas moins amusant. Après chaque repas, il éprouvait le besoin de se divertir un peu, soit avec un morceau de bois, soit avec des pantoufles avec lesquelles il se « gantait », et qu'il utilisait pour glisser dans la chambre. Il se plaisait particulièrement à nettoyer, laver et épousseter ; quand il avait réussi à s'emparer d'un torchon, il ne le rendait qu'à contre-cœur. Son jeu évidemment manquait de distinction, mais c'était un jeu tout de même.

Les singes d'ailleurs sont très habiles à tout ce qui est « mécanique » et éprouvent un plaisir manifeste à en découvrir les secrets : c'est pour eux un jeu des plus passionnants. Rien ne le montre mieux que les observations de miss Romanes, la sœur du célèbre naturaliste, sur un singe capricieux qu'elle garda assez longtemps en captivité et dont elle nota avec soin les faits et gestes, bien qu'il prît trop souvent pour jouets des objets de ménage, rappelant ainsi les enfants brise-tout.

Un jour, il put mettre la main sur un balai dont le manche était réuni à la brosse par un pas-de-vis. Il trouva vite le moyen de dévisser le manche et, immédiatement, il s'efforça de le revisser. Il y réussit avec le temps. Tout d'abord, il mit le bout du manche dans le trou, mais le tourna quand même dans le bon sens ; trouvant que le manche ne tenait pas, il le retourna et mit l'autre bout dans le trou avec beaucoup de soin, puis recommença à tourner dans le sens qu'il fallait. C'était naturellement quelque chose de très difficile pour lui, car il avait besoin de ses deux mains pour tenir le manche en bonne position et pour le retourner. Les longues soies de la brosse empêchaient celle-ci de se tenir tranquille et de présenter toujours le côté du trou au manche. Il se mit à tenir la brosse de son pied ; mais, même alors, il lui était très difficile de faire entrer le premier tour du pas-de-vis d'aplomb dans le trou. Néanmoins, il travailla avec une persévérance imperturbable jusqu'à ce que la vis mordît ; puis il tourna rapidement le manche jusqu'au bout. Il est remarquable qu'il n'ait jamais essayé de tourner le manche dans le faux sens, bien que les premiers essais eussent été malencontreux. Aussitôt son but atteint, il dévissa de nouveau le balai, le revissa une seconde fois plus facilement que la première et continua ce manège plusieurs fois. Lorsqu'il sut avec habileté suffisante dévisser et revisser le balai, il abandonna ce jeu et s'adonna à un autre.

*
* *

Les chiens sont aussi, comme chacun sait, des joueurs endiablés. Ils jouent d'eux-mêmes avec des cailloux, des morceaux de bois ; mais ils préfèrent de beaucoup que ce soit leur maître qui leur envoie des projectiles. J'en ai eu un qui manifestait la joie la plus grande lorsqu'il avait trouvé un cône de pin ou de sapin : il me l'apportait et, si je faisais semblant de ne pas le voir, le malheureux prenait un air lamentable, penchant la tête comme le fait un enfant câlin. Si je continuais à paraître indifférent, il aboyait d'une façon spéciale et se lançait de toutes ses forces, les pattes en avant, sur le cône de pin, de manière à me l'envoyer dans les jambes. Quand je me décidais à le ramasser, il ne se tenait plus de joie ; je lui envoyais le cône en l'air presque à perte de vue ; il s'élançait dans sa direction et jamais il ne manquait de le recevoir dans sa gueule ouverte, ce qui représente une jolie adresse. Ceci me rappelle un chien d'un music-hall qui jouait au ballon avec son nez ; évidemment on lui avait appris cet exercice, mais, à la manière dont il l'exécutait, on voyait bien qu'il y prenait un grand plaisir.

Alix parle d'un chien qui, le soir, s'amusait avec les ombres projetées par sa tête sur un mur : « Tantôt dressant ses deux longues oreilles, tantôt les inclinant à droite ou à gauche, tantôt les reportant en arrière, il produisait ainsi des figures bizarres qui paraissaient l'amuser fort. »

Un chien jouant aux ombres chinoises ! Hum !...

Le même observateur rapporte un autre fait tout aussi curieux :

Étant en manœuvres dans les Alpes avec un escadron de mon régiment, j'herborisais un jour dans les environs du col de Galibier (près de Briançon, Hautes-Alpes), suivi d'un de ces chiens vagabonds qui s'attachent si fréquemment et si facilement aux troupes en marche, lorsqu'au moment où je me disposais à descendre par l'interminable lacet qui donnait accès au col, je vis mon chien, au lieu de me suivre, se diriger vers une coulée en pente rapide de la montagne, où la neige s'était amoncelée. Quelque peu intrigué par cette manière d'agir, je m'arrêtai et ne perdis pas un de ses mouvements. Bien m'en prit, car je fus alors témoin du spectacle le plus imprévu auquel puisse assister l'homme même qui sait, par expérience, combien est inépuisable le sac à malices du chien : se mettant sur le dos, les quatre pattes repliées, la tête en bas, dans le sens du poil, l'intelligent animal se laissa ainsi glisser sur la neige gelée presque jusqu'en bas de la montagne ! Arrivé au point où la neige cessait, il se releva tranquillement, jeta un coup d'œil vers moi, agita un instant la queue et se coucha sur l'herbe en m'attendant.

Quand les chiens n'ont pas d'autres jouets, ils jouent avec leur queue, tournant en cercle de la façon la plus comique.

*

En cela, ils rappellent les chats qui se livrent aussi fréquemment à cet exercice. On sait combien les jeunes chats sont joueurs. Ils s'amusent des journées entières avec des pelotes, des bobines, des bouchons, du papier roulé en boule ; je ne connais pas de spectacle plus gracieux. Ils aiment surtout les objets qui roulent ;

d'une tape de leur patte un peu recourbée du bout — la patte de velours, — ils les envoient au loin et luttent de vitesse avec eux. Avant que le projectile soit arrêté, le minet est dessus et d'une chiquenaude l'envoie promener plus loin.

Tous les félins, d'ailleurs, sont très amateurs de jouets. Les jaguars et les ocelots s'amusent des heures entières avec des morceaux de papier, des oranges et des bouts de bois. Un puma apprivoisé, qu'Hudson connaissait, était très satisfait quand on le faisait jouer avec une ficelle ou un mouchoir ; lorsqu'on ne voulait plus jouer avec lui, il allait chercher une autre personne mieux disposée à le distraire.

*

Les ours blancs captifs aiment les morceaux de bois et les boules qu'ils se plaisent à poursuivre. « Les ours, dit Gross, semblent également s'occuper quelquefois du lavage des objets ; mais ce qu'ils font, c'est plutôt patauger dans l'eau que laver. Du moins j'ai observé une ourse blanche qui roulait un pot de fer dans son bain, le prenait sous son bras, le mettait dans une petite auge à eau courante et le lavait sérieusement et avec zèle. »

*

Également très joueur est le raton laveur, ainsi qu'on peut l'observer dans tous les jardins zoologiques, et que l'on montre même pour cela dans les foires. Comme son nom l'indique, il aime à jouer à la blanchisseuse. Pendant les nombreuses heures de loisir qu'a tout raton prisonnier, dit L. Beckmann, il s'amuse à mille choses pour chasser l'ennui ; tantôt il se met sur son séant dans un coin solitaire, et essaie avec une mine très sérieuse de s'attacher un brin de paille autour du museau ; tantôt il joue avec les doigts d'une de ses pattes postérieures ou tente d'attraper le bout toujours remuant de sa longue queue. Après une sécheresse quelque peu prolongée, la vue d'un peu d'eau peut le mettre en extase et il fera tout son possible pour s'approcher de l'objet désiré. Tout d'abord il étudiera avec précaution la profondeur de l'eau, car il aime à n'y plonger que ses pattes pour laver différents objets : il n'aime pas à être dans l'eau jusqu'au cou ; son examen terminé, il entre avec une joie visible dans l'élément humide, au fond duquel il cherche un objet qu'il pourrait laver. Une vieille anse de pot, un morceau de porcelaine, une coquille d'escargot sont des objets qu'il aime beaucoup et dont il s'occupe immédiatement, le cas échéant. Maintenant il aperçoit à quelque distance une vieille bouteille qui lui semble bien avoir besoin d'un bain. Aussitôt il sort de son seau, mais sa chaîne trop courte l'empêche d'atteindre l'objet de ses rêves ; sans hésiter, il se retourne comme font les singes, gagne par là une distance égale à la longueur de son corps et ramène la bouteille en la faisant rouler avec sa patte de derrière. Un instant après, on le voit, debout sur ses pattes, retourner d'un pas pénible vers l'eau, embrassant la bouteille de ses pattes de devant, et la serrant convulsivement contre sa poitrine. Si on le dérange dans ses projets, il se conduit comme un enfant mal élevé et entêté, se jette sur le dos et serre sa bien-aimée bouteille si fort qu'on peut presque le soulever de terre si l'on essaie de la lui arracher. S'il a assez de son travail dans l'eau, il retire son jouet, s'assied dessus et se roule pour se balancer, tout en essayant d'introduire sa patte dans le goulot étroit de la bouteille.

*
* *

Cet amour pour une bouteille rappelle une autre histoire, vraiment étrange, rapportée par Romanes :

Un pigeon-paon vivait avec sa famille dans un colombier de notre ferme. Le mâle et la femelle avaient été importés de Sussex et vivaient déjà depuis assez longtemps, admirés et vénérés, pour voir leurs descendants à la troisième génération, lorsque le pigeon devint tout à coup victime d'un égarement fort curieux. Nous ne nous étions aperçus d'aucune excentricité dans sa conduite jusqu'au jour où je trouvai dans le jardin une bouteille à bière en grès brun et la jetai dans la cour ; elle vint tomber sous le pigeonnier. Au même instant, le pater-familias descendit et, à mon grand étonnement, commença à faire une série de révérences, évidemment pour témoigner à la bouteille toute l'admiration qu'il avait pour elle. Il marcha autour d'elle, tout en saluant, gratta le sol, roucoula et se livra aux jeux les plus fous que j'aie jamais vus chez un pigeon amoureux. Il ne cessa qu'au moment où nous éloignâmes la bouteille ; sa conduite ultérieure prouva du reste que cette aberration bizarre de l'instinct s'était transformée en une illusion complète. Toutes les fois qu'on apportait la bouteille dans la cour, qu'on la tînt horizontalement ou verticalement, immédiatement la scène ridicule recommençait.

*

On sait combien les perroquets, perruches et cacatoès aiment à jouer avec des morceaux de bois qu'ils peuvent ronger. Comme pour tant d'enfants, le jeu de destruction est celui qu'ils préfèrent : ils arrivent même à dévisser les vis et à percer jusqu'à des plaques de tôle.

Il faudrait enfin compter, au nombre des joujoux des animaux, les innombrables objets que se plaisent à « chiper » tant d'animaux, depuis les pies et les corbeaux jusqu'aux viscaches et aux rats des champs, mais cela nous entraînerait trop loin. Ceux-là sont très difficiles, et, au lieu de se contenter d'un bouchon, comme les chats, ou d'une pierre, comme les chiens, il leur faut des objets qui brillent, et ils ne reculent même pas devant le rapt de bijoux précieux, qu'ils se contentent d'entasser bêtement. Si encore ils jouaient avec !

CHAPITRE XXIII

Les pieuvres, terreur des matelots.

Il y a peu d'animaux marins qui inspirent autant de répugnance que le poulpe ; son aspect sournois, ses ventouses nombreuses, son toucher visqueux, tout cela est bien fait pour produire du dégoût et même de la crainte ; ses mœurs et sa biologie sont cependant fort intéressantes, comme nous allons le voir par la suite.

On peut se procurer des poulpes en explorant le dessous des rochers encore cachés par l'eau à marée basse, ou en plongeant dans la mer des crochets de fer sur lesquels sont embrochés des crabes et en relevant l'appât de temps à autre. Le mieux est encore d'accompagner les marins qui vont pêcher à peu de distance des côtes ; quand vous les entendrez pousser des jurons, vous pourrez être sûr qu'ils ont pris involontairement un poulpe ou une seiche qui ont noirci le filet, nous avons déjà vu comment au chapitre xvii.

Le poulpe vit dans les creux des rochers complètement submergés ; de temps à autre, il va se promener dans la mer et c'est ce qui explique qu'on le trouve souvent pris dans le filet des pêcheurs. Son corps charnu, de forme ovale, porte une grosse tête assez rigide, munie de deux gros yeux ressemblant étonnamment à ceux des poissons ou des chats. Plus haut, la tête se termine par huit grands bras s'effilant jusqu'à leur extrémité, et garnis à leur face interne de nombreuses ventouses servant à l'animal pour s'emparer de sa proie. C'est au centre de la couronne des bras qu'est placée la bouche, armée d'un bec corné qu'on ne peut mieux comparer qu'à celui d'un perroquet. Leur taille est assez considérable : un ou deux mètres de longueur sont assez communs ; on doit cependant faire table rase des récits fantaisistes des marins ; ceux-ci qui, sans doute par habitude du métier. ne cherchent qu'à vous « monter des bateaux », vous racontent le plus sérieusement du monde qu'ils ont vu des poulpes atteignant la grosseur d'un cuirassé et d'autres avaler une barque devant eux : ce sont là des histoires à dormir debout.

Quand il est dans son rocher, le poulpe est placé de telle sorte que ses bras touchent le fond par leurs ventouses, tout en se recourbant en arrière, et que son corps en forme de sac infléchi d'avant en arrière, décrit un arc à concavité inférieure : il a l'air de marcher sur la pointe des bras à peine recourbés.

Comme nombre de plantes et d'animaux marins, dont le corps est généralement mou, le poulpe est très disgracieux quand on le place à sec sur un rocher ou sur le sable ; mis dans l'eau, au contraire, ses formes s'épanouissent et il devient très élégant, surtout quand il nage comme il le fait, avec aisance. Il progresse ainsi presque toujours en arrière et par soubresauts ; il peut aussi nager en avant, mais les bras réunis en deux faisceaux symétriques sont alors rabattus d'avant en arrière par la résistance de l'eau.

La voracité du poulpe, ou de la pieuvre comme l'appellent les matelots, est extrême. On peut les nourrir avec ces coquillages que l'on mange sous le nom de cardiums, de palourdes, de coques, etc. ; malgré les deux valves qui sont rabattues très fortement l'une sur l'autre, il trouve moyen, à l'aide du bec, de manger l'animal intérieur. Une jeune dame, Jeannette Power, une des rares femmes qui se soient adonnées à l'étude de l'histoire naturelle, raconte qu'elle a vu un poulpe transporter un fragment de pierre entre les valves d'une grande coquille bâillant aux corneilles et qui fut ainsi dans l'impossibilité de les refermer ; il put par suite dévorer sa proie facilement. Mais les crabes paraissent être leur aliment préféré.

Dès que le poulpe, raconte M. P. Fischer, voit un de ces crustacés s'approcher de sa retraite, il se précipite sur lui, le couvre complètement de ses bras étendus ; les bras se replient autour de sa victime qui, saisie de toute part par un corps qui s'attache et se moule à ses téguments, ne peut plus exécuter de mouvements défensifs. Pendant une minute, le malheureux crustacé agite faiblement ses membres maintenus dans la flexion, puis les laisse tomber inertes. Alors le poulpe emporte la proie dans son antre. Là, il fait prendre au corps du crabe différentes positions, mais il ne l'abandonne jamais et une heure après en rejette les débris. Plusieurs fois j'ai fait lâcher prise aux poulpes qui avaient saisi des crabes depuis une ou deux minutes, mais ceux-ci étaient déjà morts, sans présenter à l'extérieur aucune lésion apparente.

Le poulpe est assez intelligent ; il a soin de protéger l'entrée du creux de son rocher avec les résidus de ses copieux festins, soit surtout des coquilles ou des carapaces ; il va même chercher au loin des petits cailloux et en barricade sa porte. Lorsqu'un ennemi cherche à le saisir dans sa tanière, il présente sa bouche avec son bec entouré par la couronne étalée des bras couverts de ventouses, en même temps que sa peau devient très foncée et se couvre de papilles hérissées ; son aspect est alors véritablement terrifiant.

Le poulpe est employé à la pêche comme appât. Dans le midi de la France et particulièrement en Espagne, on le mange conjointement avec la seiche, la sépiole, l'élédone ; on l'assaisonne de différentes façons et l'on y ajoute habituellement du safran. Son goût tient le milieu entre celui du poisson et celui de la moule cuite ; en général il plaît peu aux palais parisiens. Il paraît que, sur la côte méditerranéenne, les pêcheurs mangent les poulpes sans les faire cuire, à la manière des huîtres.

Le poulpe nous offre un bel exemple du phénomène si curieux et si répandu, le *mimétisme*, dont nous avons déjà parlé à propos des animaux qui se maquillent (Chapitre xvii).

Certaines pieuvres peuvent atteindre de grandes tailles. Dans plusieurs récits plus ou moins authentiques, on parle de pieuvres capables d'avaler une barque entière ou venant cueillir, avec leurs bras armés de ventouses, un matelot se reposant sur le pont d'un navire. Ces fables paraissent bien exagérées. Nous nous contenterons d'en citer quelques-unes.

Voici un récit de Pontoppidan, un évêque doublé d'un zoologiste d'une certaine valeur, et dont nous parlerons encore un peu plus loin au sujet des serpents de mer :

Les gens du Nord, dit-il, affirment tous et sans la moindre contradiction dans leurs récits, que, lorsqu'ils poussent au large à plusieurs milles, particulièrement pendant les jours les plus chauds de l'été, la mer semble tout à coup diminuer sous leurs barques ; s'ils jettent la sonde, au lieu de trouver 80 ou 100 brasses de profondeur, il arrive souvent qu'ils en mesurent à peine trente : c'est un kraken qui s'interpose entre le bas-fond et la sonde. Accoutumés à ce phénomène, les pêcheurs disposent leurs lignes, certains que là abonde le poisson, surtout la morue et la lingue, et les retirent richement chargées.

Si la profondeur de l'eau va toujours diminuant, si ce bas-fond accidentel et mobile remonte, les pêcheurs n'ont pas de temps à perdre ; c'est le kraken qui se réveille, qui se meut, qui vient respirer l'air et étendre ses larges bras au soleil.

Les pêcheurs font force de rames, et quand, à une distance raisonnable, ils peuvent enfin se reposer en sécurité, ils voient, en effet, le monstre, qui couvre de la partie supérieure de son dos un espace d'*un mille et demi*. Les poissons, surpris par son ascension, sautillent un moment dans les creux humides formés par les protubérances inégales de son enveloppe extérieure ; puis, de cette masse flottante sortent des espèces de pointes ou de cornes luisantes qui se déploient et qui se dressent semblables à des mâts armés de leurs vergues ; ce sont les bras du kraken, et telle est leur vigueur, que s'ils saisissaient les cordages d'un vaisseau de ligne ils le feraient infailliblement sombrer.

Après avoir demeuré quelques instants sur les flots, le kraken redescend avec la même lenteur, et le danger n'est guère moindre pour le navire qui serait à portée, car en s'affaissant, il déplace un tel volume d'eau, qu'il occasionne des tourbillons et des courants aussi terribles que ceux de la fameuse rivière Maëlstrom.

L'*Histoire naturelle* d'Eric Pontoppidan est très curieuse à consulter à cause de la grande quantité de documents que le savant évêque a recueillis ; mais elle manque de méthode ; les faits positifs sont mêlés à des fables ; il n'y a pas de critique. Pontoppidan avait trop de science pour croire au kraken qu'il dépeint, et lui-même note son incrédulité, mais il ne cherche nullement à dégager la vérité sous tout ce fatras. Il n'en est point de même d'Auguste de Bergen, qui, comparant avec soin tous les récits scandinaves, en conclut qu'il doit exister un poulpe énorme, pourvu de bras ; qu'il doit être odorant ; que, lorsqu'il s'élève, ses bras sont dirigés vers le fond ; qu'il laisse rarement entrevoir ses tentacules ; qu'il monte et descend en ligne droite ; enfin qu'il ne se montre que l'été et par les temps calmes. On verra que les découvertes modernes ont entièrement corroboré les conclusions de ce naturaliste. Linné, après avoir admis l'existence du poulpe géant dans sa *Faune suédoise* et dans les six premières éditions de son *Système de la nature*, s'y refuse dans les suivantes ; on ignore pourquoi. Cependant, les marins avaient toujours foi dans les légendes sur le kraken ou encornet géant, et, sur les côtes de France, un proverbe très répandu disait : *l'encornet est le plus petit et le plus grand animal de la mer*. Dans plusieurs chapelles étaient suspendus des ex-voto retraçant les dangers courus par les équipages de divers navires dans des combats avec ces horribles animaux.

L'un de ces ex-voto, qui existe encore à Notre-Dame-de-la-Garde de Marseille, rappelle une lutte qui eut lieu sur les côtes de la Caroline du Sud. Un autre qu'on peut voir dans la chapelle Saint-Thomas, à Saint-Malo, fut placé là par les matelots d'un navire négrier, attaqué par un poulpe au moment où il levait l'ancre pour s'éloigner d'Angola. Du reste, le voyageur Grandpré dit qu'il a souvent entendu parler, par les indigènes de ces côtes africaines, du terrible céphalopode ; ils en ont une grande peur, mais soutiennent qu'il se tient constamment dans la haute mer.

En 1783, un baleinier assura au Dr Swediaur, qui raconte cette observation dans le *Journal de Physique*, qu'il a trouvé dans la gueule d'une baleine un tentacule de 27 pieds de long. Denys Montfort, ayant lu cette note, eut l'idée d'interroger les baleiniers que Calonne avait fait venir d'Amérique pour tenter de relever la grande pêche en France, et qui étaient établis à Dunkerque. Deux d'entre eux lui dirent qu'ils avaient également examiné des bras de krakens. L'un, Benjohson, en avait trouvé aussi, une fois, un de 35 pieds dans la bouche d'une baleine, de laquelle il sortait ; l'autre, Reynolds, en avait pêché un de 45 pieds, qui flottait, et dont la couleur était rouge ardoise. (A. Landrin.)

Voici maintenant un récit, écrit en 1786 par Denys Montfort :

Le capitaine Jean-Magnus Dens, homme respectable et véridique après avoir fait quelques voyages à la Chine, pour la Compagnie de Gottembourg, était enfin venu se reposer de ses expéditions maritimes à Dunkerque, où il demeurait, et où il est mort depuis peu d'années, dans un âge très avancé. Il m'a raconté que, dans un de ses voyages, étant par les quinze degrés de latitude sud, à une certaine distance de la côte d'Afrique, par le travers de l'île Sainte-Hélène et du cap Nigra, il fut pris d'un calme qui dura quelques jours, et il se décida à en profiter pour nettoyer son bâtiment et le faire approprier et gratter en dehors. En conséquence, on descendit le long du bord quelques planches suspendues, sur lesquelles les matelots se placèrent pour gratter et nettoyer le vaisseau. Ces marins se livraient à leurs travaux, lorsque subitement un de ces *encornets*, nommés en danois *anchertroll*, s'éleva du fond de la mer et jeta un de ses bras autour du corps de deux matelots, qu'il arracha tout d'un coup avec leur échafaudage, et les plongea dans la mer ; il lança ensuite un second de ses bras sur un autre homme de l'équipage qui se proposait de monter aux mâts, et qui était déjà sur les premiers échelons des haubans. Mais, comme le poulpe avait saisi en même temps les fortes cordes des haubans et qu'il était entortillé dans leurs enfléchures, il ne put en arracher cette troisième victime qui se mit à pousser des hurlements pitoyables. Tout l'équipage courut à son secours ; quelques-uns, sautant sur les harpons et les fouanes, les lancèrent dans le corps de l'animal, qu'ils pénétrèrent profondément, pendant que les autres, avec leurs couteaux et des herminettes ou petites haches, coupèrent le bras qui tenait lié le malheureux matelot, qu'il a fallu retenir de crainte qu'il ne tombât à l'eau, car il avait entièrement perdu connaissance.

Ainsi mutilé et frappé dans le corps de cinq harpons, dont quelques-uns, faits en lance et roulant sur une charnière, se développaient quand ils étaient lancés de façon à prendre une position horizontale et à s'accrocher ainsi par deux pointes et par un épanouissement dans le corps de l'animal qui en était atteint, ce terrible poulpe, suivi de deux hommes, chercha à regagner le fond de la mer par la puissance seule de son énorme poids. Le capitaine Dens, ne désespérant pas encore de ravoir ses hommes, fit filer les lignes qui étaient attachées aux harpons ; il en tenait une lui-même et lâchait de la corde à mesure qu'il sentait du tiraillement ; mais quand il fut presque arrivé au bout des lignes, il ordonna de les tirer à bord, manœuvre qui réussit pendant un instant, le poulpe se laissant remonter ; ils avaient déjà embarqué ainsi une cinquantaine de brasses, lorsque cet animal lui ôta toute espérance en pesant de nouveau sur les lignes qu'il força de filer encore une fois. Ils prirent cependant la précaution de les amarrer et de les attacher fortement à leur bout.

Arrivés à ce point, quatre de ces lignes se rompirent ; le harpon de la cinquième quitta prise et sortit du corps de l'animal en faisant éprouver une secousse très sensible au vaisseau. C'est ainsi que ce brave et honnête capitaine eut à regretter d'abord ses deux hommes, qui devinrent la proie d'un mollusque dont souvent il avait entendu parler dans le Nord, que cependant, jusqu'à cette époque, il avait entièrement regardé comme fabuleux, et à l'existence duquel il fut forcé de croire par cette triste aventure. Quant à l'homme qui avait été serré dans les replis d'un bras du monstre et auquel le chirurgien du navire prodigua, dès le premier instant, tous les secours possibles, il rouvrit les yeux et recouvra la parole; mais, ayant été presque étouffé et écrasé, il souffrait horriblement, bien que la frayeur eût aliéné ses sens; il mourut la nuit suivante dans le délire.

La partie du bras qui avait été tranchée du corps du poulpe, et qui était restée engagée dans les enfléchures des haubans, était presque aussi grosse à sa base qu'une vergue du mât de misaine, terminée en pointe très aiguë, garnie de capsules ou ventouses larges comme une cuiller à pot; elle avait encore 5 brasses ou 25 pieds de long, et comme le bras n'avait pas été tranché à la base parce que le monstre n'avait pas même montré sa tête hors de l'eau, ce capitaine estimait que le bras entier aurait pu avoir 35 à 40 pieds de long.

Il rangeait cette aventure parmi les plus grands dangers qu'il eût courus en mer.

Fig. 133. — Pieuvre gigantesque et, d'ailleurs peu sympathique, observée et dessinée par M. Rouyer.

Voici enfin un récit plus moderne, dû à M. Rouyer, lieutenant de vaisseau à bord de l'*Alecton* (*fig.* 133). C'est un matelot qui vint le prévenir de la présence du monstre :

   « — Commandant, la vigie a signalé un débris flottant par bâbord.

   — C'est un canot chaviré.

   — C'est rouge, ça ressemble à un cheval mort.

   — C'est un paquet d'herbes.

   — C'est une barrique.

   — C'est un animal : on voit les pattes.

Je me dirigeai aussitôt vers l'objet signalé et qui était si diversement jugé, et je reconnus le poulpe géant, dont l'existence constatée semblait reléguée dans le domaine de la fable.

Je me trouvais donc en présence d'un de ces êtres bizarres que la mer extrait parfois de ses profondeurs, comme pour porter un défi aux naturalistes. L'occasion était trop inespérée et trop belle pour ne pas me tenter. Aussi eus-je bien vite pris la résolution de m'emparer du monstre, afin de l'étudier de plus près. Aussitôt, tout est en mouvement à bord, on charge les fusils, on emmanche les harpons, on dispose les nœuds coulants, on fait tous les préparatifs de cette chasse nouvelle. Malheureusement, la houle était très forte et, dès qu'elle nous prenait par le travers, elle imprimait à l'*Alecton* des mouvements de roulis désordonnés qui gênaient les évolutions, tandis que l'animal lui même, quoique restant toujours à fleur d'eau, se déplaçait avec une sorte d'instinct et semblait vouloir éviter le navire. Après plusieurs rencontres qui n'avaient permis encore que de le frapper d'une vingtaine de balles auxquelles il paraissait insensible, je parvins à l'*accoster* d'assez près pour lui lancer un harpon, ainsi qu'un nœud coulant, et nous nous prépa rions à multiplier le nombre de ses liens, quand un violent mouvement de l'animal ou du navire fit déraper le harpon, qui n'avait guère de prise dans cette enveloppe visqueuse : la partie où était enroulée la corde se déroula, et nous n'amenâmes à bord qu'un tronçon de la queue.

C'est un *encornet* colossal ; son corps mesure 5 à 6 *pieds de longueur* ; les tentacules, au nombre de *huit*, ont la même dimension. Il est d'un *rouge brique* ; son corps est très renflé vers le centre ; ses yeux aplatis, glauques, *grands comme des assiettes*, fixes. Dans le combat, qui dura trois heures, il vomit de l'écume, du sang et des matières gluantes qui répandirent une forte *odeur de musc*. La queue se termine par deux lobes, ce qui caractérise le genre calmar.

Officiers et matelots me demandèrent à faire amener un canot pour essayer de garrotter de nouveau le monstre et de l'amener le long du bord. Ils y seraient peut-être parvenus si j'eusse cédé à leurs désirs; mais je craignais que, dans cette rencontre corps à corps, l'animal ne lançât un de ses longs bras armés de ventouses sur le bord du canot, ne le fît chavirer, n'étouffât plusieurs hommes dans ces fouets redoutables, chargés, dit-on, d'effluves électriques et paralysants, et comme je ne voulais pas exposer la vie de mes hommes pour satisfaire une vaine curiosité, je dus m'arracher à l'ardeur fiévreuse qui nous avait saisis tous pendant cette poursuite acharnée et j'ordonnai d'abandonner sur les flots le monstre mutilé qui nous fuyait maintenant, et qui, sans paraître doué d'une grande rapidité de déplacement, plongeait de quelques brasses et passait d'un bord à l'autre du navire dès que nous parvenions à l'aborder.

La partie de sa queue que nous avions à bord pesait 14 kilogrammes. C'est une substance molle, répandant une forte odeur de musc; la partie qui correspond à l'épine dorsale commençait à acquérir une sorte de dureté relative. Elle se rompait facilement et offrait une cassure d'un blanc d'albâtre. L'animal entier, d'après mon appréciation, pesait 2 à 3 tonneaux (4 à 6000 livres). Il soufflait bruyamment, je n'ai pas remarqué qu'il lançât cette substance noirâtre au moyen de laquelle les petits encornets que l'on rencontre à Terre-Neuve troublent la transparence de l'eau pour échapper à leurs ennemis. Des matelots m'ont raconté qu'ils avaient vu, dans le sud du cap de Bonne-Espérance, des poulpes pareils à celui-ci, quoique de taille un peu moindre. Ils prétendent que c'est un ennemi acharné de la baleine; et, de fait, pourquoi cet être, qui semble une grossière ébauche, ne pourrait-il atteindre des proportions gigantesques? Rien n'arrête sa croissance, ni os, ni carapace: on ne voit pas *a priori* de bornes à son développement.

Quoi qu'il en soit, cet horrible échappé de la ménagerie du vieux Protée me poursuivra longtemps dans mes nuits de cauchemar. Longtemps je retrouverai fixé sur moi ce regard vitreux et atone, et ses huit bras qui m'enlacent dans leurs replis de serpent. Longtemps je garderai la mémoire du monstre rencontré par l'*Alecton*, le 30 novembre 1861, à deux heures de l'après-midi, à 40 lieues de Ténériffe.

Depuis que j'ai de mes yeux vu cet étrange animal, je n'ose plus fermer de mon esprit la porte de la crédulité aux récits des navigateurs. Je soupçonne la mer de n'avoir pas dit son dernier mot et de tenir en réserve quelques rejetons des races éteintes, quelques fils dégénérés des trilobites, ou bien encore d'élaborer dans son creuset toujours actif des moules inédits pour en faire l'effroi des matelots et le sujet des mystérieuses légendes des océans.

De son côté, M. Richard Lecton assure qu'en 1873 deux pêcheurs trouvèrent dans la baie de la Conception (Terre-Neuve) une seiche gigantesque, dont les bras avaient 35 pieds de longueur, tandis que le corps avait une longueur de 60 pieds et un diamètre de 5 pieds. Les pêcheurs coupèrent à un des bras un morceau de 25 pieds de longueur et le rapportèrent dans leur pays.

En somme, il n'y a pas de pieuvres « gigantesques » à proprement parler, mais simplement « des pieuvres de grande taille », et encore celles-ci sont-elles très exceptionnelles.

Les pieuvres sont des mollusques appartenant au groupe des céphalopodes. Celui-ci comprend encore plusieurs types bizarres.

Les seiches (*fig.* 134) se trouvent fréquemment dans les filets des pêcheurs ; en outre des huit bras ordinaires, elles possèdent deux très longs tentacules, terminés par des

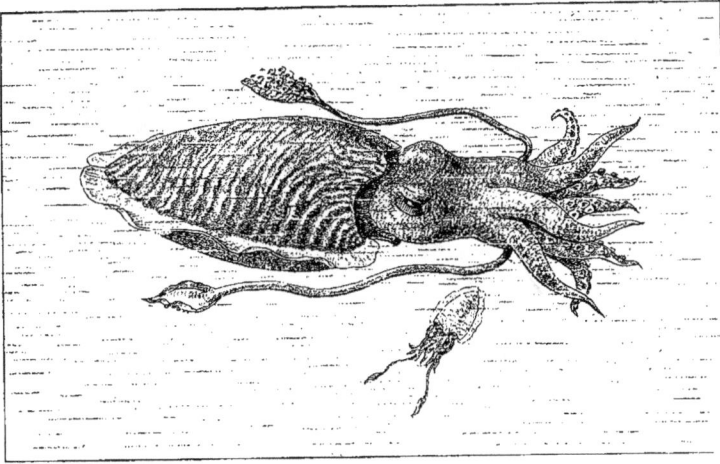

Fig. 134. — Seiche.

Autrefois fabricant de couleur (sépia), aujourd'hui utilisée par les marins pour amorcer leurs hameçons et par les petits oiseaux, qui trouvent dans sa coquille interne un excellent « polissoir » pour aiguiser leur bec.

ventouses, qu'elles dardent au loin sur les animaux qu'elles veulent capturer. C'est leur coquille interne que l'on donne aux oiseaux pour aiguiser leur bec, sous le nom d' « os de seiche » ; ces prétendus os sont souvent rejetés par le flot sur la plage et tous les amateurs de bains de mer les connaissent bien. Les seiches pondent de gros œufs noirs réunis en paquets sur les plantes aquatiques ; les pêcheurs les appellent des raisins de mer. En ouvrant les œufs déjà mûrs, on en fait sortir de toutes petites seiches qui se mettent à nager quand on les met dans un peu d'eau. J'ai même vu un de ces avortons me jeter du noir cinq fois de suite parce que je le tracassais trop. Il n'y a plus d'enfants .....

Les calmars ont le corps plus allongé ; ils possèdent aussi de longs bras tentaculaires et une coquille interne, longue et cornée, appelée « plume ».

Les élédones sont de petits poulpes à une seule rangée de ventouses sur les bras. Elles dégagent une odeur musquée qui n'a rien d'agréable.

Les sépioles (*fig.* 135), pourvues de deux petites nageoires latérales arrondies, vivent dans les flaques d'eau ; leur corps d'environ 4 ou 5 centimètres de long présente des reflets irisés produisant un effet charmant; on ne peut se lasser de les admirer.

*
* *

Mais l'espèce la plus curieuse des céphalopodes est l'argonaute de la Méditerranée, qui a longtemps intrigué les naturalistes. Le mâle ressemble à un petit poulpe, avec cette différence que l'un des bras diffère des sept autres, alors que,

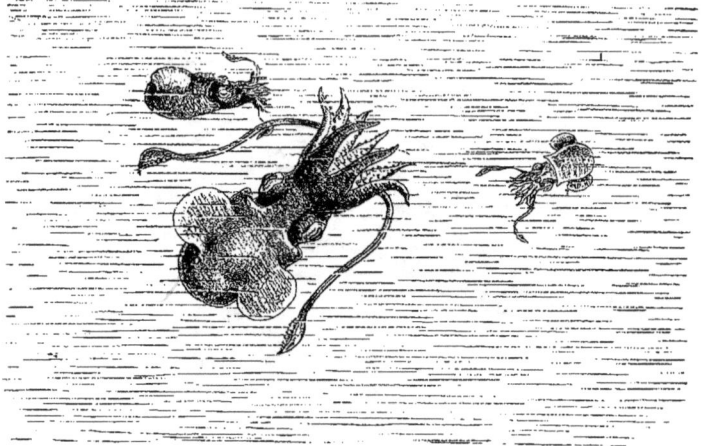

Fig. 135. — Sépiole.
Tout petit poulpe, pas plus gros qu'une noix, et faisant un singulier contraste avec ses confrères gigantesques.

chez les pieuvres, ils sont tous semblables. La femelle en est profondément différente. Son corps est enfoncé dans une large coquille contournée sur elle-même et, de plus, deux des bras — les «bras véligères» — sont de larges lames constituées par une fine membrane maintenue tout autour par un rebord plus épais et garni sur un de ses côtés de ventouses.

Cette coquille et ces bras ont été un sujet de discussion parmi les zoologistes.

La coquille, dont la forme rappelle celle d'une corne d'abondance aplatie latéralement, présente, en effet, ce fait unique parmi les mollusques de ne pas être reliée au corps par un muscle. On sait aujourd'hui d'une manière certaine que cette prétendue coquille n'en est pas une en réalité; c'est un simple appareil destiné à protéger la ponte, en même temps, sans doute, qu'elle sert à protéger l'animal lui-même.

Quant aux bras véligères, on supposait jadis que l'argonaute s'en servait en guise de voiles tandis que la coquille était une nacelle. C'était très joli, mais malheureusement inexact. M. de Lacaze-Duthiers, qui a eu l'occasion d'en observer un vivant, ne l'a jamais vu déployer ses bras véligères au-dessus de l'eau pour donner prise au vent. Ces bras restent constamment et étroitement appliqués contre la coquille, dont le crochet se trouve à fleur d'eau.

Quand, dit de Lacaze-Duthiers, par une brusque pression sur le sommet du crochet saillant hors de l'eau, on poussait l'animal vers le fond du bac, on l'immergeait très facilement, mais il remontait tout de suite au niveau de l'eau et semblait ramené et maintenu dans cette situation non seulement par les contractions de son manteau, mais surtout par la présence d'un ludion placé dans le sommet du crochet de sa coquille, où, sans doute, il avait enfermé de l'air, ce dont je n'ai pas voulu m'assurer, redoutant de trop tracasser l'animal, car j'étais, on le comprend, fort désireux de le voir vivre le plus longtemps possible, et pour cela, je ne le fatiguais pas.

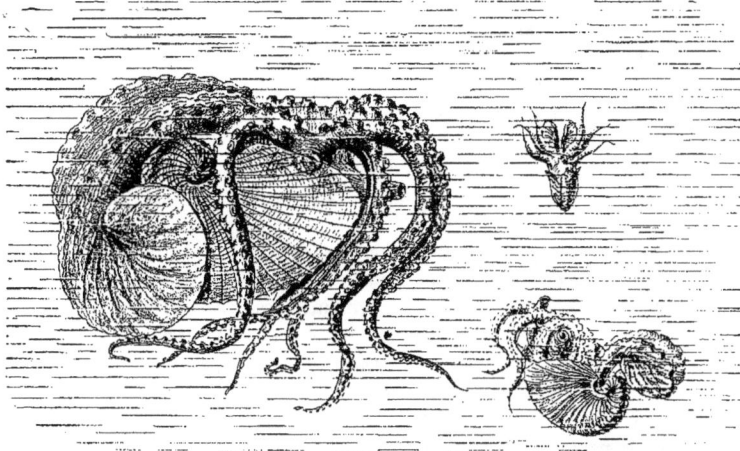

Fig. 136. — Argonaute femelle.

Les anciens décrivaient sa coquille comme une véritable nacelle et ses bras aplatis comme des voiles. Il n'en est rien : l'argonaute n'emprunte rien au royaume d'Éole.

L'aspect général de l'argonaute est fort différent de celui des poulpes nageant (*fig.*136). Il est, en général, fort tranquille, mais il respire avec beaucoup d'activité, ce qui lui donne l'air *essouflé*. Les gros yeux des poulpes sont, on le sait, doués d'un véritable regard qui a même quelque chose de félin ; ici rien de tel, le regard est mort : son œil est rond, bordé de noir ; sa pupille, très noire aussi, est absolument circulaire, centrale, régulière et immobile. C'est comme l'œil d'un poisson, mais sans cette mobilité donnant une expression particulière. Ici c'est l'impassibilité absolue, aucun mouvement de menace ou d'excitation n'a pu faire changer cette apparence de tranquillité.

L'œil est dépourvu de cristallin et semble même ne pas servir du tout à la vision, du moins des objets : on peut faire circuler tout près de l'argonaute des petits poissons, dont il est très friand, sans qu'il songe à s'en emparer. Au contraire, si le poisson vient à toucher une ventouse, aussi légèrement que possible, il est immédiatement happé et porté à la bouche. Lorsqu'une ventouse a saisi le poisson, toutes celles du voisinage s'inclinent vers la proie, qui bientôt est attirée dans la bouche armée d'un véritable bec de perroquet.

.[•].

Le dernier céphalopode que nous ayons à présenter est l'*octopus Digueti* qui habite la Californie et que nous a fait connaître M. de Rochebrune. Cet animal, de la grosseur du poing et du plus beau rose tendre, ne mène pas une existence vagabonde comme la plupart de ses congénères : il fait choix de sortes de coquilles Saint-Jacques vides et s'y blottit comme un ermite dans son antre. Appuyant son corps contre la charnière, il étale largement sa couronne de bras et ceux-ci se fixent en partie par leurs ventouses sur la coquille, qu'il peut, dès lors, ouvrir et fermer à volonté. Malgré sa petite taille, il a un aspect effrayant, d'autant plus que si l'on vient à le toucher, il émet une grande quantité de substance noire qui forme un nuage dans la mer. Dans la même coquille, on rencontre aussi des œufs, parfois une soixantaine. Chaque œuf est contenu dans une coque épaisse, parcheminée et transparente, longuement elliptique, à sommet arrondi, d'un blanc nacré. Cette coque est attachée par un filament de 4 millimètres de long, ténu et résistant généralement ondulé à sa base et s'épaississant à son point d'insertion en une sorte d'empâtement d'un brun jaunâtre.

Ces œufs éclosent et, bientôt, tout autour de l'animal, on voit nager des petits d'âges différents, qui, au moindre danger, viennent demander aide et protection à leur mère.

Ainsi que l'a remarqué M. Edmond Perrier, il est impossible de ne pas rapprocher le genre de vie adopté, au moins pendant la période d'incubation, par l'*octopus Digueti*, du genre de vie que mènent les bernards l'ermite, dont nous avons parlé à propos du commensalisme. Chez notre poulpe, comme chez ces derniers, l'instinct qui pousse l'animal à se loger dans une coquille n'apparaît pas d'emblée ; il est une simple modification de l'instinct plus vague, répandu dans le genre *octopus* tout entier, qui pousse l'animal à s'abriter dans des cavités, à y pondre et y couver. D'habitude le poulpe, faute de roches, se contente d'un abri quelconque, espace laissé libre entre un bloc de rocher et le sol, carapace de crustacé, coquille de mollusque ; parmi tous ces genres d'abri, l'*octopus Digueti* fait un choix, il s'arrête aux coquilles de grands bivalves ; l'instinct se trouve alors spécialisé et revêt ainsi un caractère exceptionnel qui retient l'attention.

CHAPITRE XXIV

Les serpents de mer.

Je distingue au milieu du gouffre où
[l'air sanglote,
Quelque chose d'infâme et de hideux
[qui flotte.
Victor Hugo.

La légende du grand serpent de mer qui parcourt les flots pour dévorer les marins est une des plus fortement enracinées dans l'esprit de beaucoup de gens. C'est qu'en effet, elle repose sur de nombreuses attestations, la plupart dignes de foi. Mais les récits sont loin de s'accorder, quant à la description de l'animal ; la vérité est que le fameux reptile, auquel certains accordent une longueur de près de 30 mètres, n'a jamais été vu nettement et l'a toujours été de très loin, de si loin même qu'il n'a jamais été possible de s'en approcher.

Néanmoins, tout bon mathurin qui se respecte prétend l'avoir vu au moins une fois dans sa vie, se présentant comme un long corps déroulant ses anneaux à la surface de l'eau, en grande partie recouvert par les flots et, par conséquent en partie caché. Il est curieux de noter que cette légende est très ancienne, puisque Aristote et Pline en parlent déjà dans leurs écrits. De nombreux auteurs scandinaves, Olaüs Magnus (1522), Aldrovan Pus (1640), Adam Obaris (1640) ont recueilli les récits de nombreux marins et s'évertuent même à le figurer sous l'aspect d'un animal gigantesque, terrible, jetant l'épouvante dans les navires et engloutissant même un infortuné matelot d'une seule bouchée.

Plus tard, en 1740, Hans Egede mit un peu plus d'exactitude dans sa description. L'animal qu'il rencontra dans les environs du Groenland était à demi soulevé au-dessus des flots et lançait par la bouche une trombe d'eau ; il portait des poils et quatre paires de nageoires. Ce « très terrible animal », comme il l'appelait, eut l'audace de se dresser si haut le long du vaisseau que sa tête dépassait la hune.

Vers la même époque, Eric Pontoppidan se fit le défenseur acharné du grand serpent de mer (*fig.* 137), dont quelques sceptiques mettaient l'existence en doute. Il ne l'avait pas vu lui-même, mais... il avait vu Thorlack Thorlacksen, lequel assurait avoir vu le « très terrible animal ». Pontoppidan regarde ledit serpent comme un des sujets les plus dignes de l'étude de celui qui regarde avec joie les grandes œuvres du Seigneur. Si, ajoute-t-il, on ne le voit pas souvent, c'est qu'il passe perpétuellement sa vie dans les profondeurs de la mer, par suite d'une sage et prévoyante disposition du Créateur en vue de la sécurité de l'homme.

Depuis, les récits se sont multipliés, mais sans jeter de profondes lumières sur

la question. Une des meilleures observations a été faite, en 1848, par le capitaine de
la frégate *Dœdalus*, qui eut la bonne idée de nous en faire un croquis. L'animal
nageait à fleur d'eau et sa tête était seule visible ; cette tête, si j'en juge par le dessin
du capitaine, était plutôt débonnaire, avec des lèvres semblables à celles des cétacés,
un museau obtus et un œil remarquablement rond.

En 1857, le Dr Biccard figura la partie dorsale de la tête et du corps émergé. Un
autre dessin intéressant a été fait par le commandant Pearson, à bord de l'*Osborne* ;
il nous montre l'animal vu de dos, avec deux nageoires latérales et une crête dorsale.

Fig. 137. — Le grand serpent de mer.
(Fac-similé d'une gravure... plutôt fantaisiste de Pontoppidan.)

Malheureusement, dans les récits recueillis, il en est évidemment qui sont inven-
tés de toutes pièces, de sorte qu'on ne sait plus comment distinguer les vrais des
apocryphes. L'une des mystifications les plus célèbres est celle du journal *le Constitutionnel*, mystification qui d'ailleurs l'a rendu immortel ; tous les ans, à l'époque
des vacances, moment où, on le sait, les périodiques manquent de sujets, il publiait
le récit d'un marin qui avait aperçu le grand serpent de mer, récit d'où naissait une
polémique, grâce à laquelle les colonnes étaient remplies.

Une des observations les plus récentes que nous possédions est celle du 24 février
1898, faite non loin de Saïgon par tout l'équipage du *Bayard*. Voici la dépêche
adressée à un journal de Marseille.

M. le capitaine de vaisseau Meunier, dit Joannet, capitaine de pavillon de l'amiral
Gigault de la Bédollière, et dix autres officiers du *Bayard* virent à peu de distance de
leur navire deux animaux qui paraissaient avoir une trentaine de mètres de long et trois
environ de diamètre, qui n'étaient ni des baleines, ni des cachalots, ni aucune espèce de
souffleurs, et qu'on ne pouvait pas prendre non plus pour des serpents. Ces officiers ne
crurent mieux pouvoir les désigner que sous le nom de dragons, à cause de leur ressemblance avec l'animal jusqu'à présent chimérique, ainsi nommé. L'amiral Gigault de la
Bédollière trouva le fait si intéressant qu'il en fit faire un procès-verbal signé par tous
ceux qui avaient vu, et il transmit immédiatement ce procès-verbal par télégramme à
M. Doumer, alors gouverneur général de l'Indo-Chine.

Mais qu'est-ce qu'un dragon ? Et comment se fait-il qu'il n'y ait pas eu d'appareil de photographie à bord du *Bayard* ?

Les récits sont nombreux, mais la plus petite épreuve photographique ou le moindre morceau de l'animal ferait bien mieux notre affaire. En 1845, on exhiba un squelette à New-York, mais, à l'examen, on reconnut qu'il avait été fabriqué par un ingénieux personnage avec des ossements variés d'animaux fossiles, du type *zanglodon* notamment.

Que faut-il penser de tous ces faits ? Évidemment la plupart des observateurs sont de bonne foi : ils ont vu *quelque chose* ressemblant à un serpent. Mais est-ce bien un serpent ? Les descriptions permettent presque sûrement de dire qu'il n'en est rien. Serait-ce des algues ou des chaînes de salpes flottant à la surface de l'eau ? C'est très possible. A-t-on vu une série de marsouins marchant, comme ils le font d'habitude à la queue leu-leu ? La théorie est bien séduisante. S'agit-il d'un céphalopode, d'une sorte de poulpe aux bras gigantesques ? Peut-être. Enfin, a-t-on affaire à un véritable animal bien défini ? C'est ce que pense M. A. C. Oudemans, qui a rassemblé un grand nombre de récits et de dessins dans un gros volume *The great sea-serpent*. Voici, d'après M. Labbé, les principaux résultats de cette étude :

Le corps est très allongé, le cou long, flexible, porte une tête petite à crâne convexe, à museau court et obtus. L'œil est rond avec une paupière très nette. Le corps n'est point couvert d'écailles, il n'est point nu, mais couvert de poils serrés et courts. Sur le dos s'étend une sorte de crinière allant de la nuque à la base de la queue. Il a une queue effilée et quatre membres, deux antérieurs, deux postérieurs transformés en rames. Les dimensions sont variables. L'animal observé par l'*Osborne* mesurait 22 mètres de largeur, celui observé par un autre voyageur, Das Palus, 14 mètres seulement. Mais il semble qu'il puisse parvenir jusqu'à une taille de 83 mètres (3 mètres pour la tête, 18 mètres pour le col, 62 mètres pour le corps dont 40 mètres pour la queue). La largeur ne dépasse pas, pour une longueur de 83 mètres, 2 mètres pour la tête, 7 mètres pour le tronc. La couleur varie du blanc grisâtre au gris, gris jaunâtre, brun, brun chocolat et noir.

M. Oudemans cite, comme caractères différentiels entre le mâle et la femelle, la présence de la crinière et aussi la largeur du corps.

Le grand serpent de mer est un animal méfiant, timide, qui s'enfuit à l'approche des navires ; il se nourrit probablement de poissons, de dauphins, de marsouins. Il est très bon nageur, car on le rencontre toujours à de grandes distances des terres. Mais il semble se plaire à fleur d'eau lorsque le vent ne souffle pas, se laissant parfois flotter à la dérive.

Son aire de répartition est fort étendue, puisqu'on l'a rencontré dans toutes les mers du globe. Les vieux auteurs scandinaves le montrent sur les côtes de Norvège et de Suède, dans la mer du Nord, dans la Manche (à 100 milles de Brest), dans l'Atlantique, depuis le golfe du Mexique jusqu'aux Açores, dans la Méditerranée, et encore dans la mer de Behring, enfin dans le Pacifique, depuis la Californie jusqu'à Malacca.

. Voici donc les résultats de l'enquête conduite par M. Oudemans : le grand serpent de mer existe, en tant qu'être vivant, mais c'est un mammifère, *megophias megophias* appartenant à l'ordre des pinnipèdes. Si les observations qui lui donnent des dimensions de 83 mètres paraissent suspectes, il n'en est pas moins établi que c'est un animal de très grande taille. Réduite à ses justes limites, la légende n'est pas encore détruite, et, malgré les déductions précises de M. Oudemans, nous ne serons bien sûrs de la place qu'occupe le grand serpent de mer que lorsqu'un naturaliste aura pu examiner anatomiquement les caractères zoologiques de cet animal énigmatique, qui, jusqu'ici, a toujours échappé à toute capture.

* *
*

Si l'on met en doute l'existence *du* grand serpent de mer, ce n'est pas qu'il n'existe pas *des* serpents de mer ; ils sont même bien connus, mais ils sont toujours de taille relativement faible et hors de proportion à celle que l'on assigne au fameux animal du *Constitutionnel*.

Les types des serpents de mer sont les espèces du genre hydrophide, dont le corps est comprimé surtout dans la région moyenne et se termine par une large queue. Ils peuvent atteindre deux mètres de long, et revêtent des couleurs vert olivâtre foncées par place en un certain nombre de taches. Les hydrophides se rencontrent fréquemment sur les côtes de la péninsule de l'Inde.

A côté des précédents, il convient de citer les platures dont le corps est presque cylindrique et les pélamydes (*fig.* 138), au corps très comprimé, avec un dos épais, en carène et un ventre mince et tranchant. Le pélamyde bicolore, noir en dessus, jaune d'ocre en dessous, est excessivement abondant sur les côtes de Bengale, de Malabar, de Sumatra, de Java ; aux îles de la Société, les indigènes les pêchent pour les manger en guise d'anguilles.

Ces serpents de mer ont le même aspect que les serpents terrestres avec, en plus, quelques caractères que leur imprime le milieu aquatique dans lequel ils vivent. Ils nagent, en effet, constamment dans la mer et ne vont jamais à terre. On les rencontre dans tout l'océan Indien et l'océan Pacifique, mais plus particulièrement sur les rivages du sud de la Chine et le nord du continent australien. Voici ce qu'en disent Duméril et Bibron.

Quoique moins nombreux que les serpents de terre, ceux qui habitent la mer sont, rapporte le naturaliste anglais Cantor, beaucoup plus abondants ; ils offrent cette diffé-rence avec les précédents, qu'on les rencontre toujours en troupes considérables. Cette cir-constance est même, pour les marins, l'avertissement que l'on approche des côtes. Il est remarquable, en outre, que tous les serpents de mer soient venimeux, tandis que le plus grand nombre des espèces terrestres sont privées de dents à venin.

Contrairement à l'opinion de Schlegel, qui regarde les serpents en question comme les moins redoutables des serpents venimeux, Cantor affirme, d'après sa propre expé-rience, qu'il n'en est rien et que, sur terre ou dans l'eau, ils sont au contraire d'un naturel très féroce. Quand ils sont dans leur milieu habituel, ils cherchent à mordre les objets les plus voisins et même, ainsi que les najas et les bungares, ils tournent en rond comme pour se poursuivre eux-mêmes et se font des blessures.

Quand on les sort de la mer, ils sont en quelque sorte aveuglés, tant est considérable la contraction de la pupille, ce qui, joint à la difficulté qu'ils éprouvent à soutenir sur le sol leur corps à ventre caréné, les rend alors aussi incertains et maladroits de leurs mouvements qu'ils sont au contraire lestes et agiles pendant la natation.

L'examen des matières contenues dans le tube digestif prouve que les jeunes ne mangent que de petits crustacés, tandis que les adultes recherchent les poissons, et Cantor cite, parmi les espèces dont on a ainsi retrouvé les débris, des polynèmes, des sciènes, des muges, puis des bagres et des pimélodes, qui paraissent être leur nourriture favorite, quoique ces dernières espèces occupent de préférence les eaux profondes.

Leur ennemi le plus acharné est l'aigle pêcheur.

Les mues de ces espèces maritimes sont fréquentes, mais généralement l'épiderme se

Fig. 138. — Pélamis bicolor.
Serpent de mer authentique, mais de taille très ordinaire.

déchire. Ainsi que les espèces maritimes, elles sont recherchées par des êtres vivants qui se fixent sur elles ; mais, tandis que les serpents ordinaires fournissent à l'alimentation des acariens qui s'attachent à leurs téguments, les serpents de mer ne subissent aucune attaque semblable et servent uniquement de support aux animaux errants, à la manière de tout corps solide, flottant au milieu des eaux. Tels sont les anatifes entre autres, que Cantor a fait figurer et dont il a trouvé de nombreux individus sur un même serpent. L'adhérence n'allant pas au delà de l'épiderme, la chute de cette enveloppe débarrasse les serpents.

Les serpents de mer vivent et chassent à la surface de la mer ; ils ne s'enfoncent profondément que lorsque le temps est orageux. Pour pouvoir voir à différentes profondeurs, leur pupille est très contractile : en plein jour, elle se ferme de manière à se transformer en un simple point ; sous l'eau, la pupille se dilate de manière à laisser pénétrer le plus possible de rayons lumineux affaiblis.

Réunis en troupe, la tête hors de l'eau, ils fendent l'eau avec une grande rapidité. Viennent-ils à rencontrer un banc de polypiers, ils s'y enroulent par la queue pour se reposer un instant. Quand la mer est calme, ils restent immobiles et se laissent bercer par les flots : un navire, passant à côté d'eux, les laisse souvent même indifférents. Certaines espèces sont cependant timides et se laissent couler à pic quand elles aperçoivent un objet insolite sur la mer. Les petits naissent tout vivants et non dans des œufs.

Les pêcheurs malais et océaniens ramènent souvent des serpents de mer dans leurs filets, mais ils en ont grand'peur et se hâtent de les tuer. C'est qu'en effet leur morsure est des plus dangereuses. Ainsi, en 1837, un homme de l'équipage du vaisseau de guerre *Algérine* fut mordu à l'index de la main droite, si peu qu'il ne s'en occupa pas, et continua à vaquer à ses affaires. Mais au bout d'une demi-heure, il fut pris de vomissements et de sueurs froides, tandis que les pupilles se dilataient et que le pouls devenait intermittent. Un peu plus tard, la partie mordue enfla considérablement et le visage prit une couleur grisâtre. Finalement la respiration devint anxieuse et la mort survint quatre heures après la morsure. De même, en 1869, un capitaine de navire mourut soixante et onze heures après une piqûre faite à la jambe.

Cantor a rassemblé, sur l'action du venin des serpents de mer et surtout de l'hydrophide, de nombreuses observations que Duméril et Bibron résument de la façon suivante :

Un hydrophide long de 4 pieds 2 pouces, mesure anglaise, pique un oiseau, qui tombe immédiatement et fait d'inutiles efforts pour se relever. Au bout de quatre minutes, il survient de légers spasmes de tout le corps. Les yeux sont fermés, la pupille est immobile et dilatée. Il s'écoule de la bouche une salive abondante et huit minutes après l'introduction du venin dans les tissus, l'animal expire au milieu de violentes convulsions.

Un autre oiseau, également piqué à la cuisse et par le même animal, immédiatement après, expire au milieu de semblables symptômes en moins de dix minutes. Par une dissection faite une demi-heure après la mort, on trouve, chez les deux oiseaux, un léger épanchement sanguin dans le lieu de la blessure et un peu de lymphe sanguinolente sous la peau; mais rien d'autre ne peut être constaté. Un oiseau blessé dans les mêmes points que les précédents et par un hydrophide d'espèce différente, long de 2 pieds 3 pouces, éprouve de violentes convulsions et meurt en sept minutes.

Cantor ne s'est pas borné à ces essais; il a soumis aux effets du venin des reptiles et des poissons. Voici les détails principaux de ces expérimentations. Un hydrophide schisteux, de 2 pieds 7 pouces, blesse à la lèvre une tortue trionix du Gange. Cinq minutes après, elle commence à frotter avec une de ses pattes le point où la dent a pénétré et continue ainsi pendant quelques instants; mais au bout de seize minutes, les membres sont paralysés et immobiles et les yeux restent fermés. En écartant les paupières, on voit la pupille immobile et dilatée. Il s'écoule vingt-cinq minutes seulement jusqu'à l'instant de la mort de cet animal. A part les petits changements survenus dans les parties blessées, on ne trouve rien d'anormal. Il en est de même pour une seconde tortue mordue par un autre serpent de la même espèce et la mort arrive en quarante-six minutes.

Une couleuvre caténulaire, longue de 3 pieds et demi environ, est blessée à la région inférieure, un peu au-devant du cœur, par un hydrophide strié, de même taille et dont les crochets restent implantés dans les tissus pendant trentes secondes environ. Trois minutes se sont à peine écoulées, que la couleuvre commence à ressentir les effets du poison, car elle se roule tantôt d'un côté et tantôt dè l'autre; puis bientôt la partie postérieure du tronc et la queue sont frappés de paralysie. Au bout de seize minutes, le serpent ouvre convulsivement la bouche et les mâchoires restent écartées ; enfin l'animal succombe en une demi-heure.

Un poisson d'assez grande taille, le tétraodon, est piqué à la lèvre par un hydrophide long de 4 pieds. La victime, rendue à la liberté dans une cuve pleine d'eau de mer, y nage avec rapidité et comme à l'ordinaire sur le dos, l'abdomen étant distendu ; mais, au bout de trois minutes, malgré les efforts de l'animal, cette distension cesse, et puis à la suite de quelques mouvements violents de queue, il meurt, dix minutes s'étant écoulées depuis le moment de la blessure.

Quoique de taille assez faible, les serpents de mer authentiques sont, on le voit, encore plus à redouter que le grrrand serpent de mer de la légende.

CHAPITRE XXV

Les chevaliers du moyen âge.

Au Musée de l'armée, on peut voir une belle collection d'armures, comme en portaient les guerriers d'autrefois, mais qui ne tardèrent pas à disparaître quand les armes à feu commencèrent à se perfectionner. Ces carapaces nous font sourire aujourd'hui, car on devait être fort mal à l'aise à leur intérieur ; elles sont intéressantes néanmoins en ce qu'elles nous montrent, perfectionné par l'industrie humaine, un moyen de défense qui existe à l'état naturel chez certains animaux. Chez les crustacés, en effet, tout le corps est entouré d'une armure très solide, calcaire, qui ne laisse de libre que les articulations pour permettre les mouvements des pattes et autres appendices. Leur carapace est inextensible et, quand les animaux grandissent, ils doivent s'en débarrasser, ils *muent*. On les voit, à ce moment là, se cacher dans les endroits obscurs pour éviter autant que possible la dent de leurs ennemis ; la carapace se fend en divers endroits et les bêtes en sortent, comme nous-mêmes de nos vêtements. La peau qui est au-dessous est fort molle, mais ne tarde pas à durcir et à former une nouvelle armure protectrice.

Nous allons passer en revue les crustacés les plus intéressants, en commençant par les espèces marines.

La langouste commune *(Palinurus locusta)* a une carapace épineuse, hérissée de poils courts et raides. Sa couleur est brun verdâtre, mais devient rouge par la cuisson. La tête est garnie de deux yeux et de deux longues antennes aussi grandes que le corps et couvertes de poils. Il n'y a pas de grosses pinces comme chez le homard.

Les langoustes sont très voraces ; elles se nourrissent de poissons, de mollusques, de vers, d'étoiles de mer, etc. Elles se promènent dans les rochers à une certaine profondeur et ne nagent que rarement. Elles aiment beaucoup à grimper. La langouste femelle, en septembre et novembre, pond près de deux cent mille œufs, qui viennent s'attacher aux pattes de la queue.

D'après les renseignements que donne H. de la Blachère, la durée de l'incubation est de six mois. Non seulement la langouste femelle sème ses embryons en redressant et étendant sa queue lorsque le moment est venu, mais M. Coste a vu une langouste contribuer directement à cette espèce d'échenillage. Elle promenait sur les grappes d'œufs, arrivés à terme, les articles bifides et dentelés de sa dernière paire de pattes ambulatoires, et se servait de ces espèces de peignes pour détacher les œufs. A peine nés, les jeunes s'éloignent en toute hâte pour gagner la haute mer.

Les formes primitives de ces êtres diffèrent tellement des formes adultes qu'il serait difficile, à l'éclosion des phyllosomes (comme on appelle ces larves), de les reporter à l'espèce dont ils proviennent. Ces embryons ont le corps aplati comme une feuille, membraneux et transparent, divisé en deux parties, dont l'antérieure, ovale et beaucoup plus grande que la seconde, forme la tête ; la seconde, plissée en réseau, porte les pieds et se termine en arrière par un abdomen court et grêle. Les yeux, gros, sont portés par un long pédoncule. Les pieds sont longs et minces. Ils nagent pendant quatre jours, après quoi ils se transforment en petites langoustes.

On ne peut pas songer à cultiver des langoustes dans des viviers, parce que les larves s'en vont en pleine mer. La langouste se trouve abondamment dans la Méditerranée, on la prend sur les côtes occidentales et méridionales de la France. On la capture au piège, au moyen de paniers circulaires en osier, construits sur le principe des nasses et amorcés avec des viandes de boucherie. On assure que les langoustes mangées au moment où elles ont l'abdomen garni d'œufs peuvent causer des malaises, mais la chose n'est pas certaine.

Toujours est-il qu'il ne faut manger la langouste que très fraîche, car sa chair s'altère très rapidement.

*
* *

Le homard *(Homarus vulgaris)* n'est pas, comme beaucoup de personnes se l'imaginent, le mâle de la langouste. C'est une espèce et même un genre parfaitement distinct. Il y a des homards mâles et des homards femelles. Le homard est reconnaissable à sa carapace unie, d'un brun verdâtre ou bleuâtre (devenant rouge à la cuisson), et à ses deux énormes pinces, dont l'une est beaucoup plus volumineuse que l'autre. Les antennes ne sont pas aussi longues que chez les langoustes. On rencontre les homards depuis les côtes de Norvège jusque dans la Méditerranée. Ils sont très abondants dans les eaux norvégiennes et anglaises.

Ils vivent constamment immergés sur les bancs et les terrasses qui s'étendent le long du continent, surtout dans les fonds pierreux recouverts d'algues. L'hiver, ils se tiennent dans les profondeurs, mais en été ils se rapprochent des côtes. Ils sont très batailleurs et se livrent entre eux des combats terribles. La femelle pond plus de douze mille œufs qu'elle porte, pendant six mois, attachés à son abdomen. Les petits, une fois éclos, s'en vont nager en pleine mer où la plupart deviennent la proie de nombreux ennemis qui les guettent. Au bout du trentième ou du quarantième jour, ils changent de peau, perdent leurs organes natatoires et tombent au fond de l'eau, où, dès lors, ils deviennent marcheurs.

On capture les homards comme les langoustes, à l'aide de paniers en osier, appelés « casiers ». On en récolte environ deux millions par an sur les côtes de France. Ce sont les côtes de la Bretagne et des îles de l'Atlantique qui en donnent le plus. Comme la récolte varie énormément d'un jour à l'autre, on met les homards capturés dans de vastes viviers, d'où on ne les retire qu'au fur et à mesure des besoins ; les jeunes aussi y grossissent. Il y a sur nos côtes d'immenses viviers à homards, notamment à Roscoff, à Concarneau, aux îles Glénans, etc. On n'y met pas seulement les homards français, mais aussi des homards et des langoustes de Norvège et d'Espagne.

Près de Southampton, il y a un réservoir pouvant contenir cinquante mille de ces crustacés. Ces homarderies sont établies de manière que l'eau de mer y circule constamment. Si l'on n'y prenait garde, ces crustacés aux instincts batailleurs auraient vite fait de se manger ou de se blesser les uns les autres. Mais on a soin d'introduire une petite cheville à la base de la partie mobile de chaque pince. Celle-ci, dès lors, ne peut plus s'ouvrir et le homard se trouve dépourvu de son principal organe d'attaque.

En Amérique il y a une quantité considérable de homards : c'est avec eux que l'on fait, principalement à Terre-Neuve, ces conserves de homards à bon marché et d'ailleurs d'un goût agréable.

*
* *

La crevette grise ou crangon est extrêmement commune sur les côtes de l'Océan et de la Manche. C'est le premier animal peut-être que rencontrent les baigneurs. La pêche à la crevette est le complément nécessaire des bains de mer. En promenant un filet emmanché ou truble dans la mer et les flaques d'eau, à marée basse, on en récolte presque toujours. Leur corps est presque transparent et couleur vert d'eau très clair. En avant, ils ne possèdent pas la sorte de scie (le *rostre*) aigu³ et dentelée de la crevette rose ; il y a à sa place une série de lames aplaties. Les crangons cuits sont un mets excellent, supérieur, à mon avis, à celui que donnent les crevettes roses ; ils gardent leur couleur blanche, mais deviennent opaques.

*
* *

La crevette rose ou bouquet se reconnaît tout de suite au rostre que porte la tête, à son corps comprimé latéralement et à ses antennes très longues. Elle est transparente et blanchâtre durant sa vie, la cuisson la fait devenir rose. C'est un animal des plus élégants quand il nage. Si à ce moment, on l'excite, il donne de forts coups de queue et recule brusquement en arrière en formant des zig-zags. Les crevettes roses recherchent plutôt les endroits obscurs ; on les rencontre notamment dans ces prairies marines constituées par des zostères. C'est là qu'on les pêche en abondance avec de grandes trubles, mais il faut une certaine force, parce que ces grands filets sont difficiles à pousser dans les herbes. Elles se déplacent d'ailleurs fréquemment et tel banc qui est riche un jour devient pauvre le lendemain. Elles mangent tout ce qu'elles rencontrent : on peut très bien les élever en aquarium en les nourrissant avec des morceaux de gruyère ; rien n'est plus amusant que de les voir se disputer ceux qu'on leur jette et que l'on voit bientôt par transparence dans leur estomac. Comme la crevette grise, le bouquet porte ses œufs sous sa queue.

*

Nous avons décrit les singulières mœurs des pagures dans notre ouvrage *Les*

Arts et Métiers chez les Animaux (au chapitre : *Les paresseux*) ; nous y renvoyons le lecteur.

Tout à côté des pagures, il faut citer le *birgus* qui habite l'Asie. Ce *roi des crabes*, comme l'appellent les naturels des Philippines, possède en avant un rostre saillant, et en arrière un abdomen symétrique, recouvert d'une carapace. C'est un animal à respiration aquatique, mais il possède dans sa chambre branchiale des replis nombreux qui conservent de l'humidité et qui permettent à l'animal d'aller se promener longtemps sur la terre sans avoir à craindre l'asphyxie. Il grimpe sur les cocotiers et en dévore les jeunes fruits et les tendres bourgeons. Ses pinces sont très fortes : Rumphius raconte qu'un *birgus* s'étant un jour logé dans un buisson, saisit avec

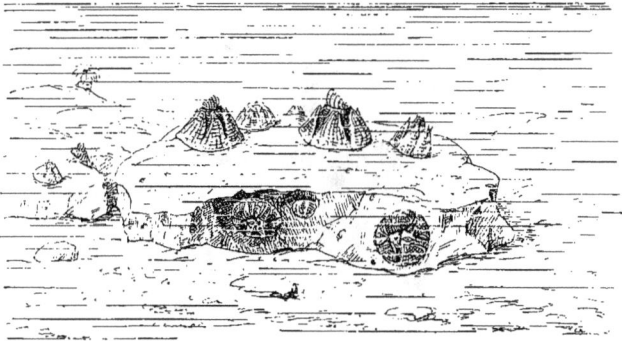

Fig. 139. — Balanes.

Fixées pendant toute leur vie à un rocher, leur existence est bien monotone, mais elles ont soin de se placer au bord de la mer : le flux et le reflux viennent régulièrement les distraire.

ses pinces les oreilles d'une chèvre qui passait et la souleva de terre. Il y a peut-être un peu d'exagération dans ce récit. Les naturels du pays et les cochons sont, paraît-il, très friands du *birgus*, qui devient, par suite, de plus en plus rare.

Tous les baigneurs ont remarqué sur la plage de petits animaux qui sautent comme des puces et que leurs mœurs a fait appeler *puces de mer* ou *poux de sable* (*Talitrus saltator*). Ces crustacés vivent sur le sable ou dans le sable et suivent la mer descendante ou montante. Sous les paquets de goémons elles abondent, et quand on en soulève un, on voit fuir les puces de mer de toute part. Ces crustacés mangent tous les animaux morts qui viennent s'échouer sur la plage : en un rien de temps ils dépècent par exemple le cadavre d'un petit oiseau et laissent le squelette mieux préparé que par le meilleur taxidermiste : ce sont les nettoyeurs de la plage. Les petits restent sur leur mère pendant très longtemps. Les talitres ne sont pas comestibles. Il y a à leur propos un fait intéressant à signaler. Il arrive en effet quelquefois qu'on rencontre un talitre au corps phosphorescent. Si l'on examine ses tissus au microscope, on ne tarde pas à voir que la lumière est due, non au crustacé, mais à un microbe qui pullule dans ses tissus. On peut prendre quelques-uns de ces microbes et les inoculer à d'autres crustacés ; ceux-ci, lorsque ces organismes se sont beaucoup multipliés, se mettent à briller.

*
* *

Citons encore parmi les espèces marines, les pénées, aux appendices démesurément longs ; les alphées, qui produisent un certain son en fermant les pinces ; les mysis transparentes, etc.

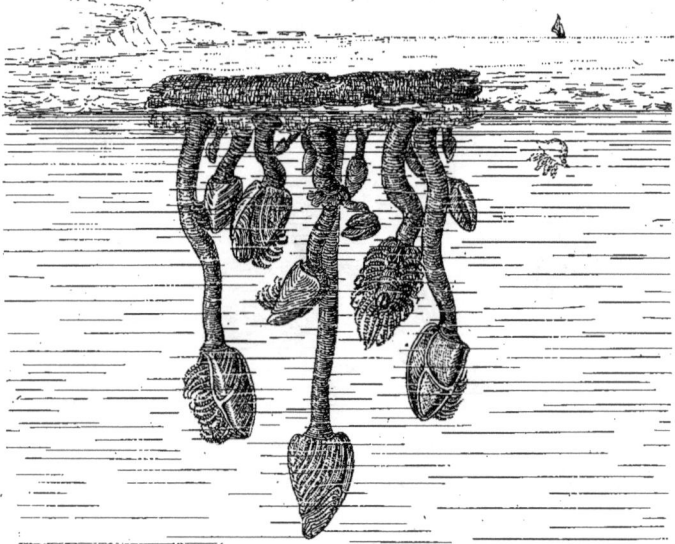

Fig. 140. — Anatifes.
Bien qu'incapables de se déplacer par elles-mêmes, elles ont trouvé moyen de mener une vie errante : pour cela, elles se fixent, dès leur tendre jeunesse, aux corps flottants.

Certains de ces animaux ne semblent pas du tout, au premier abord, appartenir au groupe des crustacés ; c'est le cas des balanes et des anatifes.

Les balanes sont extrêmement communes sur les coquillages, les galets et les rochers, qu'elles recouvrent presque entièrement. Ce sont de petits cônes (fig. 139) dont la partie supérieure est ouverte. Demandez aux baigneurs ce que sont ces organismes, ils vous répondront invariablement que ce sont de petites huîtres. Cette idée ne repose sur rien ; les balanes n'ont aucun rapport avec les huîtres. Contrairement à leur aspect, ce sont des crustacés. A l'intérieur du cône calcaire, il y a deux plaques verticales et entre les deux un animal bizarre, garni de longues pattes recourbées sur elles-mêmes. Les balanes sont à sec à marée basse. A marée haute, elles se réveillent et on voit les animaux faire saillie de leur maison, pour y rentrer de suite après, puis en sortir de nouveau, etc., comme un diable qui entrerait et sortirait successivement de sa boîte. Les balanes ne sont d'aucune utilité ; elles ne servent qu'à écorcher les pieds des baigneurs...

Sur les épaves rejetées sur la plage, on rencontre parfois de longs tubes blanchâtres, mous (longueur : 10 à 20^{cm}, largeur : 1^{cm}), terminés par une coquille formée de plusieurs pièces. Ce sont des anatifes (*fig.* 140). L'animal qui est logé dans la coquille n'est pas un mollusque, mais un crustacé ; il est d'ailleurs presque identique, à la taille près, à celui qui habite dans les balanes. Tous deux d'ailleurs appartiennent au groupe des crustacés cyrrhipèdes.

*
*   *

Disons maintenant quelques mots des crustacés d'eau douce.

Dans la plus humble des mares, on peut en observer quelques-uns intéressants, quoique, pour la plupart, de petite taille.

Le cloporte d'eau ressemble beaucoup à ces petits animaux à nombreuses pattes que l'on trouve fréquemment sous les pierres ou dans les caves et que l'on appelle des cloportes, avec ces différences que le corps est plus aplati et que les pattes sont plus longues. Sa taille atteint de 1^{cm} à 1^{cm},5, rarement plus ; il ne nage généralement pas, mais court avec une assez grande rapidité sur les herbes aquatiques ou sur la vase du fond ; il reste constamment sous l'eau. Son corps est grisâtre avec quelques taches blanches irrégulières.

*

Un autre crustacé, encore plus commun que le précédent, est la crevette des ruisseaux, dite aussi crevette puce. On le rencontre dans les ruisseaux plus profonds, surtout dans ceux qui renferment des plantes en décomposition, des feuilles mortes par exemple ; il n'aime pas cependant les eaux stagnantes ; il préfère un léger courant. La crevette des ruisseaux, qui atteint 1 à 2^{cm}, se distingue tout de suite par son corps aplati latéralement comme celui des crevettes, et en partie recourbé sur lui-même du côté de la face ventrale. La tête porte deux paires d'antennes. Les derniers anneaux dans la région abdominale sont pourvus d'appendices nombreux et assez petits, que l'animal agite constamment avec une rapidité remarquable. C'est au moyen de ces mouvements qu'il peut nager dans l'eau avec une vitesse assez grande. Les mâles sont plus gros que les femelles. On peut observer chez ce crustacé un cas d'amour maternel et d'instinct filial bien curieux : les œufs que pond la femelle sont repris par elle et mis avec soin dans une poche ventrale formée par les pattes médianes ; quand les petits éclosent, ils restent d'abord dans cette poche ; un peu plus tard, pris du saint amour de la liberté, ils quittent ce qu'on pourrait appeler le giron de leur mère, pour aller se promener dans les environs ; mais à la moindre alerte, ils viennent se réfugier dans la poche incubatrice où la mère les protège contre leurs ennemis.

*

L'apus cancriforme est un joli crustacé. Il est généralement rare ; mais parfois, surtout lorsqu'il y a eu des inondations, on le voit pulluler en très grande quantité.

Cet animal offre un certain intérêt historique. Les anciens naturalistes croyaient que les animaux provenaient de la transformation des corps bruts, autrement dit qu'ils naissaient spontanément : c'était la doctrine des générations spontanées. L'un de leurs arguments était celui-ci : les apus disparaissent pendant trois, quatre, cinq années et même plus, puis tout d'un coup on les voit pulluler en grand nombre dans les mares. Ces apus, disaient-ils, n'ont pas pu provenir d'apus précédents, puisqu'il n'y en avait pas ; donc ils ne pouvaient qu'avoir pris naissance spontanément au sein de l'onde. L'argument semblait péremptoire. Les études récentes ont montré qu'il n'avait aucune valeur. Voici en effet ce qui se passe : lorsqu'une mare se dessèche, les apus pondent des œufs entourés d'une coque très solide qu'ils déposent dans la vase. Si le marais se dessèche complètement, les œufs d'apus, protégés qu'ils sont par leur coquille, restent ainsi pendant de longues années sans se transformer ni périr. Mais vienne un jour une inondation qui remplira de nouveau la mare abandonnée, les œufs se retrouveront dans leur milieu naturel, écloront et donneront des apus ; ceux-ci ne sont pas nés spontanément ; ils proviennent d'apus préexistants.

L'eau contient d'autres crustacés, la plupart très petits. Parmi eux, il convient de citer les daphnies, petits animaux arrondis, aplatis latéralement et enfermés dans une vaste carapace qui ne laisse sortir que les antennes et les pattes antérieures. Les œufs s'accumulent dans la région dorsale de la carapace qui joue ainsi le rôle d'une cavité incubatrice. Citons aussi les cypris, dont la vaste carapace est articulée sur le dos et forme deux petites valves qui se rabattent l'une sur l'autre de façon à cacher complètement l'animal si quelque danger le menace, ainsi que nous le verrons dans le chapitre relatif aux « roulottiers ». Citons enfin les cyclopes, que l'on reconnaît au premier coup d'œil dans un bocal à cause de leur couleur blanche et de leur natation saccadée. Leur front est garni d'un œil unique ; c'est de là que vient leur nom de cyclopes, qui rappelle les hommes de la légende. La femelle porte latéralement et en arrière deux longs sacs blancs ou bruns contenant des œufs.

*
* *

Nous avons gardé pour la fin l'étude des géants des crustacés d'eau douce, les écrevisses.

Les écrevisses vivent dans les rivières fraîches, où l'eau est souvent renouvelée et dont le fond rocailleux leur offre de nombreux abris. Il paraît qu'elles sont plus abondantes dans les rivières orientées est-ouest que dans celles dirigées nord-sud, qui leur procurent moins d'ombre. Pendant le jour en effet l'écrevisse craint la chaleur du soleil et demeure au repos sous les pierres ou dans le creux des rives. Ce n'est guère qu'à la tombée de la nuit qu'elle sort de son refuge et se met en chasse.

En hiver, les écrevisses tombent dans un état de torpeur et hivernent dans les crevasses naturelles du ruisseau ou dans celles qu'elles se sont creusées elles-mêmes. Les galeries qu'elles percent dans le sol mou et tourbeux atteignent souvent de très grandes dimensions. On a remarqué que les orifices des terriers étaient situés d'autant plus profondément que les rivières étaient plus sujettes à geler. Tant que le froid n'est pas vif, les crustacés restent à l'entrée de la galerie, dont ils oblitèrent l'orifice avec leurs grosses pinces, ne laissant flotter dans l'eau que leurs antennes, grâce auxquelles ils peuvent se rendre compte des matières alimentaires mortes ou vivantes passant à leur portée et les saisir alors avec les pinces. On assure même qu'ils ne se font pas faute non plus de capturer par la patte les rats d'eau qui viennent à passer et qu'ils les maintiennent submergés jusqu'à ce que mort s'ensuive.

Leur nourriture est très variée : très voraces, les écrevisses dévorent en somme tout ce qui est à leur portée. Les mollusques, les têtards, les débris de viandes, les choux, les carottes, tout leur est bon. On les a accusées d'avoir une affection immodérée pour la viande faisandée, mais il paraît qu'il n'en est rien. Si on leur donne deux morceaux de viande, l'un pourri, l'autre frais, elles se jettent d'abord sur ce dernier. Les mâles ont malheureusement la fâcheuse habitude de dévorer parfois leurs femelles, ce qui est une singulière perversion de l'instinct et cause un grave obstacle à l'élevage artificiel. Le fait a été maintes fois constaté *de visu* : le mâle saisit sa victime par la tête, déchire sa carapace et continue par le dos en faisant sauter la carapace jusqu'à la queue. L'expérience suivante, faite en 1892 en Allemagne, montre bien l'importance de cette « écrevissophagie ». Dans un étang alimenté d'eau de source et sans trace d'issues, on introduisit 165 mâles et 165 femelles. On les nourrit abondamment avec des poissons. Ceci se passait en septembre. En mars de l'année suivante, on dessécha l'étang et on n'y trouva plus que 52 femelles. Les 165 mâles en avaient dévoré 113 en six mois !

La respiration a lieu au moyen de branchies situées de chaque côté du corps, sous la carapace, juste à l'endroit de l'insertion des pattes.

Nous ne parlerons pas de l'organisation interne, ce qui nous entraînerait trop loin ; nous nous contenterons de signaler la présence dans l'estomac, en été, de deux masses calcaires, autrefois employées en médecine, que tout le monde connaît sous le nom d'yeux d'écrevisses. Ce sont des réserves de calcaire qui servent à l'animal lorsqu'il mue, c'est-à-dire lorsqu'il change de carapace. A ce moment les « yeux » tombent dans l'estomac, sont broyés, dissous, et leur substance passe dans le sang pour, de là, être sécrétée au dehors par la peau.

Ce phénomène de la mue est fort curieux. L'animal se débarrasse entièrement de sa carapace comme une personne retire ses vêtements au moment de se coucher.

Pendant que la nouvelle carapace se forme, les écrevisses sont molles et, dépourvues de moyens de défense, deviennent très timides. Elles se cachent alors dans les anfractuosités les plus étroites du fond de la rivière.

Les écrevisses muent au moins huit fois la première année, cinq fois la seconde, deux fois la troisième, puis une fois par an jusqu'à la mort.

La ponte a lieu au commencement de l'hiver. La femelle se couche sur le dos et replie son abdomen (ce qu'on appelle communément la queue) de manière à constituer une sorte de cavité incubatrice. Les 200 œufs sont, dès leur sortie, fixés par une matière agglutinante aux pattes de l'abdomen. L'incubation dure à peu près tout l'hiver. Au printemps, les jeunes sortent de l'œuf et se cramponnent aux pattes natatoires de leur mère (*fig.* 141). Leur aspect général diffère peu de celui de leur mère, sauf que la carapace est très bombée. Un peu plus tard, ils quittent de temps à autre le giron maternel, mais reviennent s'y blottir à la moindre trace de danger.

À la fin de la première année, l'écrevisse a près de 5^{cm},5 de longueur. A deux ans, elle a 7^{cm},5, à trois ans 9^{cm},5, à quatre ans 12 centimètres, à cinq ans 13^{cm},5. Elle croît ensuite lentement de manière à atteindre au plus 19 à 20 centimètres. A partir de cinq ans, les écrevisses sont aptes à la reproduction, mais elles peuvent vivre, croit-on, jusqu'à quinze ou vingt ans.

En Europe, on trouve quatre espèces principales d'écrevisses : l'écrevisse à pieds rouges ; l'écrevisse à pieds blancs ; l'écrevisse des torrents et l'écrevisse à pieds grêles. Les deux premières habitent presque toute l'Europe ; on les rencontre notamment en France. La troisième espèce habite surtout les régions montagneuses et les plateaux de l'Europe centrale. Enfin l'écrevisse à pieds grêles est celle dont la répartition géographique est la plus étendue.

En Europe, les écrevisses sont en butte à une multitude d'ennemis, notamment de petites sangsues, qui s'attachent à la face inférieure de l'abdomen et aux branchies, de petits mollusques, qui se fixent aux bouts des pattes, de champignons, qui envahissent tout le corps, et enfin de vers parasites, qui farcissent parfois les muscles des écrevisses. Suivant les lieux et les époques, c'est tel ou tel parasite qui se développe. Il n'y a donc pas, comme on le dit trop souvent, *une* maladie, mais *des* maladies de l'écrevisse. Dans ces derniers temps on a publié une multitude de recherches sur ces dernières, mais, je dois dire, à la courte honte des zoologistes, que leur seul résultat a été d'embrouiller la question d'une manière inextricable. La maladie due au ver distome paraît cependant être la plus fréquente et la plus mortelle : c'est elle qui a décimé les écrevisses en Alsace en 1878 et en France, ainsi qu'en Allemagne, en 1881.

La pêche aux écrevisses est très facile. Le plus souvent on se borne à pénétrer, les pieds nus, dans les ruisseaux et à retourner les pierres qui brisent le courant ou à plonger les bras dans les anfractuosités de la rive. Le difficile est de ne pas se laisser pincer. On peut encore disposer dans le courant des fagots très branchus où les écrevisses viennent chercher un refuge. En retirant brusquement les fagots on

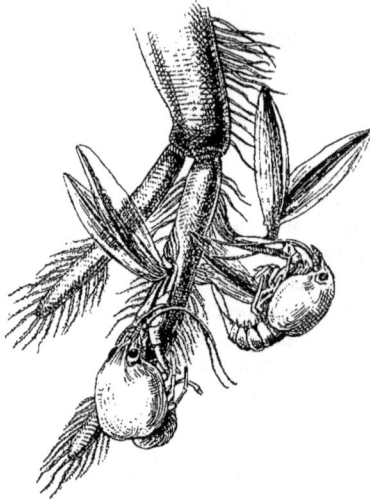

Fig. 141. — Jeunes écrevisses attachées à l'une des pattes de leur mère.

Si elles avaient le malheur de la lâcher, c'en serait fait de leur existence ; aussi se cramponnent-elles le mieux possible.

fait une ample récolte, surtout quand on est habile. Mais le mode de chasse le plus
répandu et le plus pratique repose sur l'emploi des balances. Ce sont des filets en
forme de troncs de cônes renversés et maintenus par des cercles de fil de fer galva-
nisé. Le cercle supérieur est réuni, par trois cordelettes, à une baguette placée sur
la rive. Au fond de la balance on fixe une grenouille éventrée, des intestins de lapin,
du foie ou de grosses moules de rivière. La balance, placée de manière à affleurer le fond, près des berges non éclairées, est relevée de quart d'heure en quart
d'heure. On enlève en même temps les écrevisses, qui, dans l'espoir d'un bon
déjeuner, avaient pénétré dans les filets. On voit qu'une seule personne peut surveiller en même temps un grand nombre de balances et anéantir rapidement toute
la population d'une rivière.

C'est là à n'en pas douter qu'il faut rechercher les causes de la dépopulation
des rivières européennes en écrevisses. Les diverses maladies y sont bien pour
quelque chose, mais c'est là un facteur presque négligeable à côté de la destruction
à laquelle se livrent les approvisionneurs de nos restaurants.

Il faut bien remarquer en effet que, pour qu'une écrevisse soit apte à reproduire,
et en même temps ait une valeur marchande, il lui faut au moins *cinq ans*. Si l'on
veut qu'une rivière contienne toujours à peu près le même nombre d'habitants, il
ne faut par an en détruire qu'un cinquième. Or, les pêcheurs d'écrevisses en font
disparaître un bien plus grand nombre.

On a de tout temps aimé les écrevisses, mais autrefois, la consommation était
beaucoup moins élevée que de nos jours. On les dégustait pour ainsi dire *sur place*,
ou tout au moins à une petite distance de l'endroit où on les pêchait. L'écrevisse est
une victime des chemins de fer. Dès que ces puissants agents de transport eurent
fait leur apparition, des cargaisons entières furent dirigées sur Paris et les grandes
villes, où elles trouvèrent un débouché très lucratif. Il en résulta que la consommation s'accrut dans des proportions considérables.

Les prix des premières écrevisses apportées à Paris étaient très peu élevés. Ils
augmentèrent rapidement à mesure que les approvisionnements devenaient plus
difficiles. Ils redescendirent quand on commença à en importer d'Allemagne, puis
de Russie. Les plus hauts prix sont atteints en février, c'est-à-dire au moment des
grands dîners ; ils arrivent parfois à 100 francs le cent. Les plus bas prix sont
atteints en août ; ils descendent alors à 15, 10 ou 8 francs le cent (en gros).

Aujourd'hui la récolte des écrevisses françaises est absolument nulle. Nous
sommes obligés de nous adresser depuis de longues années à l'Allemagne et à
l'Autriche. Elles-mêmes se sont dépeuplées et s'adressent à la Russie. Mais, dans
ce pays encore, elles commencent à décroître et ne tarderont pas à disparaître. En
Russie, qui est, jusqu'à nouvel ordre, notre grand approvisionneur des divers
marchés ou autres, les gens du peuple ont pour la plupart un préjugé contre les
écrevisses, qu'ils ne consomment guère. Aussi leur bon marché y est-il excessif ;
ainsi, à Volsk (gouvernement de Saratov), on en a une centaine pour 7 copecks,
soit 21 centimes. A Saint-Pétersbourg cependant on commence à déguster avec
plaisir les écrevisses, qui y valent de 9 à 21 centimes pièce ; mais la capitale, Saint-

Pétersbourg, ne reçoit guère d'écrevisses que des localités les plus voisines : de Finlande et des gouvernements de Pskov et de Novgorod. Les écrevisses des autres localités sont dirigées sur les autres pays et, parfois, employées à faire des conserves. L'expérience a été surtout tentée par M. Lavroff, à Volsk, où elle a pleinement réussi.

A l'heure actuelle, dit le *Journal de pêche*, de Saint-Pétersbourg, à qui nous empruntons ces détails, la fabrique de M. Lavroff est impuissante à satisfaire aux demandes, qui, par leur nombre et leur importance, suffiraient à alimenter une dizaine au moins d'établissements similaires. Le seul obstacle à leur création est l'ignorance des procédés de préparation, car chaque industriel garde son secret, si simple d'ailleurs que soit la chose en elle-même. En outre, la fabrication en question a été décrite plus d'une fois dans les livres spéciaux, absolument ignorés malheureusement des industriels russes.

Le même journal donne les conseils qui suivent pour faire lesdites conserves. Les queues d'écrevisses fraîches sont dépouillées de leur enveloppe écailleuse, que l'on ouvre de deux côtés à l'aide de ciseaux ; la queue ainsi dégagée, on retire l'intestin postérieur. Les queues sont ensuite rangées dans des boîtes de fer-blanc par couches séparées entre elles par un lit de sel fin blanc. Une fois remplies, les boîtes sont fermées aussitôt et bouchées soigneusement par une soudure, après quoi on les plonge dans des chaudières d'eau bouillante pendant 10 à 20 minutes. Quelquefois, avant de les boucher, on saupoudre les conserves d'un peu d'antiseptine (préparation à l'acide borique) vendue dans tous les dépôts de produits pharmaceutiques. Cette dernière précaution est même superflue si la boîte de fer-blanc a été bien soudée et bouillie, c'est-à-dire chauffée à 80 degrés, température à laquelle les microorganismes de la décomposition animale sont détruits. Dans ces conditions, sans accès de l'air atmosphérique, les conserves ne peuvent pas se gâter.

Les écrevisses russes que l'on envoie en France viennent pour la plupart par navire au moins jusqu'en Allemagne, où elles font escale. C'est ainsi que, dernièrement, le vapeur *Karl von Linen* a amené de Bjoerneliorg, en Finlande, jusqu'en Allemagne, 400 000 écrevisses vivantes. Celles-ci, les gourmets l'affirment, sont d'un goût beaucoup moins fin que les écrevisses françaises ; cela n'a rien d'étonnant, vu la longueur du trajet, pendant lequel elles s'autodigèrent en partie. Peut-être à cet égard ferions-nous bien d'imiter ce que l'on fait à Rome pour produire des écrevisses tout à fait succulentes. L'*Éleveur* nous apprend en effet qu'on y installe des façons de rayons superposés sur lesquels on dispose des milliers de petits pots en terre communiquant entre eux par un conduit où circule incessamment de l'eau fraîche. Dans chaque pot, une seule écrevisse : à deux, elles se battraient, au détriment de leur engraissement. On les parque en mai, et, chaque jour, on les nourrit avec du pain et du maïs. A ce régime, elles engraissent très vite, et acquièrent une saveur excellente.

Quels remèdes opposer à la dépopulation croissante et bientôt complète des écrevisses en Europe ? Évidemment, il n'y en a que deux. Ou repeupler les cours d'eau ou faire de l'élevage artificiel. La première méthode est certainement la meilleure, puisqu'on peut amener des écrevisses vivantes de Russie et même de contrées plus éloignées. Mais elle ne donnera de bons résultats que si elle est protégée par une loi très dure sur le braconnage, qui, malheureusement, est fort difficile à enrayer. Il faudrait interdire la pêche pendant au moins cinq ou six ans.

Quant à l'élevage artificiel, en principe il ne soulève pas de grandes difficultés, et presque tous ceux qui l'ont tenté ont réussi. On élève les écrevisses dans de petits étangs artificiels ou dans des cuves en bois dont le fond est garni de rocailles et, point le plus important, où l'eau est très fréquemment renouvelée. On les nourrit avec des débris de viande de boucherie. Malheureusement la croissance des écrevisses est, avons-nous dit, fort lente. Il faut donc attendre longtemps avant de pouvoir tirer parti du capital engagé, sans compter les frais parfois très grands qu'entraînent le renouvellement de l'eau et la nourriture. De plus, la fécondité des écrevisses est relativement médiocre, et enfin ces crustacés, ainsi que nous le disions plus haut, se dévorent très souvent entre eux. Tous ces inconvénients, joints aux maladies dont nous avons parlé, font que l'élevage artificiel est assez aléatoire et force à vendre les produits à un prix très élevé. Cet élevage ne peut donner de résultats pratiques que s'il est utilisé pour la production de petites écrevisses. On n'a guère de cette façon qu'à nourrir les parents. Quand les petits ont atteint une année, on les jette dans les ruisseaux naturels, qu'ils repeuplent lentement mais sûrement. Il y a lieu de s'étonner que le gouvernement n'ait pas encore créé de ces stations d'« écrevissiculture », si l'on peut s'exprimer ainsi.

* * *

Avant de terminer ce chapitre, il faut remarquer que bon nombre d'animaux se protègent contre leurs ennemis, de la même façon que les crustacés, en durcissant leur peau ou en la recouvrant d'organes durs. La chitine des insectes, les écailles des poissons, la carapace des tortues (bêtes auxquelles nous consacrons un chapitre spécial), le tégument épais des étoiles de mer, la forteresse hérissée d'épines ou d'énormes piquants (cidaris par exemple) où sont enfermés les oursins, les plaques cornées de divers reptiles, remplissent le même office.

Il n'est pas jusqu'aux mammifères où l'on ne puisse trouver une armure. L'exemple le plus connu nous est fourni par le tatou ordinaire, qui porte sur le dos plusieurs rangées de plaques très dures et mobiles les unes sur les autres. Effrayé, le tatou s'enroule — pas entièrement — sur lui-même et, de la sorte, se trouve entouré d'une véritable citadelle. C'est là, d'ailleurs, son seul moyen de défense, car il est inoffensif et se contente de manger des fourmis, des termites et des plantes.

Non moins curieux est ce tatou auquel les naturalistes ont donné le nom d'apar mataco (*fig.* 142). Pour des amateurs de calembours, on peut vraiment dire que c'est un animal « à part ». Il a été observé par d'Azara.

Il n'est pas facile, dit-il, d'étendre son corps, comme je l'ai fait par rapport aux autres tatous, pour prendre ses dimensions. Celles que j'ai à rapporter ont été mesurées sur l'animal mort et contracté de manière que le bord des bandes mobiles se touchaient entre elles et touchaient celles des boucliers de l'épaule et de la croupe. Depuis la pointe du museau jusqu'à celle de la queue, mesurant avec un fil sur le haut du dos, il a 46 centimètres. La queue a 7 centimètres. Elle n'est pas ronde ou conique comme dans les tatous, si ce n'est à sa pointe ; car, à sa racine, elle est plate, et ses croûtes de dessus ne sont pas comme dans les autres tatous, mais en gros grains très saillants. La tête a 8 centimètres de longueur, et 3 centimètres un tiers dans sa plus grande largeur. Le bouclier du front est plus fort que dans les tatous ordinaires, et composé de pièces âpres et confuses. Les oreilles, quoique de 2 centimètres et demi, ne parviennent point à égaler la bordure supérieure du casque du front qui est plane, et un couronnement surmonte sensiblement la tête, non seulement en dessus, mais encore sur les côtés, jusqu'à l'oreille. Le bouclier de l'épaule a 6 centimètres et demi dans la partie la plus haute et forme de chaque côté une pointe remarquable, avec laquelle il couvre, non

Fig. 142. — Apar mataco.
Le mammifère le mieux barricadé. En un clin d'œil il se transforme en un fromage de Hollande, avec lequel on pourrait jouer aux boules.

seulement l'œil, mais encore 2 centimètres et demi de la tête. Il y a trois bandes mobiles, larges de 18 millimètres sur le dos ; mais elles se rétrécissent sensiblement vers les flancs. Le bouclier de la croupe occupe 16 centimètres dans le haut, et le peu qu'il laisse à la queue n'est pas parabolique comme dans les autres, mais composé de trois lignes droites, l'intérieure perpendiculaire à l'épine du dos, et les deux autres parallèles à cette épine. Les pièces qui composent les boucliers et les bandes sont irrégulières, rudes et faites chacune d'une multitude de pièces irrégulières elles-mêmes et semblables à des fragments de pierres. La couleur de tout l'animal est un plombé obscur, et si lustré qu'il paraît avoir été bruni. La peau est blanchâtre dans les intervalles des bandes ; celle des parties inférieures est noirâtre, et à peine voit-on quelques rudiments d'écailles avec quelques poils ; mais ils abondent et sont très longs dans les faces extérieures des quatre jambes, et au point où s'unissent les trois bandes mobiles. C'est là qu'on voit les muscles qui contractent les boucliers pour former la boule. .

Beaucoup de personnes appellent le mataco *bobila* parce que c'est l'unique tatou qui, lorsqu'il craint, ou lorsqu'on veut le prendre, cache sa tête, sa queue et ses quatre pieds, formant de tout son corps une boule, que l'on fait rouler par amusement, et qui ne se rouvre qu'avec beaucoup de force. On me fit présent de l'un de ces tatous, qui était si malade qu'il mourut le lendemain. Le peu que je pus observer se réduit à ceci : il était toujours dans une posture qui le rendait presque sphérique ; il marchait avec beaucoup de lenteur, sans étendre le corps, sans séparer presque ses pieds de derrière de ceux de devant, sans que de ces derniers autre chose touchât le sol que la pointe des deux plus grands ongles, qu'il posait verticalement, et il portait sa queue presque à toucher la terre. Je crois que ce tatou ne creuse point de trous, parce qu'ayant les quatre pieds visiblement plus faibles que tous les autres tatous et les ongles peu propres à fouiller, il doit vivre dans les champs, et s'il entre dans des terriers il faut qu'ils aient été creusés par d'autres.

Un autre tatou, le chlamydophore, recouvert sur le dos de nombreuses bandes solides et jouant les unes sur les autres, creuse au contraire dans le sol de vastes galeries, et, pénétrant par dessous, vient dévaliser les termitières et les fourmilières des environs.

Fig. 143. — Pangolin.
Couvert d'écailles cornées, il est dédaigné des carnassiers, qui auraient trop de mal à le dépecer.

Les tatous ordinaires, les matacos, les chlamydophores sont des édentés. Dans le même groupe — fertile en animaux étranges, — on rencontre aussi le pangolin (*fig.* 143), dont le corps, aussi bien que les pattes et la queue, est recouvert de larges écailles imbriquées les unes sur les autres à la manière des tuiles d'un toit et rappelant les feuilles d'un capitule d'artichaut.

Son museau, dit Desmarchais, renferme une langue très longue, visqueuse, qu'il enfonce dans les fourmilières ou place sur le chemin des fourmis. Celles-ci accourent, attirées par l'odeur, et y demeurent attachées. Lorsque sa langue en est couverte, l'animal la retire brusquement. Il n'est pas méchant, n'attaque personne, ne demande qu'à vivre, et vit heureux et content là où il trouve des fourmis. Le léopard le poursuit sans cesse ; il l'a bien vite atteint, car sa course n'est pas rapide. Cependant, il échappe presque toujours ; il n'a pas d'armes pour lutter contre son terrible adversaire ; mais il se roule en boule, ramène sa queue sous le ventre, et hérisse toutes les pointes de ses écailles. Le carnassier le tourne et le retourne de tous côtés, se blesse aux écailles, et finit par quitter la partie. En s'enroulant, les pangolins ne prennent pas, comme le hérisson, une figure globuleuse et uniforme ; leur corps en se contractant se met en peloton, mais leur grosse queue reste apparente et forme une espèce de cercle. Cette partie extérieure par laquelle on croirait que l'animal peut être saisi, se défend d'elle-même, car elle est mieux armée encore que le reste. Les nègres tuent ce pangolin à coups de bâton, le dépouillent, vendent sa peau aux blancs, et mangent sa chair. Celle-ci, blanche et tendre, est un mets délicat et excellent, paraît-il.

CHAPITRE XXVI

Les auto-chirurgiens.

Chez les animaux porte-armures, dont nous nous sommes occupés au chapitre précédent, a lieu très fréquemment un curieux phénomène qui, par son importance, mérite une étude spéciale.

Lorsque vous serez au bord de la mer, retournez les nombreuses pierres qui garnissent la grève, vous apercevrez certainement un de ces gros crustacés connus sous le nom de *crabes*, qui vont s'enfuir d'une allure grotesque en marchant de côté : essayez d'en prendre un par une patte, celle-ci vous restera dans les doigts. Rattrapez l'animal par une autre patte, cette patte tombera encore sans que vous exerciez la moindre violence. Vous pourrez répéter l'expérience avec le même succès autant de fois que l'animal a de pattes.

Voilà certes une série de phénomènes bien curieux et qui méritent une étude plus approfondie. M. Léon Fredericq, professeur de physiologie à l'Université de Liège, a étudié la question dans tous ses détails, et c'est lui qui a réuni, sous le nom d'*autotomie*, les divers cas d'auto-amputation.

La première question à se poser est celle-ci : la rupture est-elle due à la fragilité ? C'est évidemment la pensée qui vient à l'esprit. Mais examinons les choses d'un peu plus près, en prenant pour exemple le crabe. Chaque patte est constituée par des parties molles intérieures, entourées à la périphérie par une série de tubes calcaires, placés à la file les uns des autres. Chaque tube est relié à son voisin par une gaine membraneuse qui permet aux articles d'être mobiles les uns par rapport aux autres. Chez le crabe, on distingue sept articles dans une patte. Les deux premiers articles de la base ne sont pas mobiles entre eux ; ils sont soudés, mais une ligne transversale indique suffisamment leur dualité originelle. Les autres pièces sont réunies par des jointures molles. Ceci étant posé, il est évident que si la rupture est due à la fragilité, elle s'est produite en un point de moindre résistance, c'est-à-dire au niveau d'une *articulation* molle. Or, il n'en est rien, la rupture s'effectue au beau milieu d'une partie dure, dans la région qui représente les deux segments soudés, suivant le sillon transversal que nous y avons signalé. L'observation est très importante, mais le doute est encore permis. Qu'est-ce qui nous dit, en effet, que le sillon en question est précisément une partie moins résistante qu'une articulation ? L'expérience va nous répondre. Prenons un crabe mort et suspendons à l'une de ses pattes une ficelle avec un plateau de balance sur lequel nous mettrons des poids. Nous verrons que la patte peut soutenir une masse énorme ; elle ne se brise même pas lorsque ce poids atteint cent fois celui du corps de l'animal. Loin d'être un appendice fragile, la patte est donc un organe très résistant. Cependant, si le poids devient très considérable, la rupture finit par se produire, mais jamais au milieu d'une partie dure, toujours au contraire au niveau d'une articulation. D'ailleurs, dans le cas naturel d'amputation la rupture est circulaire et des plus nettes, tandis que dans la rupture par traction la surface brisée est irrégulière et porte une houppe de muscles violemment arrachés : les deux choses ne sont pas comparables.

La fragilité étant ainsi écartée, il est évident que l'autotomie est un phénomène physiologique ; mais quelle en est la nature ? Est-ce un phénomène conscient ou inconscient ? est-ce un acte volontaire ou un *acte réflexe*, c'est-à-dire auquel la volonté ne participe pas ? Telle est la question qu'il s'agit maintenant de résoudre. MM. Huxley et Parize se rangent à la première manière de voir.

Si les faits qu'ils rapportent sont bien exacts, il ne semblerait pas y avoir de doute que l'animal est capable de rompre ses pattes à volonté. Mais les expériences de M. L. Fredericq nous obligent à mettre un gros point d'interrogation à côté de ces observations et même à admettre la deuxième manière de voir.

On enfonce à moitié, dit le professeur de Liège, une demi-douzaine de clous dans le fond d'un grand tiroir de bois, dont l'atmosphère est maintenue humide au moyen de plusieurs éponges mouillées. A chacun des clous est attaché par une patte un gros *cancer mœnas*, possédant toute sa vigueur. Les uns ont la patte fixée directement contre le clou ; aux autres on laisse un peu plus de liberté en allongeant le bout de ficelle qui les retient. De temps à autre on imprime à leur prison une série de chocs brusques pour les exciter à fuir. Aussi les prisonniers font-ils des efforts violents, mais infructueux, pour se détacher ; aucun d'eux n'a l'idée de se sauver en brisant le membre qui le retient captif.

Serions-nous, par hasard, tombés sur des crabes réfractaires à l'amputation ? Non pas. En effet, détachons un crabe et pressons assez fortement une patte : elle se détachera aussitôt. Pour que la patte se rompe, il faut que l'excitation que l'on porte sur elle soit assez puissante pour aller agir sur le nerf intérieur. Et c'est la patte touchée seulement qui se détache. Ainsi, lorsque l'animal est attaché dans le tiroir, écrasons une patte quelconque, elle se détachera, tandis que la patte reliée au clou par un fil restera indemne.

L'autotomie est donc due à un acte réflexe. L'origine en est dans le nerf sensitif de la patte et l'excitation peut être quelconque. Lorsque l'on cherche à attraper un crabe par une patte, on la serre si fortement que le nerf est comprimé et communique sa sensation aux centres nerveux : c'est une excitation mécanique. Couper brusquement une patte en l'un de ses points à l'aide de ciseaux est le sûr de moyen de faire briser cette patte en un autre point. Témoin l'expérience suivante due à M. Fredericq :

On soulève un crabe vivant en le saisissant par le milieu d'une patte (au niveau du troisième article, par exemple), entre le pouce et l'index. Sur l'animal ainsi suspendu le corps en bas, on coupe brusquement l'extrémité de la patte (au milieu du quatrième ou du cinquième article, par exemple) qui dépasse. L'excitation du nerf sensible, causée par la section, provoque immédiatement une violente contraction des muscles de la patte. Celle-ci se porte vivement dans l'extension forcée et casse aussitôt près de sa base, au niveau du deuxième article. Le bout de la patte reste entre les doigts de l'opérateur, le crabe tombe à terre et s'enfuit. On peut répéter la section sur chacune des dix pattes que l'animal rompra successivement lui-même.

L'expérience peut aussi se faire d'une autre façon ; je la recommande à tous ceux qui vont aux bains de mer ; c'est un spectacle très curieux. On met le crabe sur le dos, position qui lui est particulièrement désagréable. On le voit agiter désespérément ses pattes dans tous les sens pour chercher à se retourner. A l'aide d'une paire de ciseaux, on sectionne brusquement l'extrémité libre d'une patte ; aussitôt la patte se détache en un autre point, à sa base ; on a fait coup double : on a deux sections au lieu d'une. On peut recommencer ainsi avec les autres appendices locomoteurs. Cette opération paraît un peu cruelle ; il n'en est rien, car le crabe ne s'en porte pas plus mal, surtout si l'on n'opère que sur une patte ou deux, ce qui, d'ailleurs, est suffisant.

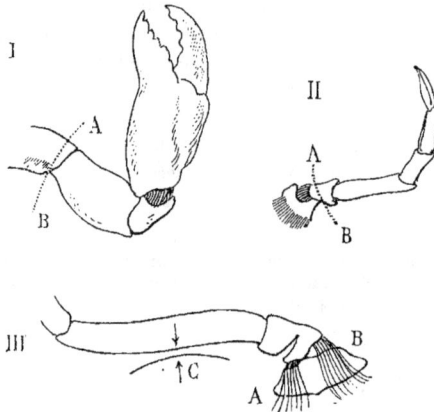

Fig. 144. — Appendices des crabes.

I. Pince, avec, en AB, la ligne de rupture.
II. Patte, avec, en AB, la ligne de rupture.
III. Portion de patte, montrant comment, en venant buter contre la carapace C, sous l'influence des muscles A et B, la cassure peut s'opérer.

Comment s'opère la cassure ?

Dans la figure ci-contre (*fig.* 144, III), on a représenté schématiquement la disposition des muscles actifs. On voit que l'article de la base est réuni à l'article voisin par deux muscles, l'un extenseur (A), l'autre fléchisseur (B). Ce dernier muscle ne paraît pas très important, on peut le sectionner sans empêcher l'autotomie de se produire. Il n'en est pas de même du muscle A. En se contractant il vient faire buter la patte contre la carapace C, où le mouvement d'extension se trouve arrêté. Le muscle, continuant à se contracter, exerce alors une telle traction sur l'article de la base que celui-ci se brise suivant la ligne médiane, qui est un *locus minoris resistentiæ*.

Voilà maintenant la patte cassée. Mais, pense-t-on tout de suite, le sang de l'animal va s'écouler par la plaie béante et le crabe n'a échappé à un danger que pour retomber dans un autre plus grand ; il est tombé de Charybde en Scylla ? Point. En effet, le muscle contracté bouche l'orifice de la patte et empêche le sang de s'écouler. D'ailleurs ce sang a la propriété de se coaguler très rapidement au contact de l'air : la première goutte qui sort se fige et obture la plaie.

Mais ce n'est pas encore tout. Une patte de plus ou de moins pour un crabe, c'est peu important; mais si la chose se renouvelle trois ou quatre fois, on comprend facilement que l'animal en soit incommodé. Heureusement pour lui, il est pourvu de la propriété de pouvoir régénérer ses pattes. Ce fait curieux avait été déjà observé en 1712 par Réaumur, qui coupa des pattes à des écrevisses et vit s'en former de nouvelles qui occupaient la place des anciennes. Une fois la cicatrisation opérée, on voit pousser à sa place un petit moignon qui grandit, se divise en articles et finalement redonne une nouvelle patte absolument normale.

Avant de terminer ce qui a trait aux crabes, figurons leur larve, leur « zoé » (*fig.* 145), comme on l'appelle, qui ne leur ressemble pas du tout avec sa carapace ornée de deux cornes, son abdomen grêle, ses yeux énormes. Mais, avec le temps, tout cela se régularise.

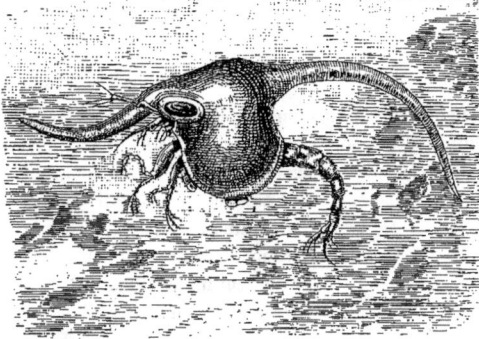

Fig 145. — Zoé (larve de crabe).

Qui reconnaîtrait dans cette étrange bête cornue un futur crabe, un de ces êtres lourdauds qui font pousser des cris aux petits enfants se livrant au plaisir de la « trempette » aux bains de mer? Et pourquoi lui donner ce nom de « Zoé » à elle qui fait si peu de « manières »?

* *

Profitons de ce que nous connaissons le phénomène de l'autotomie chez le crabe pour l'étudier dans la série animale. Beaucoup de crustacés le présentent, mais à des degrés variables suivant les espèces. C'est ainsi que l'on peut à peine toucher à un sténorhynque longirostre sans voir tout de suite ses longs appendices locomoteurs tomber comme de fragiles baguettes de verre. Ed. van Beneden a vu de gros crustacés abandonner leurs pattes lorsque, pour les conserver, on les plongeait dans l'alcool. Le bernard l'ermite perd très facilement ses grosses pinces. En général, la rupture est d'autant plus facile que l'animal est plus vigoureux. C'est ainsi que des crabes qui viennent de muer se prêtent fort mal aux expériences d'autotomie. Les homards et les écrevisses y sont très réfractaires.

Ainsi, dit Fredericq, c'est par des contractions musculaires généralisées, par de violentes secousses imprimées à tout le corps, que le homard dont on pince une des quatre dernières pattes se délivre en arrachant la patte au niveau de l'artibulation entre deux segments voisins. L'animal me paraît incapable de provoquer cette rupture à la façon du crabe, par la contraction d'un seul ou d'un petit nombre de muscles. Il est probable que la faculté de perdre les pattes par autotomie s'est développée peu à peu chez les ancêtres des crabes, pour atteindre finalement le degré de perfection qu'elle présente chez les crabes actuels et chez la langouste, par suite de la soudure des deuxième et troisième articles des pattes. Le homard et l'écrevisse nous représentent un stade moins perfectionné au point de vue de l'évolution de ce moyen de défense.

Comme conclusion pratique, si vous voulez servir un crabe ou une langouste de votre pêche à vos invités, attrapez la bête par la carapace, et non par une patte, car vous risqueriez de détériorer la pièce.

*
* *

Un peu moins fréquente et un peu moins parfaite, l'autotomie se rencontre chez les insectes. Les tipules (*fig.* 146), ces sortes de grands cousins, mais inoffensifs, que l'on rencontre à chaque pas dans les champs, possèdent de longues pattes minces et grêles qui tombent au moindre attouchement. Tous les collectionneurs savent que lorsqu'ils attrapent un papillon, plusieurs pattes leur restent souvent dans la main, à leur grand désespoir. Enfin qui, dans sa jeunesse, n'a attrapé une sauterelle et n'a vu l'animal s'enfuir clopin-clopant en abandonnant une de ses pattes ? Ici la rupture n'est possible que dans les deux dernières pattes, c'est-à-dire les plus grandes, celles qui interviennent dans le saut. On peut avec la sauterelle répéter les mêmes expériences qu'avec le crabe : on peut montrer que la compression doit être assez énergique pour aller exciter le nerf sensitif ; on peut aussi démontrer que c'est la chaîne nerveuse ventrale qui est le centre du réflexe.

Fig. 146. — Tipule.

Un « cousin » du cousin, insecte inoffensif, incapable de piquer et laissant ses pattes dans les mains de celui qui veut le capturer.

Mais pour les insectes, l'autotomie est un acte autrement grave que pour les crustacés. En effet, la patte une fois cassée ne repousse généralement plus, et comme le nombre des appendices n'est que de six, on voit que la perte est importante, surtout lorsqu'elle porte sur une patte sauteuse de sauterelle. Il est vrai que les insectes ne vivent que pendant très peu de temps ; la régénération n'aurait pas le temps de s'opérer. Aussi bien, les cinq pattes qui restent suffisent encore à l'animal pour se déplacer, pour aller pondre dans un endroit abrité. La bête est bien malade, mais qu'importe ? la postérité est sauve !

*
* *

Chez les araignées, l'autotomie est un fait très commun, et tout le monde en a été témoin sans s'en douter. On peut avec l'épeire, par exemple, répéter les mêmes expériences que celles que nous avons déjà faites avec le crabe et la sauterelle.

Le tégument des animaux que nous avons considérés jusqu'ici était dur et résistant ; on comprenait encore comment il pouvait « se casser ». Lorsque les téguments sont mous, la chose devient un peu plus difficile à concevoir ; c'est ce qui se

Fig. 147. — Æolis rampant au fond de la mer.
Les papilles qui couvrent son dos comme d'une robe de chambre tombent au moindre attouchement.

rencontre cependant chez les mollusques. Quoy et Gaimard, dans leurs recherches zoologiques à bord de l'*Astrolabe*, ont vu la *doris cruenta* abandonner des portions de son manteau. Ils ont également constaté que l'*harpa ventricosa* peut abandonner la partie postérieure de son pied, qui d'ailleurs se régénère très rapidement. Le même fait a été constaté chez des escargots de Cuba. Les papilles dorsales des jolis petits mollusques que l'on trouve souvent dans les algues marines et qui portent le nom d'æolis (*fig.* 147), tombent aussi très facilement. L'histoire de la téthys (*fig.* 148) est à ce propos célèbre dans la science. Ce mollusque récolté sur la grève montre un corps aplati terminé en avant par un large bouclier céphalique, frangé irrégulièrement sur ses bords et portant dorsalement deux petits tentacules. Sur le dos, le long de deux lignes longitudinales, l'une à droite, l'autre à gauche, on aperçoit des orifices béants garnis chacun de deux tentacules enroulés. Ces orifices donnent accès dans la cavité du corps ; ils mettent en communication l'extérieur avec la cavité générale. C'est là un fait qui paraissait très remarquable et sans précédent dans l'histoire des gastéropodes. Mais chez les animaux recueillis avec soin avec un filet promené dans la mer, on avait souvent trouvé de gros corps allongés, massifs, colorés irrégulièrement de taches noires et fixés précisément aux orifices dorsaux de la téthys. On pensa tout de suite que l'on avait affaire ici à des parasites, et on leur donna même un nom, celui de *phenicurus varius*. Bien plus, notre grand et regretté zoologiste, H. de Lacaze-Duthiers, fit une étude approfondie du phénicure et lui découvrit un système nerveux, un tube digestif, un appareil circulatoire, etc., en un mot tous les appareils que présente un animal qui se respecte. La question semblait donc tranchée. Mais un naturaliste allemand, au lieu d'étudier le phénicure détaché, l'étudia fixé sur la téthys et en employant la méthode des coupes et une technique histologique très

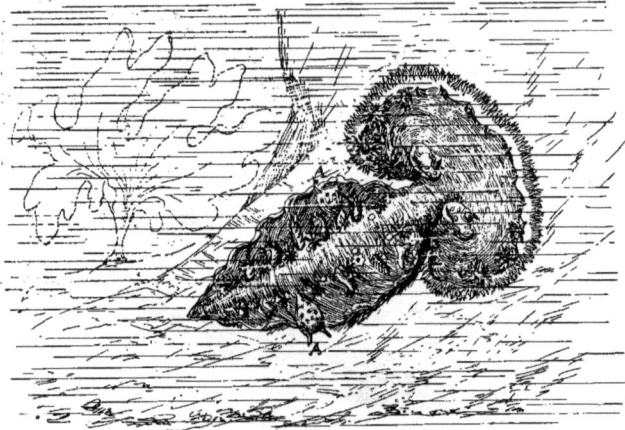

Fig. 148. — Téthys.

À sa surface, on voit encore (les autres sont tombées) deux masses (A) qui se détachent facilement et ressemblent alors à des animaux particuliers, comme on l'a cru pendant longtemps.

complète : il arriva ainsi à cette conclusion que chaque phénicure n'est autre qu'un appendice dorsal de la téthys, et que chacun de ses prétendus appareils ne sont que les prolongements des mêmes appareils de l'individu auquel appartient ce soi-disant phénicure. Mais ces appendices présentent au plus haut point le phénomène de l'autotomie, et c'est pour cela que l'on trouve si rarement des téthys qui les possèdent tous.

Enfin, lorsqu'on saisit brusquement la coquille d'un *solen* (couteau) vivant, enfoncé dans le sable, l'animal, par une brusque contraction musculaire, détache une partie de son pied, qui tombe sur le sol.

* *

Chez les vers, on observe encore souvent l'autotomie. Les némertes sont des vers marins, mous, grêles et extrêmement longs : il n'est pas rare d'en trouver ayant deux à trois mètres ; ils sont alors enroulés autour d'eux-mêmes comme un peloton de ficelle. Ces animaux se coupent très facilement ; il est rare qu'on puisse les dérouler complètement sans qu'ils se brisent.

Les cirrhatules et les térébelles sont pourvues dans leur région céphalique de nombreux tentacules ou *cirrhes* extrêmement longs, qu'ils étendent de toutes parts dans l'eau, comme une araignée tendrait ses fils. Ces cirrhes, extrêmement élégants, se détachent très souvent ; on les voit même encore s'agiter lorsqu'ils sont séparés du corps. Parmi les annélides, animaux composés d'une série de segments placés à la suite les uns des autres, l'autotomie est très fréquente ; lorsqu'on cherche à les saisir, le corps se divise en deux ou trois fragments : il est assez rare d'en avoir des échantillons complets.

« Un exemple très intéressant d'autotomie, dit M. Giard, nous est encore fourni

Fig. — 149. Synapte.

A la surface de son corps, on voit des étranglements qui vont s'accentuer de plus en plus et couper l'infortunée holothurie en autant de tronçons.

par les entéropneustes. Le *balanoglossus Robinii* et le *balanoglossus salmoneus*, si abondants sur les plages de sable des îles Glénans, ne montrent à l'observation que leur extrémité anale ; si l'on veut par un coup de bêche rapide s'emparer de l'animal, celui-ci s'échappe promptement, abandonnant par autotomie une portion plus ou moins longue de sa région terminale. »

Lorsqu'on essaye de retirer une bonellie du trou de rocher où elle se trouve, elle rentre rapidement dans son gîte, en ne laissant dans la main du chasseur que la partie fourchue prise par les anciens naturalistes pour sa queue, et qui, en réalité, est sa tête prolongée en trompe bifurquée (Lacaze-Duthiers).

* *

Mêmes faits chez les échinodermes. Les ophiures sont, on le sait, formés d'un disque central portant à sa périphérie cinq bras mobiles dans le sens horizontal, et servant à l'animal à se déplacer en rampant à la surface des rochers ou des algues.

Ces bras à peine touchés tombent. Faisant allusion à l'autotomie, on a donné à une espèce le nom d'*ophiothrix fragilis,* car sa fragilité dépasse tout ce qu'on peut imaginer. Au bord de la mer, j'ai récolté des milliers d'ophiures, et il est rare que j'en aie vu une intacte. Chez les comatules, l'autotomie atteint un degré de développement incroyable : on peut faire tomber tous ses bras l'un après l'autre. Les étoiles de mer présentent aussi les mêmes faits, bien qu'à un moindre degré ; lorsqu'on veut disséquer une astérie vivante, on voit souvent les bras se détacher l'un après l'autre et interrompre la dissection.

L'holothurie a un mode d'autotomie assez spécial. Lorsqu'on l'excite, elle expulse son tube digestif par l'orifice anal. Quant à la synapte (*fig.* 149), à peine extraite du sable où elle vit, on voit son corps s'étrangler en différents points et bientôt se diviser en plusieurs tronçons. Si de nouveau on touche du doigt un de ces tronçons, on voit celui-ci se couper en deux.

* *

Les invertébrés ne sont pas seuls capables de « s'autotomiser », s'il est permis d'employer ce mot ; il y a aussi quelques vertébrés. On connaît le cas des lézards, dont la queue se détache avec une facilité extrême ; mais chez des animaux aussi élevés en organisation, on doit de nouveau se demander si la volonté n'intervient pas. On peut conclure que non, la rupture de la queue ne se produisant que lorsque la queue a été froissée fortement. Si l'on fixe au moyen de la glu un lien à la queue d'un lézard, et qu'on mette l'animal sur une surface rugueuse lui permettant d'exercer une traction, on voit la bête faire de vains efforts pour se détacher, mais sans jamais avoir l'idée de se briser la queue.

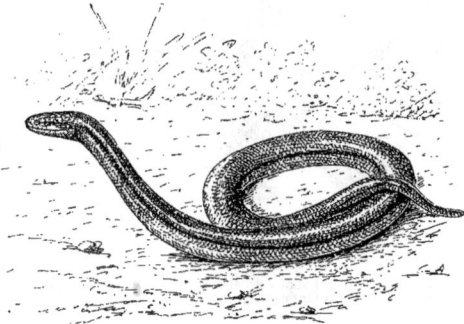

Fig. 150. — Orvet.

Bien nommé - serpent de verre » pour la facilité avec laquelle se brise sa queue.

L'autotomie est aussi facile à réaliser chez l'orvet (*fig.* 150), qui, à cause de cette propriété, est désigné sous le nom de *serpent de verre.* En réalité, la queue n'est pas fragile par elle-même ; sur un animal mort, il faut pour casser l'appendice caudal lui suspendre un poids égal à vingt-cinq fois celui du corps tout entier.

L'orvet vivant, dit Fredericq, se comporta tout autrement. Suspendu par la queue, la tête en bas, il se tordit dans différentes directions, mais sans chercher à s'échapper par la rupture de la queue. J'irritai alors vivement l'extrémité de la queue en l'amputant par une section brusque au moyen de ciseaux tranchants. Aussitôt la portion de queue située au-dessous du point par lequel l'orvet était suspendu exécuta une série de mouvements de latéralité, ayant pour résultat de détacher complètement l'animal, qui tomba à terre et s'enfuit. Je repris l'animal et le maintins suspendu en le saisissant par l'extrémité du reste de la queue, que je froissai vivement entre les doigts. L'animal se brisa de nouveau immédiatement au-dessus du point saisi, par le même mécanisme de contractions alternatives du côté droit et gauche du corps. Je crois donc qu'il s'agit ici, comme chez le crabe, d'une rupture active, d'un mouvement musculaire provoqué par voie réflexe, à la suite d'une vive irritation des nerfs sensibles de la queue.

Chaque vertèbre est renflée à ses deux extrémités qui sont osseuses, tandis qu'elle est mince et cartilagineuse dans sa région médiane : c'est en ce point, *locus minoris resistentiæ*, que se produit la rupture.

Dans tous les exemples que nous avons étudiés jusqu'ici, l'autotomie portait soit sur le corps lui-même, soit, plus souvent, sur des appendices. Mais elle peut aussi avoir lieu dans un seul élément anatomique, dans une cellule. C'est ainsi que dans l'épiderme de la plupart des cœlentérés (méduses, anémones de mer, hydres, etc.) (voir chapitre xxi), se trouve une multitude de petites cellules appelées *nématocystes*. Chacune renferme un filament enroulé sur lui-même à la manière d'un ressort à boudin. Lorsque l'on vient à toucher, par exemple, un tentacule d'anémone de mer, chaque nématocyste expulse au dehors son filament qui part comme une flèche barbelée pour aller pénétrer dans la main du ravisseur. Et comme l'animal darde ainsi des myriades de petites flèches, il en résulte pour la victime une sensation de picotement, de brûlure, très manifeste. Il est probable qu'en même temps la flèche déverse dans la plaie un liquide corrosif. Et, lorsqu'il s'agit d'une grande méduse, l'action des nématocystes peut être suffisante pour provoquer une fièvre très intense, la mort même quelquefois, paraît-il. De même, les turbellariés, du genre *convoluta* (voir page 171, *fig.* 98), possèdent des cellules contenant chacune un petit bâtonnet rigide, pointu à ses deux extrémités. Lorsque l'animal est excité, ces cellules se contractent et envoient leurs javelots microscopiques à leurs adversaires.

*
* *

M. Giard réunit sous le nom d'*autotomie défensive* tous les cas que nous venons de décrire ; c'est qu'en effet elle porte sur le corps lui-même, sur des appendices ou seulement sur des cellules ; l'autotomie ainsi envisagée a pour seul et unique but la défense, la protection de l'individu. M. Giard réunit, d'autre part, sous le nom d'*autotomie reproductrice* une série de phénomènes d'auto-amputation, mais ayant pour but, ici, la reproduction, la conservation de l'espèce. Les étoiles de mer sont formées de cinq bras, pointus à leur extrémité libre et se réunissant entre eux par leur base à un disque central. Il n'est pas rare de voir apparaître à ce point de jonction un sillon transversal, et cela sans qu'on ait fait subir à l'animal aucun traumatisme, aucune excitation, pouvant faire supposer que l'animal se défend. Le sillon se creuse de plus en plus et finalement le bras se détache et va se promener ailleurs. L'étoile de mer reste ainsi avec quatre bras et un disque ; à la place de la cicatrice ne tarde pas à se développer un bourgeon qui grandit et redonne un bras :

l'animal s'est reconstitué. Quant au bras isolé, il continue à vivre; on le voit reconstituer dans la région de la section un petit disque circulaire qui, à sa périphérie, pousse quatre prolongements. A ce moment nous avons donc une sorte d'étoile portant une longue queue, d'où le nom de *stade en comète* (*fig.* 151) que l'on a donné à cette phase. Les quatre petits rayons de l'étoile grandissent de manière à atteindre la même dimension que la queue de la comète : une nouvelle étoile de mer est constituée. Au total nous avons deux astéries au lieu d'une; c'est donc, à n'en pas douter, de l'autotomie reproductrice : diviser, c'est multiplier.

Fig. 151. — Stade « en comète » de l'étoile de mer.

Dans le fond, on aperçoit une astérie qui vient de perdre un de ses bras ; celui-ci va reformer une étoile de mer, analogue à la « comète » du premier plan, une comète qui n'est pas « cataloguée » par les astronomes.

D'autres étoiles de mer qui possèdent un grand nombre de bras procèdent autrement : elles se coupent purement et simplement en deux, chaque moitié se complétant ensuite.

De même les vers annélides connus sous le nom de « naïs à trompe », qui vivent dans nos eaux douces, modifient un des anneaux médians de leur corps et le transforment en une tête. Au-dessus de celle-ci, le corps se coupe en deux portions et l'on a deux naïs. Ces cas de reproduction par scissiparité et de bourgeonnement sont très communs; nous ne pouvons les citer tous : rappelons leur fréquence dans l'embranchement des protozoaires, chez les algues, les champignons, les bactéries et d'autres plantes, tels que les marchantias, les végétaux à rhizomes ou à stolons. Tous les cas de reproduction par scissiparité rentrent dans l'autotomie reproductrice.

CHAPITRE XXVII

Les roulottiers.

Les tortues auraient dû, logiquement, être comprises parmi les « chevaliers du moyen âge », puisqu'elles sont revêtues d'une armure presque typique; mais elles méritent une étude spéciale, car cette armure leur sert en même temps de maison.

En outre de leur aspect extérieur et de leurs mœurs, sur lesquelles nous reviendrons plus loin, les tortues présentent au point de vue anatomique et physiologique des particularités fort curieuses. Ainsi, cette vaste carapace où l'animal peut rentrer pattes et tête, véritable maison qu'il porte toujours avec lui, déroute toutes nos notions d'anatomie comparée : c'est un peu comme si la bête était rentrée à l'intérieur de sa cage thoracique — *vulgo* poitrine. D'autre part, savez-vous de quels autres animaux les tortues se rapprochent le plus, anatomiquement? Des serpents? Non. Des lézards? Point. Des crocodiles? Pas davantage. Des grenouilles? Encore moins. Alors? Tout simplement des oiseaux, qui semblent on ne peut plus différents des tortues par leur légèreté, leurs plumes et leur mode de vie. Comme quoi, il ne faut pas se fier aux apparences.

Les tortues sont encore remarquables par leur extrême vitalité, ainsi que nous le verrons plus loin au sujet des animaux qui ont la vie dure.

Presque toutes sont d'un naturel apathique et se traînent péniblement sur le sol. Leur force musculaire est cependant très grande. Une tortue de moyenne taille traîne facilement un enfant et même un homme. Quant aux tortues marines, il faut se mettre à plusieurs pour en venir à bout. Si l'on fait mordre un bâton à une tortue de marais, on peut la soulever : elle reste suspendue pendant plusieurs heures sans lâcher prise, même lorsqu'on exerce sur elle les plus fortes tractions.

Au point de vue intellectuel, les tortues sont peu intéressantes. Le seul trait à signaler est que les espèces élevées en captivité ne tardent pas à reconnaître leur maître et à venir manger dans sa main au moindre appel. Quant aux espèces sauvages, la plupart mènent une vie de brute, se contentant de manger les victuailles qu'elles rencontrent. Cela n'a rien d'étonnant, étant donnée la facilité avec laquelle elles se défendent de leurs ennemis en rentrant tout simplement à l'intérieur de leur carapace. Cette protection est, en effet, très efficace, mais il ne faudrait pas croire qu'elle fût absolue. C'est ainsi que les jaguars et différents autres félins savent, à l'aide de leurs griffes, extraire l'animal de sa carapace pour le dévorer. On a vu des bancs de tortues disparaître d'îles où l'on avait introduit des chats. Les porcs mangent aussi, en les engloutissant *in toto*, de petites tortues encore molles.

Enfin, plusieurs oiseaux de proie, et notamment le vautour barbu, savent fort
bien enlever dans les airs des tortues et les laisser tomber, pour les briser, sur des
rochers... et parfois sur des crânes chauves qu'ils prennent pour tels, à en croire
certain auteur grec.

Rappelons enfin, pour terminer ces considérations générales, que c'est aux
tortues que l'on doit..... indirectement l'invention de la lyre. On rapporte que
Mercure — d'aucuns disent Apollon — rencontrant une carapace vide, eut l'idée d'y

Fig. 152. — Tortue éléphantine.
Elle rappelle l'éléphant par sa grande taille, mais non par son nez qui est plutôt camus.

tendre des cordes et fut frappé de l'harmonie des sons que l'on en pouvait tirer.
Le plus ancien instrument à cordes était inventé.

Les tortues vivent dans trois habitats différents, et dans chacun d'eux elles présentent des caractères particuliers : la terre, les eaux douces, la mer.

*
* *

Les tortues terrestres sont surtout caractérisées par leur carapace très bombée et
à l'intérieur de laquelle la plupart peuvent rentrer entièrement, pattes et cou. L'espèce
que l'on élève en France et que l'on vend dans des petites voitures à Paris est la tortue grecque, facilement reconnaissable à ses plaques jaunes et noires, et qui vient du
pays auquel elle doit son nom. Elle vit surtout de plantes et, en hiver, se cache dans
la terre pour y dormir toute la saison froide. Elle est assez peu farouche et ne rentre

dans sa maison que lorsqu'on l'agace fortement. A côté d'elle, parmi les tortues de petite taille, il faut citer la tortue bordée, la tortue étoilée, la tortue charbonnière, qui, à peu de chose près, ont les mêmes mœurs.

D'autres tortues terrestres sont remarquables par leur taille gigantesque et sont d'autant plus intéressantes qu'une chasse inconsidérée les a presque entièrement décimées, et que, comme le dodo et la rhytine, elles n'existeront bientôt plus que comme souvenir. La plus connue est la tortue éléphantine (*fig.* 152), qui pullulait jadis aux Mascareignes ; on l'y rencontrait par troupes de deux à trois mille. Comme

Fig. 153. — Tortue d'Abington.
Animal moins bien cuirassé qu'on ne le croirait, car sa carapace est à peine de la consistance du carton.

sa chair était exquise, on lui fit une chasse terrible : aujourd'hui, il ne reste plus que les quelques individus protégés par le gouvernement. Sa chair est en effet comparable à celle du mouton, de même que le foie. On a rencontré des exemplaires pesant 200^{kg}. Un exemplaire de 175^{kg} avait 1^m,36 de longueur sur 2^m,05 de circonférence, avec une patte antérieure de 0^m,54 de circonférence.

Les tortues étaient autrefois si abondantes aux Galapagos qu'on appelait celles-ci « les îles des tortues ». Aujourd'hui elles y sont presque rares. Elles comprennent plusieurs espèces : l'une des plus intéressantes est la tortue d'Abington (*fig.* 153), remarquable par son long cou et sa carapace de la consistance du carton, largement ouverte en avant. Dans son célèbre voyage à ces îles, Darwin eut l'occasion d'observer ces curieuses bêtes.

J'ai rencontré sur ma route, écrit-il, deux grandes tortues qui devaient peser chacune au moins cent kilogrammes. L'une d'elles, qui déchirait un morceau de cactus, me regarda lorsque j'approchai et s'éloigna tranquillement; l'autre fit entendre un sifflement profond et rentra sa tête. Ces énormes reptiles, entourés de laves noires, de buissons dépourvus de feuilles et de cactus gigantesques, me firent l'effet de créatures antédiluviennes.

Ces animaux, qu'on trouve probablement dans toutes les îles du groupe, se rencontrent certainement dans le plus grand nombre d'entre elles. Ils vivent, de préférence, dans les endroits humides et élevés, mais ils visitent aussi les lieux bas et secs. Quelques-uns atteignent des dimensions énormes : l'anglais Lawson qui, à l'époque de notre séjour, avait des projets de colonisation, nous parla de quelques spécimens tellement grands qu'il fallait six ou huit hommes pour les soulever et qu'on pouvait en retirer jusqu'à cent kilogrammes de viande. Les mâles, qui diffèrent principalement des femelles par la plus grande largeur de leur queue, arrivent à une taille supérieure à celle qu'atteignent ces dernières.

Les tortues qui vivent sur les îles dépourvues d'eau ou qui habitent les pays bas et secs se nourrissent principalement du suc des cactus; celles qui résident dans les lieux élevés et humides mangent les feuilles de différents arbres, des baies acides et âcres appelées *guagarita* et des lichens d'un vert pâle qui pendent en festons aux branches des arbres. Toutes ces tortues aiment l'eau, dont elles boivent de grandes quantités; beaucoup d'entre elles se plaisent dans la vase. Les îles les plus grandes ont seules des sources, qui se trouvent toujours vers leur partie centrale et à une assez grande altitude; il en résulte que, pour boire, les tortues qui habitent les endroits bas doivent parcourir d'assez longs trajets; du passage incessant de ces tortues à travers les broussailles, il résulte des sentiers larges et parfaitement battus qui s'étendent dans tous les sens, depuis les sources jusqu'au rivage ; c'est en suivant ces sentiers que les Espagnols ont découvert les sources. Lorsque je parcourais pour la première fois l'île Chatham, je ne pouvais m'expliquer tout d'abord par quel animal des chemins si bien entretenus avaient été tracés; j'eus bientôt l'explication du fait en les suivant, car je trouvai près des sources un grand nombre de grandes tortues; les unes s'avançaient en hâte, leur long cou étendu; les autres, après avoir bu avec avidité, s'en retournaient vers le rivage. Lorsque la bête arrive à la source, elle plonge sa tête dans l'eau jusqu'au-dessus des yeux, sans s'effrayer de la présence d'un étranger, et déglutit avec rapidité. Les habitants du pays racontent que ces animaux demeurent trois ou quatre jours dans le voisinage de l'eau et qu'ils ne retournent qu'alors dans les endroits où ils ont l'habitude de se tenir. Les époques auxquelles les tortues viennent boire ne sont pas exactement connues; il est probable que cela doit dépendre du mode d'alimentation de l'animal. Il est du reste constant que certaines tortues vivant sur des îlots privés de sources ne boivent qu'à des intervalles très irréguliers et assez éloignés, alors seulement qu'il pleut assez pour que l'eau du ciel puisse s'accumuler dans quelque cavité.

On sait que la vessie urinaire des grenouilles leur sert surtout de réservoir à eau pour maintenir l'humidité dont ces animaux ont besoin; il semble en être de même pour les tortues. Les habitants des Galapagos connaissent cette particularité et la mettent à profit; lorsqu'ils sont poussés par la soif, ils sacrifient quelques-uns de ces animaux et boivent le contenu de la vessie urinaire composée d'eau presque pure. Je vis tuer une de ces tortues de grande taille; le liquide était absolument clair et n'avait qu'un faible goût d'amertume; les indigènes boivent aussi le liquide péricardique.

Quand les grandes tortues se mettent en marche pour se rendre vers les sources, elles marchent nuit et jour et se transportent beaucoup plus rapidement qu'on ne le supposerait vers le but qu'elles veulent atteindre. D'après des observations faites sur les lieux, les gens du pays affirment que ces tortues peuvent parcourir environ 8 milles en deux ou trois jours. Une grande tortue que j'ai été à même d'observer cheminait avec une vitesse de 60 yards en 10 minutes, soit 360 aunes à l'heure, ce qui ferait 4 milles anglais par jour.

Porter a remarqué que, la nuit, elles paraissent sourdes et aveugles ; les bruits les plus retentissants, les détonations même d'une arme à feu ne produisent sur elles aucune impression.

Un très grand nombre de tortues vivent dans les eaux douces ou tout au moins dans les marais et se font remarquer par leur carapace aplatie. En France, nous en avons même une espèce assez commune, la cistude d'Europe. Elle nage assez facilement, mais préfère rester immobile au fond de l'eau. Elle pond sur les bords des marais. On la voit sortir du liquide et creuser dans le sol une excavation conique avec sa queue d'abord et ses pattes postérieures ensuite. Au bout d'une heure, le trou a atteint dix centimètres de diamètre. Cela fait, on voit saillir un œuf qui aussitôt est délicatement recueilli par une patte et doucement descendu jusqu'au fond du trou. Un second œuf arrive ; il est descendu de même avec l'autre patte. Ce n'est qu'au mois d'avril de l'année suivante que les jeunes tortues éclosent et se rendent à l'eau comme

Fig. 154. — Tortue serpentine.
La plus méchante et la plus cruelle des tortues, à part peut-être le trionyx féroce.

de petits canards, avec cette différence que l'œil maternel ne les surveille pas.

Les tortues sont en général d'un naturel paisible ; mais ce n'est pas là une règle générale. Ainsi la chélydre, appelée aussi serpentine (*fig.* 154), qui vit dans les fleuves des États-Unis, est très méchante et, par suite, très redoutée. « A peine a-t-on posé dans le canot une chélydre capturée, raconte Weinland, que l'animal furieux s'arc-boute sur ses membres de derrière, prend un formidable élan, fait un bond de plus d'un demi-mètre pour se jeter sur nous et mord furieusement la rame qu'on lui présente. » Et, comme le remarque Müller, tandis que l'œil de la plupart des tortues dénote une sorte de bienveillance stupide, le regard de la serpentine brille de méchanceté ; bien des gens rencontrant cette bête pour la première fois s'en méfient immédiatement et l'évitent.

La serpentine ne vit d'ailleurs que de proies vivantes, de poissons et de batraciens notamment. Elle ne se fait pas faute non plus d'aller à terre pour s'emparer des canards et poulets appartenant aux riverains. Il lui arrive souvent aussi de causer de cruelles blessures aux baigneurs qui viennent dans ses parages.

L'hydroméduse de Maximilien (*fig.* 155) n'est pas moins curieuse. Son cou long et mobile ressemble plutôt à celui d'un serpent. Au repos, l'animal cache sa tête, non en la rétractant, mais en la repliant, à gauche, dans une gouttière de la carapace. Quand elle aperçoit un ennemi ou une proie, elle darde sa tête sur lui avec une vitesse étonnante et lui fait une cruelle morsure.

**

Si singulière que soit l'espèce précédente, elle l'est encore moins que la matamata (*fig.* 156) qui vit dans l'Amérique du Sud. Sa carapace est surmontée de bosses coniques et son cou long et relevé porte des franges pendantes. Le museau est pointu. La matamata exhale une très mauvaise odeur ;

Fig. 155. — Hydroméduse.

Serpent par la tête, tortue par la carapace, c'est un mélange qui étonne, de même que sa vivacité au réveil et la curieuse manière dont elle « s'arrange » pour dormir.

mais cela n'empêche pas les Caraïbes de manger sa chair avec délices. Elle vit dans les Guyanes, restant constamment enfoncée dans la vase des marais et ne laissant émerger de l'eau que sa tête et une partie de son cou. Les membranes frisées qui garnissent ce dernier servent d'appâts pour les poissons qui les prennent pour des petits vers, la matamata en profite pour les capturer et les manger sans autre forme de procès.

Fig. 156. — Matamata.

A considérer la gravure, la bête semble jolie à voir et agréable à manier. En réalité, elle est affreuse et puante, et, disent les voyageurs, produit un effet repoussant.

Citons enfin les tortues molles — deux mots qui semblent jurer ensemble — que l'on trouve surtout en Asie. Voici ce que dit Brehm de ces tortues molles, qui comprennent surtout le genre trionyx (*fig.* 157):

Ce groupe comprend des espèces essentiellement aquatiques et ne sortant guère de l'eau que pour effectuer la ponte ; bien qu'elles ne soient pas maladroites sur la terre ferme et que, d'après Baker, elles puissent courir assez rapidement, elles n'entreprennent néanmoins jamais de grands voyages. Lorsque les cours d'eau qu'elles habitent ordinairement viennent à se dessécher, elles ne passent que rarement dans les fleuves voisins, mais s'enterrent généralement dans la vase en attendant le retour des pluies. On a parfois pris des trionyx en pleine mer, et à une certaine distance du rivage, ces animaux ayant été certainement entraînés hors de leur habitat habituel.

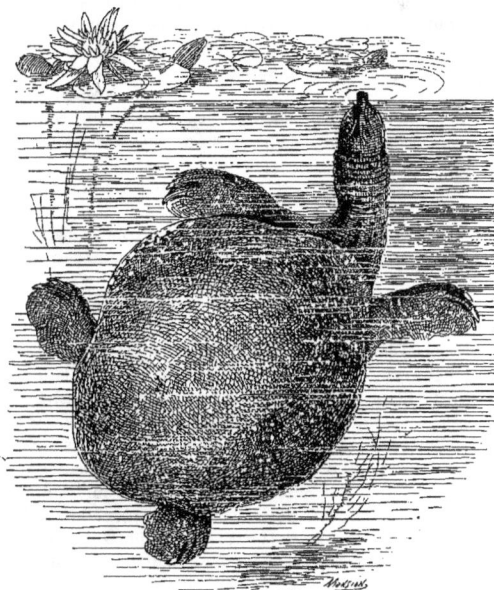

Fig. 157. — Trionyx féroce.

Une tortue molle, ces deux mots ne jurent-ils pas ensemble ? Le contraste peut se poursuivre, car quoique « molles » ces tortues sont fort agiles et très dangereuses.

Il paraît, nous apprennent Duméril et Bibron, que, pendant la nuit et lorsqu'elles se croient à l'abri des dangers, les potamites ou tortues molles viennent s'étendre et se reposer sur les petites îles, sur les rochers, sur les troncs d'arbres renversés sur les rives ou sur ceux que les eaux charrient, d'où elles se précipitent à la vue des hommes aux moindres bruits qui les alarment.

Pendant le jour elles se tiennent le plus habituellement à demi enfoncées dans la vase, surtout dans les points où l'eau peu profonde laisse facilement pénétrer les rayons du soleil.

Toutes les tortues molles sont fort voraces et très agiles ; elles poursuivent à la nage les poissons et les batraciens. Lorsqu'elles veulent saisir leur proie, elles projettent leur tête et leur cou avec la rapidité d'une flèche. Indépendamment de l'alimentation animale, qui forme le fond de leur alimentation, on rapporte que les trionyx ne dédaigneraient pas des aliments végétaux ; Rüppell rapporte, en effet, qu'il n'a trouvé dans l'estomac du trionyx d'Égypte, qui vit dans le Nil, que des débris de dattes, de pastèques, de courges et de végétaux analogues Il ne faudrait pourtant pas conclure de cette observation de Rüppell que les trionyx soient exclusivement herbivores ou frugivores, car on ne les voit jamais se nourrir que de proies vivantes ou de viande dans les ménageries.

Ce qui vient encore à l'appui de ce que nous venons de dire pour le goût manifeste que les tortues molles ont pour une nourriture animale, c'est le courage dont elles font preuve lorsqu'elles sont capturées, surtout lorsqu'elles ont été blessées. Tous les observateurs qui ont été à même d'observer ces tortues s'accordent à dire qu'elles sont extrêmement dangereuses et qu'il faut les manier avec beaucoup de précautions. Elles mordent vivement avec leur bec tranchant et arrachent le morceau ; elles ne lâchent la proie qu'en enlevant la partie saisie, de sorte qu'elles occasionnent de cruelles blessures.

D'après Duméril et Bibron, les mâles semblent être en moindre nombre que les femelles, ou bien ils s'approchent moins des rivages que celles-ci, qui viennent pour y pondre les œufs, qu'elles déposent dans des trous creusés pour en contenir cinquante ou soixante. Le nombre varie suivant l'âge des femelles, qui sont d'autant plus fécondes qu'elles sont plus jeunes. Les œufs sont de forme sphérique, leur coque est solide, mais membraneuse ou peu calcaire.

Nous avons été à même, à la ménagerie des reptiles du Muséum de Paris, d'observer plusieurs fois des trionyx de grande taille provenant de l'Indo-Chine. C'étaient des animaux très batailleurs, donnant la chasse aux nouveaux venus et molestant de toutes les manières des serpentines, d'humeur cependant peu patiente, qui se trouvaient en leur compagnie. Ils se cachaient presque toujours pendant le jour, mais sortaient cependant assez souvent pour venir recevoir l'eau chaude à l'aide de laquelle on réchauffait l'eau des bassins ; ce n'était qu'exceptionnellement qu'on les voyait se reposer sur la plage, cependant chauffée.

Leur nourriture se composait de poissons morts, soit de mer, soit d'eau douce, et de viande coupée en morceaux.

Contrairement aux assertions de voyageurs qui rapportent que les trionyx dédaignent absolument toute proie morte ou privée de mouvement, les animaux que nous avons pu observer mangeaient la proie qu'on leur jetait au fond de l'eau.

La plupart des tortues, soit terrestres, soit aquatiques, déchirent leur proie : les trionyx, à l'aide de leurs mâchoires tranchantes, la coupent et la divisent.

En raison de la taille considérable à laquelle ils peuvent parvenir (certains individus pèsent jusqu'à cent kilogrammes et au-dessus), en raison de la délicatesse de leur chair très savoureuse, on chasse les trionychidés dans les endroits où ces animaux sont communs. On les pêche à la ligne avec des hameçons que l'on amorce avec des poissons ou d'autres animaux vivants ou que l'on agite dans l'eau ; on les entoure de filets ; on les tue au fusil et on les transperce à l'aide de piques. Pour s'emparer du trionyx du Gange, écrit Théobald, on emploie une longue fourche en fer ; on enfonce cet instrument le long du fleuve dans la vase molle ou dans les amas de feuilles à demi pourries. Le pêcheur qui a ainsi capturé une tortue attache, suivant la taille de l'animal, un nombre plus ou moins considérable de forts crochets dans la partie postérieure et comme cartilagineuse de la bête. Il tire alors fortement sur les crocs et extrait ainsi la tortue qui se débat furieusement et cherche à mordre avec rage tout ce qui est à sa portée. Lorsqu'on a capturé une tortue de forte taille qui se trouve dans une eau un peu profonde, on lui enfonce en outre, à l'aide d'un lourd marteau, un épieu pointu dans le dos et on la tire alors sur le rivage.

Mais malheur à l'imprudent qui se trouve à portée des mâchoires de l'animal capturé, car j'ai vu un trionyx enlever d'un seul coup de son bec tous les orteils du pied d'un pêcheur. Il est prudent d'envoyer une balle dans la tête de la tortue ou de lui trancher la tête d'un coup de hache.

Les Mongols qui ont grand'peur des trionyx habitant leurs cours d'eau et qui savent, souvent par expérience personnelle, combien ils sont méchants et dangereux, ont agrémenté leurs récits de fables plus ou moins nombreuses.

Nos cosaques, dit Przevalski, refusaient absolument de se baigner dans la rivière Tachylga. Ils attribuaient aux trionyx divers pouvoirs magiques et invoquaient à l'appui de leurs dires les caractères thibétains que ces animaux portent sur la partie postérieure de leur carapace. Les habitants du pays avaient effrayé nos cosaques en leur affirmant que les tortues en question s'incorporent dans la chair de l'homme, et que les malheureux auxquels pareil accident arrive ne peuvent plus reconnaître la route qu'ils sont habitués à suivre. La seule chance d'échapper à un semblable sortilège est la suivante : si un chameau blanc et un chevreuil blanc viennent à passer dans le voisinage et se mettent à crier en apercevant la tortue, celle-ci lâche alors sa victime et le charme est rompu. Il n'existait pas autrefois de trionyx dans la rivière Tachylga; mais ces terribles animaux apparurent brusquement, et les habitants des environs, aussi surpris qu'effrayés, ne surent d'abord que faire. Ils s'adressèrent enfin, pour suivre ses conseils, à l'abbé du monastère voisin; l'abbé leur apprit que la tortue qui venait de faire ainsi son apparition devait désormais rester maîtresse du cours d'eau dans lequel elle s'était introduite et compter parmi les animaux sacrés. Depuis cette époque on vient faire tous les mois des prières commémoratives à la source de la rivière Tachylga.

Fig. 158. — Tortue platysterne.
La nature a un peu aplati sa carapace, mais toute sa force vitale s'est réfugiée dans la tête. Et voilà comment, pourrait-on croire, un macrocéphale a été créé.

La chair des tortues molles ne se mange pas partout, mais elle est fort appréciée de tous ceux qui en ont goûté. D'après Baker, cette viande donne une soupe exquise. Les œufs ne passent pas pour être savoureux.

*

Non moins bizarre est le platysterne à grosse tête (*fig.* 158), qui est excentrique dans toute l'acception du mot, avec sa tête énorme, cuirassée, beaucoup trop volumineuse pour rentrer sous la carapace. Celle-ci est déprimée, aplatie comme si on l'avait écrasée d'un coup de pied. Quant à la queue, garnie de fortes écailles imbriquées, sa longueur atteint celle du reste du corps, soit environ 20 centimètres. Le platysterne se trouve au Siam et au sud de l'Afrique, mais ses mœurs sont inconnues.

Pour terminer ce qu'il y a à dire des tortues de marais, il n'y a plus qu'à citer les podocnémydes, qui vivent surtout dans l'Amérique du Sud et où elles donnent lieu à une industrie assez particulière, la confection d'huile d'œufs de tortues. Alexandre de Humboldt nous a laissé d'intéressants détails sur cette industrie, qui, comme tout ce qui touche aux tortues — un groupe qui s'en va, — est en déclin :

Vers onze heures du matin, écrit-il, nous débarquâmes sur une île située au milieu du fleuve (l'Orénoque), que les Indiens considèrent comme leur propriété dans la mission de l'Uruana. Cette île est renommée pour la chasse qu'on y fait aux tortues, ou comme on dit, pour la récolte des œufs qu'on y fait chaque année. Nous y trouvâmes plus de trois cents Indiens couchés sous des huttes en feuilles de palmier. Outre les Guanos, les Otomaques de l'Uruana qui passent pour un peuple sauvage et réfractaire à toute civilisation, nous vîmes des Caraïbes et d'autres Indiens du cours inférieur de l'Orénoque. Chaque peuplade s'installait à part et se reconnaissait à la couleur et à la forme des tatouages. Au milieu des groupes bruyants d'Indiens se trouvaient quelques blancs et notamment des commerçants d'Angostura qui avaient remonté le fleuve pour acheter aux indigènes l'huile d'œufs de tortue. Nous rencontrâmes aussi le missionnaire de l'Uruana ; il nous raconta qu'il était venu pour se procurer l'huile nécessaire à la lampe de l'autel ; mais son principal but était de maintenir l'ordre au milieu de ce mélange d'Indiens et d'Espagnols.

En compagnie de ce missionnaire et d'un marchand qui se vantait d'assister à cette récolte depuis dix ans, nous parcourûmes cette île, qu'on visite ici comme les foires dans nos pays. Nous nous trouvions sur une étendue de sable bien aplanie. « Aussi loin que s'étend le regard le long des bords, nous dit-on, la terre recouvre des œufs de tortues. » Le missionnaire portait à la main une longue perche ; il nous montra comment on s'en servait pour rechercher jusqu'où s'étend la couche des œufs, et procéda à la façon des mineurs qui veulent délimiter un gisement de marne, de fer ou de charbon minéral. En enfonçant verticalement la perche dans le sol, on sent, lorsque la résistance fait défaut, qu'on atteint la cavité, ou la couche terrestre meuble dans laquelle gisent les œufs.

Cette couche est si uniformément répandue que, dans un rayon de dix toises autour d'un point donné, la perche exploratrice la rencontre sûrement. Aussi ne parle-t-on ici que de perches carrées d'œufs ; on divise le sol en lots qu'on exploite comme on ferait d'un terrain riche en minerais. Il s'en faut cependant que cette couche d'œufs recouvre l'île dans son entier ; elle cesse dans tous les points où le sol se relève brusquement, parce que les tortues ne peuvent grimper sur ces petits plateaux. Je parlai à mes guides des descriptions hyperboliques du Père Gumilla, d'après lequel les rives de l'Orénoque contiendraient moins de grains de sable que le fleuve ne renferme de tortues, à ce point que les bateaux se trouveraient arrêtés dans leurs courses si les hommes et les tigres n'en tuaient annuellement une quantité suffisante. Mais ce ne sont là que des contes, ainsi que le fit remarquer en souriant le marchand d'Angostura. Les Indiens nous affirmèrent que, depuis l'embouchure de l'Orénoque jusqu'au confluent de l'Apure, on ne trouve ni une île ni un rivage où l'on puisse recueillir en quantité des œufs de tortues. Les points sur lesquels presque toutes les tortues de l'Orénoque semblent se rassembler chaque année s'étendent entre le confluent de l'Apure et de l'Orénoque et les grandes cataractes ; c'est là que se trouvent les points les plus renommés. L'une des espèces, la *podocnemys expansa*, paraît ne point remonter au-dessus des cataractes ; d'autre part, on nous a affirmé qu'au-dessus de l'Apure et du Maypure on ne trouve que les tortues dites *lerekay*.

La podocnémys est connue des indigènes sous le nom d'*arraou*. L'époque à laquelle pond cette espèce coïncide avec celle du niveau le plus bas des eaux. Comme l'Orénoque commence à monter à partir de l'équinoxe du printemps, les rives les plus basses se trouvent à sec depuis le commencement de janvier jusqu'au 29 mars. Les arraous se rassemblent en troupes nombreuses dès le mois de janvier ; elles sortent de l'eau et se chauffent au soleil ; d'après les Indiens, une forte chaleur est nécessaire à l'éclosion des œufs. Pendant le mois de février on trouve les arraous sur la rive pendant presque toute la journée. Au commencement de mars, les troupes disséminées se réunissent pour nager vers les îles sur lesquelles elles ont l'habitude de pondre ; il est probable que les tortues reviennent chaque année exactement au même point. Peu de jours avant la ponte, on voit ces animaux disposés en longues rangées sur les bords des îles Cucuruparu, Teruana et Pararuna ; elles tendent leur cou et tiennent leur tête hors de l'eau pour s'assurer qu'elles n'ont rien à craindre ni des tigres ni des hommes. Les Indiens, qui ont grand intérêt à ce que ces troupeaux rassemblés demeurent agglomérés, disposent le long de la rive des sentinelles dont le but est d'empêcher ces animaux de se disperser, et de veiller à ce que leur ponte puisse s'effectuer paisiblement. On ordonne aux embarcations de se maintenir au milieu du fleuve et de ne pas effaroucher les tortues par des cris.

Les œufs sont toujours pondus pendant la nuit, mais cette ponte commence immédiatement après le coucher du soleil. A l'aide de ses pattes postérieures, munies de griffes très longues et recourbées, l'animal creuse un trou d'un mètre de largeur et de soixante centimètres de profondeur, dont il arrose les parois de son urine, afin de consolider le sable, ainsi que le disent les Indiens. Ces tortues sont parfois tellement pressées de pondre que plusieurs d'entre elles déposent leurs œufs dans les trous que d'autres ont creusés sans avoir pu encore les recouvrir de terre ; elles forment ainsi une seconde couche d'œufs superposés à une première couche également fraiche. Dans leur précipitation elles cassent un tel nombre d'œufs que la perte qui en résulte équivaut, d'après ce que nous a montré le missionnaire, au tiers de toute la récolte. Nous trouvâmes du sable quartzeux et des débris de coquilles agglomérés au milieu du jaune répandu hors des œufs. Le nombre des animaux qui creusent la rive pendant la nuit est si grand que plusieurs d'entre eux sont surpris par le jour avant d'avoir pu terminer leur ponte. Ils se hâtent alors davantage de se débarrasser de leurs œufs et de recouvrir les trous, afin que les tigres ne puissent les voir. Ces tortues retardataires ne songent alors aucunement au danger qui les menace elles-mêmes ; elles achèvent leur travail sous les yeux des Indiens qui arrivent de bonne heure et qui les appellent « les tortues folles. » Malgré la brusquerie de leurs mouvements on s'en empare aisément à l'aide des mains.

Les trois campements d'Indiens dans les endroits précités se forment dans les derniers jours de mars ou dans les premiers jours d'avril. La récolte des œufs se fait chaque fois de la même manière et avec la régularité qui règne dans tout ce qui dépend des institutions monacales. Avant l'arrivée des missionnaires auprès de ce fleuve, les indigènes recueillaient en quantité moindre ce produit que la nature fournit ici en si grande abondance. Chaque peuplade fouillait la rive à sa guise ; un grand nombre d'œufs étaient brisés volontairement parce que les forages étaient exécutés sans précaution et qu'on découvrait plus d'œufs qu'on n'en pouvait emporter. On aurait dit une mine exploitée par des mains inhabiles. Les jésuites ont eu le mérite de régler cette exploitation. Ils s'opposèrent à ce qu'on fouillât la rive entière ; ils en firent respecter toujours une partie, craignant que les tortues soient notablement réduites en nombre, sinon anéanties. Aujourd'hui on remue le rivage entier sans aucun égard pour cette considération ; et l'on pense que les récoltes diminuent d'année en année.

Une fois le campement établi, le missionnaire nomme un représentant qui répartit en lots l'étendue de terrain où reposent les œufs, suivant le nombre des tribus indiennes Il commence son travail en explorant avec sa perche l'étendue de la couche d'œufs dans le sol. D'après nos mesures, cette couche s'étend jusqu'à quarante mètres du bord et présente une épaisseur moyenne d'un mètre. L'employé en question délimite le terrain dans lequel chaque tribu devra travailler. Ce n'est pas sans surprise qu'on entend parler ici du rapport de la récolte des œufs estimé comme celui d'une récolte de moisson. Une étendue sur dix mètres de large fournit de l'huile pour une centaine de cruches, c'est-à-dire un millier de francs. Les Indiens creusent le sol avec leurs mains et entassent leurs œufs dans de petites corbeilles appelées *mappiri*; ils les portent ainsi dans leurs camps et les jettent dans de grandes auges en bois remplies d'eau. Là-dedans ils broient ces œufs et les remuent à l'aide de pelles, puis ils les exposent au soleil jusqu'à ce que la partie huileuse, le jaune de l'œuf, qui surnage, soit devenue épaisse. Ils puisent cette huile et la cuisent sur un bon feu; plus elle est cuite et mieux elle se conserve. Bien préparée, elle est claire, sans odeur, à peine jaunâtre. Les missionnaires l'apprécient autant que la meilleure huile végétale. On l'emploie non seulement pour l'éclairage, mais encore , et de préférence, pour la cuisson, car elle ne donne aucune espèce de saveur désagréable aux mets. Toutefois il est fort difficile d'obtenir une huile de tortue parfaitement pure ; le plus souvent elle conserve une odeur de pourriture; cela tient à ce que parmi les œufs on en emploie parfois dans lesquels les tortues ont déjà atteint un degré de développement avancé.

Les rives de l'Uruana fournissent **annuellement** mille cruches d'huile; la cruche vaut à Angostura de 2 piastres à 3 piastres et demie. La quantité d'huile fabriquée s'élève annuellement à 5000 cruches ; comme il faut 200 œufs pour obtenir une bouteille d'huile, 500 œufs donnent une cruche d'huile ; en admettant que chaque tortue ponde de 100 à 116 œufs et qu'un tiers de ces œufs se trouve brisé pendant la ponte, surtout par les « tortues folles », on peut conclure que pour remplir 3 000 cruches d'huile, 30300 arraous ont dû pondre sur les trois îles où se fait la récolte, environ 33 millions d'œufs.

La quantité d'œufs qui éclosent avant l'arrivée de l'homme est si considérable que j'ai vu dans le gisement d'Uruana, sur toute la rive de l'Orénoque, grouiller de jeunes tortues, d'un pouce de large, qui échappaient à grand'peine aux poursuites des enfants indigènes.

Les jeunes tortues brisent leur coquille pendant le jour ; mais on ne les voit émerger du sol que pendant la nuit. D'après les Indiens, elles craignent la chaleur du soleil. Les indigènes voulurent nous montrer comment les petites tortues trouvent immédiatement le chemin le plus court vers la rivière, alors même qu'on les a transportées dans un sac loin du bord et qu'on les a posées à terre, tournant le dos à la rive. J'ai constaté que cette expérience, que le Père Gumilla a déjà rapportée, ne réussit pas toujours également bien ; néanmoins il m'a semblé qu'ordinairement ces jeunes animaux, alors même qu'ils se trouvaient très loin du bord ou dans une île, pouvaient flairer d'où soufflait l'air le plus humide. Quand on songe à quelle distance la couche d'œufs s'étend presque sans interruption sur la rive et à combien de milliers s'élève le chiffre des tortues qui vont à l'eau aussitôt après leur éclosion, on ne peut guère admettre que toutes les mères qui ont creusé leurs nids dans le même lieu puissent retrouver leurs petits et les conduire dans les lacs de l'Orénoque comme font les crocodiles. Ce qui est certain, c'est que la tortue passe les premières années de sa vie dans les lacs les moins profonds, et qu'elle ne va dans le grand lit du fleuve qu'à sa maturité. Comment donc les petits trouvent-ils ces lacs ? Y sont-ils menés par les tortues femelles qui accueilleraient les premiers qu'elles rencontrent ? L'arraou reconnaît sûrement aussi bien que le crocodile l'endroit où elle a fait son nid ; mais comme elle n'ose s'approcher du bord quand les Indiens commencent à exploiter ces gisements, comment pourrait-elle distinguer le sien de ceux des autres ? Les Otomaques prétendent avoir vu de petites tortues femelles, à l'époque des hautes eaux, suivies d'un nombre assez considérable de petits ; c'étaient des tortues qui avaient pondu seules sur une rive isolée et qui avaient pu y revenir. Les mâles sont rares maintenant parmi les arraous : on en trouve à peine un parmi plusieurs centaines. On ne peut expliquer le fait ici comme on le fait pour les crocodiles, qui se livrent à l'époque du rut des combats sanglants.

La récolte des œufs et la préparation de l'huile durent trois semaines, et c'est pendant cette période seulement que les missionnaires sont en relation avec la côte et les pays civilisés dans le voisinage. Les franciscains, qui vivent au sud des cataractes, viennent assister à cette récolte, moins pour se procurer de l'huile que pour voir quelques visages blancs. Les marchands d'huile gagnent 60 à 70 °/°, car les Indiens leur vendent la cruche 1 piastre, et les frais de transport ne s'élèvent qu'à un cinquième de piastre par cruche. Tous les Indiens qui prennent part à cette récolte rapportent aussi des masses d'œufs séchés au soleil ou légèrement cuits. Nos rameurs en avaient toujours dans leurs corbeilles ou dans leurs petits sacs en coton. Ces œufs, tant qu'ils sont bien conservés, n'ont pas une saveur désagréable.

*

Ce qui caractérise surtout les tortues marines (*fig.* 159), dont nous avons à nous occuper maintenant, c'est le grand développement et la structure spéciale de leurs membres qui, au lieu de former des moignons arrondis, sont représentés par de larges palettes, sans doigts distincts, en un mot par de véritables nageoires. En outre, la carapace n'est pas uniformément bombée, comme chez les espèces terrestres, mais très aplatie et plus élargie en avant qu'en arrière, de manière à figurer un cœur. Cette carapace est, par rapport au reste du corps, fort réduite ; ni les membres, ni la tête ne peuvent se cacher à son intérieur.

Fig. 159. — Tortue caret.
Une victime de la coquetterie des femmes..... et des hommes. On la chasse pour son écaille si brillante et dont on fait de si jolis objets.

Ces animaux, quoique aquatiques, ne peuvent respirer que l'air en nature. Quand ils veulent absorber de l'oxygène, ils sont obligés de venir à la surface. La provision une fois faite, ils replongent : les orifices externes de leurs narines sont pourvus d'une soupape qui se rabat sur elles et ne permet pas à l'eau de pénétrer dans les poumons.

Quant à la tête, elle a une forme toute spéciale, presque quadrangulaire dans la région des yeux. Les mâchoires sont extrêmement robustes, mues par des muscles puissants et garnies d'un rebord corné, crochu en avant, qui les a fait comparer à un bec d'oiseau de proie. Leur nourriture consiste surtout en herbes marines, ainsi qu'en crustacés et mollusques.

Les tortues marines vivent souvent par bandes, nageant en pleine mer et ne se rapprochant des côtes que pour y déposer leurs œufs. On les rencontre parfois à plusieurs centaines de kilomètres des continents. Elles nagent non loin de la surface

avec une rapidité sans pareille, s'enfonçant à la moindre alerte, mais cherchant peu
à se défendre quand on les a prises.

Au moment de la ponte, toute la bande des tortues se rapproche d'une côte,
toujours la même, ordinairement celle d'un îlot inhabité et sablonneux. Les mâles
restent dans l'eau ; les femelles seules se rendent à terre. Après avoir choisi un
endroit favorable, elles se mettent en devoir de creuser le sol avec leurs pattes de
derrière et d'y déposer environ une centaine d'œufs. Pendant tout le temps que dure
cette opération, les tortues se montrent aussi peu craintives et aussi peu méfiantes
qu'elles l'étaient plus auparavant. Le prince de Wied, qui a eu l'occasion d'assister à une de ces pontes, raconte que sa présence et celle des matelots ne les
gênaient nullement ; on pouvait les toucher et les soulever, crier à côté d'elles, sans
qu'elles manifestassent aucun sentiment hostile. Quand les œufs sont déposés dans
le trou qu'elles ont creusé, les femelles les recouvrent de sable et retournent vers la
haute mer.

Le soleil des régions torrides suffit à l'éclosion des œufs. En moins de trois
semaines, les petites tortues éclosent, et poussées par le même instinct qui conduit
les canards à l'eau, elles se rendent à la mer. Beaucoup d'entre elles périssent dévo-
rées qu'elles sont par les crocodiles, les oiseaux carnassiers et les poissons, contre
la voracité desquels ne peut les protéger leur carapace encore molle. Sans nul doute,
c'est pour neutraliser en partie ces dangers multiples de destruction que la ponte
est si nombreuse.

La chasse des tortues marines est très lucrative. Beaucoup d'indigènes de la zone
torride les recherchent pour leur chair, leur graisse, leurs œufs, leur carapace et
leur écaille. Quelquefois, ils vont les chasser en pleine mer, en les capturant à l'aide
de filets à larges mailles, désignés sous le nom de *folles*, ou en les harponnant quand
elles viennent respirer à la surface de la mer. Plus souvent, on profite du moment
où les femelles viennent pondre à terre ; les endroits et les époques sont connus
depuis fort longtemps. Les chasseurs se cachent et quand les tortues ont suffisamment pénétré dans les terres, ils sortent et se hâtent de les retourner sur le dos,
à l'aide de leviers. Dans cette position, l'animal a beau s'agiter, il ne peut se sauver.
Le lendemain, on les transporte sur les navires où on les laisse sur le dos, pendant
une vingtaine de jours, en les arrosant de temps à autre avec de l'eau de mer.
Après quoi, on les dépose dans des parcs pour les retrouver au besoin.

On transporte les tortues en Europe, vivantes, sur le dos, sans leur donner aucune
nourriture. A l'arrivée, on leur coupe la tête et on laisse le sang s'écouler ; elles sont
dès lors bonnes pour faire ces fameuses soupes à la tortue, si appréciées des gourmets.
De la graisse on retire une huile qui sert aux usages alimentaires ou à la préparation
des cuirs. Enfin, la principale matière que l'on extrait des tortues de mer est l'écaille.
Voici les détails que donnent Duméril et Bibron sur la manière de travailler les
écailles que l'on détache à l'aide de la chaleur :

D'abord les lames de l'écaille, au moment où on les détache de la carapace, présentent différentes courbures ; elles sont d'épaisseur inégale et, malheureusement,
elles sont souvent trop minces, au moins dans une grande partie de leur étendue.

Pour les redresser, il suffit de les laisser plonger dans de l'eau très chaude ; après quelques minutes de cette immersion, on peut les retirer et les placer entre des lames de métal ou entre des planchettes d'un bois compact, solide et bien dressé, au milieu desquelles, au moyen d'une pression convenable, on les laisse refroidir , dans cet état elles conservent la forme plate que l'on désire. Après les avoir ainsi étalées, on les gratte, on les aplanit avec soin, à l'aide de petits rabots, dont les lames dentelées sont disposées de manière à obtenir, par leur action bien ménagée, des surfaces nettes avec la moindre perte de substance qu'il est possible d'obtenir.

Quand ces plaques sont amenées à une épaisseur et à une étendue suffisantes, elles peuvent être employées chacune séparément, mais cependant le plus souvent on les soumet encore à une préparation que nous allons faire connaître. Par exemple, quand elles sont trop minces ou quand elles n'ont pas la longueur et la largeur désirables, on emploie des procédés à l'aide desquels, tantôt, pour obtenir de plus grandes lames, on en soude deux entre elles, de manière que les parties minces de l'une

Fig. 160. — La luth.
Une tortue marine singulièrement corsetée.

correspondent aux plus épaisses de l'autre et réciproquement; tantôt, en taillant les bords de deux ou trois pièces en biseaux réguliers de 2 ou 3 lignes de largeur, on place ces bords avivés les uns sur les autres. Dans cet état, on dispose les lames légèrement rapprochées à l'aide d'une petite presse, dont on augmente l'action quand le tout est plongé dans l'eau bouillante, et, par ce procédé, on les fait se confondre ou se joindre entre elles, de telle sorte qu'il devienne impossible de distinguer la trace de cette soudure.

C'est presque constamment au moyen de la chaleur de l'eau, en état d'ébullition, qu'on obtient ces effets. La matière de l'écaille se ramollit tellement qu'on peut agir sur elle comme sur une pâte molle, mais une pâte flexible et ductile à laquelle on imprime par la pression dans des moules métalliques toutes les formes désirables ; des goujons ou repères, reçus dans des trous correspondants, maintiennent les pièces en rapport. Quand elles sont arrivées au point convenable, on retire l'appareil et on le plonge dans l'eau dont la température est très basse et où il reste assez longtemps pour que la matière conserve, par le refroidissement, la forme qu'elle a reçue.

L'opération de la soudure s'obtient par un procédé qui dépend de la même propriété dont jouit l'écaille de se ramollir sous l'action de la chaleur. L'ouvrier taille en biseau régulier ou en chanfrein les deux bords qui doivent se joindre. Il a soin de les tenir très vifs et très propres, en évitant d'y poser les mains et même de les exposer à l'action de l'haleine, car le moindre gras pourrait nuire à l'opération. Il affronte les surfaces, et les maintient à l'aide de papiers légèrement humectés et dont les feuillets, posés à plat, ne sont retenus que par des fils très déliés. Les choses ainsi disposées, il soumet le tout à l'action de pinces métalliques à mors plats, serrés par des leviers vers leur partie moyenne. Ces pinces sont chauffées à la manière des

Fig. 161. — Deux gastéropodes (nassa et turbo) rampant au fond de la mer. Sur leur queue on remarque l'opercule.

fers à presser les cheveux roulés en papillotes ; leur température est assez élevée pour faire roussir légèrement le papier. Pendant cette action de la chaleur, l'écaille se ramollit, se fond et se soude sans intermédiaire.

La carapace des tortues de mer vivantes est habitée par toute une famille de crustacés et de mollusques parasites bien spéciaux que l'on ne trouve pas ailleurs : c'est tout un petit monde qu'elles portent sur leur dos.

Certaines tortues marines, la luth (*fig.* 160), par exemple, n'ont pas d'écailles imbriquées, mais une carapace continue.

*
* *

Il n'y a pas que les tortues qui portent leur maison constamment avec elles. Certains mollusques sont même très bien pourvus sous ce rapport, notamment la plupart des gastéropodes. Chez eux, la partie extérieure du corps sécrète une coquille parfois très volumineuse, souvent très lourde et qui n'a d'autre fonction que d'abriter l'animal quand bon lui semble de rentrer à son intérieur. L'exemple le plus connu est celui de l'escargot : examiné avec soin, c'est un spectacle vraiment curieux, et dont les enfants ne se privent pas, que le voir se contracter, se plisser pour rentrer dans sa coquille au moindre danger. L'ouverture de celle-ci, néanmoins, reste ouverte et un ennemi subtil pourrait facilement y pénétrer. En hiver, les escargots s'enfoncent en terre et s'endorment ; pour éviter l'envahissement de petites bêtes cherchant à les manger, ils ont soin de sécréter une lame calcaire qui bouche complètement l'orifice de la coquille. De cette façon, ils peuvent hiverner en paix.

Chez certains autres gastéropodes, notamment dans les espèces marines (*fig.* 161), chaque animal traîne avec lui, non seulement sa maison, mais encore

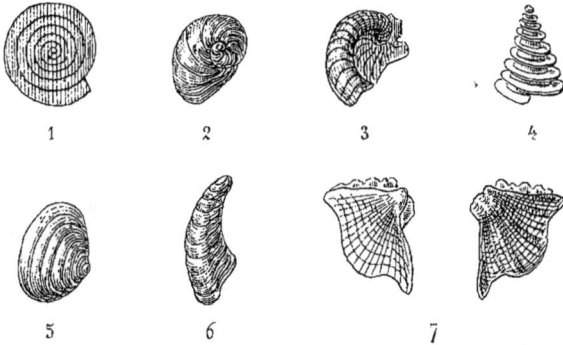

Fig. 162. — Divers opercules de gastéropodes.
Ce sont, on le voit, des portes élégamment sculptées. *Utile dulci.*
1. Trochus. — 2. Littorina. — 3. Nerita. — 4. Torinia. — 5. Xenophora. — 6. Turbinella. — 7. Septaria.

la porte destinée à la fermer. On sait que ces animaux rampent sur le ventre par l'intermédiaire d'une lame musculaire, le pied, qui se prolonge un peu en arrière de la bête par une sorte de queue. C'est à la face dorsale de celle-ci que l'on remarque une lame généralement arrondie, l'opercule, dont on ne comprend pas bien le rôle quand l'animal rampe. Mais vient-on à effrayer la bête, on la voit se contracter, se replier de mille façons et pénétrer dans la coquille de telle sorte que l'opercule vienne s'appliquer exactement à l'orifice de cette dernière. Grâce à cette disposition ingénieuse, l'animal est enfermé dans une cavité absolument close. L'opercule (*fig.* 162) est souvent une lame cornée comme la substance de l'ongle, quelquefois une épaisse rondelle calcaire, semblable à un bouton plat, parfois il présente différents dessins fort élégants, ou même des sculptures, par exemple une élégante tourelle, pagode en miniature. Ce qui prouve, en passant, que la coquetterie ne perd jamais ses droits.

Il serait fastidieux d'insister sur les multiples formes des coquilles turbinées : une visite à un musée ou chez un simple marchand de « curiosités », aux bains de mer, en apprendra plus qu'une longue description. Contentons-nous de remarquer que les spires de ces coquilles tournent généralement de gauche à droite: elles sont dextres; les coquilles senestres — tournant de droite à gauche — sont l'exception.

.˙.

Les coquilles à deux valves des mollusques acéphales peuvent aussi être considérées comme des maisons où ils s'enferment quand il leur plaît de demeurer chez eux. Si certains — comme les huîtres — sont fixés et ne rentrent pas absolument dans ce chapitre, il en est un certain nombre d'autres qui sont libres; les animaux emportent alors leur coquille avec eux. C'est le cas notamment des grandes coquilles Saint-Jacques, bien connues de tous les gourmets : l'animal se déplace assez vite à reculons dans l'eau en ouvrant et en fermant brusquement les deux valves. C'est le cas aussi de la lime, qui, par les mouvements rapides de celles-ci, vole véritablement dans l'eau comme le fait un papillon dans l'air ; des coques et des vénus, qui, grâce à leur pied muscu-

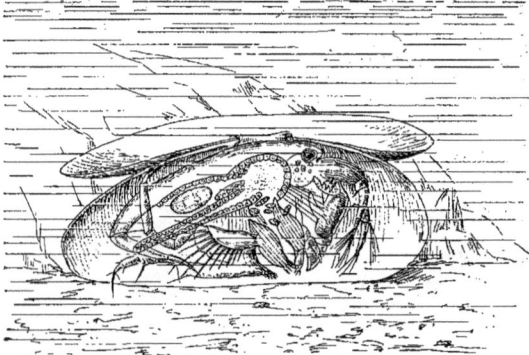

Fig. 163. — Cypris.
Un crustacé qui a voulu faire son petit mollusque en transformant sa carapace en une véritable petite coquille à deux valves.

leux, se déplacent dans la vase avec autant de facilité que les vers : des moules, qui arrivent à se déplacer très lentement en cassant les fils cornés qui les attachent à un support et en en sécrétant de nouveaux, lesquels vont s'insérer un peu plus loin. Ces maisons à deux portes leur sont très utiles pour s'isoler du monde extérieur, et faire la nique à leurs ennemis.

⁎

Il est curieux de constater que, dans un groupe tout différent des mollusques, les crustacés, on peut rencontrer une formation analogue à une coquille bivalve. Les cypris (*fig.* 163), par exemple, ont une vaste carapace qui les enveloppe de toute part. Articulée tout le long du dos, elle est ainsi divisée en deux valves. Quand l'animal est effrayé il rentre ses pattes le long de son ventre et rabat ses deux valves l'une sur l'autre. Il est, de la sorte, enfermé entièrement dans sa maison. Maison de verre d'ailleurs, car, à travers la carapace transparente, on aperçoit les yeux et les appendices locomoteurs.

Toutes les productions étudiées dans ce chapitre étaient des productions naturelles, dans lesquelles l'intelligence des animaux n'était pour rien. Ceux qui, au même point de vue, ont été disgraciés par la nature, ont tourné la difficulté, du moins quelques-uns. Ils ont fait appel aux objets extérieurs, s'en sont fabriqué des tuyaux, des sortes de vêtements, qui les cachent plus ou moins dans leurs pérégrinations et dans lesquels ils rentrent pour se soustraire à la dent de leurs ennemis. J'ai longuement étudié ces formations ingénieuses dans *Les Arts et Métiers chez les animaux*. Je n'insisterai donc pas ici sur ce point et je me contenterai de rappeler pour mémoire : les psychés, chenilles qui se font une habitation mobile avec des brins de paille; les teignes, qui font trop souvent appel à nos vêtements et les phryganes, qui fabriquent de véritables forteresses avec des graviers, des coquilles et toutes sortes de détritus aquatiques.

CHAPITRE XXVIII

Concombres qui marchent.

L'une des choses qui frappent le plus quand on jette un coup d'œil sur l'ensemble des animaux, c'est que ceux-ci se divisent assez naturellement en deux grands groupes. Chez les uns, l'homme par exemple, le corps peut être divisé en deux moitiés exactement semblables par un plan médian vertical antéro-postérieur ; on dit alors qu'ils ont une *symétrie bilatérale*. Chez les autres, l'étoile de mer, par exemple, le corps n'est plus symétrique par rapport à un plan, mais seulement par rapport à un axe médian ; on dit dans ce cas qu'ils ont une *symétrie rayonnée*. Ces deux caractères différentiels ne sont pas seulement extérieurs comme on pourrait le croire au premier abord, mais retentissent sur tous leurs tissus et leurs appareils, au point qu'ils peuvent être considérés comme constituant le principe fondamental de leur organisation. Cette conclusion à laquelle on arrive forcément est pleine d'intérêt, car elle permet d'affirmer que toute dérogation à cette loi sera *secondaire* et due vraisemblablement à l'influence du milieu. Or, que voyons-nous chez ces sortes de « concombres » — la comparaison est exacte — qui se traînent lentement sous les pierres à demi recouvertes d'eau à marée basse, ces holothuries, pour les appeler par leur nom, qui, malgré leur aspect, appartiennent au groupe des échinodermes? Elles sont généralement parcourues dans toute leur longueur par cinq bandes garnies de ventouses qui les aident à se déplacer. Tout en avant, on remarque un élégant panache de branchies. Leur corps a la forme d'un boudin allongé terminé en avant par la bouche, entouré de tentacules, simples ou ramifiés, et en arrière par l'anus.

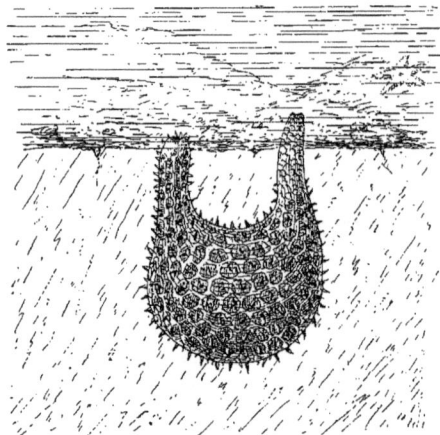

Fig. 164. — Hypsilothurie.

Cette holothurie s'est recourbée en U de manière à cacher son corps dans la vase, tandis que sa bouche et l'orifice opposé apparaissent seuls au-dessus du fond.

Tout le long de ce cylindre on voit les cinq bandes parfaitement égales et formées par des séries de sortes de suçoirs, *les ambulacres*, à l'aide desquels l'animal peut ramper. Ici la symétrie radiée est bien nette, et l'animal se déplace sur n'importe quel côté de son corps.

Certaines holothuries, au lieu de se promener à la recherche de la nourriture, vivent dans la vase. Alors leur corps se recourbe en U, la partie médiane devient très épaisse et les deux extrémités s'effilent et viennent émerger à la surface de la vase : c'est le cas de l'*hypsilothuria attenuata* (*fig.* 164) qui a été pêchée par M. E. Per-rier, à 800 mètres de profondeur. Ici, la symétrie bilatérale, superposée à la symétrie radiée, ne fait aucun doute. La chose devient encore plus curieuse chez la *rhopalodina heur-teli*, qui vit sur les côtes du Gabon et qui a la forme d'une bouteille dont le goulot aurait deux orifices (*fig.* 165).

Dans ces deux cas, la bilatéralité est due à la vie sédentaire. Elle peut se produire aussi autrement par suite d'une existence plus vagabonde que celle des holothuries communes. Voici, par exemple, le *psolus squa-matus*, qui rampe avec une certaine rapidité sur le fond de la mer, et dont une des faces s'est aplatie, tan-dis que la bouche avec ses tentacules est remontée à la face dorsale (*fig.* 166).

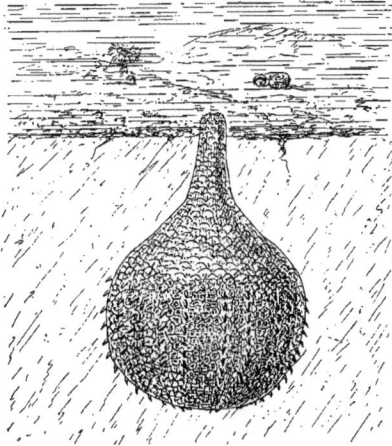

Fig. 165. — Rhopalodine.

Voilà où mènent l'inactivité et la paresse: on devient obèse, on prend la forme d'une bouteille et l'on ne peut plus bouger.

Enfin, chez une nouvelle *géorisia*, recueillie par M. le capitaine de frégate Hemtel, à 25 mètres de profondeur dans le canal de Mozambique, le corps est encore plus nettement aplati et, de plus, se montre divisé en trois régions : 1° une tête, 2° un tronc avec la sole ventrale sur laquelle se fait la reptation, 3° une queue très nette. Ici donc, en même temps que se faisait une adaptation plus grande à la reptation, les organes internes de l'animal étaient refoulés en avant : c'est, comme Dana l'a montré le premier, une loi générale que, chez les animaux construits pour la marche, les organes ont une tendance à quitter la partie postérieure, pour se porter en avant, se *céphaliser*, comme on dit.

Dans les mers chaudes on rencontre une holothurie comestible, bien connue sous le nom de « trépang ». Voici ce qu'en dit M. Victor Meunier :

On la nomme vulgairement cornichon ou concombre de mer, et ce nom donne assez bien l'idée de son apparence. C'est une grosse masse charnue allongée, dont la forme est tantôt celle d'un cylindre, tantôt celle d'un fuseau, d'une massue, d'un prisme penta-

gonal, etc. Il y en a qui n'ont que quelques centimètres de long, d'autres atteignent un
mètre. La peau est molle chez les uns, coriace chez les autres ; quelquefois transparente,
d'autres fois opaque ; plus ou moins lisse et dans certaines espèces très raboteuse. Le tube
digestif s'étend d'une extrémité à l'autre du corps ; à un bout est la bouche, placée au
fond d'une espèce d'entonnoir et entourée d'un certain nombre d'appendices. Si on
l'irrite, l'holothurie vomit tous ses viscères, et ces viscères se reproduisent. Dans une
région plus ou moins étendue du corps, elle fait sortir un certain nombre de suçoirs
rétractiles qui sont ses pieds ; elle s'en sert pour s'attacher aux rochers et pour changer
de place, bien qu'elle puisse également se mouvoir, à la manière des serpents, par une
sorte de reptation.

On en trouve dans presque toutes les mers, souvent à de grandes profondeurs, quelquefois près des bords, et il arrive que les vagues en jettent sur le rivage. Mais en beaucoup d'endroits on n'attend pas qu'elles viennent d'elles-mêmes, et on va les chercher. L'holo-
thurie passe en effet pour un mets délicieux ; les Napolitains en font grand cas, mais c'est surtout en Chine qu'on l'estime. Le fa-meux trépang est une holothurie ; il est dans le Céleste-Empire l'ob-jet d'une grande pêche et d'un grand commerce, et l'on dit que bien longtemps avant que les Européens connussent la Nou-velle-Hollande, les Malais se ren-daient sur les côtes de ce con-tinent pour y pêcher les holo-thuries, qui y abondent.

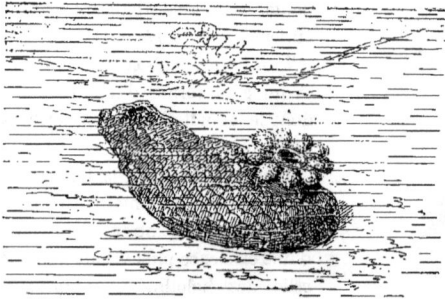

Fig. 166. — Le psolus.

Il ne va pas vite vite, mais, comme la tortue de la fable, sait
arriver à point.... d'autant mieux qu'il n'a pas de but bien
déterminé.

Dumont d'Urville a été témoin
de cette pêche. L'*Astrolabe* et la *Zélée*, commandées par cet illustre explorateur, étaient
mouillées dans la baie de Rafles. Sur un îlot, les savants officiers de l'expédition avaient
établi leur observatoire.

« Souvent dans mes courses j'avais remarqué sur plusieurs points, raconte Dumont
d'Urville, de petits murs construits en pierres sèches et affectant la forme de plusieurs
demi-cercles accolés les uns aux autres. Vainement j'avais cherché à me rendre compte
de l'usage auquel étaient destinées ces constructions, lorsque les pêcheurs malais arrivèrent.

Quatre *praos* portant les couleurs de la Hollande étaient entrés dans la baie et avaient
laissé tomber leurs ancres à une encâblure de l'observatoire. A peine les bateaux étaient-
ils ancrés que les Malais descendirent dans l'île plusieurs grandes chaudières en fonte
affectant la forme d'une demi-sphère, dont le diamètre atteignait souvent la longueur
d'un mètre ; ils les placèrent sur les petits murs en pierre dont j'ai parlé et qui leur servent de foyers. Près de ces fourneaux improvisés, ils élevèrent ensuite des hangars en
bambous, composés de quatre forts piquets fichés en terre, supportant une toiture qui
recouvrait des claies destinées probablement à faire sécher le poisson lorsque le temps est
à l'orage. »

Les patrons s'étaient empressés de venir saluer les marins français. « Ils m'apprennent que partis de Macassar vers la fin d'octobre, lorsque la mousson d'ouest commence,
ils vont pêcher les holothuries (le trépang) le long de la côte de la Nouvelle-Hollande,
depuis l'île Melville jusqu'au golfe de Carpentarie, d'où les vents d'est les ramènent ; en
opérant leur retour ils visitent de nouveau tous les points de la côte, mouillant dans les

baies où ils espèrent pouvoir pêcher avec succès et compléter leur chargement. Nous sommes aux premiers jours d'avril, la mousson d'est est définitivement établie, les pêcheurs malais retournent dans leurs foyers, et en passant, ils viennent exercer leur industrie dans la baie de Rafles. »

Cette foule d'hommes travaillant avec activité à établir leur laboratoire avait donné à cette partie de la baie un aspect inaccoutumé qui ne pouvait manquer d'attirer vers ce point les sauvages habitants de la Grande-Terre. « Bientôt, en effet, ils accoururent de tous côtés ; presque tous atteignirent la petite île, soit à la nage, soit en traversant à gué la nappe d'eau peu profonde qui la sépare de la Grande-Terre. Je n'aperçus qu'une seule pirogue en écorce d'arbre, mal assemblée, et qui avait donné passage à trois de ces visiteurs. Lorsque la nuit arriva, les Malais avaient terminé tous leurs apprêts ; quelques-uns d'entre eux seulement restèrent à la garde des objets déposés à terre, tous les autres regagnèrent leur bateau. »

Dumont d'Urville visita un de ces praos :

La carène nous parut solidement établie, les formes mêmes ne manquaient pas d'élégance ; mais le plus grand désordre semblait régner dans l'arrimage ; au-dessus d'une espèce de pont formé par des bambous et des claies en jonc, on voyait au milieu des cabines ressemblant à des cages à poules, une infinité de paquets, des sacs de riz, des coffres, etc.

En dessous se trouvait la cale à eau, la soute du trépang et le logement des matelots.

Chacun de ces bateaux est muni de deux gouvernails (un de chaque côté) qui se soulèvent à volonté lorsque le bateau touche le fond. Ces navires vont ordinairement à la voile ; ils sont munis de deux mâts sans haubans qui peuvent à volonté se rabattre sur le pont au moyen d'une charnière. Leurs ancres sont toutes en bois, car le fer n'entre que bien rarement dans les constructions malaises. Leurs câbles sont en rotin ou en gomoton. L'équipage se compose de trente-sept hommes environ. Le nombre des embarcations est de six pour chaque bateau.

Le lendemain, ces embarcations se dispersèrent dans la baie, et la pêche commença. Le premier mérite du bon pêcheur est de savoir parfaitement plonger ; il doit aussi avoir l'œil assez exercé pour distinguer aisément l'holothurie sur le fond de l'eau ; il la prend à la main. Tous les hommes plongeaient, sauf les patrons de chaque embarcation qui se tenaient debout dans leurs barques. Il était midi ; c'est le moment le plus favorable pour la pêche ; plus le soleil est élevé sur l'horizon, et mieux les plongeurs peuvent apercevoir leur proie et la saisir. L'astre ardent versait ses rayons sur leurs têtes sans les incommoder. Nos marins pouvaient les voir sous l'eau. Chaque homme en remontant à la surface tenait une ou deux holothuries de chaque main, les jetait dans les canots et disparaissait aussitôt. Quand les embarcations furent suffisamment chargées, d'autres les remplacèrent et les premiers regagnèrent l'îlot.

Aussitôt débarqué, le trépang encore vivant est jeté dans une chaudière d'eau de mer bouillante, et on le remue constamment au moyen d'une longue perche de bois appuyée sur une fourche fichée en terre afin de faire levier.

L'animal rend en abondance l'eau qu'il contient : au bout de deux minutes environ, on le retire de la chaudière. Un homme armé d'un large couteau ouvre le trépang pour en extraire les intestins, puis il le rejette dans une seconde chaudière, où on le chauffe de nouveau, avec une très petite quantité d'eau et de l'écorce de mimosa. Il se forme dans la deuxième chaudière une fumée abondante produite par l'écorce qui se consume. Le but de cette dernière opération semble devoir être de fumer l'animal afin d'assurer sa conservation. Enfin, en sortant de là, le trépang est placé sur des claies et exposé au soleil afin de le sécher. Il ne reste plus ensuite qu'à l'embarquer.

Il était deux heures de l'après-midi quand les plongeurs cessèrent de pêcher et vinrent à terre. Bientôt ils entourèrent la tente du navigateur français. Le commandant du prao qu'il avait visité la veille lui offrit du trépang. Dumont d'Urville lui trouva un goût analogue à celui du homard, mais une répugnance invincible l'empêcha d'en manger ; ses hommes le trouvèrent fort bon. Ce zoophyte se vendait alors 32 fr. environ les 135 livres sur les marchés de la Chine. Le capitaine dont il vient d'être question estimait son chargement à trois mille francs, il lui avait fallu trois mois pour le faire.

Il était près de quatre heures lorsque les Malais terminèrent leur opération. En moins d'une demi-heure ils eurent embarqué leur récolte ; les hangars furent démontés et rapportés ainsi que les chaudières sur les bateaux qui se préparaient à appareiller ; à huit heures du soir ils avaient hissé leurs voiles et ils sortaient de la baie.

Les holothuries de nos côtes ne sont d'aucune utilité gastronomique.

CHAPITRE XXIX

Des bêtes qui ont mille bouches.

Les éponges, telles qu'on les observe chez les particuliers, sont des masses plus ou moins sphériques composées d'un tissu creux qui a la propriété de revenir à sa forme primitive après avoir été comprimé, comme s'il était de caoutchouc. Elles peuvent absorber une grande quantité d'eau dans leurs mailles et la laisser écouler à la moindre pression : aucune autre substance ne possède cette propriété à un aussi haut degré et c'est ce qui rend les éponges si précieuses qu'elles sont employées pour ainsi dire dans le monde entier ; elles peuvent être utilisées à deux usages contraires, soit pour dessécher une surface humide, soit pour humecter une surface sèche.

Très légères, elles sont composées d'un tissu corné qui, malgré sa finesse, est d'une souplesse et d'une solidité remarquables. Entre les interstices de cette partie solide serpentent des canaux en quantité innombrable, depuis de très gros où l'on pourrait introduire le doigt, jusqu'à de très fins que l'on ne peut déceler qu'à la loupe. Tous ces canaux communiquent les uns avec les autres et finalement viennent s'ouvrir à la surface de l'éponge par des orifices ordinairement arrondis. Ces orifices sont de deux sortes : les plus volumineux, ceux dont le diamètre atteint celui d'une pièce de 0^{fr},50 ou de 1 franc, sont les *oscules*. Les autres, beaucoup plus petits, sont les *pores inhalants*. Elles ont donc des milliers de bouches contrairement aux autres animaux, où la règle est de n'en avoir qu'une.

Dans l'état naturel, les éponges se présentent avec le même aspect, mais toutes les mailles de leur tissu sont recouvertes d'une couche gélatineuse qui représente l'animal lui-même : la partie que l'on utilise n'en est que le squelette. Avant de pouvoir les utiliser, il faut *préparer* les éponges, c'est-à-dire enlever la partie gélatineuse qui ne tarderait pas à se corrompre et en outre enlèverait au squelette son pouvoir absorbant et sa flexibilité. Nous reviendrons plus loin sur les opérations relatives à cette préparation.

Les éponges vivent dans la mer, à une profondeur plus ou moins grande, toujours fixées à un rocher par une faible partie de leur surface. Entièrement immobiles, elles se contentent d'absorber les matières alimentaires très ténues qui flottent dans l'eau de mer. Cette eau de mer est attirée dans les canaux anfractueux qui parcourent la masse de l'éponge par les cils vibratiles dont ils sont revêtus par places. Ces cils battent toujours dans le même sens et il en résulte un courant qui pénètre par les oscules pour ressortir par les pores inhalants. Au passage de l'eau,

les cellules qui bordent les canaux s'emparent des matières alimentaires en même
temps qu'elles respirent en absorbant l'oxygène et en rejetant du gaz carbonique.

Quand elles ont atteint une taille suffisamment grande, les éponges émettent de
petits embryons arrondis, couverts de cils vibratiles, qui nagent pendant quelque
temps dans la mer, puis vont se fixer pour reproduire une nouvelle éponge.

On sait qu'il y a de nombreuses formes d'éponges, les unes fines, les autres
grosses, certaines arrondies, d'autres digitées, etc. Elles correspondent à autant
d'espèces distinctes ou parfois à des variétés locales d'une même espèce. Au point
de vue commercial, on peut les diviser en trois groupes : les éponges destinées à
la toilette, au ménage, à l'industrie.

Les premières, dites de toilette, viennent principalement des côtes de Syrie. Ce sont
les plus belles, les plus fines et aussi les plus coûteuses. Elles comprennent trois variétés :
la fine, la Venise et la fine-dure. La qualité fine vaut de 40 à 120^{fr} le kg. à Tripoli de
Syrie ; la Venise, de 25 à 3o^{fr} ; la fine-dure, de 5 à 15^{fr}. Les éponges de même qualité
recueillies dans l'archipel grec se vendent à la pièce de o^{fr},60 à 1^{fr},10 et celles de la
Tripolitaine de 1^{fr},5o à 2^{fr},5o. Partout ailleurs dans la Méditerranée, les éponges sont
destinées aux usages domestiques. A Tripoli de Barbarie, les éponges sont vendues à
l'occe (1^{kg},28o) de 25 à 3o^{fr} ; à Sfax, l'écart est plus grand, car les variétés sont plus
nombreuses. Sous le nom général de Djerbis, on distingue : la sicilienne (18 à 22^{fr}
le kg.), la gangava (17 à 19^{fr} l'occe), la gangava italienne (12 à 14^{fr} le kg,), la zarzis
(15 à 18^{fr} le kg.). Enfin, les Antilles fournissent l'éponge commune, le plus souvent
employée dans l'industrie. Ses variétés sont nombreuses et s'expliquent d'elles-mêmes.
Les principales sont l'éponge dite laine de mouton, velours, tête dure et gazon. Une
notable partie de ces éponges est utilisée sur place pour mouiller les feuilles de tabac et
pour nettoyer les machines employées dans les sucreries. Le reste est exporté en Europe.
(J. Godefroy.)

Les éponges se trouvent surtout dans la Méditerranée. On en pêche principalement sur la côte de Syrie, de Jaffa à Alexandrette, dans l'archipel grec (Cyclades),
l'archipel turc (Sporades), la côte de Tripolitaine, du golfe de Bomba à Zarzis, et sur
les côtes de Tunisie, du golfe de Gabès au golfe d'Hammamet.

On pêche aussi des éponges dans la mer des Antilles, notamment sur les côtes
nord et sud de Cuba, aux îles Bahama et sur les côtes de la Floride.

Voici maintenant, d'après M. J. Godefroy, comment se fait la préparation indus-
trielle de l'éponge :

Au sortir de l'eau, l'éponge se présente sous la forme d'une boule brune percée de
trous verticaux et munie d'une membrane qui l'enveloppe presque complètement. Cette
membrane ou pellicule est percée en face des trous. Enfin, toutes les cavités de l'éponge
sont garnies d'une matière visqueuse et gluante qui s'échappe dès que l'éponge est sortie
de l'eau. La membrane de l'éponge noircit et devient rapidement nauséabonde au contact
de l'air, aussi convient-il de l'en débarrasser par un lavage spécial sous peine de la voir
se corrompre. Ce lavage doit suivre de près la pêche de l'éponge et doit être continué
jusqu'à ce que les substances membraneuses soient complètement enlevées. C'est ainsi que
procèdent les pêcheurs d'éponges de la Méditerranée, mais ceux des Antilles ne lavent pas
l'éponge et s'en remettent à l'ardeur du soleil pour corrompre la membrane et en débarrasser le zoophyte. Lorsque l'éponge est ainsi naturellement nettoyée, ils la jettent dans
ce qu'ils appellent un « coral », sorte de petit parc formé de piquets droits rapprochés
de 1 à 2 pouces et plantés sur des fonds où il n'y a que 2 ou 3 pieds d'eau. Là, les éponges

restent souvent plusieurs semaines sous la garde des pélicans, perchés, immobiles, sur le sommet des piquets. Puis, quand toutes les particules de l'éponge sont putréfiées et dissoutes par l'eau de mer, les éponges sont de nouveau exposées au soleil pour le séchage définitif. Enfin elles sont emballées dans des sacs et pressées à l'aide d'appareils très puissants qui permettent d'expédier sous un volume relativement restreint de grandes quantités d'éponges. Ces presses ne sont pas employées dans la Méditerranée ; les expéditeurs se contentent de faire pénétrer le plus d'éponges possible dans des sacs de moyenne dimension qui, remplis, pèsent de 10 à 20 kg., suivant la provenance et le plus ou moins de sable que contiennent les éponges. Souvent, en effet, dans les endroits où les éponges sont vendues au poids et non à la pièce, les pêcheurs ont soin de remplir le squelette de sable pour augmenter son poids et obtenir un prix plus élevé. C'est là une fraude commune, bien connue des acheteurs, rappelant celle des nègres de la côte d'Afrique, qui mettent des pierres et des morceaux de fer dans les boules de caoutchouc. S'il est facile de couper celles-ci pour déjouer la supercherie, il ne l'est pas moins de plonger l'éponge dans une faible solution d'acide chlorhydrique qui les débarrasse de toutes les substances étrangères adhérentes à son tissu.

Arrivée sur les marchés d'Europe, l'éponge est soumise à une préparation spéciale qui varie suivant les lieux et les usages auxquels elle est destinée.

En Allemagne, les éponges, pour la plupart destinées à l'industrie, sont traitées par une solution aqueuse de brome. Le brome étant peu soluble dans l'eau, il suffit d'ajouter quelques gouttes de brome à un litre d'eau distillée et d'agiter fortement pour obtenir une solution concentrée de brome. Les éponges sont plongées dans cette solution, et après quelques heures, leur coloration brune disparait et est remplacée par une coloration beaucoup plus claire. Si l'on traite les éponges une seconde fois de la même manière, elles acquièrent la coloration voulue.

Pour obtenir un blanchiment parfait, il suffit de les passer alors dans l'acide chlorhydrique dilué, puis de les laver à grande eau. Par le traitement à l'eau de brome, on obtient des résultats aussi beaux qu'avec l'acide sulfureux, tout en gagnant beaucoup de temps et en évitant une manipulation considérable.

Les éponges en usage dans la chirurgie sont traitées de la façon suivante, indiquée par M. H. Rech, pharmacien à Neuilly-sur-Seine :

1° On commence par les dégraisser en les plongeant dans une solution d'ammoniaque à 5 °/₀ environ, puis on les rince à grande eau ;

2° On les plonge ensuite dans une solution de permanganate de potasse à 2 °/₀ jusqu'à ce qu'elles soient complètement brunes et on les rince ;

3° On les plonge dans une solution d'hyposulfite de soude à 10 °/₀ environ mélangé d'acide chlorhydrique ordinaire en quantité suffisante pour rendre l'eau bien laiteuse ;

4° Quand les éponges sont devenues parfaitement blanches, on les rince à grande eau pour bien les débarrasser du soufre qu'elles peuvent retenir et qui les détruirait à la longue en se chargeant en acide sulfurique au contact de l'air humide.

M. Balzer, pharmacien à Blois, est d'avis que ce procédé est imparfait à cause de la grande quantité de soufre provenant de la réaction de l'acide chlorhydrique. Il faut un lavage très prolongé pour débarrasser complètement les éponges de ce soufre qui les pénètre. Ce lavage, qui doit être méthodique, est très ennuyeux et exige une opération consciencieuse.

Pour obvier à cet inconvénient, dit-il, je remplace depuis longtemps l'hyposulfite par le bisulfite de soude qui n'offre pas ce dépôt abondant de soufre, et qui exige un lavage moins long et plus facile. J'ai eu soin d'abord de bien battre mes éponges avec un maillet pour écraser les petits cailloux qu'elles renferment toujours et dont la présence serait souvent funeste pendant les opérations chirurgicales. Pour conserver ces éponges aseptiques, je les plonge dans de l'eau phéniquée très faible, au 1/100 par exemple, car une eau trop fortement phéniquée les fait noircir de même que le bichlorure de mercure.

Ces précautions et ces procédés de conservation des éponges destinées à la chirurgie seraient superflus pour celles qui sont destinées à la toilette ou aux usages domestiques.

Voici le traitement qu'on fait habituellement subir en France à ces dernières.

Les éponges sont d'abord débarrassées de toutes les matières étrangères qui peuvent adhérer à leur tissu, à l'aide de ciseaux qui sont d'ordinaire de simples forces à moutons. Ce sont des femmes qui se livrent à ce travail préparatoire. Les éponges sont ensuite traitées au permanganate de potasse de 2 à 5 % jusqu'à ce qu'elles soient complètement brunes, ensuite à l'hyposulfite de soude, enfin au chlorure de chaux. On peut estimer à 30 % la perte au poids de l'éponge après lavage définitif. »

Le commerce des éponges est très important : en France seulement il s'élève à la somme de 15 millions de francs par an, dont 10 millions pour l'importation et 5 millions pour l'exportation. Certaines industries en emploient de grandes quantités ; la Compagnie des Omnibus de Paris n'en usait pas moins, il y a quelques années, de 12000 pour le lavage de ses chevaux et de ses voitures. *Ab uno disce omnes.*

Les trois grands marchés d'éponges sont : Paris, qui s'occupe surtout des éponges ordinaires ; Londres, où l'on va chercher les éponges fines ; et Trieste, où abonde l'éponge commune. En France, elles payent un droit d'entrée de 0fr,35 par kg. pour les éponges brutes et de 0fr,65 pour les éponges préparées.

*   *
*

Les modes de pêches varient beaucoup suivant les localités ; ils peuvent se ramener à quatre principaux.

Le plus simple est celui des plongeurs.

Ce sont à coup sûr, dit M. Godefroy, les plongeurs les plus audacieux et les plus habiles. Ils opèrent surtout sur les côtes de Syrie et voici comment ils s'y prennent. Arrivés sur l'emplacement choisi, ils attachent une corde à un bloc de marbre blanc à base carrée ou rectangulaire, puis ils enroulent autour de leur poignet gauche une autre corde qu'ils attachent à la première un peu au-dessus de la pierre en lui laissant une longueur de quelques mètres. Ils se jettent à l'eau, en tenant dans leurs mains, les bras tendus au-dessus de la tête, le bloc de marbre, et se laissent couler au fond de l'eau. Il n'est pas rare de les voir plonger à des profondeurs de 35 à 40 mètres, et y rester près de deux minutes. Ils rayonnent autour de la pierre dont l'éclat leur sert de point de repère, entassent les éponges dans un filet suspendu au cou et, lorsqu'ils sont à bout de souffle, donnent un coup sec sur la corde et se font rapidement hisser jusqu'à l'embarcation. Les plus habiles, quand la chance les favorise, arrivent à ramasser à chaque plongeon leur douzaine d'éponges. Ils payent quelquefois leur succès d'un léger évanouissement, mais cette pêche au plongeon est moins dangereuse qu'on le croit généralement. Sans doute, elle exige du pêcheur des qualités physiques exceptionnelles, mais la force de résistance s'acquiert vite chez les sujets bien doués, sous le double mobile d'émulation et d'appât du gain. En outre, cette pêche ne se pratique que dans les endroits où les requins sont inconnus, et les plus désagréables rencontres que puisse faire le pêcheur au fond de l'eau sont celles du chien de mer attiré par l'éclat du marbre blanc. Un mouvement du bras suffit le plus souvent pour l'écarter.

Ce mode de pêche a malheureusement été essayé dans des localités où la présence des requins le rend impossible. C'est ainsi qu'en Floride, un Grec perdit soixante mille francs en essayant de l'introduire. Le gouvernement américain se vit même obligé d'interdire ce procédé, quoique ce Grec n'employât que des plongeurs qu'il avait fait venir du Levant.

La pêche à la « gangava » est la plus barbare de toutes : c'est un chalut que l'on traîne au fond de la mer et dans le filet duquel s'accumule tout ce qui dépasse le sol sous-marin. Cette gangava dévaste tout sur son passage et recueille aussi bien les petites éponges que les grosses. Or les premières sont inutilisables et auraient pu devenir grandes si on les avait laissées en place. En quelques années, les localités habitées par les éponges deviennent stériles. Cette pêche se pratique par exemple en Floride.

Key-West est un des principaux ports floridiens où l'on arme pour la pêche des éponges ; pêche faite à la drague, par des matelots montés sur de petits schooners d'une construction légère, peints de toutes les couleurs de l'arc-en-ciel, ayant un mât de misaine court et un beaupré. Partout on voit de ces navires à l'est et à l'ouest du cap Floride. Les meilleures éponges sont pêchées sur la côte ouest de la Floride, en face de Cedar Keys. Quoique les schooners des pêcheurs ne soient pas plus gros qu'une chaloupe de grand navire et que des ouragans balaient souvent le golfe du Mexique, jamais ils ne se perdent. Quand un schooner revient après une campagne de trois semaines, durée habituelle des

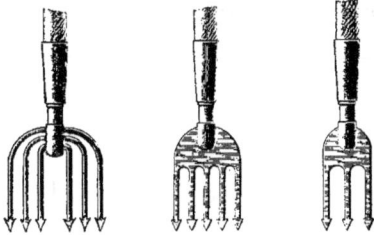

Fig. 167. — Crocs pour pêcher les éponges « à la foène ».

Pourquoi des instruments aussi barbares pour des animaux aussi inoffensifs?

expéditions, on devine de loin l'importance de son chargement à l'odeur plus ou moins forte émise par les éponges. La flottille de Key-West comprend trois cents embarcations. Quelques-unes sont la propriété des marchands d'éponges, mais la majeure partie appartient aux patrons pêcheurs. Les bâtiments les plus grands, pouvant faire pêcher plus de monde, font généralement de meilleures affaires. Un schooner de cinq tonnes ayant comme équipage un patron et quatre matelots peut rapporter deux cents ballots d'éponges d'une campagne de trois semaines, et en 1890, la meilleure année que ces pêcheurs aient jamais eue, chaque schooner ramena pour vingt-cinq mille francs d'éponges en ses onze expéditions. Une fois rentrés au port, les pêcheurs étendent leurs éponges sur le wharf de Key-West et les vendent aux enchères. Tous les patrons s'engagent souvent mutuellement à ne pas vendre au-dessous d'un prix déterminé. Deux cents bons ballots d'éponges valent deux mille francs. Le propriétaire du bâtiment reçoit le tiers du produit de la vente, les deux autres tiers sont pour le patron et l'équipage. Les schooners pêcheurs d'éponges coûtent sept cent cinquante francs environ de réparations par an. Quand le marchand d'éponges est propriétaire du schooner, la solde des pêcheurs est proportionnelle à ce que chacun d'eux a pêché d'éponges. Les pêcheurs d'éponges partent en campagne une fois par mois, excepté pendant le mois d'octobre, mois des ouragans, et ils restent trois semaines en mer ; ce qui leur donne après chaque expédition une semaine à passer à terre.

La gangava ne peut s'employer que sur les fonds unis. S'il y a des rochers, elle risque de s'y accrocher et de briser son câble, d'où une perte très importante.

Dans les localités où les éponges ne vivent pas à une grande profondeur, on peut s'en emparer, tout en restant dans la barque, à l'aide d'un trident (*fig.* 167) dont les branches se terminent par un petit harpon. Cet instrument est connu sous les noms de foène, de kamaki, de garabato.

Fig. 168. — Lunette pour apercevoir les éponges
au fond de la mer

Le pêcheur harponne avec cet instrument toute éponge qu'il aperçoit. Son habileté consiste à ne pas déchirer le tissu du zoophyte et à le détacher du rocher auquel il adhère, comme il le ferait avec la main. La pêche au kamaki ne peut se faire que par des fonds de dix à douze mètres au plus ; encore faut-il que l'eau soit transparente et qu'aucune brise n'en vienne rider la surface. Le vent vient-il à s'élever, le pêcheur ne renonce

Fig. 169 — Pêche des éponges « à la foène ».
C'est une opération très fatigante et peu rémunératrice.

pas pour cela à continuer sa pêche. A l'aide d'un miroir (*fig.* 168) composé d'un cylindre creux en fer blanc hermétiquement fermé à sa partie inférieure par une vitre transparente (AB), il aperçoit, avec une netteté extraordinaire, en enfonçant légèrement l'appareil dans l'eau, les moindres détails du fond. Cette pêche à la foène (*fig.* 169) est pratiquée dans toute la Méditerranée et aux Antilles, avec cette différence pourtant qu'aux Antilles l'appareil n'a que deux crocs. J'ai pu admirer *de visu* l'habileté extraordinaire des pêcheurs cubains qui, avec cet engin primitif et peu coûteux, arrivaient à retirer de l'eau des éponges qu'ils avaient cueillies avec une remarquable dextérité sans la moindre déchirure. (Godefroy.)

La difficulté de cette pêche est de bien diriger le harpon : on connaît les effets de la réfraction dans l'eau, ils empêchent de voir la direction du coup ; les pêcheurs s'habituent cependant assez vite à vaincre ce phénomène d'optique. Quand la mer est trop agitée, on répand à la surface un peu d'huile qui, en s'étendant, calme les flots et aplanit la surface, permettant ainsi de voir le fond. Les éponges, une fois détachées, restent fixées au trident ou remontent à la surface.

Fig. 170. — Pêche des éponges à l'aide du scaphandre. Très pittoresque, mais plus dangereuse qu'elle n'en a l'air.

Mais le mode de pêche de beaucoup préférable qui, sans doute, fera abandonner les autres par la suite, est le scaphandre (*fig.* 170).

Il y a une vingtaine d'années, dit M. Godefroy, que la maison Denayrouse, de Paris, l'appliqua à la pêche des éponges. La pêche au scaphandre est à coup sûr la plus productive et la plus rationnelle. Le pêcheur a le temps de choisir les éponges qu'il veut cueillir, il peut aller là où la gangava ou la foène ne peuvent être utilisées. Mais cette **pêche n'a** qu'un défaut, c'est d'**exiger** une mise de fonds relativement considérable. Un scaphandre du modèle courant vaut en effet de dix-huit cents à deux mille cinq cents francs. Il nécessite la présence de plusieurs hommes aussi bien pour le fonctionnement de l'appareil à transmission d'air que pour la surveillance du scaphandrier. Enfin, chose singulière, c'est la pêche au scaphandre qui fait le plus de victimes. La cause la plus fréquente des accidents est due au refroidissement qui saisit le pêcheur au sortir de l'appareil. Le vêtement de caoutchouc qui l'enveloppe entièrement à l'exception des mains entretient sur tout son corps une moiteur qui le rend très sensible à la température de l'air extérieur. Dès qu'il revient à l'air libre, les plus grandes précautions doivent être prises ; beaucoup les négligent et sont victimes de leur imprudence. En 1896, cent vingt pêcheurs d'Egine, Kharki, Symi et Kalymnos sont morts de fluxions de poitrine et une centaine furent atteints de rhumatismes qui les forcèrent d'abandonner leur profession.

Il semble qu'en se vêtissant de laine, les scaphandriers pourraient éviter ces accidents, surtout en ne remontant que lentement pour permettre au corps de se remettre en harmonie avec la pression ambiante.

CHAPITRE XXX

Les oiseaux qui mangent les serpents.

Le serpentaire (*fig.* 171), oiseau africain, a une alimentation peu ordinaire : il suffit d'ailleurs de le voir pour deviner que son existence est exempte de banalité. C'est en somme un rapace, haut sur pattes et fait, non pour voler, mais pour rester sur le sol. Il a la démarche fière et avance par saccades ; on le prendrait presque pour un échassier si ses pattes garnies de griffes puissantes et son bec crochu ne lui assignaient sa place à côté des aigles et des vautours.

On l'appelle aussi « sagittaire » ou « secrétaire », cette dernière allusion relative sans doute aux plumes de sa huppe, que l'on a comparées aux plumes que les scribes ont l'habitude de porter derrière l'oreille.

Fig. 171. — Le serpentaire.
Une lutte qui paraît inégale, les serpents ne passant pas, et à juste raison, pour se laisser tuer facilement : c'est cependant le plus faible, l'oiseau, qui est le vainqueur.

Les Arabes l'appellent « cheval du diable » et « oiseau du sort » ; souvent ils le mêlent à diverses histoires légendaires : son aspect étrange les a toujours frappés.

Le serpentaire vit surtout dans les plaines, où il court avec une grande rapidité, le corps penché en avant, à la manière des outardes. Après avoir parcouru des lieues, il se décide à s'envoler, ce qu'il ne parvient pas à faire sans peine, mais une fois enlevé, il vole très haut et plane la plupart du temps, en étendant les pattes en arrière et le cou en avant, comme la cigogne.

Il se nourrit surtout de serpents et autres reptiles, sans négliger, d'ailleurs, quelques petits mammifères ou oiseaux. Jamais rassasié, il est d'une voracité extrême.

Au moment où on met le feu aux herbes desssééchées des steppes, il chasse sur tout le bord de l'incendie où sont venus se réfugier maints animaux, qu'il gobe en un clin d'œil.

L'un des mangeurs de serpents que j'ai tués, dit Le Vaillant, et qui était un mâle, avait dans son jabot vingt et une petites tortues entières, dont plusieurs avaient près de deux pouces de diamètre ; onze lézards de sept à huit pouces de longueur, et trois serpents de la longueur du bras et d'un pouce d'épaisseur. Outre ces animaux, j'y trouvai encore une multitude de sauterelles et d'autres insectes dont plusieurs étaient intacts. Les serpents, les lézards et les tortues avaient chacun un trou dans la tête. Je trouvai aussi dans l'estomac très ample de cet oiseau une pelote grosse comme un œuf d'oie ; elle n'était composée que de vertèbres de serpents et de lézards, d'écailles de tortues, d'ailes et de pattes de sauterelles et enfin d'élytres de plusieurs scarabées. Cet oiseau rejette par le bec toutes les dépouilles, ainsi que le font plusieurs autres oiseaux de proie.

Il ose attaquer un ennemi aussi redoutable que le serpent ; fuit-il, l'oiseau le poursuit, on dirait qu'il vole en rasant la terre ; il ne développe cependant point ses ailes pour s'aider dans sa course, comme on l'a dit de l'autruche ; il les réserve pour le combat, et elles deviennent alors ses armes offensives et défensives. Le reptile surpris, s'il est loin de son trou, s'arrête, se redresse et cherche à intimider l'oiseau, par le gonflement extraordinaire de sa tête et par son sifflement aigu. C'est dans cet instant que l'oiseau de proie, développant l'une de ses ailes, la ramène devant lui et en couvre, comme d'une égide, ses jambes, ainsi que la partie inférieure de son corps. Le serpent attaqué s'élance ; l'oiseau bondit, frappe, recule, se jette en arrière, saute en tous sens, d'une manière vraiment comique pour le spectateur, et revient au combat en présentant toujours à la dent venimeuse de son adversaire le bout de son aile défensive ; et pendant que celui-ci épuise, sans succès, son venin à mordre ses pennes insensibles, il lui détache avec l'autre aile de vigoureux coups dont l'énergie est puissamment augmentée par les proéminences et les duretés dont elle est pourvue.

Enfin, le reptile, étourdi d'un coup d'aile, chancelle, roule dans la poussière, où l'oiseau le saisit avec adresse, et le lance en l'air à plusieurs reprises, jusqu'au moment où, le voyant épuisé et sans force, il lui brise le crâne à coups de bec et l'avale tout entier, à moins qu'il ne soit trop gros ; dans ce cas, il le dépèce en l'assujettissant sous ses doigts.

Le serpentaire chasse surtout sur terre. Mais il lui arrive aussi de le faire en volant, comme la plupart des oiseaux de la même famille. Quand il aperçoit une belle proie il cesse de voler et se laisse tomber sur elle.

* * *

Un autre rapace, l'hélotarse à queue courte (*fig.* 172), se nourrit aussi de reptiles ; comme le serpentaire, c'est un animal cocasse. Dans l'air, il décrit les cabrioles les plus extravagantes. Posé, il reste immobile, les ailes gonflées et avec un air qui quoique sérieux est des plus drôles. Dans l'Afrique, on l'appelle « oiseau médecin » dans la persuasion où l'on est qu'il va chercher au loin des herbes médicinales douées de vertus merveilleuses. Cette fable vient sans doute de ce qu'on le voit souvent voler avec quelque chose de long et cylindrique dans sa bouche. Ce quelque chose n'est pas une racine médicinale, mais un reptile, serpent ou lézard. Il mange toutes sortes de serpents, aussi bien les venimeux que les inoffensifs. Quand un incendie dévore l'herbe des steppes, il va au milieu de la fumée chasser les reptiles qui fuient éperdus.

Le circaëte jean-le-blanc chasse également les reptiles, ou du moins ceux-ci constituent le fond de ses repas, qu'il agrémente avec des grenouilles, des rats, de petits oiseaux, etc. « Mon jeune circaëte, raconte Mechlenburg, fond comme la foudre sur les serpents, quelque gros et méchants qu'ils soient ; d'une de ses serres, il les prend derrière la tête ; de l'autre il les saisit au vol ; dans ces occasions, il pousse de grands cris et bat des ailes ; de son bec, il coupe les tendons et les ligaments qui s'attachent à la tête, et le serpent se trouve sans défense. Quelques instants après, il se met à le manger ; il dévore d'abord la tête, et à chaque bouchée, il donne un coup de bec dans la colonne vertébrale du reptile. En une matinée, il mangea trois gros serpents dont l'un avait près de 1^m,30 de long. Jamais il ne dépèce un serpent pour l'avaler morceau par morceau. Plus tard il régurgite les écailles. Les serpents sont les proies qu'il préfère à toute autre. Je lui ai donné à la fois des serpents, des rats, des oiseaux, des grenouilles, toujours il a sauté d'abord sur les serpents. »

Fig. 172. — L'hélotarse.
Comme si de rien n'était, il saisit un serpent et l'engloutit avant que le reptile ait eu le temps de s'en apercevoir.

Le jean-le-blanc n'est pas réfractaire aux morsures des serpents ; l'un d'eux que l'on fit piquer par une vipère, mourut trois jours après. Mais ses plumes constituent une épaisse cuirasse que les reptiles ne percent que difficilement.

*
* *

La buse vulgaire capture les reptiles quand elle n'a pas de rongeurs à se mettre dans le bec. On lira à ce propos avec intérêt les observations suivantes de Lenz :

... Le 26 juin, dit-il, les buses que j'avais prises toutes jeunes et élevées avaient atteint environ les deux tiers de leur grandeur ; on ne leur avait donné jusqu'alors que de la viande, des souris, des grenouilles, de petits oiseaux, mais aucun serpent. Ce jour-là, sans faire attention à elles, je lâchai dans la chambre où je les tenais une grande couleuvre, d'environ quatre pieds de long, couleuvre que je voulais montrer à des visiteurs. Derrière nous, se trouvaient les buses. A peine eurent-elles aperçu le serpent, qu'elles s'élancèrent sur lui, malgré notre présence. La couleuvre se roula en cercle, poussa des sifflements menaçants, tournant sa gueule ouverte et prête à mordre, contre ses deux ennemies. Je mis aussitôt le pied entre les combattants et enlevai la couleuvre, que je voulais conserver à cause de sa taille.

J'en apportai une autre d'environ deux pieds et demi de long. Sans hésiter, l'une des buses lui sauta dessus. Le serpent sifflait de désespoir, ouvrait la gueule, serrait les pattes de l'oiseau, au point de le faire trébucher et de le forcer à s'appuyer sur sa queue et sur ses ailes. Sans s'arrêter à ces mouvements, la buse ne cessait de lui mordre le milieu du dos ; elle mit douze minutes environ à déchirer la peau ; mais, cela fait, elle commença à manger, et finit par couper le serpent en morceaux et par l'avaler. Un des morceaux avait plus d'un pied de long.

L'autre buse avait jusqu'ici regardé le repas d'un œil chagrin et jaloux, car je l'avais empêchée d'y prendre part. Je lui donnai à son tour une couleuvre. Elle s'en rendit maîtresse plus rapidement que ne l'avait fait la première, la divisa par le milieu, et se mit à avaler les deux tronçons qui continuaient à s'agiter convulsivement. La tête, formant l'extrémité du premier morceau, cherchait sans cesse à ramper et à s'échapper hors du bec. L'oiseau avait bien du mal à la déglutir ; il n'y arriva qu'en pressant le second morceau et en l'avalant par-dessus le premier ; il lui faisait jouer à peu près le rôle d'un bouchon. Les buses regardèrent alors de tous côtés, demandant une nouvelle proie, que je ne leur donnai pas, car il était tard. À la fin, elles se rendirent à leur lieu de repos. Le lendemain, l'une avait digéré le reptile ; l'autre l'avait vomi ; mais quand elle se réveilla, elle l'avala de nouveau, ce qui prouve combien la buse aime cette proie. A partir de ce jour, mes buses menèrent une vie heureuse ; presque chaque jour, elles recevaient des orvets et des couleuvres qu'elles saisissaient et dévoraient aussitôt. Elles avalaient en entier et vivants les individus de petite taille. Quant aux grands, elles les dépeçaient avant de les engloutir dans leur œsophage.

Le 20 juillet fut le jour fixé pour leur premier combat avec la vipère. Un grand nombre de spectateurs arrivèrent, ce qui effraya un peu les buses. Je les séparai ; l'une était derrière les spectateurs, l'autre sur un établi de menuisier. Je mis alors sur le sol une vipère, m'attendant à voir la buse, affamée comme elle l'était, se précipiter dessus. Je m'étais trompé ; elle reconnut immédiatement le danger, elle resta immobile, l'œil attaché sur son ennemie. De son côté, le reptile, dès qu'il l'aperçut, ne parut plus s'inquiéter de ma présence, se roula en cercle et ne bougea plus. Je le pris avec une pince par la queue, je le levai en l'air et le mis sur l'établi. Habituée à manger dans ma main, la buse approcha ; la vipère se roula en cercle, siffla et lui lança un coup de dent, sans l'atteindre. La buse poussa un cri d'effroi, hérissa son plumage et fit un saut en arrière. Elle resta ainsi, l'œil fixé sur le reptile. Pour attirer la buse, je jetai de petits morceaux de viande sur la vipère, la buse s'avança, mais un nouveau coup de dent lancé dans l'air la fit reculer de nouveau. Je poussai la vipère vers elle ; pas à pas, les ailes relevées, les plumes hérissées, elle recula jusqu'au bout de l'établi, qu'elle finit par quitter.

Je remis la vipère à terre. Un morceau de viande jeté auprès attira la seconde buse, mais au moment où elle allait le prendre, la vipère s'élança sur elle. La buse se retira en poussant un grand cri, les ailes relevées. Cependant elle revint à la charge, et une nouvelle morsure du serpent la fit reculer une seconde fois. La vipère se retira dans un coin de la chambre, laissant la buse ramasser la viande, puis se blottit, levant une tête menaçante. Je jetai de la viande sur elle, l'oiseau s'approcha, mais sans oser l'attaquer ; chaque fois qu'il avançait, un coup de dent et un sifflement venaient l'arrêter. J'essayai plusieurs fois encore, mais toujours en vain, d'engager le combat, et je finis par enlever la vipère. Des orvets, que je donnai alors aux buses, furent dévorés immédiatement ; il en fut de même d'une grande couleuvre.

L'issue de cette expérience n'avait pas répondu à mon attente. Il était fort singulier de voir un oiseau, qui avait attaqué déjà des serpents et des rats, reconnaître ainsi instinctivement un serpent venimeux et refuser le combat. Cependant mes buses n'étaient pas encore complètement adultes ; la nombreuse assistance pouvait les avoir effrayées ; je les avais vues, de plus, manger avec avidité des morceaux de vipère ; l'odeur de ce serpent ne pouvait les avoir retenues, car la buse se guide par la vue et non par l'odorat. C'est du premier coup d'œil qu'elles avaient reconnu leur ennemi mortel. Aussi ne désespé-

rai-je pas et recommençai-je deux jours après une nouvelle tentative, mais devant quelques personnes seulement.

Je jetai d'abord à la buse un orvet, qu'elle prit et avala tout vivant. Je mis alors
devant elle une petite vipère brune. Aussitôt elle hérissa son plumage, leva les ailes,
poussa un cri perçant, puis, sûre cette fois de sa supériorité, fondit sur son ennemie, la
prit entre ses serres par le milieu du corps, et battit vigoureusement des ailes en criant.
Elle se comporta d'une manière toute différente de ce qu'elle avait fait à l'égard des serpents
non venimeux. Consciente du danger, elle tenait la tête relevée. La vipère s'enroulait
autour de ses pattes, sifflait, donnait des coups de dent de tous côtés, mais qui se per-
daient sur les plumes hérissées ou sur les ailes. D'un coup de bec prompt et vigoureux,
la buse lui fracassa alors le crâne. La vipère eut encore quelques convulsions, et lorsqu'elle fut morte, l'oiseau l'avala la tête la première.

Elle regarda fièrement de tous côtés, demandant à livrer un nouveau combat. Je mis
à peu de distance d'elle une jeune vipère, d'environ 13 pouces de long. Celle-ci eut le
temps de s'enrouler ; ses sifflements, sa gueule largement ouverte, ses yeux flamboyants
fixés sur la buse, indiquaient bien évidemment qu'elle avait reconnu une ennemie.
Prudemment, les ailes relevées, la buse s'avança ; c'était un spectacle attachant que je
n'osais pas troubler immédiatement. Je finis cependant par jeter une grenouille sur la
vipère. Aussitôt la buse s'élança et prit entre ses serres la grenouille et le reptile. Celui-ci
se retourna, siffla, mordit tout autour de lui. La buse agitait continuellement ses ailes ;
relevait la tête ; puis elle porta subitement un vigoureux coup de bec à la tête de la
vipère. Celle-ci se dégagea et chercha encore à mordre. Un nouveau coup sur la tête
l'étourdit, mais elle revint à elle et essaya encore une fois ses dents. A ce moment la buse
lui fracassa complètement la tête et attendit que ses forces fussent entièrement épuisées
pour l'avaler.

Ce jour et le lendemain, je ne lui donnai aucun aliment couvert de poils ou de
plumes, dans lesquels les dents à venin auraient pu s'envelopper. Le soir du second jour,
la bête n'avait rien régurgité. Je lui jetai alors un bec-croisé qu'elle avala avec la tête et
les plumes. Le lendemain, elle régurgita une balle de la grosseur d'un œuf de poule,
mais je n'y trouvai que les plumes, le bec et les plus gros os du bec-croisé et quelques
écailles de la vipère ; les dents à venin n'y étaient pas. Le nombre des écailles aurait été
plus considérable si la vipère avait été plus âgée ; car lorsque la buse a mangé de grands
serpents, elle régurgite des balles assez volumineuses, composées d'écailles et très rarement de quelques os ; elle digère donc les os et les dents des serpents.

Le 2 août, mes buses avaient à peu près atteint l'âge adulte. La plus petite était sur
l'établi, la plus grande à terre. Je mis devant celle-ci une grande vipère, qui siffla et
chercha à mordre. La buse restait tranquille, les plumes hérissées, attendant le moment
favorable pour attaquer. Ayant jeté une grenouille derrière la vipère, la buse prit aussitôt
son élan, saisit le reptile par le milieu du corps, et se disposait à l'emporter dans un
coin, lorsque la seconde buse vint prendre le reptile par la queue. Les deux oiseaux se
disputèrent cette proie, chacun la tenant avec une patte et de l'autre frappant son compagnon. Je me hâtai de les séparer, et laissai la vipère à celui qui l'avait saisie le premier.
Il la tenait entre ses serres, criant et battant des ailes ; la vipère sifflait, donnait des coups
de dent, tantôt dans l'air, tantôt sur les plumes ou sur la cuirasse écailleuse des pattes,
la tête étant en dehors de ses atteintes. La buse lâcha le reptile, mais pour le ressaisir
aussitôt plus au milieu du corps, et d'un coup de bec lui broya la tête. Elle attendit que
ses mouvements eussent complètement cessé ; puis elle mangea la tête, le cou et enfin le
reste du corps. Ce lui fut un bon morceau, car la vipère avait plus de deux pieds de long
et renfermait plusieurs œufs. Non seulement la buse ne laissa rien, mais elle avala encore
une grenouille immédiatement après.

Pendant ce temps, je mis une nouvelle vipère en présence de la seconde buse, qui,
sans hésiter, fondit sur elle, la saisit en criant, en battant des ailes, et attendit un mo-

ment favorable pour lui broyer la tête. La vipère se dégagea ; mais la buse la prit de nouveau par la queue. La vipère s'étant redressée aurait pu facilement mordre son ennemie, si elle n'avait pas été trop maladroite. La buse la lâcha, mais pour lui prendre la tête avec une de ses serres. Au moment où le reptile faisait effort pour la dégager, un vigoureux coup de bec la lui broya. L'oiseau fit ensuite son repas, en commençant, comme toujours, par avaler la tête.

Cependant la première buse n'avait pas remporté une victoire sans péril. Pendant qu'elle était en train de manger, j'avais déjà remarqué que sa patte gauche se paralysait, et elle ne tarda pas à enfler à la naissance des doigts. A cet endroit, la patte n'est protégée que par de petites écailles et la dent venimeuse du serpent avait pu l'entamer. Les dents du rat, quelque tranchantes qu'elles soient, sont impuissantes à couper les écailles résistantes de la patte de la buse ; mais les dents des serpents, qui ressemblent à autant de fines aiguilles, peuvent les traverser. Sans donner de signe de douleur, la buse se contenta de relever le membre malade, et digéra son repas tout tranquillement. La patte saine saignait aussi : une écaille en avait été arrachée, non par une morsure de la vipère, mais plutôt, à ce que je crois, par un coup donné par la seconde buse. A la tombée de la nuit, le gonflement avait déjà diminué ; le lendemain, il était à peine marqué et l'oiseau commençait à se tenir sur sa patte ; le troisième jour il était complètement remis.

On voit que l'homme n'est pas seul à avoir des difficultés pour gagner le pain quotidien.

Leur galerie de portraits [*].

On a l'habitude de médire beaucoup des collections de timbres-poste, ce en quoi, d'ailleurs, on a raison lorsqu'elles sont faites avec le seul désir d'emplir un album. Cependant, à y regarder de près, elles rendent beaucoup plus de services qu'elles n'en ont l'air, en répandant chez les nombreux amateurs le goût des voyages et de la géographie. Elles deviendraient même tout à fait intéressantes et instructives si les gouvernements voulaient renoncer une bonne fois à représenter sur leurs timbres les chefs des États ou des figures allégoriques quelconques. Il faut même avouer qu'en France nous sommes bien mal servis sous ce rapport, l'affreuse République de 1849 — une vraie cuisinière — ne valant pas mieux que le Napoléon couronné ou non et que le groupe, aujourd'hui défunt, qui semblait plutôt fait pour un dessus de pendule, ou le modèle actuel, que l'on prendrait pour une étiquette commerciale. A la place des figures souveraines — dont certaines sont plutôt déplaisantes comme celles d'Isabelle II (Philippines, 1854) ou de Kekuanoa (Hawaï, 1871), — il vaudrait bien mieux représenter un sujet caractéristique d'un pays, soit un monument, soit une scène historique, soit une production naturelle du sol. Nous considérons par exemple comme tout à fait intéressants les timbres d'Égypte, où le Sphinx se dresse mystérieux non loin d'une Pyramide, ou ceux de la Côte des Somalis (1894), qui représentent un paysage de la région, ou ceux encore de l'État indépendant du Congo, qui sont de véritables tableaux. Un revirement tend d'ailleurs à se faire dans le sens que nous indiquons ; nous n'en citerons pour exemple que la magnifique série tirée récemment par l'Amérique à l'occasion du centenaire de la découverte, série qui est une véritable leçon d'histoire très attrayante.

Si l'histoire et la géographie semblent devenir de plus en plus en faveur dans les sujets représentés par les dessinateurs de timbres-poste, il n'en va pas de même pour la botanique, qui est absolument négligée et qui, à part doux ou trois exceptions (par exemple le palmier reproduit sur les timbres de Bornéo 1894), n'y figure qu'à titre accessoire.

Le règne animal est mieux partagé, et il me semble probable que, par la suite, il doive prendre encore plus d'importance. Ces timbres sont instructifs au premier chef et intéressent tout le monde ; aussi croyons-nous devoir dire ici quelques mots sur ce sujet trop peu connu. Nous ne parlerons pas bien entendu des animaux

[*] Nous devons à l'obligeance de M. Arthur Maury, le philatéliste bien connu, la communication des clichés qui ornent ce chapitre.

figurés dans les armes d'un pays, mais seulement de ceux qui peuvent être regardés comme représentés pour eux-mêmes, comme caractéristiques d'une contrée ; ils sont bien à leur place dans ce livre parce que la plupart sont « excentriques ». .

*
* *

C'est le Canada qui le premier a eu l'idée de représenter un animal sur ses timbres. En 1851, en effet, fut émis un timbre de 3 pence représentant un castor (*fig.* 173). Le choix était excellent, car cet animal est aussi intéressant par ses mœurs que par son utilité. Par un instinct vraiment curieux et unique en son genre, il construit de véritables digues qui élèvent le niveau de l'eau des rivières dans lesquelles il vit. Il déploie dans ce travail une activité et une intelligence remarquables. Les castors se réunissent à plusieurs pour abattre de grands arbres, les transporter et les mettre en place, ce qui est fort difficile étant donnée la violence du courant qui tend à les entraîner. Pour cette besogne, ils se servent de leurs pattes antérieures — de véritables bras — et non de leur queue comme on le dit souvent. Peu de sociétés animales sont aussi bien policées que celles des castors et, chez elles, les paresseux ou les voleurs sont punis ou tout au moins mis à la quarantaine.

Fig. 173.— Castor (Timbre du Canada).

Mais si intéressantes que soient les mœurs de cet animal, il est probable que ce qui a engagé les Canadiens à le représenter c'est son utilité : le castor est en effet une véritable richesse pour le pays, car de nombreux trappeurs se livrent à sa chasse pour recueillir la peau qui a une très grande valeur. Malheureusement la destruction inconsidérée à laquelle on se livre a décimé leurs rangs qui diminuent tous les ans dans des proportions notables. Néanmoins, en 1895, on a récolté pas moins de 60000 peaux, ce qui est encore un joli chiffre. Les castors donnent encore un autre produit utile, le castoréum, très employé en parfumerie.

*
* *

Le cygne noir (*fig.* 174), qu'ont toujours représenté les timbres de l'Australie occidentale depuis 1854 jusqu'à nos jours, est moins connu. Voici les renseignements que donne Brehm à son sujet.

En 1698, un nommé Witsen écrivait à son ami Lister qu'un navire, envoyé par la Compagnie des Indes orientales pour explorer la Nouvelle-Hollande, était de retour, et que son équipage avait trouvé dans ce pays des vaches marines, des perroquets et des cygnes noirs. En 1746, deux de ces derniers oiseaux étaient amenés vivants à Batavia ; leur existence, douteuse jusque-là, était enfin démontrée. Cook vit un grand nombre de ces cygnes tout le long de la côte qu'il explora, et depuis, presque tous les auteurs en ont fait mention.

Fig. 174.— Cygne noir (Timbre de l'Australie occidentale).

Le cygne de la Nouvelle-Hollande ou cygne noir est donc aujourd'hui aussi bien connu que le cygne muet, grâce aux efforts persévérants des sociétés et des établissements d'acclimatation. Sa beauté, son élégance ne le cèdent en rien à celles de son congénère, et il mérite, à tous égards, l'attention que lui prodiguent les éleveurs et les amateurs.

Il a le cou relativement plus long que le cygne muet, la tête petite et bien conformée, le bec de même longueur que la tête et dépourvu de caroncule. Son plumage est d'un noir brunâtre presque uniforme, avec les bordures des plumes tirant davantage sur le gris noir; le ventre est plus clair que le dos. Cette couleur noire contraste très élégamment avec le blanc éclatant des rémiges primaires et de la plus grande partie des rémiges secondaires. L'œil est rouge-écarlate, la ligne naso-oculaire rouge-œillet, le bec rouge-carmin vif; une bande en arrière de la pointe de la mandibule supérieure et l'extrémité des deux mandibules sont blanches; les pattes sont noires. Ce cygne est un peu plus petit que le cygne muet.

Bien que chassé de partout, le cygne noir est encore commun sur tous les lacs et les cours d'eau du sud de l'Australie et de l'Océanie.

Il se montre en quantités innombrables dans les parties peu explorées de l'intérieur. D'après Bennett, on trouve parfois réunis des milliers de ces oiseaux, et ils sont si peu craintifs qu'on peut en tuer sans peine autant que l'on veut. En hiver, les cygnes noirs arrivent en Australie, et s'y tiennent dans les lacs et dans les grands étangs, réunis par petites bandes, probablement formées chacune par une famille; au printemps, c'est-à-dire pendant nos mois d'automne, ils se dirigent vers les endroits où ils nichent.

D'après Gould, la saison de la reproduction du cygne noir aurait lieu d'octobre à janvier; cet auteur trouva des œufs nouvellement pondus au milieu de janvier, et des jeunes couverts de duvet dès le mois de décembre. Le nid consiste en un grand amas de plantes marécageuses et aquatiques de toute espèce; il est tantôt flottant, tantôt établi sur quelque îlot. Les œufs, au nombre de cinq à sept, sont d'un blanc sale ou d'un vert pâle, couverts de taches confluentes d'un vert fauve. Ils ont 12^{cm} de long et 8^{cm} de large et ne sont dès lors guère plus petits que ceux du cygne muet. La femelle couve avec ardeur pendant que le mâle veille fidèlement sur elle. Les jeunes éclosent couverts d'un duvet roux ou grisâtre. Dès le premier jour de leur existence, ils nagent et ils plongent, et peuvent ainsi échapper à bien des dangers.

Le cygne noir a beaucoup des habitudes du cygne muet; toutefois il crie beaucoup plus fréquemment. Dans la saison des amours, notamment, il fait souvent entendre son cri singulier, difficile à exprimer, mais assez semblable à un son de trompette étouffé. Une note basse, peu nette, est suivie d'une seconde plus haute, sifflante, mais également peu distincte. L'oiseau ne semble les lancer qu'avec effort. En criant, il étend son long cou sur l'eau. Le cygne noir semble être aussi querelleur avec ses semblables, aussi despote et méchant avec les animaux plus faibles que ses congénères européens, surtout que le cygne chanteur avec lequel cependant il vit en assez bonne harmonie, hors la saison de la pariade.

Nous pouvons nous expliquer, en voyant les cygnes noirs captifs, combien était fondée l'admiration des voyageurs qui, les premiers, rencontrèrent ces oiseaux en Australie. A la nage, ce cygne est fort élégant ; mais il ne montre toute sa beauté que lorsque, prenant son essor, il étale ses rémiges, dont la blancheur éclatante tranche superbement avec le noir du reste de son plumage. Lorsque plusieurs de ces oiseaux volent de conserve, ils forment une ligne oblique. En volant, ils étendent loin devant eux leur long cou, et le bruissement de leurs ailes se mêle aux cris qu'ils poussent, et qui, de loin, paraissent sonores et harmonieux. Par le clair de lune, ils volent souvent d'un lac à un autre, en s'appelant sans cesse.

En Australie, on fait à ces superbes oiseaux une chasse sans pitié. On enlève leurs œufs ; on les poursuit pendant la mue, époque à laquelle ils sont incapables de voler, on les tue pour le plaisir de les tuer. Gould raconte que les canots d'un baleinier remontèrent un fleuve d'Australie et revinrent remplis jusqu'au bord de cadavres de cygnes noirs. L'arrivée des Européens a été la perte de ces oiseaux ; partout où des colons se sont établis, les cygnes ont dû disparaître. Aujourd'hui déjà, ils sont complètement détruits dans les endroits où on les trouvait autrefois par milliers, et nous ne pouvons espérer, malheureusement, de voir la fin de cette destruction.

Le cygne noir se prête aussi bien que tout autre de ses congénères à faire l'ornement de nos pièces d'eau. La rigueur de l'hiver l'incommode peu, et sous le rapport de la nourriture, il est on ne peut plus facile à contenter.

*
* *

C'est encore une colonie anglaise, celle de Terre-Neuve, qui, en 1866, par conséquent après le Canada et l'Australie occidentale, émit deux timbres zoologiques.

Fig. 175.— Morue (Timbre de Terre-Neuve).

L'un d'eux représente une morue (*fig.* 175), nageant dans la mer, la bouche ouverte et la queue peut-être un peu plus courbée que nature. On sait que ce poisson constitue une des principales richesses de l'île et des pêcheurs qui viennent la pêcher de toutes les parties du monde. C'est d'ailleurs ce que nous montre un autre timbre émis en 1897. Une des principales clauses du traité d'Utrecht fut même la réglementation de cette pêche : une bonne partie de la côte, la *French-Shore*, fut réservée aux Français pour y pêcher, tandis que le reste appartenait aux pêcheurs anglais. Depuis ledit traité, l'Angleterre et la France n'ont cessé de discuter au sujet de Terre-Neuve. Dans ces dernières années même, le conflit est devenu aigu, surtout par suite de la mauvaise foi du gouvernement du Royaume-uni et des Terre-Neuviens eux-mêmes, qui sont véritablement insupportables. L'une des causes du conflit doit être recherchée dans la morue elle-même qui, très abondante autrefois, devient de plus en plus rare. Les pêcheurs français, ne trouvant pas la pêche suffisamment rémunératrice, vinrent de moins en moins le long de la *French-Shore*. Les Anglais considèrent cela comme un abandon et prétendent que toute l'île doit désormais leur appartenir. D'un autre côté, tandis que la morue disparaissait, les homards se multipliaient dans des proportions fabuleuses. Aussi un certain nombre de pêcheurs se mirent-ils à les recueillir et à en faire des conserves. Pour confectionner ces dernières, ils furent obligés d'établir un certain nombre d'usines — des homarderies — sur la *French-Shore*. C'est alors que les Anglais et les Terre-Neuviens intervinrent, prétendant que, d'après le traité d'Utrecht, nous avions bien le droit de pêcher des *poissons*, mais non des homards qui sont des *crustacés*. En réalité, c'est là une querelle qui ne repose sur rien car, à l'époque du traité d'Utrecht, on appelait *poisson* tout animal vivant dans la mer.

Mais revenons à la morue. Elle peut atteindre 1ᵐ,50 de long et peser jusqu'à 40 kilogrammes. A la fin du printemps elle se rapproche des côtes, tandis qu'en hiver elle va dans les profondeurs de la mer. On la pêche surtout avec des lignes de fond amorcées avec des morceaux de poisson. On utilise surtout la chair, que l'on fait sécher à l'air et que l'on sale, et le foie, dont on retire l'huile.

Dès que la morue est ouverte, on retire le foie, on le lave et on le jette dans une grande cuve en bois, percée de trous à sa partie inférieure et exposée au soleil. Les foies accumulés dans la cuve sont constamment remués; ils y restent jusqu'à ce que la putréfaction fasse éclater les cellules de leur parenchyme. L'huile qui s'échappe de celles-ci surnage, tandis que le sang et d'autres liquides s'écoulent par les trous percés plus bas. On obtient ainsi l'*huile blanche inférieure* ou *huile médicinale naturelle*, de saveur franche, peu odorante, limpide et d'un jaune clair. A mesure que la putréfaction s'avance, la couleur de l'huile se rembrunit et devient successivement blonde, ambrée, brun clair, puis brun foncé. Quand on a soutiré l'huile naturelle, les foies déjà putréfiés à demi sont mis à bouillir dans de grandes marmites en fonte, jusqu'à ce que toute l'eau renfermée dans leur tissu soit évaporée. L'huile ainsi obtenue est d'un brun noir, non transparente, âcre et nauséabonde; elle sert en corroierie pour donner de la souplesse au cuir. Actuellement, on a recours, pour la préparation de l'huile de foie de morue, à des procédés plus perfectionnés. Les foies, dont on fait un choix, sont lavés et séchés, puis jetés dans des récipients en fer blanc à double paroi, dans l'épaisseur desquels circule un courant de vapeur ou d'eau chaude. L'huile est enlevée avec de grandes cuillers en fer à mesure qu'elle se sépare, puis on la porte dans de grands bassins où elle se clarifie et laisse déposer un abondant résidu. On la décante alors et on la filtre, après quoi elle peut être livrée à la consommation. Dès qu'ils cessent de donner de l'huile blanche, les foies sont portés dans une chaudière chauffée doucement et donnent une huile blonde, recherchée en Norvège pour l'éclairage; en activant un peu le feu, on en obtient finalement une huile noirâtre, utilisée pour la préparation des peaux (R. Blanchard).

Fig. 176. — Phoque (Timbre de Terre-Neuve).

On utilise aussi les œufs sous le nom de *rogue*, comme appât pour la pêche de la sardine.

*

L'autre timbre de Terre-Neuve émis avec le précédent représente un phoque (*fig.* 176) à l'air débonnaire se reposant sur un glaçon. Comme les morues, les phoques sont très utiles à la colonie. Nous nous sommes entretenus de ces animaux au chapitre : « les bêtes bien emmitouflées » ; nous n'y reviendrons pas.

*
* *

A Terre-Neuve, les timbres zoologiques paraissent être très en faveur. En 1897, on en émit de très jolis au milieu desquels s'étale la bonne figure d'un chien de la magnifique race qui porte le même nom que l'île (*fig.* 177).

Les *Newfoundlands* anglais, chiens de Terre-Neuve, dit M. Revoil, race herculéenne, très aimée et fort estimée en Europe, sont — chacun le sait — des épagneuls géants, originaires de l'île près de laquelle on pêche la morue et dont les habitants s'occupent, l'hiver, à couper du bois pour le conduire à la ville de Saint-John, l'été, à encaquer des morues. A Terre-Neuve, ce sont les chiens qui remplissent l'office de chevaux et de mulets; ce sont eux qui traînent les fardeaux sur les traîneaux, comme les rennes en Laponie. Ces pauvres animaux, dont la nourriture est fort insuffisante et se compose très souvent de poisson pourri, sont d'un courage et d'une résignation uniques et admirables. Un très grand nombre de ces quadrupèdes ilotes meurent de fatigue et d'épuisement avant la fin de l'hiver. Pendant la saison de la pêche, la plupart de ces pauvres bêtes sont abandonnées à elles-mêmes. Forcées par la faim, on les voit se réunir en nombre pour chasser et braconner, de façon à assurer leur vie contre les atteintes de la famine.

Fig. 177. — Tête de chien (Timbre de Terre-Neuve).

Dociles et serviables, les « terre-neuve » sont d'une fidélité à toute épreuve et d'un dévouement tel qu'ils défendent au prix de leur existence leurs maîtres et leur propriété, de quelque nature qu'elle soit, le logis ou les objets confiés à leur garde. Il ne leur manque qu'une chose, selon moi, la faculté de la parole, à laquelle ils suppléent par l'expression de leurs yeux.

Il est inutile, sans doute, de mentionner ici ce fait connu que l'élément dans lequel vit un terre-neuve est plutôt l'eau que la terre : et les cas de sauvetages accomplis par ces nobles bêtes sont si nombreux qu'on ne les compte plus. Chacun a lu les vers célèbres où Byron pleure la mort d'un terre-neuve qui l'avait suivi dans ses voyages et qui traversa avec lui à la nage la voie liquide où passait Léandre pour retrouver Hélo :

> The poor Dog! in life the firmest friend,
> The first to welcom, foremore to defend;
> Whose honest heart is still his masters' own;
> Who labours, fights, lives, breathes for him alone!

L'intelligence du terre-neuve est surprenante; je ne citerai pour le prouver que le fait suivant, dont je garantis l'authenticité :

Un de mes amis demeurant à Asnières, M. de R., possède une très belle chienne de cette race, qui dédaigne d'ordinaire les roquets des environs, habitués à lui aboyer aux jambes quand elle passe sur les chemins. Un jour un loulou, plus téméraire que les autres, poussa l'audace jusqu'à mordiller les talons de Zora — tel est le nom du chien de mon ami. Cette liberté passait les bornes. Le terre-neuve, qui n'a pas, après tout, la patience d'un ange, saisit le coupable par la peau du cou, le porta tranquillement au bord du quai et le laissa tomber dans la Seine. Le malheureux loulou pataugeait d'une terrible façon ; la berge était abrupte ; il avait déjà fait mainte et mainte tentative inutile pour prendre pied, et poussait des cris lamentables. En un mot il allait couler, lorsque la grosse chienne, sévère, mais juste, qui avait assisté à cette scène avec une impassibilité plus apparente que réelle, se jeta à l'eau et alla elle-même repêcher sa victime.

Voici une autre anecdote (*Bull. de la Soc. prot. des anim.*) qui prouve l'excellence de cœur du terre-neuve.

Un individu que, pour son honneur, il vaut mieux ne point nommer, avait un chien de terre-neuve dont il voulut se défaire par économie, dans l'année où la gent canine fut frappée d'un impôt. Cet homme, en vue d'exécuter son méchant dessein, mène son vieux serviteur au bord de la Seine, lui attache les pattes avec une ficelle et le fait rouler de la berge dans le courant. Le chien, en se débattant, parvient à rompre ses liens, et voilà qu'il remonte à grand'peine et tout haletant sur la rive escarpée du fleuve. A cet endroit même, son indigne maître l'attendait, un bâton à la main. Il repousse l'animal, le frappe avec violence ; mais il perd l'équilibre dans cet effort et tombe à la rivière. Il était perdu sans ressource, si son chien n'eût été qu'un homme comme lui. Mais le terre-neuvier, fidèle au mandat que les chiens de son espèce ont reçu, et qu'on nomme instinct, pour se dispenser de la reconnaissance, oublie en une seconde le traitement qu'il vient de recevoir, et il s'élance dans les eaux mêmes qui avaient failli l'engloutir, pour arracher son bourreau à la mort. Il y parvient non sans peine. Et tous deux retournent au logis : l'un, humblement, joyeux d'avoir accompli sa bonne œuvre et obtenu sa grâce, l'autre désarmé, repentant peut-être.

L'oubli des injures se montre aussi dans l'anecdote suivante, racontée par Brehm.

Un chien de cette race et un mâtin se détestaient. Chaque jour amenait entre eux de nouveaux combats. Or, il advint que, dans une de ces batailles violentes et prolongées

Fig. 178.— Lagopèdes (Timbre de Terre-Neuve).

sur la jetée de Donaghadée, ils tombèrent tous les deux à la mer. La jetée était longue et escarpée : ils n'avaient d'autre moyen de salut que la nage. Seulement la distance qu'ils devaient parcourir était considérable. Le terre-neuve étant un excellent nageur se tira lestement d'affaire : il aborda tout mouillé sur la côte, où il fit quelques pas en se secouant. Puis, au même instant, témoin des efforts de son récent antagoniste qui, n'étant point nageur, s'épuisait à lutter contre l'eau et était sur le point de s'engloutir, le terre-neuve fut pris d'un généreux sentiment. Il se précipita de nouveau à la mer, prit le mâtin par le collier et lui tenant la tête hors de l'eau, le ramena sain et sauf sur le bord. Cette heureuse délivrance fut suivie d'une scène de reconnaissance vraiment touchante entre les deux animaux. Désormais ils ne se battirent plus: on les voyait toujours ensemble ; enfin, le terre-neuve ayant été écrasé par un wagon chargé de pierres, l'autre chien se lamenta et fut longtemps inconsolable.

Un tel animal ne méritait-il pas de figurer sur des timbres ?

*
* *

A l'occasion du Jubilé de la feue Reine Victoria, on créa pour Terre-Neuve un certain nombre de timbres très intéressants, représentant des mineurs, un chasseur, une forêt en exploitation, des pêcheurs, des banquises de glace, des phoques et enfin des lagopèdes (*fig.* 178), animaux qu'on ne s'attendait guère à rencontrer ici, et qui font sans doute la joie des chasseurs terre-neuviens.

Cet oiseau est très connu des plumassiers car ses plumes sont très utilisées pour la confection des chapeaux. Il est remarquable en ce que ses teintes varient avec les saisons. En hiver, il est entièrement d'un blanc éclatant de telle sorte qu'il se confond tout à fait avec la neige quand elle couvre le sol. En été, il est brunâtre, avec un plumage très varié. Sa taille se rapproche de celle de la perdrix grise.

Le lagopède habite surtout la plaine, et plus particulièrement dans les régions où croissent les saules et les bouleaux. Là où on le rencontre, il est toujours très commun, les couples isolés pendant la période de la reproduction, les femelles en grandes bandes aux autres époques. Vif et alerte, il est très adroit dans ses mouvements, courant avec autant d'assurance sur la mousse que sur la neige. De temps à autre, on le voit se dresser pour inspecter l'horizon et il prend alors une allure fière. Son vol, quoique plus léger et plus facile, rappelle un peu celui de la perdrix.

C'est dans la neige que le lagopède blanc est surtout dans son milieu favori : il s'y creuse de longs couloirs pour trouver la nourriture qu'elle recouvre ; lorsqu'un rapace le poursuit, il se laisse tomber verticalement, et y plonge littéralement ; dans les mauvais temps, il y cherche un refuge contre le vent. Souvent, on trouve des bandes entières de lagopèdes enfouis dans la neige, les uns à côté des autres, ne laissant sortir que leur tête de dessous le blanc tapis qui les recouvre.

Grâce à l'acuité de ses organes des sens, il est facile au lagopède de reconnaître à temps le danger qui le menace, et il sait parfaitement s'y soustraire. Loin d'être craintif, il est au contraire hardi et courageux ; mais quand il a été plusieurs fois poursuivi, il devient prudent et méfiant.

Il se nourrit surtout de substances végétales. En hiver, il ne mange guère que des bourgeons, des baies desséchées ; en été, des feuilles, des fleurs, de jeunes pousses, des baies et des insectes. Il aime les graines de toute espèce.

La femelle creuse sur un versant exposé au soleil, dans une touffe de bruyère, dans un buisson de saules, de bouleau nain ou de genévrier une légère dépression, et la tapisse de quelques herbes sèches, de plumes. Ce nid est toujours tellement bien caché qu'il est fort difficile de le trouver, bien que le mâle paraisse faire tous ses efforts pour trahir la place qu'il occupe. Il se montre plein d'ardeur et de courage ; tout homme, tout carnassier qui approche, il le salue de son cri : *gabaouh, gabaouh*. Il se pose hardiment sur une petite éminence, fuit quelquefois plus loin et cherche, dirait-on, à attirer l'ennemi vers lui, à l'éloigner ainsi du nid. Il défend énergiquement son domaine contre les autres mâles, mais qu'une femelle encore célibataire vienne à se montrer, sa fidélité conjugale est en péril ; malgré tout l'amour qu'il a pour sa compagne, il est facilement enclin à demeurer quelque temps avec la nouvelle venue. (Brehm.)

C'est en hiver surtout que l'on fait la chasse aux lagopèdes, car, à cette époque, le gibier se transporte plus facilement. Comme alors il faut marcher dans la neige, la chasse est assez pénible ; on se sert plus souvent de collets et de filets que d'armes à feu.

*
* *

La Nouvelle-Galles du Sud est, comme Terre-Neuve, un pays riche en timbres zoologiques ; il n'y en a pas en effet moins de trois émis en même temps, en 1888, à l'occasion du centenaire de sa fondation.

Le premier de ces timbres représente un émou (*fig.* 179), ce grand oiseau qui remplace l'autruche en Australie, et où malheureusement il devient de plus en plus rare. Voici quelques renseignements sur ses mœurs, d'après Ramel :

Partout où il y a de l'herbe et de l'eau, on entend, au lever et au coucher du soleil, le cri guttural de l'émou qui rappelle le bruit du tambour. Dans les parties vierges du continent, il aime à paître sur les vastes plaines ou sur les collines basaltiques ; mais dans les milieux fréquentés par les troupeaux de bœufs ou de moutons, les individus en petit nombre qui ont survécu à l'envahissement de la civilisation, cherchent les abris des taillis ou des forêts, prennent leur nourriture dans les ravins et les vallées étroites, donnant toujours la préférence à la végétation luxuriante des terrains où ont campé les moutons.

Comme le chameau, l'émou peut avaler une grande quantité de liquide, et, par une température moyenne, vivre plusieurs jours sans renouveler sa provision. Même par les fortes chaleurs de l'été, on en rencontre dans les lieux éloignés de l'eau à des distances de quinze à vingt milles. Quand il vient boire, il s'arrête sur la rive pendant quelque temps, et regarde avec le plus grand soin s'il n'y a pas d'ennemis ; tout à coup, il se précipite vers l'eau, en prend une bonne provision, remonte avec promptitude, et s'il ne voit aucun danger, il se retire tranquillement.

Je vais signaler quelques faits caractéristiques des mœurs de cet oiseau. En 1845, j'eus un merveilleux exemple de son courage maternel. Dans les plaines du bas Galburn,

Fig. 179. — Émou (Timbre de la Nouvelle-Galles du Sud).

j'aperçus un vieil oiseau entouré d'une demi-douzaine de petits qui avaient à peine atteint la moitié de leur croissance; j'eus le désir de m'emparer de l'un d'eux. Je les avais approchés à peine d'un mille sans qu'ils m'eussent aperçu ; mais dès qu'ils me virent, ils prirent la fuite en bon ordre, le vieux formant l'arrière-garde.

J'avais avec moi un grand lévrier pour la chasse au kanguroo ; il devance un peu mon cheval pour s'élancer sur un des jeunes:

Fig. 180. — Kanguroo (Timbre de la Nouvelle-Galles du Sud).

à ce moment, la mère se retourne vers le chien comme il saisissait un petit et lui fait lâcher prise. Le chien revient à la charge et s'empare encore du petit ; le vieil émou saute sur son dos, le jette à terre et le frappe de ses pattes. Sur ces entrefaites j'arrive et je mets en fuite les émous. Quand une troisième fois, le chien eut pris un petit, le vieil émou allait se ruer de nouveau vers lui; ma présence l'arrêta. Bel et puissant animal, reconnu comme un rude jouteur, mon lévrier avait été complètement battu par le vieil émou.

Une autre fois, je traversais les plaines de Morton dans le Wimmera, avec un nègre

Fig. 181. — Lamas (Timbre du Pérou).

qui devait me montrer le lac Marlbei; j'avais déjà eu l'occasion de me convaincre que l'émou, comme le lièvre, voit très imparfaitement les objets qu'il a devant lui, et que souvent il prend un cavalier monté pour un autre émou. Comme nous avançons doucement, nous en apercevons trois à une si grande distance que c'est à peine si nous pouvons les distinguer. Tout à coup l'un deux se dirige vers nous à toute vitesse. Je m'imagine tout de suite qu'il s'est trompé et nous prend pour d'autres émous. Pour ne pas le désa-

Fig. 182. — Quetzal (Timbre du Guatémala).

buser, nous tournons nos chevaux la tête en avant et demeurons immobiles; dès que sa marche rapide l'a assez rapproché de nous, le nègre me dit : « C'est une vieille femelle ». Quand elle fut à quinze pas de nous, elle s'arrêta court, tourna la tête de côté, vit son erreur, et s'enfuit poursuivie par les chiens. Pendant le premier mille, elle sembla les gagner de vitesse, mais avant le deuxième, les chiens s'en étaient rendus maîtres.

Quand j'arrivai, je trouvai celui de mes chiens qui était le plus rapide blessé à la tête et par tout le corps et laissant voir à nu sa trachée-artère. Il avait dû recevoir cette blessure au moment où il avait sauté au cou de l'émou pour l'abattre. Le nègre, nous ayant rejoints, fut dans le ravissement de la perspective du riche festin qu'il avait devant lui. Il dépeça les deux cuisses de l'oiseau, ainsi que l'estomac, qui renfermait de l'oseille et deux morceaux de minerai de fer de la grosseur des œufs de poule. (Ramel.)

Pour capturer les émous, les indigènes attendent le moment où ils vont se désaltérer. Ils les cherchent et les percent de flèches. Leur chair, très bonne, rappelle celle du bœuf ; ce sont surtout les cuisses que l'on mange.

*
* *

Le deuxième timbre de la Nouvelle-Galles du Sud dont nous avons à parler représente un oiseau-lyre ou ménure superbe (voir page 94, *fig.* 68).

Tête de cerf.　　　　Paon.　　　　Crocodile.

Fig. 183. — Timbres de Bornéo.

Ce magnifique oiseau australien est ainsi nommé à cause de sa queue dont les plumes recourbées au sommet figurent tout à fait une lyre. Il vit sur les collines et au milieu des rochers couverts de forêts épaisses et recherche particulièrement les régions impraticables. Il vit presque toujours à terre, et ne vole que rarement. Sa prudence est telle qu'il est très difficile de l'approcher et fait que, bien qu'assez abondant, on ne connaît ses mœurs que très imparfaitement. L'oiseau-lyre est remarquable, non seulement par sa beauté, mais aussi par la facilité avec laquelle il imite le chant de tous les oiseaux et les divers bruits de la forêt, ainsi que nous l'avons déjà dit à propos de l'étude du chant chez les oiseaux.

Fig. 184. — Ours (Timbre de Bornéo).

Enfin le troisième animal des timbres de la Nouvelle-Galles du Sud est un kangouroo (*fig.* 180) (voir aussi page 23, *fig.* 19) auquel le dessinateur a donné un air tout guilleret. Tout dans cet animal est extraordinaire. Au chapitre II nous nous sommes occupés de son énorme queue musculeuse ; voyez ces membres postérieurs, aux cuisses gigantesques ; comparez la largeur des épaules à celle de l'arrière-train ; connaissez-vous un autre animal présentant toutes ces particularités ?

Le kangouroo est un marsupial et habite exclusivement l'Australie. Autrefois, il y a des siècles et des siècles, tout à fait au début de l'apparition des mammifères sur la terre, les marsupiaux étaient considérablement plus nombreux qu'à l'heure actuelle. On suppose même, avec assez de raison d'ailleurs, que ces anciens marsupiaux, en se transformant, ont donné naissance aux autres ordres de mammifères. Certains d'entre eux, cependant, se sont perpétués jusqu'à nous sans éprouver de changements, en constituant les kanguroos, les sarigues, les philanders, etc. Ce qu'il y a de curieux, c'est que la très grande majorité de ces animaux à caractères primitifs sont localisés en Australie, ce continent si remar-

quable pour le naturaliste et qui, par sa faune et sa flore, semble être un reste de la période géologique secondaire.

Les kanguroos vivent, en général, dans les grandes plaines herbeuses, le plus souvent réunis en troupes plus ou moins nombreuses. Quand on les effraye, ils se sauvent avec une grande rapidité. Presque toujours dans la position verticale, ils reposent à terre par toute la longueur de leurs deux jambes

Fig. 185. — Singe
(Timbre de Bornéo).

et sur leur queue. Rien n'est plus curieux que de les voir se déplacer : ils détendent brusquement les muscles de leurs cuisses, et filent dans l'air comme des flèches, en avant. Les sauts qu'ils font ainsi sont de deux, trois, quatre mètres : très effrayés même, on les a vus franchir huit mètres d'un seul bond.

Les pattes antérieures ne servent pas à la locomotion ; ce sont de véritables bras munis de mains. Les kanguroos sont herbivores.

Fig. 186. — Éléphant d'Afrique
(Timbre de l'État Indépendant
du Congo).

La reproduction est bien curieuse : comme tous les marsupiaux, ils possèdent sur le ventre une poche où se trouvent les mamelles. La femelle met au monde un seul petit, absolument informe, à peine formé : le prenant

délicatement avec ses mains, elle le place dans sa poche, de telle sorte que la bouche du jeune prenne la tetine. Le petit serait certainement incapable de vivre si, par une disposition spéciale, la mère ne faisait écouler elle-même le lait dans la bouche de son nourrisson incapable de téter. Pendant huit longs mois, il reste dans la poche, buvant du lait constamment. Ce n'est que vers le sixième mois environ qu'il lâche la

Perroquet.   Coraux.
Fig. 187. — Timbres des îles Tonga.

tetine, mais pour la reprendre tout de suite après et de lui-même : parfois, on le voit venir mettre son museau à la fenêtre, en regardant de tous côtés, très craintivement. Enfin, quand il se sent assez solide, il sort, mais revient à la moindre alerte dans le giron de sa mère, qui, d'ailleurs, veille sur lui avec un soin jaloux.

En Australie, la chasse aux kanguroos est un sport très goûté : on en fait de véritables hécatombes et, si ce régime continue, il est même probable que l'espèce ne tardera pas à disparaître.

Ne quittons pas l'Australie, sans signaler les timbres fiscaux servant comme timbres-poste, de la Tasmanie (1883), et représentant un ornithorhynque, qui est bien le mammifère le plus singulier que l'on puisse imaginer. Il ressemble, par l'allure générale de son corps à une taupe, par sa queue au castor, par son bec au canard, par son organisation intérieure à un reptile ou mieux à un oiseau. Enfin, quoique mammifère, il pond des œufs. C'est un animal paradoxal dans toute la force du terme. Il vit au bord des rivières et se creuse des trous dans la berge. Grâce à ses pattes largement palmées, la natation lui est très facile. L'ornithorhynque, si intéressant à tous les points de vue, est malheureusement en voie d'extinction.

L'ornithorhynque est simplement curieux. Les lamas (*fig.* 181), qui sont représentés sur plusieurs timbres du Pérou, sont au contraire très utiles et méritent bien l'honneur qu'on leur a fait. Ces deux ruminants étaient en effet déjà utilisés comme bêtes de somme avant la découverte de l'Amérique. Actuellement, ils rendent aux Péruviens d'innombrables services. Très sobres, très courageux, très forts et très adroits, ils peuvent porter des charges pesantes dans les endroits les plus dangereux : ils sont surtout très utiles pour transporter des barres d'argent, métal commun dans le pays comme on sait.

Fig. 188. — Tigre d'Asie.

Fig. 189. — Tigre du Congo.

⁎⁎

Le Guatémala renferme une faune très riche et très intéressante, dont il a choisi un des plus beaux représentants, le quetzal (*Pharomacrus resplendens*) (*fig.* 182) pour le faire figurer sur ses timbres depuis 1879. Voici, d'après M. A. Granger, quelques renseignements sur le quetzal, peu connu en Europe.

Cet oiseau appartient à la famille des trogonidés et a été désigné successivement sous le nom de pharomacre moncino, calure paradis, trogon resplendissant.

Le mâle possède une livrée dont l'éclat a été comparé à celui du plumage du paon : sa tête et sa gorge ont une teinte d'un bronze doré, tandis qu'un vert doré très brillant couvre le cou, la poitrine, le dos, le manteau, les couvertures alaires et caudales. Mais cette splendide livrée est encore rehaussée par la nature du plumage, qui est velouté, et par les barbes décomposées qui en forment la bordure. Les grandes couvertures de la queue mesurent environ 0^m,85 ; les deux plumes du milieu sont allongées en larges filets frangés sur les bords ; le ventre et les couvertures inférieures sont colorés d'un rouge carmin vif. Les plumes soyeuses qui recouvrent la tête lui donnent l'apparence d'un cimier touffu. Si la beauté de cet oiseau le fait rechercher des ornithologistes, ses dépouilles ne sont pas moins estimées comme parure.

Le quetzal habite les montagnes boisées du Guatémala ; on le trouve également au Mexique ; mais sa capture est difficile, car il vit cantonné dans les régions très élevées et souvent inaccessibles.

On doit à Salvin et à Delattre d'intéressants détails sur les mœurs de ce magnifique oiseau :

Le quetzal, dit Salvin, vit à une altitude moyenne de 2.000 mètres. Dans cette zone, on le rencontre dans toutes les forêts d'arbres élevés. Il se tient de préférence sur les branches du deuxième tiers de l'arbre et il demeure dans une immobilité presque complète ; c'est tout au plus s'il tourne lentement la tête d'un côté à l'autre, s'il relève et abaisse doucement et alternativement sa longue queue. Mais a-t-il aperçu un fruit mûr, il s'envole, demeure quelque temps comme suspendu en l'air à côté du fruit, cueille une baie et revient à sa première place. Il exécute ce mouvement avec une grâce indiscutable. Souvent j'ai entendu des personnes s'écrier avec extase à la vue de colibris empaillés : « Quel superbe spectacle doivent offrir ces petits oiseaux quand ils volent ! » C'est là une erreur : à vingt mètres on ne distingue plus les couleurs des colibris. Il en est autrement du quetzal ; sa beauté reste la même, quelle que soit sa position. Aucun oiseau du Nouveau-Monde ne l'égale ; aucun de l'Ancien ne le surpasse. Telles furent mes impressions lorsque j'en vis un pour la première fois.

On croit généralement que le nid du quetzal a deux ouvertures, ce qui permet

Oie (Chine).   Poisson (Chine).   Faisan (Japon).   Bergeronnette (Japon).

Fig. 190. — Timbres d'Extrême-Orient.

à l'oiseau d'entrer et de sortir sans endommager les longues plumes de sa queue. Les indigènes, qui lui font une chasse continuelle, ont trouvé un procédé aussi simple que barbare pour se procurer ses dépouilles : ils montent avec précaution sur l'arbre où repose le nid et, lorsque le mâle couve, ils arrachent brusquement les longues plumes qui font saillie à l'extérieur du nid et que le malheureux quetzal abandonne en s'envolant.

La réputation du quetzal est antérieure à la conquête du Nouveau-Monde ; les Indiens recherchaient déjà ses dépouilles qu'ils envoyaient en tribut à Montézuma. Les Espagnols, au moment de la conquête, furent également frappés de sa beauté et lui donnèrent le nom de *pitoreal* (oiseau royal).

***

En 1894, on a émis pour Bornéo un certain nombre de types de timbres (*fig.* 183), dont trois nous intéressent. L'un représente une tête de cerf, l'autre un paon, figuré d'une manière plutôt allégorique, et le troisième un crocodile ouvrant la gueule d'un air menaçant et s'apprêtant à entrer dans une rivière. Les crocodiles sont la terreur des habitants ; peut-être est-ce en vue d'apaiser leur férocité qu'on les a reproduits sur des timbres ?

Tout récemment, les timbres zoologiques de Bornéo se sont enrichis de deux jolis sujets, un ours (*fig.* 184) et un singe (*fig.* 185) tous deux à l'air délibéré.

*
* *

En 1894, l'État Indépendant du Congo émettait une série de très jolis timbres, parmi lesquels celui d'un centime (*fig.* 186) montrant un éléphant dans la brousse et, dans le lointain — un peu trop loin même — un nègre qui s'apprête à le transpercer d'une lance. Le malheureux animal est évidemment en fureur car on le voit relever la trompe d'un air menaçant.

Au Congo, on fait tous les ans une vaste hécatombe d'éléphants, dont l'ivoire a un grand prix. Notre ami Bourdarie voudrait avec raison que cette chasse exagérée soit réglementée et surtout que l'on domestiquât les éléphants d'Afrique comme on l'a fait pour ceux d'Asie, où ils rendent de si grands services. Les éléphants sont en effet des animaux très intelligents et relativement doux, quand on ne les brutalise pas ; dressés, ils obéissent au commandement et, avec leur trompe, soulèvent de lourds fardeaux. Les services qu'ils pourraient rendre en Afrique sont inestimables et nous souhaitons à Bourdarie tout le succès qu'il mérite pour la vigoureuse campagne qu'il mène en faveur de leur domestication.

Fig. 191. — Dromadaires.   Fig. 192. — Girafe.
(Timbres de Nyassa.)

On voit encore des éléphants sur divers timbres asiatiques où la variété blanche est, on le sait, adorée à l'instar d'un dieu et dont les types ordinaires servent de bêtes de somme.

*

Dans les îles Tonga, les timbres «naturalistes» paraissent être en faveur, puisque dans la seule année 1897, on n'en a pas émis moins de quatre représentant un perroquet (*fig.* 187), des fruits, un arbre et des coraux (*fig.* 187).

*

Dans divers États asiatiques, on a adopté comme vignette de timbres un tigre sortant de la jungle (*fig.* 188) ou une tête de tigre — à l'air un peu trop débonnaire. On sait la terreur qu'inspirent les tigres dans ces régions et les ravages qu'ils causent aussi bien parmi les animaux domestiques que parmi les populations. C'est par centaines que, tous les ans, on compte les individus disparus dans leur estomac. On voit que les timbres célèbrent aussi bien la gloire des animaux nuisibles que celle des animaux utiles. Il y a aussi un superbe tigre sur un timbre récent du Congo (*fig.* 189).

Sur les timbres d'Extrême-Orient (*fig.* 190), les Chinois et les Japonais, avec leur talent bien spécial, ont figuré plusieurs bêtes intéressantes dont M. Maury a fait connaître l'origine dans sa revue : « *Le Collectionneur de Timbres-poste* ». L'oie et le poisson (carpe ou autre cypris, on ne sait), y figurent comme emblème de ménagers. On y trouve aussi un oiseau ressemblant assez mal à un faisan (emblème de l'élégance native), des chauves-souris, qui symbolisent les « cinq bonheurs », la grue (emblème de longue vie) et la bergeronnette, qui, dans une légende japonaise, joue le même rôle que le serpent du paradis terrestre.

Signalons encore les dromadaires (*fig.* 191) et les chameaux, qui ornent les timbres de Nyassa, d'Obock, de Djibouti, animaux que l'on s'étonne de ne pas voir figurer plus souvent, les lions du Paraguay (des majestés qui en valent bien d'autres),les nestors(*fig.*193) perroquets de la Nouvelle-Zélande, les huias (*fig.* 193),

Nestors.   Huias.   Aptéryx.
Fig. 193. — Timbres de 'a Nouvelle-Zélande.

oiseaux sacrés du même pays, remarquables en ce que le mâle et la femelle diffèrent beaucoup l'un de l'autre par la forme du bec, et toujours dans la Nouvelle-Zélande, l'aptéryx (*fig.* 193), cet oiseau si curieux, représentant des animaux aujourd'hui disparus, et lui-même d'ailleurs en voie de disparition rapide, remarquable par l'absence d'ailes, par des pattes épaisses, des plumes presque semblables à des poils et un long bec.

Signalons enfin trois très jolies vignettes figurant l'une un hippopotame (*fig.* 194) (timbres de la République de Libéria), l'autre une tête de bison (Uruguay), le dernier une girafe (*fig.* 192) (Nyassa). Le premier est très curieux par ses formes massives.

Fig. 194. — Hippopotame (Timbre de la République de Libéria).

Fig. 195. — Chasse au bison (Timbre des États-Unis).

*

Sur des timbres récents des États-Unis, on voit figurer un indien chassant un bison (*fig.* 195), animal qui était autrefois très abondant, mais qui n'existe presque plus guère aujourd'hui qu'à l'état de souvenir : c'est un animal victime de la conquête de l'Amérique.

Il est intéressant à ce propos de remarquer que beaucoup de timbres représentent précisément la plupart des animaux en voie d'extinction : castor, cygne, paon, phoque, kanguroo, ornithorhynque, etc.

Remarquons aussi qu'au cours de cette étude, nous avons rencontré un certain nombre de mammifères, quelques oiseaux, un reptile, deux poissons, et, à part les coraux de Tonga, pas du tout d'animaux inférieurs, cependant si intéressants à tous les points de vue. Il y en aura certainement davantage quand les dessinateurs seront plus ferrés en zoologie.

Oiseaux de tempêtes.

Nuls êtres, mieux que les oiseaux marins, ne peuvent donner l'idée de l'âpreté de la vie au bord de la mer et de l'adaptation des animaux au milieu dans lequel ils vivent: obligés de lutter constamment contre les rafales de vent les plus terribles, ils ont acquis une puissance musculaire énorme, et la difficulté de se procurer de la nourriture en a fait de véritables oiseaux de proie au bec crochu, en même temps que la nature du milieu où ils trouvent des poissons leur a donné les attributs ordinaires des animaux plongeurs et nageurs. Toujours occupés à lutter contre les éléments et souvent entre eux, n'ayant presque jamais l'occasion de se poser, ils n'ont bien entendu jamais le temps de chanter comme nos petits virtuoses vivant en sybarites dans nos bois : leurs chants sont des cris farouches, cris de victoire, cris de haine, cris de mort, jamais d'amour ni de gaîté. La lutte est leur plaisir ; la tempête est leur vie. Chacun prend son plaisir où il le trouve.

*
* *

Au point de vue de l'aspect général, tous les oiseaux marins se ressemblent, non seulement au vol, mais encore lorsqu'on les examine de près. Aussi les simples amateurs, voire même les chasseurs et les naturalistes, éprouvent-ils très souvent des difficultés à leur donner un nom et s'imaginent-ils que les mots mouettes, goélands, pétrels, etc., sont synonymes. Il n'en est rien ainsi qu'on va le voir par l'étude des mœurs des principaux oiseaux de nos plages, ceux que nos lecteurs ont le plus souvent l'occasion d'observer pendant les vacances ou la période des grandes chasses ; on verra combien sont souvent erronées les idées qui ont cours à leur sujet.

Ainsi, l'on s'imagine volontiers que les mouettes et les goélands plongent dans les flots pour aller chercher les poissons dont ils se nourrissent : ce n'est qu'une apparence due à ce que ces oiseaux, lorsqu'ils volent près de la surface, sont souvent cachés à la vue par des vagues. Ils ne plongent, en effet, jamais et se contentent de recueillir la nourriture qu'ils rencontrent flottant à la surface de la mer ou rejetée sur la grève. Quand la mer est haute, ils croisent au large, se précipitant sur tout ce qui flotte et l'engloutissant quand c'est une proie vivante, par exemple un malheureux poisson ou un infortuné mollusque.

Dès que la mer baisse, ils arrivent dare-dare sur la plage, où le flot leur a apporté un riche butin d'animaux qui n'ont pas eu la précaution de se retirer en même temps que la mer. Pendant le festin, on les voit courir de droite et de gauche au milieu des galets, en sautillant et en poussant des cris rauques, informes, désagréables, faisant croire à une dispute générale. En somme, les mouettes et les goélands ne mangent que des proies vivantes et presque jamais ils ne mangent des animaux corrompus, comme on leur en a fait la réputation; on voit combien est erronée l'épithète qu'on leur a donnée souvent de « vautour de mer » ou de « corbeau de mer », voulant faire allusion ainsi à leur goût immodéré pour tout ce qui est charogne. J'ai vu souvent des cétacés échoués sur la plage : jamais je n'ai vu une mouette ou un goéland s'en rapprocher pour en manger. En captivité d'ailleurs, ces oiseaux n'acceptent que des poissons frais et de la viande saignante; bien plus, lorsque celle-ci — ainsi qu'on peut le voir au Jardin des plantes — est souillée par la poussière, les mouettes vont laver le morceau dans de l'eau avant de l'engloutir : les rapaces en captivité sont loin d'être aussi propres.

On a fait aussi aux mêmes oiseaux une réputation évidemment exagérée de stupidité, sous prétexte qu'ils se laissent approcher et tuer sans difficulté. Ceux qui parlent ainsi sont des naturalistes en chambre. En réalité, ces oiseaux savent très bien distinguer un chasseur d'un promeneur paisible, et s'éloignent du premier, fuyant juste à temps pour éviter les coups de fusil. Du moins ceci est-il exact pour les plages désertes où ils comprennent que leur seule sauvegarde est la fuite. Dans les ports de mer ou les villages du littoral, ils se savent en sûreté et deviennent plus familiers : mais c'est là plutôt un trait d'intelligence que de stupidité.

Voici, d'après M. Louis Ternier, quelques renseignements sur leur chasse. Pour les tirer, il faut ou les surprendre ou les tromper. On les surprend à marée baissante en se couvrant du talus formé par les galets ou des déclivités du terrain ; à marée basse, on les trompe, soit en tournant autour d'eux, sans avoir l'air de les voir, soit en faisant des allées et venues qui leur permettent de croire que vous avez autre chose en vue. C'est surtout le regard du chasseur qu'ils observent. Leur œil est toujours rivé au sien et, si on les fixe un instant, à n'importe qu'elle distance, ils s'enlèvent. En mer, ils sont moins défiants ; habitués à voir les barques de pêcheurs et les navires à voiles, ils passent souvent à portée. Pour tuer les mouettes et les goélands, il est préférable d'employer le gros plomb, par exemple le n° 2 de Paris.

Mettant à profit l'habitude qu'ont les goélands et les mouettes de venir reconnaître leurs congénères, on peut se servir d'appelants pour les attirer à portée. On attache devant un affût disposé sur la grève une mouette privée. Quand un goéland ou une mouette passe au large, on tire le fil qui retient la captive. Elle ouvre les ailes et ses évolutions attirent l'attention de l'oiseau, qui vient alors tournoyer à courte distance.

La chasse des goélands et des mouettes, quand il n'y a pas d'autre gibier en vue, permet de passer quelques heures d'une façon agréable. Il y a à cette chasse un double intérêt : sur les grèves, les goélands et les mouettes sont très difficiles à approcher. Il faut ruser pour les tirer, et, quand le succès a couronné les tentatives, on a la satisfaction de la difficulté vaincue. D'un autre côté, l'étude des variétés de ces oiseaux est très intéressante, il est agréable de comparer et de distinguer les différentes espèces qui croisent sur nos côtes. La chasse au bord de la mer demande plus d'endurance que la chasse en plaine. Elle offre aussi plus d'imprévu et c'est l'imprévu qui passionne le chasseur de sauvagine.

Quand un de leurs camarades est blessé, ils viennent tournoyer autour de lui, ce qui a fait supposer qu'ils avaient l'intention de l'achever ou d'attendre sa mort pour le dévorer. Il n'en est rien, car ils finissent toujours par s'en aller en laissant intact leur compagnon mort ou blessé, convaincus, sans doute, que leur présence n'est d'aucune utilité. Au point de vue culinaire, la chair des mouettes et des goélands est peu savoureuse, assez coriace et un peu huileuse : néanmoins, lorsqu'elle est bien apprêtée, on peut encore en tirer un bon parti. Les jeunes — les « grisards » comme on les appelle — sont particulièrement bons, surtout quand ils sont préparés comme les macreuses, écorchés et en civet ; les grands goélands « les margas » sont plus coriaces.

Les goélands et les mouettes s'éloignent peu des côtes. Les uns sont sédentaires, les autres seulement de passage. Leur vol, tantôt lent, tantôt rapide, leur permet de parcourir neuf cents mètres par minute ; ce qui fait du cinquante-quatre à l'heure, de quoi faire rêver un bicycliste. Lorsqu'ils sont par trop fatigués, ils se reposent sur l'eau, où ils flottent avec une grande légèreté et où leur manteau blanc tranche agréablement sur le vert de l'onde amère.

Ils nidifient dans les côtes désertes et, à cet effet, creusent une excavation dans le sol et la tapissent de différents matériaux grossiers, brindilles de plantes, lichens, mousses, varechs, etc. Le mâle protège la femelle pendant toute la durée de la couvaison. Comme les oiseaux nichent souvent très près les uns des autres, ils se solidarisent souvent pour repousser l'intrus qui vient les déranger.

Voici une observation faite par un naturaliste dans une île habitée par des centaines d'individus de ces deux espèces.

« Les nids se trouvaient sur les terres marécageuses. Quelques-uns étaient faits avec beaucoup de soin et garnis de petites nattes, tandis que d'autres étaient construits avec plus de négligence. Les couvées étaient de trois œufs, grands, à la coquille épaisse, granuleuse, mate, marquée, sur un fond grisâtre, de petites taches et de petits points bruns ou d'un cendré olivâtre et brun foncé. Ces œufs étaient gardés avec une inquiète sollicitude par les deux parents. Des clameurs inouïes s'élevèrent au moment où j'entrai dans l'île. Ceux des oiseaux qui étaient à ce moment occupés à couver ne bougèrent pas, et me laissèrent approcher à quelques pas, comme s'ils avaient espéré que ceux qui étaient chargés de la garde auraient le pouvoir de me faire reculer. D'autres d'entre eux s'étaient levés avec des cris perçants et m'environnèrent de très près, fondant sans cesse sur moi, puis s'élevant de nouveau pour se livrer à une nouvelle attaque. »

Les goélands sont très voisins des mouettes par leurs caractères et il existe même de nombreuses formes de passage entre les deux ; néanmoins on reconnaît ces

dernières à ce que leurs yeux noirs sont étroitement cerclés d'un iris brun sombre
à tous les âges ; leur taille est aussi inférieure à celle des goélands et leur bec plus
fin et plus mince.

Le plus grand des goélands est le goéland à manteau gris ou goéland bourg-
mestre, dont la taille atteint de 0^m,69 à 0^m,72 avec une envergure de deux mètres.
Il est assez rare et se rencontre dans le Nord. Le goéland à manteau noir, dont la
taille est de 0^m,37, est beaucoup plus commun. En été, la tête et le cou sont d'un
blanc pur, tandis que le dessus du corps est noir velouté. Son bec est jaune, les
paupières rouges et les pieds de couleur chair pâle bleutée. Les jeunes sont grivelés
de brun sur fond blanc sale, mais ne constituent pas une espèce distincte
comme on le croit généralement. Les goélands nichent en mai et en juin dans un
nid fait avec des brins d'herbe et où ils déposent deux ou trois œufs gris verdâtre.
Leurs *qua! qua! qua!* sont très désagréables et moqueurs. Chose curieuse, quand
deux goélands sont blessés en même temps, ils se battent entre eux jusqu'à ce que
mort s'ensuive : il est probable que chacun d'eux s'imagine que l'autre est l'auteur
de ses blessures. Le goéland brun est ainsi nommé... parce qu'il n'est jamais brun.
Tout le corps est blanc sauf le dos qui est ardoisé, avec des taches blanches. Le bec
est jaune et les pieds de même couleur. On le reconnaît à ce que les ailes sont
blanches à la jointure de l'épaule. Il est commun sur les plages à l'époque des bains
de mer. Son cri peut se traduire par *Ah! Ah! Ah!* ; son nid est fait de mauvaises
herbes et de plantes marines desséchées.

Le goéland à manteau bleu ou argenté, d'après la description de M. Ternier, est
de taille intermédiaire entre les deux espèces dont nous venons de parler, c'est-à-
dire plus gros qu'un canard sauvage. Le goéland à manteau bleu ou goéland argenté
a, en été, la tête et le cou d'un blanc pur. Le bec est jaune, avec l'angle de la mandibule inférieure rouge-vif. L'iris est jaune clair et donne à l'oiseau le regard de
l'oiseau de proie. Le manteau est bleu-cendré clair, la queue blanche. Tous le
dessous du corps est blanc. Les ailes sont pareilles au manteau, avec les grandes
pennes noires, lisérées et quelquefois tachetées de blanc. Les pieds sont couleur
chair livide ou jaune pur, cette dernière couleur s'observant plus rarement en hiver ;
la tête et le cou se couvrent de lignes brunes. Les jeunes, comme ceux des espèces
précédentes, sont entièrement grivelés de brun et de blanc, mais ils sont plus clairs,
ont l'aspect plus blanchâtre et leur dos prend rapidement une teinte bleuâtre. Le
goéland à manteau bleu adulte est un des plus jolis de la famille. La délicatesse de
ton de son manteau mauve, la blancheur immaculée de son plastron, lui donnent un
air de propreté et de coquetterie que ne dépare pas la fierté du regard tenant de
celui du rapace.

Ce goéland est très agressif ; quand il est blessé, il se défend avec plus d'acharnement que les autres oiseaux de mer. C'est un terrible destructeur d'œufs. Dans
les pays où il niche, il devient un véritable fléau pour les oiseaux qui couvent dans
le voisinage. Il se reproduit dans le Nord de l'Europe, en Angleterre, en France, sur
les côtes de la Manche et de l'Océan. Il pond, soit à terre, dans le gazon, soit dans
les anfractuosités des rochers inaccessibles, deux ou trois œufs brun-olive ou brun-

roussâtre tachetés. On le rencontre sur toutes nos côtes de France, au Nord, à l'Ouest et sur la Méditerranée, où il descend en hiver. On lui donne les noms de gros margas, miaulard, goéland à manteau gris, grande mauve. Les Anglais le nomment *herring-gull* ou goéland des harengs. Son cri est *hiane! hiane! hiane !* C'est le cri qu'il profère en volant. Son cri d'alarme est *ki iok!* très sifflé d'abord et traînant à la dernière syllabe.

Le goéland cendré, qui n'est autre que le margadon des côtes normandes et la grande miaule de Picardie, fait la transition entre les goélands proprement dits et les mouettes. Son bec le rapproche des premiers, tandis que ses yeux noirs l'en éloignent. En hiver, ses pieds sont bleus. Il arrive sur nos côtes en août.

*

Nous arrivons ainsi insensiblement aux mouettes, si communes sur nos côtes et dont l'espèce la plus fréquente a reçu le nom de mouette rieuse, parce que son cri ressemble sinon à un rire, du moins à un ricanement. On l'appelle encore miaule ou mouette à capuchon ; en Normandie, ce sont des étaillets et, en Picardie, des poverets.

Comme toutes leurs congénères, les mouettes, aussi bien les mâles que les femelles, possèdent en été un capuchon noir qui enveloppe toute la tête et descend le long du cou. En hiver, ce capuchon disparaît : la tête et le cou redeviennent blancs comme tout le reste du corps, à l'exception de la région dorsale qui est gris-cendré.

Ces mouettes ne fréquentent nos côtes maritimes et nos lacs que pendant la saison chaude; en octobre et en novembre, elles nous quittent pour aller passer l'hiver dans les régions tempérées. Brehm a rassemblé sur elles d'intéressants documents que nous allons résumer.

Quand les glaces disparaissent, la mouette rieuse retourne dans nos régions, et dans les années favorables on la revoit déjà en mars ; mais en général, elle attend jusqu'aux premiers jours d'avril. Les vieux qui se sont déjà reproduits reviennent appariés et se mettent presque aussitôt à construire leur nid, tandis que les jeunes semblent seulement se former en couples après leur retour, et que ceux qui sont encore incapables de se reproduire errent dans la campagne. La mouette rieuse ne recherche et n'habite la merque pendant l'hiver; il est rare de la voir s'établir sur les falaises ou sur une île pour faire ses pontes. Les eaux douces entourées de champs sont ses lieux de résidence favoris; elle y trouve tout ce dont elle a besoin pour vivre.

On compte la rieuse parmi les beaux oiseaux de mer, surtout au moment où elle porte sa livrée nuptiale. Ses mouvements sont singulièrement gracieux, souples et légers ; elle marche vite et longtemps; elle suit des heures entières les laboureurs, ou s'occupe à poursuivre des insectes sur les prairies ou sur les champs; elle nage très gracieusement, sinon très rapidement; elle s'enlève avec la même facilité, qu'elle soit à terre ou sur l'eau, et vole avec souplesse et agilité, en d'autres termes avec la plus grande aisance, et sans aucun effort, en décrivant dans les airs les courbes les plus capricieuses.

Les mœurs de la rieuse sont intéressantes. C'est avec raison qu'on la considère comme un oiseau prudent et même un peu méfiant, quoiqu'elle vive volontiers dans le voisinage immédiat de l'homme, dont elle cherche à deviner les intentions à son égard, pour régler sa manière d'agir. Dans les petites villes de Suisse, et dans toutes les localités du sud de l'Europe qui ne sont pas éloignées de la mer, on la considère comme un oiseau à peu près domestique. Elle rôde tout autour des personnes sans aucun souci, car elle sait que nul ne lui fera du mal ; mais elle devient méfiante lorsqu'elle a été l'objet de quelque attaque, et n'oublie pas de sitôt une tracasserie. Elle vit dans les meilleurs rapports avec ses pareilles, quoique la jalousie et la férocité soient les traits dominants de sa nature. Il y a entre les rieuses un tel accord que le proverbe qui dit qu' « une corneille n'arrache pas les yeux à une autre » peut aussi s'appliquer à elles. Elles n'aiment guère à avoir de rapport avec les autres oiseaux : elles évitent autant qu'elles peuvent leur société et attaquent de concert ceux qui s'approchent, espérant ainsi les faire fuir. Quand la rieuse habite une même île avec d'autres espèces du même groupe, elle se précipite presque avec fureur sur ses congénères qui s'approchent de son domaine, et qui l'accueillent à peu près de la même façon. La rieuse met au même rang de ses ennemis les oiseaux de proie, les corbeaux, les corneilles, les hérons, les cigognes, les canards et autres inoffensifs habitants des eaux, surtout quand ils ont l'audace de s'approcher de son nid.

La voix des mouettes rieuses est si désagréable, qu'on s'explique le nom de corneilles de mer qu'on leur donne quelquefois. Un son criard : *kriah* est leur appel ; leur conversation se fait en *ekk* ou *scherr* ; l'expression de la colère est un cri perçant : *kerreckeked*, ou un son rauque : *girr*, suivi d'un *kriah*.

*

Les mouettes font des insectes et des petits poissons leur principale nourriture, mais elles ne dédaignent cependant pas les petits rongeurs. Elles s'emparent des insectes sur la terre et sur l'eau, les saisissent aussi sur les feuilles et les attrapent au vol ; elles sont occupées des heures entières à leur faire la chasse dans les champs et les prairies ; elles suivent le laboureur absolument comme le font les corneilles.

Elles s'emparent des petits poissons, soit en plongeant brusquement, soit en rasant la surface de l'eau ; elles usent du premier procédé sur la mer, et de l'autre sur les lacs et les fleuves. Cet oiseau nourrit ses petits presque exclusivement d'insectes. Malgré sa faiblesse, il s'attaque à des animaux de grande taille, quand ils viennent s'offrir en butin, et réduit adroitement de forts morceaux de viande en petits fragments proportionnés à son œsophage. Quoiqu'il fasse fi des matières végétales, il s'habitue bientôt au pain et finit par le manger avec un plaisir manifeste. Il chasse pendant toute la journée, se repose un instant et se remet à voltiger. Il quitte les lacs pour aller chercher sur les prés et les pâturages de quoi satisfaire son appétit, puis il retourne vers l'eau pour y boire et s'y baigner ; sa digestion faite, il recommence sa chasse.

La saison de la ponte commence à la fin d'avril. La colonie d'oiseaux, d'abord turbulente, a fini par s'apaiser après des querelles nombreuses pour le choix des places. On ne voit jamais les mouettes rieuses nicher isolées, rarement en petite société, car d'habitude elles se trouvent en bandes composées de centaines et de milliers d'individus qui s'entassent autant que possible sur un petit espace. Les nids sont placés sur de petites touffes de roseaux ou de joncs au milieu d'eaux tranquilles ou de marais; ils sont formés de petits brins de joncs ou d'amas de petits roseaux, quelquefois dans les marais, au milieu de l'herbe, mais toujours dans les endroits difficilement accessibles. Les oiseaux commencent par entasser de petites touffes d'herbes ou de roseaux, ils y ajoutent des joncs, des laiches, des fétus de paille, et achèvent enfin la cavité. Au commencement de mai, chaque nid contient des œufs au nombre de trois à cinq. Ces œufs sont suffisamment gros, marqués, sur un fond d'un vert tendre, de petites taches et de points gris-cendré tirant sur le rouge ou d'un brun foncé; du reste, ils varient quelquefois de forme et de couleur.

*

Les petits éclosent après une incubation de dix-huit jours, et au bout de trois à quatre semaines ils sont assez forts pour prendre leur essor. Quand le nid est entouré d'eau, ils ne le quittent pas les premiers jours, tandis que, dans les petites îles, ils aiment à sortir pour aller rôder sur la terre ferme; lorsqu'ils sont âgés de huit jours, ils commencent même à s'aventurer dans l'eau; dans la seconde semaine, ils voltigent déjà tout autour, et à la troisième ils sont à peu près indépendants.

Les vieux sont continuellement occupés à prévenir les dangers qui menacent leurs petits. Tout oiseau de proie qui se montre dans le lointain, toute corneille, tout héron cause une agitation dans la colonie; il s'élève aussitôt d'épouvantables clameurs; les couveurs eux-mêmes abandonnent leurs œufs; on voit s'élancer d'épaisses phalanges qui fondent sur leur ennemi et usent de tous les moyens pour l'éloigner. Ces oiseaux attaquent bravement le chien ou le renard et entourent de très près tout homme qui s'approche; en même temps, ils crient de toutes leurs forces, au point qu'il faut réellement être doué d'un certain courage pour supporter leurs clameurs. Ils poursuivent avec acharnement le fuyard, et ce n'est que peu à peu que se rétablissent une tranquillité et un silence relatifs. Les mouettes rieuses sont charmantes en captivité, surtout quand on les élève après les avoir prises jeunes dans leur nid. On les nourrit surtout de viande ou de poisson; mais on peut les habituer à manger du pain, de sorte que leur entretien n'est réellement pas coûteux. Si l'on commence par s'occuper d'elles, elles deviennent bientôt d'une douceur remarquable, suivent avec la facilité d'un chien celui qui les nourrit, le saluent joyeusement à son approche, et l'accompagnent en volant à travers les cours et les jardins, et même jusque dans la campagne. Ces petits prisonniers ne quittent pas avant la fin de l'automne la demeure qu'on leur a assignée; ils s'éloignent bien de temps en temps et se promènent dans les environs à des distances de plusieurs lieues, mais ils reviennent toujours exactement, surtout quand on les a habitués à prendre leur repas à une certaine heure. S'il leur arrive de rencontrer des oiseaux de la même espèce, ils cherchent à les emmener avec eux et savent si bien endormir leur méfiance, que les individus indépendants semblent abandonner toute timidité vis-à-vis de l'homme et s'arrêtent au moins pendant quelque temps dans la demeure de leur congénère, puis regagnent tranquillement la leur.

M. Ternier a donné de ces mêmes animaux une description saisissante : A la marée basse, raconte-t-il, elles affectionnent les endroits de la plage où une dépression a formé une lagune vaseuse. C'est dans la vase molle qu'elles paraissent chercher de préférence leur nourriture, mais avec quelle précaution pour ne point souiller la blancheur de leur jabot ! Elles vont et viennent d'un vol moelleux et lent au-dessus de cet espace fangeux, se posant à peine un instant, effleurant le plus souvent le sol pour s'élever ensuite et reprendre leur course capricieuse. A marée haute, elles n'abandonnent pas la contrée, elles suivent le bord de la plage et croisent dans les airs jusqu'à ce que la mer, en se retirant, leur permette de recommencer leurs gracieuses évolutions au-dessus de la grève abandonnée par les flots.

Je ne connais rien de plus charmant que les jeunes mouettes rieuses. Leurs yeux noirs et doux, leur bec fin et élégant, de longueur voulue à raison de la tête, l'harmonie de leurs formes, de dimensions bien proportionnées, m'ont toujours séduit. Comparez le corps de la mouette à celui du pigeon et jugez : l'élégance de la première ne saurait être méconnue ; la mouette a les pattes assez élevées, le pigeon est bas sur ses appuis ; il est trapu, elle est élancée ! Ces mouettes ne sont que plumes, et bien qu'elles paraissent atteindre la taille d'un ramier, elles sont loin d'avoir le même poids. Elles ne pèsent rien. Toujours maigres, elles ne sont qu'ailes et duvet. Les adultes, avec leur capuchon, me paraissent moins séduisants ; mais à leur passage, ils m'amusent. Quand ils viennent de prendre cette livrée qui semble les gêner et que plusieurs couples s'abattent sur la grève, j'ai toujours, malgré moi, pensé à une noce, à une bande de jeunes fous. Se bousculant en riant, se posant à peine au même endroit, pressées de retourner aux endroits où elles nichent, les mouettes rieuses, à leur premier passage, m'ont paru ne faire qu'une halte sur nos côtes. Leur cri, qui à l'automne n'est pas trop criard, est, au printemps, assez désagréable.

A côté de la mouette rieuse, il convient de citer quelques espèces plus rares et entre autres la mouette tridactyle (dont la ponte est rudimentaire), la mouette atricille, la mouette mélanocéphale, la mouette pygmée (dont la taille est celle de la tourterelle), et la mouette de saline.

* *
*

Les goélands et les mouettes sont de bons voiliers, mais ce n'est rien en comparaison des hirondelles de mer qui, elles, ne se posent presque jamais. Il suffit d'ailleurs de les voir pour se rendre compte qu'elles sont faites pour fendre les airs comme les gentilles messagères du printemps auxquelles on les a si justement comparées. Le corps élancé, les ailes très longues, étroites, maigres, la queue d'une longueur moyenne, plus ou moins fourchue, le plumage lisse et serré, tout indique des animaux robustes et effilés de manière à donner le moins de prise possible au vent. Le bec est ordinairement aussi long que la tête, dur, droit, quelquefois à crête dorsale légèrement convexe.

Les hirondelles de mer se rencontrent sur la plupart de nos côtes, elles émigrent en suivant ordinairement les cours d'eau. Toute la journée elles sont en mouvement, en volant au-dessus de la mer, où on admire leur élégance. Si elles viennent à se poser, ce qui est rare, elles sont moins gracieuses, leur queue étant plus élevée que la tête et celle-ci semblant rentrer dans les épaules ; elles marchent d'ailleurs fort mal, en sautillant. Tout aussi rarement elles se posent sur la mer, où elles flottent comme des bouchons, leurs pattes, incomplètement palmées, ne leur permettant pas de nager très vite ; aussi n'utilisent-elles presque jamais ce mode de locomotion. Par contre, leur vol est aussi adroit et aussi rapide que celui de l'hirondelle. D'une agilité prodigieuse, elles battent des ailes lentement et décrivent une ligne ondulée. Puis, tout à coup, elles battent des ailes rapidement et filent en ligne droite comme une flèche. Quand le temps est beau, elles se jouent dans l'air en cercles gracieux, rasant les vagues sans les toucher. Parfois, on les voit s'élever, puis fermer tout à coup les ailes et se laisser choir dans la mer, où elles plongent pour en sortir presque aussitôt. C'est d'ailleurs là un cas assez peu fréquent, car les hirondelles de mer se nourrissent surtout de proies vivant dans les airs ou à la surface de la mer. Leur voix est criarde ; leurs *kriaeh ! kriaeh !* sont même très désagréables. Leur taille varie entre trente et cinquante centimètres et leurs teintes sont ordinairement gris de plomb clair, noires ou blanches.

Ce sont des animaux sociables ne se séparant même pas de leurs congénères pendant la couvaison. Quand l'une d'elles est blessée, toutes les autres viennent la visiter avec acharnement, « bavolent » au-dessus d'elles, sans se préoccuper des coups de fusil du chasseur qui, à sa grande joie, peut ainsi détruire toute une compagnie.

« Le mâle et la femelle d'un même couple, dit Brehm, ont l'un pour l'autre beaucoup d'attachement : ils témoignent une grande affection à leur progéniture, et s'exposent pour elle à des dangers qu'ils fuient en toute autre circonstance. S'ils forment, pour nicher, des sociétés nombreuses, c'est probablement parce qu'ils ont conscience de pouvoir mieux résister à leurs ennemis en réunissant leurs forces qu'en agissant isolément. »

Quelques semaines avant la ponte, les hirondelles de mer se rassemblent dans les endroits où elles nichent. En général, elles reviennent tous les ans dans le même lieu. Celles qui habitent la mer choisissent un banc de sable, une île découverte, un banc de madrépores, une forêt de mangliers ; celles qui vivent dans l'intérieur des terres recherchent des conditions analogues, ou se fixent dans les lacs et les marais. D'ordinaire, chaque espèce forme des colonies séparées ; quelquefois, mais exceptionnellement, un couple niche seul ou en compagnie d'autres oiseaux aquatiques. Celles qui habitent les marais construisent un nid. Quant aux autres, on ne saurait donner le nom de nid à la faible dépression qu'elles creusent pour y déposer leurs œufs.

Les premières établissent leurs nids à une certaine distance les uns des autres ; les secondes les rapprochent au point que, en couvant, les oiseaux couvrent littéralement le rivage, et qu'ils sont obligés de se tourner tous dans le même sens pour ne point se gêner. On ne peut même passer entre les nids sans écraser des œufs. Ceux qui nichent sur les arbres déposent leurs œufs à nu entre les inégalités de l'écorce, ou à la bifurcation d'une branche. La plupart pondent à terre trois œufs, quelques-uns quatre, d'autres deux ; ceux qui nichent n'en pondent généralement qu'un seul.

Le mâle et la femelle couvent alternativement ; mais, en général, pendant les chaudes heures de la journée, ils laissent les œufs exposés aux rayons du soleil. Les jeunes éclosent après une incubation de deux à trois semaines. Ils ont en naissant un duvet bigarré. D'ordinaire, ils quittent leur nid dès le premier jour de leur existence et courent sur le rivage avec plus d'agilité presque que leurs parents. Ceux-ci veillent sur eux et les nourrissent. Leur croissance est rapide ; mais ils n'ont toute leur taille que lorsqu'ils peuvent parfaitement voler. C'est alors qu'ils quittent le lieu de leur naissance et qu'ils errent de côté et d'autre, en société de leurs parents.

Les jeunes hirondelles de mer ont pour ennemis tous les carnassiers qui peuvent arriver jusqu'à leurs nids, les corbeaux et les grandes espèces de mouettes. Les rapaces de haut vol capturent aussi les adultes ; les stercoraires les tourmentent de mille façons pour les forcer à régurgiter leur proie.

Fig. 196. — La sterne.

Oiseau bien fait pour fendre l'espace avec son bec pointu, son port élancé, sa queue rappelant les plumes des flèches.

L'homme aussi est l'ennemi des hirondelles de mer, dont il aime à se procurer les œufs délicats. A part cela, on chasse peu ces oiseaux, car on ne peut utiliser ni leur chair, ni leurs plumes, et ils ne supportent pas la captivité.

Les hirondelles de mer forment en réalité deux genres distincts : les sternes (*fig.* 196) et les guifettes. Celles-ci se distinguent des premières en ce que leur bec est court, mince, un peu recourbé ; leurs ailes sont plus longues et leur queue peu fourchue. La palmure des pieds est si peu développée que les doigts semblent seulement frangés. Cas assez rare dans le règne animal, le dessous du corps est presque toujours plus foncé que le dessus. Les sternes nichent sur les plages et les guifettes dans les roseaux des marais.

Les oiseaux marins n'ont pas seulement à lutter contre les éléments déchaînés et contre la pénurie de la nourriture. Ils sont encore poursuivis par les oiseaux de proie ordinaires, qui s'attaquent à eux comme aux autres animaux, et détroussés par quelques-uns de leurs congénères, auxquels on a donné le nom de stercoraires ou labbes (*fig.* 197). Les mœurs de ceux-ci sont vraiment curieuses. .

Ces grands oiseaux ont la poitrine forte, le cou court, la tête petite ; leur bec est recouvert à la base d'une sorte de cire analogue à celle des oiseaux de proie et se termine par un crochet qui semble surajouté. La mandibule inférieure est plus ou moins anguleuse. Les rectrices médianes de la queue dépassent notablement les autres plumes, ce qui donne à cette partie de l'oiseau l'apparence d'un bec de lance.

Fig. 197. — Le stercoraire.

Un véritable bandit qui détrousse honteusement les autres oiseaux de mer et les dépouille du fruit de leur pêche.

Leurs yeux brillants au regard fin et railleur ressemblent à ceux des oiseaux de proie.

On les voit poursuivre constamment les goélands, les mouettes, les hirondelles de mer, comme s'ils voulaient les dévorer. Mais point. Si on les suit avec une lorgnette, on les voit harceler sans cesse ces malheureux oiseaux jusqu'à ce que ceux-ci laissent tomber dans la mer une masse blanchâtre, verdâtre, sur laquelle ils se précipitent et qu'ils engloutissent en un clin d'œil. Les premiers témoins de ce fait s'imaginèrent que cette masse n'était autre que les déjections des oiseaux de mer et en conclurent que les stercoraires avaient un singulier mode d'alimentation, d'où ils tirent leur nom. Mais, en réalité, les choses ne se passent pas ainsi. La masse rejetée n'est autre qu'un poisson fraîchement englouti par l'oiseau et que le stercoraire le force à rejeter : pour cela, il le harcèle sans trêve ni repos et lui frappe même violemment sur la tête jusqu'à ce qu'il lui ait abandonné son butin. Si l'oiseau résiste, il l'étrangle et le déchire en morceaux. Sa voracité est extrême : non seulement il chasse comme je viens de le dire, mais encore il pêche — bien que rarement — pour son propre compte et va sur la plage cueillir tout ce que le flot y laisse de comestible. Il pille aussi hardiment les nids des oiseaux qui couvent et engloutit les œufs aussi bien que les jeunes. « Un cri d'effroi général, dit Naumann, sort de mille gosiers aussitôt que cet audacieux voleur s'approche du domaine des couveurs ; cependant, malgré ces démonstrations, il n'y a pas un seul individu qui se hasarde à s'opposer sérieusement à ses projets pervers. Il s'empare du premier jeune qui s'offre à lui et s'éloigne, pendant que la malheureuse mère crie inutilement et le suit au vol un instant. Dès qu'il n'est plus poursuivi, il descend sur l'eau, tue sa capture, l'avale, puis se dirige vers ses petits, à qui il la donne après l'avoir régurgitée. »

Après avoir bien dîné, les stercoraires se retirent dans un endroit tranquille pour y digérer tout à l'aise. Mais bientôt, ils s'élancent dans l'air pour recommencer leur existence de bandits. Leur vol ne diffère pas seulement de celui des mouettes, mais encore, à certains égards, de celui des oiseaux de la même famille. Naumann dit avec raison que la manière de voler du stercoraire parasite est une des plus admirables et des plus variées du monde des oiseaux. Tantôt il vole assez long-temps, comme un faucon, tantôt avec de lents mouvements d'ailes il plane sur de vastes étendues ; aussi, en le voyant de loin, on peut facilement le prendre pour un milan. Soudain, il tressaille et bat des ailes avec une singulière vivacité, des-cend en décrivant une courbe, se relève de nouveau, décrit une ligne sinueuse qui se compose de grandes et de petites courbes, fond avec une rapidité furieuse, remonte de nouveau lentement, paraît un moment comme fatigué et immobile, puis un instant après « semble possédé du mauvais esprit », se tourne et se meut, se démène et voltige, se livre en un mot aux mouvements les plus variés. Son cri ressemble à celui du paon ; on l'exprime à peu près par : *man* ; il est sonore et retentissant ; à l'époque des amours il prend des intonations singulières, que l'on pourrait presque comparer à un chant, car, quoiqu'il ne se compose que de l'unique syllabe *je, je*, c'est une série de notes différentes. Les mœurs de cet oiseau sont, sous bien des rapports, absolument semblables à celles d'une espèce voisine, le labbe cataracte.

Relativement à sa taille, le stercoraire parasite est tout aussi hardi, importun, courageux et jaloux, avide et pillard que ce dernier. Il ne semble en différer qu'en ce qu'il est sociable vis-à-vis des autres individus de son espèce, quoiqu'il ne le soit que dans une certaine mesure. En dehors de l'époque de la pariade, on le voit souvent en petites bandes, tandis que pendant la période dont nous parlons, contrairement à ce qu'on observe chez ses congénères, chaque couple habite un domaine spécial. Il est tout aussi redouté des petits oiseaux de mer que le labbe cataracte l'est des grands ; il arrive cependant que l'on voit des pluviers, des bécasseaux, des huîtriers ou des pétrels nicher avec lui, en bonne entente, sur la même partie de mer. « Aux Lofoden, j'ai pu observer, dit Brehm, des stercoraires parasites tous les jours, pendant des semaines entières, et j'ai remarqué qu'au fort de l'été, ils sont tout aussi diligents pendant la nuit que pendant le jour. Souvent je les ai vus se livrer à la chasse des insectes pendant des heures entières, et cependant je n'ai trouvé que des petits pois-sons dans l'estomac de ceux que j'ai tués. Je ne les ai jamais vus piller les nids ; toutefois, ils poursuivaient constamment les thalassidromes tempêtes et les forçaient à abandonner le butin qu'ils venaient de faire. Ils persécutent les sternes et les lummes encore plus que les mouettes. »

« Au milieu de mai, on voit apparaître le stercoraire parasite sur la terre ferme, pour y couver. Comme emplacement pour son nid, il choisit de préférence les marais situés un peu bas. En Laponie, d'après mes observations, il évite les hauteurs fréquentées par des oiseaux de toutes sortes et se montre tout aussi rarement sur les sommets des montagnes que recherchent pour se reproduire des espèces très voisines. On peut compter, sur un de ces grands marais, de cinquante à cent couples, mais chaque couple a un domaine spécial et délimité, qu'il défend contre ses voisins. Le nid se trouve sur une petite élévation des marais ; il consiste en une simple cavité, bien polie. Les œufs, qu'on trouve rarement avant la mi-juillet, rappellent de loin ceux de certains scolopacidés ; ils sont très granuleux, peu brillants, marqués, sur un fond olivâtre foncé ou vert brunâtre, de petites taches ou de points d'un gris sombre et olivâtre ou brun foncé tirant sur le rouge, ainsi que d'anneaux et de traits. Le mâle et la femelle couvent à tour de rôle, et témoignent une grande sollicitude ; quand quelqu'un s'approche du nid, ils s'avancent à la rencontre de cet importun, l'entourent, se lancent à terre, cherchent à attirer son attention sur eux, donnent une représentation de leur habitude à voler, sautillant et voltigeant avec des sifflements bizarres, puis s'envolent quand on les approche et recommencent ce jeu ; en un mot, ils font tout leur possible pour éloigner l'ennemi de la nichée. Ils ne sont pas aussi intrépides que les grandes espèces de la famille ; je n'ai, du moins, jamais remarqué que l'un des couples que j'observais se soit montré plus courageux que les oiseaux de tempêtes, si grande que soit l'analogie avec eux. » (Brehm.)

* * *

Le thalassidrome des tempêtes (*fig.* 198) est de tous les oiseaux de mer celui qui préfère aux temps calmes le moment où les éléments sont déchaînés. Ce qu'il lui faut, c'est l'ouragan : une tempête le met en joie et on le voit alors voler comme un petit fou à la surface des vagues et les traverser. Une lame arrive qui le submerge ; on le croit mort ; il reparaît un peu plus loin, plus vif que jamais, retrempé par le bain qui lui a fouetté le sang. Ce singulier oiseau suit littéralement les tempêtes, et son arrivée, qui présage toujours celle d'un ouragan, est très redoutée des pêcheurs. A le voir au repos, cependant, on ne le croirait pas amoureux d'une vie agitée. Pas plus gros qu'une hirondelle, il a la tête et le dessus du corps d'un brun noir, la queue blanche à la base, noire à l'extrémité, ne dépassant pas les ailes. Le bec est noir et crochu et les pattes, de moyenne hauteur, sont largement palmées.

Les thalassidromes sont aussi actifs le jour que la nuit. Ordinairement, ils vivent en bandes dans la haute mer ; mais, après un long ouragan, ils se rapprochent des côtes, sans doute pour se reposer. Il leur arrive alors souvent de pénétrer dans l'intérieur des terres. C'est ainsi qu'il y a trois ou quatre ans, on a pu en voir, même à Paris. Ils volent à la manière des hirondelles, suivant toutes les sinuosités des vagues. Ils sont tout à fait inoffensifs et se nourrissent de petits crustacés et de poissons flottant à la surface de la mer. On ne leur fait pas la chasse, car leur chair est trop huileuse pour être comestible. Ils sont même si gras qu'on s'en sert parfois en guise de lampe : à cet effet, on leur passe simplement une mèche à travers le corps et on l'allume.

Quant à la ponte, elle n'a guère été étudiée que par Graba, dont nous allons citer les observations :

Comme j'avais manifesté à notre hôte, John Dalsgaard, raconte-t-il, le désir de me procurer un thalassidrome par tous les moyens possibles, il demanda à ses gens s'ils connaissaient un nid. Un jeune garçon qui en avait découvert un, nous conduisit à un grand mur de pierre d'une écurie qui se trouvait à une certaine

Fig. 198. — Le thalassidrome.

La lutte est son plaisir ; la tempête est sa vie. Mais quelle existence, où il faut toujours batailler entre les éléments et enlever son pain à la pointe de son bec!

distance de la maison ; c'est là que devaient se trouver les thalassidromes tempêtes, au milieu des pierres. Cependant, le garçon ne savait pas au juste quelle place ils occupaient. Mais au bout de peu de temps, il les découvrit, et par un moyen singulier ; il mit sa bouche dans plusieurs fissures de la muraille et cria : *klürr*, à quoi répondit aussitôt un petit : *kekeriki*, qui se répéta à chaque *klürr* que poussa l'enfant. Alors on travailla une demi-heure avec des bûches et des leviers à retirer les pierres. Enfin nous aperçûmes un nid construit de brins d'herbe ; mais le thalassidrome avait disparu, il s'était caché un peu plus haut, au milieu des pierres déplacées ; cependant nous finîmes par le découvrir et on l'amena hors de sa cachette. Aussitôt qu'on l'eut retiré, il lança à trois reprises, par des mouvements latéraux de tête et de cou, un jet de liquide jaunâtre. Le premier jet fut le plus fort, les autres furent plus clairs. Il fit encore plusieurs tentatives, mais inutilement, et cependant il expulsa toujours une petite quantité de liquide huileux de son gosier.

Beaucoup d'habitants des Fär-ŒEer ne connaissaient le thalassidrome que de nom (*Dumquiti*), et en fait de détails sur son compte, ils savaient seulement qu'on l'entendait crier sous la terre et qu'en dehors des pontes, il ne s'arrêtait jamais sur la terre ferme. Tant que je fus aux Fär-ŒEer, je n'ai jamais rencontré cet oiseau sur les côtes, tandis qu'il est très commun en pleine mer et particulièrement dans les environs des îles du Nord.

Plusieurs semaines avant que les thalassidromes commencent à couver, ils se retirent dans les grottes et dans les crevasses, tout près de la mer. Ils y creusent dans la terre un trou, qui a quelquefois un pied ou deux de profondeur ; ils en garnissent le fond de quelques brins d'herbe et y pondent, à la fin de juin, un seul œuf rond et blanc. Quelque temps avant de pondre son œuf, l'oiseau s'arrache quelques plumes de la poitrine et du ventre pour en garnir son nid. Je trouvai de ces nids huit jours déjà avant l'époque de la ponte. Mes propres observations ne me permettent pas de rien affirmer sur l'incubation et sur les germes ; néanmoins, je suppose que les parents se remplacent pour couver, car on ne voit jamais plus d'un vieil oiseau sur le nid ; d'un autre côté, j'ai rencontré à toutes les heures de la journée des mâles et des femelles.

Graba ajoute que cet oiseau est le plus inoffensif que l'on puisse rencontrer et que jamais il n'a essayé de se défendre contre ses agresseurs ou de les mordre, une fois qu'il a lancé son jet huileux. Il s'apprivoise si bien que Graba pouvait prendre à la main un individu qu'il possédait, le porter avec lui, le caresser et l'éloigner à volonté. Sa tenue témoignait du plus grand abattement. Il restait immobile sur la plante des pieds, sans que les plumes du ventre touchassent la terre ; il laissait pendre la tête et retombait toujours dans la même position sitôt qu'on le laissait tranquille. Il n'essaya jamais de se servir de ses ailes dans la chambre, et ne faisait que lourdement quelques pas en avant ; sitôt qu'on le chassait, ses talons se pliaient. Quand cet oiseau se tenait debout, ce qui paraissait lui être pénible, le corps était horizontal, les jambes juste dans le milieu du corps, le cou droit, ce qui donnait une grande convexité à la poitrine. Il n'essaya nullement de manger ; comme la plupart des oiseaux pélagiens, il se sentit perdu aussitôt qu'on l'eut privé de la vue de la mer ; on le porta par les champs, sur la main, lui laissant toute liberté, il n'en usa pas, il s'accroupit même quand on fut au bord de la mer ; mais, aussitôt qu'on l'eut lancé dans les airs, il partit comme le vent avec une rapidité extraordinaire, et chercha, à l'aide du vent, à regagner la pleine mer.

* * *

Au large, on rencontre assez fréquemment un grand oiseau blanc de la taille d'une oie sauvage, le fou de Bassan, ainsi nommé parce qu'il semble inconscient de la présence de l'homme sur les navires : non seulement il les suit de très près, mais encore il vient se poser sur les vergues ou le pont. Il se laisse prendre avec d'autant plus de facilité qu'une fois posé, il a du mal à s'enlever. Il faut aussi avouer que sa physionomie n'a rien de spirituel, ce qui, joint à ses mœurs, explique le nom de *booby* — de nigaud — que lui donnent les matelots anglais. Le corps du fou de Bassan est plus allongé que celui de l'oie et ses ailes ont une envergure considérable. Le bec est très fort. Il niche dans les anfractuosités des roches, où il construit un nid avec du varech, du gazon ou de la mousse. Il se rapproche des côtes au moment de la couvaison, quand les ouragans sont violents. Sa chair est musquée et peu comestible.

* *

Le cormoran, comme le précédent, est un piètre gibier, sa chair dégageant une odeur désagréable et ayant un goût détestable, d'où le vieux dicton : « Qui voudrait régaler le diable lui faudrait bièvre ou cormoran. » Mais cela n'empêche pas l'oiseau d'être intéressant pour le naturaliste. Il mesure de quatre-vingts centimètres à un mètre de longueur. Le dessus de la tête, du cou, de la poitrine, le ventre et la partie inférieure du dos sont d'un beau vert noirâtre, à reflets métalliques. Sur le haut du dos et le dessus des ailes, le plumage paraît écaillé, à cause des plumes qui portent une bordure plus foncée. Au moment de la reproduction, il lui pousse sur la tête des petites plumes blanches très délicates et très étroites, formant une huppe qui ne tarde pas à tomber.

Les cormorans sont très sociables ; ce n'est qu'exceptionnellement qu'on en rencontre d'isolés. Ils se réunissent parfois en grand nombre sur des îles désertes ou des côtes sauvages. A terre, ils sont très maladroits, marchent en se balançant et si mal qu'on a prétendu qu'ils ne pouvaient marcher qu'en s'appuyant sur leur queue. Quand on approche de l'endroit où ils sont perchés, on les voit allonger le cou, piétiner sur place et enfin partir tous ensemble, les uns s'élevant dans les airs pour planer, les autres tournoyant à des hauteurs plus considérables, d'autres enfin, sautant dans la mer tout à fait à la manière des grenouilles.

Les cormorans sont des nageurs émérites aussi bien à la surface de l'eau que dans les profondeurs. Quand on les poursuit, ils plongent et nagent sous l'eau avec une telle rapidité que la meilleure barque, conduite par les meilleurs rameurs, peut à peine les atteindre. Ils peuvent aussi nager la tête et le cou seuls hors de l'eau. Quand ils poursuivent une proie, ils donnent de larges coups de rames et filent comme une flèche. Ils mangent un très grand nombre de poissons, qu'ils chassent surtout le matin et qu'ils digèrent l'après-midi. Ils ne peuvent tenir très longtemps la mer ; après leurs immersions, toujours assez courtes, ils ont besoin d'aller sur un banc ou sur une roche pour se secouer, car leurs plumes, contrairement à celles des autres oiseaux plongeurs, se mouillent, et ont, par suite, besoin d'être séchées. Ce sont des oiseaux prudents, rusés et méfiants.

Ils se montrent toujours agressifs et méchants envers les autres oiseaux qu'ils rencontrent, surtout quand la jalousie et la voracité sont en jeu ; en même temps ils les obligent à travailler pour eux. Ainsi nous avons remarqué que des cormorans captifs employaient des pélicans à leur casser une mince couche de glace qui les empêchait de nager et de plonger dans leur pièce d'eau. Ils avaient vu que les pélicans enfonçaient la glace qu'ils ne pouvaient pas briser, ils s'empressèrent d'utiliser ce renseignement : ils se mirent à nager derrière leurs forts compagnons de captivité, les pincèrent et les persécutèrent jusqu'à ce que ceux-ci leur eussent frayé une route en nageant devant eux. (Brehm.)

On sait qu'en Chine on emploie les cormorans pour la pêche : ils capturent les poissons avec leur bec, mais un anneau qui entoure leur cou ne leur permet pas de les manger, ce dont profite le propriétaire de l'oiseau pour s'en emparer.

En France, plusieurs amateurs s'occupent de ce sport très intéressant.

Par les gros temps, les cormorans s'approchent quelquefois du bord de la plage, et paraissent même affectionner les endroits où les lames déferlent avec le plus de violence. J'ai passé de longs moments, par les temps de grand vent, à observer des cormorans se jouer dans les vagues. Secouant leur torpeur habituelle, ils paraissent attendre les fortes lames pour se précipiter le cou en avant dans leur

Fig. 199. — Le guillemot.
Dodelinant de ci de là, ne se faisant pas de bile, le guillemot va son petit bonhomme de chemin.

volute et reparaître sur leur crête, portant haut la tête, la tournant dans toutes les directions, comme s'ils étaient fiers de leur audace. Dans ces conditions, ils entre-coupent leurs immersions de vols fort courts et se replongent ensuite dans l'écume. Les autres plongeurs, au contraire, craignent le grand vent et s'éloignent des côtes quand le temps est mauvais. Cette différence doit provenir de ce que les cormorans peuvent se mouvoir à terre avec plus de facilité que les autres oiseaux dont les pattes sont situées très à l'arrière du corps et qui craignent d'être jetés sur la rive. Les cormorans se tiennent dans une position moins verticale que les autres plon-geurs et ils marchent, lourdement il est vrai, mais d'une façon soutenue. En ba-teau, il est difficile de les atteindre. Les cormorans se cantonnent pendant quelque temps dans certaines contrées, surtout à l'embouchure des fleuves. Ils vont et viennent alors pendant toute la durée de la haute mer et font de longues traites au vol, qu'ils ont rasant quoique très soutenu. A marée basse, ils se posent en bancs où ils ressemblent de loin à de grands corbeaux, n'interrompant leur immobilité que pour lustrer leurs plumes ou étendre leurs ailes. Les pêcheurs prennent quelquefois des cormorans dans les filets qu'ils déposent pour le poisson. (L. Ternier.)

Ils nichent dans les excavations de roches ou dans les forêts voisines de la mer et s'emparent alors souvent des nids de corneilles ou de hérons en en chassant leurs légitimes propriétaires.

*
* *

Les guillemots (*fig.* 199) se rencontrent assez souvent dans le nord et l'ouest de la France, mais ils sont beaucoup plus abondants dans les hautes régions septentrionales. Comme l'a si bien décrit Guy de Maupassant dans un charmant conte, *La roche aux guillemots*, ces oiseaux constituent un grand attrait pour les chasseurs, non pas que leur chair soit savoureuse, mais parce que les péripéties de leur chasse sur les îles sont pleines d'intérêt. Ils habitent normalement les régions glacées, où on les rencontre alors en bandes innombrables ; mais lorsque le froid devient par trop vif, ils recherchent des localités plus méridionales. C'est alors qu'on les voit apparaître sur nos côtes, mais en petites bandes, par couples ou même isolément.

Bien que conformé comme les oiseaux les plus ordinaires, le guillemot donne l'impression d'un acheminement vers ces oiseaux fantastiques que l'on appelle des manchots. Au repos, en effet, il est vertical, appuyé sur sa queue, complétant le trépied ; en même temps il agite la tête et le cou d'une manière très gracieuse.

« Il est très habile à la nage, et bien qu'il n'enfonce pas profondément le corps, il semble plus léger sur l'eau que tous ses congénères. En ramant, il sort fréquemment de l'eau ses jolis pieds rouges. Quand il veut plonger, il donne un vigoureux coup des deux pieds, et fait la culbute sans aucun bruit, puis il étend aussitôt les ailes et s'en sert pour ramer ainsi que des pieds ; toutefois, il ne reste pas sous l'eau plus de deux minutes. Sur une mer tranquille, on peut le suivre de l'œil bien loin ; souvent on est trompé par la transparence de l'eau lorsqu'on apprécie la profondeur à laquelle il descend. Son vol est relativement léger, bien que ses ailes soient mues par des coups rapides et en apparence pénibles. Il lui faut un court élan pour sortir de l'eau, mais, quand il atteint une certaine hauteur, il vole beaucoup plus vite qu'on ne l'aurait supposé. Il atteint en volant une grande hauteur, et s'élance jusque du haut des rochers. En descendant sur l'eau, il étend les ailes, sans précisément les mouvoir. Sa voix diffère de celle de tous les oiseaux du même genre, car ce n'est pas un bruit de crécerelle comme la leur, mais bien plutôt un sifflement qui peut se traduire à peu près par *jip*. » (Brehm.)

Au moral, les guillemots sont des oiseaux stupides. Ils nichent dans les crevasses des rochers.

Les Norvégiens leur enlèvent leurs œufs pour les manger.

*
* *

Signalons encore les pétrels et les puffins, qui ressemblent un peu aux goélands, mais s'en distinguent par leur bec surmonté de petits tuyaux qui forment leurs narines. Comme les thalassidromes, ils ont l'habitude de voler très près de l'eau en y laissant pendre leurs pattes, ce qui a fait croire pendant longtemps qu'ils avaient la faculté — comme saint Pierre — de marcher sur les flots.

Signalons enfin les macareux (*fig.* 200), êtres grotesques au bec énorme rappelant un peu celui des perroquets ; le tournepierre, commun dans les endroits couverts de galets ; l'huîtrier, qui se nourrit de vers et de coquillages ; le courlis à bec recourbé, dont le nom rappelle exactement le cri que tout le monde a entendu au bord de la mer et, pour terminer, les manchots, si curieux par leur attitude verticale et leurs ailes à demi atrophiées, remplacées par des nageoires.

Fig. 200.— Le macareux.

Un bec comme on n'en voit pas souvent, et peu enviable d'ailleurs pour l'air niais qu'il donne.

Notre ami, M. Émile C. Racovitza, qui est allé au Pôle sud, a admirablement décrit les mœurs de ces animaux singuliers. Nous allons reproduire ce qu'il en a dit dans une conférence — pleine d'esprit — faite à la Sorbonne.

Rien n'étonne plus que la rencontre avec cet être bizarre et comique qui s'appelle manchot (Voir l'aquarelle à la page de titre). Figurez-vous un petit bonhomme droit sur ses pieds, pourvu de deux larges battoirs à la place de bras, d'une tête petite par rapport au corps dodu et replet ; figurez-vous cet être couvert sur le dos d'un habit sombre à taches bleues, s'effilant par derrière en queue pointue traînant à terre, et orné sur le devant d'un frais plastron blanc et lustré. Mettez cet être en marche sur ses deux pattes et donnez-lui en même temps un petit dandinement cocasse et un constant mouvement de la tête ; vous aurez devant les yeux quelque chose d'irrésistiblement attrayant et comique.

Ces oiseaux ne peuvent plus voler, car leurs plumes sont très réduites sur les ailes et transformées en sortes d'écailles ; mais par contre quels merveilleux nageurs ! A grands coups d'ailes, ils fendent les flots ou bien ils sautent au-dessus de l'eau par bonds successifs, comme des marsouins. A terre ils sont plus gauches ; cela ne les empêche pas cependant de grimper dans les falaises, à des hauteurs étonnantes. Ils sautent de roche en roche ou bien ils font des rétablissements sur leurs ailes, en s'aidant des pattes et du bec.

Deux espèces de manchots peuplent le détroit de Gerlache. Ils y ont fondé des cités populeuses et animées, mais dépourvues de toute institution d'hygiène sociale. On pratique dans ces villes et villages le système de l'épandage sur place, et de loin le vent nous apportait, sur la *Belgica*, les effets odorants de cette hygiène rudimentaire. Avec ces odeurs nous arrivaient aussi, pour certaines de ces cités, les échos d'un bruit épouvantable. C'étaient des « kaah-kaah » féroces, suivis du chœur furibond d'une foule en délire. Nous nous demandions étonnés si nous n'étions pas tombés en pleine période électorale, et je fus débarqué pour faire une enquête à ce sujet.

Les citoyens de ces villes bruyantes étaient les manchots antarctiques (*Pygoscelis antarctica*), espèce de $0^m,60$ de hauteur, qui se distingue de toutes les autres par une mince ligne noire qui se recourbe sur sa joue blanche comme la moustache en croc d'un mousquetaire. Cela donne au manchot antarctique un air provoquant et querelleur, air qui répond fort bien à son caractère.

Je fus accueilli en débarquant par une tempête de cris, d'apostrophes véhémentes et d'exclamations indignées, qui ne me laissaient aucun doute sur l'opinion défavorable que ces oiseaux avaient de ma personne. Je pensai qu'avec le temps je finirais par me faire agréer et je m'assis sur une roche à quelque distance. Mais mon amabilité et ma patience furent dépensées en pure perte. Tous les manchots tournés vers moi, dressés sur leurs ergots, les plumes hérissées sur la tête et le bec grand ouvert, me lançaient à jets continus des paroles que je jugeai, d'après leur ton, gravement injurieuses et que bien heureusement — étant donné ma timidité naturelle — je ne comprenais pas du tout, les philologues n'ayant pas encore établi le dictionnaire manchot. De guerre lasse, je fis un grand détour et je revins vers la cité en me dissimulant derrière les roches. J'ai pu ainsi observer ces animaux sans que leur vie normale fût troublée par la présence d'un intrus.

La surface du sol de la cité était assez inégale ; elle était établie sur une plage inclinée, parsemée de rocs tombés du haut de la falaise, et le sol était divisé en lots sur chacun desquels était installée une famille composée du père, de la mère et de deux petits. Le nid rond était une simple aire, ayant comme fond le sol même, limitée par un mur très bas, formé de petits cailloux mêlés de quelques os d'ancêtres manchots que l'esprit peu respectueux mais pratique de ces oiseaux avait su utiliser au mieux de leurs intérêts. Il est manifeste que ce mur était simplement destiné à empêcher les œufs de rouler sur le terrain en pente de la cité. Les jeunes étaient encore recouverts de duvet gris ; ils avaient un gros ventre bourré de nourriture qui traînait presque à terre. Avec leur petite tête, leurs petits bras et leurs petites pattes cachées sous l'énorme bedaine, ils paraissaient de grosses pelotes de laine grise, roulant çà et là dans l'intérieur du nid. Les parents étaient à côté du nid veillant avec sollicitude sur leur progéniture, empêchant les jeunes de quitter la maison paternelle et allant à tour de rôle leur chercher la nourriture.

Autour de chaque nid était une zone, constituant la propriété de chaque famille, séparée de la zone voisine par des limites virtuelles. C'est ce système qui créait des procès continuels dans la cité ; dès qu'un manchot posait la patte sur la propriété de son voisin, le propriétaire protestait avec violence et la dispute dégénérait tout de suite en querelle aiguë. Les deux citoyens, auxquels se mêlaient souvent un troisième et un quatrième, se plaçaient l'un en face de l'autre se regardant dans le blanc des yeux, et le corps penché en avant, les bras ramenés en arrière, le bec grand ouvert et les plumes hérissées sur la tête, ils se criaient l'un à l'autre les plus dures vérités. Ils ressemblaient de loin à deux marchandes de poisson, se reprochant réciproquement la fraîcheur de leur marchandise. Ce sont ces querelles, constantes entre les habitants de la cité, qui produisaient ce vacarme que nous entendions de la *Belgica*, querelles qui, par conséquent, n'étaient pas dues aux démêlés électoraux, mais aux contestations judiciaires entre propriétaires fonciers.

Mais d'autres cités populeuses et animées sont aussi installées dans ces parages ;

seulement elles ne sont pas bruyantes comme les premières et les habitants se montrent dignes et calmes. Il s'agit d'une seconde espèce de manchots, le papou (*Pygoscelis papua*), un peu plus grand que le manchot antarctique et plus somptueusement vêtu. Le dos est encore couvert d'un manteau à taches bleues. Sur la poitrine et le ventre brille toujours l'immaculé plastron blanc à reflets soyeux, mais la tête noire est ornée d'un diadème blanc, et le bec et les pattes sont rouge écarlate. C'est au douzième débarquement surtout que les cités de ces manchots étaient nombreuses et peuplées ; j'évalue à une dizaine de mille le nombre des citoyens qui les composaient.

Dès le moment où je mis pied à terre chez eux, je vis qu'il y avait une considérable différence de caractère entre les deux espèces de manchots. Je me glissai en effet sur la plateforme rocheuse où était établie une grande ville de papous, et je constatai avec satisfaction que ma personne leur parut, sinon sympathique, du moins indifférente. Naturellement tous se tournèrent vers moi, me considérèrent attentivement ; quelques citoyens même plus susceptibles poussèrent quelques cris de protestation ou d'inquiétude, mais voyant que je m'asseyais tranquillement au milieu d'eux sans les incommoder, ils ne firent bientôt plus attention à moi et ils s'occupèrent de leurs affaires. Je pus donc les observer commodément, les photographier même, et je n'ai pas à me repentir des longues heures que je pus leur consacrer, car ce que je vis était un spectacle réellement remarquable.

Les nids de ces manchots sont exactement semblables à ceux du manchot antarctique, mais au moment où je devins citoyen honoraire de la cité papoue, ces nids n'étaient plus occupés. Tous les jeunes, déjà de grande taille, vêtus d'une ample houppelande de duvet et ayant sur la poitrine une bavette blanche, étaient rassemblés au milieu de la cité, formant des groupes pittoresques et amusants. Comme leurs congénères antarctiques, ils avaient vastes bedaines traînant à terre, petits bras et dandinante démarche ; mais au lieu d'être répartis entre les nids paternels, ils étaient tous réunis au milieu de la cité. L'observation me démontra que cette disposition était parfaitement voulue et qu'une organisation sociale particulière avait été établie au mieux des intérêts de la cité. Pour bien s'en rendre compte, il est nécessaire de donner quelques détails sur la topographie des lieux.

La ville papoue était établie sur une plateforme, adossée à une haute falaise, à trente mètres environ au-dessus du niveau de la mer. Cette plateforme avait un contour vaguement quadrilatéral, un des côtés était appuyé à la falaise, deux côtés donnaient directement sur la mer et formaient la crête d'une paroi verticale ; le quatrième côté donnait sur une pente très raide qui aboutissait à une petite plage caillouteuse. Les jeunes, au nombre d'une soixantaine, étaient rassemblés au milieu de la cité, et seulement huit adultes se trouvaient à ce moment avec eux. Ces derniers étaient postés de distance en distance près des bords de la plateforme, mais seulement sur les trois côtés qui donnaient sur la mer ; il n'y en avait aucun du côté de la falaise. J'avais sous les yeux un véritable établissement d'éducation, car les huit adultes étaient des surveillants, des *pions* chargés d'empêcher les jeunes de tomber du haut de la plateforme. Ils étaient campés droit sur leurs pattes, graves et immobiles, et tout pénétrés de l'importance de leur mission. Dès qu'un jeune s'approchait trop près du bord de la plateforme, le pion le plus rapproché ouvrait un bec énorme et lui lançait d'une voix sévère une admonestation bien sentie. Si cela ne suffisait pas, un coup de bec bien appliqué rappelait le récalcitrant au sentiment du devoir. Poussant des cris aigus, roulant sa bedaine rondelette et agitant ses petits moignons de bras, le jeune élève regagnait ses compagnons, et le pion reprenait sa position après avoir déposé gravement à côté de lui la touffe de duvet qui souvent lui restait dans le bec.

Ces adultes chargés de la surveillance des petits se relayaient de temps en temps. L'une des sentinelles fatiguée levait la tête en l'air, ouvrait le bec et poussait un cri ressemblant beaucoup à celui de l'âne; à ce cri répondait un autre cri qui partait de la petite plage se trouvant au pied de la falaise. Il y avait, en effet, à cet endroit, quelques adultes qui attendaient leur tour de faction en se lissant les plumes, ou bien étendus paresseusement sur le sable. Les cris de la sentinelle en faction se répétaient plusieurs fois, et chaque cri était suivi d'une réponse venant du corps de garde et poussée par le même individu. Les cris de celui d'en haut devenaient de plus en plus pressants, ceux de celui d'en bas de plus en plus ennuyés. A la fin, l'individu du corps de garde se décidait; péniblement il grimpait le long d'un sentier caillouteux jusqu'à la plateforme, allait prendre la place de celui qui l'avait appelé, et se mettait en faction avec la même conscience et la même gravité. La sentinelle relevée de faction se hâtait vers la petite plage avec une visible satisfaction, et s'élançait joyeusement dans la mer en faisant jaillir l'eau de tous côtés.

Les sentinelles ne s'occupent pas de la nourriture des jeunes, leur rôle est simplement éducateur et moral. Elles enseignent à coups de becs, à l'enfance inexpérimentée, la prudence et l'expérience de la vie; mais la nourriture est apportée aux deux enfants de chaque famille par le mâle et la femelle qui leur ont donné naissance. En effet, à tour de rôle, arrivaient des adultes, le jabot rempli de petits crustacés pélagiques qui servent de nourriture à tous les manchots, et de loin les enfants, qui les reconnaissaient, arrivaient à leur rencontre; le jeune s'accroupissait par terre, ouvrait le bec tout grand, tandis que le parent, courbant le col et croisant son bec avec celui du petit, dégorgeait la succulente pâtée que contenait son vaste jabot.

Dans d'autres cités placées au niveau de la mer, les jeunes étaient aussi groupés, mais la surveillance n'était plus aussi stricte, n'étant plus nécessaire: cela démontre que l'intelligence de ces animaux sait adapter les lois sociales aux circonstances topographiques et qu'ils ne sont pas poussés seulement par l'instinct mécanique.

La différence de caractère des deux manchots provient donc d'une différente organisation sociale. L'antarctique, bruyant et mauvais coucheur, est un strict individualiste, constamment en procès et querelles pour défendre sa propriété; le brave et honnête papou est un communiste avisé n'ayant rien à défendre contre ses concitoyens, ayant mis le sol en commun et ayant simplifié la besogne de l'élevage par l'installation d'un pensionnat communal. Cela lui a donné la sagesse du philosophe et le calme du sage, et de nombreux loisirs que procure toujours une organisation sociale bien comprise.

Il me reste à vous parler d'une espèce de manchots qui est la plus imposante comme taille et la plus magnifique comme couleurs. L'empereur des manchots (*Aptenodytes Forsteri*) mérite en effet ce nom flatteur; sa taille atteint 1ᵐ,10 et son poids 40 kilos. Sa tête noire à reflets verdâtres est relativement petite; elle est munie d'un bec allongé noir, avec une bande bleue et une autre écarlate. Le dos se drape dans l'habituel manteau des manchots à fond de couleur sombre avec des taches bleues, et sur sa vaste poitrine comme sur son ventre formidable s'étale le blanc plastron aux reflets dorés. Il porte fièrement de chaque côté de la tête une décoration orange, et sur ses épaules sont attachées deux étroites épaulettes noires.

Solidement installé sur le trépied formé par ses larges pattes palmées et sa queue aux plumes solides et flexibles, il laisse négligemment tomber le long de son corps dodu ses ailes transformées en larges rames. Le cou légèrement infléchi, le bec tout droit, les yeux mi-clos, tel apparaît l'empereur des manchots dans la majesté de sa graisse et de sa quiétude. De longues heures durant, sur les berges des chenaux d'eau libre, abrité par une colline de glace, gravement il digère les innombrables schizopodes dont il a bourré sa panse et, comme il n'a .pas d'ennemi et comme personne n'ose s'atttaquer à sa graisseuse majesté, point ne lui chaut ce qui se passe autour. Nous étions fort humiliés de l'extraordinaire dédain avec lequel il nous voyait approcher. Il ne prenait même pas la peine de nous regarder, et des coups de bec dédaigneux répondaient seulement à nos attouchements. Mais la scène changeait lorsqu'on voulait le saisir : avec ses larges battoirs il distribuait des calottes tout à la ronde; un homme avait peine à s'en rendre maître, et cela non sans récolter force bleus et horions.

Lentement il déambulait sur la banquise, mettant avec componction une patte devant l'autre. Sa grosse bedaine ballottait à chaque pas, sa tête rentrée dans les épaules suivait le mouvement, tandis que sa queue traçait un sillon sur la neige et que l'ensemble était animé d'un majestueux dandinement.

Vu de dos, lorsqu'il marchait ainsi sur ses pattes courtes et à peine visibles sous les fondements puissants de son corps, il ressemblait à s'y méprendre à un vieux monsieur, très cassé et très gros, qui aurait perdu ses bretelles.

Le manchot de la terre d'Adélie (*Pygoscelis Adeliæ*) est un seigneur de moindre envergure et de moins riche costume. La tête et le bec sont noirs et l'œil encadré dans une paupière blanche; le dos est noir à taches bleues et le ventre et la poitrine blancs. Beaucoup plus petit de taille, à peine 60 centimètres, sa vivacité contrastait avec le calme et la lenteur de l'empereur manchot. Curieux et naïf, il ne manquait jamais de venir à notre rencontre. A trois pas de nous il se plantait sur ses pattes, et curieusement nous dévisageait tout en poussant de petits cris interrogatifs et en agitant ses ailes. Quand il n'est pas dérangé, il marche sur ses deux pattes en se dandinant, la tête penchée en avant, les bras le long du corps. Mais lorsqu'il veut courir rapidement, il se couche sur la neige et, se poussant avec les ailes et les pieds, il arrive à se donner une vitesse telle, qu'un homme peut difficilement l'attraper en courant derrière. Il se nourrit aussi en pêchant dans les bancs de crustacés, et son agilité dans l'eau est réellement remarquable. Pour prendre pied sur la glace, il prend son élan dans l'eau en décrivant un vaste cercle et il s'élance sur les plaques de glace, qui ont souvent 2 à 3 mètres de haut, sans jamais manquer son coup.

D'habitude, nous les rencontrions par petites bandes et souvent isolés; mais à la fin de l'automne, ils se rassemblent en troupes nombreuses à l'abri d'une colline de glace pour procéder à une opération nécessaire, mais délicate. Il s'agit en effet de muer pour avoir un plumage frais et en bon état pouvant résister au dur hiver. La mue dure deux à trois semaines, et pendant ce laps de temps ces animaux ne peuvent aller chercher leur nourriture; aussi cette triste époque de jeûne fait disparaître la ronde bedaine qu'ils s'étaient amassée pendant l'été. Cette opération de la mue ne les met pas en bonne humeur, d'autant plus que, pendant cette époque, ils ont la fièvre de mue; aussi les voit-on couchés sur la neige, la tête rentrée dans les épaules, grelottants et malheureux, et gare à tout ce qui passe à portée: phoque ou oiseau, manchot ou explorateur, tout être animé est violemment conspué et injurié par la colonie entière, maintenant debout sur ses pattes. Il leur arrive bien d'autres aventures, comme celle que je vais vous lire et que j'extrais telle quelle de mon carnet de notes.

Mercredi, 22 février 1899. — «Journée bien commencée, mais mal terminée pour la petite colonie de *Pygoscelis* en train de muer. Par le beau soleil de ce matin et dans le calme de l'air, les seize membres de la société des mueurs trouvaient la vie agréable et le monde bien fait. Paresseusement roulés sur le ventre ou faisant le gros dos comme des gens un peu indisposés, ils se laissaient chauffer par la bonne chaleur du soleil et savouraient leur quiétude et leur tranquillité. Vers deux heures de l'après-midi, ils furent un peu dérangés par huit compatriotes arrivés de loin, par voie de terre, et qui voulaient entrer aussi dans la société. Après quelques grognements des anciens, les nouveaux purent se caser et commencèrent comme les autres la veillée de la mue. Mais voilà que se montre sur leur plaque un *pygoscelis*, qui sans doute est un jeune de l'année à en juger d'après sa queue courte et sa petite taille. Comme tous les êtres jeunes il est un peu bruyant, pas mal étourdi et ne tenant pas en place; aussi dès qu'il s'est introduit dans le groupe et qu'il a commencé à courir de tous côtés en dérangeant les personnages graves et moroses de la société, un concert d'injures et de grognements se fait entendre, et le jeune intrus est vigoureusement expulsé, emportant comme souvenir une volée de coups de bec. Le voilà maintenant sur la plaque voisine promenant de tous côtés sa petite personne inquiète, allant sans but tantôt d'un côté, tantôt de l'autre, mais, toutes les fois qu'il fait mine de retourner sur le champ de la mue, quelques grognements lui rappellent de cuisants souvenirs.

« Mais changement de tableau. Le vent se met à souffler avec violence, des tourbillons de neige balayent la banquise, obscurcissant la vue. Il fait froid, et le froid est pénétrant, car il est poussé par le vent à travers tout. La société de la mue, tout entière sur ses pattes, donne des signes évidents de mauvaise humeur et d'inquiétude. On cherche des abris derrière les blocs de glace et l'on essaye les meilleures positions. Est-ce que couché ce ne serait pas mieux? Peut-être en tournant le dos au vent? Non. Et le ventre? Non plus; sac à papier, que c'est ennuyeux! Ah! mais voilà qu'un malin a vu de loin un hummock ou monticule de glace, dont l'élévation lui paraît offrir un abri sérieux. Il pousse des cris en se dirigeant vers l'endroit, et voilà que toute la bande se met en branle et, en file indienne, cahin-caha, déambule par le milieu de la plaque. Les voici arrivés et ils procèdent à leur installation. Le jeune isolé de tout à l'heure n'avait pas ses yeux dans la poche; dès qu'il voit les autres filer, il s'élance aussi rapidement qu'il peut à leur poursuite et, profitant du tumulte qu'il y a toujours dans les déménagements, il se glisse au milieu de la troupe. Le tour est joué; chacun est trop occupé de ses propres misères pour regarder ce qui se passe autour.

« Hélas! le hummock ne sert à rien, le vent tourbillonne autour, mieux vaut la rase campagne, et voilà les manchots en retraite vers le milieu de la plaque; douze d'entre eux, probablement ceux qui peuvent encore se mettre à l'eau, partent chercher un autre gîte meilleur, mais treize restent, présentant l'aspect le plus comique qu'on puisse imaginer. Ils ont tous la tête rentrée dans les épaules et les plumes hérissées, et c'est dans cet équipage qu'ils errent tristement sur la plaque.

« Voici l'un qui se place le nez au vent, mais il n'y reste pas longtemps! La neige l'aveugle; il se retourne, présentant alors au vent une extrémité moins délicate. Brrr! mais c'est pis! la neige chassée par le vent violent pénètre sous les plumes soufflées à rebours et glace le corps. Ennuyée, la bête se remet sur les pieds, mais le vent la fait osciller, la neige l'aveugle. Plein de rage, voici le petit bonhomme qui fait aller ses pattes et gare au compagnon rencontré sur sa route. Un violent colloque s'engage et les injures pleuvent sur le collègue qui n'en peut mais.

« Un peintre japonais seul pourrait croquer sur le vif le profond comique de la silhouette du manchot furieux parce qu'ennuyé, cherchant vainement un gîte dans la perspective brouillée d'un tourbillon de neige... »

Les manchots avaient jadis pour collègues et amis les pingouins, aux mœurs d'ailleurs analogues, mais la plupart des espèces — le grand pingouin notamment — ont aujourd'hui disparu de la surface du globe.

CHAPITRE XXXIII

Les mammifères à la physionomie bizarre.

___

Au cours de cet ouvrage, **nous** avons déjà vu défiler devant nous un nombre respectable de mammifères curieux : rappelons seulement l'apar et le tatou qui se roulent en boule, les cétacés dont la forme du corps rappelle celui des poissons, les girafes au cou gigantesque, les pangolins à la cuirasse d'écailles imbriquées, les paresseux, qui vivent le ventre en l'air, les chauves-souris qui tentent de marcher sur la trace des oiseaux dans la conquête du domaine des airs, etc.

On pourrait croire la liste épuisée ; il n'en est rien et un volume ne suffirait pas pour étudier comme ils le méritent les autres mammifères curieux. Nous nous contenterons d'en citer encore quelques-uns, qui n'ont pas pu rentrer dans nos chapitres précédents.

* *

Il y a d'abord la catégorie des « cornus ». Ceux-là sont légion et très variés. C'est surtout chez les ruminants qu'on les rencontre. Dans nombre de genres, en effet, le mâle possède de longues cornes alors que la femelle n'en a pas ou n'en porte que de rudimentaires ou tout au moins différentes de celles de l'autre sexe. Ces cornes paraissent être surtout utiles aux mâles pour se battre entre eux. Mais, généralement, ce sont, en somme, des armes peu redoutables et dont ils ne se servent d'ailleurs qu'avec une conviction très restreinte.

Chez les cerfs et autres animaux voisins, les « bois » sont caducs, c'est-à-dire tombent tous les ans pour être remplacés par de nouveaux. La première année, il n'y a qu'une seule branche, un « andouiller » comme on dit. La seconde année, le bois se ramifie et présente deux andouillers. La troisième année, il en présente trois, la quatrième, quatre, etc. On peut ainsi connaître l'âge d'un cerf à la ramification de ses cornes.

La forme des cornes dans le groupe des cervidés est assez variée. Chez l'élan, elles peuvent peser jusqu'à vingt kilogrammes. Ce sont de longues raquettes, très dentelées sur les bords, et portées par une tige courte. Les dentelures augmentent de nombre chaque année et, finalement, s'élèvent à une vingtaine. Le mâle seul possède des bois.

Chez le renne, les deux sexes possèdent des cornes, mais celles de la femelle sont sensiblement plus petites et moins divisées que celles du mâle. Elles sont formées d'une tige mince, cylindrique à la base, mais s'aplatissant vers le haut, à mesure qu'elles se divisent en un nombre variable d'andouillers, eux-mêmes plus ou moins aplatis. L'andouiller le plus inférieur — celui que l'on appelle l'andouiller d'œil — forme une large palmure. L'andouiller du milieu — l'andouiller de fer — est également aplati et digité. Les deux bois s'insèrent sur le crâne très près l'un de l'autre : on peut à peine mettre le doigt dans l'intervalle. On a prétendu que les bois des rennes leur servaient en hiver à remuer la neige pour y trouver les végétaux dont ils se nourrissent, mais il n'en est rien : ils fouillent avec leurs sabots de devant, ce qui, on l'avouera, est bien plus commode.

Citons encore, parmi les cornes caduques remarquables, celles recourbées en avant du cariacou de Virginie, du daguet, qui porte seulement deux dagues courbes terminées par une pointe aiguë, du cervule muntjac, qui ne porte qu'un andouiller d'œil et dont la tige principale ne porte que deux andouillers.

* *
*

Chez les cervidés, les cornes sont constituées surtout par un axe osseux, peu ou pas recouvert de peau, ou seulement d'une peau molle.

Il existe d'autres mammifères à cornes, mais celles-là fort différentes des premières. Elles ne tombent, en effet, jamais, et, de plus, l'axe osseux est recouvert d'un épais étui corné : ce sont les « cavicornes, » qui comprennent les antilopes, les gazelles, les chamois, les chèvres, les moutons, les bœufs, les bisons, etc. Chez eux, les cornes ont beaucoup plus que chez les cervidés la signification d'armes de combat ; ce sont de véritables guerriers, tandis que les cervidés ne sont que des soldats d'opéra-comique.

Il serait trop long d'en énumérer toutes les formes, qui varient à l'infini avec les espèces. Contentons-nous de remarquer qu'elles sont ordinairement simples, c'est-à-dire non ramifiées comme chez les cerfs. Cela ne les empêche pas d'être fort élégantes. Ainsi celles du capricorne à bézoard, de l'antilope canna, de l'addax à nez tacheté et du strepsicère coudou sont comme tordues sur elles-mêmes à la manière d'une vis ; celles du capricorne à pieds noirs, du mouton à cornes pointues — une véritable canne d' « incroyable » — et du bolésaphe canna affectent dans leur ensemble la forme d'une lyre, de même que chez la gazelle et le springbock euchore.

Elles sont recourbées en avant chez le bœuf à bosse d'Afrique et l'éléotrague des roseaux.

Elles sont, au contraire, recourbées en arrière chez nombre d'espèces, l'égocère bleu, l'antilope noire, l'oryx leucoryx, où elles ont plus de la moitié de la longueur du corps ; le gnou, le bouquetin des Alpes, où elles peuvent peser jusqu'à vingt kilogrammes ; les chèvres, les moutons, les chamois, où elles n'ont pas leurs pareilles pour faire des manches de parapluies ou de cannes, orgueil des alpinistes.

Chez le buffle de la Cafrerie, le bœuf des steppes, le bison, elles se dirigent sur les côtés.

On trouve encore chez les cavicornes des cornes un peu ramifiées, par exemple chez le dicranocère à cornes fourchues ; quelquefois même, comme chez le tétra-cère tchickara, quatre petites cornes. Mais, sans en avoir l'air, ce sont des armes solides et que je ne vous souhaite pas de recevoir dans l'abdomen.

* *

Les mammifères précédents avaient des cornes paires, c'est-à-dire situées à droite et à gauche sur la tête. Il en est quelques-uns qui, pour des raisons qu'il est bien difficile de discerner, en possèdent d'impaires, c'est-à-dire placées au milieu du crâne. Ce n'en sont pas moins des armes terribles et d'une solidité à toute épreuve,

Fig. 201. — Le rhinocéros keitloa.
Don Quichotte se battait sans raison contre les moulins à vent. Lui en veut à cet infortuné arbrisseau.
Chacun a son petit grain.

insérées qu'elles sont sur une partie rugueuse des os du crâne et composées d'une matière cornée excessivement dure. Le rhinocéros de l'Inde n'a qu'une corne, conique, un peu recourbée en arrière, d'une longueur d'environ soixante centimètres. La plupart des autres espèces en ont deux placées l'une derrière l'autre et non à droite et à gauche comme chez les ruminants. Chez le rhinocéros bicorne, la corne antérieure est plus grande que la postérieure ; chez le rhinocéros keitloa (*fig.* 201), elles sont à peu près de même longueur. Bien que d'un naturel assez apathique, les rhinocéros deviennent terribles quand on les attaque et fondent tête baissée sur leur ennemi, qu'ils transpercent de leur corne en la relevant brusquement. Leur chasse est, pour cette raison, fort dangereuse. Je me contenterai d'en citer un exemple.

Au retour d'une chasse à l'éléphant, raconte Anderson, je vis à une faible distance un grand rhinocéros blanc. Je montais un excellent cheval de chasse, le meilleur que j'aie jamais possédé. J'avais l'habitude de ne point chasser le rhinocéros à cheval, car on peut bien plus facilement l'approcher lorsqu'on est à pied. Cette fois, cependant, il me semblait que le sort en décidait autrement. Me tournant vers mes compagnons : Par le ciel, m'écriai-je, le camarade a une bien belle corne ; je veux le tuer. Aussitôt, j'éperonnai mon cheval, j'eus bientôt rejoint l'animal et lui logeai une balle dans le corps, mais sans le blesser mortellement. Au lieu de prendre la fuite comme d'ordinaire, le rhinocéros resta immobile, à ma grande stupéfaction ; puis tout à coup se retourna, et après m'avoir considéré un moment, s'avança lentement vers moi. Je ne pensais pas à prendre la fuite, néanmoins je cherchai à éloigner mon cheval. Mais lui, d'ordinaire si docile, qui obéissait à la plus légère secousse des rênes, refusa de bouger, et, quand il le fit, il était trop tard ; le rhinocéros était tout près ; une rencontre était inévitable. Je le vis baisser la tête, puis la relever brusquement, en enfonçant sa corne entre les côtes de mon cheval, et avec une telle violence qu'elle lui transperça le corps, la selle avec, et que j'en sentis la pointe acérée pénétrer ma jambe. La force de ce coup fut telle que le cheval fit une véritable culbute, les jambes en l'air, et tomba sur le dos. Pour moi, je fus violemment lancé à terre, et à peine étais-je tombé que je voyais près de moi la corne de l'animal; mais sa fureur était calmée, sa vengeance assouvie. Il quitta au petit galop le théâtre de ses exploits. Mes compagnons étaient arrivés sur ces entrefaites. Courant à l'un d'eux, je pris son cheval, je sautai en selle, et, sans chapeau, le visage plein de sang, je m'élançai à la poursuite de l'animal. Quelques instants après, je le vis, à ma grande joie, étendu à mes pieds.

*
* *

Au lieu de se défendre avec des cornes, certains mammifères se protègent avec des piquants ; ils se transforment en pelotes d'épingles, et ces armes, quoique purement défensives, leur sont quelquefois utiles.

Le type classique des mammifères de cette catégorie est le porc-épic, dont la physionomie est bien curieuse, avec son dos couvert de piquants acérés, marqués chacun de taches alternativement blanches et noires et dont on fait de légers porte-plumes. Quand l'animal est excité, il relève ses piquants et s'imagine de la sorte avoir l'air menaçant ; en réalité, il n'est que grotesque et donne plutôt l'impression d'une armée qui, au lieu de brandir des fusils, agiterait des roseaux ou des fétus de paille. Malgré leur pointe aiguë, on « sent » que ces piquants ne sont pas sérieux : la preuve en est qu'il est très fréquent d'en voir tomber un ou deux au moment où le porc-épic les redresse. C'est de là que vient la fable représentant cet animal lançant ses piquants contre ses ennemis, chose dont il est bien incapable, d'autant plus que son intelligence est très bornée.

*

Le sphiggure mexicain (*fig.* 202) est aussi à signaler pour ses piquants. Lorsque l'animal est au repos, on ne soupçonne pas en effet la présence de ceux-ci, tant ils sont bien recouverts par les poils qui les entourent. Mais vient-on à l'exciter, les piquants se relèvent et apparaissent comme les baïonnettes d'un régiment caché au milieu des blés et se lançant à l'attaque. Comme tous les animaux épineux, c'est d'ailleurs un animal insignifiant et incapable de faire du mal à une mouche.

*

Son cousin, l'urson, dont les piquants pointent par tout le corps entre les poils, n'est pas plus terrible. « Quand nous nous en approchâmes, raconte le prince de Wied, il hérissa ses longs poils en avant, baissa la tête pour la cacher, et se mit en cercle. Voulait-on le toucher, il se ramassait en boule ; l'approchait-on de trop près, il agitait sa queue et s'enroulait rapidement sur lui-même. Sa peau est molle et mince ; les piquants y sont si faiblement implantés qu'au moindre attouchement, ils restent enfoncés dans la main de celui qui veut les saisir. »

Fig. 202. — Le sphiggure.
Un animal transformé en pelote d'épingles.

*

Citons encore comme animaux épineux, l'athérure africain, le chétomys, l'échidné épineux, qui, quoique mammifère, pond des œufs, et enfin le hérisson, trop connu par son habitude de se rouler en boule pour qu'il soit nécessaire d'en parler ici. Tous font plus de peur que de mal, et je ne comprendrai jamais pourquoi la nature, en les recouvrant de piquants, n'a pas donné à ceux-ci une solidité suffisante pour en faire des armes vraiment sérieuses.

* *

Après les « cornus » et les « pointus », leurs frères en bizarrerie sont les « trompés », dont le nez s'est allongé d'une longueur plus ou moins grande. L'éléphant en est l'exemple le plus classique et trop connu pour que nous ayons à nous appesantir sur son cas. Mais il n'est pas le seul. Ainsi le tapir est pourvu d'une véritable petite trompe qui lui donne l'air un peu godiche. Il n'en est pas plus fier pour cela et, sans doute, honteux de son appendice nasal, ne sort que la nuit lorsque les autres habitants de la forêt ne peuvent le goguenarder. Dès le crépuscule on voit les tapirs se mettre en marche, avec la gravité de philosophes, et agiter continuellement leur trompe, qui leur sert à flairer à droite et à gauche. Le prince de Wied dit que quand, le matin ou le soir, on descend les rivières silencieusement, on peut voir souvent des tapirs se baigner, pour se rafraîchir ou pour se défendre contre les piqûres des insectes. Aucun animal ne sait mieux se débarrasser de ces parasites incommodes. Il met à profit chaque ruisseau, chaque étang, chaque flaque ; aussi est-il presque toujours recouvert d'une épaisse couche de vase. Ce sont des animaux timides qui s'enfuient au moindre danger ; en captivité, ils sont inoffensifs et se laissent bousculer de toutes les façons : le plus grand plaisir qu'on puisse leur causer est de les gratter en un point quelconque du corps ; ils expriment alors leur conten-

Fig. 203. — Le tapir à dos blanc.
Une caricature de l'éléphant, avec sa trompe presque ridicule, qui ne lui sert pas à grand'chose.

tement par de petits grognements. Ils se nourrissent de matières végétales et mangent surtout des feuilles de palmiers ; ils ne se font pas faute, quand ils sont bien seuls, de saccager d'une manière lamentable les plantations de cannes à sucre, de melons, de cocotiers.

En Amérique, les tapirs sont d'un gris brun noirâtre. Dans l'Inde, on trouve une espèce, le tapir à dos blanc (*fig.* 203), dont une partie du corps, depuis les pattes de devant jusqu'à la partie postérieure, a une teinte blanche d'un fort bel éclat.

Bien plus curieux encore est le macrorhine éléphant (*fig.* 204), que les noms de « phoque-éléphant », de « phoque à trompe », par lesquels les marins le désignent, dépeignent fort bien. Le mâle possède en effet une trompe de trente centimètres de long, qui, à la longueur près, rappelle celle de l'éléphant ; de plus l'animal peut la rentrer et la sortir à volonté. Le nez s'allonge surtout lorsque l'animal est excité (*fig.* 205).

Les mœurs des macrorhines sont celles des autres phoques. Ils vivent en troupes ; maladroits sur la terre, ils nagent fort bien dans l'eau ; on les trouve partout, surtout dans les pays chauds (Nouvelle-Zélande), mais ils descendent très loin au sud (Terre du Roi Georges). A l'époque de la reproduction, les vieux mâles se livrent de violents combats : c'est alors que les nez prennent des dimensions démesurées ! Il est rare de voir des mâles dont le corps n'est pas couvert de cicatrices : ils en sont peut-être aussi fiers que les étudiants allemands des leurs.

Fig. 204. — Le macrorhine éléphant (au repos).
Cet animal est d'un naturel un peu grincheux. Quand on l'ennuie (voir *fig.* 205.)...

Parmi les mammifères qui ont le nez long, on peut aussi ranger la famille des fourmiliers, qui comprennent surtout les oryctéropes et les tamanoirs.

L'oryctérope (*fig.* 206) est, on l'avouera, un animal bien fantasque et donne un peu l'impression d'un animal des temps géologiques reconstitué par l'imagination d'un paléontologiste. Ce qui lui donne un aspect excentrique, ce sont surtout ses pattes garnies d'ongles énormes, ses petits yeux sans expression, ses oreilles longues, son museau pointu et sa langue, mince comme un ver, qui

Fig. 205. — Le macrorhine éléphant (en colère).
(Voir *fig.* 204).... il fait un nez qui n'est pas banal.

en sort de temps à autre. Représenté sur une gravure, il est déjà curieux. Vivant, il est encore plus singulier.

Il dort toute la journée enroulé sur lui-même dans un trou profond, qu'il s'est creusé, et qu'il ferme d'ordinaire derrière lui. Le soir, il en sort pour chercher sa nourriture. Sa course n'est nullement rapide ; mais il fait des bonds assez grands. Il appuie en marchant toute la plante à terre, il porte la tête inclinée vers le sol, courbe le dos et traîne la queue. Son museau est tellement près de terre que le bouquet de poils qui entoure ses narines balaye le sable. De temps à autre, il s'arrête, écoute si aucun ennemi ne le menace, puis continue son chemin. On voit que l'ouïe et l'odorat lui servent de guide ; il agite continuellement son nez et ses oreilles ; remue sans cesse les poils de ses narines, allonge son museau à droite et à gauche pour flairer une proie. Il va ainsi jusqu'à ce qu'il ait trouvé un sentier de fourmis, qu'il suit jusqu'à la fourmilière, et alors il se met en chasse, comme les tatous, ou mieux encore comme les véritables fourmiliers. Il creuse à merveille, aussi disparaît-il complètement en peu d'instants, quelque dur que soit le sol. Il se sert des ongles vigoureux de ses pattes de devant pour détacher et rejeter derrière lui de grosses mottes de terre qui, reprises par les pattes de derrière, sont repoussées plus loin. Pendant qu'il travaille, il est entouré par un nuage de poussière.

Fig. 206. — Une famille d'oryctéropes.

Ces singuliers animaux ne mangent que des fourmis et des termites et se creusent des cavités sous les maisons de ces insectes pour les gober tout à leur aise.

Lorsqu'il arrive près d'une fourmilière ou d'un nid de termites, il le flaire de tous côtés ; puis il se met à creuser et s'enfonce dans la terre jusqu'à ce qu'il soit arrivé à l'habitation centrale ou à l'un des couloirs principaux. Dans ce couloir qui, dans un nid de termites, a jusqu'à trois centimètres de diamètre, il enfonce sa langue longue et gluante, la retire avec les fourmis qui y adhèrent et ainsi de suite jusqu'à ce qu'il soit rassasié. Il prend aussi, en une fois, un grand nombre de fourmis avec ses lèvres, et quand il arrive à la chambre centrale d'un nid de termites, où s'agitent des millions de ces insectes, il y mange comme un chien, et en avale des centaines à chaque bouchée. Il va ainsi d'un nid à l'autre, détruisant à son tour les termites, ces infatigables destructeurs. Aux premières lueurs du jour, il s'enfonce sous terre ; s'il ne trouve pas de trou déjà creusé, il s'en fait un en quelques minutes, et s'y met en sûreté. Un danger le menace-t-il, il continue de creuser : aucun ennemi n'est en état de le poursuivre dans son terrier ; il rejette la terre derrière lui avec tant de violence que tout autre animal se retire étourdi ; l'homme lui-même a de la peine à l'atteindre, et en peu d'instants le chasseur est complètement couvert de terre et de sable. (Brehm.)

Le tamanoir à crinière (*fig.* 207) n'est pas moins curieux par son museau démesurément pointu et sa magnifique queue poilue. Incapable de mordre, il se contente de récolter des fourmis en les prenant avec sa longue langue qui les englue. Il peut néanmoins se défendre énergiquement, ainsi qu'en témoigne le récit suivant de M. Roulin.

Le 3 février, dans la soirée, sortant pour me promener avec le curé, j'aperçus au loin, dans la plaine, le petit pâtre qui était monté à cheval pour ramener les vaches au corral ; il galopait vers nous en chassant devant lui à coups de fouet un tamanoir qu'il avait trouvé un quart d'heure auparavant fouillant une fourmilière. Lorsque nous aperçûmes l'animal, il était déjà fatigué, et galopait presque à la manière d'une vache. Je courus vers lui, et, l'ayant atteint, je le saisis par la queue, espérant l'arrêter. Je n'y aurais pas réussi, sans doute, mais je dus bientôt cesser mes efforts, en entendant le petit pâtre me crier d'une voix effrayée que j'allais me faire tuer.

Fig. 207. — Fourmilier ou tamanoir.

Un curieux animal, qui, a cause de son bec allongé, ne mange que des insectes ; il capture ceux-ci avec sa langue sur laquelle ils viennent se coller. C'est un chasseur à la glu.

Quoique je ne visse pas bien en quoi pouvait consister le danger, comme déjà je m'étais attiré plus d'une fàcheuse aventure pour n'avoir pas voulu croire à l'expérience des gens du pays, je cédai cette fois au premier avertissement, et je reconnus, au moment même, que l'obstination m'eût coûté cher. A peine avais-je lâché prise, que l'animal, s'arrêtant brusquement, se leva sur ses pieds de derrière, comme l'eût pu faire un ours, et, se retournant vers moi par un mouvement rapide, semblable à celui d'un faucheur, traça dans l'air, avec son bras étendu, un cercle dans lequel il s'en fallut de bien peu que je ne fusse compris : je vis passer à deux pouces de ma ceinture un ongle tranchant qui me parut alors long d'un demi-pied, et qui, si j'eusse fait un pas de plus, m'aurait infailliblement ouvert le ventre d'un flanc à l'autre. Un grondement de colère, qui accompagnait cette démonstration déjà par elle-même assez significative, me fit comprendre qu'il y aurait de la témérité à recommencer un engagement avec un ennemi dont les mains étaient beaucoup mieux armées que les miennes ; je continuai donc la chasse en simple spectateur. Le petit pâtre, qui maniait son cheval avec beaucoup d'adresse, parvint à conduire le tamanoir jusqu'au centre du village ; arrivé là, le pauvre animal, qui ne pouvait presque plus courir, se réfugia sous le portique de l'église ; on apporta bientôt, des maisons voisines, plusieurs lassos au moyen desquels on s'en rendit maître, et on l'amena, lié par la tête et les deux pattes de devant, au milieu de la place du village. Au bout de quelques instants, il parut avoir renoncé à toute résistance, et je profitai de ce moment pour en faire un dessin. Tant que je restais à une certaine distance, il se tenait complètement immobile. S'il m'arrivait, au contraire, de m'approcher pour mieux voir quelque détail, il se mettait aussitôt en mesure de se défendre, non plus comme la première fois, en se levant debout et cherchant à me frapper, mais en se plaçant sur le dos et ouvrant ses bras pour me saisir.

Cette attitude de défense, la meilleure peut-être que pût prendre l'animal, cerné de toutes parts comme il l'était en ce moment, n'est pas celle qu'il choisit quand il n'est menacé que d'un seul côté : alors, au lieu de se renverser, il se contente de s'asseoir, et, faisant face à son ennemi, il le menace de ses terribles ongles.

On prétend, dit d'Azara, que, lorsque le jaguar voit le tamanoir ainsi sur ses gardes, il n'ose pas l'attaquer, et lorsqu'il s'y hasarde, celui-ci le saisit et ne le lâche qu'après lui avoir fait perdre la vie en lui enfonçant ses griffes dans le corps ; de sorte qu'il arrive parfois que l'un et l'autre demeurent sur l'arène. Il est certain, ajoute notre auteur, que c'est de cette manière que se défend le tamanoir. Mais il n'est pas croyable qu'elle lui suffise contre le jaguar, qui peut le tuer d'un coup de patte ou d'un coup de dent, et qui est beaucoup trop agile pour se laisser saisir par un être aussi lourd.

La première fois que j'ai entendu parler de ces étranges luttes qui ne finissent que par la mort des deux antagonistes (car l'histoire s'en raconte dans les llanos de la Nouvelle-Grenade, comme dans les pampas du Paraguay), je n'y ai pas ajouté plus de foi que d'Azara. Maintenant je ne les tiens pas pour impossibles : seulement, je crois qu'elles ne peuvent être que fort rares et qu'elles doivent s'engager tout autrement qu'on ne le dit. Le jaguar ne donne guère à l'animal dont il veut faire sa proie le temps de se mettre sur ses gardes : il fond sur lui à l'improviste, l'atteint en deux ou trois bonds, et souvent le terrasse d'un seul coup. Il arrive pourtant, parfois, que ce premier coup porte à faux, et alors l'agresseur se trouve un moment dans une situation quelque peu critique, car il est comme prosterné aux pieds de son ennemi, et, pour ainsi dire, à sa discrétion. Ce moment est, à la vérité, fort court ; mais, convenablement employé, il peut changer la face du combat ; on a vu, par exemple, une mule frapper du pied de devant le jaguar à la tête et lui fracasser le crâne ; un tamanoir, en pareil cas, cherchera à lui jeter les bras autour du corps, et s'il parvient à le saisir, l'étreinte sera terrible.

D'Azara dit que lorsque le tamanoir est parvenu à se cramponner au moyen de ses grands ongles au corps de l'ennemi qui a eu la maladresse de se laisser saisir, rien ne peut lui faire lâcher prise, et que, même après la mort, ses bras conservent la position qu'ils avaient au moment de la dernière étreinte. M. Schomburgk, qui ne regarde pas le fait comme impossible, bien qu'il n'ait pas eu l'occasion de le constater par lui-même, suppose que, dans ce cas, la rétraction des phalanges unguéales se maintient en vertu de la rigidité qu'acquièrent, après la mort, tous les muscles, et en particulier les fléchisseurs des doigts. Mais comme l'instant où le système musculaire cesse d'agir sous l'influence de la volonté est séparé par un long intervalle de celui où commence à apparaître le phénomène de la raideur cadavérique, il semble que le jaguar aurait plus que le temps suffisant pour se dégager ; l'explication du savant voyageur me semble donc difficile à admettre (Brehm).

En captivité, les tamanoirs sont inoffensifs. J'en ai vu, dans un jardin zoologique, errer en liberté dans les allées et se laisser caresser par les enfants sans exprimer la moindre mauvaise humeur.

.

Remarquable aussi sous le rapport du nez est le singe nasique (*fig.* 208), bien que son appendice nasal ne soit pas une trompe. Mais celui-ci est presque identique à ce qu'il est chez l'hommë, ce qui donne à l'animal une face un peu humaine. Chez les jeunes, le nez est aquilin ; chez les vieux, il s'allonge et devient plus gros. Ce n'est pas tout à fait celui de l'Apollon du Belvédère, ni celui de la

Fig. 208. — Le nasique.
Son nez rappelle celui de certains hommes et ne contribue pas à l'embellir.
Il lui donne même l'air « navré ».

Vénus de Milo, mais pour un singe..... Le nasique habite l'île de Bornéo. Il est très malin et c'est le cas de dire qu'il « a du nez » ; aussi en a-t-on capturé rarement et manque-t-on un peu de renseignements sur lui.

*

On trouve enfin des mammifères au nez allongé chez les insectivores. Ainsi est celui du tanrec soyeux, du macroscélide type, de la taupe, du solénodon, du condylure étoilé (*fig.* 209), où le museau est terminé par une couronne de

Fig. 209. — Le condylure étoilé.
C'est une sorte de taupe avec un groin de porc étalé en étoile d'une façon bizarre et dont on ne voit pas bien l'utilité.

petits prolongements cartilagineux, pointus et très mobiles. Chez la musaraigne, c'est une véritable petite trompe, et chez le desman des Pyrénées, c'en est une presque typique puisqu'il s'en sert pour capturer les petits animaux et les porter à sa bouche. Un éléphant en miniature !

*
* *

Passons, pour terminer, à un autre sujet.

Avec les chauves-souris, nous avons étudié les mammifères volants et se déplaçant dans l'air, en somme fort bien, sans cependant atteindre à la maîtrise des oiseaux. Il est un certain nombre d'espèces qui peuvent se soutenir pendant un certain temps dans l'air, à l'aide d'un parachute qui réunit leurs membres antérieurs et postérieurs : c'est du vol plané plutôt que du vol proprement dit.

Le plus bel exemple que l'on en puisse citer est celui des galéopithèques (*fig.* 210), intermédiaires quant à leur anatomie, entre les lémuriens et les chauves-souris. Leur parachute est gigantesque : partant des côtés du cou, presque à l'extrémité des phalanges des membres antérieurs, il réunit les membres antérieurs et postérieurs et s'étend même jusqu'au bout de la queue. En somme, tout le corps est palmé, sauf à la tête. Les galéopithèques sont très agiles ; ils grimpent comme des chats

Fig. 210. — Le galéopithèque.

Un intermédiaire entre les mammifères ordinaires et les chauves-souris. Dans ses évolutions aériennes, son petit se cramponne solidement à sa toison et à ses tétines. Une nourrice qui fait de la voltige !

au sommet des arbres, et, de là, se précipitent dans le vide en parcourant des centaines de mètres. Ils passent sans difficulté d'un arbre à l'autre, traversent des torrents ou des vallées entières. L'animal semble véritablement voler ; mais ce n'est là qu'une apparence, puisqu'en réalité il ne s'élève pas dans l'air. C'est cependant une chose merveilleuse que de voir le parti qu'il tire de son parachute et la trajectoire presque horizontale qu'il arrive à parcourir du fait de sa chute dans le vide. Ajoutons que les galéopithèques sont nocturnes. Dans le jour, ils se réunissent parfois en grand nombre sur les cimes feuillues des arbres ; ce n'est que la nuit qu'ils se servent de leur parachute.

*

Les ptéromys sont aussi des animaux nocturnes. Ces écureuils volants, comme on les appelle, vivent dans les forêts de l'Asie. Leurs mouvements sont si rapides qu'on a peine à les suivre des yeux. Grâce à leur parachute, qui réunit les pattes antérieures et postérieures, ils sautent d'une branche à une autre sans aucune difficulté. Pendant le vol, leur queue leur sert de gouvernail et leur permet de modifier leur trajectoire.

*

Les polatouches de la Sibérie ont des mœurs analogues ; ils peuvent parcourir vingt à vingt-cinq mètres. Ces rongeurs, qui n'ont pas plus de dix-huit à dix-neuf centimètres de longueur, vivent dans les forêts de pins ou de bouleaux. A terre, ils sont très maladroits à cause de leur parachute, qui gêne leur marche en traînant sous leurs pattes, comme une robe trop longue. Mais sur les arbres, ils sont très agiles en volant de branche en branche. Cette locomotion, qui semble si précieuse dans la lutte pour la vie, ne paraît pas cependant remplir un rôle bien efficace à cet égard, car l'espèce devient de plus en plus rare, et, en certains points où jadis elle était très commune, elle a complètement disparu. Les mœurs des polatouches sont celles de notre écureuil, avec cette différence qu'elles sont entièrement nocturnes. La femelle se sert aussi de son parachute pour réchauffer ses petits dans le creux d'un arbre.

Fig 211. — Le bélidé.

Comme le galéopithèque de la figure précédente, grand amateur d'exercices en parachute. Quand il vole ou plane, il met ses petits dans sa poche, moyen très simple pour s'en débarrasser.

Les bélidés (*fig.* 211) sont remarquables non seulement par leur large parachute, mais aussi par la bourse ventrale que possède la femelle, laquelle s'en sert à l'instar de la sarigue et du kangouroo, pour y placer ses petits. Voici ce que Brehm nous raconte sur ses mœurs :

A terre, il est maladroit et marche mal ; mais il ne s'y risque qu'à la dernière extrémité, quand les arbres sont trop éloignés pour que, même avec le secours de sa membrane, il puisse sauter de l'un à l'autre. Il fait des bonds énormes et peut changer sa direction à volonté. En sautant d'une hauteur de dix mètres, il lui est possible d'atteindre un arbre éloigné de vingt-cinq à trente mètres. On connaît d'autres exemples de son agilité. A bord d'un navire qui revenait de la Nouvelle-Hollande se trouvait un individu de cette espèce assez apprivoisé pour qu'on pût le laisser courir librement sur le navire. Il faisait la joie de l'équipage ; il était tantôt au plus haut des mâts, tantôt sous le pont. Un jour de tempête, il grimpa au plus haut du mât : c'était sa place favorite. On craignait que le vent ne l'enlevât pendant qu'il exécuterait un de ses sauts et ne l'entraînât dans la mer. Un matelot se décida à aller le chercher. Au moment où il allait le saisir, l'animal chercha à s'échapper et voulut sauter sur le pont. Mais, au même moment, le navire s'inclinait, et le bélidé allait tomber dans l'eau ; on le considérait comme perdu, lorsque, changeant de direction, à l'aide de sa queue faisant office de gouvernail, on le vit se détourner, décrire une grande courbe et atteindre heureusement le pont.

Citons encore comme mammifères à parachute les pétauristes, dont la queue est prenante, et les acrobates ou souris-volantes, remarquables par leur petite taille et leur sveltesse.

CHAPITRE XXXIV

Les animaux qui pleurent.

Si le rire est le propre de l'homme, il n'en est pas de même du pleurer, manifestation émotive qui se rencontre chez divers animaux.

Parmi les bêtes qui pleurent le plus facilement, il convient de citer tout d'abord les ruminants où le fait est si connu qu'il a donné naissance à une expression triviale, mais exacte (pleurer comme un veau) : chez eux, d'ailleurs, la facilité de verser des larmes s'explique par la présence d'un appareil lacrymal supplémentaire, le *larmier*, constitué par une fossette sous-orbitaire.

Tous les chasseurs savent que le cerf aux abois pleure à chaudes larmes.

Le chevreuil fait de même. Lamartine a même fait plus attention à ses larmes qu'à celles de la pauvre petite Graziella. « Il me regardait, raconte-il au sujet d'un chevreuil qu'il avait blessé, la tête couchée sur l'herbe, avec des yeux où nageaient des larmes. Je ne l'oublierai jamais ce regard, auquel l'étonnement, la douleur, la mort inatten-

Fig. 212. — Élan.
Quel superbe « pleureur » pour enterrements !

due semblaient donner des profondeurs humaines de sentiment, aussi intelligibles que des paroles. »

On assure aussi que l'ours pleure quand il voit sa dernière heure venue.

La girafe n'est pas moins sensible, ce qui ne saurait nous étonner chez un animal aussi doux, et elle regarde avec des yeux remplis de larmes le chasseur qui l'a blessée.

Si l'on en croit Gordon Cumming, l'élan (*fig.* 212) agirait de la même façon. Voici ce qu'il dit, en effet, d'un élan qu'il poursuivait depuis longtemps et qu'il finit

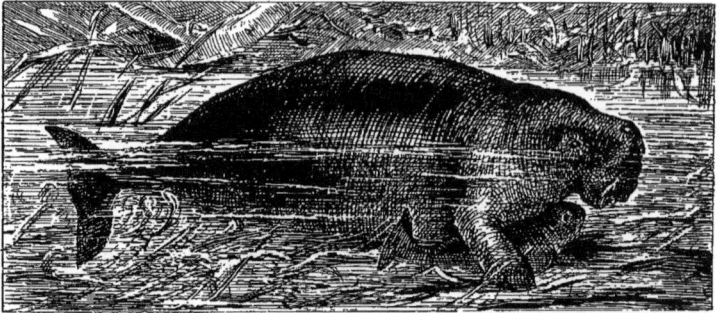

Fig. 213. — Dugong.

Qui croirait cette grosse mère susceptible de pleurer quand on veut lui prendre son cher petit ? Et comme on comprend cette légende qui fait de ses larmes un philtre pour rendre durable l'affection de ceux qu'on aime...

par atteindre : « Des flots d'écume découlaient de sa bouche ; une abondante sueur avait donné à sa peau grise, ordinairement lisse, une teinte bleu cendré. Les larmes tombaient de ses grands yeux noirs et il était évident que l'élan sentait sa dernière heure venir. »

Les chiens pleurent assez facilement. Si le maître s'en va en les laissant à l'attache, par exemple, ils aboient avec des larmes dans les yeux et dans la voix.

De même chez certains singes. Le *cebus Azaræ* pleure quand on le contrarie ou qu'on l'effraye, et les yeux du *callithrix sciureus* se remplissent instantanément de larmes quand il est saisi de crainte (Humboldt).

Il n'est pas jusqu'aux mammifères aquatiques qui ne soient susceptibles de pleurer. Ainsi, tous les auteurs s'accordent à dire que les dauphins, au moment de leur mort, poussent de profonds soupirs et versent d'abondantes larmes. On a vu aussi une jeune femelle de phoque à trompe pleurer parce qu'un matelot la tourmentait. Geoffroy Saint-Hilaire et F. Cuvier assurent qu'au dire des Malais, lorsqu'on vient à s'emparer d'un jeune dugong (*fig.* 213), on est toujours sûr de prendre la mère ; les petits jettent alors un cri aigu et versent des larmes. Ces larmes sont recueillies avec soin et précieusement conservées comme un charme propre à rendre durable l'affection de ceux qu'on aime.

Quant à l'éléphant, les témoignages abondent sur la facilité avec laquelle il pleure. Aussi Sparrman assure-t-il que ce proboscidien verse des larmes lorsqu'il est blessé ou quand il voit qu'il ne peut échapper ; ses pleurs roulent sur ses yeux comme sur ceux de l'homme dans l'affliction. E. Tennent, parlant d'éléphants prisonniers, assure que « quelques-uns restaient immobiles, accroupis sur le sol sans manifester leur souffrance autrement que par les larmes qui baignaient leurs yeux et coulaient incessamment. »

Tels sont les principaux animaux chez lesquels les pleurs ont été signalés ; nul doute qu'ils ne deviennent plus nombreux quand on se donnera la peine d'observer le même phénomène chez les autres espèces. A ceux qui voudraient se livrer à ce petit travail, je conseillerais de noter avec soin les circonstances dans lesquelles les pleurs se sont manifestés. Par les exemples que nous avons donnés on a pu voir que les larmes avaient à peu près la même signification émotionnelle chez les animaux que chez l'homme ; mais, pour avoir une certitude, il faut que les exemples soient beaucoup multipliés.

CHAPITRE XXXV

Les animaux qui ont la vie dure.

La plupart des animaux sont supérieurs à l'homme quant à la puissance de leur vitalité. Il en est même chez lesquels cette résistance atteint un degré remarquable.

Il y a d'abord la catégorie de ceux qui résistent aux blessures. De ce nombre sont avant tout les tortues. On peut les décapiter sans les voir cesser de se mouvoir, et cela pendant plusieurs semaines, et répondre aux excitations venues du dehors, par exemple retirer les pattes quand on les pince. Le célèbre naturaliste Rédi, ayant enlevé le cerveau à l'une d'elles, la vit se traîner pendant six mois. Cette extrême vitalité fait deviner qu'il est très difficile de tuer les tortues, et le récit suivant de Kersten le montre surabondamment.

Nous nous sommes donné beaucoup de peine, raconte-t-il, pour trouver une manière quelconque de tuer les tortues que nous voulions placer dans nos collections, en les torturant le moins possible et en évitant, autant que faire se pouvait, d'endommager la peau et la carapace; mais leur vitalité déjoua tous nos efforts. Il ne nous resta finalement qu'à scier circulairement, sur les côtés, la carapace résistante dans laquelle se réfugiait l'animal en vie, puis à déterminer la mort en lésant seulement alors les parties nobles. J'entrepris plus tard des expériences nombreuses dans le but de rechercher le procédé le plus propice pour tuer ces chéloniens. Je plaçai l'animal, la tête en bas, dans un seau rempli d'eau, je serrai le cou dans un lacet aussi solidement que possible : mais même après avoir été privé d'air pendant des jours, l'animal vécut encore aussi sain qu'auparavant; j'enfonçai une forte aiguille entre la tête et la première vertèbre cervicale, et je le remuai de côté et d'autre afin de séparer l'encéphale de la moelle : vains efforts, la tortue demeura vivante. J'essayai de l'empoisonner : à l'aide d'un tube de verre effilé, j'insufflai de l'alcool dans la bouche et dans les cavités buccale et nasale. Je répétai cette manœuvre avec une solution empoisonnée de cyanure de potassium, j'insufflai même cette redoutable liqueur dans les cavités oculaires et dans des points limités où la peau avait été dénudée ; à ma grande supéfaction, la tortue resta en vie. La décollation, elle-même, n'atteint pas le but proposé; car, pendant des jours encore, la tête décapitée mord aux alentours, et les membres s'agitent avec le tronc pendant un temps assez long. Le seul moyen qui paraît efficace pour tuer une tortue sans l'ouvrir consiste à la plonger dans un mélange réfrigérant : car ces animaux, qui d'ailleurs ont la vie si dure, sont absolument vulnérables au froid.

Cette résistance à la mort se montre chez tous les reptiles ; les lézards restent longtemps dans l'alcool avant de mourir et les serpents, même coupés en morceaux, continuent à frétiller, tandis que leur tête cherche à mordre.

Les insectes se montrent aussi très résistants aux blessures : décapitez une mouche et vous la verrez continuer à marcher. De même, les fourmis privées de leur abdomen, se promènent et transportent les nymphes, tout en veillant aux soins de la fourmilière.

D'autres animaux sont remarquables par leur résistance à la privation d'aliments : ainsi les punaises, chacun le sait trop, peuvent rester plusieurs mois sans nourriture. De même les grosses sangsues, dans les étangs, ne mangent que lorsque le hasard amène, dans leur voisinage, des animaux à sang chaud, des chevaux par exemple. Enfin, la résistance au manque de nourriture devient normale chez les animaux hibernants : les marmottes, les loirs, etc., restent pendant tout l'hiver endormis et, bien entendu, sans prendre la moindre parcelle de victuailles.

D'autres résistent à la soif. Tous les animaux du désert y sont admirablement adaptés. Il en est même qui ne boivent jamais : toute l'eau nécessaire à leur existence vient des plantes — cependant peu aqueuses — qu'ils mangent. Les tortues sont aussi remarquables sous le même rapport : il est vrai que leur vessie constitue pour elles un vaste réservoir de liquide qui peut sans doute être réabsorbé.

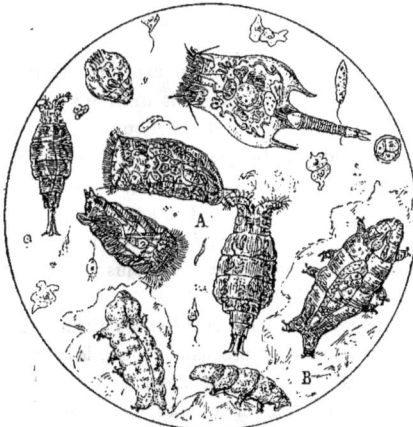

Fig. 214. — Un groupe sympathique d'animaux reviviscents vus au microscope.
A. Rotifères.
B. Tartigrades.

La résistance à la sécheresse atteint son apogée chez les animaux dits reviviscents (*fig. 214*), parmi lesquels il faut compter les tardigrades et les rotifères. Quand la mousse où ils vivent vient à se dessécher, ils s'engourdissent et restent ainsi pendant plusieurs années. Ils ne reviennent à la vie active que lorsqu'on leur procure de l'humidité.

Très remarquable aussi est la résistance au froid des poissons et, en général, de tous les animaux aquatiques. Ils peuvent rester plusieurs semaines gelés dans un bloc de glace sans mourir. M. Pictet en a soumis à des froids de — 20° sans les voir périr. Des grenouilles ont supporté — 28° et des escargots — 130°!

La résistance au chaud est beaucoup moins considérable : on a vu cependant des cobayes résister cinq minutes à 100° et des pigeons six minutes à 90°. Mais ce sont là des limites extrêmes, du moins pour les animaux élevés en organisation. On sait, en effet, que les microbes — que certains naturalistes font rentrer dans le régime animal — présentent parfois une grande résistance à la chaleur, surtout lorsqu'ils sont à l'état de « spores » : il en est qui résistent de longues heures dans de l'eau en ébullition et même dans de la vapeur d'eau surchauffée.

CHAPITRE XXXVI

Les bêtes qui ont conscience de la mort.

C'est un fait d'opinion courante — et que l'on trouve exprimé d'ailleurs par un grand nombre de philosophes — que la notion de la mort n'existe pas chez les animaux. Pour être exact, il faut dire que cette notion est en effet peu répandue chez eux, mais que, cependant, elle peut s'y manifester d'une manière très nette et sous des formes multiples. C'est ce qui résulte d'une volumineuse étude, dans laquelle le docteur Paul Ballion a rassemblé, avec ordre et logique, tout ce que les naturalistes ont noté sur la question, étude que nous allons faire connaître dans ses grandes lignes, en citant les exemples les plus probants, et en la complétant par des exemples glanés de-ci de-là.

Tout d'abord, il faut noter la faculté que possèdent les bêtes de distinguer la proie vivante de la proie morte ou vouée à une mort prochaine. Ainsi, les rapaces se nourrissant d'animaux morts ne s'abattent jamais sur des animaux vivants, même lorsqu'ils sont endormis et absolument immobiles. Les loups de prairie découvrent immédiatement les accidents, les maladies, l'état de faiblesse par inanition du bison, et alors, ou bien ils le veillent jour et nuit jusqu'à ce qu'il meure, ou bien ils tuent la bête sans défense, en la mettant en pièces. Comme le remarque M. Ballion, dans nos pauvres landes girondines, parcourues journellement par des troupeaux de maigres brebis, souvent décimées par la cachexie aqueuse, des corbeaux plus maigres encore attendent que la mort de ces ruminants leur procure leur subsistance. Lorsqu'une brebis tombe dans les bruyères, les corbeaux savent d'avance que leur proie est assurée et souvent sans doute hâtent la fin de la pauvre bête en l'assaillant avant qu'elle ait rendu le dernier soupir. Les rapaces diurnes agissent de même : dès que ces oiseaux aperçoivent un animal assailli par le malheur, ils s'attachent à lui, le suivent sans relâche jusqu'à ce que, la vie l'ayant tout à fait abandonné, ils n'aient plus qu'à fondre sur leur proie. Un vieux cheval accablé de misère, un bœuf, un daim embourbé au bord du lac où le timide animal s'est enfoncé pour échapper aux mouches si insupportables par les chaleurs sont, comme le remarque Audubon, un spectacle délicieux pour les busards, qui déjà spéculent sur leur détresse. Et il est à remarquer que ces mêmes oiseaux passeront souvent au-dessus d'un cheval se réchauffant immobile au soleil, comme s'il était mort, sans changer pour cela leur vol le moins du monde.

Quand un des leurs vient à succomber, les animaux agissent différemment suivant les espèces. A côté de ceux — très nombreux — qui ne manifestent qu'une indifférence absolue, il y a ceux, d'une moralité encore moins élevée, qui mangent purement et simplement leur compagnon mort : de ce nombre sont les taupes, les loups poussés par la faim, les rats à jeun. D'autres se contentent de manifester de l'étonnement. Le Vaillant avait tué quatre cercopithèques à face noire, qui furent portés sous sa tente ; un singe familier, dont il avait fait sa société, montra de l'étonnement à la vue des cadavres de ses congénères ; il les considérait les uns après les autres, les tournait et les retournait en tous sens pour les examiner. De même, il n'est pas rare de voir un ours flairer le cadavre de l'un d'eux, en le retournant comme pour mieux l'examiner. Gordon Cumming a noté un fait analogue, à propos d'un âne sauvage, un onagre, qu'il avait abattu ; le reste de la troupe l'entoura en renâclant et en bondissant ; puis tous, comme épouvantés, repartirent à fond de train à travers la plaine.

* * *

Mais c'est surtout la classe des oiseaux qui fournit de nombreux exemples de ces singulières manifestations. Si un oiseau est tué et tombe à terre, tous les autres accourent, entourent la victime, et poussent des cris lamentables, comme pour donner l'alarme. Tout le monde l'a observé chez les corneilles ; après un coup de fusil qui en a abattu une, on voit la troupe entière arriver de tous les points de l'horizon, et, les unes après les autres ou toutes à la fois, en poussant des cris lugubres, décrire de larges cercles au-dessus de leur infortunée compagne, et se livrer à des évolutions grotesques, sans songer qu'elles s'exposent à subir le même sort.

Des faits encore plus curieux peuvent se rencontrer chez les insectes. Ceux qui vivent en colonie transportent les défunts hors du logis. « Les bourdons, dit le docteur Hoffer, si placides et si débonnaires d'habitude, m'ont toujours paru féroces et brutaux pendant la ponte ; et si la femelle vient alors à mourir, son cadavre n'est point ménagé ; petites femelles et ouvrières se jettent dessus, le mordillent aux ailes, aux pattes, aux antennes, et font de vains efforts pour mettre dehors la gigantesque morte. » Quant aux fourmis, dont l'histoire offre toujours quelque nouveau sujet d'étonnement, elles ne se contentent pas de donner à leurs morts une froide marque d'intérêt, et de les emporter hors du logis ; elles leur rendent à leur manière les derniers devoirs. C'est ce qui résulte des observations de divers auteurs, observations qui, d'ailleurs, auraient besoin d'être vérifiées. Ne voulant pas prendre parti dans la question, je me contenterai de citer ce qu'en dit M. Ernest André, qui connaît particulièrement bien le monde des fourmis.

La plupart des espèces, sinon toutes, dit-il, ont en effet de véritables cimetières, et ce fait, tout invraisemblable qu'il puisse paraître au premier abord, est parfaitement exact et attesté par un grand nombre d'observations consciencieuses, émanant des naturalistes les plus dignes de foi. Ces cimetières, situés en général à une petite distance de la fourmilière, sont des emplacements absolument réservés à cette destination, où les cadavres sont transportés et déposés, tantôt en petits tas réguliers, tantôt en rangées ou alignements plus ou moins symétriques.

Chose remarquable, les fourmis n'accordent les honneurs de la sépulture qu'à leurs compagnes défuntes, dont les restes sont toujours respectueusement portés au champ du repos sans avoir subi aucun outrage ; mais elles agissent tout différemment à l'égard des cadavres de leurs ennemis tués dans une rencontre individuelle ou collective. Ces victimes de la guerre sont, au contraire, tantôt simplement abandonnées ou mises dehors comme des objets immondes, tantôt même éventrées et dépecées par les vainqueurs qui, après s'être gorgés de leur sang, rejettent à la voirie les débris informes de leurs membres disloqués. C'est ainsi que chez les cannibales, dont les fourmis nous rappellent les mœurs, les malheureux prisonniers de guerre servent à nourrir la tribu victorieuse et que les convives, le repas achevé, jettent au vent les restes à demi rongés de leur hideux festin.

En rendant à leurs morts les honneurs funèbres, les fourmis, malgré le régime égalitaire qui caractérise leurs institutions, ne sont cependant pas exemptes de certains préjugés de castes, et dans de rares circonstances, elles semblent partager sous ce rapport nos humaines faiblesses. C'est ainsi que les morts de distinction, c'est-à-dire les maîtres du logis chez les espèces esclavagistes, jouissent du privilège d'un enterrement de première classe avec concession perpétuelle, tandis que les serviteurs sont bien plus modestement traités et n'ont que la fosse commune pour dernier asile. Cette différence de traitement, dont le récit peut paraître fantaisiste, a été observée par une américaine, mistress Treat, à qui la science est redevable de très judicieuses études sur les fourmis de la Floride. La *formica sanguinea* qui se trouve à la fois en Europe et dans l'Amérique du Nord, s'adjoint fréquemment comme esclave la *formica fusca*, répandue également dans l'ancien et le nouveau monde. Or mistress Treat a remarqué que les fières *sanguinea* ont un cimetière spécial assez éloigné de l'habitation, où leurs cadavres privilégiés sont déposés isolément et côte à côte, tandis que ceux de leurs noirs esclaves sont entassés pêlemêle dans un autre emplacement situé plus près du nid et presque à l'entrée des galeries, comme si les corps de ces parias ne valaient pas la peine d'un transport plus lointain réservé aux restes mortels de fourmis de noble caste.

Il serait intéressant d'observer si, dans notre pays, la *formica sanguinea* se comporte de même, et si les autres espèces esclavagistes font aussi de semblables distinctions entre elles et leurs serviteurs. Je livre ce sujet de recherches à l'activité des jeunes naturalistes, car le fait est assez curieux pour mériter examen, et je n'ai pas eu jusqu'à ce jour l'heureuse chance de pouvoir résoudre le problème.

Dans un livre curieux, le Rév. White a consacré plusieurs pages aux cimetières des fourmis, et ses observations présenteraient un réel intérêt si l'auteur ne paraissait trop disposé à admettre comme certains des faits fort douteux, pour ne pas dire invraisemblables. Il me paraît difficile, par exemple, d'accepter sans restriction la conduite du *lasius flavus* dans la circonstance suivante : Une fourmilière artificielle de cette espèce avait été établie dans un vase de verre, et au bout de peu de temps, un grand nombre de fourmis étaient mortes et avaient été transportées par leurs compagnes à la surface du nid. Le sixième jour de leur installation, le Rév. White plaça près des cadavres trois petites auges en carton, contenant du miel qu'il destinait à la nourriture de ses pensionnaires. Après un jeûne assez prolongé, on devait croire que les fourmis se seraient jetées sur le miel pour s'en gorger avec avidité. Point du tout, dit l'auteur de l'observation ; elles transformèrent immédiatement les petites auges en cimetières, y déposèrent leurs morts et ne touchèrent pas à l'aliment tentateur.

J'avoue que, malgré tout mon respect pour la personne du Rév. White, et toute mon admiration pour les nobles sentiments de ses élèves, je ne puis croire de leur part à un pareil désintéressement des besoins matériels, et que mes études personnelles m'interdisent tout à fait d'accorder aux *lasius flavus* ce brevet de tempérance inusitée.

Un peu plus loin le même auteur nous parle de l'émotion d'une fourmi inconsolable, que ses compagnes étaient obligées d'entraîner pour l'empêcher d'exhumer une défunte qu'on venait de mettre en terre, et dont elle voulait sans doute revoir une dernière fois les traits chéris. Là encore la note me semble extrêmement forcée, et c'est par de semblables exagérations qu'on enlève tout crédit à des observations, dont les plus exactes deviennent suspectes dès qu'on ne peut compter sur une sévère critique de la part de celui qui les a faites.

Voici un dernier récit qui met le comble à cet amour du merveilleux, si nuisible aux vrais intérêts scientifiques. L'histoire, il est vrai, n'émane pas du Rév. White, mais en l'admettant sans protestation il en accepte la responsabilité et contribue à propager des erreurs manifestes, d'autant plus dangereuses qu'elles discréditent, comme je viens de le dire, les faits avérés, en ne permettant pas de distinguer l'ivraie du bon grain. Bien que je me sois fait une loi d'écarter impitoyablement tous ces romans fantaisistes qu'on s'est plu à accumuler sur les faits et gestes des fourmis, je ne puis résister au désir de donner, à titre de curiosité, cette prétendue observation, transmise par une dame de Sidney, Mistress Hatton, à la Société linnéenne de Londres, et résumée dans l'ouvrage du Rév. White : « Un petit garçon s'étant couché, par mégarde, sur un tertre occupé par une fourmilière, fut bientôt attaqué par les habitants du nid, furieux de cette violation de domicile. Aux cris de l'enfant accourt la mère qui, pour délivrer son fils, tue une vingtaine de fourmis restées attachées à son corps. Une demi-heure après cette exécution vengeresse, les victimes étaient encore à la même place, entourées d'un grand nombre de leurs compagnes paraissant fort affairées. Un groupe se détache pour se diriger vers un monticule voisin, occupé par les mêmes fourmis. La députation entre dans l'intérieur du nid, rend compte de l'événement et ressort au bout de cinq minutes accompagnée par un certain nombre d'habitants du monticule. L'assemblée se forme en cortège sur deux rangs et s'avance lentement, en ordre parfait, jusqu'à l'endroit où gisent les restes inanimés des pauvres défuntes. Deux porteuses se détachent, s'emparent d'un cadavre qu'elles chargent sur leur tête, puis deux fourmis sans fardeau viennent se placer derrière elles pour les relayer au besoin. Des groupes semblables de quatre fourmis, porteuses et relayeuses, s'alignent derrière le premier, et la colonne s'organise ainsi jusqu'à ce qu'il ne reste plus de cadavres sur le terrain. Le convoi funèbre s'ébranle alors, suivi d'un groupe irrégulier d'environ deux cents assistantes, et se dirige solennellement vers un endroit sablonneux, voisin de la mer. De temps en temps les porteuses s'arrêtent, déposent doucement à terre leur fardeau qui est repris par les deux fourmis auxiliaires, et la procession se remet en marche. On arrive bientôt à destination, et le groupe d'arrière se met à creuser des fosses dans chacune desquelles un cadavre est placé. Ce métier de fossoyeuses paraît déplaire à quelques fourmis qui essaient de s'en retourner avant d'avoir accompli leur tâche. Mais la discipline est sévère et l'on ne transige pas avec le devoir. Les récalcitrantes sont poursuivies et ramenées de force au cimetière. Là, elles sont jugées par le conseil des fourmis, qui décide leur mort immédiate, et l'exécution a lieu sur place. Ce n'est toutefois pas assez de la mort pour un tel forfait et, au lieu de donner aux suppliciées, comme aux honorables défuntes, une sépulture soignée et individuelle, leurs corps sont entassés dans une fosse commune creusée à la hâte par les impitoyables justiciers. »

Est-il besoin d'insister sur l'invraisemblance absolue de cette anecdote, que j'ai abrégée sans la travestir, et qui a peut-être pour origine l'observation d'un fait exact, mais complètement dénaturé par l'imagination trop vive de la narratrice ? Ce qui m'étonne, c'est qu'un semblable récit ait pu être accueilli par la Société linnéenne de Londres, qui compte dans son sein tant d'hommes éminents, et dont les publications sont justement estimées.

* * *

De pareilles cérémonies funèbres sont uniques dans le règne animal. J'en ai cependant « déniché » deux qui peuvent jusqu'à un certain point passer comme telles, chez un animal bien placide cependant, le bœuf. L'anecdote a été rapportée par André Theuriet.

Le fait s'est passé dans un canton de la Haute-Marne, et la sincérité du témoin qui me l'a rapporté, dit l'éminent littérateur, m'a paru indiscutable. Un cultivateur du Bassigny avait acheté un troupeau de bœufs qu'il avait mis au pré. Un jour il l'alla visiter. De loin, il aperçut quatre de ces bœufs accroupis autour du cinquième, qui était couché sur l'herbe du pâtis. Celui du milieu avait une pose étrange, et les bœufs de l'entourage étaient plus immobiles, plus contemplatifs encore que ne le sont leurs pareils. Il s'approche : le bœuf autour duquel les autres faisaient cercle était mort. Ses compagnons avaient l'air de le veiller. Le cultivateur eut grand peine à franchir ce cercle de fidèles gardiens qui semblaient se concerter pour défendre l'approche du défunt. N'y a-t-il pas quelque chose de virgilien et de profondément pathétique dans cette mystérieuse veillée du mort par ses compagnons de pâturage ?

•

Le second fait que j'ai à signaler également chez le bœuf a été de même relaté par un littérateur, Pierre Loti. Dans son *Livre de la pitié*, il dépeint les angoisses d'un bœuf, seul survivant d'un troupeau embarqué pour la nourriture de l'équipage, lorsqu'il assista à la mort du dernier de ses compagnons : « Alors, écrit-il, l'autre tourne lentement la tête pour le suivre de son œil mélancolique, et voyant qu'on le conduisait vers ce même coin de malheur où tous les précédents avaient péri, il *comprit* ; une lueur se fit dans son pauvre front de bête ruminante, et il poussa un beuglement de détresse ! »

Certains animaux semblent sentir venir la mort. En voici deux exemples très intéressants et fort bien racontés par M. Cunisset-Carnot, qui, toutefois, les regarde comme des exceptions.

J'ai possédé, il y a quelques années, un setter gordon croisé de braque, vigoureux, intrépide et d'une intelligence supérieure. Un jour que, dans son enfance, il courait comme un fou, il se cogna la tête contre un pieu fiché en terre, et se donna une telle taloche qu'il resta sur le coup. Je le crus mort, et il mit plus d'une demi-heure à reprendre ses sens. De cet accident, il lui resta une disposition aux étourdissements. Par les grosses chaleurs et par les froids très vifs, il s'arrêtait parfois en pleine course, titubait sur ses jambes, tournait une ou deux fois, puis, au bout de quelques minutes, reprenait son aplomb. Ces indispositions passagères ne paraissaient d'ailleurs présenter aucun danger.

Une certaine après-midi de septembre, où la chaleur était étouffante, il quêtait sagement devant moi. quand tout à coup je le vis s'arrêter, se raidir, puis tomber comme une masse. Je me précipitai. Il était étendu, les pattes droites, le cœur sans battement. En vain j'essayai de tout ce que je pouvais imaginer de moyens pour le secourir, le ranimer, rien n'y faisait; il restait là, inerte, comme foudroyé. Je ne vous parle pas de mon chagrin, vous le devinez, vous, les vrais chasseurs qui aimez votre bon compagnon! Je pris tristement le chemin de la maison pour donner des ordres afin qu'on vînt l'enlever. Je n'avais pas fait un kilomètre que j'entendis galoper derrière moi; je me retournai et je vis mon brave *Faust* qui arrivait à toutes jambes sur mes pas. Il revenait des portes du tombeau, et son petit esprit de chien, sa conscience obscure de bête affinée près de l'humanité, capable peut-être de sentir sans comprendre, lui révéla probablement qu'il venait de courir un grand danger. Il en conserva le souvenir, et dut se rendre compte qu'il ne pouvait résister seul à de pareilles crises et qu'il lui fallait, pour échapper à un péril dont il avait maintenant conscience, un secours venant de haut, l'aide du maître qui, pour le chien, doit être quelque chose comme une sorte de toute-puissante divinité. Quelques mois après, nous étions rentrés à ma résidence de la ville, où la discipline des chiens est plus sévère et plus compliquée qu'à la libre vie des champs. Ainsi, il leur est interdit de pénétrer dans la maison sans autorisation, et, sous quelque prétexte que ce soit, de mettre les pattes dans d'autres pièces que les vestibules et la cuisine. Ils ont vite fait de comprendre cette prescription, et ils s'y conforment sans difficulté. Or, un jour que je travaillais dans mon cabinet, on gratta vigoureusement à la porte. J'ouvris, prêt à gronder, prêt à punir sévèrement même. Mais ma rigueur tomba devant le regard de mon pauvre *Faust*. Je compris qu'il venait m'annoncer quelque chose d'insolite, de grave même, et qu'il ne s'était permis une telle infraction que sous le coup d'une redoutable nécessité. Il ne souriait pas, il ne remuait pas la queue: son œil disait je ne sais quelle mystérieuse angoisse dont je ne devinais pas la cause. Nous nous regardions tous les deux, et le seul sentiment que nous parvenions à échanger était celui d'une indicible inquiétude. Cela dura une dizaine de secondes, puis le bon chien tomba à la renverse, pris d'une crise syncopale comme celle qu'il avait déjà subie à la saison précédente. Évidemment, il avait senti venir le mal, il s'était souvenu du terrible anéantissement où il avait failli rester une fois, et il était venu me demander du secours.

Je n'eus pas occasion de renouveler l'observation sur le même chien, car après s'être remis de cette secousse comme de la première, il vécut plusieurs années encore sans que sa crise reparût. Mais je pus saisir chez un braque que j'avais vers la même époque la trace de ce sentiment assez difficile à analyser, et même à définir, qui serait la vision de la mort, sa crainte, la pensée que le maître tout-puissant peut jouer un rôle dans l'événement, l'espoir que, peut-être, il saurait le conjurer.

Tom était vieux, très vieux, il avait ses invalides, et nous lui faisions aussi douce que possible la fin de son existence. Podagre, presque perclus, il allait péniblement de sa baraque à la cuisine, ou bien, quand il faisait beau, il s'installait au coin ensoleillé de la terrasse sur un vieux tapis, et, les yeux mi-clos, rêvait des journées entières — pourquoi pas? — au jeune temps de ses chasses folles et de ses batailles! Il restait là tant qu'il voulait, ne s'allant coucher que quand il lui plaisait. Parfois, lorsqu'il faisait chaud, il demeurait fort tard. Un soir, comme toute ma famille était réunie au salon donnant sur la terrasse, et dont la porte-fenêtre était ouverte à cause de la douceur du temps, nous vîmes tout à coup *Tom* apparaître à la porte. Il nous regarda; il hésitait à faire un pas de plus, connaissant et respectant la consigne: ses yeux étaient sérieux, solennels, dirais-je presque, ses yeux parlaient, mais que voulaient-ils dire? Il fit un pas, hésitant toujours; personne ne protesta; il avança jusqu'au milieu du salon, remuant la queue doucement pour exprimer sans doute qu'il venait en ami, malgré son air si étrangement sérieux ; puis il s'approcha de moi, posa sa tête sur mes genoux, je le caressai ; il me quitta, passa à une autre personne, et successivement à toutes celles qui étaient dans la pièce, reçut une caresse de chacune, puis sortit, nous laissant étonnés, et même un peu émus de cette singulière visite. Il regagna son paillasson. Deux minutes après j'entendis un gémissement qu'il poussa ; j'allai le voir ; il était mort !

Souriez si vous voulez, ou bien haussez les épaules, mais rien ne m'ôtera de l'esprit que mon pauvre *Tom*, sentant qu'il allait mourir, était venu nous demander protection et nous dire adieu !

***

On sait combien l'amour maternel est développé chez les bêtes. Il est curieux de constater qu'il semble décroître considérablement au moment de la mort des jeunes, mort acceptée souvent sans émotion apparente. On a cependant cité des femelles de mammifères qui, auprès de leurs petits morts, ont donné des marques de tristesse et de deuil. L'ourse, par exemple, reste en gémissant à côté de ses oursons tombés sous le plomb meurtrier. Mais le cas le plus net a été rapporté par un fauconnier du nom d'Arcussia.

Je veux vous dire, raconte-t-il, une autre chose qui m'est arrivée, d'une levrette qui fit des petits chez moy, desquels ie n'en fis nourrir qu'un. Il arriva qu'ayant ce levron environ six mois, comme nous iouïons au polomail, on luy donna un coup de boule, qui le tua. On le porte à la voirie, où cette levrette le va chercher. Là elle se tenoit sans en bouger : et fallut durant quinze iours luy porter du pain et de l'eau ; et tant qu'en fin on fut contrainct de faire enterrer cette carcasse. Mais ce n'est pas tout : tant que le levron demeura descouvert, elle chassoit avec une extrême furie les oyseaux charongniers qui en vouloient approcher.

Je suis persuadé que des exemples analogues pourraient se multiplier beaucoup si on voulait se donner la peine de les remarquer. De même pour les sentiments manifestés par les petits à la mort de leurs parents. On ne les a notés que chez l'éléphant. Dans la relation d'une chasse aux éléphants dans le Népaul, il est dit qu'un jeune éléphant, âgé de dix ans, restait près de sa mère tombée sous les coups des chasseurs et la caressait pour l'engager à se relever. Harris, de son côté, parle d'un petit éléphant d'Afrique, plus jeune que le précédent — il n'avait qu'un mètre de haut — qui donna les signes du plus vif chagrin après que sa mère eût été tuée. Il courait autour d'elle en criant, et il essayait inutilement de la relever avec sa petite trompe.

*

Les sentiments éveillés dans les espèces monogames par la mort de l'un des conjoints ont été notés avec plus de soin. Ainsi Frédéric Cuvier raconte qu'un des ouistitis du Jardin des plantes étant venu à mourir, l'époux survivant fut inconsolable. Il caressa longtemps le cadavre de sa compagne, et quand il fut convaincu de sa mort, il se mit la main sur les yeux et resta sans bouger, sans prendre de nourriture, jusqu'à ce qu'il succombât lui-même. Chez les antilopes, le survivant reste toujours quelque temps auprès de son conjoint décédé en poussant des soupirs de terreur. Dans les mêmes circonstances, la gazelle est comme paralysée par la frayeur et court autour du cadavre avec un bêlement d'anxiété.

*

Tout le monde sait que les oiseaux, dits « inséparables » ne survivent que rarement à la mort de leur conjoint. D'autres oiseaux témoignent, en pareil cas, d'une grande sensibilité : on cite, à cet égard, l'hirondelle, l'oiseau-mouche, le colin de Californie. Au sujet de cette dernière espèce, M. Achille Comte rapporte l'histoire d'une coline qui mourut parce qu'on lui enlevait ses œufs au fur et à mesure qu'elle les pondait. « Le mâle allait et venait, et poussait des cris qui me faisaient pitié. Je me hâtai d'enlever le cadavre ; cependant le mâle ne cessait de répéter ses *kaw, kaw, kaw*. Il ne les interrompit que vers midi. Je m'approchai de lui et le trouvai haletant, étendu à terre. Je le pris et voulus le rappeler à la vie : peine inutile ; quelques heures après, il périssait aussi ».

*
* *

M. Xavier Raspail a rapporté devant la société zoologique de France un cas non moins net et très détaillé. Il s'agit d'un chien de chasse, nommé *Gyp*, qui avait une amitié manifeste pour un vieux chien, dénommé *Kébir*. Un jour, M. Raspail partit à la chasse, accompagné de ce dernier.

Je suivais, dans un jeune taillis, raconte-t-il, sa quête sur un faisan qui piétait, quand, arrivé à proximité d'une route, j'entendis le bruit du passage d'une automobile en même temps qu'un cri sourd qui me fit instinctivement me précipiter hors du bois et j'eus la douleur de voir devant moi mon pauvre chien étendu sans vie dans une mare de sang. Rentré à la maison, *Gyp* me reçut avec ses exubérantes démonstrations habituelles, puis, me quittant pour les renouveler autour de son vieux *Kébir*, il parut tout désappointé de ne pas le voir, courut à la porte, flairant partout et revint tout préoccupé de cette absence inusitée. Le soir il se montra inquiet et ce ne fut que très tard qu'il se décida à manger alors que la faim ne lui permit plus d'attendre l'absent. Le lendemain matin, aussitôt libre, son premier soin fut de courir à la niche de *Kébir*, et son flair si délié ne lui ayant pas révélé la présence de ce dernier dans les environs, il s'assit tristement sur la dernière marche du perron où, toute la matinée, il resta attentif au moindre bruit du dehors.

Autant pour le distraire que pour atténuer chez moi la pénible impression de la veille, je l'emmenai l'après-midi dans les bois et, sans m'en apercevoir, je me rapprochai justement de l'endroit où l'accident était arrivé. Je voulus maintenir *Gyp* à mes côtés, mais il était trop tard ; son nez puissant l'avait conduit droit sur la mare de sang mélangée de débris de cervelle, qu'il se mit à flairer en s'en approchant craintivement. Sur un énergique rappel il vint me rejoindre et ayant successivement rencontré quelques pièces de gibier, il reprit vite sa bonne allure ordinaire ; aussi je le ramenai convaincu que s'il n'avait pas oublié *Kébir*, du moins ses regrets étaient déjà bien atténués. Mais, à peine de retour, il disparut et on le retrouva dans le potager, occupé à sentir la brouette sur laquelle on avait ramené le cadavre et dont les planches gardaient quelques traces de sang.

Que se passa-t-il alors dans cette cervelle de chien ? Toujours est-il que, le soir, il refusa sa soupe et même le lait et la viande. Le lendemain 18, au matin, on vint me prévenir qu'il n'avait touché à aucun aliment et qu'il paraissait malade. Je le trouvai, en effet, très abattu et ce ne fut que sur mes vives instances qu'il se décida à se lever péniblement pour venir jusqu'à moi. Comme à ce moment il rendit de la bile, je n'hésitai pas à le purger et quand je le sortis pour activer l'effet du purgatif, il parut reprendre un peu de force, s'anima même, et se mit à quêter dans un massif où il avait souvent l'occasion de lever un lapin. Dans l'après-midi, sur son refus de boire, je lui fis donner de force du lait qu'il rendit presque aussitôt; j'eus alors recours à un œuf battu qui fut toléré, et le soir on lui en fit avaler un second additionné de bicarbonate de soude. Le 19, en présence de son obstination à refuser toute nourriture et, ce qui était plus inquiétant, tout liquide, je décidai de lui faire prendre, coûte que coûte, une certaine quantité de lait, quand la personne chargée de ce soin poussa une exclamation en me montrant l'intérieur de la gueule absolument décolorée, ayant l'aspect repoussant de la lividité cadavérique. *Gyp*, néanmoins, à l'aide d'une médication appropriée, finit par se remettre. Il avait été atteint d'anémie aiguë, manifestement causée par le décès de son ami.

*
* *

Ces sentiments des parents à l'égard des enfants, de l'époux pour son épouse, d'un individu envers ses congénères n'ont rien, en somme, que de très naturel. Les témoignages de deuil entre espèces différentes sont bien plus remarquables. Les exemples où des chiens ont péri de chagrin à la suite de la mort de leur maître sont innombrables. D'autres fois, la tristesse se manifeste chez eux d'une façon moins tragique : ils se contentent de se jeter sur le corps, et de pousser des hurlements plaintifs et tout à fait spéciaux, de hurler à la mort, comme l'on dit, de suivre le convoi jusqu'au cimetière, et enfin de rester sur la tombe et d'y gémir (*fig.* 215) pendant longtemps. Voulez-vous des exemples? En voici deux historiques.

A l'époque de la Révolution, lors des scènes sanglantes qui se passaient aux Brotteaux, à Lyon, un chien suit son maître condamné à être fusillé. Après l'exécution, le chien se couche sur le cadavre, refuse obstinément de s'en séparer, repousse toute nourriture et meurt de faim et de chagrin quelques jours après.

Tout Paris, raconte un autre auteur, a vu un chien fixé pendant plusieurs années sur le tombeau de son maître, au cimetière des Innocents, sans que rien pût l'en arracher. Plusieurs fois on voulut l'emmener, l'enfermer à l'extrémité de la ville ; dès qu'on le lâchait, il retournait au poste que sa constante affection lui avait assigné ; il y restait malgré la rigueur des hivers. Les habitants du voisinage, touchés de sa persévérance, lui portaient à manger ; le pauvre animal ne semblait manger que pour prolonger sa douleur et donner l'exemple d'une fidélité héroïque.

Autre exemple, celui-ci dû au docteur Salivas ; il est relatif à.....

..... une dame de trente-neuf ans, amie de Mme A. S., qui mourut subitement pendant la nuit. Elle avait un petit chien auquel elle tenait beaucoup et qui lui était en retour très attaché. Ce chien n'avait jamais, dans aucune circonstance, accordé la moindre attention à Mme A. S., l'intime amie pourtant de la défunte qu'elle voyait presque tous les jours. Or quand, appelée en toute hâte le jour du décès par la fille de la morte, Mme A. S. se fut transportée au domicile de son amie, le chien, sans aucune raison apparente, se précipita vers elle, puis, tout en gémissant, tout en allant au seuil de la chambre mortuaire et en revenant, lui prodigua toutes sortes de marques d'affection, comme s'il eût voulu lui faire comprendre par là la perte qu'il venait de faire et la part qu'il sentait qu'elle devait prendre elle-même à sa douleur, en qualité d'amie intime de sa maîtresse. Ce manège dura tout le temps

Fig. 215. — Chien « hurlant à la mort » sur la tombe de son maître.
Tableau touchant qui donne une haute idée des sentiments affectueux des bêtes.

que Mme A. S. resta sur les lieux, et, chose importante à noter, des nombreuses personnes présentes, elle seule et la fille de la défunte furent l'objet de ces manifestations du chien.

On peut aussi lire partout l'histoire, racontée par Frédéric Cuvier, du chien qui mourut de chagrin après la mort de la lionne dont il était le compagnon. Dans une autre histoire, où les rôles sont intervertis, Toseau nous a laissé le touchant tableau de la noire tristesse qu'un lion de la ménagerie du Muséum ressentit à la perte d'un chien dont il était l'ami.

Il est, enfin, des animaux qui simulent la mort pour échapper à leurs ennemis, preuve qu'ils se rendent compte de l'état d'immobilité dans lequel on se trouve quand on a passé de vie à trépas.

Les renards, bien connus, d'ailleurs, pour la finesse de leur intelligence, sont, à cet égard, des sujets d'observation très favorables. Les faits de simulation de la mort ont été si souvent rapportés, qu'il ne peut y avoir de doutes sur leur authenticité. En voici deux pris au hasard.

M. Coral C. White, d'Aurara (New-York), a raconté qu'un renard était entré dans un poulailler par une ouverture trop étroite. Quand il se fut gorgé de nourriture, son embonpoint énorme ne lui permit plus de repasser par le même orifice; force lui fut donc de rester sur le lieu du carnage. Quand, le lendemain matin, le propriétaire entra dans son poulailler, il trouva maître renard étendu à terre, couché sur le flanc. Le croyant mort d'indigestion, il le prit par les pattes, et le portant au dehors, le jeta sur un tas de fumier. Mais à peine l'animal se sentit-il libre, qu'il prit « ses jambes à son cou » et ne reparut plus.

M. G. de Cherville a aussi narré les péripéties de l'élevage d'un renardeau qu'il avait capturé dans les bois. Malgré tous les soins affectueux qu'on lui prodiguait, le jeune renard, auquel on avait donné le nom de Nicolas, ne s'apprivoisa jamais et ne cessa de distribuer des coups de dents à ceux qui l'approchaient de trop près. « Un matin, au saut du lit, descendant pour rendre mes devoirs à Nicolas, comme j'en avais l'habitude, je le trouvai étendu tout de son long devant un tonneau, les yeux clos et sans mouvement. Je l'appelai sans qu'il bougeât. A plusieurs reprises, je passai ma main sur sa tête, et, pour la première fois peut-être il n'essaya pas de mordre. Aux mouvements de son flanc, il était évident qu'il n'était pas mort; mais à la dérogation que je viens de signaler à ses habitudes, j'en conclus qu'il pouvait être fort malade et je m'alarmai. J'avais plusieurs fois recommandé que l'on desserrât son collier, véritablement trop étroit; je pensai qu'il pouvait bien y avoir un commencement de strangulation dans son triste état, et je me décidai à le détacher. Je n'eus pas plutôt décroché l'ardillon et laissé tomber le collier et la chaîne, que le scélérat, subitement ressuscité, était sur ses pattes; avant que j'eusse eu le temps de faire un mouvement, il avait passé entre mes jambes, s'était jeté dans le massif : je l'aperçus qui gagnait le bois en traversant le potager à une allure indiquant qu'il se portait fort bien. On eût dit que la satisfaction de m'avoir vu la dupe de sa comédie lui prêtait des ailes. »

Les faits qui concernent le loup sont un peu moins nombreux, mais cependant aussi nets. Le capitaine Lyon avait fait rapporter sur le pont de son navire un loup que M. Griffiths avait cru tuer. En l'examinant avec soin, cependant, on remarqua que ses yeux clignotaient, et l'on crut prudent de lui attacher les pattes avec une corde et de le suspendre la tête en bas. Et en effet, à peine dans cette position, il fit un bond prodigieux et montra d'une façon très manifeste qu'il était loin d'être décédé.

Il paraît aussi, d'après Romanes, que, lorsqu'un loup tombe dans une fosse, il simule la mort à tel point qu'un homme peut descendre dans le trou, l'attacher et l'emmener, ou bien lui frapper sur la tête sans que l'animal donne signe de vie.

Si des carnassiers nous passons aux rongeurs, nous aurons à signaler des faits du même ordre. J'ai eu souvent l'occasion d'observer, comme tout le monde d'ailleurs, que les souris capturées par des chats simulent la mort quand ceux-ci les lâchent. A peine le matou s'est-il éloigné, que les souris s'enfuient au plus vite. Les chats eux-mêmes connaissent cette particularité, et pour s'amuser, font mine de croire à la mort des souris, mais, sans en avoir l'air, veillent avec soin sur leurs victimes et s'élancent sur elles dès qu'elles cherchent à déguerpir. Le chat et la souris jouent au plus fin, mais c'est invariablement le premier qui remporte la palme. Il n'est pas rare non plus, quand on ouvre brusquement la porte d'une pièce obscure où se trouvaient des souris, de voir celles-ci demeurer en place, sans bouger, comme mortes, et même se laisser prendre sans manifester aucune émotion.

Voici maintenant une anecdote concernant un taureau, fait tellement curieux que nous tenons à en donner *in extenso* le récit dû à un Anglais, M. G. Bidie, chirurgien de brigade.

Il y a quelques années, dit-il, alors que j'habitais la région occidentale de Mysore, j'occupais une maison entourée de plusieurs acres de beaux pâturages. Le beau gazon de cet enclos tentait beaucoup le bétail du village, et, quand les portes étaient ouvertes, il ne manquait pas d'intrus. Mes domestiques faisaient de leur mieux pour chasser les envahisseurs; mais, un jour, ils vinrent à moi, assez inquiets, me disant qu'un taureau *brahmin* qu'ils avaient battu était tombé mort. Je ferai remarquer en passant que ces taureaux sont des animaux sacrés et privilégiés qu'on laisse errer partout, en leur laissant manger tout ce qui peut les tenter dans les boutiques en plein vent des marchands.

En apprenant que le maraudeur était mort, j'allai immédiatement voir le cadavre : il était là, allongé, paraissant parfaitement mort. Assez vexé de cette circonstance, qui pouvait me susciter des ennuis avec les indigènes, je ne m'attardai pas à faire un examen détaillé, et je retournai aussitôt vers la maison avec l'intention d'aller instruire aussitôt de l'affaire les autorités du district. J'étais parti depuis peu de temps quand un homme arriva tout courant et joyeux de me dire que le taureau était sur ses pattes et occupé à brouter tranquillement. Qu'il me suffise de dire que cette bête avait pris l'habitude de faire le mort, ce qui rendait son expulsion pratiquement impossible, chaque fois qu'elle se trouvait en un endroit qui lui plaisait et qu'elle ne voulait pas quitter. Cette ruse fut répétée plusieurs fois afin de jouir de mon excellent gazon.

*

Il n'y a pas jusqu'à l'éléphant qui ne puisse, dans certaines circonstances, faire le mort. M. E. Tennent rapporte, d'après M. Cripps, qu'un éléphant récemment capturé fut conduit au corral entre deux éléphants apprivoisés. Il était déjà entré assez loin dans l'enclos, quand il s'arrêta brusquement et tomba à terre inerte. M. Cripps fit enlever les liens et essaya vainement de faire entraîner le corps au dehors. Il commanda alors d'abandonner le cadavre; mais à peine les hommes furent-ils à quelques mètres, que l'éléphant se releva vivement et courut vers la jungle en criant de toutes ses forces.

*

La simulation de la mort, dans tous les exemples que nous venons de citer, était faite dans un but de défense, la plupart du temps manifeste. Pour terminer ce

sujet, il nous faut citer un cas de simulation offensive. Il s'agit d'un singe captif
attaché à une tige de bambou fichée en terre, et à laquelle il était réuni par un
anneau assez large et glissant facilement. Quand le singe était au sommet de la
perche où il se plaisait, les corbeaux du voisinage venaient dévorer sa nourriture,
renfermée dans une écuelle.

Un matin que ses ennemis avaient été particulièrement désagréables, il simula
une indisposition : il ferma les yeux, laissa tomber la tête et sembla souffrir
vivement. A peine sa ration habituelle fut-elle placée au pied de la perche, que les
corbeaux s'y abattirent en foule et la pillèrent à qui mieux mieux. Le singe descendit

Fig. 216. — Le singe a plusieurs tours dans son sac ; l'infortuné corbeau
l'apprend à ses dépens.

alors du bambou le plus lentement possible, et comme si c'était pour lui un travail
pénible. Arrivé à terre, il se roula, comme affolé par la douleur, jusqu'à ce qu'il fût
proche de l'écuelle.

Dès lors il resta immobile, comme mort : bientôt un corbeau s'approcha pour
manger les derniers morceaux qui restaient ; mais à peine eût-il allongé le cou,
que le singe, ressuscitant, le saisit et l'immobilisa (*fig.* 216). Sa capture une fois
faite, il se mit en devoir de le plumer tout vivant. Quand il ne resta plus que les
plumes des ailes et de la queue, il le jeta en l'air. Les corbeaux vinrent tuer leur compagnon à coups de bec et ne reparurent plus.

*
* *

En finissant ce chapitre, il nous faut encore aborder un autre problème. Les
animaux se cachent-ils pour mourir ? Telle est la question posée par M. le Dr Paul

Ballion dans le travail que nous avons cité plus haut. Il est de fait que, dans la campagne, on ne rencontre pour ainsi dire jamais de cadavres d'animaux, pas plus des mammifères ou des oiseaux que des grenouilles ou des insectes. Et cet état de choses frappe d'autant plus qu'on le rapproche de la quantité extrêmement nombreuse des animaux qui peuplent la surface du globe. On peut expliquer le phénomène de deux façons : ou bien les cadavres disparaissent très rapidement, ou bien les animaux ont l'habitude, au moment de mourir, de se réfugier dans des trous et, par suite, d'échapper à la vue. La question n'est pas résolue, mais les faits déjà connus que nous allons exposer mettront sur la voie les personnes qui voudront faire des recherches sur les nombreux points encore obscurs.

C'est une habitude chez les chats et chez les chiens, au moment de mourir, d'aller agoniser dans quelque coin et souvent assez loin de leur domicile habituel, reste sans doute de ce qu'ils faisaient à l'état sauvage.

Quant aux lapins, ils semblent faire l'inverse et sortir de leur terrier pour mourir, non repoussés par leurs cohabitants, comme on l'a dit, mais de leur propre volonté ; les lemmings et les campagnols agissent de même. Mais ce n'est pas un fait général chez les rongeurs : les souris notamment semblent en effet quitter leurs retraites, mais seulement pour aller mourir dans d'autres endroits abrités, par exemple les tuiles creuses qui recouvrent les toits.

Le chamois qui a reçu une blessure grave, au dire de Tschudi, se sépare du troupeau, se retire dans un endroit désert, se couche entre des pierres et lèche sa blessure. Il ne tarde pas à guérir ou à périr.

Les éléphants se retirent à l'écart pour cacher leur mort. Quand ils se sentent malades, ils vont mourir dans les lieux cachés, dans des retraites qu'ils sont seuls à connaître.

Les lamas ne meurent pas au premier endroit venu. Ils ont des lieux fixes, qui deviennent à la longue de vastes ossuaires. « On a remarqué, dit M. Houzeau, que ces animaux, aussi bien domestiques que sauvages, choisissent une place particulière où tous se retirent pour mourir. On trouve, sur les bords des rivières, de grands espaces qui sont tout blanchis par leurs os. » C'est peut-être de la même façon que l'on peut expliquer l'abondance des débris osseux fossiles d'ours, d'hyènes, etc., que l'on trouve dans les grottes.

Les oiseaux moribonds fuient la lumière du jour et recherchent les retraites les plus sombres. C'est, du moins, ce qu'affirme M. Ballion et ce qui expliquerait pourquoi on ne voit jamais d'oiseaux morts (ainsi que me l'ont affirmé les balayeurs du Jardin du Luxembourg et du Jardin des plantes) dans les allées des jardins publics. A moins, tout simplement, que les chats ou les rats ne se soient transformés en croque-morts pour la circonstance. Les faits concernant les invertébrés sont trop peu importants pour être cités.

D'après ce qui précède, dit M. Ballion, on pourrait supposer que la plupart des animaux sauvages, à l'approche de la mort, se sont cachés, dérobant ainsi leurs restes à nos yeux. Il en est ainsi certainement dans beaucoup de cas. Mais il convient d'ajouter que le plus souvent les cadavres ont disparu parce qu'ils sont devenus la proie de tout ce qui vit de la mort. On se fera une idée de la rapidité avec laquelle cette disparition s'effectue, en voyant ce que deviennent, par exemple, les bêtes à laine, dont les cadavres jonchent trop souvent les landes. Sitôt que l'essaim des mouches carnivores a sonné la curée, les chiens, les buses, les corbeaux arrivent pour se repaître des viscères et des parties molles. La nuit venue, les bêtes puantes, les rongeurs arrivent à leur tour, pour le festin. Entre temps, surviennent une multitude d'insectes, qui achèvent l'œuvre de destruction. Après quelque jours, il ne reste plus d'une brebis que quelques os longs dispersés et des flocons de laine éparpillés.

Toutefois, ajoute le même auteur, je n'aurais pas supposé qu'il en pût être ainsi des restes d'éléphants, ces ossements gigantesques n'étant pas de ceux qui doivent facilement disparaître. On a remarqué, en effet, qu'on ne rencontre pour ainsi dire jamais de squelettes d'éléphants décédés. La rareté de ces restes s'expliquerait-elle par l'habitude qu'aurait cet animal de s'en aller mourir, comme nous l'avons dit plus haut, dans des refuges reculés ? S'il faut en croire M. A.-G. Cameron, il faut invoquer ici l'action, non des intempéries, mais des ruminants. Ces animaux auraient un goût prononcé pour les os, qu'ils useraient peu à peu, en les rongeant, de sorte que, en deux ans, un squelette, si gigantesque fût-il, pourrait avoir totalement disparu. Un fait que j'ai souvent observé serait de nature à donner quelque crédit à cette opinion, assez étrange au premier abord. Nos ruminants domestiques appètent et avalent avec avidité des substances minérales, telles que les mortiers, les platras, la terre même, qui renferment des sels calcaires, utiles sans doute à leur nutrition. Comment l'oiseau échapperait-il à toutes ces causes de destruction ? Sa chair délicate n'est-elle pas la proie préférée de tous les animaux prédateurs, comme elle est le plus grand régal des gourmets ? Les oiseaux qui, de leur vivant, ont échappé à la voracité de ces ennemis naturels, leur appartiennent après la mort ; et, s'ils n'ont pas été avalés tout d'une pièce, on ne trouve en fait de restes que des plumes éparses, rejetées au loin par les rapaces diurnes. Puis, ces plumes disparaissent à leur tour, rongées, pulvérisées par des myriades d'insectes et par le monde vorace des êtres inférieurs auquel rien ne résiste de ce qui a eu vie.

S'il n'y avait pas de microbes, la terre serait un affreux charnier !

CHAPITRE XXXVII

Les monstres disparus.

La vie immense ouvrait ses informes rameaux.
Victor Hugo.

La Terre n'a pas toujours été ce qu'elle est aujourd'hui. Comme tout ce qui existe de par le monde, elle a, depuis sa formation, subi des modifications incessantes qui, bien que parfois très lentes, n'en ont pas moins bouleversé sa constitution, au moins à la surface. Ces transformations, si sensibles déjà dans la constitution des roches, sont encore plus nettes dans la nature des êtres vivants qui ont peuplé les mers et les continents aux diverses époques géologiques. En étudiant les terrains qui se sont succédés en un même lieu, on y rencontre une multitude de faunes, très différentes les unes des autres, qui y ont vécu successivement, et dont la reconstitution offre un puissant intérêt. Les animaux qui ont vécu jadis sont, en effet, pour la plupart très différents de ceux qui vivent aujourd'hui, et si un magicien pouvait d'un coup de baguette les faire revivre autour de nous, nous pourrions nous croire transportés dans un monde chimérique ou sur une autre planète.

Nous n'avons pas l'intention, dans ce chapitre, de décrire tous ces animaux, ce qui reviendrait à faire un traité de paléontologie. Laissant de côté les animaux d'organisation inférieure, tels que les trilobites, les brachiopodes, les ammonites, les bélemnites, les oursins, etc., nous ne nous occuperons que des « grosses bêtes », c'est-à-dire des vertébrés, en ne citant que les plus remarquables au point de vue pittoresque.

Bien que nos gravures représentent les animaux entiers, comme s'ils vivaient, il est à peine besoin de faire remarquer que ce n'est pas ainsi qu'on les retrouve dans le sol. Les seuls vestiges que les géologues arrivent à retirer des terrains sont des ossements plus ou moins incomplets, parfois, bien rarement, des squelettes entiers. Mais les paléontologistes sont gens de ressource : il leur suffit d'un simple morceau d'os pour reconstituer,— à peu près, bien entendu — la charpente entière. Une fois le squelette connu, il est assez facile, par l'examen de la surface des os auxquels ils s'inséraient, de supputer l'épaisseur des muscles qui formaient la chair de l'animal. Recouvrez le tout d'une peau plus ou moins écailleuse, plus ou moins poilue, et vous aurez un animal reconstitué, restauré, comme l'on dit, en partie par l'imagination, en partie par suite de déductions scientifiques.

*
* *

Dans les terrains que nous ont laissés les périodes silurienne et dévonienne, au cours desquelles les terres étaient en majeure partie submergées, on ne rencontre

Fig. 217. — Deux stégocéphales qui se demandent peut-être ce qu'ils sont venus faire sur la terre et paraissent déjà atteints d'un spleen intense.

guère que des invertébrés, de rares poissons, mais pas un seul animal terrestre ou amphibie.

A l'époque carbonifère les terres commencent à émerger sensiblement, et ces continents se peuplent d'une abondante végétation — telle peut-être qu'il ne s'en est plus formé depuis — végétation qui a donné naissance à la houille. Dans ces immenses forêts de fougères, d'équisétacées, de lycopodiacées, n'apparaît cependant aucun animal terrestre, sauf d'assez rares insectes qui ne réussissaient pas à en égayer la morne solitude. Néanmoins un lent travail d'évolution s'accomplissait sous les eaux. Des espèces aquatiques, en gagnant la terre ferme, se transformaient les unes en batraciens, les autres en reptiles. Et à l'époque permienne le règne de ces deux groupes commençait à être bien caractérisé.

C'est au Permien qu'appartiennent diverses espèces de batraciens que l'on a réunies sous le nom de stégocéphales (*fig.* 217). C'étaient d'énormes salamandres, dont la tête atteignait parfois 3 ou 4 pieds de long et était recouverte de plaques osseuses rappelant celles des poissons de l'époque précédente. La bouche, énorme, était largement fendue et portait à l'intérieur une multitude de dents, aussi bien sur les mâchoires que sur les autres os, armes peu terribles d'ailleurs, qui ne leur servaient qu'à happer les animaux sans défense dont elles faisaient leur nourriture. Des recherches habilement conduites ont permis de retrouver les larves de ces stégocéphales ; elles étaient pourvues de branchies comme les jeunes têtards de nos grenouilles. Les stégocéphales présentaient donc des métamorphoses : aquatiques dans leur jeune âge, ils ne devenaient terrestres qu'à l'état adulte. Certaines espèces avaient une taille infime : le protriton, par exemple, n'était pas plus gros que les tritons actuels, dont il était le précurseur. D'autres, au contraire, étaient allongés, comme passés à la filière, et leur corps serpentiforme ou, presque dépourvu de membres, avait — ou plutôt devait avoir, car on n'a pas retrouvé d'animaux entiers — plus de quinze mètres de long.

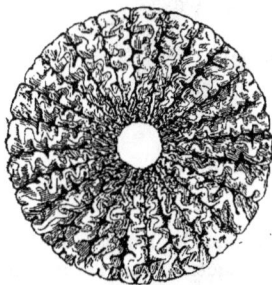

Fig. 218. — Section transversale d'une dent de labyrinthodonte.

Malgré leur complication, les dents des labyrinthodontes ne devaient pas être des armes bien efficaces car ces animaux ont disparu rapidement de la surface du globe.

C'est dans ce même groupe des batraciens qu'il faut ranger les labyrinthodontes, lesquels doivent leur nom à la curieuse forme de leurs dents (*fig.* 218) dont la surface était parcourue par des plis rayonnants et ondulés dont l'ensemble simulait un véritable labyrinthe. Ces énormes bêtes se traînaient dans les marais et les lagunes et, de temps à autre, traversaient l'eau en nageant ; leurs membres postérieurs, tournés en arrière, indiquent en effet des animaux nageurs. Leur peau était en partie lisse, en partie couverte d'écailles, surtout dans la région ventrale. Leur tête, avec ses orbites petites et ses narines terminales, rappelait assez bien celle des crocodiles. En examinant les terrains où ils avaient vécu, on a trouvé des empreintes rappelant celles produites par la main humaine et les géologues qui les virent pour la première fois eurent une émotion rappelant celle de Robinson Crusoé à la vue d'une empreinte du pas de Vendredi : mais il fallut bien vite déchanter ; ces empreintes aux doigts renflés au milieu — et accompagnées de gouttes de pluie — furent reconnues pour être celles des labyrinthodontes. On a retrouvé aussi l'empreinte de leur queue, qui vraisemblablement traînait sur le sable ou la vase.

***

L'apparition, encore assez timide, de ces vertébrés marque la fin de la période primaire. Dès le commencement de la période secondaire, on les voit s'épanouir avec une ampleur sans pareille, tant par le nombre des individus que par la variété des espèces. Mais, avant de parler des « bêtes à quatre pattes », il convient de signaler en passant un poisson, le cératodus (*fig.* 219), au corps couvert d'écailles. Par lui-même, il n'a en somme rien de particulièrement extravagant ; mais ce qu'il présente de vraiment remarquable, c'est que contrairement aux autres animaux qui vivaient en même temps que lui et même de nombreux siècles après, il existe toujours : de nos jours, on le retrouve presque identique à ce qu'il était au Trias. Il mène son existence paisible dans les rivières d'Australie. Peut-être doit-il cette longévité, unique sans doute, à ce qu'il est pourvu de branchies pour vivre dans l'eau et de poumons pour vivre dans l'air ; que le temps soit humide comme les

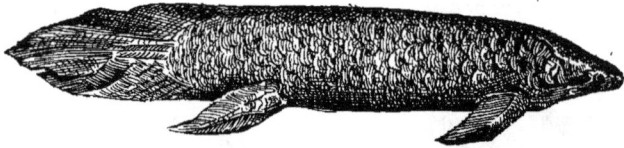

Fig. 219. — Cératodus.

Ce poisson ne paraît pas bien déluré, mais cela ne l'a pas empêché de traverser les temps primaire, secondaire, tertiaire et quaternaire sans subir de modification.

brouillards de Londres, qu'il soit sec comme au Sahara, que les inondations viennent envahir son domaine, il peut, de la sorte, s'en moquer, suivant l'expression populaire, comme un poisson d'une pomme. Ce qui prouve que lorsqu'on veut faire son chemin, il est bon d'avoir plusieurs cordes à son arc...

A l'époque triasique, nous retrouvons les énormes labyrinthodontes, qui s'y développent beaucoup, puis disparaissent sans qu'on sache ce qu'ils sont devenus : des gars aussi bien taillés cependant auraient dû, semble-t-il, durer plus longtemps. Mais c'est là un cas fréquent en paléontologie : on voit une espèce apparaître plus ou moins timidement, plus ou moins imparfaite. Peu à peu, on la voit se transformer, prendre de l'embonpoint, augmenter ses moyens de défense, et, comme preuve que tout cela est utile, pulluler en grand nombre. Puis, presque tout d'un coup, l'espèce disparaît : les évolutionnistes disent qu'elle s'est transformée ; les cause-finaliers — qui, en l'espèce, semblent avoir des atouts dans leur jeu, — disent qu'elle a été anéantie, puis remplacée, par le Créateur, par d'autres espèces de formations entièrement nouvelles. Cette dernière explication est évidemment très simple, mais les lacunes de celle des évolutionnistes tiennent plus vraisemblablement à l'insuffisance des documents paléontologiques recueillis jusqu'ici.

A côté des empreintes de pas à cinq doigts des labyrinthodontes, on trouve d'autres empreintes de pas à trois doigts (*fig.* 220), toujours accompagnés de gouttes de pluie, — que d'eau ! que d'eau ! — On a cru longtemps que ces vestiges tridactyles appartenaient à quelques oiseaux gigantesques et le fait aurait été vraiment intéressant. Mais les illusions ne durèrent pas longtemps : M. Marsh reconnut qu'il y avait deux sortes de ces pas, les unes larges produites vraisemblablement par les pattes de derrière, les autres plus faibles représentant les pattes de devant : on avait donc à faire à un quadrupède et l'hypothèse ornithologique devait être abandonnée. Quant à savoir quel était ce quadrupède — un reptile, selon toute probabilité, — on n'a jamais pu savoir qui il était ni comment il était constitué. Peut-être était-ce un descendant des labyrinthodontes. Comme consolation, on l'appela brontozoum et tout fut dit.

Fig. 220. — Empreinte d'un pas de brontozoum et de gouttes de pluie.
L'infortuné n'avait pas de parapluie !

Les reptiles prennent ici une grande importance : ils pullulaient véritablement, surtout au bord des marécages, et il n'aurait pas fait bon vivre au milieu d'eux. La plupart rappelaient beaucoup par leur mode d'existence les crocodiles, nos contemporains, c'est-à-dire qu'ils vivaient presque constamment dans l'eau, en nageant assez peu ainsi qu'en témoignent leurs pattes à peine palmées, mais plutôt en se traînant sur la vase du fond des marais. De temps à autre, ils venaient sur le bord des étangs prendre un bain de soleil. De ce nombre sont les bélodons (*fig.* 221) dont le corps était revêtu de tubercules coriaces qui leur permettaient d'échapper à la dent des autres reptiles. La tête fort longue était garnie de nombreuses dents coniques.

A citer à côté de lui le dicynodon (*fig.* 222) qui donne vaguement l'impression d'une tortue gigantesque qui serait sortie de sa carapace. Cette analogie est surtout produite par la tête énorme qui, à part deux grosses canines saillantes, portait une véritable armature cornée. Comme étrangeté, il faisait bien pendant au zanglodon (*fig.* 223) qui se promenait sur ses jambes de derrière, avec la lenteur d'un Parisien déambulant sur le boulevard. Parmi les « élégants » du Trias, le zanglodon devait occuper un bon rang, non pas qu'il eût l'air bien spirituel, mais parce qu'il était bien « taillé » et pouvait sans doute se livrer avec ses mains à toutes sortes de facéties.

Il faut remarquer que tous ces reptiles diffèrent profondément des espèces actuelles, non seulement par l'allure générale, mais encore et surtout par les moindres détails de leur anatomie. La plupart même ne peuvent rentrer dans la classification actuelle (sauriens, crocodiliens, ophidiens, chéloniens); on a été obligé de créer pour eux des groupes spéciaux aux noms plus ou moins barbares que j'aime mieux ne pas vous répéter.

L'époque triasique présente encore un autre intérêt : c'est elle qui a vu apparaître le premier mammifère, c'est-à-dire le premier chaînon qui, se continuant dans les âges ultérieurs, devait constituer pour le paléontologiste une magnifique série d'études et aboutir enfin à l'humanité. Bête très modeste, d'ailleurs, que ce mammifère, le dromathérium, sorte de petit rongeur marsupial, sarigue en miniature et encore imparfaite.

* *

Les faunes que nous venons d'étudier étaient déjà bien curieuses, mais ce n'est encore rien à côté de celles de la période jurassique qui leur succèdent immédiatement. La nature semble avoir voulu en faire le repaire des êtres fantastiques,

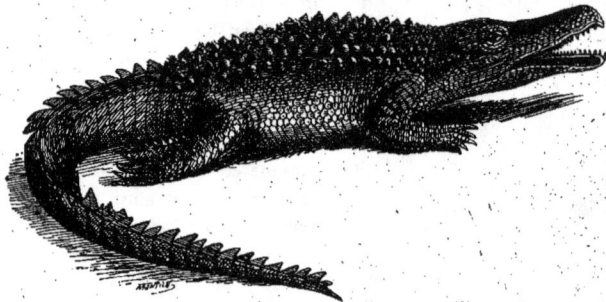

Fig. 221. — Bélodon.
L'ancêtre des crocodiles et aussi peu sympathique qu'eux

inouïs, tels par exemple que des reptiles volants comme des chauves-souris ou pourvus de plumes comme des oiseaux.

Quelle faune bizarre et fantastique ! La sculpture et la peinture chez les Anciens et les modernes ont agrandi le monde réel en inventant des êtres qui n'ont jamais pu exister. Pense-t-on que les sphynx des Égyptiens, accroupis sur le sable, les centaures, les faunes, les satyres des Grecs, les griffons moitié hindous, moitié perses, les goules du moyen âge, les anges-serpents de Raphaël ne puissent trouver d'analogie dans les êtres vivants qui ont peuplé la terre en ces temps antiques ? Il semble, au contraire, dirons-nous avec Edgard Quinet, que les reptiles dinosauriens, les iguanodons, les plésiosaures, pourraient rivaliser avec les dragons à gueule enflammée de Médée, les serpents volants avec les serpents de Laocoon, les plus anciens ruminants et les grands édentés, mylodon, mégathérium avec les taureaux couronnés de Babel, les mammifères incertains, les mystérieux dromathériums et dinothériums avec les sphynx gigantesques de Thèbes, les ichthyosaures avec les hydres d'Hercule et les harpies d'Homère, le cheval hipparion aux pieds digités avec les chevaux de Neptune ou avec le monstre de Rubens à la crinière soulevée, à la croupe colossale. On aimerait à voir et entendre l'ancêtre des chiens, l'amphicyon, hurler au carrefour de la création des mammifères tertiaires. Si les artistes grecs et modernes étaient réduits à imaginer des alliances de formes impossibles, l'artiste n'aurait, au contraire, qu'à puiser dans le monde organisé ; il aurait l'avantage de trouver sous la main des formes toutes préparées dans l'atelier de la nature ; il pourrait ainsi être réaliste, tout en dépassant les limites du monde actuel, ce qui semble le but suprême de l'art.

Fig. 222. — Dycinodon.

Quels animaux étranges nous révèle la paléontologie ! Êtres hideux, d'ailleurs, et qui ont bien fait de disparaître...

Tout être a son cadre naturel. De même que, de nos jours, il est difficile de se représenter le chameau sans l'associer au désert, il est également difficile de ne pas associer les crocodiliens de l'âge jurassique à la forme de la terre jurassique dont ils étaient les seuls habitants. Ils s'aventurèrent sur la plage. Mais quelles terres trouvèrent-ils devant eux ? Basse, marécageuse, étroite, la petite île liasique ne sollicitait d'aucun être un effort puissant pour en prendre possession. Quand le troupeau des sauriens s'était traîné sur la vase, aucune proie ne l'attirait, il s'arrêtait. Une patte informe, courte, palmée, l'arrière-bras serré au corps, suffisait pour occuper et visiter le banc de terre, informe, étroit, qui tour à tour noyé et émergeant, offrait un sol amphibie à une vie amphibie. Et comme, sur cette vase desséchée, où chacun se traînait lentement, il n'y avait pas de péril à éviter, il n'y avait aussi ni nécessité ni désir de fuir et de se hâter. C'est dans ce sens que l'on peut dire que cette antique figure du globe impose sa forme et ses habitants.

Cette forme fut celle des reptiles. Là où le sol manquait, le mode de progression terrestre ne pouvait se développer. Il n'était besoin ni de marcher, ni de courir, ni de voler ; il suffisait de ramper. Avec les sauriens, se hasardaient les tortues ; comme il s'agissait pour elles de se poser à terre, et que cette terre n'était qu'un point, elles

Fig. 223. — Zanglodon.

Par sa station verticale, ce monstre est peut-être un de nos ancêtres. Malgré la lourdeur de son corps, il a « de l'allure », et, s'il existait encore, aurait un succès fou dans les jardins zoologiques et les salons, dans une séance de « cake-walk ».

n'eurent pas besoin de se hâter ; sur cette terre rampante, elles n'eurent qu'à ramper pour conquérir leur domaine ; elles reçurent là comme un sceau d'immobilité.

Sur cette langue de terre, si la patte, le pied ne pouvaient se développer par le mouvement et la rapidité, comment l'aile aurait-elle pu acquérir sa puissance ? La nécessité de l'aile ne se comprend que lorsque de grands espaces terrestres s'ouvrent à l'horizon, qu'il faut les traverser pour atteindre une proie visible de loin, ou pour changer de climat par les migrations vers une autre contrée.

Mais sur les plages perdues des temps jurassiques, quel être avait besoin de prendre l'essor pour parcourir un si étroit domaine ? Aussi les oiseaux manquent encore. Lorsqu'un premier vestige d'aile paraît, c'est l'aile d'un reptile, le ptérodactyle, avec sa gueule dentée d'un saurien, et deux ailes membraneuses. C'est assez pour lui car il ne s'agit pas de traverser de vastes océans pour aborder des continents qui n'existent pas encore ; il ne s'agit pas de plonger en un clin d'œil du haut d'un roc inaccessible dans une vallée béante. Il n'y a encore ni montagnes ni vallées, mais un sol uni, rare, rampant, échancré, où tous les objets sont rapprochés. Que le reptile, caché dans le marécage puisse happer au vol un essaim de libellules ou quelque grand scarabée, cela suffit à son premier instinct de mouvement.

Le temps du vol véritable n'est pas encore venu ; l'aile ne se déploiera, dans sa grande envergure, qu'avec le déploiement et l'envergure des terres fermes, avec le soulèvement des montagnes, l'approfondissement des vallées, le changement des climats, des températures, l'émersion des archipels et des continents qui offriront des lieux de repos pour les vastes traversées et un but aux migrations lointaines.

Ainsi les âges du monde ne s'écoulent pas sans laisser une figure vivante d'eux-mêmes. Ils s'impriment d'une manière ineffaçable dans les créatures qui se succèdent. Ils revivent en elles. Chaque moment de la durée s'est pour ainsi dire fixé dans un type, dans une espèce, une famille, qui le représente. Si le désert disparaissait, il serait encore figuré dans le chameau. A ce point de vue, la série des êtres organisés reproduit, de nos jours, la série des grandes époques écoulées. Chaque végétal, chaque animal, ramené à son type, est comme une date fixe dans la succession des événements qui forment l'histoire du globe. (C. Flammarion).

*

Parmi les reptiles les plus communs de la période jurassique, il faut citer les ichthyosaures, dont le nom, assez bien choisi, veut dire « poisson-lézard » ; ils sont en effet aux lézards ce que les cétacés sont aux autres mammifères. Quand je dis « lézard » c'est une manière de parler, car les ichthyosaures ne rappellent que d'assez loin les gentilles petites bêtes que, le long du chemin, on voit s'étaler volup-tueusement au soleil. Les ichthyosaures étaient en effet des animaux massifs, ayant parfois douze mètres de long. La tête, longue et pointue, rappelait un peu celle des brochets, avec des yeux énormes, — de la grosseur d'une tête humaine, — qui devaient leur donner un aspect terrifiant. La gueule était garnie de tout un bataillon de dents longues et pointues au milieu desquelles il n'aurait pas fait bon mettre la main.

C'était, dit Cuvier, un reptile à queue médiocre et à long museau pointu, armé de dents aiguës ; deux yeux d'une grandeur énorme devaient donner à sa tête un aspect tout à fait extraordinaire, et lui faciliter la vision pendant la nuit. Il n'avait probablement aucune oreille externe, et la peau passait sur le tympanique, comme dans le caméléon, la salamandre et le pipa, sans même s'y amincir. Il respirait l'air en nature et non pas l'eau comme les poissons ; ainsi il devait venir souvent à la sur-face de l'eau. Néanmoins ses membres courts, plats, non divisés, ne lui permettaient que de nager, et il y a grande apparence qu'il ne pouvait pas même ramper sur le rivage, autant que les phoques ; mais s'il avait le malheur d'y échouer, il y demeu-rait comme les baleines et les dauphins. Il vivait dans une mer où habitaient avec lui les mollusques qui nous ont laissé les cornes d'Ammon, et qui, selon toutes les apparences, étaient des espèces de seiches ou de poulpes ; des térébratules, diverses espèces d'huîtres abondaient aussi dans cette mer, et plusieurs sortes de croco-diles en fréquentaient les rivages, si même ils ne l'habitaient conjointement avec les ichthyosaures.

On trouve souvent dans les terrains jurassiques les déjections fossilisées de ces

animaux; ces « coprolithes », comme on les appelle, présentent à la surface une
ligne en spirale, ce qui montre que l'intestin des ichthyosaures, comme celui de
plusieurs reptiles actuels, possédait une « valvule spirale ». L'examen de ces coprolithes a permis d'avoir plusieurs renseignements sur les animaux dont ils faisaient
leur nourriture.

Non moins curieux sont les plésiosaures qui donnent un peu l'impression d'un
phoque, avec une queue assez longue, des pattes transformées en larges nageoires
et, — ce qui leur donne un caractère bien particulier, — un cou d'une longueur
extraordinaire, très mobile, et terminé par une tête de lézard, petite relativement

Fig. 224. — Le plésiosaure.

La terreur des mers secondaires, l'animal sournois qui se glisse dans les herbes et engloutit sa proie
avant qu'elle ait le temps de s'en apercevoir.

au reste du corps et garnie de nombreuses dents. Un genre voisin, le pliosaure,
avait un cou plus court.

De même que les ichthyosauriens, les plésiosauriens étaient essentiellement des
animaux de haute mer; la forme et la disposition de leurs dents indiquent un
régime exclusivement carnivore; il est probable que les espèces qui, comme le
plésiosorus dolichodeirius (*fig.* 224) avaient le cou très allongé, pouvaient saisir
leur proie à une grande distance, soit à la surface de l'eau, soit dans les bas-
fonds où le reptile n'aurait guère pu aborder, dans la crainte d'échouer. Des
mollusques de toute sorte devaient être la pâture des espèces faiblement armées,
tandis que les pliosaures, au cou court, à la tête trapue, aux dents longues et
fortes, donnaient la chasse aux poissons, cependant puissamment cuirassés,
aux crustacés qui pullulaient dans les mers jurassiques et aux nombreuses ammo-

nites qui flottaient à la surface de l'eau. Les plésiosauriens respiraient l'air en nature; leurs poumons étaient très vastes, de telle sorte que l'animal pouvait certainement plonger pendant assez longtemps et rester un certain temps sous l'eau, avant que de venir à la surface. La peau était absolument nue; elle devait probablement être épaisse. Les plésiosaures proprement dits étaient généralement des animaux de grande taille; Cuvier estime à 3 mètres la longueur du plésiosaure du Lias d'Angleterre qu'il a été à même de décrire. Ce sont les pliosaures qui, eux, arrivent à une taille vraiment gigantesque. D'après Richard Owen, la mâchoire du *pliosaurus grandis* n'avait pas moins de 5 pieds 8 pouces anglais; le crâne avait 4 pieds 9 pouces, sa largeur la plus grande était de 2 pieds et 1 pouce; certaines dents ont jusqu'à 0^m,3o de long, et nous connaissons des mâchoires qui ont au moins 2 mètres de long, ce qui doit faire supposer une taille vraiment colossale. Tout géant que soit le *pliosaurus grandis*, il existait à l'époque jurassique supérieure des espèces plus grandes encore. Le fémur du *pliosaurus trochanterius* avait 0^m,55 de haut, ce qui fait supposer une patte longue d'environ 1^m,4o ; nous avons la même dimension pour le *pliosaurus brachyderus*. Si la longueur de la patte est dans les mêmes proportions, ce membre aurait eu 1^m,6o chez le *pliosaurus œqualis*, 1^m,78 chez le *pliosaurus brachyderus*, 2^m,2o chez le *pliosaurus macromerus*, et chez une espèce signalée par P. Gervais dans le terrain kimeridjien du Havre. Chez cette dernière espèce, le fémur mesure, en effet, plus de 0^m,85 de longueur. (E. Sauvage).

C'étaient de vraies baleines !

*

Pour faire pendant aux gigantesques plésiosaures de haute mer, on trouvait sur les terres émergées des êtres non moins monstrueux ; ce sont les dinosauriens, dont le nom a précisément été choisi pour indiquer que l'on avait à faire à de prodigieux reptiles. Au point de vue anatomique, ils sont d'ailleurs remarquables en ce qu'ils présentent un curieux mélange de l'anatomie des reptiles et des oiseaux, ainsi que, jusqu'à un certain point, des mammifères. Déjà existants au Trias, ils ne prennent leur véritable extension qu'au jurassique, et, conjointement aux espèces dont nous parlons dans ce chapitre, ont valu à cette période le nom bien choisi de « règne des reptiles ». A ce moment, il régnait par toute la terre une grande chaleur, comme le prouvent bien les formations coralliennes si vastes qui ont augmenté la couche terrestre. Cette chaleur semblait indispensable à la vie des dinosauriens : on les voit disparaître, en effet, presque totalement, dès l'époque crétacée, précisément où tout concorde à montrer que le froid commençait à devenir vif, surtout en hiver.

C'est parmi les dinosauriens que doit prendre place le plus grand animal qui ait jamais paru sur la terre, l'atlantosaure (*fig.* 225), auprès duquel les éléphants ne seraient que des pygmées, puisqu'on en connaît qui atteignaient près de 35 mètres de long. Il marchait sur ses quatre pattes volumineuses, en laissant traîner une queue assez longue. Le cou était très allongé et mobile, terminé par une tête remarquablement petite, comme cela se voit souvent chez les reptiles jurassiques. C'était sans doute une bête lente et stupide, se promenant à la façon des ours actuels : chaque empreinte de ses pas n'avait pas moins de 9o^{cm} de diamètre, — excusez du peu.

A côté des hypsilophodons, des cératosaures, des cétiosaures, que nous ne citons

que pour mémoire, il nous faut donner une attention spéciale aux fameux iguano
dons (*fig.* 226), qui sont les plus « populaires » des reptiles fossiles.

Non loin de la frontière française, entre Mons et Tournay, dit E. Sauvage, se
trouve, en Belgique, le charbonnage de Bernissart. Pour atteindre les couches de
houille, il faut, dans ce pays plat, creuser le sol à une certaine profondeur et traverser des terrains qui se sont déposés postérieurement à la formation du précieux
combustible. En faisant à Bernissart des recherches pour l'extraction de la houille,
on était tombé sur des couches uraldiennes, sur une vallée datant du commencement de l'époque crétacée et remplie après coup par suite des mouvements du sol.
Des poissons par centaines, des crocodiles de types inconnus, de gigantesques rep

Fig. 225. — L'atlantosaure.

L'animal qui bat le record pour la longueur (homologué par le... *Paléontological-Club*). Pour faire
apprécier sa grande taille comme elle le mérite, on a figuré à côté de lui un éléphant. un pygmée !

tiles étaient restés enfouis, à près de 350 mètres de profondeur, presque à l'endroit
où ils avaient autrefois vécu ; ils étaient ensevelis dans la boue, gisant pêle-mêle
avec les plantes qui croissaient sur le sol qu'ils avaient foulé à une époque si reculée
qu'elle dépasse toute imagination.

Les animaux géants, rendus ainsi à la lumière, grâce aux admirables et persévérantes recherches de de Paux et de Sohier, étaient des dinosauriens appartenant
au genre iguanodon, dont Gédéon Mantell avait, dès 1822, trouvé les premiers
ossements dans l'île de Whigt, en Angleterre. C'est aux travaux de Boulenger, de
Van Beneden et surtout à ceux de Dollo que nous devons la connaissance de l'un
des êtres les plus étranges qui aient vécu dans les anciens temps. La découverte de
l'iguanodon de Bernissart, animal dont on connaît aujourd'hui le squelette complet, a jeté un jour absolument nouveau sur la constitution de tout un groupe de
dinosauriens herbivores.

Tout est étrange, en effet, chez l'iguanodon ; sa taille, de même que ses allures,
sont bien faites pour étonner le naturaliste qui ne connaîtrait que les reptiles
actuels, êtres bien chétifs si on les compare aux animaux qui ont vécu autrefois et
qui semblent avoir joué le rôle qui est dévolu aux plus grands des mammifères
terrestres actuels.

L'iguanodon de Bernissart mesurait près de dix mètres du bout du museau à l'extrémité de la queue et debout sur ses membres de derrière, attitude qu'il avait en marchant, il s'élevait à plus de quatre mètres au-dessus du niveau du sol.

La tête est relativement petite, très comprimée ; les narines sont spacieuses et comme cloisonnées. La fosse temporale est limitée par une arcade osseuse, aussi bien en haut qu'en bas, ce qui est un caractère tout à fait exceptionnel chez les reptiles actuels. L'extrémité des mâchoires devait être vraisemblablement pourvue d'un bec destiné à couper les grandes fougères et les cycadées qui poussaient sur les

Fig. 226. — Iguanodon de Bernissart

Cet animal qui, sur notre gravure, semble danser le rigodon, n'avait cependant rien de folâtre et possédait une taille gigantesque : 10 mètres de longueur !

bords des lagunes et des marécages dont le sol était entrecoupé ; les dents, qui sont crénelées aux bords, indiquent un régime essentiellement herbivore et se remplaçaient aussitôt qu'elles venaient à être usées. Le cou devait être très mobile. Les côtes, qui sont fortes, indiquent de vastes poumons. Les membres antérieurs, bien plus courts que les postérieurs, se terminent par une main garnie de cinq doigts ; le pouce est terminé par un énorme éperon qui, revêtu de sa griffe, devait être une arme extrêmement redoutable. Le membre postérieur, qui est digitigrade, est muni de trois doigts seulement, probablement réunis par une palmure ; le bassin ressemble plus à celui des oiseaux qu'à celui des reptiles actuels. La queue, un peu plus longue que le reste du corps, a jusqu'à 5 mètres et se compose de près de 50 vertèbres : elle est très comprimée latéralement, comme celle des crocodiles, et devait servir de rapide et puissant moyen de propulsion.

Fig. 227. — Iguanodon des Montagnes-Rocheuses.

Ah ! la curieuse bête, et qu'il aurait été amusant de chasser à l'époque où elle vivait ! Voyez-vous un corps-à-corps avec ce monstre ? Pauvre de nous !...

L. Dollo a tracé de façon très exacte le genre de vie des iguanodons :

Etant donné que les iguanodons passaient une partie de leur existence dans l'eau, nous pouvons nous figurer, à l'aide d'observations faites sur le crocodile et sur l'amblyrhynque (grand lézard marin des îles Galapagos), deux modes de progression très différentes de notre dinosaurien au sein de l'élément liquide.

Quand il nageait lentement, il se servait des quatre membres et de la queue. Voulait-il, au contraire, avancer rapidement pour échapper à ses ennemis, il ramenait les membres antérieurs, les plus courts, le long du corps et se servait exclusivement des membres postérieurs et de son appendice caudal. Dans ce dernier mode de progression, il est clair que plus les pattes de devant sont petites, plus elles se dissimulent, et moins, par conséquent, elles causent de résistance au déplacement de l'animal dans l'eau. Comme confirmation de ceci, on observe que, parmi les formes ayant la manière de nager sus-indiquée, les membres antérieurs sont d'autant plus réduits que la bête est plus aquatique.

A terre, les Iguanodons marchaient à l'aide des membres postérieurs seuls ; en d'autres termes, ils étaient bipèdes à la manière de l'homme et d'un grand nombre d'oiseaux, et non sauteurs comme les kanguroos ; de plus, ils ne s'appuyaient point sur la queue, mais la laissaient simplement traîner.

Mais, dira-t-on, vous avez comparé tout à l'heure, en parlant de la vie aquatique, les iguanodons aux crocodiles ; ceux-ci pourtant ne sont pas adaptés à la

Fig. 228. — Le dimétrodon.
Le grand-oncle de nos lézards et, malgré son aspect, pas plus féroce qu'eux.

station droite. Qu'avaient donc besoin les iguanodons d'une marche bipède s'ils possédaient des mœurs analogues ? Il me paraît, au contraire, que se tenir debout a dû être un grand progrès, et voici pourquoi :

Les iguanodons étant herbivores devaient servir de proie aux grands carnassiers de leur époque ; d'autre part ils séjournaient au milieu des marécages. Parmi les fougères qui les entouraient, ils auraient vu difficilement ou pas du tout arriver leurs ennemis ; debout, leur regard pouvait planer sur une étendue considérable. Debout encore ils étaient à même de saisir leur agresseur entre leurs bras courts mais puissants, et de lui enfoncer dans le corps les deux énormes éperons, vraisemblablement garnis d'une corne tranchante, éperons dont leurs mains étaient armées.

Enfin, la marche bipède devait certainement permettre aux iguanodons de regagner plus rapidement le fleuve ou le lac dans lequel ils prenaient leurs ébats, qu'une marche quadrupède continuellement contrariée par les nombreuses plantes aquatiques jouant, en quelque sorte, le rôle des broussailles.

A la même époque, vivaient dans les Montagnes-Rocheuses, des reptiles analogues aux iguanodons (*fig.* 227) mais couverts de plaques osseuses, d'épines énormes, qui leur constituaient, surtout dans les régions dorsale et caudale, une armature formidable.

Citons encore le dimétrodon (*fig.* 228), grand lézard de deux mètres de long, qui, malgré son aspect terrifiant, était un animal inoffensif. Son énorme crête, qui sans

Fig. 229. — Stégosaure.

Il paraît fortement armé. C'est un trompe-l'œil ! Les autres animaux et les intempéries en ont eu rapidement raison.

doute pouvait se ployer et se déployer à volonté, ne servait probablement qu'à effrayer ses ennemis.

Peu méchant non plus le stégosaure (*fig.* 229), de 12 mètres de long, au corps formidablement armé de tubercules cornés et de crêtes osseuses. Il était lourd et ne se déplaçait sans doute pas plus que les paresseux d'aujourd'hui. Sa bouche petite et peu armée ne devait pas d'ailleurs lui être d'un grand secours pour se défendre de ses ennemis.

*

Ces deux reptiles, comme tant d'autres, se protégeaient de l'attaque de ceux qui voulaient les détruire, plutôt par leur armature cutanée que par la fuite. Il n'en est pas de même des ptérosauriens qui mettaient une distance respectueuse entre eux et leurs ennemis en s'envolant dans les airs à tire d'ailes.

Chez les ptérodactyliens la disposition de l'aile ne ressemble en rien à ce que nous voyons chez les oiseaux, mais rappelle jusqu'à un certain point ce qui existe chez les chauves-souris ; mais bien que tous les doigts prennent part à la formation de l'aile, le petit doigt seul s'allonge démesurément pour soutenir une large membrane qui va s'insérer tout le long du bras, dans toute l'étendue du tronc et se continue jusqu'à la queue.

Les ptérodactyles proprement dits ont quatre doigts : le pouce porte deux phalanges, le doigt suivant est composé de trois phalanges, on compte quatre phalanges au troisième doigt, tandis que le doigt qui supporte l'aile a quatre phalanges très allongées. Ce grand doigt correspond au petit doigt de la main de l'homme chez les rhamphorynques (*fig.* 23o) qui ont cinq doigts aux membres antérieurs.

On avait émis l'idée que la membrane du ptérodactyle était un organe de natation, non de vol ; nous savons positivement aujourd'hui que le ptérodactyle volait et ne pouvait nullement nager.

Fig. 23o. — Rhamphorynque.

Le premier pas vers la conquête de l'air ; un « plus lourd que l'air ».

Dans ces schistes lithographiques de la Bavière, qui nous ont fourni tant d'animaux intéressants, tant de spécimens remarquables par leur admirable état de conservation, il a été trouvé, en 1873, un rhamphorynque sur lequel l'aile est intacte. Cet échantillon, qui a été étudié par le professeur Marsh, montre que l'aile était une membrane semblable à celle des chauves-souris, lisse et finement réticulée. La membrane s'attachait, en dedans, dans toute l'étendue du bras ; le cinquième doigt, très allongé, soutenait une fort longue membrane qui se prolongeait jusqu'à la base de la queue. Celle-ci était très longue et les vertèbres en étaient retenues par des tendons ossifiés ; elle se terminait par une membrane de forme ovalaire soutenue par des tiges membraneuses s'appuyant sur les vertèbres ; bien que flexibles, ces tiges étaient cependant assez rigides pour ne pas être fléchies ; le singulier appareil que l'on voit à l'extrémité de la queue du rhamphorynque remplissait évidemment le rôle de gouvernail à l'animal et servait à prendre le vent.

Chez les ptérodactyles proprement dits le gouvernail faisait défaut ; la queue était très courte et toutes les vertèbres étaient mobiles les unes sur les autres.

On a fait remarquer que les os de la main sont plus allongés chez les ptérodactyliens qui ont la queue courte que chez ceux qui ont cet organe très long.

La disposition des os du poignet ressemble beaucoup plus à ce que l'on voit chez certains oiseaux, chez l'autruche, par exemple, que chez les reptiles.

Le nombre des vertèbres soudées pour former le bassin varie de 3 à 6 : ce bassin est remarquablement peu développé ; l'os iliaque est prolongé en avant et en arrière, comme celui des oiseaux, mais les autres parties rappellent plutôt ce que l'on voit chez les reptiles.

Chez certains ptérodactyliens le fémur a des affinités avec l'os de la cuisse de certains mammifères carnassiers, tandis que chez d'autres il rappelle le fémur des oiseaux. Il existe au pied, tantôt quatre, tantôt cinq doigts.

Les caractères que nous venons d'indiquer sont tellement particuliers qu'il n'est pas surprenant que les ptérodactyliens, qui ont été aussi désignés sous les noms d'ornithocélidiens et de ptérosauriens, aient été considérés tantôt comme des oiseaux, tantôt comme des reptiles, tantôt comme des animaux intermédiaires entre ces deux dernières classes. Cuvier, Oken, faisaient du ptérodactyle un reptile ; Sœmering voyait dans cet animal un mammifère volant ; Hunter et Blumenbach le regardaient comme un oiseau ; pour Goldfuss et de Blainville, le ptérodactyle doit prendre place dans une classe intermédiaire entre celles des oiseaux et des reptiles.

La découverte des animaux fossiles a singulièrement modifié aujourd'hui la notion que nous nous faisions des divers groupes d'animaux ; nous connaissons des oiseaux ayant des dents comme les mammifères, des mammifères ayant un bec comme les oiseaux ; certains êtres sont si étranges qu'ils ont pu être alternativement regardés par les anatomistes les plus compétents comme des reptiles ayant des plumes, ou comme des oiseaux ressemblant à des reptiles par une grande partie de leur squelette. C'est que les groupements en classes, en ordres, en familles tels que nous les admettons dans nos classifications n'existent en réalité pas dans la nature ; il y a un enchaînement continu, sinon réel, du moins virtuel des êtres, les uns par rapport aux autres ; chaînons d'une même chaîne, ils se relient entre eux.

Pour le professeur Huxley, doivent être considérés comme oiseaux les vertébrés à sang chaud, ayant une valvule musculaire dans le ventricule de droite, un seul arc aortique, et présentant des modifications particulières des organes de la respiration.

Le professeur Seeley admet qu'il est grandement probable que les ptérodactyliens étaient fort voisins des oiseaux. Ils avaient, comme ces derniers, ce fait est certain, de larges cavités dans les os longs et ces cavités communiquaient avec des trous pneumatiques. Pour voler et se soutenir longtemps dans l'air, ainsi que le faisait le ptérodactyle, cet animal devait faire de violents efforts musculaires et dès lors produire de la chaleur ; les ptérodactyles devaient, de même que les dinosauriens, être des animaux à sang chaud, à température constante ; leur circulation pouvait donc être celle des oiseaux. Si cependant, fait remarquer Huxley, on note que chez la chauve-souris, qui est cependant un animal qui vole, les organes de la circulation et ceux de la respiration ne sont pas ceux de l'oiseau, mais bien d'un mammifère, on accordera que le cœur et les gros vaisseaux ont pu ne pas être chez le ptérodactyle ce qu'ils sont chez l'oiseau, bien que le sang ait été chaud. On répond à cette objection que les ptérodactyles ne sont pas des reptiles modifiés au point de vue de la locomotion aérienne, puisqu'ils présentent un système pneumatique analogue à celui des oiseaux, tandis que les chauves-souris, qui volent cependant, n'ont pas de système pneumatique, car ce ne sont pas des oiseaux, mais bien des mammifères organisés pour voler.

Pour Seeley, les ptérodactyliens sont des oiseaux, ce mot étant pris dans sa plus large acception, mais des oiseaux qui ont des caractères plus reptiliens qu'aucun des oiseaux actuellement vivants. Les ressemblances entre les ptérodactyliens et les reptiles existent cependant, et elles sont assez nombreuses. Hermann de Meyer plaçait les ptérodactyliens et les dinosauriens dans une classe particulière, celle des palœosaures, classe qui prenait rang entre celle des oiseaux et celle des reptiles. Si les dinosauriens font, en quelque sorte, passage entre les reptiles et les oiseaux, ils se placent plus près de ceux-ci que des reptiles proprement dits.

De même que les dinosauriens, les ptérosauriens n'ont encore été trouvés que dans les formations secondaires, aussi bien en Europe que dans l'Amérique du Nord. De même que les dinosauriens ils comprennent des types très divers ; ainsi que nous l'avons vu, chez les uns la queue était très courte, chez les autres cet organe était fort allongé et terminé par une membrane servant de gouvernail. Les ptérodactyles proprement dits avaient des mâchoires courtes et garnies de dents dans toute leur longueur ; chez d'autres, les mâchoires très prolongées se terminaient vraisemblablement par un bec corné ; chez certains, il n'existait de dents que dans une partie de l'étendue des mâchoires ; les dents étaient parfois toutes semblables et d'égale force ; parfois, au contraire, les dents antérieures étaient beaucoup plus longues et plus acérées que les dents postérieures ; certains ptérodactyliens trouvés aux États-Unis dans la craie du Kansas ne paraissent pas avoir eu de dents.

Certains ptérodactyles jurassiques n'étaient guère plus gros qu'un moineau ; Marsh a trouvé par contre dans les terrains du Kansas des ossements qu'il rapporte au genre ptéranodon et qui indiquent des animaux dont les ailes devaient avoir près de vingt pieds d'envergure ! Ces bêtes monstrueuses devaient être bien communes aux États-Unis, car le professeur Marsh indique qu'il existe dans les collections de Yale Collège, à New-Haven, dans le Connecticut, des ossements qui indiquent près de 600 ptéranodons gigantesques ! (E. Sauvage).

*

En essayant de conquérir le royaume de l'air en se transformant en ptérodactyles, les reptiles — peut-on dire dans un langage familier mais exact dans son pittoresque, — avaient raté leur coup. La preuve en est qu'ils n'ont pas fait souche et n'ont pas tardé à disparaître de la surface du globe. Sous ce rapport, ils n'avaient pas mieux réussi que, plus tard, les mammifères avec leurs chauves-souris, au vol si imparfait. L'un et l'autre de ces deux groupes avaient pris une mauvaise voie : voulant faire un ballon dirigeable, ils n'avaient créé qu'un parachute. Cette très longue et très lente élaboration bien mal connue hélas ! de la conquête de l'air par les reptiles des époques primaires et secondaires, élaboration aboutissant successivement au ptérodactyle, au rhamphorynque et enfin à l'archéoptéryx, est curieuse à rapprocher de l'histoire des efforts de l'homme s'acharnant vers le même but. Précisément le magnifique ouvrage de M. Lecornu : *La Navigation aérienne*, nous initie de la façon la plus intéressante à ces travaux de l'homme poursuivis depuis l'antiquité et plus que jamais en faveur, et qui ont abouti jusqu'ici aux ballons dirigeables et aux aéroplanes perfectionnés. On ne crée pas une aile en pinçant la peau et en en faisant une étoffe de parapluie, même en la soutenant avec des baleines ossifiées. Ce qu'il faut à l'aile, ce qui est une des premières conditions de sa puissance, c'est la plume. A cet égard, les reptiles nous offrent un cas bien intéressant. Ayant en quelque sorte senti qu'en créant les ptérodactyles, ils faisaient fausse route, ils créèrent l'archéoptéryx (*fig.* 231), le véritable ancêtre des oiseaux, ces charmants babillards qui animent les grands bois et égayent la nature.

Ses restes ont été trouvés dans les schistes lithographiques de Solenhofen, et c'est à la finesse du grain de ces roches qu'ils doivent de nous être parvenus avec une si grande fidélité. Leur découverte fut, on peut le dire, sensationnelle dans le monde des savants, et l'on crut longtemps à une mystification ; mais après les recherches d'Owen, il fallut bien se rendre à l'évidence.

Ces restes se présentaient, en effet, sous des aspects bien troublants. Sur la dalle de pierre, en voyait des ossements et des plumes, de très jolies plumes, même, finement barbelées. On n'aurait eu que les os, à sa disposition, on se serait écrié : mais c'est un reptile ! Pas le moindre doute à cet égard. Mais alors les plumes ? C'est donc un oiseau ?

Des discussions sans nombre eurent lieu entre les paléontologistes, les uns

Fig. 231. — L'archéoptéryx.
Reptile par la tête, oiseau par les pattes et les ailes, l'archéoptéryx avait quelque chose de nos vautours, et comme eux, sans doute, vivait de proies vivantes ou de charognes.

voulant y voir un oiseau, les autres un reptile. Discussions qui ne pouvaient aboutir, l'archéoptéryx étant un animal en quelque sorte ébauché. C'était un reptile au moment où il se transforme en oiseau, un être en voie d'évolution, le chaînon entre deux grands groupes dont l'un était le descendant de l'autre.

L'archéoptéryx devait être une sorte de vautour, au cou dénudé, aux pattes terminées par cinq griffes solides. Sa tête était garnie de dents, ses ailes laissaient encore voir sur le côté les griffes reptiliennes. Quant à la queue, elle était formée de longues pennes, assez peu fournies, mais, néanmoins, fort élégantes. Humble oiseau qui devait donner une souche si abondante et si variée !

La période crétacée est en somme peu riche en animaux fantastiques. On y voit s'achever l'ère des reptiles, qui ne subsistent plus que par des types dont les espèces actuelles nous donnent une connaissance suffisante.

Un seul point à citer, mais celui-ci fort important. Les oiseaux, ébauchés avec

Fig. 232. — Hespérornis royal.

Un oiseau qui a des dents ; les poissons dont il se nourrissait trouvaient sans doute
qu'il en faisait un mauvais usage.

l'archéoptérix, s'affirment ici nettement. Mais ce ne sont pas, cependant, encore tout à fait des types modernes, car ils possèdent des dents.

Le plus ancien et le mieux connu de ces oiseaux, dit C. Flammarion, dans son intéressant ouvrage, *le Monde avant la création de l'Homme*, est l'*hesperornis regalis* (*fig.* 232). Il paraît avoir été abondant vers le milieu de la période crétacée. C'était un oiseau aquatique. Il habitait les rives de la mer qui s'étendait alors sur l'Amérique du Nord ; il était très grand et pouvait ressembler à un énorme pingouin. Ses

ailes étaient réduites à un seul osselet styliforme représentant l'humérus ; son ster-
num aplati et sans carène ressemblait à celui des autruches, et son omoplate ainsi
que l'os coracoïde rappelaient à la fois les *ratitæ* et les reptiles dinosauriens. Mais
ses membres postérieurs, avec leurs pattes palmées, étaient très robustes, et il avait
une forte queue qui, composée de douze vertèbres dilatées latéralement en forme
de rame ou de palette horizontale, devait constituer un puissant organe de locomotion.

Le bec était pointu comme celui du plongeon ou de la cigogne. La mâchoire
supérieure portait quatorze dents sur le maxillaire et n'en portait pas à sa pointe
sur le prémaxillaire ; la mâchoire inférieure en portait au contraire sur son bord
entier trente-trois de chaque côté, et ses deux branches, réunies par une articulation
cartilagineuse, pouvaient peut-être se dilater afin de permettre à l'animal d'avaler
des proies volumineuses, comme chez les serpents. Caractère essentiellement reptilien : les dents sont implantées avec de fortes racines dans une rainure commune ;
elles sont couvertes d'un émail lisse, coniques, à pointe dirigée en arrière, c'est-à-
dire qu'elles sont propres à saisir les aliments, comme chez les reptiles, et non à les
mâcher.

Le cerveau était aussi tout à fait reptilien par sa petitesse.

Cousin de l'*hesperornis regalis*, mentionnons l'ichtyornis. Les caractères qui le
séparent du précédent le rapprochent de nos oiseaux actuels. Il est encore reptile
par le cerveau, petit comme dans l'hespérornis, et par ses vertèbres biconcaves,
mais il est oiseau par tout le reste. Il a en particulier des ailes bien développées.
Sa taille ne dépasse pas celle du pigeon et du corbeau, et il était analogue à nos
hirondelles de mer. La comparaison de ces divers oiseaux primitifs conduirait à
penser que des différences essentielles les séparent, et que les oiseaux ne sont pas
dérivés d'une seule branche reptilienne, mais de plusieurs.

On est assez peu renseigné sur le mode de vie de ces curieux oiseaux à dents.

L'ichtyornis aimait à planer dans les airs ou à suivre une course rapide à fleur
d'eau. Ses dents solides, recourbées indiquent que cet oiseau se nourrissait de proies
vivantes et notamment des poissons dont on trouve les nombreux restes à côté de
ses propres débris. L'hespérornis avait des habitudes bien différentes, c'était un
oiseau aquatique ; tandis que ses membres postérieurs et sa queue constituaient
d'excellents appareils de propulsion dans l'eau, ses ailes, complètement atrophiées,
ne pouvaient lui être d'aucune utilité. L'hesperornis ne devait fréquenter les rivages
qu'au moment de la ponte et de la couvaison. En temps ordinaire, c'est à la pêche
que ce gros oiseau devait s'adonner, car il plongeait facilement ; il avait le cou très
flexible, et ses mâchoires, capables de se distendre comme celles des serpents, lui
permettaient d'avaler des proies volumineuses. (M. Boule).

⁎

Les curieux reptiles jurassiques, depuis les ichtyosaures jusqu'aux ptérodactyles,
sans oublier les énormes dinosausiens, avaient belle prestance — c'étaient de
« beaux gars », — mais aussi bêtes qu'ils étaient bien constitués physiquement.
C'est du moins ce qui semble résulter de la capacité de leur cerveau qui était extrêmement réduite : tel individu gros comme un éléphant n'avait pas un cerveau plus
gros que le poing. Belle tête, mais pas de cervelle. Cela leur a joué un mauvais
tour : habitués à leur petit train-train d'existence, ils furent quelque peu désorientés

quand arrivèrent les conditions climatériques de la période crétacée. Leur « jugeote » ne leur permit pas de faire contre fortune bon cœur et de s'adapter au milieu nouveau. Au lieu de réagir, ils se laissèrent aller et disparurent pour jamais. Quelques espèces, néanmoins, résistèrent, par exemple le curieux tricératops, à la tête armée de deux cornes latérales et d'une corne médiane et à la bouche en forme de bec ; mais c'était l'exception.

La tête d'un reptile de cette espèce avait deux mètres de longueur. L'animal auquel elle a appartenu était un herbivore, mais un herbivore capable de se défendre

Fig. 233. — Le dinocéras.
L'animal le plus cornu qui ait jamais existé. Record ! Record !

contre ses plus puissants ennemis, car il était protégé par l'armature la plus formidable qu'on ait jamais observée chez un quadrupède. Il y avait d'abord un bec aigu, tranchant, formé par un os particulier, placé en avant des maxillaires. Un peu en arrière, les naseaux supportaient une corne aplatie en forme de hache. Il y avait encore une paire de très grandes cornes sur le sommet de la tête. Enfin, les pariétaux formaient, en arrière et au-delà du crâne, une expansion osseuse en forme de toit dont le bord était hérissé de petits os pointus, surajoutés, comme les rayons d'une auréole ou les dents d'une scie. Toutes ces protubérances osseuses ne représentent que les noyaux des organes de défense, car elles étaient garnies d'un revêtement corné qui augmentait de beaucoup leurs dimensions. De pareils êtres déroutent l'imagination la plus capricieuse. Les artistes de l'antiquité, qui ont représenté tant d'animaux fabuleux, n'ont pas composé de chimères plus extravagantes. Il y a dans cette tête de tricératops à la fois quelque chose de grotesque et de terrible (M. Boule).

Pas « débrouillards » du tout, ils disparurent à leur tour et quand on arrive à la période tertiaire, dès l'Éocène, c'est-à-dire dès ses débuts, il n'y a plus trace de ces êtres fantastiques.

Laissons-les donc dormir en paix et ne nous occupons plus que des mammifères dont le règne va commencer et prendre une extension fantastique. On se souvient que nous avons trouvé le premier individu de cet embranchement dans le Trias. Qu'est-ce qu'ils ont fait depuis cette époque extrêmement reculée ? Bien malin qui pourrait le dire. Il est probable qu'ils vécurent tranquillement, si peu d'ailleurs que leurs vestiges ne nous ont été transmis que très imparfaitement. Mais tout vient à point à qui sait attendre ; les mammifères en sont un bel exemple. Ils attendaient des conditions favorables à leur développement, elles se présentèrent dès le début de la période tertiaire et mes gaillards ne tardèrent pas à en profiter. Les reptiles — je l'ai déjà dit — ont disparu, les poissons mènent toujours leur existence calme au sein des mers et des eaux douces, les oiseaux sont relégués au second plan ou du moins se contentent du domaine de l'air que les mammifères ne cherchent pas à leur disputer ; quant à ceux-ci, ils s'emparent de la terre ferme et ne la quittent plus.

Fig. 234. — Le dinothérium
Les trois acrobates figurés à côté de lui indiquent sa haute taille.

La période éocène est caractérisée par la grande abondance des marsupiaux — les plus inférieurs des mammifères — et des pachydermes : à Montmartre et à Pantin, on aurait pu rencontrer les ancêtres des rhinocéros et des chameaux. Parmi les plus grosses espèces, citons les paléothériums, qui ressemblaient aux tapirs actuels, par plusieurs caractères, notamment la présence d'une petite trompe ; les anoplothériums, dont les pieds avaient deux doigts et des dents en séries continues ; les xiphodons ; les anthracothériums, etc.

En Amérique, la faune était encore plus curieuse. C'est notamment dans les couches datant de cette époque que M. Marsh a rencontré le monstrueux dinocéras (fig. 233), l'animal le plus cornu que l'on ait jamais vu. Il possédait notamment trois paires de cornes allant en grandissant depuis le nez jusqu'au sommet du crâne. Le cerveau n'était pas plus gros que celui d'un reptile. L'animal devait être intermédiaire comme aspect et comme dimensions entre les rhinocéros et les éléphants.

Ces derniers apparaissent nettement au Miocène, avec le dinothérium (fig. 234).

Cet animal, le plus grand des mammifères terrestres qui aient jamais existé, ne possédait de défenses qu'à la mâchoire inférieure. Trois hommes montés l'un sur l'autre auraient eu de la peine à atteindre le sommet de son crâne.

Un peu plus tard vint le mastodonte (*fig.* 235), qui avait quatre défenses, les plus grandes étant celles de la mâchoire supérieure. Imaginons que les défenses inférieures disparaissent: nous aurons les éléphants actuels.

A la même époque vivaient des tapirs, des rhinocéros, des hipparions, des antilopes, des gazelles, des girafes, des chats sauvages, des civettes, des singes, etc.

Fig. 235. — Le mastodonte.

Paisible et silencieux, il errait dans les vastes pâturages de l'époque tertiaire, confiant dans ses formidables défenses pour le protéger contre les fauves qui pullulaient autour de lui.

Citons encore parmi les curieuses espèces de la période tertiaire, le curieux mégathérium.

Plus gros qu'un rhinocéros, il a 2 mètres de haut et 4 mètres de long ; sa forme est lourde et massive, sa tête relativement petite, sa queue puissante et ses pattes munies d'ongles énormes et recourbés ; sa dentition le rapproche de celle des édentés actuels. Il devait couper les racines avec ses ongles tranchants, puis s'appuyant sur sa queue et ses pattes postérieures, qui sont énormes, il étreignait l'arbre avec ses membres antérieurs, le secouait vigoureusement et le renversait pour dévorer plus facilement ses fruits et ses feuilles. (E. Caustier).

A l'époque quaternaire, de laquelle date l'apparition de l'homme, les fossiles curieux ne manquent pas non plus. En Amérique vivait un singulier édenté, aux ongles énormes et au dos portant une série de plaques osseuses rangées en demi-cercle, le mégalonyx (*fig.* 236). Il devait vivre à la manière des paresseux actuels.

Le glyptodon était aussi fort original, avec son dos recouvert d'une énorme carapace semblable à celle des tortues ; l'animal avait deux mètres de long et se rapprochait beaucoup, par sa structure, des tatous.

Certaines espèces du Quaternaire se sont prolongées jusqu'au début de l'époque actuelle ; c'est le cas, par exemple des dinornis, trouvés dans les terrains quaternaires de la Nouvelle-Zélande et connus des indigènes sous le nom de *moas*. C'étaient des sortes d'autruches gigantesques, pouvant atteindre 4 mètres de haut. On a retrouvé leurs œufs, d'une capacité de neuf litres, soit 6 ou 7 œufs d'autruche. Tout démontre que l'homme a souvent mangé leur chair. A Madagascar, on trouve aussi des oiseaux gigantesques, les æpyornis ; leurs œufs énormes, d'une capacité de huit litres et demi, équivalaient à 6 œufs d'autruche, à 150 œufs de poule et 50000 œufs d'oiseau-mouche.

L'Europe possédait aussi un animal gigantesque, un éléphant couvert de poils, le mammouth. On a retrouvé des exemplaires entiers, avec leur chair bien conservée

Fig. 236. — Le mégalonyx.
Avec son petit chapeau qui rappelle un peu les « polos » des Anglais, il devait passer dans son temps pour un élégant tout à fait « smart ».

dans les glaces des régions septentrionales ; quant à leurs défenses, fortement recourbées, leur rencontre est fréquente : c'est l'ivoire fossile.

Le mammouth, dit F. Priem, était largement répandu dans le nord de l'Europe et de l'Asie, ainsi que dans l'Amérique du Nord ; il s'étendait cependant assez loin au sud, jusqu'en Italie et en Arménie. L'homme primitif, non seulement l'a connu et chassé, mais encore il l'a dessiné. Dans la grotte de la Madeleine, on a découvert une plaque en ivoire fossile sur laquelle est fort bien dessiné un mammouth. Aucun animal fossile n'est plus répandu que cet éléphant ; ses ossements gigantesques trouvés dans les alluvions anciennes étaient considérés autrefois comme ceux de géants ; on présenta des ossements de ce genre comme les restes de divers personnages ou même ceux des Cimbres anéantis par Marius dans les plaines de la Provence ; les dents de mammouth étaient identifiées à tort avec celles des éléphants actuels, et bien des érudits y voyaient les débris des éléphants de guerre dont se servait Annibal dans ses campagnes militaires.

On connaît aujourd'hui le mammouth grâce à une série d'heureuses découvertes. La Sibérie et les îles voisines sont un vaste ossuaire où abondent dans le sol gelé les restes de ces animaux. Le tiers de tout l'ivoire employé dans le commerce provient des mammouths de Sibérie. Non seulement on y trouve les ossements, mais assez souvent même les éléphants entiers couverts de leur chair et de leur peau. Celle-ci était protégée par une épaisse toison d'un rouge brun contre les rigueurs du climat. La première découverte de ce genre date de 1799. A l'embouchure de la Léna, un Toungouse trouva un mammouth entier ; sept ans après seulement, le naturaliste Adams se rendit au lieu de la découverte. L'animal avait été en grande partie dévoré par les ours, les loups, les renards et les chiens ; il restait cependant quelques lambeaux de chair et de peau et des tendons ; le squelette était entier. Il fut apporté au Muséum de Saint-Pétersbourg, où il se trouve encore. Ces exemplaires de mammouths entiers conservés dans le sol gelé de la Sibérie sont mis à nu quand les fleuves attaquent fortement leurs berges. On ne sait trop quelle est l'origine du sol où sont ensevelis ces animaux. Dans beaucoup de cas il semble qu'on ait affaire à un ancien marécage où les éléphants se soient embourbés : ce sol, gelé ensuite, serait resté tel depuis la période glaciaire. Ailleurs, par exemple au golfe d'Eschscholtz,

Fig. 237. — Le mammouth.

Cet admirable éléphant, au corps velu et aux défenses recourbées, vivait encore au commencement des temps préhistoriques et devait constituer une pièce de gibier de poids.

dans le nord-ouest de l'Amérique, on trouve un dépôt de glace d'âge quaternaire où sont intercalées d'anciennes lignes de rivage et sur lequel repose une argile contenant des restes de mammouths.

Autrefois, on regardait les éléphants fossiles de la Sibérie comme n'ayant pas vécu sur place ; on imaginait des courants d'eau diluviens venant du sud et apportant en Sibérie les restes d'animaux des tropiques. D'après Cuvier, au contraire, les mammouths et les rhinocéros qui les accompagnent en Sibérie y avaient vécu sous un climat chaud ; un refroidissement subit les avait ensuite tués. Aujourd'hui on ne peut plus se refuser à admettre que le climat de la Sibérie, à l'époque des mammouths, était comparable au climat actuel. L'épaisse toison de l'animal lui permettait de braver les rigueurs du froid ; d'ailleurs, on trouve fréquemment entre les dents et l'estomac des mammouths plus ou moins bien conservés qu'on a découverts récemment, des débris de plantes, notamment de conifères, qui existent encore aujourd'hui en Sibérie.

Le mammouth (*fig.* 237) était voisin par sa structure de l'éléphant indien actuel (*Elephas indicus*). Il en différait par sa grandeur, comparable à celle de l'*elephas antiquus*, par sa toison et la crinière qu'il avait sur le cou, par ses défenses très longues et recourbées, enfin par ses molaires dont les lamelles sont plus nombreuses et plus serrées.

Il faut citer en France parmi les gisements les plus riches en débris de mammouths, celui de Mont-Dol (Ille-et-Vilaine), exploré par M. Sirodot. Ce gisement a fourni plus de 400 molaires de cet éléphant fossile.

Après les éléphants viennent les rhinocéros. Ils ont eu également en Europe une grande importance pendant le Pléistocène. Souvent on trouve associé au mammouth un rhinocéros de grande taille, le rhinocéros à narines cloisonnées (*Rhinoceros ticorhinus*), ainsi appelé parce que la cloison des fosses nasales était complètement ossifiée ; cette particularité est en rapport avec la masse énorme que supportaient les os nasaux. Le rhinocéros possédait, en effet, deux cornes ayant un mètre de hauteur. On a trouvé des cadavres de rhinocéros à narines cloisonnées conservés tout entiers avec ceux du mammouth, dans le sol gelé de la Sibérie ; ils étaient couverts de leur chair et de leur peau ; celle-ci était pourvue d'une épaisse fourrure. Ce fait est d'autant plus remarquable que les rhinocéros actuels viennent au monde couverts d'une toison complète ; on doit en conclure qu'ils descendent, sinon du *rhinoceros ticorhinus*, du moins d'un autre type velu. Le *rhinoceros ticorhinus* s'est moins étendu à l'est et au sud que le mammouth ; on ne le trouve ni dans l'Amérique du Nord, ni en Italie ni en Arménie, où le mammouth a pénétré.

Fig. 238. — Le dronte ou dodo.

Cet oiseau devait avoir des « blancs » bien appétissants et des « pilons » savoureux, car les chasseurs, au commencement du siècle dernier, l'ont rayé de la surface du globe. Aujourd'hui il fait « dodo » dans l'éternité.

On voit que, depuis leur création, les espèces n'ont fait que se transformer ou disparaître. Tout passe, tout casse, tout lasse. Cette loi se continue de nos jours et, depuis que l'homme a commencé à s'intéresser à ces questions, on a pu noter la disparition de diverses espèces. C'est le cas notamment du dronte ou dodo (*fig.* 238), qui vivait encore en 1598 à l'île Maurice ; les aurochs, que Jules César chassait en Lithuanie ; le bison d'Europe ; le couagga ; le grand manchot ; la rhytine de Steller ; le blaaubok, et bien d'autres encore.

Les maladies qui attaquent la pauvre humanité sont si nombreuses que, vraisemblablement, l'homme finira par suivre leur trace. En attendant, vivons et travaillons : *Gaudeamus et laboremus* !

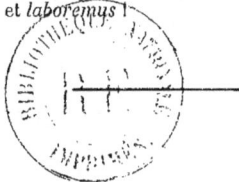

Index alphabétique

Table des Matières

Bar-le-Duc. — Imp. Comte-Jacquet, Facdouel, dir.

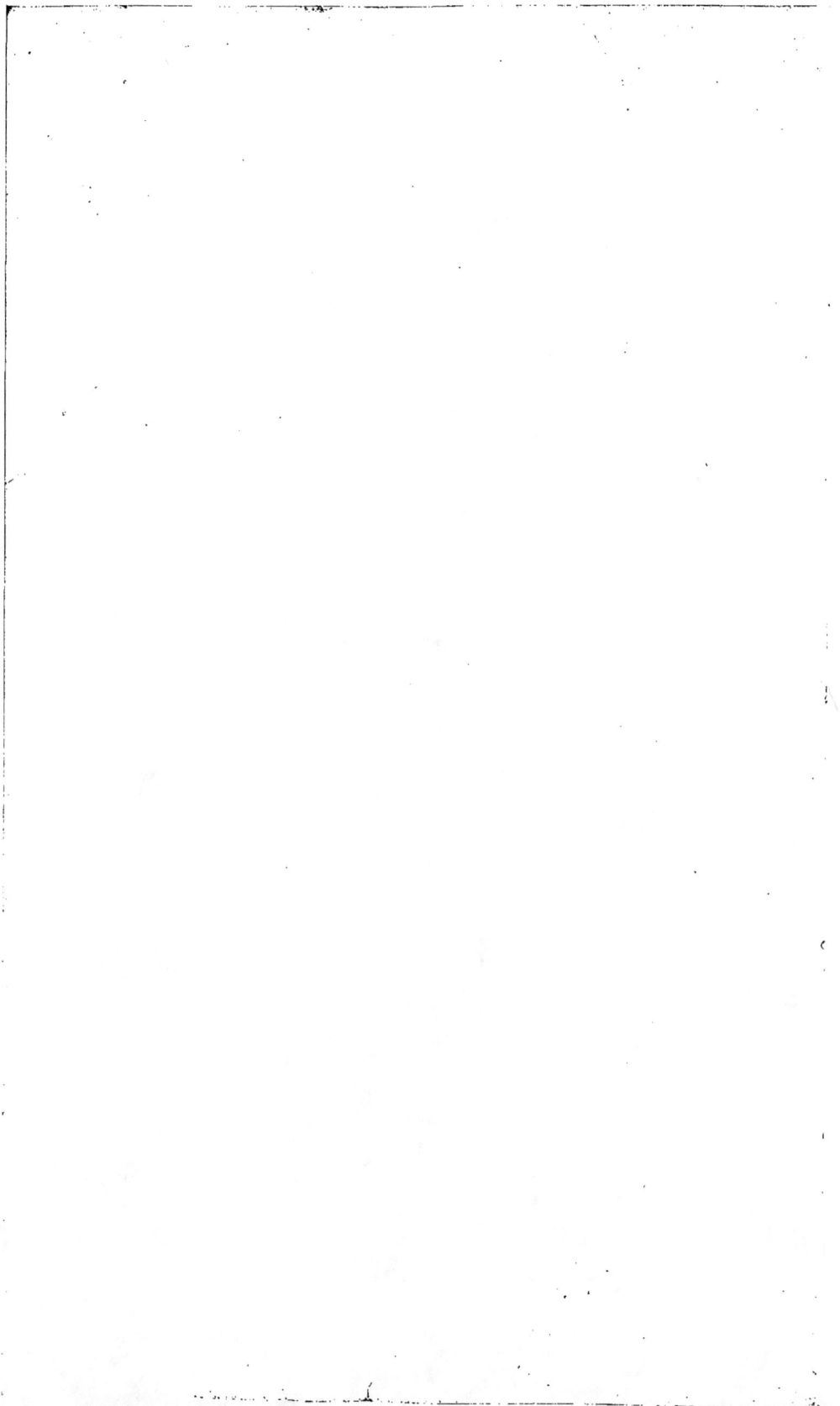

www.ingramcontent.com/pod-product-compliance
Lightning Source LLC
Chambersburg PA
CBHW060948220326
41599CB00023B/3630